猴面包树

Stephen Gaukroger

The Emergence of a Scientific Culture

科学文化的兴起

[英] 斯蒂芬·高克罗杰 著
雷中华 任海龙 郑泽 译
赵军 审校

中央编译出版社
Central Compilation & Translation Press

Foreword

推荐序

之前李娟女士曾邀请我翻译本书，我因当时有稿子在手而婉拒，一年后她又盛情邀请我审校此书，因为深知本书的价值和意义，于是我欣然从命。在投入长达8个月之久用心审校这本经典之作的同时，我对西方科学文化的缘起有了更加系统深入的理解。

本书将通过广阔的历史画卷带领我们探索科学文化从1210年到1685年如何在西方悄然兴起，帮助我们细致入微地理解西方科学从13世纪到17世纪期间如何取得关键性发展和合法地位，而这些问题很少有人关注甚至并不了解，在作者笔下铺陈开的不仅是一部横跨400多年的西方科学文化演进史，更是一部同时期的西方文明发展史。

科学文化相较哲学与艺术，在人类历史上属于出现较晚的文化形式，却拥有毋庸置疑的崇高地位。这与科学文化带来的自由和生产力密切相关。当衡量文化的优劣时，我们会优先考虑这种文化能为人们带来的生产力、自由和福祉。而在科学文化兴起的短短数百年间，人类社会就经历了翻天覆地的变化。正如经济学家罗伯特·福格尔所指出的那样："从耕犁的发明到学会用马拖犁，人们花了4000年时间，而从第一架飞机成功上天到人类登上月球只用了65年。"古代尊贵的皇帝和神秘的皇室享有万事方便，却无法抵御自然带来的酷暑严寒，而现代人却能方便地享用空调和地暖，这正是科学带来的福祉。科学文化潜移默化地影响着人们的思维方式，润物无声地建构人们的认知，并因此塑造人们的认知模式与习性，进而对社会进步和人类发展产生重要影响。理性地说，科学文化是我们需要的空气和水，如果品质不好，那么科学和创新很难可持续地健康发展；感性地说，科学文化是马良的神笔、达·芬奇的画笔，让天才们的灵感和伟大的创意成为现实。

本书从西方科学文化的起源入手，研究其发展路径和潜在影响。将西方科学早期发展的历史浓缩为12个章节，大致划分为五个部分，以揭示西方科学文化作为特殊的认知实践和文化产物，是如何影响和塑造现代思想研究问题和价值观念的。

第一部分是作者对整个研究项目的简介，核心在于研究西方认知价值观念是如何被科学认知价值观同化的，揭示了其演进过程。书中作者大胆地质疑了所谓西方科学成功的原因在于它与宗教分割的能力这一观点，提出正是宗教原因促进了科学革命的发展。

第二部分聚焦于自然哲学的早期发展，这一部分是理解早期自然哲学的关键。十六世纪西方涌现出的大量自然哲学形式混乱无序，作者对其进行梳理，并聚焦于亚里士多德自然哲学和基督教义的托马斯主义，以及经院哲学对二者的回应，厘清了西方自然史的发展过程，并讨论了在当时法律和圣经背景下这一学科的发展过程。在这个过程中，基督教和自然哲学均得以改造一新。

第三部分研究了传统亚里士多德自然哲学因何被摒弃，包括自然哲学家的改革，以及该改革如何影响西方对自然哲学知识探索目的的理解。对亚里士多德的研究方法进行再造的过程中，天文学、力学和数学等学科逐一出现，并逐渐成为新的研究方法论。本书还探索了对自然哲学研究的传统期待，从而带领我们深入了解17世纪出现的学科重组。

第四部分详细讲述了17世纪自然哲学的三种实践形式，包括贝克曼、伽桑狄和笛卡儿的机械论体系，聚焦于三者之间的异同，在具体的实验案例中介绍了机械论。这部分还提到了机械论一个较为特殊的研究方法，本书用了整章篇幅来对比研究所谓思辨派和实验派，并举例早期学者对自然现象的研究以强化读者的理解。

在最后一部分，本书落笔于自然哲学的统一性问题，挑选那些对自然哲学的决定性的认识并进行详细阐述，构建了一个独特的认知体系，帮助我们形成对自然哲学的看法。

本书作为西方科学文化的溯源，站在鲜有的视角对西方科学核心的价值观进行了详细剖析，带领我们理解西方科学发展的底层逻辑，为我们留下了足够广阔的思考空间。作者文笔细腻，深入浅出，在案例和引文的辅助下将复杂的自然哲学演进过程阐述得丰富翔实，相信我们看完之后都能对自然哲学和西方早期科学文化形成自己的理解，同时也不难意识到，科学在现代社会的重要地位并不是与生俱来的，更不是轻易得来的。更重要的是，我们应该有个更加清醒的判断，科学文化从来都会受到政治、传统文化和宗教等诸多因素的影响，这一判断无疑具有重要的启发价值。

科学文化可以激发新技术和新方法，这正是推动现代国家科技和社会进步的关键。因此，科学文化对于繁华盛世是利器，对于复杂时期则可能是解药。诸多发达国家发展的历史告诉我们，我们要想成为世界科技强国，要想实现中华民族的伟大复兴，离不开科学文化的蓬勃发展。无论是李约瑟难题，还是钱学森之问，都和科学文化休戚相关。我们科技取得了长足的进步，但是科学文化还需要克服一些制约才能成为真正被社会公众广泛接受并身体力行的主流文化。如果一个国家没有形成真正的科学文化，就不可能建成世界一流的科技强国。认识到这个问题意义重大，因此，我们仍然任重而道远。

  当然，正如过去数十年间我国科学技术所取得的迅猛发展，我毫不怀疑也由衷期待，在数十年后，我国也会真正成为科学文化主导的现代国家。

赵军

于上海交通大学

2024 年 11 月 16 日

Foreword

译者序

《科学文化的兴起》中文翻译工作始于2022年6月，彼时，原著作者斯蒂芬·高克罗杰教授尚在人世。凝聚其毕生所成的科学与现代性历史研究的四部原版鸿篇巨著已全部出版。待到本书译稿完成校对，即将出版时，高克罗杰教授已于2023年9月仙逝。译者们唏嘘之余，唯有同心尽力，倾力为中国读者奉献佳译，以向逝者聊表纪念和敬意。

本书为四部曲的第一部，2006年由牛津大学出版社出版。其余三部为《机械论的崩溃和情感的兴起》(The Collapse of Mechanism and the Rise of Sensibility, 2010)、《自然与人性》(The Natural and the Human, 2016)、《文明与科学文化》(Civilization and the Culture of Science, 2020)。高克罗杰教授去世后，悉尼大学彼得·安西·法哈教授在澳大利亚人文科学院网站上的纪念文章中说：

"20世纪60年代以来，立志撰写多卷宏观史的现代性研究学者寥寥无几。这项任务似乎太艰巨，时间又太短。绝大多数人把重点放在微观史上，准确把握细节，将研究对象限定在一位作者、一个短暂的时期或一个地理区域上。高克罗杰的四部作品横跨整个欧洲，最后一卷则涵盖北美。该系列作品的既定目标是'提供一部拥有全面概念的文化史，说明科学价值观和规范如何在西方文化中占据如此突出的地位'。其年代范围之广，从1210年开始，一直延续到第二次世界大战。他的博学程度令人震惊。为推动该项目，他极具感染力和求知欲。高克罗杰文笔细腻，行文中不断推进宏观论证,主题突出。我们需要这样的宏观史,而在当代,高克罗杰就是少数能够迎接这一挑战的人之一……高克罗杰性格开朗、和蔼可亲、政治敏锐、工作努力,是一位能做成事情的学者。"(2023)

本书通过翔实的史料和严密的论述,围绕科学在西方现代性形成进程中的作用,回答了"西方为什么如此关注科学"这一深刻的哲学问题,澄清了一些明显错误的传统解释。作者明确指出,13世纪初到17世纪末,西方科学文化兴起过程中一直存在合法化的争议,最终随着科学思想成为西方全部认知观念的基础,西方现代性逐渐形成。西方科学文化脱胎于宗教,与宗教密不可分,二者纠缠、混合、碰撞、冲突、分离,同时在中世纪欧洲各国发展出不同流派和传统。客观理性的研究态度逐渐形成,科学的研究方法逐渐确立,科学家品格形象逐渐树立,重大科学学科不断发展,重要科学人物不断推动,在17世纪科学文化进入欧洲文化的过程中起到了关键作用。

内容如此丰富的学术书籍,翻译难度颇高。就本书涵盖的知识而言,也许读者见到题目,第一印象是洋洋洒洒地写满科技术语,实则不然。为了解释现代科学文化的宗教和哲学渊源,作者贯穿全书着重梳理西方哲学和宗教的发展脉络。因此,本书并不是单纯的科学读物,而是全面讨论西方自古希腊罗马以来的文化、哲学、宗教历史。本书在前面的章节重点讲述包括亚里士多德在内的古希腊哲学流派对自然现象的理解，接下来又描述古典哲学与基督教理念的交融和变迁。因此，本书待翻译的内容并不仅限于科学领域，在某种程度上也涵盖了西方思想发展史。翻译过程中，鉴于哲学、宗教等领域的专业性质，译者们查阅了大量相关资料，并咨询了相关领域的专家，力图将原著的宏大文明图景呈现给读者。

此书翻译过程中，需要解决众多语言和文化传递问题。首先需要说明翻译 natural history 的棘手问题。该英文表达究竟应译为"自然志"还是"自然史/历史"，国内学界对此一直存在激烈的争论，这其中还涉及英文 history 语义的转变，以及古汉语"史"和"志"的渊源等超出本序讨论范围的大量语言讨论。囿于篇幅，本文不过多描述翻译争议，权衡之下，本书主要选取"自然史"的译法，在有些地方根据上下文翻译为"志"，特此说明。

就具体概念翻译而言，上文提到了西方思想发展史，这里便举 intellect 为例：intellect 的拉丁语词源为"理解"，但现代英语常用语义包括中文的"智力""理解力""思维能力"等；其形容词 intellectual 除了以上语义外，还可以作名词为"知识分子"；intellectual property 一词的中文又为"知识产权"；然而，intellectual history of the West 等表达，则通常译为"西方思想史"，若译为"西方智力史"或"西方知识史",大抵不会为读者接受。由此可见,该词汇的英汉语义并非一一对应,而是多对多,交叉复杂。这也是翻译研究理论和实践每天都要处理的核心问题之一。

另举一例,mind本意来自古英语的"记忆、思想",但其现代英文的各个语义可以译为多个不同的中文词,包括头脑、心灵、心智、精神思维、思想、注意力、记忆、意向等。更加复杂的是,头脑、心、灵、精神等概念,在英文和中文都存在着其他词汇,如英文的brain、heart、soul、spirit等。比如,英文在正念冥想时使用的mind and body are one的学说,对应中文的"身心合一";日常使用的be of one mind,对应中文则一般译为"思想一致"。西方古典哲学和宗教有关mind概念的诠释源远流长,而中文译文五花八门。本书翻译过程中,类似情况还有很多,译者们力图一方面保持用语大致统一,但同时兼顾汉语的表达习惯和语境要求。

  本书是不可多得的优秀学术著作。开卷有益,相信本书会为所有感兴趣的读者呈现审视西方科学文化兴起的原创视角。最后,译者们要向闫晓东先生致以深深的谢意,感谢给予译者的信任,同时要感谢出版人李娟女士、编辑王超群一丝不苟的工作精神和耐心的指导!译者们才疏学浅,译文必然存在一定问题。诚恳地欢迎各位读者批评指正,提出宝贵意见。

雷中华、任海龙、郑泽
北京
2024 年 9 月 13 日

Preface

序

1859年，达尔文（Darwin）的《物种起源》(The Origin of Species)付梓发行。自此之后，对于科学的价值和立场，众说纷纭。然而，鲜有人留意科学观念是如何在西方悄然兴起的，因此人们通常认为科学观念呈现出的标准是永恒的、自成一体的。然而自17世纪以来，西方科学的发展历程与早期或同时期其他地区的科学文化发展相比，显示出了令人震惊的差异性。特别要指出，西方科学文化的兴起过程中一直存在合法化的问题，其他地区的科学文化却没有。正是这些问题令西方科学的发展路径独树一帜，另辟蹊径。不仅如此，还使得全部认知观念构建于科学观念之上的理想成为可能，而这正是现代西方文化最明显的特征之一。本文研究的主题便是西方科学文化发展的早期阶段。

上世纪80年代初，我首次接触到了汉斯·布鲁门伯格（Hans Blumenberg）的著作，从此上述问题便萦绕于心。但直至1995年，我才正式着手研究本书课题，在我的计划中，这本书将会是五部曲的首部。课题伊始，我的主要目标之一是就两种文化的发展过程进行比较，一种是西方科学文化，一种是那些曾经在其他国家或地区成功产生过不同文化影响的科学文化。后者包括古代中国、中世纪伊斯兰地区以及伊比利亚半岛的科学文化。它们都起源于北欧，但在不同的文化语境中发展出了不同的结果。随着课题的推进，这类比较式问题逐渐退出了我的视线（已经不再是研究的重点），但对这些问题的探究确实启发了我的思考。对比古代中国科学后，我才意识到西方科学在早期现代社会的成功或许要归功于其与宗教的紧密联系；比较了伊比利亚半岛的科学后，我才了解到科学观念和现代文化在早期现代社会的联系皆是何其偶然与飘忽；对比中世纪阿拉伯世界的科学后，我才认识到西方科学的发展路径，特别是西方科学的合法化进程，又是多么怪异和不同寻常。

  本书内容的起始点为1210年，终点为1685年，为什么选择这两个时间节点呢？在此需要说明一下。1210年是巴黎教廷对亚里士多德第一次大谴责的年份，之后亚里士多德的著作再次得到西方关注，引发了西方思想文化变革，使自然哲学成为理解世界及人类与世界关系的关键。我偶尔会在书中进一步追溯至古典的、希腊化和教父神学时期的思想文化，有时会详细解读，但这么做仅是为了方便理解后来的思想发展。而1685年则与之相反，在历史上没有什么标志性事件，这并不是一条明确的界限。选择这个年份是因为我把1685年以后的一些思想成果归入了下一卷，尽管其中有些思想缘起可以追溯至1685年以前。同时，1686至1691年间牛顿、瓦里尼翁、洛克、莱布尼兹、雷、丰特奈尔及其他人的开创性著作，开启了一个思考自然哲学问题及其意义的全新时代，因此1685年自然而然地成为了一个分界点。

著述期间,承蒙同仁建言献策,亏欠甚多。在此,我要特别感谢彼得·安斯蒂、康斯坦斯·布莱克威尔、德斯·克拉克、弗洛里斯·科恩、康纳尔·康德伦、约翰·科廷汉、贝特丽丝·多明戈斯、奥弗·加尔、丹·加伯、彼得·哈里森、伊恩·亨特,罗布·艾利夫、海伦·欧文、苏珊·詹姆斯、杰米·卡斯勒,伊恩·麦克林、诺埃尔·马尔科姆、维克多·纳瓦罗·布罗顿斯、西蒙·沙弗、威廉·斯密特-比格曼、乌尔里克·施耐德、理查德·塞尔扬臣、斯蒂文·谢平、南森·席文、约翰·沃德、凯特琳娜·威尔森、瑞秋·阮-克林格里奇。感谢诸位提出的建设性意见和想法。更要特别感谢约翰·舒斯特,过去三十载,我们探讨过诸多自然哲学问题,令我受益匪浅。

毋庸置疑,如此规模的项目需要巨大的支持。若没有澳大利亚研究理事会(Australian Research Council)多年来的慷慨相助,项目难度定会大大增加,感谢理事会为我提供理想的工作环境。写作之地虽主要在悉尼大学,但伦敦大学高级研究院也曾在2005年上半年盛情接待,在那里,我有幸借用了沃尔伯格研究所(Warburg Institute)宝藏般的图书馆。

十年间,我曾在多所高校的特邀发言、会议报告和公开讲座中呈现过书中素材。这些高校包括加利福尼亚大学戴维斯分校、剑桥大学、芝加哥大学、哥伦比亚大学、哥本哈根大学、科克大学、爱丁堡大学、赫尔辛基大学、香港大学、伊斯坦布尔海峡大学（Bogaziçi University Istanbul）、利兹大学、伦敦帝国学院、伦敦大学高级研究院、牛津大学万灵学院（All Souls' College Oxford）、普林斯顿大学、昆士兰大学、里约热内卢联邦大学、俄罗斯科学院、悉尼大学、瑞典乌普萨拉大学（University of Uppsala）、荷兰乌特勒支大学（University of Utrecht）

以及沃尔伯格研究所。

书中部分章节亦引用了本人先早之作。我在此特别指出：第1章删节版曾发表于《评论季刊》(2005年)；第6章部分内容的早期版本曾以"自然哲学的自主性：从真理到中立"为题载于《十七世纪的自然科学》[1]一书；第6、7章部分内容的早期版本曾以"自然哲学家的面具"为题载于《早期现代欧洲的哲学家》[2]一书。

---

[1] 译者注：*The Science of Nature in the Seventeenth Century* (Dordrecht: Kluwer, 2005).《十七世纪的自然科学》主编：彼得·安斯蒂（Peter Anstey）、约翰·舒斯特（John Schuster）。

[2] 译者注：*The Philosopher in Early Modern Europe* (Cambridge: Cambridge University Press, 2006).《早期现代欧洲的哲学家》主编：康纳尔·康德伦（Conal Condren）、斯蒂芬·戈克罗格尔（Stephen Gaukroger）、伊恩·亨特（Ian Hunter）。

目录

前言 /032

第一部分

第1章
科学与现代性 /048

启蒙的诠释 /057
科学的自主性 /064
科学方法和合法化 /075

Introduction /032

Part 1

Chapter 1
Science and Modernity /048

The Enlightenment Interpretation /057
Scientific Autonomy /064
Method and Legitimation /075

第二部分

第2章
从奥古斯丁的综合到亚里士多德的混合 /108

奥古斯丁的综合 /111
向经院文化的转变 /127
对亚里士多德的谴责 /143
亚里士多德的混合 /154
争鸣的形而上学流派 /159

Part 2

Chapter 2
Augustinian Synthesis to Aristotelian Amalgam /108

The Augustinian Synthesis /111
The Transition to a Scholastic Culture /127
The Condemnations of Aristotle /143
The Aristotelian Amalgam /154
Competing Conceptions of Metaphysics /159

第3章
文艺复兴时期的自然哲学思想 /180

柏拉图主义：经院哲学的替代之选 /182
自然主义与自然哲学的范围 /205
晚期的经院哲学 /230

Chapter 3
Renaissance Natural Philosophies /180

Platonism as an Alternative to Scholasticism /182
Naturalism and the Scope of Natural Philosophy /205
Late Scholasticism /230

第4章
对自然的诠释及物理—神学的起源 /260

第一因 /262
对自然的诠释 /268
《圣经》释经学 /277
上帝先验论与物理—神学之对比 /292

Chapter 4
The Interpretation of Nature and the Origins of Physico-Theology /260

First Causes /262
Interpretation of Nature /268
Hermeneutics /277
Divine Transcendentalism versus Physico-Theology /292

第三部分

第5章
重构自然哲学 /308

论发现 /313
理论思辨与实用学科 /321
天文学诸假说及其物理意义 /329

Part 3

Chapter 5
Reconstructing Natural Philosophy /308

The Problem of Discovery /313
Speculative versus Productive Disciplines /321
Hypotheses and the Physical Standing of Astronomy /329

第6章
重构自然哲学家形象 /374

思辨哲学家与实用哲学家 /376
哲学之责任 /392
自然哲学家和狂热分子 /412

Chapter 6
Reconstructing the Natural Philosopher /374

Speculative versus Productive Philosophers /376
Officiis philosophiae /392
The Natural Philosopher versus the Enthusiast /412

第7章
研究的目标 /434

柏拉图的洞穴寓言与反诘法 /437
真理与客观性 /452
自然哲学的目标 /463

Chapter 7
The Aims of Enquiry /434

Plato's Cave versus the *Elenchos* /437
Truth and Objectivity /452
The Goals of Natural Philosophy /463

第四部分

第8章
微粒论概述及机械论的兴起 /476

- 微粒论与原子论 /484
- 伽桑狄与原子论的合法性 /491
- 贝克曼与"物理—数学" /518
- 微粒论与机械论:霍布斯 /526
- 笛卡儿的《哲学原理》/539
- 笛卡儿的宇宙论 /564
- 地球的形成 /587

Part 4

Chapter 8
Corpuscularianism and the Rise of Mechanism /476

- Corpuscularianism and Atomism /484
- Gassendi and the Legitimacy of Atomism /491
- Beeckman and 'Physico-Mathematics' /518
- Corpuscularianism and Mechanism: Hobbes /526
- Descartes' *Principia Philosophiae* /539
- Cartesian Cosmology /564
- The Formation of the Earth /587

第9章
机械论的范围 /606

第一性的质和第二性的质 /607
生物机械论 /633
自然哲学和医学 /649

第10章
实验自然哲学 /662

自然史和物质理论 /670
自然史研究的聚焦：吉尔伯特与培根 /674
空气泵：霍布斯与波义耳 /689
颜色的产生：牛顿与笛卡儿 /705
使说明项适应被说明项 /730

Chapter 9
The Scope of Mechanism /606

Primary and Secondary Qualities /607
Biomechanics /633
Natural Philosophy and Medicine /649

Chapter 10
Experimental Natural Philosophy /662

Natural History and Matter Theory /670
The Focusing of Natural-Historical Enquiry: Gilbert versus Bacon /674
The Air Pump: Hobbes versus Boyle /689
The Production of Colour: Newton versus Descartes /705
Accommodating the *Explanans* to the *Explanandum* /730

第11章
自然哲学的量化转型 /744

流体静力学与运动学 /749

运动的量化 /767

作为运动学的力学 /779

宇宙的无序 /794

动力学 /807

Chapter 11
The Quantitative Transformation of Natural Philosophy /744

Hydrostatics versus Kinematics /749

The Quantification of Motion /767

Mechanics as Kinematics /779

Cosmic Disorder /794

Dynamics /807

第五部分

第12章
知识的统一 /834

万物共有的因果关系 /839
政治—神学与自然哲学 /862
物理—神学与自然哲学 /899

Part 5

Chapter 12
The Unity of Knowledge /834

Common Causation /839
Politico-Theology and Natural Philosophy /862
Physico-Theology and Natural Philosophy /899

结论 /930
参考文献 /938

Conclusion /930
Bibliography of Works Cited /938

Introduction

前言

1761年,吉本(Gibbon)在其《论文学研究》(*Essai sur l'étude de la littérature*)一书中,注意到了西方知识价值观念的根本变迁,开始对其源头进行追溯。他注意到,在过去几百年间,物理和数学最终逐渐取代了文艺(*belles lettres*[1]),成为主导的学问(learning)形式。此前一百年,梅里克·卡索彭(Meric Casaubon)所担心并警告世人的,正是这个现象。卡索彭写道:"我希望以后通用知识,尤其是神学,不要强制性地被数学审判,并臣服于数学","然而照当今某些人的脾性,这种威胁始终存在,他们认为数学以外的其他知识,无论多稀缺,都不值得人们学习;这样的话,要大学干什么?"[2] 卡索彭和所有学习文艺的学生一样,认为古典文学——哲学、历史、诗学、演讲术——是十分重要的,所有关于世界和人与世界关系的知识都会涉及这些学科。18世纪50年代,吉本察觉到,文艺主导人类知识和认识的时代正在终结。

吉本是他那个时代最早尝试持续分析知识价值观念根本变革的人士之一。此后几百年间,这种变革变得更加激进和复杂,这种变化堪称现代最根本的特征。随着认知价值观念最终逐渐以科学为核心重塑,西方对于自身、自我与过去和未来的关系的理解都经历了深刻的变革。重要的是,科学不仅带来了一套理解世界及人类与世界关系的全新价值观念,还彻底改变了人类学习和探索的目的。17世纪自然哲学家试图建立科学或者(按当时的说法)自然哲学的合法性时，这种改变就开始了。[3] 也就是说，建立合法性需要从根本上寻求客观性和非派系性，后来演变为科学应当是中立的。但是，中立的事物可能实现人类的理想和愿望吗？答案是不能。事实上，人类的目标也逐渐从传统的政治、社会和文化目标向科学、技术和经济目标转换。印度独立后的第一任总理尼赫鲁(Jawaharlal Nehru)在1960年的一次演讲便是一个典型案例。在演讲中，他阐述了他如何看待科学对印度的影响：

只有科学才能扫除饥饿和贫困，解决卫生问题，提升识字率，破除迷信和死气沉沉的习俗和传统，只有科学才能避免大量资源浪费，应对国家富足人民却忍饥挨饿的问题。……今天谁还能无视科学呢？每一个重要关头，我们都在寻求它的帮助。……未来属于科学，属于那些与科学为友的人。[4]

这里的关键不是一个第三世界国家如何模仿和追赶西方，而是西方的未来取决于何物、西方以何种方式设想未来，以及这个未来将体现什么价值和目标等诸如此类的核心问题。正如约翰·格雷(John Gray)提醒我们的那样：

今天，通过政治行动改造世界的信念实际上已经死了，代表新世界梦想的是科技。基本没人再期待通过更好地分配现有财富来消除世界上的饥饿和贫困。相反，政府仰赖科学创造更多财富。精耕细作和转基因作物养活更多的人；经济增长会减少并最终消除贫困。尽管政治家最为支持这些政策，但实际上这些依赖科技解决问题的方式意味着我们可以放弃政治变革手段了。与其与武断的权力做斗争，不妨等待经济繁荣解决问题。[5]

本书主要研究的是重新定义人类知识探索的本质和目标的早期阶段。本书为规划中的有关现代认知和思想价值观念转型系列研究的第一卷，该系列研究的目标是着手撰写一部从早期现代到当代西方科学文化兴起的概念变迁史和文化发展史。本研究把现代时期的科学看作一种特殊的认知实践，以及一种特殊的文化产物。本研究旨在展示通过探索这两者之间的关系，以揭示现代思想研究问题和价值观念的某些层面，而这是我们无法通过只研究其一就能了解的。

本书第一部分是对整个研究项目的简介，点明了推动本研究的几个具体问题。其核心在于研究所有认知价值观念如何被科学认知价值观念同化、其演进过程如何。19世纪末以来，许多科学家、哲学家等逐渐把人们当时确定的科学的基本价值观念视为道德、政治、宗教和哲学的新基础。人们普遍认为,上述领域和学科出现了新的目标和逻辑依据,科学所提供的认知探索全新模式可以为其提供合法性基础,并指导相关领域的研究获得更丰富的成果。我认为,亟待解释这种现象是如何产生的。我特别希望澄清一个误解,常被引述的科学革命[6]之后西方科学所谓的成功原因——它对抗辩式、非教条式论证的使用,它与宗教脱离的能力,它带来的技术进步——都是错误的,不能解释这种成功。的确,科学革命的一个突出特点就是,与早期其他地区的科学研究和文化不同,是受宗教原因驱动的,在有些阶段尤其明显:基督教在很多方面影响了自然哲学的发展,并驱使它发展,而这种发展方式与其他科学文化完全不同。此外,宗教作为关于世界的知识乃至普遍认知观念的来源,其地位在受到挑战时,这种挑战往往不是来源于科学,而是历史进程。16世纪以后,正是注重查证的历史研究方法为那些质疑宗教合法性的人提供了激进的工具。

第二部分聚焦于自然哲学的早期发展,这些早期发展引发的一系列问题,是理解早期现代自然哲学的关键。在第2章中,我提出,早在13世纪,自然哲学便从边缘地位变为我们认识世界的主要入口,而不是因为17世纪的科学革命。此外,这种西方知识文化的根本转型带来了诸多至今仍未解决的问题,终于在16世纪初的彭波那齐(Pietro Pomponazzi)事件中爆发。当时,系统神学需要亚里士多德(Aristotle)自然哲学来支撑,然而基督教教义与亚里士多德自然哲学之间却无法调和。同时,其他自然哲学形式开始纷纷出现,争夺主导地位,混乱无序,使得这个问题更加复杂。第3章的主题便是这些其他自然哲学形式的兴起,及其引发的回应,但最后这些都以失败告终。本章中笔者探讨了主张调和亚里士多德自然哲学与基督教教义的托马斯主义(Thomasism)的两个主要替代选项,即15世纪柏拉图主义(Platonists)的复兴和16世纪的自然主义[7],以及16世纪晚期经院哲学对二者的回应。这两章主要涉及的自然哲学最重要的特征,首先是物质论(译者注:又译作物质理论),其次是另一个理解自然世界的传统,即自然史(译者注:又译作自然历史、自然研究,曾译作自然志、博物志)。自教父时期以来,自然史独辟蹊径,在《圣经》的指引下对自然进行寓言式的诠释。第4章主要阐述法律和圣经语文学的发展影响下这一传统的剧烈变革过程。当时,客观和中立的理念走上台前,同时,当时对自然史的研究方法有了新的认识,认为它能帮助我们揭示上帝造物的意图。17世纪下半叶,波义耳(Boyle)(译者注:又译玻意耳)及其他人将上述特点纳入更加广义的自然哲学范畴,使其得以有力证明自然哲学知识探索的正确性,将原来宗教扮演的一些角色夺了过来。在此过程中,基督教和自然哲学均得以改造一新。

第三部分从方法论层面讨论了对传统亚里士多德自然哲学的取代（第5章），包括自然哲学家的改革（第6章），以及该改革如何影响对自然哲学知识探索目的的理解（第7章）。亚里士多德式的发现和表征知识方法在16世纪这一百年间逐渐被摒弃。该世纪初是对其进行再造，到16世纪末，它已被各种全新的研究方法所取代，其中最激进的方法让人们对自然哲学研究的意义产生了截然不同的看法。对亚里士多德式研究方法进行再造的驱动因素之一，是试图厘清实用数学学科（起初是天文学、随后是力学）发展在自然哲学上的意义。天文学案例中主要讨论的问题，是数学工具在解释天体运动观测中的假设地位。我们会发现，由于天文学问题本质上难以驾驭，一开始系统天文学研究（开普勒）的尝试就远不如零敲碎打、逐一攻克难题的研究（伽利略）成功。第6章讨论了围绕自然哲学家品格形象（persona）的诸多问题。这些问题伴随着方法论的争议，对争议的解决至关重要，但经常被人忽略。自然哲学家的品格形象是理解16世纪和17世纪自然哲学植入欧洲文化过程的关键。我认为，真理和求证的理念不仅取决于研究方法的观念，同样取决于思想诚信的概念，因此我通过分析培根（Bacon）、伽利略、笛卡儿（Descartes）和皇家学会的辩护者，探讨了自然哲学家的社会声誉，集中讨论了自然哲学家需要具备经院自然哲学所缺失的思想诚信这个主张。这和早期现代自然哲学的显著特点之一紧密相关，即此前从真理的角度来看待的问题，现在则从中立性和客观性的角度来讨论。第7章阐述了前两章中反思自然哲学研究的一些后果。我从这个问题开始：对自然哲学研究的传统期待是什么？特别探讨了在哲学家与智者(sophist)的各种对照过程中哲学的总体身份如何得以确立。对亚里士多德而言，自然哲学的身份在于其对自然现象内在规律的探寻，这个概念并不包括一些认知学科——应用数学(特别是力学、光学以及天文学)、医学和自然史——理由是，上述学科要么与自然现象无关，要么其研究的不是内在规律。通过提出如下问题——这些学科提供了何种知识、这些学科的总体研究目标与自然哲学有何种差异、这些学科与自然哲学之间可能存在何种联系，我们可以展开关于研究目的问题的讨论，深入了解17世纪出现的学科重组，这就是本书第四部分的内容。

第四部分的内容是17世纪的三种自然哲学实践形式。第一种形式是贝克曼(Beeckman)、伽桑狄(Gassendi)和笛卡儿的机械论体系，在第8章中详细说明。机械论体系是亚里士多德自然哲学体系的继承者，从某种程度上说仍属亚里士多德体系，尤其是该体系对自然哲学的解读基本上就是物质论，尽管这种物质论因为力学(理想概念)理论而受到彻底反思。机械论体系发展出一套精细的微观微粒第一定律体系，这些定律被用来当作宏观自然现象的说明项（explanans）。机械论可以分两类：例如伽桑狄的合法性探究聚焦的是物质论，而贝克曼的理论看似直接来自力学，其实他的方法是试图通过使用微观微粒体系的术语，将力学转化为自然哲学。随着学者们协调一致，他们试图将力学和物质论整合为一个内在一致的整体，机械论发展来到了关键阶段。学者们同时从机械论出发，设计出一套完整的宇宙论，其中霍布斯（Hobbes）的方法（与之最为类似的是伽桑狄）和笛卡儿的方法（与之最为类似的是贝克曼）最能说明问题的关键。在第9章中，我重点介绍了赋予自然哲学合法性的机械论。机械论解释资源极少，不得不对被说明项（explanandum）进行调整和大幅缩减，随后带来了诸多问题，对此我特别关注。此外，一旦我们进入有机领域，就会出现前所未有的问题。这里我讨论了笛卡儿的生物力学，特别是它在描述胎儿发育时面临的问题，也讨论了关于将医学纳入自然哲学的争议。

第10章探讨了机械论的一个比较特殊的研究方法，即试图将自然史的一些结论纳入自然哲学本体，而自然史传统上并没被归入亚里士多德自然哲学。在这一章，我们能看到所谓"思辨"派的基础主义方法遭到了反对，取而代之的是"实验"派自然哲学的兴起。我认为，在这里用"解释项向被解释项靠拢"的方法来思考问题，能够让我们看清事实。这种方法与系统机械主义自然哲学之间的接触点少得出奇，而一旦接触，既会被过度解读，又充满争议，对此我们将详细研究。我分析了吉尔伯特(Gilbert)磁学论以及培根对磁学研究对自然哲学产生普遍影响这一观点的批评，但重点首先放在波义耳对气动学的解释上，这一点与霍布斯的传统自然哲学方法形成对比；其次重点放在牛顿对光谱的解释上，这与笛卡儿试图从几何光学转向物理光学、通过微粒论来解释光的基本原理，形成对比。牛顿的显著特征之一是他能够将研究保持在几何光学的范围内，确保我们不会离开定量领域。因此，这些现象可以通过数学联系起来，而不是像传统自然哲学必须做的那样，用物质论来解释深层物理过程。这里所涉及的问题在第11章中详细讨论。该章着眼于阐述对自然现象特别是力的量化的研究。沿着这些路线前行的早期学者——特别是伽利略和笛卡儿——试图从静态力学推演到动态力学，而在17世纪后期，伽利略开创的动力学模型被惠更斯(Huygens)和牛顿继续采用，尽管方式大相径庭。胡克(Hooke)认为，宇宙行星轨道不是既定的，也不是不可质疑的，而应该被视为切向直线运动和引力加速的结果。在此基础上，牛顿最终证明了轨道是如何形成的，并且阐明了解释轨道形成过程的动力学原理。这样，传统上被亚里士多德自然哲学排除在外的力学，不仅被改造成一门自然哲学学科，而且在很多方面甚至成为自然哲学各学科中的标杆学科。

在第五部分中，我研究了自然哲学的统一性，以及知识的普遍统一性。在接下来将一切认知观念构建于科学价值观念之上的过程中，上述问题始终是核心所在。这些问题很复杂，我的处理方法是有选择性的，我挑选出那些决定性的问题并专注于它们。对于自然哲学统一性问题的思考，是在对自然哲学的两种传统认识和三种新认识的背景下展开的。两种传统认识，其一是亚里士多德的认识(scientia)统一性概念，即对事物运行基本定律的系统认识才是对自然过程的最终认识；其二是基督教的观点，即宇宙是唯一的神从无到有设计和创造出来的人类住所，所以世界是设计的产物，人类对世界的任何基本认识，只能通过了解世界的设计来获得。对自然哲学的三种新认识，则分别体现在机械论、实验哲学和"物理数学"中。这三种新认识为自然哲学的范围以及它所能实现的目标提供了完全不同的解释。机械论的一个主导观点是存在微观层面的共同因果关系。这个观点被证明是高度臆测，既没有实证证据，也没有显微镜观察的支持。就更普遍的知识统一性问题而言，我将传统物理神学与斯宾诺莎(Spinoza)将机械主义自然哲学吸收进政治神学的方法进行了对比。在古代（在某种程度上到了文艺复兴时期也是如此），人们之所以追求知识和学问，是为了追求智慧和幸福（两者之间相互关联）。但是，在中世纪对哲学的反思中，智慧和幸福在许多方面已经被寄托到来世。

这两者之间的关系并不冲突,因为17世纪初自然哲学的目标已经被真理和实用的目标所取代,这两者之间并没有内在联系。基督教声称可以提供必要的智慧观念,而斯宾诺莎的答案则背道而驰,他提出了一套机械自然哲学如何带来智慧和幸福的全新观点。自然哲学家对他的模型普遍无条件反对,但这并不意味着他们更青睐斯宾诺莎放弃的合法性目标,或者他们不在意斯宾诺莎奉为圭臬的自主性目标。他们想要两者兼而有之,而基督教关于设计宇宙的概念,正是通过一种以自然史为蓝本的自然哲学形式来检验,这不仅提供了一种理解上帝的独特方式,还指导了圣经的诠释,而不是被圣经诠释所主导,因而很快就成为观察自然哲学探究的首选语境。在这方面,我研究了英国的自然哲学家和神学家是如何将《创世记》(Genesis)中的说法代入自然哲学地球形成学说中的。我认为,从这些尝试中慢慢浮现的是一种根本变革。传统的托马斯主义者(Thomist)认为,自然哲学侧重证明和举证,神启则被视作揭示神的真理,因而二者之间的桥梁从某种方式来说必须是形而上学的;而全新的观点则是,神启和自然哲学相互促进,且二者相互印证,向着揭示神启和自然哲学的共同真理的方向前进。这样,自然哲学研究的属性得以改造,被赋予了一种独特的正确性和合法性,进而奠定其后自然哲学地位的基础。

1 拉丁文为 bonae litterae,指人文知识,与逻辑学、形而上学和神学相对。

2 Meric Casaubon, *Of Credulity and Incredulity in Things Natural, Civill and Divine* (London, 1668), 25-6.

3 "自然哲学"指我们可以划分出来的一个学科群,包括物理、化学/炼金术、生物学和生理学,但不包括我们可以包括在"科学"范畴里面的一些学科,例如数学和医学。亚里士多德把自然哲学定义为那些在不断变化且不以人的意志为转移的事物。17世纪之后对亚里士多德自然哲学的摒弃使这一定义经历了一些调整,但这并不妨碍本书中对"自然哲学"这一术语的使用(尽管随后还需要做一些更多的说明和解释,例如17世纪"实验哲学"从术语学的角度可否算作一类自然哲学,抑或是自然哲学的替代选项? 再如18世纪的"理性力学")。亚里士多德本人使用的术语来自拉丁文 *phusis*,"自然",通常被译为英文"physics"一词,但是因为其内涵与我们今天所理解的"物理学"相去甚远,所以一般来说我倾向使用术语"自然哲学"(natural philosophy)。同理,17世纪的术语"physiology",即指自然哲学,亦不是今天"生理学"一词所指。术语"science"(现代意义上的科学)和术语"scientist"(科学家)是19世纪引入的,前者指的是专业的研究,与拉丁语 *scientia* 的含义大相径庭,*scientia* 至少就亚里士多德传统而言,指来自对物质的系统组织而形成的某种形式的智慧。尽管如此,必要时我仍然使用广义上的术语"science"(科学)和"scientific"(科学的)来指称广泛的认知探索活动,包括古代科学、中世纪中国科学和现代科学本体。

4 引自 Tom Sorell, *Scientism: Philosophy and the Infatuation with Science* (London, 1991), 2. 这段话反映了1945年末罗斯福总统的科学顾问万尼瓦尔·布什(Vannevar Bush)提交的一个报告中的观点。该报告呼吁,此前用于战争的科学,现今则要用于治疗疾病、培养下一代青年科学人才、提供充分而有成果的就业、实现一个更有意义的人生。报告题为 *Science, the Endless Frontier* (Washington, 1946)。布什写道:"科学进步是我们保障国家安全、提升国民健康、实现充分就业、提高生活质量和促进文化进步的关键",引自 Gerald Holton, *Einstein, History and Other Passions* (Cambridge, Mass., 1996), 5-6.

5   John Gray, *Heresies* (London, 2004), 50-51. 与之对照的是美国国会科学、空间及技术委员会主席小布朗(George E. Brown Jr.) 1993年的评论:"科学和技术的全球领先地位尚未转化为在婴儿健康、预期寿命、识字率、机会平等、工人生产率或资源利用率方面的领先地位。它也没有解决教育系统缺陷、城市衰退、环境退化、医疗保健成本攀升和历史上最沉重的国债等问题。"引自 Holton, *Einstein, History and Other Passions*, 6.

6   "历史上是否有过科学革命"这一问题,文献著述颇丰。正如夏平(Shapin)所说:"许多历史学家现在不再满足于存在可以被称为'科学革命'的任何单一和不相关联的、局限于具体时间和空间的事件。历史学家现在甚至拒绝承认在17世纪有任何被称为'科学'的一个连贯文化实体带来了革命性变革。相反,有一系列不同的文化实践,旨在理解、解释和控制自然世界,每个实践都有自己独特之处,每个都经历着不同的变化模式。我们现在对'科学方法'的说法更加怀疑了——这是一套连贯、普遍和有效的程序,用于创造科学知识,并且对于所谓科学方法起源于17世纪,自那以后它就顺畅地相传至今的故事更加怀疑。"引自 Steven Shapin, *The Scientific Revolution* (Chicago, 1996), 3-4. 在第1章关于"对启蒙的诠释"的讨论中,我会批判这个如夏平所说的受到许多科学历史学家反对的假设。然而和其他人一样,我在本书中会继续使用"科学革命"这个术语。对于科学革命历史编纂学深入和细致的阐述,请参见 H. Floris Cohen, *The Scientific Revolution: A Historiographical Inquiry* (Chicago, 1994).

7   文艺复兴时期的自然主义不同于当代哲学中的自然主义。前者认为,传统上被认为需要超自然解释的领域实际上需要自然解释,但这通常是基于这样一种理解,即同时代的自然主义者不具备的一些能力和力量已经融入自然。现代自然主义更接近于17世纪仅与霍布斯一起出现的简化微粒论。

Part 1

第一部分

Chapter 1
Science and Modernity

第 1 章
科学与现代性

> 科学被视为生命的病症有什么意义?……凡事都如此讲究科学,也许是对悲观的恐惧和逃避吧?也许是不动声色的最后手段,反对的是——真理?而且,从道德上讲,也许是怯懦和虚假?
>
> 弗里德里希·尼采(Friedrich Nietzsche),《悲剧的诞生》[1]

现代欧洲科学文化兴起的最显著特征之一是一切认知价值观念逐渐同化为科学价值观念。这不仅仅是西方科学实践的一个显著特征,也是西方现代性的一个显著特征,即科学知识的作用和目标的特定形象,在根本上与现代性的自我形象紧密绑定。一个引人注目的例子是,在19世纪初的几十年里,西方对其自身优越性的内涵界定从自己的宗教无缝地转移到自己的科学。[2] 甚至到了1949年,赫伯特·巴特菲尔德(Herbert Butterfield)还在其颇具影响力的《现代科学的起源》(The Origins of Modern Science)一书中提出,以前由基督教传播的文明理想现在由科学传播,基督教已经演变成一种新的世俗信仰科学。[3] 尽管今天对这些问题的讨论也许不再使用这些说法,但事实仍然是,在过去的五十年里科学知识的作用和目标的特定形象已被西方传播,并由其接受者内化,被视为现代化进程中的基本要素。

这一观念实际可行并大获成功的一个关键因素是,譬如与宗教相比,科学只诉诸理性和经验,因此丝毫不受历史或文化因素的影响,历史或文化因素可以忽略不计,所以科学本质上不需要语境,无论是历史语境还是其他语境。因此,由于没有历史包袱和特定时代背景的羁绊,科学在19世纪中叶开始大爆发,最终削弱了基督教声称的独一无二的合法性。科学凭借这一形象,尤其是其只对理性和经验负责的概念,被赋予更高的文化地位,在很大程度上也促使人们把科学价值观与道德、民主关联起来,而三者本不相干。

这种关联始于19世纪末的达尔文主义辩论,并成为20世纪的主导文化主题。在英语世界,这种关联始于赫伯特·斯宾塞(Herbert Spencer),他明确提出从科学原则中推导出伦理原则。[4]从19世纪后期开始,人们一再尝试以科学来指导道德。例如,1916年,《自然》杂志的编辑理查德·格里高利(Richard Gregory)特别指出,应该将无私和热爱真理的科学价值观念作为道德的基础。[5]随后,1923年出版的《科学与文明》的多位作者在书中支持他的观点,并呼吁用基于科学的道德价值观取代基于宗教的道德价值观。朱利安·赫胥黎(Julian Huxley)写道,科学的下一个伟大任务是创造一个新的宗教。[6]1931年,科学专栏作家约翰·兰登-戴维斯(John Langdon-Davies)开始抨击宗教用感情色彩浓郁的词语来描述抽象概念,以此来捍卫科学的道德价值。[7]同一时间,维也纳学派(Vienna Circle)已经决定,研究哲学的

最佳人选不是哲学家,而是科学家。缅怀1926年至1931年在维也纳学派的时光时,卡尔纳普(Carnap)写道:

通常情况下,哲学家之间要完成高效的协作很困难,然而在我们小组中,所有成员都对某个科学领域有着第一手的认识,包括数学、物理或者社会科学等,因此在我们的合作中,不论是清晰度还是责任感,都优于普通的哲学团体,尤其是德国哲学团体……我们的共同精神是合作,而不是竞争。我们的共同目标是相互合作,力争获得更透彻和深入的认识。[8]

显而易见,这种方法并不局限于过时的实证主义。例如,从巴罗和蒂普勒(Barrow and Tipler)最近的声明中可以看出:

尽管许多哲学家和神学家似乎对自己中意的理论和想法情有独钟,但科学家并不这样,他们倾向于以不同的方式看待自己的想法。他们只对形成多个合理的可能逻辑、通过观察来判断真理感兴趣。[9]

这种关于科学地位的观点赋予科学一个道德维度。例如,在20世纪30年代和40年代的美国,科学观念与法西斯主义、共产主义、天主教，特别是麦卡锡主义形成了鲜明的对比。一方面，查尔斯·莫里斯 (Charles Morris) 认为，实用主义的力量是一种谎言，因为实用主义基本上就是"科学思维习惯与民主道德理想的结合"[10]，另一方面，罗伯特·默顿 (Robert Merton) 则明确地着手确立科学理想与民主理想之间的对应关系[11]。耶鲁大学社会科学家马克·A.梅 (Mark A. May) 则提出，世界文化应奠基于"科学道德"，所有人的最高生活准则应比照科学家的信条，致力于诚实、自由、批判以及基于证据的调查。[12] 值得注意的是，在梅写下此言的时候，很多科学家并不具备更高的道德水准，甚至有很大一部分道德低下，愿意在暴行中同流合污或对此十分兴奋。[13] 然而，这并不妨碍理查德·霍夫施塔特 (Richard Hofstadter) 和沃尔特·梅茨格 (Walter Metzger) 在第二次世界大战后再次提出这个未加批判的观点。1955年，他们在对麦卡锡主义的抨击中提出，"科学道德"应该是所有学科，包括人文学科在内，学术自由的理论基础。[14] 1957年密歇根大学心理健康研究所的一名学者认为，"源自科学行为的伦理体系与其他伦理体系相比有质的不同，确实是一个'更优越的'伦理体系。"[15]

然而，将科学进步和伦理进步关联起来的观点实际上难以自圆其说，不堪一击，这种脆弱性在所谓"科学"(比如实验室医学) 的发展过程中被淋漓尽致地展现出来。20世纪

40年代,药物学的两大辉煌——盘尼西林和可的松的发现——掀起了人们对科学的医学的热情。在某些方面来说这很讽刺,因为这些都不是任何科学计划的成果:它们是"自然的礼物",完全是在高度随机和毫无把握的情况下偶然发现的。[16]然而,对医学来说,这两者都是十分重要的成果。青霉素作为一种天然存在的无毒化合物,加上之后发现的其他抗生素,一举治愈了许多致命的、慢性的感染,提示了在实验室中开发药物的无限可能。[17]随后,人们进行了各种尝试,试图将医学建立在"科学"的基础之上。从20世纪60年代开始,大量资金被投入临床试验中,使之成为医学界的主流:大量试验以失败告终,比如试图将化疗扩展到广泛癌症的治疗中的试验,但研究者们认为只是自己没有找到合适的药物配比,他们换掉患者样本重新试验,结果往往是再次失败。正如勒法奴(Le Fanu)所指出的那样,"可以预见,试验结果是骇人听闻的,接受化疗的人比没有接受治疗的人死得更快,生活质量也差得多。"[18]1967年,莫里斯·帕普沃思(Maurice Pappworth)的《人类小白鼠》(Human Guinea Pigs)一书出版,公众开始关注临床方法和科学试验方法之间的分歧。帕普沃思是标准临床教科书的作者,也是临床技能诊断优越性的捍卫者,他认为临床诊断要比科学医学支持者所追求的测试和试验更加准确,虽然他毫不怀疑过去三十年来合成化学取得的巨大进步,但是他谴责医学界无情、残忍、危险,而且往往无意义地在婴儿、孕妇、精神病患者、囚犯、老人和垂死者身上进行试验,对他们来说,这种试验不亚于一种酷刑。[19]在这里,很难简单将这一事件归为科学的误用,而不责怪科学本身,因为试验中所遵循的程序不仅是最保守、最正规的科学规范,而且有些试验也取得了成果。这一事件不但在事实上终结了人们对某种内在的、优越的"科学道德"[20]概念的盲从,而且提出了将程序从一个学科输出到另一个学科是否适当的问题。这一事件显示,人们所讨论的这个适当性问题十分复杂,不仅涉及伦理,还关乎技术问题,并强调,人们在比较不同领域的科学实践时需要谨慎,不可简单照搬,一种科学实践在某些领域可能成功,而在其他领域却不见得如此。

从"科学医学"事件中可以学到的一个教训是,科学的统一性被过于武断地解读了,以及所有将其视作纯抽象问题的努力都将是徒劳。[21]这些问题并不局限于医学,继而引发了一个争议:在科学统一性概念背后,有没有非科学的源头和动机?例如,在19世纪中叶的德国,维尔乔(Virchow)、杜波依斯·雷蒙德(DuBois Reymond)和赫尔莫尔茨(Helmoltz)等科学家明确提出,科学的统一和德国国家的统一不可分割。近一个世纪后,杜威(Dewey)从政治术语角度来谈论科学的统一,将其作为对抗政治迫害的堡垒。[22]这是一个具有深远实际意义的问题,就像医学一样,一系列科学学科的未来经费资助取决于关于科学统一性的决定:20世纪90年代,美国计划建设一个极其昂贵的超级对撞机,部分争议就在于凝聚态物理学是否正如其倡导者所主张的那样,独立于粒子物理学的指导原则,或者是否所有物理学都以某种方式遵循粒子物理学的基本定律,因此应该在经费资助中优先考虑(在这种情况下接近全权委托资助)。[23]关于"科学统一性"的重要问题我们会在诸多语境下进行讨论。对我们来说,其重要意义在于意识到这一事实,即任何试图将认知价值观念同化为普遍科学价值观的尝试,都要基于科学是统一的这一前提。[24]如果科学仅仅是不同学科的松散集合的话,那么不同学科有着各自不同的研究主题和研究方法,其服务于各自的某些宗旨而不是其他学科。[25]这些学科以不同的方式被归在一起,那么将不可能出现把全部认知价值观念构建于科学观念之上的情况。正如詹姆斯·克拉克·麦克斯韦(James Clerk Maxwell)——物理学界比肩牛顿的最伟大的物理学理论统一论者——在1856年的一篇论文中评论道:

> 也许自然如人们所称,像一本页码正常编排的"书";如果是这样,毫无疑问,前言部分会解释下文,开篇几个章节中讲授的方法会被视为理所当然,被视为高阶部分的

基础；但是，如果它根本不是一本"书"，而是一本杂志，那么将前期章节视为后期章节的基础就是愚蠢的。[26]

一个世纪后，物理理论的另一位伟大的统一论者保罗·狄拉克 (Paul Dirac) 认为，在物理学学科之间建立基本联系的目标是消除各理论之间的不一致，而不是试图去统一以前毫无交集的理论。他认为，前者取得了辉煌的成功，如麦克斯韦对电磁方程不一致的研究，普朗克 (Planck) 解决了黑体辐射理论中不一致现象，爱因斯坦解决了他的狭义相对论和牛顿万有引力理论之间的不一致问题。相比之下，那些自上而下、试图去统一以前毫无交集的理论的方法则没有产生任何有意义的成果。[27]

由于科学统一性的假设不仅是还原主义的基础，而且是将认知学科同化进科学，和/或将全部认知观念构建于科学之上的基础，因此要理解科学是如何获得这样的基础地位的，就要从这一假设出发。我写作下文的目的是研究科学自我形象的起源，并研究其基本原理，研究科学如何凭借这一自我形象，标榜自己可以作为所有形式的有目的行为的典范，为一切争论提供认知规范，从道德到哲学[28]，从政治组织[29]到宗教[30]，甚至被认为是人类下一阶段进化进程的构成部分。[31]我们会发现，科学自我形象的起源是在近代早期关于自然哲学的目的和地位的辩论中形成的，尽管我们无法理解16世纪末和17世纪初的新发展——除非我们了解13世纪西方哲学文化的深远变革。尤其是我们会发现,当时亚里士多德主义的显著特点是将自然哲学视为整个哲学的切入点,包括对系统神学进行奠基,从而使自然哲学成为优先认知事项,而在此之后成为早期现代科学文化的核心特征之一。总而言之,西方从13世纪开始,彻底改变了对自然哲学的认识,从一开始把自然哲学看作一个完全边缘化的东西,到后来把自然哲学视为认知探究的普遍特定模式。我们应当关注并研究这一现象,它攸关现代性的一些核心问题。我们的首要任务就是反思在这个现象中需要解释什么,以及需要解释的原因。

启蒙的诠释

自古典时代以来,有许多文明见证了某种形式的"科学革命":科学文化丰富多彩,成果斐然,一些基础性的难题得以被提出,并以创新和多方共同努力的方式得到解决,特别是棘手的数学、物理、医学、天文学等问题,经过几代人的不断努力,结出了硕果,其中[32]包括古典希腊及其希腊化的流散[33],9、10和11世纪[34]的阿拉伯—伊斯兰的北非、近东、伊比利亚半岛,13世纪和14世纪的巴黎和牛津[35],以及12—14世纪的中国。[36]

我们在本书中将要研究的科学革命——这个特定的、西方的科学革命——与以上这些革命大不相同。时常有人问：为什么科学革命发生在现代西方，而不是中国、中世纪伊斯兰世界、中世纪巴黎或牛津？但只有西方的科学革命需要解释，其他并不需要：现代西方科学发展的本质就是特殊性和例外性。[37]古典和希腊化世界、中国、中世纪伊斯兰世界以及中世纪巴黎和牛津的科学发展共同表现出一个鲜明的特色。它们都表现出缓慢、不规则、间歇性增长的特点，与大段停滞期交替出现，在停滞期中人们兴趣转向政治、经济、技术、道德或其他问题。科学只是这些文化中的众多活动之一，对科学的关注会转移，就像对其他学科的关注可能会转移一样，其导致的结果就是在这些环境里，人们对各学科的兴趣是均衡的，各学科之间围绕智力资源产生竞争。

近代早期西方的"科学革命"打破了所有其他科学文化的繁荣/萧条模式，其不间断地累积、增长，后来形成了西方科学发展的普遍规律。传统的利益平衡被对科学的关注所取代，尽管科学本身所经历的增长速度按照早期文化的标准来看是病态的，但这种病态最终因科学所承担的认知地位而合法化。这种科学发展的形式是例外和异常的。那么，问题不在于为什么科学革命没有发生在任何其他富有创新性的科学文化之中，而在于为什么它发生在西方。这里的核心问题是：在现代历史进程中，西方科学实践何以如此脱胎换骨，不仅能够为其自身建立认知优先地位，而且能够围绕其自身来塑造其他认知价值观念？

为了找到参照物，需要指出，从某种意义上说，这种发展模式与库恩(Kuhn)新范式科学发展模式并行不悖，随着新范式的出现，往往会开始一段科学活动活跃时期。[38]但从另一个意义上说，它又与库恩的理论背道而驰，因为它表明，自16世纪以来，西方科学的发展遵循一种与任何其他科学文化完全不同的模式。据我所知，目前对这种现象还没有系统性的调查研究。我们即将对此进行研究，所以我会使用一些理论和解释，对比我的方法，相信对理解科学革命会大有裨益。我使用的这些解释在科学史和科学哲学方面的许多传统著作中都可以找到，如果它准确描述了问题的关键，那么我建议将其用于解释西方科学发展的特殊性。在本书中，本人将要重新建构的核心主张是，近代早期的科学如此成功，不仅可以取代其他竞争性解释，还能将其获得成果的方法推行至所有认知领域。这里首先要做的是稍微充实一下这个论点，并在此过程中去解释为什么人们笃信科学的光环。

我们从历史编纂学开始，正是从历史编纂学中，我们得出了一部分科学光环的合理性。如果将科学看作一种文化产物的话，那么公认的现代最具决定性意义的两个科学事件是哥白尼主义（Copernicanism）和达尔文主义（Darwinism）的出现。哥白尼主义比任何其他科学发展都更具决定性意义，标志着科学时代的开端，而达尔文主义则标志着从一种文化习惯向另一种截然不同的文化习惯的过渡。哥白尼主义和达尔文主义的胜利，正如它们通常被解读的那样，是双重的。首先，它们在面对传统宗教的激烈反对时取得了成功。其次，它们取代了自古以来就坚定不移的、根深蒂固的、具有两千年权威的哲学观点。如果我们将哥白尼主义视为与非科学学科斗争的开始，将达尔文主义视为斗争决战的开始，那么人们很容易认为它们的胜利体现了科学价值观念独一无二的本质。也就是说，它们似乎表明，与神学或人文学科的认知价值观念和规范不同，基本的科学价值观念和规范是开放的，外界无从反驳。

这就引起了一个根本问题。如果科学革命是独一无二的，那么它之所以能在其他科学文化的变革中脱颖而出，是因为科学的实践者恰好找到了唯一一个真正可以成功追求科学真理的方式，还是因为种种偶然，科学能够让自己的科学实践模式（或该模式的理想版本）成为唯一可行的实践方式？我将使用"启蒙的诠释"这一说法来概括这样一种观点，即科学革命与其他科学文化变革的区别在于，它的实践者找到了一种独特的成功追求科学的方式，而科学革命中产生的科学实践则代表了其具有长期发展可行性[39]的唯一途径。自科学革命以来,人们认为科学发展有两个与众不同的特征,正是这两个特征将其与其他科学探究,特别是中世纪自然哲学区分开来。这两个特征就是科学自主性和科学方法。

关于科学自主性,其最直接的形式可以参考17世纪的科学。它与中世纪自然哲学截然不同,逐渐摆脱宗教,走上了自主的道路。关于科学方法,这种自主路径的显著特征是一种定量和实证研究方法,因此它能够产生具有持久价值的研究成果,这是它的中世纪前辈不能企及的。这是一个双重过程:一方面,科学独立于那些没有物理证据支撑的明显不当的观点,可以确保自主性;另一方面,科学确立适当和可行的方法来产生可靠的研究结果,为巩固科学成果开辟了道路,使科学事业与其他形式的研究显著有别。因而,我们所称的"启蒙的诠释"又具备另一个特点,那就是它不仅能显著巩固研究结果,而且正是它能够进行这种巩固的事实,标志着现代科学实践从其他知识探索中脱颖而出,并设定了认知成功的新标准,此后所有声称取得了知识进步的学科,都要经过这些标准的检验。

我们思考这一观点是否成立的时候,首先至关重要的是,必须明确区分哪些是在科学革命的出现中发挥作用的可能因素,哪些是在其巩固过程中发挥作用的可能因素。在"启蒙的诠释"中有一个隐含的假设,即前期奠基过程中的合理解释可以被沿用至后期发展过程。例如，从开普勒和伽利略开始，到哥白尼主义产生，再到牛顿《自然哲学的数学原理》(Principia)巅峰，这个故事清楚地阐释了前人科学成果不断被后人巩固的过程，因为这些科学成果最终为我们指出了正确的方向——通向真理的方向，相比之下，之前的成果，或者非西方的成果，则在这一方面相形见绌。这个隐含假设没有认真考虑科学革命的巩固过程，就好像解释它的建立过程，本身就等同于解释它的巩固过程。[40]但是，一旦我们正视巩固问题，只要片刻的反思就会发现，这样的科学成果不可能解释科学革命后来是如何得到巩固的，单是巩固过程充斥着极大的偶然性这一条理由就足以反驳。早期光学、天文学、机械论、医学和技术等方面都曾取得过巨大进步，都曾获得了非常重大的科学成就，然而在一段相对密集活跃的科学活动之后，上述所有领域就停滞不前了。

人们也许可以把上述进步看作微型科学革命，但我们不能把它们看作失败的科学革命。它们与我们所说的这个"科学革命"的区别在于，它们显然未能巩固科学成果。我在这里所说的巩固，并不是说建立和加强某个科学成果、理论，甚至研究项目的能力(因为它们显然有能力这样做)，而是指巩固科学事业本身。后者强调的是合法性，它关注的是特定类型活动的信誉和地位。这种巩固旨在将科学确立为一个认知活动模式。我们无法假定这样大规模的巩固曾在亚历山大、阿拉伯—伊斯兰或中国等地出现过。但这些证据恰恰表明这些文化的科学规则似乎就是去解决有限的具体问题，而问题成功解决后，对科学问题的高度重视通常会告一段落。科学事业本身并不会天然产生大规模巩固的想法，这个想法是"科学革命"后的科学事业本身所固有的。如果没有这种巩固，我们根本就不会有"科学革命"，我们的科学发展只能与中世纪早期巴格达、安达卢西亚或中国宋朝和明朝所发生的情况类似。存在一个旨在促进科学认知主张并围绕它们建立合法科学文化的成功巩固进程，是"科学革命"的独有特征。但这种巩固不仅仅是是否有成果的问题，而且是一个是否成功实现其目标的问题，这个目标在早期的科学文化和西方以外的文化中并不存在。

相比"科学革命"是如何成功实现的，这个目标是为何及如何产生的同样值得我们关注。如果大规模的合法化巩固从未在科学研究中发挥显著作用，如果其目标，除某些罕见情况外，主要是由外部强加，那么内部产生的巩固的动力是从何而来的呢？何时出现、在什么条件下出现？这两个关键问题我们在阐述"启蒙的诠释"时就提出过：科学的自主性——相对于宗教——以及科学方法论，能否解释科学在"科学革命"之后塑造一种文化,并在这种文化中逐渐主导认知探究的模式和规范的能力?

科学的自主性

让我们先来探讨一下科学的自主性,该理论声称西方科学的成功至少部分在于它脱离宗教的能力。[41] 显而易见,16、17世纪宗教和自然哲学的关系出现了剧烈变化,但是正如在随后几个章节中详细说到的那样,这些变化绝不是直截了当的,其结果绝不是自然哲学脱离宗教,而是在许多方面向宗教靠拢。诸位不要忘记,16世纪和17世纪是欧洲历史上宗教氛围最浓烈的两百年。整个中世纪,存在着一系列严苛的道德标准。伴随着要人们自我警醒的要求,给人们制定标准,曾经一直是修道院文化的专属特权。在宗教改革和反宗教改革[42]的过程中,这些标准被强加到普通民众身上。早期现代,世俗百姓有着深厚而强烈的宗教情感,与修道院文化中的并无二致,而且——我们需要关注的一个关键点是——这些宗教情感激发了大量的自然哲学探究,一直延续到19世纪。

我们发现,在早期现代西方,科学事业在合法性和巩固层面上的独特成功很大一部分并不是来自宗教和自然哲学的分离,而是来自自然哲学可以适应自然神学研究的事实:自然哲学提供了自然神学得以延续的前景,因此它在17、18世纪具有诱人的吸引力。近代早期,实现科学的巩固,绝不是靠挣脱宗教的束缚,相反,关键在于宗教坐稳其主导地位:基督教在17世纪接管了自然哲学,制定自然哲学的议程并推动其前进,这种推动其前进的方式与其他科学文化截然不同,最终将自然哲学确立为部分按照宗教形象构建的东西。我们会研究自然哲学和神学融通的复杂过程,以及二者如何在这个过程中均发生脱胎换骨的变化。到19世纪,两者开始分道扬镳,但并不是因为自然哲学和神学之间出现了什么冲突或者互不相容;恰恰相反,唯物主义倾向的无神论者[至少在狄德罗(Diderot)之前]被迫忽视自然哲学的最新成果,并回归到"科学革命"前夕流行的自然主义概念。[43]

在这里,19世纪英国国教的案例发人深省。从19世纪40年代开始,英国国教的权威大不如前,原因很复杂,但那些维多利亚时代英国"不再信教"人士给出的理由中,科学进步的因素鲜有提及。[44]实际上,基督教遭遇困境,其部分原因是从17世纪开始,对《圣经》和对整个基督教的历史理解相继出现,逐渐削弱了基督教的信誉,因为从培根到休谟(Hume)和吉本,基督教被历史化,然后被相对化。对不列颠群岛的最后一击是1860年出版的《论文与批评》(*Essays and Criticisms*),其撰稿人主要是圣公会神职人员，该书敦促用历史方法阅读《圣经》，而不是将《圣经》视为默示文本来阅读，读者应该对《圣经》和其他书籍一视同仁。[45] 不是科学，而是《圣经》批判和历史，才是促使人们反思宗教情感及其权威来源的主要外部原因。[46] 正如欧文·查德威克 (Owen Chadwick) 所指出的那样，19世纪60年代，"神学家们忙于应对圣经批判的后果，无暇顾及自然科学"；在那之后，"他们的新历史知识使他们不愿将上帝的启示建立在《圣经》这份文献上，《圣经》无疑包含历史真相、但没有人能说清有多少"[47]。

然而，当科学褪去曾赋予它逻辑依据的宗教意识形态外衣，试图为自己打造一个新的理论依据的时候，它却又重新披上了宗教的教袍。在1853年的一次演讲中，当时最有影响力的应用科学倡导者里昂·普莱费尔 (Lyon Playfair) 宣称"科学是一种宗教，哲学家是自然的牧师"，赫胥黎 (Huxley) 将其关于科学的讲座称为"平信徒布道"。[48] 比阿特丽斯·韦伯 (Beatrice Webb) 回顾了19世纪70年代她青春期时存在的"科学教"，将其定义为"一种隐含的信仰，即通过物理科学的方法，且仅凭这些方法就可以解决人与人之间、人与宇宙之间的所有问题"。[49] "谁会否认呢？"她问道。

那个时期，科学界人士是英国顶尖知识分子；他们是脱颖而出的天才，具有国际声誉；是他们打败了神学家，迷惑了神秘主义者,是他们为哲学家带来理论,为资本家带来投资,为医学家带来发现;同时是他们冷落艺术家,无视诗人,甚至怀疑政治家的能力。谁会否认呢? [50]

1875年,弗朗西斯·高尔顿(Francis Galton)呼吁成立"科学圣职",以照顾国民的健康和福祉。[51] 1889年,法国达尔文主义者阿尔弗雷德·贾尔德(Alfred Giard)声称,"科学逐渐取代宗教在人们生活中的角色的趋势,必须要算进本世纪最令人愉悦的群众观点"。[52] 英国历史学家阿尔弗雷德·本恩(Alfred Benn)的观点证实了这一评估,他在1906年写道:"曾经给予牧师和他们关于看不见的宇宙的故事的敬意,很大一部分已经转移到了天文学家、地质学家、医生及工程师身上。"[53] 赋予科学家宗教地位的风潮始于牛顿的圣徒传作者约翰·康杜伊特(John Conduitt),他将牛顿描述为"圣徒",把他神圣化,"他的发现很可能会成为神迹"。[54] 就连牛顿通过掉落的苹果发现万有引力定律,也被他的崇拜者赋予某种象征意义。正如帕特里夏·法拉(Patricia Fara)所指出的:

在宗教肖像学中,婴儿耶稣手里的苹果象征基督,即第二亚当,将救赎人类。对于培根的追随者来说,牛顿就是新的亚当,他将揭示上帝的自然数学定律。[詹姆斯]汤普森将他描述为救世主,他将向"罪恶的人类"(erring Man),即堕落的人类,解释宇宙,这种圣经隐喻在摄政时期的英国仍然广泛流行。**55**

显然这个现象不仅在英格兰出现,接下来的两个世纪,这个趋势没有任何消退的迹象。19世纪末,伟大的德国物理学家和生理学家亥姆霍兹(Helmholtz)在自传中回忆道,他的科学生活具有"永恒的神圣性",而科学家的工作被"神圣化"。**56**

诚然,对宗教情感和权威来源的重新思考也有内部原因,如果我们从一开始就没有意识到这些原因,那么我们就可能提出关于科学文化兴起的错误观点,因为我们不了解要解释的对象,从而把地方性的、偶发的科学发展当作历史性的趋势。这种错误在我们即将展开的研究中十分常见,因此我们可能会通过举例来避免犯这种错误。在研究自然哲学的早期现代发展过程中,我们会遇到许多这样的案例,但最好的案例——这个例子深深植根在流行文化之中——就是19世纪英国抛弃宗教,转而支持科学的例子。

宗教影响力的下降,结合科学势头的上升,常常助长这样一种假设,即放弃宗教而支持科学是科学进步的必然结果,这个假设在后来科学和宗教权威的对抗浮出水面时，最终解决了自哥白尼主义遭到谴责以来一直在发酵的关于科学和宗教谁更权威的问题。但是，假设这是科学进步的必然结果，就会忽视思想因素在放弃基督教中的作用，这是完全不合理的。从19世纪40年代开始，有充分证据表明，英国的"信仰危机"不是由科学的成功引发的，而是由一系列偶发事件的复杂组合引起的，其中最重要的三者是对法国大革命的政治反应、宗派竞争和福音派。[57]法国大革命方面，伯克(Burke)激烈抨击法国大革命，认为无神论和唯物主义是推动法国大革命的主要因素，他的作品将对革命的抵抗和对宗教的保护二者联系起来。[58]这无疑引起了英国一些人对科学的深切怀疑，地方法官和警察改革家帕特里克·科尔克洪(Patrick Colquhoun)虽然鼓励在基础教育中大力提倡道德，但也明确表示："科学和知识，如果普遍传播，将很快推翻地球上最完善的政府。"[59]人们强烈抵制普及科学教育，甚至科学家也抵制，这可以从1807年对教区学校法案(Parochial Schools Bill)[60]的反对声浪中清楚地看出。另外，阐述自然宗教的出版物也突然激增，这背后执行的是两个策略：一是神职人员诉诸自然神学，来驳斥激进宗教、哲学和科学作者的无神论和唯物主义；二是科学家(其中许多是神职人员)开始表明，科学和理性思想并没有导致无神论和唯物主义，而是会更加敬畏上帝、现有政治和社会结构。[61]教派竞争方面，从18世纪末开始，英国国教逐渐失去了政治上的垄断地位——很大程度上是由于1829年天主教解放的出现，议会不再认为传统教会在宗教事务中享有优先权利——这引发了大量的神学争议。[62] 福音教派方面，随着18世纪晚期福音教派的兴起，我们进入了一个在道德、思想、精神层面公开对基督教教义进行尖锐和激烈的批评的时期。但批评的目的是将这些教义再基督教化，而不是用非基督教的内容取代它们。正如特纳(Turner)所指出的："维多利亚时代的信仰危机不是来自对宗教的攻击，而是来自17世纪以来英国历史上重振宗教影响力的最狂热期间，更详细一点说是在所有教派为基督教化英国做出最后一次巨大努力的期间。"[63]

这些事件说明，西方文化在一个渐进但不可避免的世俗化进程中不可阻挡地从基督教走向世俗这种观点是错误的。科学与宗教之间的关系如何发展，往往因国家而异，而且往往有着根本性差异，并且没有普遍出现因为科学而掀起的不可避免的世俗化运动。在法国，从18世纪中叶开始，科学逐渐被启蒙哲学家们 (philosophes) 用于论证无神论和唯物主义；而在英国，随着科学被召集起来捍卫基督教，两者之间的关系发展走向了与法国截然不同的方向。18世纪的英国和法国在这里出现了惊人的反差。普里斯特利 (Priestley) 是英国激进非国教思想的代表人物，他曾记录过自己在法国一次晚餐的经历：

我坐在……图尔吉特（Turget）这一桌，德查特勒（de Chatellux）先生……说，我对面的两位先生是艾克斯（Aix）主教和图卢兹（Toulouse）大主教，"但是，"他说，"他们并不比你我更信教。"我向他保证说我信教，但他不信。[64]

即使是休谟这位18世纪英国典型的无神论者，在巴黎和霍尔巴赫（d'Holbach）等人一起用餐时，也碰到了和普利斯特利一样的情况。休谟不知道世界上是否真的有无神论者，说他从来没有真正见过。结果霍尔巴赫告诉他，他一桌人中就有14名无神论者[65]。英国读者绝不会把科学和无神论关联起来，在这一点上与法国恰恰相反，大部分英国人从18世纪末雨后春笋般出现的宗教杂志中了解科学，这些杂志将阅读科学内容归类为虔诚的宗教实践。[66]而在美国，其发展历史类似，但影响却截然不同。美国作为宗教思想的自由市场，促进了福音派教派的扩散，这种扩散一直持续到今天。[67]尽管《宪法第一修正案》(First Amendment)规定政教分离，但是20世纪下半叶在公立学校教授自然选择理论的行为可能会在法庭上遭到严厉质疑，因为它与《旧约》的字面意义相抵触。事实上，1999年堪萨斯州教育委员会（Kansas Board of Education）从该州的科学课程中删除了进化论的内容。[68]然而，与此同时，美国包括进化生物学在内的科学研究却在蓬勃发展。两者奇异地共存着，并不互相妨碍。[69]而19世纪初的英格兰则又是另一番景象，基督教在面对挑战进行重组时遇到了一些困难，这些挑战并不来自科学，而主要是宗教生活强化的后果，部分是由于福音教派的兴起，科学也在其中给予了支持。[70]

在维多利亚时代，这样的区域性因素带来了一种强化的宗教文化，新的选项出现了，人们因此产生了新的选择。[71]我们在19世纪中叶目睹的强烈批评并没有导致宗教信仰的巩固和延续，而是导致人们去普遍寻求符合这些新道德、新精神和新思想的事物。在浓厚的宗教氛围下，这些事物无法大张旗鼓，但人们的选择不再局限于宗教。这就给了科学空间，科学在与无神论和唯物主义的论战中发挥了关键作用，因而被看作人们要寻求的符合这些新道德、新精神和新思想要求的事物。这里值得注意的是，在1763年《关于上帝创世智慧的考察》（*A Survey of the Wisdom of God in the Creation*）中，福音派运动最应该感谢的作家约翰·卫斯理（John Wesley）同时致力于推广对自然的研究，其理由是它激发了人对上帝创世秩序的精妙的敬畏和谦卑。他认为动植物的功能解剖学与环境之间的天衣无缝会让人产生新的虔诚，能够冲击到神学家的傲慢。[72]正如特纳所指出的，科学自然主义倡导者在本世纪中后期指出，

> 忠诚的平信徒批评宗教的行为会让人联想到福音派。

他们的批评使其心目中思想道德诚实、行为仁慈的、真正的宗教,与英国国教的名义宗教对立。……英国国教神职科学家和既得利益的神职人员通过……倡导和支持自然神学,来抵制唯物主义的入侵,视唯物主义为政治、社会以及精神上的危险。了解科学自然主义的科学家以及有科学头脑的哲学家们试图在英国国教自己制定的游戏规则下打败它。就像早期的福音派一样,诚实的怀疑者和科学自然主义的倡导者要求一个更真实、更纯粹的宗教,而不是知识、政治和道德丑闻。[73]

在这种背景下,赫胥黎发明的"不可知论"概念将他的群体从无神论者和唯物主义者中区分开来,同时提供了一种自然宗教的进化形式。[74]"不可知论"一方面表现为反对激进宗教运动,一方面表现为反对天主教,而此时传统教会内部派系正在互相推诿扯皮。

当然,科学运动具备了一些与宗教运动截然不同的特征。赫胥黎的核心圈子成员之一,数学家T.A.赫斯特(T. A. Hirst)在谈到他们在1864年成立的"X俱乐部"(X Club)时写道,其目标是"致力于科学,纯粹而自由,不受宗教教条的约束。在我们中间,有完美的直言不讳"。[75]新科学运动致力于一个全新的思想——不受束缚的抗辩式对话,伴随这个思想,出现了对科学方法的一种别具一格的关注。其方法不再像16、17世纪那样，被视为人们设计出来以进行科学研究的工具，而是作为一种科学成功的事后验证程序，正如惠威尔（Whewell）、米尔（Mill）等人作品中的一样。这就将科学与一种新的抗辩式民主文化联系在一起，而且正因为这种文化是抗辩式的、民主的，所以也是贤能主义的（meritocratic）。新的方法论结合了准宗教权威的要求，即真正通往真理的道路只有一条，以及科学要满足贤能主义、抗辩式检验的要求。人们认为，正是这些新的方法理论为科学提供了独特的成功之路。正如赫胥黎在1866年所说：

如果这些想法像我相信的那样，注定要随着时间的推移而越来越牢固；如果这种精神像我相信的那样，注定要扩展到人类所有的思想领域，并与人类目前所知的知识一样广泛；如果人类——像我相信的那样——在趋于成熟时发现世界上只有一种知识，并且只有一种方法获得它；那么我们这些在人类发展的长路上只能算是孩童的人，会理所当然地将推进自然知识进步，并以此帮助我们自己、我们的后代走向人类的崇高目标视为最高责任。[76]

科学方法论的现代版本可以在卡尔·波普尔（Karl Popper）的作品中找到。波普尔还明确地将科学与民主文化联系起来[77]，他将二者关联起来的理由是，科学事业的目的就是去证伪理论。[78] 按照波普尔的说法，"科学家作为英雄"到达了顶峰，通过思想自我剥夺的形式，承担了苦行僧的角色。他要与自己的天然倾向做斗争，科学家自己必须尽力证明他苦心经营的理论是错的。然而，作为补偿，他达到了一种深刻的思想道德高度，这是其他人无法企及的。因此，科学家成为唯一在思想上真正诚实的人。因为只有科学家如此关心真理，以至于可以假设自己的理论是错误的。[79] 科学家在这点上与那些接受自己会永远苦难的苦行僧一样，两者的相似性不言自明。

科学方法和合法化

看起来这里波普尔也许有点言过其实了，不过有两点值得注意。首先，自然哲学家的为人和个人品质及行为必须是思想诚实的典范，这种想法在早期现代自然哲学中普遍存在，至少早在笛卡儿那里就可以找到明确的记录。[80] 它是早期现代自然哲学家人格建构的构成要素之一。波普尔只是最近试图——通过他的证伪概念——来阐明这种思想诚实概念内涵的人之一。其次，所谓"启蒙的诠释"认为，科学在认知上地位远高于宗教，是基于科学在思想上的诚实，基于它对证据毫不妥协的探索。如果有人想在这个问题上为"启蒙的诠释"辩护，那么波普尔的观点提供了一些灵感。然而，我们很快就会发现，这样做并不高效。思想诚实问题在早期现代以来的科学事业合法化中确实发挥了重要作用，而且它们对于科学权威的概念至关重要，但思想诚实涉及诸多复杂问题，其核心涉及我们或称的自然哲学家的道德心理学。思想诚实不可以简单归结为对特定方法论的执着。方法论问题是受多种因素影响的，而把推动科学革命早期发展的因素与推动其作为认知探究模式而巩固的因素混为一谈，尤其问题重重。考虑到抗辩式程序在科学探究中的作用，其中一些问题在此可以重点强调。

当我们比较西方早期现代自然哲学与其他发起和支持了成功的科学发展的文化时，传统上认为西方成功的基础有两个：其脱离宗教的能力和其独立的抗辩式方法。例如，大卫·兰德斯（David Landes）认为，现代世界的经济和社会进步应归功于西方文明及其传播，而科学是欧洲经济增长的关键因素之一。他认为，西方科学发展出了一种自主的知识探索方法，成功地摆脱了成体系的宗教的社会约束和中央集权的政治约束；而且，尽管欧洲缺乏政治中心，但欧洲学者们得益于使用统一的交流工具——拉丁文，拉丁文促进了抗辩式的讨论，在这种讨论中，关于物理世界的新观点可以得到检验和证明，然后被整个欧洲乃至全世界接受。[81]

为了赋予抗辩式方法的思考更多实质内容,我们需要在讨论中加入另一个维度——脱离个人维度。我们需要考虑广泛的社会背景和制度背景,这些背景塑造了抗辩式方法的可能性,正如一些韦伯派作家所做的那样,特别是纳尔逊和赫夫 (Nelson and Huff)。[82] 韦伯的方法和韦伯的发现密不可分。他发现,在东方,一些前工业文化拥有发展资本主义的必要技术和结构,但(在他看来)缺乏鼓励放弃传统价值的各种动机和支持。这就带出了一个问题:在西方,是什么提供了这些动机和支持?例如,在将阿拉伯—伊斯兰和中国文化与早期现代欧洲科学文化进行比较时,赫夫认为,成功的抗辩式实践发挥了核心作用:在我们所谓的原子式知识文化中,即阿拉伯—伊斯兰,抗辩式争论是可能的,但没有跟进这种争论结果的网络;而宋代和明代中国典型整体主义的知识文化中,有一个广泛的成果传播网络,但抗辩式争论起不到作用。伊斯兰教没有文化的经理人,中国只有一个,但西方有很多,赫夫认为,这使西方能够建立"自由探索的中立区",允许、鼓励创新,给予科学一定程度的自主性,没有这种自主性,它就无法在敌对的环境中生存下来。[83]

从这个角度看,阿拉伯—伊斯兰科学有两个显著特点。首先,只有非科学问题带来的科学工作才能获得机构支持;但数学天文学得到了强有力的机构支持,比如马拉盖（Marāgha）天文台等，因为如果一个人在祈祷时要面对麦加，那么在不同地点确定麦加的方向非常重要。伊斯兰法不承认——实际上是以宗教理由拒绝承认——思想文化的经理人，结果是没有自治团体——无论是专业团体（在医学方面有一些资格认证）还是大学等机构——能够获得发展。而在一个日常生活被宗教全面规范的社会中，由于缺少这样的机构，那些与宗教教义不同的理论，甚至是与宗教教义无关的理论，都得不到提倡。尽管其教学方法是抗辩式的，但学生的互动对象仅限于他的毛拉。往好里说，创新是不被允许的，往坏里说，创新被视为一种异端。第二，希腊哲学家、希腊和亚历山大数学家的成就在阿拉伯—伊斯兰文化中被"归化"的方式是独特的。它们被驯化了，被纳入本土文化和哲学体系，而不是"独立于周围文化的道德和宗教之外、带着自己特有的自主性和合法性"被制度化的。[84] 阿拉伯—伊斯兰文明的这两个制度化特征的后果是，即使偶尔在天文学、光学甚至形而上学方面有所创新，也没有办法系统跟进。

中国的情况几乎正好相反。如果说阿拉伯—伊斯兰文化可以启动科学发展，却无法跟进的话，那么中国则拥有广泛的传播网络，甚至促进了科学技术的发展。宋明时期，他们创造了机械钟、活字印刷和地震仪，这些发明比西方至少早了几个世纪；他们还在天文观测和医学方面取得了重大进展,以及实现了炸药和磁铁等装置的使用。然而,不以实践为导向的创新存在着严重障碍。中国社会的官僚结构在这里产生了严重的影响。在明朝,不仅皇帝的职位日益神圣化,而且哲学争论的传统在中国的思想文化中也不受重视。[85]所有的艺术和知识追求都讲究坚持传统,其程度远远超过阿拉伯—伊斯兰文化或基督教统治下的西方,其结果是,人们强烈地意识到做学问才是通往智慧的道路,而不是创新。而加剧这一趋势的是儒家谦逊与和合的倾向,以及对公共权威外在服从的高度重视。

阿拉伯—伊斯兰、中国和西方文化在以上这些方面的差异在法律程序的运作上都有非常明显的体现,赫夫认为,这里的差异是其他许多差异的根源。伊斯兰教和西方都或多或少有抗辩式制度、法律推理及其高度发达的证明和证据概念,对一般领域的推理有重要影响,特别是在西方。这在中国完全缺乏(译者注:此处及下文的相关表述并不准确,中国有自己的诉讼制度,也存在抗辩式的辩论以及讼师,类似律师)。中国没有私人律师,请人帮忙在权威机构面前辩解的想法与整个体系格格不入,几乎没有这种行为发生,即便偶有出现也会受到严厉的制度惩罚。[86]正如劳埃德(G. E. R. Lloyd)所指出的那样:

中国人远远不像许多希腊人那样热衷于诉讼,远远没有形成在法庭中进行抗辩式辩论的习惯,也并不了解抗辩式诉讼的价值,他们尽可能地避免与法律产生任何联系。通过仲裁解决的争端被认为是破坏了正当秩序,因此对双方都不利,无论谁正确。[87]

这种缺乏抗辩式的模式影响了中国追求科学实践的方式,中国人对权威的尊重与希腊的抗辩式辩论模式形成了鲜明对比。[88]而伊斯兰教的情况则完全不同。宗教法的法官——卡迪(qadi)——没有资格进行创新,只能对宗教法进行解释。因为宗教法是由真主传下来的,只有解释的空间。没有哪个个体可以决定哪个才是真正的、认真的、意图合理的判决,凡夫俗子绝不能代表真主说话。因此,存在着寻找有利判决的空间——律师称之为"选择法庭(forum shopping)"——然后人们可以寻求对自己的案件更有利的判决。教育方面也有类似情况。在中国,只有国家可以证明一个学生的能力。任何个人都不可能拥有这种权力,无论他的技能或地位如何。在伊斯兰教,只有教师个人可以证明学生的能力。中国和伊斯兰均不存在一个汇聚技术专长的组织——专业机构、大学或其他机构——来让具有特殊技能的人才发挥所长,为个人提供能力证明。中国和伊斯兰均没有一个可以为那些质疑传统或持有异端观点的人提供群体支持的制度。

根据赫夫的说法,这就是中国、阿拉伯—伊斯兰教和西方之间的本质区别。这可以追溯到1050年至1122年的"主教叙任权之争"(Investiture Controversy)。在这场争论中,教会成为一家实体,宣布自己在法律上独立于世俗秩序。在这之后,格拉蒂安(Gratian)在1140年左右对教会法进行了编纂,开始构建一个新的法律体系。这不仅协调了各种法律传统,而且为法律提供了新的基础,创造了一门新的法律科学,成为思想成就的典范,并建立了一个权威和合法性原则,凌驾于发生冲突的各个权威部门之上。赫夫认为,这场法律革命所做的,是创造一个"中立的探究空间",而这正是创新得以产生的原因。此外,通过建立法人团体——城镇、城市、行会、大学、专业团体——的模式,能够带来一种责任和专业知识的去中心化,创造一种宽松的环境,使创新能够蓬勃发展。

我之所以提出这个说法,是为了展示,一旦我们把方法论问题转移到纯认识论的领域之外,我们也许可以获得更多的深刻见解,可以从中得到至关重要的经验。但这些经验在于认识到分析的额外维度的价值,而且我们很快就会发现,我们必须脱离这种韦伯式的方法带来的有点公式化的对比。如果我们把注意力集中在两个问题上——中立的探究空间的存在,以及抗辩式文化的作用——我们就可以管窥这个问题的困难程度了。

首先,"中立的探究空间"这一概念——以及大学等实体提供这种中立空间的想法——是否恰当,是值得怀疑的。例如,即使17世纪上半叶有任何"中立空间",在大学里也并不多见。[89]相反,我们必须要么仰赖梅迪奇（伽利略）、拿骚的莫里斯（斯特文）、佩雷斯克（加森迪）、诺森伯兰伯爵（圈子包括哈里奥特、赫斯和华纳）和纽卡斯尔侯爵（迪格比和霍布斯）等人的赞助,要么利用私人手段（笛卡儿和波义耳）,要么从事某种形式的专业工作（查尔顿）或公共工作（培根）,从而留出时间追求自然哲学。这些都不是西方所独有的。此外,即使大学提供了必要的中立空间,新一代自然哲学家也不可能在那里学到什么,因为大学教的是错误的东西。例如,无论是伽利略还是笛卡儿,都无法在大学教育过程中掌握他所急需的数学技能。伽利略最初在比萨学习医学,但在完成学位之前就离开了。1583年,他开始在父亲家学习数学,师从佛罗伦萨宫廷教师奥斯蒂利奥·里奇（Ostilio Ricci）,后者教授军事防御工事、力学、建筑学和透视。[90]笛卡儿也是在实践中学习数学的。笛卡儿先在普瓦提埃学习法律,之后在拿骚的莫里斯王子和马克西米利安一世的军队中学习并精通了数学,他在1618年至1620年[91]期间隶属于这支军队。从更广阔的层面来说,无法说明我们现在要做的就是去确定一个单一的"中立的探究空间"。自然哲学不是一个统一的领域,例如,有效学习弹道学或采矿学的条件可能与有效学习地球的形成与年龄问题的条件大相径庭。此外,我们会看到,自然哲学在某些领域的探索是在自然神学思想的密切指导下进行的。在一个远非"中立"的环境中,这些领域蓬勃发展——而且很可能离了这个环境,就无法蓬勃发展。

这就引发了一个更为普遍问题,即在早期现代就思考一个"中立的探究空间",是否会因为弄错了时代而得出不正确的结论?当我们主要从真理的角度思考科学时,谈论"中立的空间"是有道理的,因为这样的空间提供了一种从论点到结论的方法,不受偏见或教条的阻碍。然而,尽管早期现代的自然哲学家理所当然会关注真理,但公众对自然哲学价值的讨论往往看重的是它的实用性,而非它的真理。[92] 早期现代自然哲学的发展所采取的最终的成功形式绝不是从一开始就是固定的。恰恰相反,自然科学是一种具有内在价值的事业,这种说法即使在"科学革命"中也并不稳固。皇家学会 (Royal Society) 在成立后的三年内,因为会议无人出席和缺少资金,差点解散。[93] 在17世纪的意大利,所有的托斯卡纳王子和贵族都对自然哲学感兴趣,或者假装如此,而在英国,皇家学会及其成员却受到大量嘲笑和尖锐的批评。[94] 1667年,牛津大学的公共演说家罗伯特·索斯 (Robert South) 在威斯敏斯特大教堂的布道中,将皇家学会的会员称为"一群亵渎神灵的、无神论的、享乐主义的乌合之众,全国上下充斥着他们的声音,他们生活奢靡,对上帝没有丝毫敬意"。他们是:

一群猥琐的、浅薄的狂徒，把无神论和对宗教的蔑视当作唯一能够显示智慧、胆识和真正的谨慎的东西；全身心扑在那些容器和试管上；趾高气扬地指责古代所有的智慧，嘲笑所有的虔诚，而且，好像是在给整个世界做新的示范。……事实是，这些人通通不虔诚，他们沆瀣一气，组成了一个邪恶的学会，以进行新的罪恶试验。[95]

皇家学会的赞助人国王查理二世称皇家学会会员为"我的宠物雪貂"，佩皮斯（Samuel Pepys）也曾记载，国王1664年造访皇家学会时曾嘲笑佩第爵士（Sir William Petty）和其他人："时间全花在给空气称重上了，从就职以来就没干什么别的事情。"[96] 奥登堡（Oldenberg）在1666年写给波义耳的信中说，在伦敦城大火之后沃伦（Wren）的伦敦重建计划本应得到更大的宣传，因为：

这样一个模型，由他设计，经过皇家学会或其下的某个委员会接受和批准，然后再被呈送给陛下审阅，这样就会给皇家学会一个名分，使皇家学会受到欢迎并能让那些一直问"他们做了什么"的人闭嘴。[97]

13年后，伊夫林（Evelyn）仍然有这样的担忧。他写道："无法想象，如此诚实和有价值的设计不被支持，在国民

众目睽睽之下，竟然受到这样的冷遇。"⁹⁸

1676年，托马斯·沙德韦尔 (Thomas Shadwell) 的喜剧《大学问家》(The Virtuoso) 在伦敦上演（该剧非常受欢迎，在接下来的20年里时常上演），剧中自然哲学家们被残酷地公开嘲笑，胡克被单独挑出来大加鞭挞，成为剧中人物尼古拉斯·金克拉克爵士 (Sir Nicholas Gimcrack) 的原型，"他为研究蛆虫伤透了脑筋；这20年来他一直研究，最后终于发现了几种蜘蛛，却从不关心人类"。⁹⁹ 金克拉克爵士说："大学问家不屑操心人和礼仪。我只研究昆虫。"剧中有段情节，金克拉克爵士模仿青蛙的动作学习游泳，他宣称他只满足于游泳的思辨内容，而不是实践内容，因为知识才是他的最终目的，而不是实用。¹⁰⁰ 胡克观看演出时感到颜面扫地、尴尬无比，他在日记中写道："该死的。Vindica me deus（上帝保佑我复仇）。现场观众差一点就开始对我指指点点了。"¹⁰¹

1709年，威廉·金 (William King) 出版了《皇家学会哲学会刊》(Philosophical Transactions) 的山寨搞笑版，里面有很多教程，其中包括如何写出晦涩难懂的文章。¹⁰² 早在九年前，他就攻击了该会刊编辑斯隆爵士 (Sir Hans Sloane)，他告诉读者：

（斯隆爵士）从不错过任何一个挖耳勺或者一个生锈的刮胡刀，因为他对来自印度或中国的任何东西都非常重视；哪怕它只是一块鹅卵石或海扇贝壳，他很快就会在上面写下评论，将他的记录出版……王国里任何一块颜色古怪或奇形怪状的鹅卵石，他都会精心管理，把它收录进一堆《会刊》论文中。¹⁰³

磁学更是人们消遣娱乐的对象。1700年，记者奈德·沃德（Ned Ward）公开鄙视磁铁和"蛆贩卖场（Maggot-mongers Hall）"（指皇家学会）的其他"哲学玩具"。与他同时代的托马斯·布朗（Thomas Brown）描述道，医生在试图救治一个不小心吞下刀子的男孩时，决定采用一种"更有哲理"的疗法，"因此也更能得到认可；那就是在男孩的屁股上贴上一块天然磁石，通过磁铁的吸引力把刀子引出来"。¹⁰⁴嘲笑皇家学会最有名的漫画也许是乔纳森·斯威夫特（Jonathan Swift）的《格列佛游记》（Gulliver's Travels）（1726年首次出版），其中的拉普达岛（意大利语为"妓女"）上有一个拉格多科学院——拉普达岛讽刺的是培根的《新亚特兰蒂斯》。¹⁰⁵在拉格多科学院，人们转动着无法使用的机器的曲柄，并试图将太阳光储存在黄瓜中，在寒冷的日子里打开取暖。这种对自然哲学的敌视一直持续到19世纪¹⁰⁶，并且绝不仅限于英国。1740年，林奈（Linnaeus）写道：

当未受过教育的人看到自然哲学家们研究自然的造物，他们总是会提出问题，嘲笑自然哲学家们对自然的好奇。

他们经常带着轻蔑的笑问出"这有什么用"……这些人认为,自然哲学的存在只是为了满足人的好奇心,是懒惰和麻木的人打发时间的工具。[107]

而在争议的另一方看来,从弗朗西斯·培根开始的自然哲学捍卫者所捍卫和提倡的自然哲学价值是自然哲学的实用性。事实上,正是这些对自然哲学实用性的辩护首先出现,从而定义了自然哲学价值讨论的背景。培根在《新工具》(Novum Organum)中告诉我们,"科学的真正和合法的目标不是别的,而是赋予人类的生活新的发现和力量"。[108] 克里斯托弗·沃伦(Christopher Wren)在他的皇家学会章程草案中阐述了这个主题:

> 万民幸福盛世之道,我辈有识之士以为,便易之计,莫过广传科学与有用之术,经遍览以致用,是为万民与自由政府之基,以奥尔弗斯之力,群艺荟萃于城邑,兴实业,融会贯通。于此法,广积致用之术,兴业之法,藉商以遍取各家之长,互通有无,万民供取无忧,财富按劳而获,再无疾苦,万民各得其所。[109]

斯普拉特(Sprat)为皇家学会辩护的中心思想也符合这一主题,在他的《皇家学会史》(1657年[110], *History of the Royal-Society*)

第三部分中有详细阐述。格兰维尔（Glanvill）的《亚里士多德时代以来的知识进展与进步》（*Plus Ultra*, 1668年）一书扉页中将新自然哲学家的"实践的、实用的研究"与"空想的研究方法"进行了对比。[111]这种辩护贯穿了整个17世纪和18世纪。普里斯特利是科学价值的伟大代言人之一，他在1768年写道：

> 所有的知识都将被细分和扩展；正如培根勋爵所说，知识就是力量，因此人类的力量将会增加；自然界，包括其物质和规律，将更多地被人类支配；相较以前，人们在世界上的生活，会远远地更加轻松和舒适；人的寿命会增加，并且生活会更加幸福，每个人都更有能力（而且我相信，更愿意）把幸福传递给他人。[112]

一个世纪后的赫胥黎在为科学辩护时依然以科学的实用性为依据。他谈道，科学创造了"新自然"，并体现在"每一个精密的机械、制造业使用的每一种纯净的化学物质、每一种高产的作物、每一个早熟和催肥的动物品种"之中。在他的描述中，这种新自然是这样的：

> 它是我们财富的基础，也是我们免于再次被野蛮部落的洪流淹没的安全保障；它将是将领土团结为一个政治实

体的坚实纽带,这种领土可能比古代任何帝国都要宽广;它是使我们免于瘟疫和饥荒的保障;它是无尽的舒适和便利的源泉,这种舒适和便利不是单纯的享乐和奢侈,而是有益于人们的生理健康和道德福祉。[113]

关于科学价值的讨论无一例外会主要围绕科学的实用性展开,到了这个程度,"中立的探究空间"的概念就无关紧要了。

第二个问题是抗辩文化的作用问题。正如接下来的章节中所陈述的那样,这是一个非常复杂的问题,但问题的核心关键所在可以在此简明扼要地说明一下。赫夫的论点是,为了科学创新,人们需要一种抗辩文化。然而,当我们着手研究早期现代自然哲学家如何描述促进创新所需的环境时,就会发现他们首先批判的就是抗辩文化。如果赫夫的分析是正确的,那么坚定不移的抗辩文化结合相对自主的实体机构——大学,就足以构成早期现代自然哲学。但事实并非如此。相反,13世纪和14世纪,巴黎大学和牛津大学抗辩过度,经院自然哲学没有得出成果。毫无疑问,这是一种创新的自然哲学文化,但它没有得到巩固,最终未能摆脱标准的兴衰律。当自然哲学在16世纪的欧洲复兴的时候,孕育它的文化背景完全不同,并且脱离了经院哲学。事实上,它的突出特点恰恰是全盘否定了抗辩式方法。在经院哲学界之外,这种抗辩式方法几乎被普遍认为毫无建树、效率低下,是为了争论而争论,而不考虑实用和真理。早期现代的代表性自然哲学家,如培根、笛卡儿和波义耳,都明确地认为抗辩方法是一种特别徒劳无功的争论形式的代表,它非但没有鼓励创新,还从根上断送了任何进步和创新的可能性。培根在《学术的进展》第二册对亚里士多德的批评中对这种情况进行了精辟的总结。

在此,我对哲学家亚里士多德不敢恭维,他以这种标新立异和彻底质疑的方式来对待所有的古典智慧;他不仅随心所欲地制定新的科学词汇,而且混淆和消灭所有的古典智慧;他从不引用古典的作者或观点,而是一味驳斥和指责。[114]

英国皇家学会的杰出辩护者格兰维尔更夸张地指出了这一点。他认为,亚里士多德的"逍遥学派"哲学"动不动就争论,既没有必要,也没有意义。争来争去的结果无非就是:风暴是蒸汽的产物"。[115]培根推荐的方法与他认为的亚里士多德的方法截然不同:

相较于那些在吵嚷和争论中获得的真理,我更喜欢平心静气到来的真理,它们天生就能标记那些有能力安放和容纳它们的大脑,而不像前者只会带来争斗和争吵。[116]

如果说抗辩文化在早期现代自然哲学中完全没有发挥任何作用,那肯定是言过其实——例如,伽利略的《对话》就采用了抗辩技巧,而且不止在戏剧化的层面——但它完全没有起到直接作用,因此抗辩文化不可能算作早期现代自然哲学的特征。

那么,早期现代科学文化得以逐步巩固,就其在19世纪下半叶之前发展的程度而言,并不是由于抗辩方法,也不是由于存在某种中立的探究空间,更不是由于公众或有文化的精英群体对科学的热情,甚至——这里需要注意——也不是由于任何实际效益。不像在中国,科学的实际效益往往立竿见影[117],在中世纪的伊斯兰,科学的实际效益即使不是立竿见影,至少也是直接的,而"科学革命"在很长一段时间内几乎没有产生任何实际效益。弹道学和可靠的钟表装置是动力学研究的成果[118],但一般来说,即使军事、公共建筑以及船舶设计方面产生了一些实际效益,也不是新的数学物理学带来的,而是要归功于传统的亚历山大学科的进展,例如静力学和水力学[119]。此外,这些发明先驱者很少是科学家。正如彼得·马蒂亚斯 (Peter Mathias) 在谈到英国工业革命时指出的那样,英国是首先出

现明显变化的国家:

> 总的来说,这些新发明既不是应用科学的正式应用的结果,也不是国家正规教育系统的产物。……大多数发明要么来自有灵感的业余爱好者,要么来自杰出的工匠,比如钟表匠、磨坊主、黑铁匠或伯明翰各行各业的工匠。……他们主要是当地人,接受过操作培训,对当地很了解,通常对科学的东西非常感兴趣,这些人有发明意识,新的发明就是要直接解决特定的问题。直到19世纪中期,这一传统仍在英国制造业中占主导地位。1851年的水晶宫,像19世纪的大火车站一样,是铸铁和玻璃的奇迹,它是德文郡公爵首席园艺师的设计,这并不是偶然,而是因为他是温室方面的专家。[120]

事实上,不仅科学家不是工业革命背后的创新者,而且在工业革命早期的大部分时间里,科学进步对技术进步没有什么影响。正如莫克尔(Mokyr)所指出的,"1750年至1830年期间发明的大多数设备,往往是有机械天赋的业余爱好者的发挥。在许多情况下,英国发明家似乎只是运气好而已……1850年后,当需要进行更深入的科学分析时,德国和法国的发明家逐渐占据了领先地位"。1850年后,当需要进行更深入的科学分析时,德国和法国的发明家逐渐占据了领先地位。[121]值得一提的是,在这种情况下,从18世纪开始,采矿和棉花制造等领域有限地引入了机器。[122]在使用蒸汽涡轮机、内燃机和电动机之前,机器运转速度非常缓慢,工程师在19世纪80年代之前还在用静力学来描述机器的运转。[123]其他重要的技术进步——如化肥和玻璃的大规模生产、照明工程、医生使用温度计(温度计200年前就发明出来了)和使用麻醉剂,更不用说家用设施的根本进步,例如自来水、地下污水管道、更好的食物、更柔软的衣服、更温暖的房屋和街道照明等——同样是最早19世纪30年代的事情。尽管自然哲学倡导者声称自然哲学是有用的,但在那之前,这些说法充其量只是一纸期票而已。

那么,科学文化在西方得以逐渐巩固的原因到底是什么呢?正如我们看到的那样,这个问题涉及许多基本问题,我们要厘清其间错综复杂的关系。接下来,我们会从研究自然哲学的基础开始,以弄明白它是如何在中世纪和早期现代文化中占据中心地位的。

1   Friedrich Nietzsche, *Basic Writings of Nietzsche*, trans. and ed. Walter Kaufman (New York, 1968), 18.

2   参见 Michael Adas, *Machines as the Measure of Man: Science, Technology, and Ideologies of Western Dominance* (Ithaca, NY, 1989). Cf. Lewis Pyenson, *Cultural Imperialism and Exact Sciences: German Expansion Overseas, 1900–1930* (New York, 1985); idem, *Empire of Reason: Exact Sciences in Indonesia, 1840–1940* (Leiden, 1989); idem, *Civilizing Missions: Exact Sciences and French Overseas Expansion, 1830–1940* (Baltimore, 1993).

3   关于这一点的论述，请参见 Regis Cabral, 'Herbert Butterfield (1900–79) as a Christian Historian of Science', *Studies in History and Philosophy of Science* 27 (1996), 547–64.

4   例如参见：Herbert Spencer, *The Principles of Ethics* (2 vols, New York, 1892), i, pp. xv–xvi.

5   Richard Gregory, *Discovery: Or the Spirit and Service of Science* (London, 1916). 从1893年起，格里高利（Gregory）担任《自然》杂志助理编辑，1919–1939年担任编辑。参见 Peter J. Bowler 对此话题的讨论，*Reconciling Science and Religion: The Debate in Early Twentieth-Century Britain* (Chicago, 2001), 68–70.

6   Julian Huxley, 'Science and Religion', in F. S. Marvin, ed., *Science and Civilization* (Oxford, 1923), 279–329: 279. 参见 Bowler 对此话题的讨论，*Reconciling Science and Religion*, 68–75, 从他的文献中我选取了几个例子。

7   参见 John Langdon-Davies, 'Science and God', *The Spectator*, 31 January 1931, 137–8.

8   Rudolph Carnap, 'Intellectual Autobiography', in Paul Arthur Schilpp, ed., *The Philosophy of Rudolph Carnap* (La Salle, Ill., 1963), 3–84: 21. 关于伦理的逻辑实证主义方法，参见：Moritz Schlick, *Problems of Ethics* (New York, 1939). 最早提出科学家（在此指数学家）是人文学科和"人文"（*belles lettres*）的观点请参见丰特奈尔的著作 *Histoire de renouvellement de l'Académie Royale des Sciences en mdcxci* 序言："几何学的精神并不是如此依附于几何学，可以脱离几何学并应用于其他知识。一部道德、政治和批评的作品，甚至可能是修辞学的作品，在其他条件相同的情况下，如果由一个几何学家来写，将会得到改善"：Bernard le Bovier de Fontenelle, *Œuvres de Monsieur de Fontenelle ... nouvelle èdition* (10 vols, Paris, 1762), v. 12.

9   John D. Barrow and Frank J. Tipler, *The Anthropic Cosmological Principle* (Oxford, 1986), 15.

10 Charles Morris, *Pragmatism and the Crisis of Democracy* (Chicago, 1934), 8.

11 参见默顿的论文 'The Normative Structure of Science' (originally entitled 'A Note on Science and Democracy') in Robert Merton, *The Sociology of Science*, ed. N. Storer (Chicago, 1973). 参见 David A. Hollinger 对此的讨论，'The Defense of Democracy and Robert K. Merton's Formulation of the Scientific Ethos', *Knowledge and Society* 4 (1983), 1–15.

12 参见 David A. Holliger, 'Science as a Weapon in *Kulturkämpfe* in the United States During and After World War II', *Isis* 86 (1995), 440–54: 442.

13 例如参见 Benno Müller-Hill, *Murderous Science: Elimination by Scientific Selection of Jews, Gypsies, and Others, Germany 1933–1945* (Oxford, 1988); John Cornwall, *Hitler's Scientists: Science, War, and the Devil's Pact* (New York, 2003); Daniel Barenblatt, *A Plague upon Humanity: The Hidden History of Japan's Biological Warfare Program* (New York, 2005). Cf. Edwin Black, *War Against the Weak: Eugenics and America's Campaign to Create a Master Race* (New York, 2001).

14 Richard Hofstadter and Walter Metzger, *The Development of Academic Freedom in the United States* (New York, 1955). 参见 Holliger 对此的讨论，'Science as a Weapon in *Kulturkämpfe*', 447.

15 Anatol Rapoport, 'Scientific Approach to Ethics', *Science* 150 (1957), 796–9: 797. 对"科学道德"的号召自从20世纪50年代后也许已经偃旗息鼓,但显然并没有消失。例如参见 Michael Ruse and Edward O. Wilson, 'Moral Philosophy as Applied Science', *Philosophy* 61 (1986), 173–92, and the reply by Antony Duff, 'Moral Philosophy as Applied Science?', *Philosophy* 63 (1988), 105–10.

16 参见 James Le Fanu, *The Rise and Fall of Modern Medicine* (London, 1999), Pt I.

17 事实上,不仅化学合成药物以失败告终(即使大量金钱被投入其中),抗生素的原理也并没有被解读。人们广泛接受的细菌为了增加存活概率才产生"化学武器"抗生素的观点最后被证明也是大错特错,因发现链霉素而获得诺贝尔奖的 Selman Waksman 得出结论,说抗生素的发现"纯粹就是个偶然现象,背后没有很强的目的性",以及"从上述事实可以得出的唯一结论就是,这些微生物产品的形成就是个巧合":引自同上文献,15。

18 同上,156。他继续说:1983年的一份报告很好地证明了肿瘤学家对他们所做的事情是盲目的,该报告声称化疗对老年人的毒性并不比对年轻人的毒性大,所以他们应该接受最大剂量的化疗。奇怪的是,这份报告的作者……认为没有必要参考治疗的结果,也就是只有20%的老年患者对治疗有反应。……在英国,伦敦皇家马斯登医院的蒂姆·麦克尔文(Tim McElwain)评论说:"人们把忙碌与进步混为一谈……危险的药物被用在不幸的病人身上,但收益极小。"

19 参见同上,204–5。与之相比,彼得·美达沃(Peter Medawar)认为医学领域里真正的科学应该是对医学问题的透彻认识,通过与病人交谈,进行身体检查,90%的时候就能够推断出患者的毛病在哪儿,而不是通过经常出现错误的"'技术上的小发明'以及被当作医学的'科学'的晦涩难懂的化验"(同上文献,253)。

20 科学和医学伦理监督委员会,包括科学和医学领域之外的人士,在此前后终于得以成立了。

21 参见 Ian Hacking, 'The Disunities of the Sciences', in Peter Galison and David J. Stump, eds., *The Disunity of Science* (Stanford, 1996), 37–74; and Philip Kitcher, 'The Ends of the Sciences', in Brian Leiter, ed., *The Future for Philosophy* (Oxford, 2004), 208–29.

22 参见 Peter Galison, 'Introduction: The Context of Disunity', in Peter Galison and David J. Stump, eds., *The Disunity of Science* (Stanford, 1996), 1–33: 1–8. 德国案例,例如参见 Timothy Lenoir, 'Social Interests and the Organic Physics of 1847', in Edna Ullmann-Margalit, ed., *Science in Reflection* (Dordrecht, 1988), 169–81. 杜威的案例,请参见他的 'Unity of Science as a Social Problem', in Otto Neurath, Rudolph Carnap, and Charles Morris, eds., *Foundations of the Unity of Science* (2 vols, Chicago, 1970), i. 32–3.

23 Galison, 'Introduction: The Context of Disunity', 2.

24 20世纪,这篇文献可算是逻辑实证主义最明确、最突出的代表性。这一项目的风格在 Otto Neurath, 'Unified Science as Encyclopedic Integration' (first published 1938), in Otto Neurath, Rudolph Carnap, and Charles Morris, eds., *Foundations of the Unity of Science* (2 vols, Chicago, 1970), i. 1–27中得到了很好体现。但是,即便这种统一也并不是直截了当的,分别参见 Richard Creath, 'The Unity of Science: Carnap, Neurath, and Beyond', and Jordi Cat, Nancy Cartwright, and Hasok Chang, 'Otto Neurath: Politics and the Unity of Science', both in Peter Galison and David J. Stump, eds., *The Disunity of Science* (Stanford, 1996), 158–69 and 347–69. 逻辑实证主义从一个社会文化哲学(科学的统一性占据了绝对中心)转型为一个狭义的归纳、推理以及语义学技术理论哲学模型,逻辑实证主义的全面而生动的论述,参见 George A. Reisch, *How the Cold War Transformed Philosophy of Science: To the Icy Slopes of Logic* (Cambridge, 2005).

赖斯（Reisch）的著作是加里森（Galison）勾勒出的蓝图的一部分，参见 Peter Galison, 'Aufbau/Bauhaus: Logical Positivism and Architectual Modernism', *Critical Inquiry* 16 (1990), 709–52.

25 关于这一情况在当代微观物理学中的作用过程，参见 Peter Galison, *Image and Logic: A Material Culture of Microphysics* (Chicago, 1997).

26 James Clerk Maxwell, 'Are There Real Analogies in Nature?', in Lewis Campbell and William Garnett, *The Life of James Clerk Maxwell, with a Selection from his Correspondence and Occasional Writings and a Sketch of his Contributions to Science* (London, 1882), 235–44: 243.

27 引自 Hacking, 'The Disunities of the Sciences', 54.

28 例如参见 Hans Reichenbach, *The Rise of Scientific Philosophy* (Berkeley, 1951), and the discussion in Ronald N. Giere, 'From *wissenschaftliche Philosophie* to Philosophy of Science', in idem, *Science Without Laws* (Chicago, 1999), 217–36.

29 例如参见 J. D. Bernal, *The Social Function of Science* (London, 1939), "在政治光谱的另一端", Karl R. Popper, *The Open Society and its Enemies* (2 vols, London, 1945), 以及 *The Poverty of Historicism* (London, 1957).

30 例如参见 Julian Huxley, *Religion without Revelation* (London, 1927). 20世纪为宗教寻找科学基础的过程经历了多次变革。值得注意的是戴维斯（Paul Davies）的观点，他认为"和宗教相比，科学铺就了一个更有把握的路……科学事实上已经达到了一个可以严肃回答之前宗教才能回答的问题的阶段"[*God and the New Physics* (Harmondsworth, 1983), p. ix], 霍金（Stephen Hawking）认为，期待宇宙论能告诉我们"我们和宇宙为什么存在。如果我们能找到这个问题的答案，这将是人类理性的彻底胜利——因为到那时，我们已经了解上帝在想什么了"[*A Brief History of Time* (London, 1988), 175]. 关于新物理学使得世界宗教观得以成立的观点，最早可以追溯到艾丁顿（Eddington）：参见 Bowler, *Reconciling Science and Religion*, 第三章。但生物学却提出了另一个观点，参见道金斯（Richard Dawkins），他认为随着现代生物学的出现，"面临着深层问题的时候，例如生命有意义么？我们为什么存在？人是什么？我们不需要再向迷信求助了"[*The Selfish Gene* (London, 1978), 1]。

31 波普尔（Popper）坚持认为，因为语言论证功能的演化"带来了科学的进步"，"已经创造出了有机物进化过程中最强有力的生物适应工具"：Karl Popper, *Objective Knowledge* (London, 1972), 237.

32 这些案例中出现了显著的科学进步，但是人们可以质疑是否能在美索不达米亚、埃及、印度、日本和玛雅文明中找到可以被确定为科学革命的成果。关于这些案例，请参见 vol. xv of Charles Coulton Gillespie, ed., *Dictionary of Scientific Biography* (New York, 1981) 中的典型文章，尤其是：David Pingree, 'History of Mathematical Astronomy in India', 533–633; B. L. van der Waerden, 'Mathematics and Astronomy in Mesopotamia', 667–80; Richard A. Parker, 'Egyptian Astronomy, Astrology, and Calendrical Reckoning', 706–27; Shigeru Nakayama, 'Japanese Scientific Thought', 728–58; Floyd G. Lounsbury, 'Maya Numeration, Computation, and Calendrical Astronomy', 759–818.

33 参见 G. E. R. Lloyd, *The Revolutions of Wisdom* (Berkeley, 1987).

34 参见 Roshdi Rashed, ed., *Encyclopedia of the History of Arabic Science* (3 vols, London, 1996).

35 参见 Marshall Clagett, *The Science of Mechanics in the Middle Ages* (Madison, 1959).

36 参见 Joseph Needham, *Science and Civilisation in China* (7 vols in 50 sections, Cambridge, in progress, 1954–).

37 首先指出这一点的文献是 Joseph Ben-David, *The Scientist's Role in Society* (Chicago, 1984). 同时参见 Nathan Sivin, 'Why the Scientific Revolution Did Not Take Place in China — Or Didn't It?' in E. Mendelsohn, ed., *Transformation and Tradition in the Sciences* (Cambridge, 1984), 531–54. 技术发展的案例中也有类似的观点：技术创新的集中爆发既少见，又极个别，无法假设只要没有阻碍因素，技术创新就会持续不断。这种情况下，需要解释的是18世纪晚期19世纪早期西欧工业革命的特异之处，参见 Joel Mokyr, *The Lever of Riches: Technological Creativity and Economic Progress* (New York, 1990).

38 参见 Thomas Kuhn, *The Structure of Scientific Revolutions* (2nd edn, Chicago, 1962). 这种方法此前曾经被弗雷克（Ludwig Fleck）独立预见到了，请见 Ludwig Fleck, *Entstehung und Entwicklung einer wissenschaftlichen Tatsache* (Basle, 1935) 及 Gaston Bachelard in *Le Nouvel Esprit scientifique* (Paris, 1934) and *La Formation de l'esprit scientifique* (Paris, 1938). 关于巴士拉，参见 Stephen Gaukroger, 'Bachelard and the Problem of Epistemological Analysis', *Studies in History and Philosophy of Science* 7 (1976), 189–244.

39 我们还会探讨某些"启蒙的诠释"的具体版本和具体主张，但至少在库恩开始发挥影响之前，标志性的通史文献如下：Edwin Arthur Burtt, *The Metaphysical Origins of Modern Physical Science: A Historical and Critical Essay* (London, 1924); Butterfield, *The Origins of Modern Science* (1949); E. J. Dijksterhuis, *The Mechanization of the World Picture* (Oxford, 1961[orig. pub. 1950]); Charles Singer, *A Short History of Scientific Ideas to 1900* (Oxford, 1959). 在某些科学普及读物中，"启蒙的诠释"仍然存在——例如 John Gribbin, *Science: A History 1543–2001* (London, 2002)，在更专业的著作中也一样存在——例如 Julian B. Barbour, *Absolute or Relative Motion: A Study from a Machian Point of View of the Discovery and the Structure of Dynamical Theories* (Cambridge, 1989).

40 科学批评的核心观点就是，讨论使科学合法化的过程中，不去区分到底是现代科学的兴起，还是科学文化的兴起。这种批评首先起于霍克海默（Max Horkheimer）1946年的观点，"我们文明思想基础的崩塌，一定程度上是技术和科学进步的结果"：'Reason Against Itself: Some Remarks on Enlightenment', in James Schmidt, ed., *What is Enlightenment? Eighteenth-Century Answers and Twentieth-Century Questions* (Berkeley, 1996), 359–67: 359. Cf. Stephen Toulmin, *Cosmopolis: The Hidden Agenda of Modernity* (New York, 1990).

41 19世纪、20世纪初的处理中更具有此特点。例如参见 J. W. Draper, *History of the Conflict between Religion and Science* (London, 1875); A. D. White, *A History of the Warfare of Science and Theology in Christendom* (2 vols, New York, 1896). 兰德斯（David S. Landes）的著作 *The Wealth and Poverty of Nations*，特别是十四章中，小心翼翼地谈到"有组织的宗教"，而不是纯粹宗教（religion *simpliciter*），随后这成为普遍看法，至少从 Robert Merton's *Science, Technology and Society in Seventeenth-Century England* (New York, 1970, first published 1938) 开始。这一论点的问题在于，它兼容所有的假设，然而又掩盖了它们。一方面，"有组织的宗教"也许实际上就是罗马天主教的委婉说法，韦伯式的清教伦理似乎被认为推动了科学发展 [德雷伯（Draper）的著作 *History* 尖锐批判了天主教，但认为新教在早期科学发展中起到了重要作用]。另一方面，可以认为早期现代自然哲学本质上就是一个世俗活动，受到有组织宗教的重重阻碍，而非中央集权式的权威宗教则不会阻碍，这可能是基于一种假设，即有组织的宗教会限制科学探索的方式，而非组织宗教则不会限制。在我们提出"'西方科学的成功基础至少部分上在于其脱离有组织宗教的能力'这一说法在多大程度上是正确的？"这一问题之前，我们需要问：有组织宗教提供了什么形式的指导或者限制？这种方式以外的探究中则没有限制？这些是我们需要格外关注的问题。

42 详见 Jean Delumeau's tetralogy, *La Peur en occident (XIVe–XVIIIe siècles): Une cite assiégée* (Paris,

1978); *Le Péché et la peur: La culpabilisation en occident, XIIIe–XVIIIe siècles* (Paris, 1983); *Rassurer et protéger: Le sentiment de sécuritée dans l'occident d'autrefois* (Paris, 1989); *L'Aveu et le pardon* (Paris, 1992). See also idem, *Le Catholicisme entre Luther et Voltaire* (Paris, 1971); R. Po-Chia Hsia, *Social Discipline in the Reformation* (London, 1989); Gerhard Oestreich, *Neostoicism and the Early Modern State* (Cambridge, 1982), ch. 11; Phillipe Ariès, *Religion populaire et réforme liturgique* (Paris, 1975); and Lucien Febvre, *The Problem of Unbelief in the Sixteenth Century: The Religion of Rabelais* (Cambridge, Mass., 1982).

43 参见 Winfried Schröder, *Ursprünge des Atheismus: Untersuchungen zur Metaphysik-und Religionskritik des 17. und 18. Jahrhunderts* (Stuttgart-Bad Cannstatt, 1998).

44 详细讨论参见 Susan Budd, *Varieties of Unbelief: Atheists and Unbelievers in English Society 1850–1960* (London, 1977), 104–23.

45 Victor Shea and William Whitla, eds., *Essays and Reviews: The 1860 Text and Its Reading* (Charlottesville, 2000). 另见 Ieuan Ellis, *Seven Against Christ: A Study of Essays and Reviews* (Leiden, 1980); and Peter Hinchcliff, *Benjamin Jowett and the Christian Religion* (Oxford, 1987), ch. 4.

46 19世纪德国圣经批判对英国的影响，请见 John Rogerson, *Old Testament Criticism in the Nineteenth Century* (London, 1984).

47 Owen Chadwick, 'Evolution and the Churches', in C. A. Russell, *Science and Religious Belief: A Selection of Recent Historical Studies* (London, 1973), 282–93: 288 and 289 respectively.

48 引自 John Hedley Brooke, *Science and Religion* (Cambridge, 1991), 31.

49 Beatrice Webb, *My Apprenticeship* (London, 1926), 83.

50 同上，130–1.

51 Francis Galton, *English Men of Science: Their Nature and Nurture* (New York, 1875), 195. 宗教的世俗版本这一观点实际起源于孔德（Comte）的"人文宗教"概念，为19世纪40年代末利特雷等成立的孔德式"实证主义协会"所提倡。参见 Frank Manuel and Fritzie Manuel, *Utopian Thought in the Western World* (Cambridge, Mass., 1979), ch. 30; and Leslek Kotakowski, *Positivist Philosophy from Hume to the Vienna Circle* (Harmondsworth, 1972), ch. 3. 我们在此关注的观点与"科学祭司"一词给人的联想并不相同——例如 H. Fisch, 'The Scientist as Priest: A Note on Robert Boyle's Natural Theology', *Isis* 44 (1953), 252–65 ——自然哲学家则把自然哲学视作一种自然神学研究方法。

52 引自 Brooke, *Science and Religion*, 298.

53 Alfred W. Benn, *The History of English Rationalism in the Nineteenth Century* (2 vols., London, 1906), i. 198.

54 引自 Rob Iliffe, 'Is He Like Other Men?' The Meaning of the *Principia Mathematica* and the Author as Idol, in Gerald Maclean, ed., *Culture and Society in the Stuart Restoration* (Cambridge, 1995), 159–76: 176.

55 Patricia Fara, *Newton: The Making of Genius* (London, 2002), 199.

56 *Science and Culture: Popular and Philosophical Essays*, ed. D. Cahan (Chicago, 1995), 392. 又见 David Cahan, 'Helmholtz and the Civilizing Power of Science', in David Cahan, ed., *Hermann von Helmholtz and the Foundations of Nineteenth-Century Science* (Berkeley, 1993), 559–601; and Irmline Veit-Brause, 'The Making of Modern Scientific Personae: The Scientist as a Moral Person? Emil du Bois-Reymond and His Friends', *History of the Human Sciences* 15 (2002), 19–50. 19世纪末，德国有个学者圈子 (the *Monistenbund*) 倡导一个"科学的宗教"的思想，

以海克尔（Ernst Haeckel）和奥斯特瓦尔德（Wilhelm Ostwald）为首。奥斯特瓦尔德认为，"我们可以期待，从科学中，人类能够生产和赢取迄今为止最高的成就……一切，人类的梦想和希望，追求和理想，加上上帝概念，都可以被科学实现": Friedrich Wilhelm Ostwald, *Monism as the Goal of Civilization* (Hamburg, 1913), 37. 参见 H. Schipperges, *Weltbild und Wissenschaft: Eröffnungsreden zu den Naturforscherversammlungen 1822 bis 1972* (Hildesheim, 1976). 这一运动在美国的代表人物是卡鲁斯（Paul Carus），代表作是他的《科学的宗教》(*The Religion of Science*) (Chicago, 1893) 和随后的多本著作。关于20世纪科学家的宗教形象，参见 Gerhard Sonnert, *Einstein and Culture* (Amherst, 2005), 144–83.

57 这是段本人衷心感激的精辟概括，请参见 Frank M. Turner, 'The Victorian Crisis of Faith and the Faith That was Lost', in Richard J. Helmstadter and Bernard Lightman, eds., *Victorian Faith in Crisis: Essays on Continuity and Change in Nineteenth-Century Religious Belief* (London, 1990), 9–38.

58 参见 Ursula Henriques, *Religious Toleration in England, 1787–1833* (London, 1961) and V. Kiernan, 'Evangelicalism and the French Revolution', *Past and Present* 1 (1952), 44–56.

59 Patrick Colquhoun, *A Treatise on Indigence* (London, 1806), 148–9.

60 参见 D. S. L. Cardwell, *The Organisation of Science in England* (London, 1972), 38.

61 Turner, 'The Victorian Crisis', 12–13. 19世纪这类风格的著作中，最负盛名的是William Paley, *Natural Theology: or, Evidences of the Existence and Attributes of the Deity, collected from the Appearances of Nature* (London, 1802) 和 *The Bridgewater Treatises, on the Power, Wisdom, and Goodness of God as Manifested in the Creation*, 1834—1837年间问世。后者涵盖地质学、解剖学、天文学及"人的道德和思想"等广泛内容。到19世纪，英国福音派作者开始从自然神学回归的《圣经》：参见 David W. Bebbington, 'Science and Evangelical Theology in Britain from Wesley to Orr', in David N. Livingstone, D. G. Hart, and Mark A. Noll, eds., *Evangelicals and Science in Historical Perspective* (Oxford, 1999), 120–41; 以及 Aileen Fyfe, 'The Reception of William Paley's *Natural Theology* in the University of Cambridge', *British Journal for the History of Science* 30 (1997), 35–59.

62 参见 Jeffrey Cox, *The English Churches in a Secular Society: Lambeth, 1870–1930* (Oxford, 1982); P. T. Marsh, *The Victorian Church in Decline* (London, 1969); and Frank M. Turner, *Between Science and Religion: The Reaction to Scientific Naturalism in Late Victorian England* (New Haven, 1974).

63 Turner, 'The Victorian Crisis', 11. See also Kenneth Hylson-Smith, *Evangelicals in the Church of England 1734–1984* (Edinburgh, 1989), and Michael R. Watts, *The Dissenters*, ii. *The Expansion of Evangelical Nonconformity* (Oxford, 1995).

64 引自 Brooke, *Science and Religion*, 180.

65 1777年3月3日对博斯维尔（Boswell）的访谈记录；该记录在休谟著作引文目录中可以查阅，参见 David Hume, *Dialogues concerning Natural Religion*, ed. and introd. Norman Kemp Smith (Indianapolis, 1947), 76–9. 在座除了休谟以外，实际上有17人，有3个人对此问题不置可否。

66 参见 John Brooke and Geoffrey Cantor, *Reconstructing Nature: The Engagement of Science and Religion* (Oxford, 1998); Bernard Lightman, 'The Voices of Nature': Popularising Victorian Science, in Bernard Lightman, ed., *Victorian Science in Context* (Chicago, 1997), 187–211; idem, 'The Story of Nature: Victorian Popularizers and Scientific Narrative', *Victorian Review* 25 (1999), 1–29; Jonathan R. Topham, 'The *Wesleyan-Methodist* Magazine and Religious Monthlies in Early Nineteenth-Century Britain', in Geoffrey Cantor et al., *Science in the Nineteenth-Century*

Periodical: Reading the Magazine of Nature (Cambridge, 2004), 67–90; Aileen Fyfe, *Science and Salvation: Evangelical Popular Science Publishing in Victorian Britain* (Chicago, 2004).

67 参见 George M. Marsden, *Fundamentalism and American Culture: The Shaping of Twentieth Century Evangelicalism, 1870–1925* (Oxford, 1980).

68 该决定2001年被推翻。此问题不仅堪萨斯有，近年来还越来越复杂。2004年11月哥伦比亚广播公司（CBS）调查显示，65%的美国人支持在科学课中讲授神创论，37%认为绝不应讲授自然选择学说，55%的受访者认为人类并不是进化产物，而是上帝创造的。据报道，2005年8月2日小布什总统公开支持在美国科学课中讲授自然选择论的同时，也讲授一种神创论——智能设计论。值得参考的美国宗教激进主义情况综述，请参见 Michael Ruse, *The Evolution-Creation Struggle* (Cambridge, Mass., 2005), chs. 8 and 12.

69 但是，这一点也不是一成不变的。比如本书撰写期间，美国干细胞研究似乎停滞不前了，并不是出于伦理因素，而主要是由于政治和宗教原因。关于美国一些保守派人士眼中科学从属于政治的总体介绍，参见 Chris Mooney, *The Republican War on Science* (New York, 2005).

70 英国宗教思想自由市场的发展从宗教信仰检验法案被废除后开始，而在美国废除该法案效果却恰恰相反：参见 Cox, *The English Churches*.

71 与之相对的是 Matthew Arnold:"基督教对任何脑袋上长着眼睛的人来说，两件事必须清晰明了。一、人无宗教不立；二、宗教并不管用。" *God and the Bible* (New York, 1893), p. xi.

72 John Wesley, *A Survey of the Wisdom of God in the Creation: or a Compendium of Natural Philosophy* (2 vols, London, 1827).

73 Turner, 'The Victorian Crisis', 17–18. 但是需要记住的是，高尔顿（Galton）1874年的调查显示，70%的英国科学家认为自己是国教徒：*English Men of Science*, 126–7.

74 事实上赫胥黎对该术语的掌控并不成功，随后该说法与斯宾塞（Spenser）的"不可知"（'unknowable'）哲学混淆起来了：参见 Bernard Lightman, 'Huxley and Scientific Agnosticism: The Strange History of a Failed Rhetorical Strategy', *British Journal for the History of Science* 35 (2002), 271–89.

75 引自 Lightman, 'Huxley and Scientific Agnosticism', 272. 又见 Roy MacLeod, 'A Victorian Scientific Network: The X-Club', *Notes and Records of the Royal Society* 24 (1969), 305–22; and J. Vernon Jensen, 'The X Club: Fraternity of Victorian Scientists', *British Journal for the History of Science* 5 (1970/1), 63–72.

76 T. H. Huxley, *Collected Essays* (9 vols, New York, 1893–4), i. 41.

77 Popper, *The Open Society*, and *The Poverty of Historicism*. 这一主题可以追溯到约翰·斯图尔特·米尔 On Liberty (London, 1859)。保罗-费耶阿本德（Paul Feyerabend）在其 *Against Method* (London, 1975) 一书中，对现代自由民主采取了比波普尔更为米尔式的观点，认为其最大的特点是多元化，他据此设计了自己的科学方法，提出了"一切皆有可能"的口号。

78 Karl R. Popper, *The Logic of Scientific Discovery* (rev. edn, London, 1968).

79 拉卡托斯（Imre Lakatosin）在其非常有影响力的论文 'Falsification and the Methodology of Scientific Research Programmes', in Imre Lakatos and Alan Musgrave, eds., *Criticism and the Growth of Knowledge* (Cambridge, 1970), 91–196 中，为后波普尔思想一代人设定了议程，他说得更加直白。他写道："精致的证伪方法论对思想诚实设立了新的标准，求证主义的诚实要求一切观点都经过证实，摒弃所有不被证实的东西。新求证主义的诚实要求我

们基于现有的实证证据，对所有假设的概率进行精确计算。幼稚的证伪主义的诚实要求我们检验可证伪的事物，抛弃不可证伪和已被证伪的东西。最后，精致证伪主义的诚实则要求从不同观点出发来看待事物，提出可以预测新事实的新理论，摒弃那些被更强有力理论所取代的旧理论。"(122).

80 参见 Stephen Gaukroger, *Descartes' System of Natural Philosophy* (Cambridge, 2002), 239–44.

81 David S. Landes, *The Wealth and Poverty of Nations: Why Some are So Rich and Some are So Poor* (New York, 1999), esp. ch. 14.

82 Benjamin Nelson, *On the Roads to Modernity: Conscience, Science, and Civilizations* (Towota, NJ, 1981), chs. 7, 8, and 9; and Toby E. Huff, *The Rise of Early Modern Science* (Cambridge, 1993).

83 某些方面，该观点与吉本典型的启蒙运动观点相吻合。吉本认为，现代欧洲政治多元化通过避免罗马帝国和基督教那样的思想专政，从而使思想自由成为可能。

84 Huff, *The Rise of Early Modern Science*, 63. 伊斯兰和西方的科学比较研究文献请见 Remi Brague, *Eccentric Culture: A Theory of Western Civilization* (South Bend, Ind., 2002), ch. 5.

85 关于这一点，请参见 Nathan Sivin, 'On the Word "Taoist" as a Source of Perplexity. With Special Reference to the Relations of Science and Religion in Traditional China', *History of Religions* 17 (1978), 303–30; and idem, 'Ruminations on the Dao and its Disputers', *Philosophy East and West* 42 (1992), 21–9. 又见如下讨论 G. E. R. Lloyd, *Adversaries and Authorities: Investigations into Ancient Greek and Chinese Science* (Cambridge, 1996), 26–41.

86 赫夫注：这样的行为形同挑战公共权威的命令，是不敬、不从的不可饶恕行为。"是最大的不孝和对家庭、宗族的背叛，违背了谦让的美德。"*The Rise of Early Modern Science*, 269.

87 Lloyd, *Adversaries and Authorities*, 220. 似乎例外的是希腊人，而不是中国人。劳埃德在别处注解道，"梳理埃及、巴比伦医学、数学、天文的现有遗存几乎徒劳，找不到一篇作者明确把自己与现有传统拉开距离，或者批判现有传统的范例文本，来为其增添原创性。然而我们的希腊文献中这样的现象比比皆是"(*The Revolutions of Wisdom*, 57).

88 参见 Lloyd, *Adversaries and Authorities*, ch. 2.

89 加斯科因（John Gascoigne）提供了一个数据，1551年至1650年间出生的受过大学教育并在大学终身任教的自然哲学家中，有42%获得了足够的关注，被收录进《科学家传记词典》(*Dictionary of Scientific Biography*): 'A Reappraisal of the Role of the Universities in the Scientific Revolution', in David C. Lindberg and Robert S. Westman, eds., *Reappraisals of the Scientific Revolution* (Cambridge, 1990), 207–60: 209.

90 参见 Stillman Drake, *Galileo at Work* (Chicago, 1978), ch. 1; Thomas B. Settle, 'Ostilio Ricci, A Bridge Between Alberti and Galileo', *Actes du XIIe Congrès International d'Histoire des Sciences* (Paris, 1971), 121–6; and Mario Biagioli, *Galileo Courtier, The Practice of Science in the Culture of Absolutism* (Chicago, 1993), 6–8.

91 参见 Stephen Gaukroger, *Descartes, An Intellectual Biography* (Oxford, 1995), 62–7. More generally, see Geoffrey Parker, *The Army of Flanders and the Spanish Road, 1567-1659: The Logistics of Spanish Victory and Defeat in the Low Countries' Wars* (Oxford, 1972); 具体关于当时军队的职业化，参见 Philippe Contamine, *Guerre, État et société à la fin du moyen âge* (Paris, 1972), 536–46.

92 文艺复兴时期也有这个概念，只不过文艺复兴思想家把知识的实用性放在可以使人更加智慧和幸福上面，而在早期现代，把科学的实用性意涵转移到通过对自然的更大支配来改善人类物质条件上。

93 英国皇家学会并没有从国王那里拿到捐赠,这和最初的期待恰恰相反。这样皇家学会的资金来源几乎完全依靠会费和学会院士的捐款,这也说明,与其欧洲大陆的类似机构完全相反,其会员主要是达官贵族,他们对自然哲学的贡献很小。参见 Michael Hunter, *The Royal Society and its Fellows 1660–1700* (2nd edn, Oxford, 1994), ch. 2.

94 但是,讽刺和嘲笑不仅限于反皇家学会阵营。斯普拉特(Sprat)和德莱顿(Dryden)站在皇家学会这边,后来曼德维尔(Mandeville)也加入了,他们反击皇家学会阵营,皇家学会的对手遭受的嘲笑和讽刺并不少于皇家学会。参见 Michael Hunter, *Science and the Shape of Orthodoxy: Intellectual Change in Late Seventeenth-Century Britain* (Woodbridge, 1995).

95 Robert South, *Sermons preached upon Several Occasions* (7 vols., Oxford, 1823), i. 373–5.

96 引自 Lisa Jardine, *On A Grander Scale: The Outstanding Career of Christopher Wren* (London, 2002), 185.

97 Oldenburg to Boyle, 18 Sept, 1666: Henry Oldenburg, *The Correspondence of Henry Oldenburg*, ed. A. Rupert Hall and Marie Boas Hall (13 vols., Madison, 1965–75), iii. 231.

98 John Evelyn, *Sylva; or, A Discourse of Forest-Trees, and the Propagation of Timber in His Majesties Dominions* (London, 1679), sig. A3v.

99 Thomas Shadwell, 'The Virtuoso', in *Complete Works*, ed. Montague Summers (5 vols, London, 1927), iii. 113. 让我们比较一下卡索彭 8 年前对皇家学会的评价:"他们因此把所有的学问都归结到实验上面……为宗教、公共财产的和平与安宁、维护真理,不论是世俗的真理还是教会的真理,这样做最后能通向何方呢……尽管这些人实际上并不能做到这些事,所有明智的人都能轻易预测到这一点。"(*Of Credulity and Incredulity in Things Natural, Civill and Divine*, 136).

100 理查德·巴克斯特(Richard Baxter)在写给波义耳的一封未注明日期的信中,将他的实验哲学称为"娱乐",与玩牌不同,但也是娱乐:*The Works of the Honourable Robert Boyle* ed. Thomas Birch (6 vols, London, 1772), vi. 516.

101 Robert Hooke, *Diary, 1672–80*, ed. H. W. Robinson and W. Adams (London, 1935), 235.

102 William King, *The Original Works of William King, LL.D.* (3 vols, London, 1776), ii. 57–178.

103 *William King, The Original Works of William King, LL. D.* i. 14–16. 对照 Alexander Pope 在 *Dunciad* 一书中的说法:"制作一个萤火虫标本或者收藏家声称给皇家学会带了尊严。"威廉·金关于对鹅卵石和石头的兴趣之说并不离谱。参见胡克在 1663 年 6 月 5 日寄给波义耳的信件,参见 R. T. Gunther, *Early Science in Oxford* (15 vols, Oxford, 1923–67), vii. 132–3.

104 两段话引自 Patricia Fara, *Sympathetic Attractions: Magnetic Practices, Beliefs, and Symbolism in Eighteenth-Century England* (Princeton, 1996), 159–60. 也许只是布朗可能听说过瑞士医生希尔登(Wilhelm Fabricius von Hilden),他在 17 世纪早期使用过磁铁来移除碎铁片。

105 对 18 世纪"高托利党"(High Tory)对科学的讽刺的全面综述,请见 Richard G. Olson, 'Tory-High Church Opposition to Science and Scientism in the Eighteenth Century: The Works of John Arbuthnot, Jonathan Swift, and Samuel Johnson', in John G. Burke, *The Uses of Science in the Age of Newton* (Berkeley, Calif., 1983), 171–204.

106 驼背滑稽人(*Punch*)中对科学的态度转变,从 19 世纪 40 年代的讽刺科学到 19 世纪后期慢慢开始尊重科学,可以追溯到 Richard Noakes, '*Punch* and Comic Journalism in Mid-Victorian Britain', in Cantor et al., *Science in the Nineteenth-Century Periodical*, 91–122.

107 Charles Linnaeus, *L'Équilibre de la nature*, trans. B. Jasmin, introd. C. Limoges (Paris, 1972). 145–6. 这

样的"懒人和无知之人"偶然因为自然哲学的精彩成果而从昏昏沉沉中惊醒过来。《绅士杂志》(*Gentleman's Magazine*) 1745年的一篇报道 (vol. 15, p. 194) 提到,电学现象的公开演示"让人称奇,激起了公众、女士和上层人士的好奇,只有出现奇迹的时候,上述人士才会看重自然哲学"。

108 Francis Bacon, *The Works of Francis Bacon*, ed. James Spedding, Robert Leslie Ellis, and Douglas Denon Heath (14 vols, London, 1857–74), iii. 79.

109 文本来自 Stephen Wren, *Parentalia: or, memoirs of the Family of the Wrens; viz. Of Mathew Bishop of Ely, Christopher Dean of Windsor, &c. but chiefly of Sir Christopher Wren, late Surveyor-General of the Royal Buildings, President of the Royal Society, &c. &c.* (London, 1750), 196–7.

110 Thomas Sprat, *The History of the Royal-Society of London for the Improving of Natural Knowledge* (London, 1657).

111 这一差异促使卡索彭写下了一封信 *A Letter to Pierre Moulin ... Concerning natural experimental Philosophie* (Cambridge, 1669), and to ask: 'What is it that these account *useful*, and *useless*?' (5).

112 Joseph Priestley, *An Essay on the First Principles of Government* (London, 1768), 6. 关于18世纪科学实用性问题的论述,请见 Larry Stewart, *The Rise of Public Science* (Cambridge, 1992).

113 Huxley, *Collected Essays*, i. 51.

114 Bacon, *Works*, iii. 352.

115 Joseph Glanvill, *Scepsis Scientifica: or, Confest Ignorance, the way to Science; in an Essay of The Vanity of Dogmatizing, and Confident Opinion* (London, 1665), 118.

116 Bacon, *Works*, iii. 363. 值得指出的是,有时候培根推荐的方法和他实际使用的方法并不一样:参见 Stephen Gaukroger, *Francis Bacon and the Transformation of Early Modern Culture* (Cambridge, 2001), 105–14.

117 参见 Mokyr, *The Lever of Riches*, ch. 9.

118 尽管如此,科学对于早期弹道学进步的重要性不应高估。John F. Guilmartin, *Gunpowder and Galleys: Changing Technology and Mediterranean Warfare at Sea in the Sixteenth Century* (Cambridge, 1974), 指出炮手无须使用象限仪之类的工具,更愿意凭自己的经验。同时也需要注意的是,只有在19世纪武器制造商才系统探讨17世纪弹道学的用途:参见A. Rupert Hall, *Ballistics in the Seventeenth Century: A Study of the Relations between Science and War with Reference Particularly to England* (Cambridge, 1952), 158. 另见同一作者, 'Gunnery, Science, and the Royal Society', in John G. Burke, ed., *The Uses of Science in the Age of Newton* (Berkeley, 1983), 111–42.

119 关于公共建筑,参见 James A. Bennett, *The MathematicalScience of Christopher Wren* (Cambridge, 1982) and Lisa Jardine, *On A Grander Scale*. 17、18世纪的造船工匠有着高超技艺,并未接受正规教育,显然对于自然哲学的发展没有任何用处:参见 Larrie D. Ferreiro, *Ships and Science: The Birth of Naval Architecture in the Scientific Revolution, 1600–1800* (Cambridge, Mass., 2006), ch. 2.

120 Peter Mathias, *The First Industrial Nation: An Economic History of Britain, 1700–1914* (London, 1983), 124–5. 另见 A. Rupert Hall, 'What Did the Industrial Revolution in Britain Owe to Science?', in Neil McKenrick, ed., *Historical Perspectives: Studies in English Thought and Society in Honour of J. H. Plumb* (London, 1974), 129–51.17世纪关于皇家学会的类似观点请参见 Marie Boas Hall, 'Oldenburg, The *Philosophical Transactions*, and Technology', in John G. Burke, ed., *The Uses of Science in the Age of Newton* (Berkeley, 1983), 21–47. 对照 Thomas Kuhn, *The Essential Tension*

(Chicago, 1977), 书中指出, 他所称的工业革命前后英国科学的落后, 结论是科学在技术变革中起到了重要作用 (141-5). 又见 Neil McKendrick, 'The Role of Science in the Industrial Revolution: A Study of Josiah Wedgwood as a Scientist and Industrial Chemist', in M. Teich and R. Porter, eds., *Changing Perspectives in the History of Science* (London, 1973), 274-319.

121 Mokyr, *The Lever of Riches*, 244.

122 19世纪以前这些机器只有非常有限的用途。例如纽卡门机（Newcomen's engine），1714年设计，但仅用于抽水，价值有限，直到19世纪燃煤经济在英国腾飞的时候，才在18世纪出现的蒸气动力的帮助下，推动了更深的矿井开采。请注意机器的发明和完全机械化之间巨大的差异。克朗普顿（Samuel Crompton）的"珍妮纺织机"1775年发明，尽管轰动一时，但是直到19世纪30年代中期才伴随着整个纺织业广泛使用有动力织布机实现完全机械化。关于工业革命概览，参见 chs. 2 to 4 of David S. Landes, *The Unbound Prometheus: Technological Change and Industrial Development in Western Europe from 1750 to the Present* (2nd. edn, Cambridge, 2003), 对于更广泛的视角，请见 Mokyr, *The Lever of Riches*. 理解18、19世纪资本主义的发展方面的一个关键问题是，工作生产的组织方式要比技术进步相对更重要、更优先（按照马克思主义理论，生产关系优先于生产力）: 参见 Keith Tribe, *Genealogies of Capitalism* (London, 1981). 有意思的是，18世纪和19世纪早期的政治经济学家——亚当·斯密、马尔萨斯、李嘉图几乎毫无例外地把农业生产当作生产看待，而不是工业生产。

123 J. P. Den Hartog, *Mechanics* (New York, 1961), 2.

Part 2

第二部分

Chapter 2
Augustinian Synthesis to Aristotelian Amalgam

第 2 章
从奥古斯丁的综合到亚里士多德的混合

13世纪,自然哲学从一个名不见经传的学科,蜕变为认识自然世界和人与自然关系的主要切入点。这一蜕变对于把握何为自然哲学以及它如何补充、加强或者削弱其他形式的自然知识,特别是由神学、有时候是由光学和力学所得出的自然知识,起着基础性作用。这一蜕变和转型的引擎是亚里士多德主义。13世纪到16世纪,亚里士多德自然哲学占据主流,其他形式的自然哲学只能靠边站。但是亚里士多德自然哲学进入西方世界的过程并不顺利,一直饱受争议。到16世纪初,争议达到高潮,其焦点就是亚里士多德自然哲学是否可以与基督教教义中人的灵魂不朽的观点互相调和。

13世纪,亚里士多德主义遭受的敌意之深之广,令人难以想象它能流传下来。1210年,巴黎大学禁止在文学院公开和私下教授亚里士多德自然哲学,违者将被开除教籍。该禁令由巴黎宗教会议颁布,由教皇使节罗伯特(Robert of Courçon)于1215年写进官方法令,并于1228年进行重申。1231年,教宗格里高利九世(Pope Gregory IX)在《科学之母》教谕中再次重申此禁令。[1]该禁令并没有在巴黎教区之外实行[2],然而到1200年的时候,巴黎有3000~4000名学生,大约占巴黎人口的1/10,还有大约150位教师,是当时欧洲领先的思想中心,事实上几乎所有13世纪有名的经院神学家都曾经在巴黎求过学或者任过教。[3]由于巴黎禁令的存在，当时人们对亚里士多德的认真研究实际上处于停滞状态。直到大约1240年，多明我会的大阿尔伯特(Dominican Albertus Magnus)去巴黎任教，同行的文书阿奎那(Thomas Aquinas)[4]曾在那不勒斯大学(Naples *studium*，当时不受巴黎禁令影响[5])求学期间学习过亚里士多德自然哲学著作，也许还学习过他的形而上学(求学生涯始于1239年)。阿奎那于1244年加入多明我会后，在13世纪50年代开始了大量的基督教神学与亚里士多德形而上学和自然哲学的调和工作，并一直在巴黎任教至1259年。到1255年学习亚里士多德著作合法化的时候，形势已经大为好转。但是这种对亚里士多德主义的容忍仅仅持续了十多年时间。1267年，波纳文图拉(Bonaventure)对阿威罗伊式亚里士多德主义(Averroistic Aristotelianism)发起了一系列攻击。随后在1270年，埃吉迪厄斯·罗曼纽斯(Aegidius Romanus)尖锐指责"哲学家们的错误"，这些哲学家包括亚里士多德、阿威罗伊(Averroes)、阿维森纳(Avicenna)、阿尔安萨里(al-Ghazali)、阿尔肯迪(al-Kindi)和迈蒙尼德(Maimonides)。1269年阿奎那重返巴黎，在那之后不到一年，巴黎主教唐比埃(Étienne Tempier)就发布了一个新的禁令，禁止教授亚里士多德的著作，谴责与亚里士多德主义相关的13个哲学主张。尽管一开始没有什么效果，但该禁令在1277年被重申，40个神学和179个哲学主张遭到全面谴责。1277年大谴责与之前的禁令有着本质差异。[6]该谴责得到了教宗约翰二十一世的鼓励和支持,从而一举塑造了西欧随后350年间的思想面貌。

这并不是因为该谴责终结了学习和教授亚里士多德的著作,而是因为亚里士多德给直到16世纪下半叶的几乎所有自然哲学工作提供了基本哲学框架。的确,亚里士多德主义不仅是当时自然哲学的主体解释,而且事实上是自然哲学的组成部分:它提出了自然哲学需要解决的问题、解决问题的方法,以及确定合理解释的标准。1277年大谴责公开列出了神学、形而上学、自然哲学三者之间相对而言许多根本上混淆的问题。对于如何决定问题归属于形而上学还是自然哲学,它的重要作用在于设立或加强一整套限制,这些限制在接下来的三个半世纪里受到普遍反对,但是直到至少16世纪初的几十年,反对的声音都没有超出13世纪确立的框架。

为什么亚里士多德被许多13世纪的哲学家和神学家衷心拥护?为什么这一运动遭遇他人如此充满敌意的对待?要找到答案,我们的首要任务是必须搞清楚亚里士多德哲学/基督教神学的混合取代了什么。

奥古斯丁的综合

"雅典和耶路撒冷、学院和教会、异教徒和基督徒之间,能有什么共通之处呢?"3世纪早期拉丁神学的奠基者特图良 (Tertullian) 反问道。他还告诉我们:"有耶稣在,我们就不需要好奇心,有福音传教士在,我们就不需要进行探究。"[7] 特图良对古典学说充满敌意,因为他认为古典学说被异教徒所使用:诺斯替派 (Gnostics) 的永世教义 (doctrine of eons) 来自柏拉图主义,马吉安 (Marcion)(译者注:又译作马克安)的神论 (doctrine of God) 源自斯多葛派 (Stoics),把神等同于物质的概念源自芝诺 (Zeno),把神等同于火的概念源自赫拉克利特 (Heraclitus),灵魂的毁灭学说源自伊壁鸠鲁派 (Epicureans),等等。换言之,所有这些错误学说的来源都是古典哲学家。[8] 特图良旨在建立唯一的权威,确立通往真理的唯一路径,即基督教教义。当时,罗马帝国东部有着宗教多元化的趋势,神学思辨兴起。[9] "世俗思潮轻率地解释了上帝的本质和施与","异教徒和哲学家讨论着同样的材料,他们的观点大同小异",从特图良的话中可以看出,他意识到了基督教思想中的一个顽瘴痼疾。基督教教义中涉及的问题,早前已经有了许多哲学思考的积淀。诸如特图良之类的作者提供的教义,最初并非基于早期观点和对它们的批判(例如亚里士多德试图批判并取代柏拉图的学说),而是基于神学意义上的信仰体系,走着完全不同的道路。但是,包括特图良在内的许多早期基督徒都是从新柏拉图主义 (Neoplatonism) 皈依过来的。也就是说,他们脱离了哲学体系——哪怕是带着明显神学色彩的哲学体系——转而归入了神学体系。为了追求神学真理,他们抛弃了通过哲学来追求真理的道路。如果两个道路产生冲突,则有着许多可能的解决办法,轻则吸收,重则抛弃。专注于世俗危险的特图良,发现基督教和世俗价值观念之间在几乎所有领域都存在不可调和的对立[10],而他思想上倾向于摒弃希腊罗马文化。

尽管直到公元398年迦太基会议(Council of Carthage)才禁止阅读异教徒书籍,但是到4世纪的时候,吸收异教徒的观点成为劝说异教徒和其他人皈依基督教一个更加吸引人的手段。教父时期(Patristic period),我们看到哲学(主要为形而上学、自然哲学和伦理学)的"基督化"(Christianization)始于早期的拉丁教父(Latin Fathers),终于马里乌斯·维克多里努斯(Marius Victorinus)和奥古斯丁。基督化主要的工作就是在基督教教义的滋养下,培育异教徒思想中的有价值内容。例如特图良同时代的拉丁教父克莱门特(Clement of Alexandria),称自己为耶稣的园丁,从异教徒茂密、干枯和脆弱的文学作品灌木丛中剪下枝条,嫁接到耶稣真理的枝干上。[11]到了后期,尤其是在奥古斯丁的著作中,该工作几乎等同于把所有哲学完全转化成基督教术语。基督教被看作哲学的终极形式。奥古斯丁用古典哲学家的话来阐述他的神学,试图表明基督教能够回答所有古典形而上学的问题。[12]总之,基督教不仅补充了古典哲学,而且将古典哲学学说收为己有,否认它们曾经是古人的财产。不仅用基督教教义来解读所有的哲学问题,而且开始广泛排斥道德及其他品质,而正是这些品质使得古代哲学家成为智慧和道德的化身。[13]

基督教挪用先前思想,因而可以成为终极答案的提供者,回答先前哲学家一直努力解决的问题。基督教的这一成功做法我们不应低估。希腊化哲学每个主流派别都力争呈现一种超越生命动荡和无序的哲学,获得心灵的平静(ataraxia or apatheia)。斯多葛派认为,获得心灵平静的方法是掌握事物普遍规律,把握事物的内在本质。伊壁鸠鲁派则坚持认为,了解事物的内在规律只是实现目的的一种手段,认识事物的目的是不再恐惧,我们必须克服的恐惧中,最为重要的是对死亡的恐惧。皮浪主义者(Pyrrhonists)和后来的学院派认为,心灵的平静来自当人意识到不可能理解的时候,一旦我们停止搜索,我们所要找的平静就会到来,就像碰巧一样。他们拿画家阿佩利斯(Appelles)来类比,阿佩利斯想要画出马嘴里的泡沫效果,但没有成功,打算放弃的他把手里海绵往墙上一扔,恰巧扔到了那幅画上,正好产生了他想要的效果。而基督教则认为,心灵的平静和安宁与某种状态相关联,这种状态在人的现世无法实现——尽管修道院文化孕育出"在生命动荡和无序中,力量是永恒的"的观点,但是这样做是为了通过修行

(asceticism) 将自我与世界相隔绝[14]——却是人在现世行为的回报，这不仅取决于人思想的启蒙，也取决于人是否参加圣事 (Sacraments)。本来这是一个哲学问题，而基督教却把它变成了一个哲学和宗教相互掺杂的问题[15]，变成了思想的一个综合，大获成功。这种综合所提供的答案，远远多于现有宗教或者哲学体系单独可以提供的答案。

克莱门特认为，哲学之于希腊人如同托拉 (Torah) 之于犹太人，预示着耶稣的到来，但是推动这一发展的关键人物是奥古斯丁。[16]奥古斯丁对基督教兴起前悠久思想传统的研究，打下了基督教与古典思想调和的基础。他写道："现在所称的基督教，自古以来就存在，从人类诞生之初就一直存在，直到基督道成肉身降临，这个早已存在的真正的宗教才得名基督教。"[17]换言之，基督教以某种方式一直存在，甚至在"道成肉身"(Incarnation) 之前。事实上对奥古斯丁而言，真正的宗教和真正的哲学从一开始就存在。[18]奥古斯丁的著作《上帝之城》(De civitate dei) 著于阿拉里克洗劫罗马 (Alaric's sack of Rome) 之后，著书时他心中惦记着来自罗马的异教徒难民。在第八册至第十册中论及柏拉图时，他猜想也许柏拉图懂一点希伯来圣经 (Hebrew scriptures)[19]，他暗示柏拉图派 (即新柏拉图派) 的上帝和基督教的上帝是同一个上帝。[20]他认为，柏拉图派甚至谈到了三位一体 (Trinity)，尽管有点不知所云。[21]但是他也指出，这批柏拉图派不可能认识上帝。他们误以为可以纯粹通过思想的方式来接触上帝,却不知事实上只能通过"道成肉身"后开始成立的圣事制度才能见到上帝。对于奥古斯丁而言,基督教比古典哲学、比当时基督教的竞争对手优越的地方在于圣事制度。奥古斯丁认为,不是基督教等于古典哲学加上圣事,而是古典哲学等于基督教减去圣事。所以,奥古斯丁可以回溯至他挪用新柏拉图派学说而导致的混乱的根源:他把普罗提诺(Plotinus)的上帝导致"外流物"(emanations)的观点视作创世记的含糊之说,把他的三个"本体"(Hypostases)的假设视作三位一体论的含糊之说,把他的世界灵魂的堕落观点转化为个体灵魂的堕落,而影响这些个体灵魂的"原罪"(original sin)就是人作为一个物种的罪恶,并不是个体罪恶之和。有意思的是,这又与新柏拉图观点很相近了。[22]总而言之,在奥古斯丁看来,基督教就是所有先前的哲学思考和宗教信仰的集大成者,只能通过对古代哲学家和圣贤进行合适的寓言式解读方可管窥,正如通过寓言式解读《旧约》的方式来了解基督教一样。[23]

基督教在整个前基督教时代就已经盛行是一个常见的假设,对前基督教时代的思想和信仰进行寓言式解读以产生或揭示基督教的兴起早有预示。[24]早前已经出现过与基督教无关的寓言式解读:有证据表明,早在柏拉图时代,荷马就开始被寓言式解读,而3世纪的新柏拉图派波菲利

(Porphyry)和普罗提诺将此发展为一种艺术形式,对荷马的作品进行详细的寓言式解读。他们将荷马描绘成一个圣人,能够洞悉灵魂命运和宇宙神秘结构。[25]他们用这种寓言式的解读来攻击基督教,而教父们则以其人之道还治其人之身,他们的回击甚至更为猛烈,因为教父们的计划远比新柏拉图派更雄心勃勃、包罗万象。

然而,对奥古斯丁这样的神学家来说,真正的挑战不是异教,而是基督教内部的敌对运动:奥古斯丁的目标是确立尼西亚会议(Nicene)的正统。基督教存在于前基督教时代的想法在教义上是超前的,而基督教不是新事物的说法对于奥古斯丁成功建立的基督教版本又至关重要。最后一切都归结于基督教与它的宗教祖先——基督教之前的犹太教(pre-Christian Judaism)——二者之间纠缠不清的关系这个问题。在某种程度上,这个问题可以追溯到早期基督教的两个关键人物,即耶稣和保罗。两人有着不同的目标:耶稣似乎关心的是履行律法,而对保罗来说,是用基督取代律法。[26]在基督教的早期几个世纪里,有一段时间,不同的观点之间存在着激烈的争论。诸如特图良一派的观点是把基督教看作"旧"约——基督徒在犹太圣经前加了个"旧"字——中的宗教戒律的继承和发展,而其他人则认为两者完全对立。摩尼教(Manichaeans)和诺斯替教(Gnostics)认为,《旧约》已经随着基督的降临而废除，因此应该被抛弃。2世纪的诺斯替教徒马吉安（Marcion）在他的《安提托斯》(Antitheus)中阐述了《旧约》和《福音书》之间的道德和神学差异，并认为前者是犹太教仇恨之神的记录，现在被《福音书》中爱之神的信息取代了。马吉安明确抵制对《旧约》的寓言式解读，认为这是在试图拯救实际上与基督教传统格格不入的东西。对马吉安来说，基督教始于道成肉身这样一个全新的、前所未有的事件。[27]但是，如果仍然接受《旧约》中的上帝是神圣的，那只能是假设有两个独立的恶和善的世界，分别由独立的上帝来统治。

奥古斯丁本人二十多岁时曾经是个摩尼教徒[28]，但是后来却成为摩尼教最严厉的批评者之一。不难找到他改变主意的依据，因为摩尼教确实存在着一些深刻的神学上不能自圆其说之处。例如，摩尼教把物质世界和邪恶世界关联起来，这一点就与把道成肉身看作转折点的观点相抵触。按照摩尼教的说法，道成肉身不可看作一个真实的事件，因为如果这样，这个善良之神就会被邪恶世界浸染，与之融为一体。摩尼教关于救赎的说法也令人费解，因为基督不可能真的按照摩尼教的说法"死在十字架上"。正如奥古斯丁所理解的那样，基督教的关键在于只有一位上帝，而且这位上帝既是《旧约》的上帝，也是《新约》的上帝。事实上，基督教接受《旧约》的方式与后基督教的犹太教非常不同。相对犹太文化来说，它保留了许多古代的元素。正如布拉格 (Rémi Brague) 所指出的那样：

> 对犹太教而言，第二座圣殿被毁后，圣约就失去了献祭的意义；它在基督教的圣事中得以保留。大卫王权在外国统治下消失了；它在基督教教皇和西方国王的神圣使命中重新出现。预言消失了，犹太教注意到了这点，并以不同的方式加以解释；在基督教中，预言在圣徒的角色中继续存在，特别是在教团创始人中。[29]

然而，奥古斯丁教义的来源肯定不单单是《圣经》，在从摩尼教转向他的成熟立场时，主要影响他的是新柏拉图派。[30]柏拉图派"太一"的概念是无形的、不变的、无限的，是万物之源：这一概念与摩尼教/诺斯替教的观点完全相反，摩尼教/诺斯替教认为可能有一个心存报复、满怀恶意的上帝。[31]事实上，奥古斯丁在这里引述了一个异教徒哲学家的著作——普罗提诺的《反驳诺斯替教，反对那些声称创世主和世界是邪恶的人》(*Against the Gnostics, or against those who say that the Creator of the World is Evil and that the World is Evil, Enneads*, II. bk. 9) ——来反驳一个基督教派。

基督教对先前思想的挪用，有四层意义。其一，这意味着它没有外部竞争对手。没有什么思想体系与它格格不入,即便是异教主义,因为基督教已经挪用了几乎所有其他的思想体系占为己有,而且以尽可能的最强有力的方式:提供在它看来其他思想体系中的空白内容。[32]其二,它吸收了一个复杂的哲学学说体系,主要来自斯多葛派和新柏拉图派。随着思辨派哲学在希腊化时期的衰落,这意味着它登上了思想的领袖地位。其三,这意味着哲学——其中主要包括道德哲学、形而上学和自然哲学——不可能对神学构成威胁,因为评价哲学的标准是它对整体的贡献,而这个整体最终是由启示宗教 (revealed religion) 支配的。这并不意味着在教父时代各种哲学体系——或者更多的是不同哲学体系中选定的成分——与上帝的启示和基督教教义的调和没有争议[33],但基督教自然神学是在一个与哲学基本上共享的框架内形成的。最后,这意味着不存在不可调和的真理:只有一个真理、一个现实,那就是基督教。

基督教综合 (Christian synthesis) 的思想优越性只有在与伊斯兰教的对抗中才能得到真正的检验。特别是在12世纪后期,随着基督教在欧洲向地中海盆地周边地区扩张,以及开始推动鞑靼人,特别是穆斯林和犹太人等各种异教徒群体的皈依,对自然神学的制约发生了一些变化,因为穆斯林和犹太人已经建立了一套相当复杂的哲学和神学教义。这需要反思自然神学的作用。对教父和奥古斯丁来说,由于维护启示神学的权威是首要任务,自然神学传统上只起辅助作用，用以阐明和支持圣经中的拯救一说，而奥利金 (Origen) 这个唯一一位赋予自然神学主导和形成性角色的教父很快被教会视为异端，但是在促使那些不使用相同圣经文本的人皈依的时候，启示神学起不到什么作用，因此在这个历史关口，我们看到了尝试发展自然神学的开始。**34**

面对犹太教和伊斯兰教的挑战，基督教哲学家们开始站出来回应，安瑟伦 (Anselm of Canterbury) 就是其中的一个代表性人物。安瑟伦的作品写于11世纪下半叶，他参考了早期由教父，尤其是奥古斯丁发展起来的神学和哲学统一模式。他把形而上学视作神性学说，认为从基本的形而上学的前提出发，如果所有人，包括基督徒、犹太人或伊斯兰教信徒都认可的话，那么就能以此显示基督教上帝的基本特点。

安瑟伦提出了两个这样的出发点。在《独白》(Monologion) ——这是本打着奥古斯丁深深烙印的著作，其序言告诉我们，该文本中无处不与奥古斯丁著作绝对一致——最初几章论及柏拉图可以在世界上找到不同程度的完美事物的观点，这意味着存在一个完美的标准。安瑟伦继而指出，上帝就是完美的标准。后来，在《宣讲》(Proslogion) 中，安瑟伦用本体论观点取而代之，这样实现他目的的方式更简单有效：

我开始问自己，能否找到唯一理由，不需要其他人来证明，它可以自证，它本身就足以证明上帝真实存在着，世上存在至善，不需任何事物为前提，而所有其他的事物则需要这至善为前提，才能保证其存在和福祉；它还能够证明我们关于神圣存在（divine Being）的一切信念。[35]

这里的关键就是最后一句，安瑟伦追求的"唯一"目的就是不仅要确保上帝这个自洽的存在，而且要确保"我们关于神圣存在的一切信念"。它不是要说服那些不信仰上帝之人去相信上帝的确存在，而是要证明上帝存在所依据的论据表明这个上帝就是基督教的上帝。《独白》明确指出，关键教义就是三位一体、道成肉身、救赎。也就是说，他认为有问题的是犹太教和穆斯林的上帝概念，以及阿里乌（Arian）、一性论（monophysite）或其他异教徒观点中的上帝概念，而不是这里所说的上帝的存在本身。安瑟伦论证完上帝存在不需要理由之后，在《独白》中继续论证，上帝是世间万物存在的原因（第7—14章），上帝无处不在、永生不灭、超越物质（第15—27章）。最后他论证道，这个唯一的上帝，通过他的道（Word）来启示自身，他是父，他的子就是道，他们之间的圣爱即是圣灵（Holy Spirit）（第28—79章）。在先前章节得出关于神性的认识基础上，该书用大部分，即大约三分之二的内容来确立三位一体的教义。

两百年后，在马略卡岛上写作的拉蒙·鲁尔（Ramón Lull）——马略卡岛的特殊之处在于它当时是一个商业中心，基督徒、穆斯林（13世纪下半叶占此地一半人口）、犹太人在此交融——推进了自然神学的研究，再次提出三位一体、道成肉身教义来说服穆斯林和犹太人。以道成肉身为例，鲁尔认为，创造人类的上帝必须在耶稣身上体现神性和人性的统一，这是实现造物主和他的创造物之间达成和谐的唯一途径。**36** 鲁尔倡导一项"艺术回归神学"（reductio artium ad theologiam）研究**37**，认为哲学仅是神学的一个形式。他的出发点某种程度上与柏拉图派不同程度的完美观点类似。安瑟伦在他的《独白》中曾经论证过这种完美，但是鲁尔在此基础上又有了明显的发展：思考圣"名"（即上帝力量、智慧、道德、真理、荣耀等特质），人类即可进步。他认为所有宗教均有圣"名"，他称之为公理（axioms），通过这些圣"名"的组合，人类不断进步，最终综合成对上帝的共同认识。当然，这个上帝就是基督教的上帝。**38**

对他们希望皈依基督教的穆斯林来说，安瑟伦和鲁尔的努力最终都是白费力气。鲁尔晚年对自己这种方法明显感到绝望，干脆主张对伊斯兰教进行武力征服，这样至少能够对他的教化起到更加实际的补充作用。来自对面穆斯林的反馈中，也没有显示出任何基督教思想的优越性。恰恰相反，穆斯林学者赛义德·阿尔·安达卢西（Sā'id al-Andalusī）

在1068年列举对科学或学问感兴趣的民族名单时,有意剔除了欧洲人,斥之如同走兽般粗鄙。[39]诚然,柏拉图、亚里士多德、亚历山大等数学家和天文学家的著作经过拜占庭传播到伊斯兰国家,已经使伊斯兰思想某些方面远远领先当时的西方基督教了。

就认识(scientia)——科学或者学问——而言,伊斯兰思想家当时领先于西方,背后有两个因素:亚里士多德的自然哲学和他们从亚历山大人那里继承来的实用数学学科。他们不仅继承,而且将其发扬光大,把亚里士多德自然哲学推向了更先进的高度[40],在诸如方位天文学(positional astronomy)等领域有着极高的造诣。[41]尽管到12世纪末伊斯兰思想文化的发展慢慢停滞下来,但是它的发展成就,以及亚里士多德形而上学和自然哲学的著作(极大地促进和提升了伊斯兰文化的思想造诣)在12世纪逐渐为西方所知。从12世纪中叶开始,亚里士多德的文字首次被译成拉丁语,萨莱诺大学的学者们也同步撰写了系列评论。[42]得益于这些资料和其他文献,西方基督教世界中位于巴黎等教会中心的神学家和哲学家在13世纪初[43]才首次可以读到亚里士多德的著作。

总而言之,13世纪关于亚里士多德主义的争议的基本情况就是从教父时代,特别是从奥古斯丁开始,认为哲学和神学二者是一个统一体,形而上学事实上就是上帝的科学。基督教神学被视作任何可行的形而上学中不可缺失的内容。恰恰是这一点凸显了基督教形而上学与异教徒哲学家的形而上学体系的差异。虽然异教徒哲学家在无意中参与了一个相同的研究，却没能像基督教一样抓住问题的关键。这种对古代哲学和基督教自然神学连续性的带有普世（ecumenical）基督教色彩的观点，在后来对非基督教体系的回应中得以反映。在非基督教体系中，人们认为问题得以解决的方式就是对上帝神性进行哲学思考，而这最终会将所有人引向正统的基督教概念，不论是基督徒、穆斯林，还是犹太人。尽管基督教哲学的古典和希腊化源流——不论是柏拉图[整个中世纪唯一传播的柏拉图作品是《蒂迈欧篇》（Timaeus）**44**，是他对自然哲学的一个贡献]、亚里士多德，还是新柏拉图派、斯多葛派、伊壁鸠鲁派——一直关注和研究的问题是世界的结构，但在这个概念中自然哲学仅占据了一个边缘位置，几乎全部归在形而上学之下。此外，谈到自然哲学时还须记住，基督教一直存在着反对基督徒研究自然哲学的传统。《申命记》（Deuteronomy）第4章19节警告教徒，要注意"当你们举目观看你们的上帝耶和华赐给天下万民的日、月、星辰等天上万象时，不要受诱惑去跪拜、供奉它们"。奥古斯丁的导师米兰主教安波罗修（Ambrose of Milan）解释道，之所以不去在《圣经》中讨论科学事项，原因是"《圣经》（Holy Scripture）中没有空间来谈论这些虚妄的必朽知识，它会欺骗和误导我们试图去解释无法解释的东西"。[45]奥古斯丁本人也持类似的观点：

> 问及我们在宗教方面应该信奉何物的时候，答案不可以从探索事物的本质中找寻，不能照着希腊人所称"物理学家"的方式去做。……对基督徒来说，信奉所有万物的根源就够了，天上也好，地下也罢，可见也好，虚无也罢，都不及造物主的恩典。[46]

这一态度也在他关于天文学的观点中得到证实。他认为，《圣经》中既然几乎不提天体运动，即意味着它无须人们多虑，就应该全面禁止天文学。[47]

这种对神学之外的哲学领域，尤其是自然哲学的不屑一顾，随着13世纪亚里士多德主义被引入巴黎等教会中心，变得无法持续，西方基督教世界也将跳出自己思想的一潭死水，超越伊斯兰和拜占庭文化。[48]然而，引入亚里士多德主义不是对其文本再发现那么简单，两个事件塑造了引入亚里士多德主义的时代背景。其一是计划为系统神学提供哲学基础。在越来越多的神学家看来，亚里士多德主义似乎可以提供答案。其二是研究神学和哲学的制度环境发生了变化。至少在初始阶段，这个制度环境阻碍了亚里士多德主义的引入。

向经院文化的转变

13世纪基督化的亚里士多德主义的建立,首先与大阿尔伯特和阿奎那有关。无论亚里士多德主义在哲学上有什么优点,大阿尔伯特和阿奎那都不会仅仅因为亚里士多德主义在哲学上的优点而被其吸引。他们首先是神学家,而且很明显,将一个新的哲学体系引入神学会产生重大的、也许是不可预见的后果。如果我们要理解为什么亚里士多德主义从13世纪中叶开始被经院哲学家和神学家所接受和发展,我们就需要理解其神学上的益处是什么,因为这是其最终被接受的依据。

欧洲思想文化复兴的早期特征之一,是试图在哲学基础上建立系统神学。9世纪的约翰·司各特·厄里根纳(John Scotus Erigena)是这种活动的先驱,但直到"主教叙任权之争"(Investiture Controversy)爆发,这些问题才能凸显出来。这场争论大约始于1050年,并随着教宗格里高利七世(Pope Gregory VII)在1075年颁布《教宗教令集》(Dictatus Papae)[49]而达到高潮。他宣称,教宗对整个西方教会具有至高无上的地位,并宣布其不受世俗控制。[50]在与亨利四世和萨克森公国的亨利五世的长期战争之后,1122年签署了沃尔姆斯(Worms)宗教协议。在此过程中,教会取得了独立于罗马皇帝、国王和封建领主的法律身份,建立了教会法院等级制度,最终形

成了教宗法庭。这需要一种全新的法律方法,正如伯尔曼(Berman)所指出的:

> 教会法律体系和世俗法律体系的二元化反过来又导致教会法律秩序中的世俗法律体系的多元化,更具体地说,就是教会法院和世俗法院管辖权的并存。此外,法律的系统化和合理化是必要的,以维持多元竞争的法律体系的复杂平衡。最后,教宗革命引入了事物的合理秩序,这意味着法律的一种系统化和合理化,这将在综合原则的基础上允许相互冲突的权威之间相互调和:只要有可能,矛盾就会得到解决,而不会破坏双方本身的内容。[51]

教会在调和世俗法和教会法的同时,也开始了在哲学基础上建立系统神学的尝试。真正的尝试始于11世纪中叶,即"主教续任权之争"爆发初期,其代表人物是贝伦加(Berengar of Tours)和征服者威廉(William the Conqueror)治下的坎特伯雷大主教兰弗兰克(Lanfranc, Archbishop of Canterbury)。尤其是兰弗兰克的学生安瑟伦,从11世纪60年代开始撰写哲学著作。正如我们所看到的,安瑟伦认为,以哲学为基础的系统神学不仅是反对异端的堡垒,也是说服穆斯林和其他人信奉基督教基本教义真理的手段,尤其是信奉基督教三位一体和道成肉身的独特教义。在这个过程中,希望它能帮助阐明这些核心教义，以利正统。

从神学上来说，安瑟伦当时捅了马蜂窝，但这正是由于伊斯兰和犹太哲学家一直以来认为基督教有无法自圆其说的地方，因此如果要为基督教的真理提供一个合理而又不可辩驳的依据，就必须直面这一问题。《福音书》介绍耶稣的生平时，使用了弥赛亚 (Messianic) 和末世论 (eschatological) 这类术语，这与巴勒斯坦犹太教的传统用法有关。[52] 但保罗和约翰这一代人又把犹太教的希腊化形式引入了基督教，称耶稣为"主"(Kyrios) 或逻各斯 (Logos)，"起初"居住在天父中，然后"道成肉身"。[53] 留给后来的几代基督教神学家的任务是将其与基督教教义和信仰相协调，并对这一说法进行合理解释。贾斯汀 (Justin) 是2世纪皈依基督教的异教徒，他从哲学上——事实上是斯多葛派哲学——对理性 (logos) 的理解出发，认为理性人人皆有，包括古典希腊哲学家，他们能深刻地接触真理；但基督是终极逻各斯，是上帝的"道"，因此只有他的到来才可触及全部真理。这不过是文字游戏而已，留下了各种关于神性以及耶稣和圣父之间关系的悬而未决的问题。历经四次大公会议——尼西亚 (325年)、君士坦丁堡 (381年)、以弗所 (431年) 和迦克墩 (451年)——才就三位一体和道成肉身的定义达成一致[54]，即上帝的三个位格共有一个神性，而在耶稣身上有一个位格有两个神性。暂不考虑这个上帝如何与《旧约》中的上帝相同的问题,以及三位一体中第三位格的地位问题[55],当时考虑的问题是:如果耶稣有两个性质,其中之一并不和圣父共有,那么如何能够以将圣父视为上帝的方式将耶稣视为上帝,或者将耶稣视为上帝的程度如何能够与将圣父视为上帝的程度相同?在一个极端,即对三位一体中三种不同性质分别加以区分的三神论,和另一个极端,即坚持耶稣只有一个性质且与其他位格共有这个性质的单神论之间,必须找到一条中间道路。其中一条中间道路是阿里乌教派(Arianism),它似乎既允许三位一体的位格具有单一神性,也允许耶稣具有两种性质,但天父一定程度上优先于三位一体的其他位格。[56]既然耶稣既有人性,也有神性,阿里乌教派认为耶稣半人半神,不能与只有神性的位格相提并论,他不可能在道成肉身时才变得与圣父不平等,那么从一开始他的地位就低于圣父。阿里乌斯(Arius)的立场并非没有先例可循,实际上就是对奥利金(Origen)立场的进一步阐释。奥利金观点的依据是柏拉图神学,他认为逻各斯是圣父的"形象",所以在某种程度上处于更低的现实层次上,就像柏拉图神学的低层现实(lower hypostases)一样,尽管这个逻各斯超越了时间,像圣父一样完全神圣。阿里乌斯只不过没有使用奥利金那样的修饰性、小心翼翼的措辞而已,说天父不是"生"了逻各斯,而是"创造"了它。耶稣是天父的创造物,因此他的存在是暂时的，这与《福音书》"上帝之子"的提法一致。

奥古斯丁在《论三位一体》(De trinitate)中对正统的三位一体教义进行了深思熟虑的说明，用实体(substantia)和人格(persona)的哲学词汇对其进行了阐述，而波爱修斯(Boethius)在亚里士多德逻辑学著作的影响下——他将这些著作翻译成拉丁文，其译本在11世纪的西方已经出现——提供了一个更加详尽的版本。[57]如何解决三位一体的三个位格之间缺乏差异性(differentia)问题？可以把它们标记为不同的种或属，这样就把它们比作数学上的点，可以重叠分布，而不是沿着一条线分布，以此来区分它们之间的差异。10世纪和11世纪波爱修斯的著作当时几乎是古代思想的唯一渠道，他引入亚里士多德原始质料(prime matter)这个基本概念，认为质料是基督人性存在的条件，还引入质料和形式的关系概念，以此来说明物质和上帝的纯粹形式之间的区别。[58]这些概念提供了一些基本的词汇，借助这些词汇，基督论和三位一体论的问题得以深入思考。

这些问题在很大程度上取决于关于共相(universals)的哲学问题，而共相问题争议的关键是哪种关于共相的论述最适合正统神学来解决三位一体和道成肉身这样的复杂问题。例如，1092年安瑟伦和洛色林(Roscelin)之间关于三位一体性质的争论，引发了种和属(共相)是否有自己的实体的问题。安瑟伦采取传统的柏拉图主义观点，认为它们有，但洛色林遵循亚里士多德在《范畴篇》(Categories) 中的学说（可在波爱修斯的拉丁文译本中找到）坚持认为只有个体才有实体，共相没有实体。洛色林有个举动表明了双方争论可能的走向。[59] 在评论亚里士多德的逻辑学著作时，波爱修斯对比了人们基于逻辑或语义可能采取的两种立场：一种是主张抽象观念或共相来自先验，另一种是主张它们来自后验。洛色林将这一区别应用于形而上学，认为个别事物和象征它们的概念比共相更真实，然后他从这一形而上学立场出发，得出了神学上的结论。圣父、圣子和圣灵确实是真正的神灵，他们的名字是有意义的。相比之下，"上帝"这个词，其所指是三位一体中所有位格所拥有的神性，是一个毫无意义的抽象概念。在1092年的苏瓦松 (Soisson) 大公会议上，洛色林的观点被指控为三神论，主要指控者之一便是安瑟伦。安瑟伦本人的立场是，就像人们说某人"白""公正"和"会识字"时，并不意味着他是三个独立的实体，所以当人们使用上帝的"圣父"、"圣子"和"圣灵"这些术语时，也并不意味着他是三个实体。洛色林随后回应道，安瑟伦的观点意味着要么认为三位一体就像三个灵魂或三个天使，要么认为三位一体不是三个事物，因此圣父和圣灵均化为圣子肉身。而安瑟伦的回应则指出，不要曲解他进行区分的意图，他的目的只是用一个类比来说明"圣父""圣子"和"圣灵"这三个词是如何用于描述上帝的,并不是表示有三个上帝,也并不是要暗示圣父和圣子的同一性。安瑟伦坚称他并不持有这个观点。[60]这场争论远远没有解决问题,唯一能达成一致的是,在对正统教义进行任何哲学辩护之前,还需要对共相问题进行更多的研究。

三位一体和道成肉身的问题不是哲学上唯一无法解决的问题。在洛色林和阿贝拉尔(Abelard)争论的四十年前,贝伦加尔(Berengar)就认为,如果没有内在的实体(substance),偶然性(accidents)不可能存在。他将这一形而上学的学说应用于圣餐圣事,指出面包的偶然性在祝圣后仍然存在,所以它的实体必须依然存在。在贝伦加尔看来,实际发生的情况是在面包实体的基础上增加了一种新的实体。与这种观点相反,兰弗兰克认为,面包的实体被转化为基督的"真身":这意味着,与所有其他圣事不同,它不需要神父以外的其他参与者。[61]这是一个激进的观点,但在1215年被第四次拉特朗公会议(Lateran Council)正式采纳。兰弗兰克的观点极大地依赖于亚里士多德的"实体"和"偶然性"这些词汇,这是他从波爱修斯的亚里士多德逻辑学著作译本中学到的。但很明显,如果不对实体及其属性或偶然性这些哲学概念进行相当程度的去伪存真,在这些有争议的问题上就不可能取得进展。

12世纪,阿贝拉尔试图创立一种基于哲学的系统神学，希望在有争议的问题上取得进展。阿贝拉尔引入哲学概念时更加严谨。有别于他的老师洛色林，他认为共相是先验还是后验的问题是逻辑问题，而不是关于共相概念下事物的真实程度或存在性的问题。恰恰相反，他坚持认为，个体的观念和共相的观念都不如它们所指的事物真实，因为概念源自它们所指的事物，而这些事物是独立于概念的，即它们可以在没有任何人对它们有概念的情况下存在。但有些概念比其他概念更具有衍生性。我们首先认识个别事物，随后形成概念，并给它们取一个名字，我们可以在事物不存在的情况下使用这个名字。阿贝拉尔坚持认为，逻辑学家只应研究这些名字，而不是研究被命名事物的本质或存在性。我们通过认识某一事物而形成的概念是一个具有具体意义的概念。我们还可以从类似事物的概念中抽象出它们共同的特征，并以此形成一个具有抽象意义的概念。阿贝拉尔从对个别事物的了解，到对其概念的了解，再到对抽象概念的了解，与柏拉图主义传统认识形成了鲜明的对比。在柏拉图主义传统认识中，最普遍和最抽象的知识才是所有知识的起点，无论这种知识是以对本质的纯粹智力思考为出发点（如在安瑟伦对基督教上帝存在的证明中，以本体论观点为例，出发点就是对上帝本质的思考），还是以神圣的启示为出发点。

阿贝拉尔试图从他对共相本质的认识，以及我们了解共相本质的过程出发,来探讨神学问题。但不得不说,如果以捍卫和证明正统为目的的话,他的理论并不成功,他的学说在苏瓦松大公会议(1121年)和森斯(Sens)大公会议(约1140年)上被宣判为异端。他将名词和动词的语义理论应用于神学问题,即不论其大小写或结尾如何,名词和动词都有确定无疑的意义,因此他认为陈述上帝的恩典(goodness of God)时用到的动词与陈述其造物活动时用到的动词意义都是确定无疑的。他得出结论,哪怕上帝再重新造物,也不可能与他这一次的造物有任何不同。他将名称理论应用于三位一体的位格,导致他断言"力量""智慧"和"善"这三个词分别为圣父、圣子和圣灵的专有名词,这就表明圣父在本质上——即根据他的本性——不拥有智慧和善,圣子在本质上不拥有力量和善,而圣灵在本质上不拥有力量和智慧。

然而,尽管阿贝拉尔对神学问题的回答不尽如人意,但他取得了两个重要的进步。首先,他展示了脱离逻辑区分而解读真实程度的错误之处,揭示了如何在基本层面上更富有成效地运用逻辑区分。其次,以这样的方式对逻辑的作用进行重新思考之后,相较于其他试图在哲学基础上建立系统神学的思想家(从厄里根纳开始),他成功找到了一个更加系统的方法来研究共相问题。他的论述中出现了基本的二元对立,即把通过抽象化得到的知识与从抽象的共相概念演绎出的知识对立起来。尽管阿贝拉尔的某些结论被归于异端，相较于柏拉图主义从抽象的共相得来的知识，就其逻辑和认识论的可信度而言，通过抽象化得到的知识似乎更加彻底和更能自圆其说，但问题是：这样的认识论（epistemology）是否可以加以调整，为基本神学问题给出一个正统的解答？

亚里士多德文集的重新发现，以及对抽象化这一认知路径的精心辩护，为13世纪越来越多的神学家和哲学家提供了恰到好处的资源，他们用它来对那些关键神学问题——如三位一体、道成肉身和圣餐变体论（又译为化质说、变质说、变体论）——进行基本哲学证明。这些关键神学问题需要对实体及其属性、殊相和共相之间的关系做出特别复杂的说明。这样一来，亚里士多德主义似乎成了解决一系列基本神学问题的关键，而这首先确保了其在哲学上高于传统柏拉图主义的地位。

如果所有的关键问题到此为止，那么我们可以预期从阿贝拉尔及其同代人的前亚里士多德学派经院哲学，向大阿尔伯特、阿奎那及其亚里士多德学派继承者的过渡会相对顺畅。但实际发生的情况却截然不同。亚里士多德学派是在神学家们的巨大阻力和谴责下被引入的，这里的一个关键决定因素是自然哲学的作用。柏拉图主义学说和亚里士多德学说体系之间的差异对哲学的探究方式产生了非常重大的影响。在抽象认识论中遵循亚里士多德路线的独特之处在于，你必须从感官知觉出发，根据亚里士多德对哲学探索领域的划分，你必须以自然哲学为出发点。这在许多方面改变了哲学探究的性质，尤其是系统神学所依赖的哲学基础在很大程度上不受神学家和一般神职人员的青睐。

为了理解为什么亚里士多德主义的引入在13世纪遭到如此激烈的反对和谴责，我们必须明白，这些问题已经超出了任何严格意义上的教义问题范畴，它们直接威胁到教会权威的核心。为了帮助我们弄清楚个中原委，我们需要关注教会的权威结构在13世纪的变迁。

如我们所见，11世纪和12世纪的时候，教会经历了一次重大的、不可逆转的变革。在这一过程中，教会失去了某些权利和权力，也获得了其他权利和权力。政教合一 (Caesaro-Papism) 时期始于4世纪君士坦丁的统治时期，罗马皇帝在教义争端中扮演仲裁者的角色，并对教会行使精神领导权 (在这一时期，教宗对皇帝的任命和罢免也行使重要的权力)[62]，但时代落幕，最终在西方走向了终结。[63] 教会失去了世俗权力，但是在自己的领域却有君主般至高无上的权力。[64] 它事实上是独树一帜的，成为一个实体组织，宣布自己在法律上自治，不受世俗命令的约束，宣称自己集所有精神权威于一身。这个过程断断续续，但是在1215年第四次拉特朗大公会议上,既确立了教会的教义,也确定了行政组织架构。例如,在确立教义方面,异端在法律上被仔细界定,并在1199年被英诺森三世(Innocent III)——他进一步推进了他的前任卢修斯三世(Lucius III)的工作,将新成立的主教裁判所集权到教宗裁判所[65]——宣布为与叛国罪等同,而教宗在教会教义和行政组织问题上的权力则会受到世俗领域君主的严格约束。[66]然而,世俗权力和精神权力的分离过程起起伏伏。11世纪的时候,修道士改革者彼得·达米安(Peter Damian)将政教分离视为拒绝理性解释启示的理由。[67]他认为上帝的权力超越了人类的逻辑,甚至超越了不矛盾原则(principle of non-contradiction),但在政治层面上,他并不是政教分离的捍卫者,他强烈支持亨利三世(Henry III)利用其君主权力来促进教会和教廷的改革。[68]而新的未受戒律约束的修士常常认为自己选择的是灵性修行而非世俗学习,然而正是从多明我会中产生了13世纪50年代调和异教和基督教思想的行动领导者,虽然他们在1228年章程(constitution of 1228)中被禁止"研究异教徒和哲学家的书籍,不过可以顺便看一眼"。[69]

经过教会形成实体(corporation)后,已经得以解决的权威问题反而变得更加复杂。教会不是主教叙任权之争后形成的唯一实体,当时好几种团体慢慢形成了自治或半自治的机构,尤其是大学。[70]例如,12世纪末前后,博洛尼亚大学法学院学生自己形成了一个实体，一个"大学"(university, 拉丁词 *universitas* 的意思即为法定实体)，确保不受市政法庭的约束并建立自己的法庭，确保不受市政税收的约束，确保对住宿价格进行定价的权利，以及确保对教学的权利。他们心满意足地行使这些权利，对晚上课或者晚下课的教授进行罚款。[71] 但是这个法学"大学"和博洛尼亚的其他院系各自独立，各国之间也存在重大差异。[72] 法学或医学系争取到的这种自治权可以确保自己不同于文学 (Arts) 或神学系需要遵守的规定。新的文学院配备了不同以往的教士 (magister)，他们虽然仍然是神职人员，但与僧侣有很大的不同。[73] 他们现在不仅沉浸在世俗学习中，特别是通识文科，而且将其视为自己身份的一部分；与之相对，这种学习对于僧侣自己的角色定位来说是非常边缘化的。[74] 就在这些文学院获得了一定程度的行政自治权时 (例如在巴黎)，形而上学问题和自然神学问题也成为前所未有的焦点，这是由于在拉特朗大公会议规定了教会的责任和权力后，教会便开始以高度的警觉性负责起来。亚里士多德形而上学和自然哲学的文本恰好在这个新的焦点得以强化时被引入，结果就是这些文本又受到全新的仔细审查，审查者是对其在此类事务上的权利和权威有着全新认识的神职人员。

一方是被教会看作自己权威的领地，另一方是教授这些内容的人员的价值观，两方之间的冲突很快达到尖锐的程度。随着亚里士多德文本及其阿拉伯评注的引入,自从教父时代以来一个基本上完全被掩盖的问题凸显出来,那就是,面对某些基本疑问——例如,在肉身死亡或者腐烂后灵魂是否可能继续存在?世界是否永远存在或者可能会永远存在?阿威罗伊(Averroes)坚持认为,神学和亚里士多德自然哲学二者是完全相互独立的学科,二者可能产生相互矛盾且无法调和的学说。阿威罗伊主义削弱了赋予教会合法性的政教分离制度,它提出了这样一个可能性,那就是在思想领域,权力之间可能出现重叠或者相互竞争的情况。

1255年亚里士多德主义被巴黎大学正式接受的时候,其文学院实质上变成了哲学学院,其行政级别与神学院不相上下,从一开始二者就在一个紧要问题上龃龉不断,那就是,基督教的谦逊美德和亚里士多德的宽宏大量,孰轻孰重?西格尔(Siger of Brabant)在其著作《道德问题》(*Quaestiones morales*, 约1272年)中把思想的美德放在道德之上,正视了谦逊压根就不是美德这个可能性。来自达西亚的阿威罗伊主义者波爱修斯(Boethius of Dacia)在其《论至善》(*De summo bono*, 约1275年)中进一步认为至善只可在思想的美德中发现,因此哲学家更容易成为最富有美德的人,只要不是像哲学家那样生活的人,其一生谈不上什么正义和美德。[75]1277年大谴责明确反对这种观点,专门挑出"哲学家的生活是最卓越的生活"(命题40)、"人类至善存在于思想美德中"(命题144)、"只有哲学家才是世上有智慧的人"(命题154)这些陈述进行谴责。由此可见，当时的问题不仅局限于教义上的细微之处，而是提出了一个有关哲学本质及其与启示的关系的全局性问题，以及一个作为智慧的典范从僧侣到哲学家的立场转变问题。

在13世纪反对阿威罗伊主义的人士看来，如果1277年大谴责是个风向标的话，那么问题的争议焦点所在就是"双重真理"学说，即神学和亚里士多德自然哲学分别自成体系，皆为真理的源泉，二者可能产生相互矛盾的真理。但是，查尔斯·罗尔(Charles Lohr)指出，巴黎文学院的教师们把哲学看作一个自主学科，但并不认为神学和哲学有着相同使命。[76]他们并不认为自己和神学家是一类人，他们的榜样是亚里士多德——不屈从于权威，摒弃教条主义。他们把神学看作对圣经文本中隐藏着的真理的揭示，因此神学从本质上说是一种解读形式。[77]而哲学则恰恰相反，哲学并不是去揭示某个特定的权威中隐含的真理，因为在哲学文本里没有隐含的真理，而是众多知识来源之一，可能包含应被揭露出的谬误。这种对哲学的解读模式并不要求其文本与神学进行调和，因为哲学并不是要去揭示真理，而这些真理可能与不同方式揭示出来的不同真理恰恰相反。哲学的目的是通过语言学和逻辑研究来考察对立的观念：它作用于观念领域，通过评估观念的优缺点，并与其他观念进行对比，来对这些观念做出判断。这种方法在奥特古的尼古拉斯 (Nicholas of Autrecourt) 的作品中体现得淋漓尽致。他在专著《执行命令的要求》(Exigit ordo executionis, 约1340年)[78]中主张原子论、虚空的存在、万物的永恒，以及智性的多元性（针对阿威罗伊主义），并对圣餐变体论和身体的复活提供了微小粒子论的解释。然而，尼古拉斯的主张并不是说这些就是真理，只是说它们比其他观点更有可能罢了。尼古拉斯显然认为自己是在一个与神学截然不同的探究领域工作。在这个领域，可以探究神学背景下根本不可能提出的问题，可以以纯粹的假设方式来进行一些细节上的探讨。

这个主张似乎比"双重真理"学说更温和，但在某些方面却更激进，因为它假定存在两种完全不同的学科，它们研究一些相同的问题，但方式迥异。关键问题不在于得出潜在的相互矛盾的结果，而在于一开始就如何思考复杂的基本问题。另一方面，对那些把问题看作揭示一个预先给定但是蕴含在文本中的真理的人来说，自然而然就认为阿威罗伊主义的威胁就在于它产生出异端邪说。但是真正的威胁并不在于出现了相互矛盾的话语，而在于出现了有着不同目的和关注点的平行话语：威胁既在于最终得出的结论不同，也在于研究某些特定问题时出现了多种途径。

对亚里士多德的谴责

1210年巴黎大谴责的对象有三个：一是用地方语言撰写神学著作的问题；二是亚里士多德自然哲学著作第一批拉丁文译本的传播，迪南的大卫（David of Dinant）所作的评注，以及某些阿拉伯文评注通过拉丁文的传播[79]；三是阿马尔利的（Amalrician）异端邪说。第一个问题的解决办法是将这些作品呈送给各教区主教。第二个问题的解决办法是把大卫的书籍交给巴黎主教焚烧。[80]第三个问题的解决办法是把阿马尔利的遗骨从坟墓里（他1206年已经去世）挖出来，抛到荒郊野外，把他的追随者在火刑柱上处死或终身监禁。

大卫认为，上帝、物质和精神最终必然是同一个事物；阿马尔利的观点则是上帝最终与物质世界无二。在那些谴责他们的人看来，这两个立场是相关的。当时的一个无名作者告诉我们，"阿马尔利大师和其他当时的异端都吸收了大卫的错误"。[81]布雷顿的威廉（William the Breton）写道：

在那些日子里，一些据说是亚里士多德写的、讲授形而上学的短文在巴黎被阅读，这些短文是最近从君士坦丁堡带来并从希腊文翻译成拉丁文的。这些著作不仅为阿马尔利异端的微妙学说提供了机会，也为其他尚未问世的学说提供了机会,因此这些著作被下令全部烧毁。此外,同一个大会还规定,今后任何人都不得抄写或阅读这些书籍。[82]

阿马尔利宣扬的学说是,上帝无处不在,存在于世界之内:耶稣在宇宙中以肉身的形式存在,就像他在圣餐中存在一样,圣灵处在人的灵魂之中。换句话说,基本上否认了上帝超越于世间而存在。这种学说源头何来,我们不得而知,也许事实上迪南的大卫并不是其中一个源头。黑尔斯的亚历山大 (Alexander of Hales) 在为同时代彼得·隆巴德 (Peter Lombard) 的《箴言四书》(Sententiae) 所作的评注 (写于巴黎) 中,对安瑟伦的主张——"上帝的创造物即上帝的本质"进行了批判,他告诉我们,"这非常接近于那个异端邪说,即'万物皆在上帝中'"。[83]亚历山大说得很对,这个学说的出现不出我们所料,在神学严重依赖新柏拉图哲学的时候,就会出现这样的学说。虽然普罗提诺的上帝实际上比正统的基督教上帝更具超验性[84],但他在《九章集》(Ennead) 第六卷第4册和第5册专门说明"一个唯一不变的本质是无处不在"。可以看到,一旦翻译成基督教术语,这就可能意味着泛神论。此外,安瑟伦在《独白》中确定上帝存在的完美程度的想法本身就表明,上帝和其他存在之间缺乏质的差异。[85]换言之,阿马尔利完全否认上帝超验性的观点在正统奥古斯丁基督教思想中本来就容易滋生,并不需要亚里士多德主义来参与。

我们对迪南的大卫思想来源进行重构以后,可以看出,他对形而上学的看法与奥古斯丁和安瑟伦并无二致,认为它是一门关于上帝的普遍科学,但他在形而上学上面涂抹了一些独特的色彩。[86]首先,他将形而上学定义为存在的科学,并将所有的存在形式分为三种——上帝、精神和物质——认为上帝和精神都是非物质的,因此可以等同起来。但他似乎也认为上帝和物质可以等同,因为两者都不能归属于任何类别。物质不属于任何类别,因为在形式出现之前,物质是无差别存在的,这与上帝是存在的形式之一的说法相反。这两种学说都不是亚里士多德所独有的。物质是一个无属性的底层,这个概念是上帝等同于物质思想的基础,它既可以来自柏拉图在《蒂迈欧篇》中对"原始物质"(original matter)的描述,也可以来自亚里士多德对"原始质料"的提法。上帝等同于精神可以用新柏拉图主义术语来辩护,但这个学说也与亚里士多德的阿拉伯语评注者有关,可以用亚里士多德的术语来辩护,大致的逻辑线条是,如果精神在某个特定身体中被具体化,那它就可以拥有自己的身份,如果没有这种具体化,它就不能有自己的身份,所以所有没有实体的精神都是相同的。"智性的统一性"这一独特学说与阿威罗伊的作品有关。阿威罗伊作品的拉丁文译本直到13世纪20年代才出现,但早在12世纪中叶,阿拉伯传统中就常见这些问题。[87]把亚里士多德和阿威罗伊主义联系起来,给后来接受亚里士多德主义带来了持续不断的麻烦。[88]这种情况可能始于亚里士多德引入西方,尽管早期的亚里士多德主义学者似乎并没有直接受到阿拉伯评注者的影响——阿威罗伊的作品直到13世纪30年代才在巴黎为人所知,奥弗涅的威廉(William of Auvergne)在他的《宇宙论》(De universo)和《论灵魂》(De anima)中首次讨论了这些作品——而是独立地从亚里士多德那里得出了许多相同的激进结论。[89]

事态在1277年大谴责中达到高潮,亚里士多德主义/阿威罗伊主义的"谬误"最终被详细列出。巴黎主教唐比埃(Tempier)的清单没有区分亚里士多德主义的三种主要形式,虽然它主要包括阿威罗伊主义或"自然主义"命题,但也有些学说与阿维森纳有关。在219个被谴责的命题中,多达20个是阿奎那的主张,最著名的是身体对灵魂的分割,理性与智性之间关系的理论,以及亚里士多德对世界唯一性的证明。[90]

在引入亚里士多德的自然哲学和形而上学之后,11世纪的阿维森纳、12世纪的阿威罗伊和13世纪的阿奎那各自都试图重建一个统一的体系,同时兼顾神学和自然哲学。唐比埃认为没有必要进行任何调和。[91]对他来说,哲学依附于神学，是神学的附属，正如直到13世纪，对奥古斯丁与整个基督教思想传统来说，形而上学都是"上帝的科学"。西班牙的彼得 (Peter of Spain)，作为教宗约翰二十一世，授权1277年大谴责，是13世纪这一传统的最坚定的倡导者之一。[92] 但是问题在于这些碎片已经无法像奥古斯丁的综合那样可以完美拼贴在一起了，因为现在摆在一起的元素来自截然不同的传统。奥古斯丁相对狭窄的哲学兴趣和哲学来源，有助于他在人为设定的哲学前提下将他的论述捏为一体。随着亚里士多德文本的重新引入，这些人为设定的前提被暴露出来，旧奥古斯丁学说的统一性已经无法实现了。因此，吉尔森 (Gilson) 认为西班牙的彼得的支持就说不通了："给人一种不舒服的印象，好像他的教义宣讲似曾相识，这些宣讲又出自别处，从出处一直传到现在，已经不知在哪里失去了其含义。"[93] 13世纪这一传统的集大成者圣文德 (Bonaventure) 的思想也是如此，他的哲学在许多方面都是未经调和的各种思想元素的混合物，汲取了奥古斯丁、新柏拉图主义者和亚里士多德以及阿拉伯的亚里士多德评论家等各家思想。[94]

另一方面，当人们审视阿维森纳和阿威罗伊的立场时，就能理解唐比埃和西班牙的彼得所面临的困境。阿维森纳试图将神学和亚里士多德哲学焊接在一起，用亚里士多德的形而上学来重塑神学。[95] 他的主张对诸如阿奎那和西班牙的彼得这样的不同人物产生了巨大的影响,但他走向亚里士多德对上帝的合理化方向,以及宇宙由可理解的和必要的规律所主宰的自然主义概念的方向。[96] 因此,尽管他对13世纪基督教关于形而上学与神学之间的关系的思考产生了影响,但他的理论不仅基督教哲学家无法接受,而且成为沿着亚里士多德道路前行会产生可怕后果的前车之鉴。相比之下,阿威罗伊把哲学和神学严格分开,把它们设想为两个完全不同的领域,各自有其自身的合法性。问题是,二者会在某些问题上发生冲突,在这种情况下,它们就成为不同的、不可调和的真理来源。然而,正如我所指出的,对于13世纪与阿威罗伊主义有关的人士来说,问题在于自主哲学实践的理念,而不是"双重真理"本身。而在14世纪初,虽然在巴伐利亚的路易宫廷(court of Louis of Bavaria)里有一些教宗权威的反对者,如詹敦的约翰(John of Jandun)和帕多瓦的马西利乌斯(Marsilius of Padua),他们经常借用阿威罗伊主义思想,但他们的目的是重新确认"主教叙任权之争"的政教分离成果,以此来遏制教宗权威[97],他们并不主张用双重真理来回应教会和世俗当局之间可能发生的冲突。

然而,无论阿威罗伊主义得到了多少实际支持,传统观点的拥护者还是会把任何形式的亚里士多德主义和阿威罗伊主义关联起来,视其为"双重真理"的倡导者。

对他们来说，阿威罗伊主义带来的切身危害就是它揭示了神学可能面临来自亚里士多德自然哲学的竞争。以1277年大谴责为高潮的13世纪多次的谴责所认定的基本问题，就是亚里士多德自然哲学主张与基督教教义明显相左且有着确实冲突，例如对世界的永恒，以及对凭空造物（creation *ex nihilo*）的可能性的否认。唐比埃的抵制尽管看起来毅然决然，但不仅毫无用处，而且在许多方面使问题更加复杂化了。

这一点可以通过上帝的全能性问题（God's omnipotence）来说明，这也是1277年大谴责的核心问题之一。唐比埃反对亚里士多德自然哲学，理由是它排除了上帝创造多个世界的能力，他明确谴责"第一因不可能创造多个世界"的观点。当然，对于除当时的地心说世界外，上帝事实上创造了另外的世界这一观点，唐比埃当时并不主张，但是他的批判不仅没有如他所愿地结束自然哲学的思辨，反而刺激后者变本加厉了，因为既然上帝有可能已经创造了这样的世界，那么它的物理特征如何，就是一个合理合法的自然哲学研究的问题了。当然，这样的自然哲学问题必须完全用假设的方式来表述，而实际上，14世纪的自然哲学家如布里丹（Buridan）、奥特古的尼古拉斯和奥雷斯姆（Oresme）等正是这样探究这些问题的。[98] 但毫无疑问的是，他们相信他们研究的是真正的物理上的可能性，他们的自然哲学资源必须对这些可能性做出令人满意的解释。例如，奥雷斯姆得出结论，上帝本可以创造出好几个不同于我们的世界，尽管他实际上只创造了这一个世界。奥雷斯姆这个结论是通过研究其他世界可能具有的物理特征得出的：

  因为在这个世界的一个真理是，不会存在地球的一部分趋向于一个中心，而另一部分则趋向于另一个中心的情况，而是世界上的所有重的物体都趋向于结合成一个团块，这样，这个团块的重心就在这个世界的中心，地球所有的部分从数字上来说构成一个整体。因此，它们拥有一个唯一的位置。如果另一个世界的地球的某些部分在这个世界，它将趋向于这个世界的中心，并与团块结合在一起，反之亦然。但这并不意味着另一个世界的地球或重物的部分，如果另一个世界存在的话，会趋向于这个世界的中心，因为在它们的世界里，它们会同样形成一个唯一的团块，拥有一个唯一的位置，并且会像我们所指出的那样，按上下顺序排列，就像这个世界的重物形成团块一样。[99]

  一旦人们意识到可以用自然哲学来研究上述问题，也就是说，一旦提出在各种物理上可能的情况下会发生什么的问题，而它们又被看作自然哲学研究的核心内容，就可以以纯粹的自然哲学的方式提出其他假设性的问题。例如，奥雷斯姆在《天地通论》(Le Livre du ciel et du monde)**100**中用了整整一章来讨论地球是运动还是静止的问题。也就是说，天体的运动是由地球的昼夜运动还是由天体的实际旋转来解释，结论是两种方法均可以用来解释天文表中的信息，但地球进行昼夜自转的说法还没有令人信服的理由：

> 每个人都坚信，我自己也认为，是天在运动，而不是地球：因为上帝已经建立了一个不动的地球，尽管有相反的论点，但并没有决定性的说服力。然而，在思考了所有的说法之后，仍然可以认为，是地球在运动而不是天在运动，因为后者也不是很明显。从表面上看，这似乎违反自然理性，就像我们全部或部分的信仰违反自然理性一样，甚至可以说，这要比我们的信仰更违反自然理性。我用消遣娱乐的方式，或者用一种锻炼思想的方式说的这些话，如果用来驳斥和制止那些提出观点来质疑我们信仰的人的话，不失为一种有价值的手段。**101**

这里的论点恰好揭示，唐比埃的做法会让人去蹚多深多难的水。也许唐比埃的意图是显示亚里士多德自然哲学在全能的基督教上帝面前有多么严重的局限性：亚里士多德自然哲学只能就有限的、可能的认识开展研究，导致它否定了对基督教上帝来说可能做到的事物。

在一个重要的层面，尽管这个层面最后有待商榷，奥雷斯姆的方法与唐比埃在这个问题上的担忧是一致的。亚里士多德的顺序是先观察事件和过程，然后得出基本原理，再基于这些基本原理，为需要解释的各种形式的物理行为进行说明。不是所有从基本原理得出的所有事物最后都有可能变成现实，对事物的实际行为进行说明并不会穷尽在任何特定物理环境中的所有可能的行为方式，毕竟这是我们首先寻求基本原理这个理据的优点所在：用亚里士多德的话来说，不仅是为了说明事物事实上的行为方式，而且是为了说明一系列条件下事物可能的行为方式，从而超越局部的偶发因素，去关注那些源自事物基本结构的物体行为特征。这个过程的第二部分，也就是从这些基本原理出发推导出物理行为，就是中世纪哲学家所称的"认识"（scientia）。[102]知识就存在于这一过程，而非存在于原理的发现过程，原理的发现是知识的序曲和前提。[103]追求"认识"，人们从基本原理出发，为不同可能的物理条件提供说明，其中有些条件可能并没有实现。但是，如何确定哪些条件实现了，哪些条件没有实现不总是一件直截了当的事。例如，在奥雷斯姆看来，在其他可能的世界及地球的昼夜自转这样的问题中，纯粹的自然哲学的思考——其中包括所有的观测证据，例如天文表中的内容——并不能得出定论，但是基督教信仰的确会让我们得出定论。当然，如果这一情况普遍发生的话，所谓"双重真理"的问题也就不成问题了。奥雷斯姆通过研究物理和宇宙学问题，证明自然哲学可以提供几个可能的答案，但绝不能确定其中的哪一个就是实情。但是要注意，在奥雷斯姆的观点中，得出定论是可能的，因为每次那些被摒弃的解释都"似乎违反自然理性，就像我们全部或部分的信仰违反自然理性一样，甚至可以说，这要比我们的信仰更违反自然理性"。这里，正是自然理性使我们能够从自然哲学确定的两个选项中做出决定：其中一个与"我们的信仰"一致，而另一个选项并不一致。使用"我们的信仰"是受到自然理性支持的。例如，奥雷斯姆的观点意味着如果"存在其他世界"的学说不比我们的信仰更违背理性，那么我们的信仰就无法提供一个标准，从两种可能的解释中做出决定。我们在这里所设想的，实际上就是阿威罗伊提出的那种情况，而且既然奥雷斯姆认为没有先验的理由让"我们的信仰"凌驾于自然哲学之上，那么我们确实可能面临一种情况：要么就是自然理性陷入僵局，要么就是我们还不如使用自然哲学。

当然，这肯定不是唐比埃所设想的结果：这个结果甚至比他所反对的更糟糕。也不清楚放弃自然哲学现在是否真的是一个选项（当年对奥古斯丁来说，也许还可以放弃自然哲学，现在不行了），因为随着亚里士多德主义影响力日盛，自然哲学成为一般哲学的入口，包括哲学神学，因此放弃自然哲学事实上就是放弃了为系统神学提供哲学基础的研究主导权。这种主导权恰恰是由教会通过第四次拉特朗大公会议的责任划分而得到保证的，教会不可能放弃。这时，托马斯·阿奎那主义挺身而出，给出了解决方案，它允许两个独立的知识来源同时存在，但引入了一个复杂而精细的形而上学来居中调和。然而，阿奎那的研究基础是对形而上学作用的彻底反思，其研究的成败取决于这个反思对他的研究任务来说有多重要。

亚里士多德的混合

与阿威罗伊一样，阿奎那把哲学和神学看作两个自主的学科。两者之间的差异在于，阿威罗伊主义认为这两个学科可能朝着不同的方向发展，也许永远不会互相调和；而阿奎那认为，这两个学科最终必须连接起来。但解决办法并不是类似奥古斯丁式的综合，离开了柏拉图传统，这已经不再是一个选项：奥古斯丁神学在新柏拉图主义条件下形成，采用新柏拉图式的神性概念并使之"基督教化"，而基督教化的亚里士多德形而上学则必须从新柏拉图式的基督教开始，并尽可能加以重塑。这是一种混合物，充其量杂七杂八，其内部平衡比"奥古斯丁式的综合"的内部平衡要脆弱得多。但它也有奥古斯丁式的综合所不具备的灵活性，正是这种灵活性使它能够在自然哲学问题成为哲学研究核心的情况下做出相应调整。

阿奎那的导师大阿尔伯特提出了一个概念，他把哲学看作与神学不同的一个学科，二者要实现的目的不同，因为哲学研究的是自然真理问题，神学关注的则是超自然的真理。他为之辩护的观点是，在神学所确定的限制范围内，可以为了自身目的而研究哲学。这构成了阿奎那试图将亚里士多德哲学和基督教神学的基础和来源分开的基础，有鉴于此，他试图以亚里士多德/基督教混合体 (amalgam) 的形式来调和它们。这方面已有先例可循。一个世纪以前，彼得·隆巴德在他的经典神学教科书《箴言四书》中收集了一些教父权威在神学和哲学事务上相互矛盾的说法，并试图将它们调和起来。尽管其做法基本上从语义出发[104]，而阿奎那的任务则难度更高，其关键在于对形而上学的理解。

正如我们所看到的，自奥古斯丁以来，对形而上学的认识前提是，古代形而上学先天不足，无法成功，只有基督教弥补其不足之处；离开了基督教，形而上学不可能完整，因为基督教是成功的形而上学的有机组成部分。阿奎那摆脱了对形而上学的这种认识，转而认为形而上学是一门一般性的科学，能够为具有不同来源的知识形式提供一个合理框架。对阿奎那来说，自然哲学不是，也不可能在本质上属于基督教研究：它来自感觉，而这正是基督徒和异教徒所共有的。[105]知识有两个截然不同的源泉——感觉和启示。因为知识是单一的，所以二者之间一定有某种程度的连接。唯一能连接二者的事物应该既包括自然也包括超自然的现象，唯一符合这一描述的就是形而上学。现在的研究是调和自然哲学，向基督教信仰靠拢，而不是反过来。但是把形而上学当作调和和连接的媒介这个观点，恰恰要求形而上学有某种独立于二者的性质，并不是认为形而上学是自然哲学或神学的基础：形而上学不可能做到这一点，因为知识的唯一源泉是启示和感官知觉，这不是形而上学的基础，却是形而上学寻求调和的两个学科的基础。相反，形而上学是两个学科之间连接的基础，它提供了各种存在和相应知识种类的描述（类比理论）。在这个意义上，形而上学本质上不是基督教研究，就像自然哲学一样。诚然，由于人们认为启示是牢靠的，而从感觉中得来的知识永远不可能牢靠，因此二者之间的调和将自然倾向于单方面有利于神学。但关键的一点是，这不是形而上学本身的特点；相反，这是形而上学试图调和的这两个学科的特点。

阿奎那在《哲学大全》（*Summa contra Gentiles*）中对安瑟伦本体论观点的讨论明显体现了形而上学的独立性。他反对安瑟伦的本体论观点，理由是这个观点的第一个前提，即假定有一个完美无瑕的存在，这个前提不会被所有人自然而然地接受，尽管阿奎那本人会毫无保留地接受。并不是所有人都能理解"没有比上帝更伟大的思想"，许多古代思想家都坚持认为"世界就是上帝"。[106] 在此，阿奎那把论述引向了古典希腊哲学家，而不是他同时代的基督徒，这是他让形而上学观点具有说服力的整体方法的特征。

这大大偏离了传统上对形而上学的作用和性质的认识。要了解这里的问题所在，我们需要看一下亚里士多德对"科学"的三分法：一是实践科学，它关注的是那些涉及美好生活的多变的、偶然的和相对的物品；二是创制科学，它使我们能够制作或制造物品；三是理论科学，它关注的是理解事物的存在方式和原因。理论科学的再划分以两个变量为依据：属于该科学的现象是变化的还是不变的，以及它们的存在 (being or existence) 是从属的还是独立的。[107] 因为能被"科学"认识检验的东西不可能既是"变化的"同时也是"从属的"，我们可以得出如下三个组合：

	独立性存在	从属性存在
不变	第一哲学	数学
变	物理	/

第一个是"第一哲学"，后来被称作形而上学，有时候被称作神学，其名下只有一个事物，那就是上帝，因为上帝独立于我们存在。也就是说，他不是我们心灵或

者思想的产物,他超越自然过程,他(或者"祂":亚里士多德的上帝真的没有人的属性)是不变的。没有其他事物同时具备这两个特征。第二类是数学,它处理那些不变但从属性存在的事物。对亚里士多德来说,数学的对象仅仅是人类的抽象概念,本身并不存在,这里他直接反驳了柏拉图的说法。柏拉图认为,数字可以作为纯粹的形式而超验存在。[108] 在亚里士多德看来,上帝是唯一纯粹的形式。最后一类是物理或者自然哲学,处理所有独立存在且变化的事物。古希腊思想的前提就是自然世界以永恒变化为特点,始终强调天体世界与地面世界之间的差异。天体有着定期的圆周运动和固定的恒星,而在地面则有着永恒且明显杂乱无章的变化。这就使自然世界包括所有的物质对象和过程。[109]

我们目前的研究问题不在于物理学或者自然哲学相对于数学的自主性这个难题(第11章中我们会讨论),而是相对于形而上学的自主性问题。这里的问题要更加复杂,因为亚里士多德的形而上学一边跨着神学,一边跨着自然哲学。另一方面,因为形而上学处理的是一切不变和独立存在的事物,自然哲学处理的是一切变化着的、独立存在的事物,我们好像面临着截然不同的两个领域。但基督教化的亚里士多德形而上学既包括自存的或无限的存在,也包括受造的或有限的存在,因此诸如灵魂的本质这样的问题,可以直接被视为自然哲学问题,也可以被视为属于理性神学的形而上学。[110]

在阿奎那思想体系中,神学和自然哲学各自有着不同的内容。形而上学凌驾于二者之上,因为形而上学是二者的抽象。借助这一抽象,我们也就可以区分这两个领域的鲜明特点。阿奎那用形而上学来连接神学和自然哲学,其诀窍在于设法让二者朝着各自的方向发展的同时,让二者保持和谐一致。

争鸣的形而上学流派

摒弃奥古斯丁理论的亚里士多德哲学家们面临的一个问题,就是得给出一个关于上帝的哲学解释。在奥古斯丁的新柏拉图形而上学和基督教的综合体系中,这本不是一个问题。在这个体系中,基督教给形而上学提供了钥匙,如我们所见,在奥古斯丁心目中,早期形而上学体系的明显缺陷之所以出现,是由于缺乏了基督教这个基本成分。与之相反,亚里士多德形而上学本身就不是基督教,但是其拥护者认为它本质上也不是异教,不论它的起源如何:它就是纯粹抽象的理性话语,可以用于清晰表述和阐明基督教神学的基本原则。人们普遍同意对上帝进行哲学解释的工具就是形而上学,但是对许多人来说,14 世纪托马斯主义把形而上学看作连接神学和自然哲学的桥梁的观点，在给神学提供理性基础方面却似乎是一个糟糕的工具。

阿奎那对神学和自然哲学的连接实际上有三层含义。第一，有少量的神学真理在哲学上是明显可证的，例如上帝的存在是第一因。第二，自然真理和超自然真理之间是有一定排序的，它们的关系能够在普遍抽象的层面显示出来。第三，对超验真理可以进行自然类比。第三点是最典型的托马斯主义观点，也是他的经院反对者质疑的焦点。阿奎那把神学和自然哲学分开，他提出，我们谈到超自然真理时说的"存在"(being)，和我们谈到自然真理时说的"存在"，在意义上有所区别："存在"的概念是多义的。这意味着如果我们从上帝的创造物开始来谈论上帝——也就是说，从结果回溯到第一因——那我们得出的结论总会是模棱两可的。阿奎那认识到，在此基础上，理性神学实际上不可能存在。但是在因果本质的思考中，他指出，纵使原因和结果本质上完全不同，结果总是在某种程度上带有原因的痕迹，即便我们无法具体说明是什么痕迹，他试图用类比学说来填补这个空缺。凭借感官知觉和认知能力无法得到对神圣事物的认识，但是对这些能力的成功运用可以产生某些与神圣事物相关联的东西，通过类比就可以捕捉到。[111]

邓斯·司各脱(Duns Scotus)对此表示反对。如果形而上学是关于存在的一般理论,他推论道,如果它既包含有限存在又包含无限存在,那么它必定是一门研究是存在之为存在 (being-qua-being) 的学科,正如亚里士多德所坚持的那样。首先,我们很难区分无限存在和有限存在,除非它们都是存在的形式。因此,对于存在,形而上学必定提供了某种统一的概念,通过形而上学,我们可以获得对神的存在的某种认识。[112]然而,对这种认识的获取是非常有限的,因为我们没有得到比类比更直接的关系,而是似乎只得到了比类比更不直接的关系。司各脱根据有限和无限存在的区别来对比上帝和他的创造物。在司各脱看来,受造物和有限物无论如何都不能决定自存物和无限物。[113]上帝与万物的关系必须始终是绝对自由的、偶然的和无条件的。司各脱对阿奎那批判的核心是,他的方法将上帝与神职人员的制度、圣事、偶然形式的恩典等联系得太紧密,忽略了上帝的意志与实现上帝意志的有限的、偶然的手段之间的鸿沟,这些手段不是任何内在价值的体现。[114]但是司各脱自己的方法也存在不足,他把上帝和他的创造物分得太开,导致上帝和他的创造物各自的属性截然不同,两者之间的距离至少像阿奎那观点中两者之间的距离一样大,而且无限的存在基本无法触及。例如,司各脱不仅不能为灵魂不朽找到一个结论性证据,而且认为复活和永生的信仰不能在理性层面上成立,只能通过信仰来解释。[115]事实上,司各脱在上帝和他的创造物之间开辟了一条鸿沟,后来奥卡姆 (Ockham) 又充分发展了这个在超自然和自然之间拉开距离的学说。[116] 奥卡姆强调教会、神职人员、圣事、恩典习惯的偶然性特点,坚持认为道德秩序是神的意志的随机表现,因此缺乏内在的合理性,他否认人对上帝有理性认识的可能。[117]

按照这种方法,14世纪对形而上学的研究从探索神学与形而上学之间的关系,迄今为止这一直是基督教哲学的主要内容,转向了形而上学与自然哲学之间的关系。[118] 这个转向是个令人担忧的问题。到了15世纪,巴黎大学校长让·热尔松 (Jean Gerson) 等神学家开始担心作为存在的科学的形而上学、作为上帝的科学的形而上学二者之间的隔阂,最重要的担心是如果以"理性主义"(rationalist) 方式去探究自然哲学,那就意味着与启示神学的调和便不再紧要了。[119] 事实上,调和不仅不再是当时学者所希望的,而且哲学流派之间的分歧占据了神学议程:在他自己的神学院中,托马斯派、司各脱派和奥卡姆派之间的冲突,促使热尔松于1400年发出辞职威胁,试图结束这种无休止的神学猜测。[120]

但是,教会对这个问题的解决办法并不是采纳热尔松的神学课程改革建议,而是把托马斯主义确立为官方的教会哲学。巴塞尔大公会议 (1431-49) 失败和教宗恢复权力之后[121],人们对托马斯主义的研究重燃兴趣,因为托马斯主义区分了理性真理和启示真理,试图平衡神学、形而上学和自然哲学各自的主张。到16世纪早期,大学开始教授系统神学,教材不再是彼得·隆巴德(Peter Lombard)的《箴言四书》,而是阿奎那的《神学大全》(Summa theologicae)。[122] 像巴黎大学这样有着崇高地位的机构都如此青睐托马斯主义,托马斯主义的吸引力再高估都不过分。就神学院而言,阿奎那的认识论中,其亚里士多德式的、对感官知觉是知识的基础的强调,为启示留下了一个空间,因为上帝必然超越人类的能力。特别是阿奎那否认存在某些更高级的思想和知识能够允许人悟透启示宗教(这是新柏拉图主义者所珍视的学说),这允许神职人员在解释启示方面保留其独特的作用。因此,托马斯主义解决方案表现出了制度层面上的勇气和能力,它提供了一个既有利于教会又有利于世俗人文学科发展的妥协方案。正如查尔斯·罗尔(Charles Lohr)指出的:"哲学在其自身领域拥有自主性,但既受到启示的正面引导,也受到其负面引导:这种观点代表着一种基于实用的支持,厘清了神职人员的权力及其与科学的关系……正如教宗也不得不承认世俗统治者在现世的权力一样,神职人员——其传统职能本来是教化——也不得不承认世俗科学的自主性,退居到发挥监控作用的位置上。"[123]

然而,这种精心设计的、平衡各方利益的妥协方案并没有持续多久，16世纪初，托马斯主义开始走向终结。如果说1277年大谴责标志着奥古斯丁对基督教启示、新柏拉图哲学和神学的综合的失败，以及（新柏拉图式）基督教神学、亚里士多德形而上学、自然哲学之间和解的开始，那么第五次拉特朗大公会议（1512-17年）则标志着终结这种调和的开始，因为神学和自然哲学之间已被打入了一个楔子。

楔子是随着主张智性统一性的阿威罗伊主义学说在意大利北部大学中的复兴而出现的。事实上，从13世纪开始，意大利北部的大学就有这样或那样的阿威罗伊传统，包括在内的有医学系但没有神学系。[124] 帕多瓦一直处于这一运动的最前沿，在16世纪初的几十年里运动达到高潮：当时，在博洛尼亚但仍与帕多瓦大学有密切联系的彭波那齐（Pomponazzi），为阿佛洛狄西亚（译者注：小亚细亚西部古城，现在位于土耳其境内）的亚历山大（Alexander of Aphrodisias）关于亚里士多德灵魂学说的观点辩护，反对阿威罗伊。

个人灵魂的不朽学说最早来自保罗，最重要的是来自早期教会教父。它的起源无从考证。虽然犹太教并不信来世，但保罗在皈依基督教之前是法利赛人，而法利赛人确实相信来世；此外，他的许多语言和末世论让人想起激进的犹太教派埃森尼（Essenes），他们相信灵魂——而不是身体——享有来世。由于没有证据表明耶稣持有这样的观点，因此保罗的学说来源很可能是其中的一派，或两派都有。[125]个人灵魂不朽在中世纪的标准说法来自奥古斯丁的《论灵魂的不朽》(De immortalitate animae) 和《论灵魂的伟大》(De quantitate animae)，事实上就是新柏拉图式的不朽学说，奥古斯丁剔除了其中他认为与基督教不相容的内容，即灵魂的轮回和灵魂的先验存在（一种诸如奥利金这样的早期神学家接受的学说）。[126] 1311年，维也纳大公会议宣布亚里士多德将灵魂作为身体的形式定义为教令信条[127]，灵魂不朽学说自此与亚里士多德自然哲学明确绑定。然而，重要的是要注意到，大公会议事实上并不关心不朽问题本身，他们关心的是基督论问题。皮埃尔·奥利维 (Pierre Olivi) 和其他13世纪的方济各会成员都否认灵魂可以成为身体的形式，因为如果灵魂浸泡在物质中，灵魂就不再独立存在，但这对道成肉身教义来说是非常异端的。维也纳大公会议以上述基督论理由拒绝了这种观点。[128]更为普遍的是，灵魂不朽学说对于13世纪的经院哲学家们来说并不是一个问题：司各脱至多对其进行理性证明的机会持悲观态度，而阿奎那虽然在反对阿威罗伊主义的智性统一性学说时为灵魂的不朽性辩护[129]，但对于个人灵魂不朽本身却不置一词。是柏拉图主义者运动把不朽问题当作核心问题，而不是托马斯主义者、司各脱主义者、阿威罗伊主义者或者经院主义的其他运动。[130]从16世纪初开始就有了对不朽进行人文主义论述的传统，15世纪60年代和70年代，斐奇诺（Ficino）的《柏拉图神学论灵魂不朽》(*Theologia Platonica de immortalitate animae*) 出版，这是对这一问题最全面的新柏拉图主义论述。斐奇诺主要借鉴柏拉图、普罗提诺和奥古斯丁的观点，并在详细讨论上帝的属性、存在的层次和灵魂的等级的背景下，斐奇诺对灵魂不朽的辩护首先从试图重新阐述奥古斯丁最初对神学和哲学的综合开始。[131] 这种对待哲学的方式从根本上与亚里士多德背道而驰，因为在斐奇诺的概念中，哲学家能够通过沉思上升到对上帝直接在精神上（哪怕只是转瞬即逝）形成意象（vision）这一点十分重要；相反，亚里士多德，尤其是托马斯主义则认为，人类的认知生活被限制在从感官知觉中抽象的基础上，只能通过启示加以补充。[132] 对斐奇诺来说，神学和哲学的分离破坏了哲学家/神学家所向往的沉思生活，而人类天生就具有这种沉思能力。他认为这一点从我们能够理解上帝和思想等无形实体中可以得到证明。正是对认识上帝的努力最终为不朽提供了理由，因为上帝为我们提供了这样的愿望。由于不朽只有在我们摆脱了身体之后才能毫无羁绊地表现出来，因此我们被赋予不朽，以便我们能够实现对上帝这个愿望的认识。

换句话说，斐奇诺把对个人灵魂不朽的辩护与回归奥古斯丁的综合联系在一起，而这一综合体系的关键在于对新柏拉图主义的信奉。然而，正如我们所见，在大约170

年前的维也纳大公会议上，教会已经在哲学上走向了另一个方向，实际上规定，对这些问题的任何认识都必须用亚里士多德的术语来表述，即灵魂是身体的形式。1513年第五届拉特朗大公会议强化了这一点，尽管承认从哲学上为其辩护问题重重，但灵魂不朽学说还是被确立为教条。[133] 大公会议的决定就是指示神学家们和哲学家们在这个问题上调和哲学与神学。这里的"哲学"指亚里士多德自然哲学：正如15世纪的学者阿隆索·德卡塔赫纳 (Alonso de Cartagena) 所说，"既然亚里士多德的理性不是建立在他的权威之上，但权威却来自他的理性，我们可以把任何合乎理性的东西看作是亚里士多德的教导"。[134]

这是托马斯主义必须面对的挑战，但在挑战提出后的三年内，恰恰就是被大公会议谴责的作为灵魂不朽问题根源的那个学说，那个托马斯主义本应明确回答的学说，又得到了清晰有力的阐述，这表明远远没有尘埃落定。在1516年出版的《论灵魂不朽》(*De immortalitate animae*) 中，彭波那齐提出了一个关于灵魂本质的论点，涉及柏拉图主义、托马斯主义和阿威罗伊主义。他反对柏拉图主义者（显然是在回应斐奇诺），赞成阿威罗伊主义者和阿奎那的观点，认为从哲学上讲，灵魂是身体的形式。不通过身体，就不可能产生任何认知，这就排除了斐奇诺和其他柏拉图主义者所假设的那种纯粹的思想知识。在这方面，他也支持亚里士多德的观点，即不存在没有实体的形式。但他认为，既然如此，那么身体的死亡和腐败就会导致灵魂的消失。另一方面，他接受教会关于个人灵魂不朽的布道，认为阿奎那在他的学说中决定性地驳斥了阿威罗伊不可能有个人灵魂的观点。阿威罗伊认为人的灵魂不是从物质中产生的，而是上帝特别创造的对象。但他也争辩说，就亚里士多德形而上学／自然哲学而言，阿奎那本人的提议并不是无懈可击。

有两个截然不同的思想路线，有充分理由相信这两个路线都有着强大的说服力，而且哪条路线都舍不得放弃，最后导致不相容的结论，这就是彭波那齐的困境。不知何故，还必须同时接受这两种结论。然而，请注意，彭波那齐并没有声称这两个结论都是正确的。显然，他认为灵魂不朽学说是正确的——正如他在《论灵魂不朽》[135]的序言中所说的那样，它"本身就是正确且最为确定的"——否认它就是错误的。但他在同一句话中指出，这一学说"与亚里士多德的话完全不一致"，他并不反对亚里士多德所说的真理：他只是没有从真理的角度来讨论亚里士多德学说，因此用"双重真理"来描述这一立场会产生误导。他的关注点一直是在研究这个问题时，存在两个截然不同但是完全合理的方法这一事实，但他与前人截然不同的地方在于，他认为形而上学不能调和二者。

这就是那个我们从1277年大谴责讲起，一直在探讨的问题。我们经历了一个循环，演员一直就是那几个：阿奎那、阿威罗伊主义者以及新柏拉图主义者。他们都期望能像当初奥古斯丁的综合那样，得到自己的综合。但在这中间的几个世纪中，灵魂不朽学说的问题变得更加紧迫，因为它已经明确地与亚里士多德自然哲学绑定（1311年），并明确地成为教会的教条（1513年），而这正是神学、形而上学和自然哲学之间关系问题的基础。新的复杂因素是，神学、形而上学和自然哲学都将在16世纪和17世纪初受到质疑：根本性的神学争议将在宗教改革中爆发，全新的自然哲学将与亚里士多德自然哲学争夺人们的关注，而且对形而上学在自然哲学中的作用的质疑将逐渐出现，这种质疑远远超出了亚里士多德和新柏拉图主义者之间的任何争端。因为有争议的自然哲学问题的数量逐渐开始无序扩张，这些16世纪的争论不会完成另一个循环，而是会开始朝着全新的方向发展。

1 历次大谴责的文本，请见vol. i. of H. Denifle and E. Châtelain, eds., *Chartularium Universitatis Parisiensis* (4 vols, Paris, 1889–97). See Roland Hisette, *Enquête sur les 219 articles condamnés à Paris le 12 Mars 1277* (Louvain/Paris, 1977); idem, 'Etienne Tempier et ses condemnations', *Recherches de théologie ancienne et médiévale* 47 (1980), 231–70; Gordon Leff, 'The *Trivium* and the Three Philosophies', in Hilde de Ridder-Symoens, ed., *A History of the University in Europe*, i. *Universities in the Middle Ages* (Cambridge, 1992), 307–36: 320–1; Étienne Gilson, *History of Christian Philosophy in the Middle Ages* (London, 1955), 244–6; 以及 John F. Wippel, 'The Condemnations of 1270 and 1277', *Journal of Medieval and Renaissance Studies* 7 (1977), 169–201. 格里高利九世任命了一个委员会——最后也没做成什么，也许因为委员会主席欧塞尔的威廉（William of Auxerre）同年去世的缘故——来调查是否可以修订亚里士多德的著作，以便于在学校讲授。

2 例如，1229年成立的图卢兹大学最初宣告说讲授亚里士多德，但是1245年的时候，巴黎禁令就扩大至图卢兹。

3 唯一我们没有十足把握的人物是格罗赛斯特（Grosseteste），但整体而言，有证据表明他的确在巴黎学习过：参见 James McEvoy, The Philosophy of Robert Grosseteste (Oxford, 1986), 6–8.

4 需要文书的重要原因也许是视力问题。对此有人评论道，原先因为视力退化，四五十岁不得不退休的官员，得益于早在1280年眼镜的发明，可以继续担任官职，这极大地减少了到14世纪前官员的年龄限制：Svante Lindquist, 'A Wagnerian Theme in the History of Science: Scientific Glassblowing and the Role of Instrumentation', in Tore Frängsmayr, ed., *Solomon's House Revisited* (Canton, Mass., 1990), 160–83: 160.

5 神圣罗马帝国皇帝腓特烈二世（Frederick II）1224年建立那不勒斯大学（Naples *studium*），培养西西里王国（Kingdom of Sicily）统治阶级，剥夺博洛尼亚大学的主导地位，另立那不勒斯为帝国的法律学习中心。纳尔弟（Nardi）指出，"腓特烈二世的大学与欧洲最为重要的大学（博洛尼亚，译者注）主要差异在于，在那不勒斯，宗教当局无权雇用教师、颁发教师资格证书（*licentia docendi*）、行使管辖权"：Paolo Nardi, 'Relations with Authority', in Hilde de Ridder-Symoens, ed., *A History of the University in Europe*, i. *Universities in the Middle Ages* (Cambridge, 1992), 77–107: 87.

6 关于该禁令的实际效果，参见 Luca Bianchi, 'Censure, liberté et progrès intellectuel à l'Université de Paris au XIIIe siècle', *Archives d'histoire doctrinale et littéraire du Moyen Âge* 63 (1996), 45–93.

7 *De praescriptionibus haereticorum*, Book 7. 对照 *Apologeticum* 46: "哲学家和基督徒之间、赫拉（希腊）的学生和上帝的信徒之间、为了声名而忙碌与为了普度众生而奔波之间、言辞的制造者和行为的执行者之间、破坏者和建设者之间、谬误的篡改者与真理的艺术家之间、真理的偷窃者与真理的守护者之间，有何共通之处呢？"但是特图良有时候对古典学说的优点更加体察入微，为人称道的是他把塞涅卡（Seneca）列为"我们的人"。雅典和耶路撒冷的对立源自保罗（Paul）拿希腊人和犹太人对比：*Romans* 1: 16, 3: 9, 10: 12; 1 *Corinthians* 1: 24, 10: 32, 12: 13; *Galatians* 3: 28; *Colossians* 3: 11. 保罗的敌视也许来自他在雅典时受到伊壁鸠鲁派和斯多葛派哲学家的不友好对待，他们对保罗不屑一顾，称他胡言乱语，讥讽他死而复生的观点。参见 Peter Harrison, *The Bible, Protestantism, and the Rise of Natural Science* (Cambridge, 1998), 11–12.

8 这一观点的拥护者毫无疑问可以从西塞罗（Cicero）的话中得到支持。西塞罗说，就没有某哲学家不加宣扬的愚蠢学说。（*De divinatione* 2. 58. 119).

9 关于特图良的讨论，参见 ch. 6 of Charles Norris Cochrane, *Christianity and Classical Culture* (rev. edn, Oxford, 1944).

10 例如，参见同上，227.

11 Peter Brown, *The Body and Society* (London, 1989), 124.

12 对照 Aquinas, *Summa theologica*, II–II q. 9a. 2; 1a 1. 6.

13 参见 Juliusz Domanski, *La Philosophie, théorie ou manière de vivre?: Les Controverses de l'Antiquité à la Renaissance* (Fribourg/Paris, 1996), 23–9.

14 尤其参见 Antoine Guillaumont, 'Le dépaysement comme forme d'ascèse dans la monachisme ancien', in idem, *Aux origines du monachisme chrétien: Pour une phénoménologie du monachisme* (Bégrollesen-Mauge, 1979), 89–116; 以及 Jean Leclercq, *L'Amour des lettres et le désir de Dieu: Initiation aux auteurs monastiques du moyen âge* (Paris, 1957). 又见 Catherine Walker Bynum, *Jesus as Mother: Studies in Spirituality of the High Middle Ages* (Berkeley, Calif., 1982), ch. 1.

15 但是，把基督教"神学化"的提法视为纯粹哲学观点，这是错误的，因为中世纪柏拉图主义认为这一过程得到了上帝之爱的协助。

16 甚至在阿奎那完成基督教化亚里士多德主义的15和16世纪，奥古斯丁仍极富影响力：参见 Diarmaid MacCulloch, *Reformation: Europe's House Divided, 1490–1700* (London, 2003), 106–23. 奥古斯丁的著作是《圣经》之后首次付印成册的作品，《上帝之城》（*De civitate dei*）全集早在1467年出现。他的著作对路德（Luther）影响巨大（路德在爱尔福特修道院开始自己神学生涯，由奥古斯丁信徒严格管理）。

17 *Retractions* 1. 13.

18 参见 Wilhelm Schmidt-Biggemann, *Philosophia Perennis: Historical Outlines of Western Spirituality in Ancient, Medieval and Early Modern Thought* (Dordrecht, 2005), 412–16.

19 早期基督教神学家普遍认为希腊人偷窃了希伯来人的智慧，但是扭曲了它：例如参见 Clement of Alexandria, *Stromateis* 1. 81. 4.

20 七个世纪后，阿贝拉尔（Abelard）认为，柏拉图派在基督时代（Christian dispensation）之前和之外被赐予三位一体的特殊启示。值得注意的是，这是他唯一不被谴责的学说，除此之外，他的其他一切学说都被谴责。这充分说明，柏拉图在12世纪继续享有神学地位。

21 毫无疑问，基督教三位一体论受到了异教徒崇拜三位一体神（gods in threes）悠久传统的启示：参见 G. W. Bowersock, *Hellenism in Late Antiquity* (Ann Arbor, 1990), 17–19.

22 然而，可以说原罪教义已经隐含在基督教的婴儿洗礼习俗中。彼得·哈里森（Peter Harrison）向我指出，这也被视为隐含在保罗的教义中，即在亚当身上，所有人都有罪（Romans 5: 12, 19）。

23 参见 James S. Preus, *From Shadow to Promise: Old Testament Interpretation from Augustine to the Young Luther* (Cambridge, Mass., 1969), 9–23; Gerhard Ebeling, *Evangelische Evangelienauslegung* (Munich, 1942), 110–26; 以及 Allan A. Gilmore, 'Augustine and the Critical Method', *Harvard Theological Review* 39 (1946), 141–63.

24 参见 Hans Blumenberg, *The Legitimacy of the Modern Age* (Cambridge, Mass., 1983), 63–75 中的讨论。

25 参见 Robert Lamberton, *Homer the Theologian* (Berkeley, 1986).

26 参见 Charles Freeman, *The Closing of the Western Mind: The Rise of Faith and the Fall of Reason* (London, 2003), 115, 关于耶稣和保罗的关系概述，见第8章和第9章。

27 关于摩尼教，参见 Adolf von Harnack, *Marcion: das Evangelium vom fremden Gott* (Leipzig, 1921); Hans Jonas, *The Gnostic Religion*, 2nd edn. (Boston, 1963), chs. 2 and 3; 以及 Blumenberg, *The Legitimacy of the Modern Age*, part II. 关于这些问题的背景概述，参见 F. E. Peters, *The Harvest*

28 *of Hellenism* (New York, 1970), ch. 13. 12、13世纪出现了一次重大复兴，并与凯撒教徒（Cathars）等异端团体有联系。参见 ch. 8 of Jeffrey Burton Russell, *Dissent and Reform in the Early Middle Ages* (Berkeley, 1965).

28 关于奥古斯丁的早期摩尼教经历，见 Peter Brown, *Augustine of Hippo* (London, 1967) 的第五章。

29 Rémi Brague, *Eccentric Culture*, 52.

30 在《忏悔录》中，他告诉我们，他是"通过阅读柏拉图主义者的书籍而走向基督教的"，尽管他只熟悉拉丁文版本 (7.9)：就普罗提诺而言，这应该是维克多里诺（Victorinus）的拉丁文译本。他对哲学传统的熟悉程度实际上非常有限，似乎只限于西塞罗（Cicero）、波菲利（Porphyry）和普罗提诺（Plotinus）。

31 然而，请注意，诺斯替派也借鉴了柏拉图，特别是他关于一个造物主（demiurge）不一定是善的想法。见 Jaap Mansfeld, "Bad World and Demiurge: A 'Gnostic' Motif from Parmenides and Empedocles to Lucretius and Philo", in R. van den Broeck, ed., *Studies in Gnosticism and Hellenistic Religions* (Leiden, 1981), 261–314.

32 教父和奥古斯丁所追求的神权自我控制的模式在基督教西方从未真正实现，但它在阿拉伯—伊斯兰文化中得到了实现。它在中世纪之后崩溃，正如人们所期待的那样，神权显示出了深刻的狭隘性：参见 Bernard Lewis, *The Muslim Discovery of Europe* (London, 2000).

33 关于这些争议的详细说明——尽管偶尔有些不透明和错综复杂——参见 Jaroslav Pelikan, *Christianity and Classical Culture* (New Haven, Conn., 1993).

34 "自然神学"这一术语通常被预留给17、18和19世纪的学说使用，但在西塞罗的《论诸神的本性》（*De natura deorum*）中，这门学科被追求的方式成为后来许多作家的典范。罗马百科全书编撰者瓦罗（Varro）使用了这一术语。在《上帝之城》中，奥古斯丁讨论了瓦罗的神学三分法，即将神学分为神话（即诗学）、政治（即与国家职能有关）和自然三部分，认为第三部分是非犹太人神学的唯一真实形式。参见 Werner Jaeger, *The Theology of the Early Greek Philosophers* (Oxford, 1947), 2–4. 这里所讨论的自然神学的种类（和目的）与我们例如在18世纪所追求的自然神学之间存在着巨大差异，但这不应使我们忽视这样一个事实，即在基督教思想发展的早期阶段，自然神学是其中一个独特的源流。

35 Anselm, *Basic Writings*, trans. S. N. Deane (2nd edn, La Salle, Ill., 1962), 1.

36 参见 Charles H. Lohr, 'Metaphysics', in Charles B. Schmitt, Quentin Skinner, and Eckhard Kessler, eds., *The Cambridge History of Renaissance Philosophy* (Cambridge, 1988), 537–638: 549.

37 参见 Mark D. Johnston, *The Evangelical Rhetoric of Ramón Llull* (New York, 1996), 17–20.

38 参见 Schmidt-Biggemann, *Philosophia Perennis*, 81–92.

39 Sāʿid al-Andalusī, *Book of the Category of Nations*, trans. & ed. Semaʿan I. Salem and Alok Kumar (Austin, 1991), 7.

40 例如，参见 Paul Lettinck, *Aristotle's Physics and its Reception in the Arabic World* (Leiden, 1994). 关于阿拉伯自然哲学的两个主要人物阿维森纳（Avicenna）和阿威罗伊（Averroes），分别见 Lenn Goodman, *Avicenna* (London, 1992), and Dominique Urvoy, *Ibn Rushd* (London, 1991). 阿维森纳的核心自然哲学著作有方便的法译本，即《科学书》（*Le Livre de Science*）trans. Mohammad Achena and Henri Massé (2 vols Paris, 1955). 阿威罗伊对亚里士多德自然哲学著作的各种评论可在 S.Harvey 的英译本中找到：S. Harvey, 'Averroes on the Principles of Nature: the Middle Commentary on Aristotle's Physics, I, II', unpub. Ph.D. thesis, Harvard University, 1977.

41 参见 Roshdi Rashed, ed., *Encyclopedia of the History of Arabic Science*.

42 参见 Danielle Jacquart, 'Aristotelian thought in Salerno', in Peter Dronke, ed., *A History of Twelfth-Century Western Philosophy* (Cambridge, 1988), 407–28.

43 关于亚里士多德的拉丁文翻译历史，见 Bernard Dod, 'Aristoteles Latinus', in N. Kretzman, Anthony Kenny, and Jan Pinborg, eds., *The Cambridge History of Later Medieval Philosophy* (Cambridge, 1982), 45–79.

44 当时是通过西塞罗（Cicero）和卡尔西迪乌斯（Chalcidius）的部分拉丁文译本了解到《蒂迈欧篇》的。12世纪有《美诺》和《斐多》（*Phaedo*）的拉丁文译本，但这些译本的发行量非常有限。

45 Ambrose, *Hexameron*, 6. 28.

46 Augustine, *Enchiridion*, 3. 9.

47 *De doctrina christiana* 2. 29. 46. 虽然这种对天文学的敌视有《圣经》上的先例，但由于天文学和占星术之间的密切关系，这里可能也涉及权威和权力的问题。在第3和第4世纪，教会和罗马皇帝都开始声称拥有绝对的权力，并否认星体对他们有影响（尽管他们接受星体对其他人有影响），这与早期的占星术做法相反：见 Marie Theres Fögen, *Die Enteignung der Wahrsager* (Frankfurt, 1993)。关于奥古斯丁对占星术的态度，见 Lynn Thorndike, *A History of Magic and Experimental Science* (8 vols, New York, 1923–58), i. 504–22。

48 应该说，拜占庭的衰落部分是由于西方拉丁人对东方东正教徒非常敌视的态度。正如麦克库洛赫（MacCulloch）所指出的，1204年的第四次十字军东征"变成了威尼斯人破坏和利用君士坦丁堡的远征，这是一场灾难，自那以后这个东方帝国一蹶不振"。*Reformation*, 55.

49 教令由27条命题组成，其设计可能是目录，完整的对命题的说明从来没有撰写。文本见 Karl Hofmann, *Der Dictatus Papae Gregors VII* (Paderborn, 1933), 11; 英译本见 Brian Tierney, *The Crisis of Church and State, 1050–1300, with Selected Documents* (Englewood Cliffs, NJ, 1964), 49–50.

50 这并不是第一次宣称这种权力。教宗尼古拉一世（856—67）曾提出过类似的主张，但没有效果；事实上，这是在教宗权力急剧下降的两个世纪之初提出的。

51 Harold J. Berman, *Law and Revolution: The Formation of the Western Legal Tradition* (Cambridge, Mass., 1983), 118.

52 关于他的早期追随者对耶稣的理解，参见 Robert Eisenman, *James the Brother of Jesus* (New York, 1998)，以及 Ekkehard W. Stegemann and Wolfgang Stegemann, *The Jesus Movement: A Social History of its First Century* (Edinburgh, 1999).

53 参见 Peters, *The Harvest of Hellenism*, 690; Pierre Hadot, *What is Ancient Philosophy?* (Cambridge, Mass., 2002), ch. 10. 关于希腊化和犹太教之间的复杂关系，见 Arnaldo Momigliano, *Alien Wisdom: The Limits of Hellenization* (Cambridge, 1971), 74–96. 一般来说，关于调和基督教神学和希腊哲学的早期尝试，参见 Pelikan, *Christianity and Classical Culture*.

54 卡尔西顿大公会议解决了拉丁教会的这些教义问题，但他们的基督论引起了与东方教会的分裂：见 Jean Meyendorff, *Le Christ dans la théologie byzantine* (Paris, 1969), chs. 1 and 2. 部分问题来自用词的差异。尼西亚会议的拉丁神学家将希腊语的 *ousia*（本质）翻译为 *substantia*（实体），以证明三位一体的 *una substantia*（一个实体）学说。但希腊人把拉丁文的 *substantia*（实体）翻译成 *hupostatis*（本体），这更像是"人格"，因此在他们看来，所主张的好像是三位一体只有一位格的异端观点。

55 托莱多大公会议（589年）在尼西亚信经中插入了一个 "*filioque*"（"和子"）的条款，声称圣灵是从圣父和圣子中"procession（游行）"出来的，而不只是从圣父中"游行"出来的，从而将其与圣子从圣父中"生成"区分开来。该条款将圣灵与道成肉身和创造联系在一起，有助于将重点转向上帝在世界中的内在性。"*filioque*"问题仍然是东西方教会之间激烈争论的一个根源。

56 关于阿里乌主义的神学资格，参见 Richard Hanson, *The Search for the Christian Doctrine of God* (Edinburgh, 1988); Maurice Wiles, *Archetypal Heresy: Arianism through the Centuries* (Oxford, 1996); and Daniel H. Williams, *Ambrose of Milan and the End of Nicene-Arian Conflicts* (Oxford, 1995).

57 参见 G. R. Evans, *Philosophy and Theology in the Middle Ages* (London, 1993), 60–2.

58 参见 Anthony Levi, *Renaissance and Reformation* (New Haven, Conn., 2002), 35.

59 关于这些问题的阐述，请见 Marcia Colish, *Medieval Foundations of the Western Intellectual Tradition, 400–1400* (New Haven, Conn., 1997), chs. 11 and 21, and Evans, *Philosophy and Theology*, ch. 4, 在此本人谨表谢意。

60 Anselm of Canterbury, *Opera Omnia*, ed. F. S. Schmitt (2 vols, Stuttgart, 1968), i. 282.

61 参见阿奎那（Aquinas），后来所称的圣餐变体论最伟大的捍卫者，*Summa theologica*, III q. 80 a. 12, reply to obj. 2, 他指出，"圣典的完美不在于信徒的参与，而在于元素的祝圣"，他指出，这使它区别于其他圣典（III q. 73 a. 1).

62 关于这一时期的高潮，参见 Robert Holtzmann, *Geschichte der sächsischen Kaiserzeit (900–1024)* (Munich, 1941).

63 这并不妨碍国家教会仍有相当程度的教会自治权。1438年颁布的《布尔日国事诏书》（*Pragmatic Sanction of Bourges*）规定，除教义问题外，法国国王是教会的最高领袖，1447年与德国王子谈判达成的协议也赋予了他们同样的作用。15世纪末，在法国和西班牙，教宗的诏书和法令需要得到皇室的同意，到15世纪90年代，西班牙教会（以及应该指出的是，西班牙宗教裁判所）的控制权牢牢掌握在国家手中，得到了大多数神职人员的支持。见 Levi, *Renaissance and Reformation*, 4–5, 286–7.

64 对于构成"主教叙任权之争"的事件及其后果的精彩叙述，请见 Stephen Ozment, *The Age of Reform, 1250–1550* (New Haven, Conn., 1980), 138–81. 关于争议的复杂政治史，见 Friedrich Heer, *The Holy Roman Empire* (London, 1968). 关于它的政治法律遗产，请见 R. W. Carlyle and A. J. Carlyle, *A History of Medieval Political Theory in the West* (6 vols, Edinburgh, 1970), iv. 关于由此导致的教会行政和权威架构，见 J. Turmel, *Histoire des Dogmas* (6 vols, Paris, 1931–6), vi. 491–543 中对牧师授职的讨论。关于教宗和世俗君主形象的复杂互换，见 Ernst Kantorowicz, *The King's Two Bodies* (Princeton, 1957). 世俗管辖权和神圣管辖权之间的分界线在很大程度上得以维持，但应该注意的是，这种分界线原则上并不牢靠，在15世纪初，马克西米利安一世（Emperor Maximilian I）皇帝可能考虑过通过让自己成为教宗来实现其政治野心，将两种管辖权统一在一个人身上。

65 这个宗教裁判所不应与众所周知的"那个"宗教裁判所相混淆，后者由格里高利九世（Gregory IX）于1227年在佛罗伦萨开始，主要是多明我会事务。

66 参见 Walter Ullmann, *A Short History of the Papacy in the Middle Ages* (London, 1972), 219–26, 更全面的介绍请见 Robert I. Moore, *The Formation of a Persecuting Society: Power and Deviance in Western Europe 950–1250* (Oxford, 1981). 应该指出的是，世俗权力如果认为异教徒是社会混乱的根源时，偶尔会对他们采取行动：参见 Richard Kieckhefer, *Repression of Heresy in Medieval Germany* (Philadelphia, 1979), 75–82.

67 参见 Gordon Leff, *Medieval Thought* (Harmondsworth, 1958), 91.

68 John B. Morrall, *Political Thought in Medieval Times* (Toronto, 1980), 25–6.

69 Denifle and Chûtelain, eds., *Chartularium Universitatis Parisiensis*, ii. 222.

70 关于什么是大学,博洛尼亚或巴黎在何种意义上可以被称为第一所中世纪大学,以及12世纪之前的教育机构(如中世纪的阿拉伯文化)是否是任何意义上的大学等一般问题,见 Walter Rüegg, 'Themes', and Jacques Verger, 'Patterns', in Hilde de Ridder-Symoens, ed., *A History of the University in Europe*, i. *Universities in the Middle Ages* (Cambridge, 1992), 3–34 and 35–74 respectively. 另见 Jacques Le Goff, 'The Universities and the Public Authorities in the Middle Ages and the Renaissance', in idem, *Time, Work, and Culture in the Middle Ages* (Chicago, 1980), 135–49.

71 参见 David Knowles, *The Evolution of Medieval Thought* (London, 1962), 159–63. 这是一个漫长的过程,博洛尼亚团体(commune of Bologna)反对在其中间形成一个与自己的管辖权平行的国际性机构。1211年,该市颁布立法,禁止成立其成员发誓相互帮助和相互支持的团体。虽然教宗站在了学生一边,但在这十年的其余时间里,事情仍在不断发酵。见 Nardi, 'Relations with Authority', 84–5.

72 两个主要模式是巴黎和博洛尼亚的模式。巴黎分为四个院系——文学、法律、医学和神学——教师和学生都是这些院系的成员。其他的划分,如针对不同地域的学生的民族划分,都严格从属于这些划分。博洛尼亚的情况更为复杂(见 Berman, Law and Revolution, 123–31)。它包括一个由大学群组成的综合大学,每个大学只招收一个学科的学生,并分为两个民族(来自博洛尼亚的学生不需要单独的"民族")。虽然严格来说,大学只由学生组成,教师每年都会被聘用,但后者很快形成了自己独立的实体——博士学院(collegium doctorum),与学生的实体不同。在伊比利亚半岛、法国南部和东欧,大学是这两种模式的混合体。见 Aleksander Gieysztor, 'Management and Resources', Hilde de Ridder-Symoens, ed., *A History of the University in Europe*, i. *Universities in the Middle Ages* (Cambridge, 1992), 108–43.

73 9世纪初,查理曼大帝开始在修道院外进行教学,他监督建立了培训神职人员的教堂学校,教授通识文科和神学。但是,这些学校在12世纪之前的发展是杂乱无章的。关于新大学校长的培训,见 Jacques Verger, 'Teachers', in Hilde de Ridder-Symoens, ed., *A History of the University in Europe*, i. *Universities in the Middle Ages* (Cambridge, 1992), 144–68. 另见 Ugo Gualazzini, *Ricerche sulle scuole pre-universitarie del medioevo: contributo di indagini sul sorgere delle università* (Milan, 1943).

74 参见 Jacques Le Goff, *Les Intellectuels au moyen âge* (Paris, 1957), and Peter Godman, *The Silent Masters: Latin Literature and Censors in the High Middle Ages* (Princeton, NJ, 2000).

75 Boethius of Dacia, *On the Supreme Good*, ed. and trans. J. F. Wippel (Toronto, 1987), 32–5. 见 C. H. Lohr, 'The Medieval Interpretation of Aristotle', and Georg Wieland, 'The Reception and Interpretation of Aristotle's *Ethics*', both in Norman Kretzmann, Anthony Kenny, and Jan Pinborg, eds., *The Cambridge History of Later Medieval Philosophy* (Cambridge, 1982).

76 Lohr, 'The Medieval Interpretation of Aristotle', 88–91, 本人对这篇文献致谢,对照 Bruno Nardi, *Saggi sull'aristotelismo padovano dal secolo XIV al XVI* (Florence, 1958).

77 关于这种解读目的的争议,请见 Ozment, *The Age of Reform*, 63–72.

78 这部作品也被称为 *Tractatus universalis*,在1346年被下令公开烧毁,但有一份手稿幸存下来,由 J. R. O'Donnell 在1939年编辑出版。它的英译本见于 Leonard Kennedy, Richard Arnold, and Arthur Millward, *The Universal Treatise of Nicholas of Autrecourt* (Milwaukee, 1971).

79 也许事实上大卫一直在解释/辩护阿威罗伊的评注,而不是提出他本人原创观点:请见 Enzo Maccagnolo, 'David of Dinant and the Beginnings of Aristotelianism in Paris', in Peter Dronke, ed., *A History of Twelfth-Century Western Philosophy* (Cambridge, 1988), 429–42.

80 焚烧起到了其预想的作用,大卫的作品几乎绝于后世,只有少量文本在20世纪得以恢复并出版,请见 *Davidis de Dinanto Quaternulorum Fragmenta*, ed. M. Kurdzialek (Warsaw, 1963).

81 引自 Maccagnolo, 'David of Dinant and the Beginnings of Aristotelianism in Paris', 430.

82 引自同上,431.

83 引自同上,431.

84 正如 A. H. Armstrong 在 *The Architecture of the Intelligible Universe in the Philosophy of Plotinus* (Cambridge, 1940) 中指出,普罗提诺在构建上帝的过程中使用了柏拉图和亚里士多德的思想元素 (56),而上帝具有更多超越性的说法实际上是来自亚里士多德 (3)。这里还可以指出,新柏拉图主义被完全同化的最大障碍之一是阿里乌教派,它与新柏拉图式的单一上帝说完美契合,但与基督教的三位一体论却完全不相容。

85 在这方面,《论说篇》的本体论证更为模糊。斯宾诺莎 (Spinoza) 在《伦理学》中臭名昭著地使用本体论证来确立他的泛神论,把它解读为表明只有一种实体存在,但笛卡儿使用本体论证来确立上帝的超越性:见 Stephen Gaukroger, 'The Role of the Ontological Argument', *Indian Philosophical Quarterly* 23 (1996), 169–80.

86 请见 Colish, *Medieval Foundations*, 246–7 中的讨论.

87 参见 Jacques Jolivet, 'The Arabic Inheritance', in Peter Dronke, ed., *A History of Twelfth-Century Western Philosophy* (Cambridge, 1988), 113–48.

88 在11和12世纪,亚里士多德主义的引入在伊斯兰世界也遭到了反对,理由是它与伊斯兰信仰不可调和,最突出的反对意见,参见 al-Ghazali 的 *The Incoherence of Philosophers*。书中指责哲学家(即亚里士多德主义哲学家)有三项不道德行为和十七项异端行为,阿威罗伊对此进行了详细回应:见 Averroes, *Tahāfut al-Tahāfut: The Incoherence of the Incoherence*, Simon van den Bergh (London, 1954),从阿拉伯语翻译而来,附有介绍和注释。尽管阿威罗伊的作品在西方受到的重视远远超过了伊斯兰世界,但他还是被驱逐出城,其著作被烧毁,晚年被迫移居到摩洛哥。

89 参见 F. van Steenberghen, *Aristotle and the West* (Louvain, 1955), 219–29.

90 在 P. Mandonnet 的编号中,P. Mandonnet, *Siger de Brabant et l'averroïsme latin au XIIIᵐᵉ siècle, 2ᵐᵉ partie: Textes inédits* (2nd edn, Louvain, 1908), 175–91,这些命题是 42–3, 50, 53–5, 110, 115–16(灵魂的分割);46, 162–3(理性和思想);和 27(唯一性)。我们很容易以为,在托马斯主义事实上被确立为15世纪教会的官方哲学之后,这些谴责在很大程度上被遗忘了,但在17世纪中叶巴黎哲学教授 Jean de Launoy 在 *De varia Aristotelis in Academia Parisiensi Fortuna* (Paris, 1653) 中提到了对亚里士多德的谴责,该文被广泛阅读和反复重印。

91 他在这方面得到了广泛支持。John Pecham 在1285年6月1日写给林肯主教(Bishop of Lincoln)的信中对传统派的立场做了很好的阐述,他抱怨奥古斯丁和传统正统基督教的权威受到"不敬的语言创新的挑战,在过去20年中被引入神学的深处,与哲学真理背道而驰,并损害了教父们的立场,他们的立场被玷污并被公开蔑视":引自 James A. Weisheipl, 'Albertus Magnus and Universal Hylomorphism: Avicebron', in Francis J. Kovas and Robert W. Shahan, eds., *Albert the Great: Commemorative Essays* (Norman, 1980), 239–60: 239. 具有讽刺意义的是,正如 Weisheipl 所表明的,传统主义者所要的不是纯粹的奥古斯丁学说,而是被阿威罗伊和阿维斯布隆(Avicebron)等阿拉伯评论家彻底修正的学说。

Weisheipl的结论是,"阿维斯布隆,而不是奥古斯丁,在13世纪绝大多数神学家看来,是传统和健全教义的来源"(241)。

92 参见 Gilson, *History*, 319–32.

93 同上,321.

94 参见 Étienne Gilson, *La Philosophie de St. Bonaventure* (Paris, 1945).

95 参见 Goodman, *Avicenna*, ch. 2.

96 然而,请注意,这些都是上帝从外部施加的法律,而不是自然界的内在规律。阿维森纳反对亚里士多德关于存在改造自然界能动性的观点,他以这些理由批评了巴格达派基督教哲学家。见 H. V. B. Brown, 'Avicenna and the Christian Philosophers in Baghdad', in S. M. Stern, Albert Hourani, and Vivian Brown, eds., *Islamic Philosophy and the Classical Tradition* (Columbia, SC, 1972), 35–48.

97 参见 Gilson, *History*, 521–7, and Alan Gewirth's introduction to Marsilius of Padua, *Defensor Pacis* (Toronto, 1980).

98 在奥卡姆(Ockham)那里可以找到一种更为激进的假设方法。他指出,上帝可以选择以看似荒谬和亵渎的方式来拯救人们,例如,可以将自己化身为一块石头或一头驴。见 Ozment, *The Age of Reform*, 37–42; and Erwin Iserloh, *Gnade und Eucharistie in derphilosophischen Theologie des Wilhelm von Ockham* (Wiesbaden, 1956), 77 and 179–80.

99 Nicole Oresme, *Le Livre du ciel et du monde*, ed. Albert D. Menut and Alexander J. Denomy, trans. and introd. Albert D. Menut (Madison, 1968), 174 (text)/175 (trans.), (fo. 38a–b).

100 同上,518–39, (fo. 137c–144c).

101 同上,536–8 (text)/537–9 (trans.), (fo. 144b–c).

102 阿奎那实际上将 *scientia* 定义为一个人在成功参与这一过程时的心态——例如,见 Aquinas, *Summa theologica*, II–II, q. 49 a. 1, and q. 50 a. 3——但它似乎延伸到了过程本身。*scientia* 从作为一种思想状态,事实上是一种美德,发展成为作为专门的知识体系的 *scientia*,特别是在路德教的概念中,在 Peter Harrison, 'The Natural Philosopher and the Virtues', in Conal Condren, Stephen Gaukroger, and Ian Hunter, eds., *The Philosopher in Early Modern Europe: The Nature of a Contested Identity* (Cambridge, 2006), 202–28 中强调了这一点。

103 参见 Charles H.

104 然而,后来的经院哲学反对者还是把它挑出来进行批判,其措辞让人想起13世纪的亚里士多德主义反对者。例如,托马斯修斯(Thomasius)*De Jure Belli ac Pacis*(1707)的第一个德文译本前言中写道:"在这四本书中,隆巴德很可能试图将奥古斯丁和亚里士多德的学说结合起来;[因为]整个作品混杂了神学和哲学。圣经是按照异教哲学的原则来解释的。"引自 Ian Hunter, *Rival Enlightenments* (Cambridge, 2001), 63.

105 参见 Aquinas, *Summa theologica*, I qq. 84–8.

106 Aquinas, *Summa contra Gentiles*, I, 11. 对照1.2,其中他提到我们应该合理选择武器:面对犹太人,应该使用《旧约》,因为犹太人接受,面对离经叛道者,应该使用《新约》,因为他们接受,面对其他教徒,"需要回归到自然理性,因为所有人都不得不同意"。

107 参见 Aristotle, *Metaphysics*, Booke. 严格来说,古希腊人似乎未曾有过存在的概念:*to be* 从来不是简单的 *to be*(存在),而是成为X,或成为Y(*to be an x*,or *to be a y*,),等等。参见 Charles H. Kahn, *The Verb 'Be' in Ancient Greek* (Dordrecht, 1973). 但对于我们的目的来说,这一点无关紧要。

108 相关讨论参见 Stephen Gaukroger, 'Aristotle on Intelligible Matter', *Phronesis* 25 (1980), 187–97, 以及同一位学者的文献 'The One and the Many: Aristotle on the Individuation of Numbers', *Classical Quarterly* 32 (1982), 312–22.

109 请注意中世纪学科划分的术语不一定与亚里士多德一致。巴黎一位文学院学生的手稿，1230–40，把哲学分为"理性""自然"和"实用"哲学三类，自然哲学包括形而上学、物理和数学：参见 C. H. Lohr, 'The Medieval Interpretation of Aristotle'。但是这并不表明，不同的划分对于我们如何看待这些学科有什么有益的影响。

110 在 *Metaphysics* 1026a 29–33 中亚里士多德对存在的讨论鼓励了这一点，研究"存在之所以存在"（being *qua* being）是超越所有其他研究的认识（*scientia*），包括自然哲学。

111 参见 Étienne Gilson 的讨论，*The Christian Philosophy of St. Thomas Aquinas* (London, 1961), 103–10, 以及 Marcia L. Colish, *The Mirror of Language* (New Haven, Conn., 1968), 208–23. 与自然的事物类比则争议较少。我们无法像了解人类的心理状态那样了解动物的心理状态，要掌握动物的心理状态，无论程序多么不合理，从我们自己的状态进行推断往往是唯一可用的方法。

112 关于这个理解的后果的详细讨论，请见 Jean-Luc Marion, *Sur la théologie blanche de Descartes* (Paris, 1981).

113 Werner Dettloff, *Die Entwicklung der Akzeptations-und Verdienstlehre von Duns Skotus bis Luther* (Münster, 1963).

114 参见 Wolfhart Pannenberg, *Die Prädestinationslehre des Duns Skotus* (Göttingen, 1954), 39–42.

115 参见 Paul Oskar Kristeller, *Renaissance Thought and Its Sources* (New York, 1979), 186, 详细的讨论，请见 Sophia Vanni Rovighi, *L'immortalita dell'anima nei maestrifrancescani del secolo XIII* (Milan, 1936), 197–233.

116 关于奥卡姆对于上帝神权的观点，参见 Marilyn McCord Adams, *William Ockham* (2 vols, Notre Dame, Ind., 1987), ii. 1198–231. 奥卡姆否认神学是亚里士多德/托马斯主义意义上的"认识"（*scientia*）：参见 Alfred J. Freddoso, 'Ockham on Faith and Reason', in Paul Spade, ed., *Cambridge Companion to Ockham* (Cambridge, 1999), 326–49: 345–6.

117 奥卡姆的观点是，上帝直接把信仰放进我们的心灵，事实上信仰没有对应物：参见 Quodlibet 5 q. 5: William Ockham, *Quodlibetal Questions*, trans. A. J. Freddoso and F. E. Kelley (2 vols, New Haven, Conn., 1991), ii. 416. 相关讨论参见 Gordon Leff, *William of Ockham: The Metamorphosis of Scholastic Discourse* (Manchester, 1975), ch. 5.

118 Lohr, 'Metaphysics', 591.

119 参见同上, 596–7.

120 关于热尔松，参见 Ozment, *The Age of Reform*, 73–80. 在这里值得注意的是，希腊东正教主教在15世纪中叶发现与罗马教会联合的一大障碍是使用亚里士多德辩证法来争论这些逻辑观点：见 James Hankins, *Plato in the Italian Renaissance* (Leiden, 1994), 221–2.

121 关于巴塞尔大公会议(1431–49)的失败及其影响，参见 Francis Oakley, *The Western Church* in the Middle Ages (Ithaca, NY, 1979), 71–80, 以及 Ullmann, *Short History*, ch. 13.

122 参见 Michael J. Buckley, *At the Origins of Modern Atheism* (New Haven, Conn., 1987), 43.

123 Lohr, 'Metaphysics', 600.

124 参见 Gilson, *History*, 521–7. 医学课程中包括大量的自然哲学内容：见 Jerome J. Bylebyl, 'Medicine, Philosophy and Humanism in Renaissance Italy' in John W. Shirley and F. David Hoeniger, eds., *Science and the Arts in the Renaissance* (Washington, 1986), 27–49.

125 详见 Richard Heinzmann, *Die Unsterblick der Seele und die Auferstehung des Leibes* (Münster, 1965). 将耶稣追溯到埃森尼人的首次讨论是在 Johann Georg Wachter 的手稿 'De Primordiis Christianae religionis' (first version 1703) 中，该手稿对18世纪早期的宗教思想产生了重大影响，历数其支持者中，包括伏尔泰与腓特烈大帝：见 Jonathan I. Israel, *Radical Enlightenment: Philosophy and the Making of Modernity 1650–1750* (Oxford, 2001), 650–2.

126 参见 Kristeller 的讨论, *Renaissance Thought and Its Sources*, ch. 11. 关于奥古斯丁灵魂不朽的主要论断，见《独奏曲》(*Soliloquies*)，来自柏拉图的《斐多》：见 Étienne Gilson, *The Christian Philosophy of Saint Augustine* (London, 1961), 51–5.

127 见 N. P. Tanner, ed., *Decrees of the Ecumenical Councils* (2 vols, London, 1990), i. 361.

128 关于这些问题的一般性介绍，参见 Colin F. Fowler, *Descartes on the Human Soul: Philosophy and the Demands of Christian Doctrine* (Dordrecht, 1999).

129 例如参见 *Summa theologica*, I q. 57 a. 6, and *On the Unity of the Intellect Against the Averroists*, trans. Beatriz H. Zedler (Milwaukee, 1968).

130 参见 Kristeller, *Renaissance Thought and its Sources*, 187–96. 还可参见 Giovanni Di Napoli, *L'immortalità dell'anima nel Rinascimento* (Turin, 1963).

131 正如安东尼·列维 (Anthony Levi) 指出 (*Renaissance and Reformation*, 396 n. 9)，菲奇诺对奥古斯丁的借鉴取自他的早期和中期著作，当时他还非常受普罗提诺的影响，他甚至几乎没有提及奥古斯丁后期的著作。

132 参见 the discussion in Kristeller, *Renaissance Thought and Its Sources*, 189–90.

133 参见 Étienne Gilson, 'Autour de Pomponazzi: problématique de l'immortalité de l'âme en Italie au début du XVIe siècle', *Archives d'histoire doctrinale et littéraire du moyen âge* 18 (1961), 163–279; Fowler, *Descartes on the Human Soul, passim*; and Emily Michael and Fred S. Michael, 'Two Early Modern Concepts of Mind: Reflecting Substance vs. Thinking Substance', *Journal of the History of Philosophy* 27 (1989), 29–48.

134 引自 Eckhard Kessler, 'The Transformation of Aristotelianism During the Renaissance', in John Henry and Sarah Hutton, eds., *New Perspectives in Renaissance Thought* (London, 1990), 137–47: 137.

135 在 Ernst Cassirer, Paul Oskar Kristeller, and John Herman Randall Jr., *The Renaissance Philosophy of Man* (Chicago, 1948), 281页中可以找到本段翻译。

Chapter 3
Renaissance Natural Philosophies

第 3 章
文艺复兴时期的自然哲学思想

阿威罗伊主义 (Averroism) 的复兴不只发生在16世纪。14世纪人文主义运动奠基人彼得拉克 (Petrarch) 明确将自己的思想视为另一种阿威罗伊主义。[1] 15世纪中叶，意大利的新柏拉图主义运动从一开始就把亚里士多德主义与阿威罗伊主义结合起来。其实，斐奇诺曾质疑亚里士多德主义能否为基督教教义提供哲学基础，正是这一质疑使人们聚焦灵魂不朽的教义。斐奇诺认为，新柏拉图主义能充分解释这一教义，而亚里士多德学说却解释不通。相比之下，文艺复兴时期的阿威罗伊主义（主要出现在意大利）则提供了多种形式的自然主义，尽管其中某些思想源自新柏拉图主义。其实，阿威罗伊主义除了在一定程度上吸纳亚里士多德主义和新柏拉图主义，还吸纳了斯多葛主义、伊壁鸠鲁主义以及苏格拉底之前的思想。阿威罗伊主义在总体上避免采用其中任何一种形式，而是直接赋予物质固有的主动本原 (inherent active principles)，这些主动本原则塑造了自然界的表现形式。自16世纪中期到17世纪初期，为反对阿威罗伊主义之做法，一股亚里士多德"正统学说热"(Aristotelian orthodoxy) 在经院哲学中悄然复苏。纷争之间，推崇新柏拉图主义的学者与众不同。他们认为，自然哲学并非进入哲学研究的起点。而推崇经院哲学、自然主义以及微粒论的学者们则认为，自然哲学与哲学研究之联系，完全是天经地义。虽然这批学者在16世纪影响甚微，但进入17世纪后旋即叱咤风云。哲学争论由此转向种种自然哲学问题的争论，进一步将自然哲学推向了论战的中心。

到了17世纪，这三种在文艺复兴时期主流的自然哲学思想无一全身而退。下文将会讲到，个中原因虽不尽相同，但主因是它们无法调和自然哲学与正统的基督教思想。明白了这一点，方能理解后来取而代之的自然哲学体系何以成功。

柏拉图主义：经院哲学的替代之选

在新柏拉图主义思想中，形而上学和自然哲学从来都是一个整体的两部分，但往往以牺牲自然哲学为代价。奥古斯丁将新柏拉图主义挪用为基督教的哲学后，自然哲学的从属地位已成定局 [6世纪的柏拉图主义自然哲学家菲诺波努师[2] (Johannes Philoponus) 的著作是个例外]。亚里士多德学说被引入基督教后，情况有所改变，但在中世纪的自然哲学中，人们从未完全停止批判性地采用柏拉图的思想。13世纪时，格罗斯泰斯特 (Grosseteste) 曾援引新柏拉图主义的形而上学思想来阐述光的理论，这一点，下文将会详谈。14世纪的奥雷斯姆是个典型，他不仅引用诸多反对亚里士多德的传统柏拉图主义思想，而且利用一些受柏拉图主义启发的新思想，去批判亚里士多德自然哲学的种种细节。即便如此，奥雷斯姆仍然处于亚里士多德的自然哲学框架中。[3]15世纪时，库萨的尼古拉(Nicholas of Cusa)利用柏拉图主义衍生出的思想在某些关键问题上摆脱了亚里士多德自然哲学。[4]16世纪时，许多自然哲学家在关键论点上利用菲诺波努师去反对亚里士多德主义。[5]如果要居中调和新柏拉图主义影响下的基督教神学和亚里士多德自然哲学，那么认为基督教神学能弥补亚里士多德自然哲学的不足，便不足为奇。

但是，原版柏拉图主义和新柏拉图主义并没有通过奥古斯丁学说传播，也没有通过西塞罗的著作传播，尽管对于了解柏拉图来说，西塞罗是另一个关键的传统来源。新柏拉图主义以百科全书式的方式处理广泛的问题，包括自然哲学问题。在10世纪和11世纪，伊斯兰哲学家旁观了新柏拉图主义的复兴。[6]但在伊斯兰世界，对新柏拉图主义的研究处于边缘化，也未传播回欧洲。亚里士多德的著作几乎都被翻译成阿拉伯文，但柏拉图著作的阿语译本却寥寥无几[7]，对新柏拉图主义的边缘化由此可见一斑。大阿尔伯特对柏拉图的认识就十分缺失，他将之前的哲学家分为伊壁鸠鲁学派、斯多葛学派和逍遥学派(Peripatetics)三类后，竟然把苏格拉底和柏拉图都归到了斯多葛学派，毕达哥拉斯(Pythagoras)和至尊赫尔墨斯(Hermes Trismegistus)以及更多有名的哲学家也归到了此派。[8]直到15世纪，柏拉图著作的拉丁文译本才开始出现，最早问世的是1420年出版的《理想国》(Republic)。15世纪中叶，西方基督教通过东正教接触到了完整的柏拉图体系，在这个体系里，亚里士多德学说被融入柏拉图主义中。[9]

在东正教中，一直都存在一种支持柏拉图主义的可能。11世纪时，米哈伊尔·普塞洛斯 (Michael Psellus) 把《迦勒底神谕》(Chaldaic Oracles) 和《赫尔墨斯文集》(Corpus Hermeticum) 与新柏拉图主义结合，着手构建一个全面的哲学—神学体系。14世纪末，普莱桑 (Plethon) 开始整合普塞洛斯和普罗克鲁斯 (Proclus, 实际上是普塞洛斯学术思想的主要来源) 的学说，旨在重构以毕达哥拉斯和柏拉图为代表的古代神学。普勒托作为希腊东正教代表团的哲学顾问，参加了1439—1440年举行的佛罗伦萨大公会议，并提出了一套完善的柏拉图主义体系。在一些天主教人士看来，这套体系有可能抗衡主流的、经基督教改造后的亚里士多德体系。意大利北部诸国则比其他地方更易受到柏拉图体系的影响。威尼斯共和国 (The Venetian Republic) 与安纳托利亚 (Anatolia)、欧亚大草原以及黑海的大片区域有广泛的贸易往来，还在15世纪时为东西方斡旋；此外，在威尼斯共和国毗邻的帕多瓦 (Padua)，人文主义早在15世纪就站稳了脚跟 (但不包括僵化的亚里士多德文学艺术学院)。在此之前出现过一波翻译柏拉图著作的新浪潮。最初，1397年到佛罗伦萨执教的拜占庭学者赫里索洛拉斯

(Manuel Chrysoloras)于1402年完成《理想国》译本草稿。随后,迪塞姆布尼奥(Uberto Decembrio)的儿子着手审校,并于1420年发行。布鲁尼(Leonardo Bruni)也于15世纪早期着手出版他颇有影响力的《理想国》译本。[10] 但文本翻译并不是奠定基础的唯一途径。彼得拉克认为,柏拉图的著作非常接近上帝的启示,还在奥古斯丁的指引下,找到了《蒂迈欧篇》(Timeaus)与《约翰福音》(Gospel of St John)高度相似之处。人们感觉亚里士多德的著作如同不速之客,必须调整改良,才能适应基督教教义。而柏拉图的著作则不一样。人们认为,柏拉图的作品是开启基督教教义的哲学钥匙,是整体不可或缺的一部分,同样服务于在实际上(de facto)消除自然神学与启示神学(revealed theology)现实分歧的总目标(译者注:启示神学是基督教神学的一种类型,与自然神学相对)。[11] 随着《理想国》译本发行,以及基督教对柏拉图著作的接纳,有形和无形的条件都基本具备了。此后,经普勒托引入、由普勒托的学生贝萨里翁(Bessarion)发扬光大的柏拉图主义对15世纪后期的意大利思想产生了巨大的影响。[12]

尽管普勒托比较注重调和基督教与柏拉图主义,但他并不是基督徒,而是一个柏拉图主义者,他似乎主张回归古希腊异教[13]。普勒托的批评者(如特拉布宗的乔治,George of Trebizond)和追随者(如贝萨里翁,Bessarian)都这么认为。贝萨里翁皈依罗马教廷并于1439年成为枢机主教(cardinal)。与老师普勒托相比,他对柏拉图著作进行了更为正统的基督教评注。[14]问题是,他的举动是否仅仅是添加评注?评注又能否证明柏拉图主义和基督教的真正联合?这些悬而未决的问题关系根本。奥利金(Origen)和奥古斯丁曾对《旧约全书》公然进行寓言式的解读,造成的后果就是剥夺了《旧约全书》的历史意义,至此,问题已然出现:是否只有预示了基督教,历史才有价值。[15]《旧约全书》经过彻底改造,变成了基督教的典籍;诸如《蒂迈欧篇》这样的著作也有危险,因为面临几乎同样的境遇。[16]

汉金斯(Hankins)曾说,特拉布宗的乔治视自己为先知,由上帝派来提醒天主教,警惕异教死灰复燃,提防这一柏拉图主义者精心设计的阴谋。[17]乔治坚信,柏拉图主义和基督教的联合是个骗局。在乔治的《哲学家亚里士多德与柏拉图的比较》(*Comparatio philosophorum Platonis et Aristotelis*, 1458年)一书中,他对柏拉图与柏拉图主义猛烈抨击,其特别之处不在于谩骂之强烈(在人文主义者的圈子里很常见),而在于他对柏拉图了解之广泛,远超早前亚里士多德的拥护者。实际上,乔治用拉丁文翻译的柏拉图著作,比斐奇诺之前的任何人都多。乔治将柏拉图主义的发展历程划分为三阶段:自柏拉图起源,经穆罕默德传播,再传至普勒托。乔治认为,普勒托试图将拜占庭哲学与罗马天主教融合,逐步削弱天主教的思想基础(亚里士多德经院哲学),阻止东正教与天主教的联合，最终阻止土耳其拯救东正教。在乔治的论述中，教会分裂、异端邪说的罪魁祸首不是亚里士多德主义，而是柏拉图主义，天主教只有披上亚里士多德经院哲学的盔甲，才能独善其身，避免毁灭。

1469年，贝萨里翁以《反驳诽谤柏拉图的人》(*In calumniatorem Platonis*)一书回应乔治的《哲学家亚里士多德与柏拉图的比较》，并在多方面对乔治展开批评。除了批驳乔治翻译的柏拉图著作之外，还试图说明乔治基本不懂哲学，尤其不懂柏拉图主义。贝萨里翁还引用大阿尔伯特、阿奎那、司各脱等人的观点，证明乔治对于亚里士多德学说的理解主观性太强，不可取信。贝萨里翁书中还有一套独特的方法，对于拉丁文柏拉图主义的后续发展颇有影响。这套方法是对比两种思维方式：话语推理(discursive reasoning)和神圣直觉(divine intuition)。话语推理可以在经院哲学家身上寻见，适于研究世俗的物质世界、政治界和持续变化的周遭，不过是有关结果的知识；神圣直觉则是知识精英理解上帝的高级形式，是探究原因的知识。贝萨里翁极力主张，人们不要试图用语言论证这类世俗方法来表达神圣的事物。汉金斯曾指出，贝萨里翁的对比方法包含了两个重要且有影响力的举动。[18]其一，他利用新柏拉图主义来理解《圣经》和教父评注，以削弱构筑于亚里士多德辩证法之上的神学科学。这无疑否定了经院哲学的全部合理性。

其二，他实际拥护的是领首沉思中领悟的直觉知识或直觉智慧，他要以这种直觉智慧取代经院神学。这就削弱了以类比为基础间接理解上帝的方法。从某个层面上看，对沉思的这种解读不禁让人想起在经院哲学以前天主教修士的传统，接近于15世纪之初热尔松等神学家提倡过的方法。由于受经院哲学影响，神学曾喜好争辩，热尔松曾努力寻找法子改变这种状况。依照修士的传统，阅读不会引起问答和争论，而会让人祷告和沉思。

但追随贝萨里翁的柏拉图主义者并不提倡回归到修士的传统。无论这些追随者表达的反对意见如何，他们都认为，对上帝的沉思是理智的沉思，而非精神的沉思。与亚里士多德的辩证法相反，柏拉图主义的信徒结合了语文学 (philology) 和对上帝的直接沉思，而非间接的类比理解，毕竟这种类比理解无法确保在任何情况下都奏效。年纪轻轻便才智超群的乔瓦尼·皮科·德拉·米兰多拉 (Giovanni Pico Della Mirandola) 曾计划写一部柏拉图体系大全[19]，但这部百科全书式的大作，最终只完成了序言"论存在与太一" (on being and the one)。这当然不能取代斐奇诺的《柏拉图神学》(Theologia Platonica)。斐奇诺的这部巨著大致问世时间在1469年至1474年之间，成为文艺复兴时期柏拉图主义形而上学思潮的巅峰之作。就自然哲学而言，柏拉图主义自然哲学的高潮要数帕特里奇 (Patrizi) 在1591年发表的《一般哲学新论》(Nova *de vniversis philosophia*)。接下来，我将以《柏拉图神学》和《一般哲学新论》两部著作为例，来阐述新柏拉图主义试图取代亚里士多德经院哲学的范围和局限。须知，亚里士多德经院哲学是集神学、形而上学和自然哲学为一体的综合体系。

斐奇诺于1492年翻译并评注了普罗提诺的著作，他在《序言》中这样写道：

> 逍遥学派有两个分支，即亚历山大学派和阿威罗伊主义，充斥整个世界的同时也几乎将世界割裂了。亚历山大学派认为，人类的理智是凡俗的；阿威罗伊主义则认为，人类的理智蕴含于数字中。这两大学派都对宗教造成了毁灭性的冲击，尤其在于，它们似乎都否定人应服从上帝。但这两个学派最终都因为局限于亚里士多德主义而失败。如今，除了追随柏拉图主义的皮科以外，几乎无人以虔敬之心解读亚里士多德的思想。此前，泰奥弗拉斯特(Theophrastus)、瑟米斯蒂厄斯(Themistius)、波菲利、辛普利丘斯、阿维森纳以及稍早前的普勒托等人，正是心怀虔诚，才不断解读亚里士多德主义。[20]

怀着虔诚之心思考这问题很重要。[21]斐奇诺反对经院哲学中挑选最佳解经人(exegete)的流程。他认为这一流程与阿威罗伊主义者密切相关,因为他们组成了帕多瓦和博洛尼亚学院的主流学派。所谓最佳解经人,全在于谁对观点提出了最好的论点,而不考虑他们的诠释是否启迪基督教的信仰和品行。13世纪时,这个问题深深困扰着阿威罗伊主义。"双重真理"(double truth)这一学说有误导性。乍听之下,神学思维(诠释宗教经文,揭示深层真理)与哲学思维(力求摆脱全部教义,只聚焦论据充分的观点)是对立的。斐奇诺所追求的是将哲学思维转变为神学思维,因为神学思维是唯一指向真理的思维,要实现这一点,就需要从亚里士多德主义转变为柏拉图主义。诚然,从一定意义上讲,柏拉图主义确将取代传统神学,最终成为基督教的特殊奥义,滋润着知识精英们[22],正如它曾对贝萨里翁产生的实际影响一样。

但是,柏拉图主义和基督教义并不是斐奇诺巨著唯一的构成。科西莫·德·美第奇(Cosimo de' Medici)曾雇佣斐奇诺来翻译柏拉图的著述。斐奇诺从1456年开始学习希腊语,并在1462年从科西莫那里拿到第一份手稿。同年,科西莫还设法弄到了《赫尔墨斯文集》前十四卷的希腊文抄本。一年后,斐奇诺完成了这十四卷的翻译,取名为"丕曼德"(Pimander),实际上与《赫尔墨斯文集》第一卷同名。[23]《赫尔墨斯文集》虽然可以上溯至公元2世纪晚期,但仍被认定是至尊赫尔墨斯所著(人们推断,至尊赫尔墨斯的生活年代可能稍晚于摩西)。普遍认为,《赫尔墨斯文集》可以代表古代异教的神学传统，可以反映和补充《圣经》中的神启真理。再加上《文集》出自埃及，有助于说明柏拉图在埃及游历的种种轶事。[24] 我已指出，普塞洛斯将《古巴比伦神谕》和《赫尔墨斯文集（第一部分）》（11世纪的拜占庭作家已相当熟识这两部著作）中的部分内容纳入原先的新柏拉图主义体系，而且在17世纪以前无人质疑两书的悠久历史。拉克坦提乌斯 (Lactantius) 和奥古斯丁都认为，至尊赫尔墨斯是生活于古代的作家。尽管奥古斯丁批评至尊赫尔墨斯的盲目崇拜观点，但拉克坦提乌斯仍视至尊赫尔墨斯为同道中人，以他的思想作为支持基督教真理的异教来源，尤其强调至尊赫尔墨斯谈到的"上帝与圣父"。人们认为，至尊赫尔墨斯的著作提供了一套"古代神学" (prisca theologia)，是古老而原始的神学，补充说明了摩西在西奈山得到上帝启示的故事。

在《柏拉图神学》[25] 一书中，斐奇诺汇集了基督教、赫尔墨斯思想以及新柏拉图主义的资料，完成了一部兼容并蓄的、哲学式的神学专著，提供了第一个可以替代亚里士多德体系的神学体系。《赫尔墨斯文集》中看似不可思议的对基督教的预示如此明显［而且《赫尔墨斯文集》年代如此悠久，更让人不可思议］；柏拉图主义与赫尔墨斯思想、基督教神启之间又如此出奇的和谐；在斐奇诺看来，亦如在东正教的早期神学家看来，这些绝妙之处似乎就暗示着理解上帝与其创造物之间关系的要义。斐奇诺之所以青出于蓝而胜于蓝，即在于他的论述不仅汲取了前人的智慧，还借用了一整套教父哲学和经院哲学的论证。斐奇诺还擅长用奥古斯丁和阿奎那的思想，如使用柏拉图、普罗提诺和普罗克鲁斯的思想一样轻车熟路。他的目标不是利用柏拉图主义胡乱抨击亚里士多德学说，这与其他一些经院主义学者的做法截然不同；亦不同于东正教中柏拉图主义者的做法，他们全然不顾亚里士多德学说曾探讨的问题就搞出一套柏拉图主义体系。斐奇诺进行了全新的融合，可以解答基督徒们共同的疑问，无论他们认同柏拉图主义还是亚里士多德主义。而且，也把经院哲学传统中的一个严肃问题推到了聚光灯下（虽然这个问题不过是诸多问题中的一个）：斐奇诺使"灵魂不朽"这一教义成为关系到整个神学事业生死存亡的问题。

斐奇诺在《柏拉图神学》第一卷就阐述了灵魂不朽这一主题。他认为，如果上帝不允许人追求不朽的灵魂，那么人出于对不朽灵魂的渴望（人的重要特征），会亵渎对上帝行为的理解。因为上帝若不允许灵魂不朽，便会挫伤人（上帝最杰出的作品）的本性。斐奇诺对灵魂功能与上帝属性的绝大多数论述都沿用传统的经院哲学观点，但身心不可分离是坚定的新柏拉图主义观点，而且是根据灵魂在本体论体系中的地位得出的。新柏拉图主义最独特之处或许要数宇宙的等级结构。斐奇诺的宇宙观很典型，但他构架的宇宙观结构从两方面超越了传统的新柏拉图主义。[26]第一，存在的类别由五种基本物质决定：上帝、善良的心灵、理性的灵魂、品德以及肉体。上帝有最高级的存在和最高级的善，相反，肉体自身并不拥有存在或善。这是对普罗提诺观点的修改，代替了他的生魂(vegetative souls)和觉魂(sensitive souls)；也是对普罗克鲁斯观点的发展，引入了品德的这一类别，将人的心灵置于对称分类的中心。第二，斐奇诺认为，等级是动态的，而非静态的。不同的部分或等级由能动力量(active forces)聚合，居中的核心则是"爱"，沿用了柏拉图《会饮篇》中的说法。为了给这些能动力量提供介质，他重新采用新柏拉图主义的世界灵魂，并在相互影响的自然体系中确立了占星术的中心地位。[27]斐奇诺在建立这套严密的分级结构后，根据灵魂在本体论的中心地位构建起灵魂的不可分离性：这对于维持等级体系举足轻重。

斐奇诺将地球置于宇宙的物理中心，将理性的灵魂置于本体论的中心，因此人类既是万物的中心又是世界的焦点。正如哥本哈弗(Copenhaver)和施密特(Schmitt)所指出的，在这个体系中，"宏观世界和微观世界、世界灵魂与人类灵魂通过超自然的联系彼此影响，共同维持这样一种乐观的观点，即人类有能力在受上帝设定结局的宇宙中实现不朽的命运"。[28]但这种理解受到指责（亦是特拉布宗的乔治对贝萨里翁的指责),因为在上帝与人之间引入了一大堆冗余的神灵。分级体系作为一套完整运行的规律,不同等级的存在在其中相互影响。无论这套体系优点几何,对自然哲学感兴趣的各位学者若想根据新柏拉图主义体系阐明结论、取信于人,都并非易事。从形而上学的分级体系中推导物理原理貌似无望,斐奇诺也确实没有打算尝试。从另一方面来看,人们不清楚如何将物理原理并入分级体系,因为人们对分级体系在物理层面上的运转规律完全不明白。例如,依靠主动本原连接存在的不同部分,是很成问题的。16世纪时,许多哲学家用"主动本原"解释包括磁性在内的现象,但是磁体与亲磁体间没有物理中介,磁性似乎也能起作用。17世纪早期,当梅森(Mersenne)和笛卡儿等著者检验这些论断时,却发现这些所谓的"解释"比贴标签强不了多少。谁都可以援引"主动本原"来解释任何事物,但援引的人是否在援引之后真的了解了援引之前不了解的东西,这一点还未可知。那么,人们不禁要问,"主动本原"能否真正用来解释事物?如果不能,斐奇诺的形而上学体系就完全脱离了真实的自然哲学。

在斐奇诺和皮科的时代之后,柏拉图主义变得更为兼容并蓄,如斯图科(Steuco)和马佐尼(Mazzoni)等著者试图将亚里士多德主义和柏拉图主义调和并入一个"永恒的"(perennial)体系(由斯图科命名)。[29]与此相反的是帕特里奇,他研读斐奇诺的《柏拉图神学》之后改信柏拉图主义，对亚里士多德主义则十分敌视，这使他与斯图科分道扬镳，与16世纪更为融合的柏拉图主义传统也格格不入。[30] 总之，由于帕特里奇致力于在新柏拉图主义形而上学之上创立自然哲学，他的体系需要融合不同的思想，即便拿文艺复兴时期柏拉图主义如此兼容并蓄的标准来评判，他的体系也显得格外兼容并蓄，将多个派别都糅了进去。

帕特里奇试图使他的《一般哲学新论》(1591年问世)不仅成为柏拉图体系的集大成之作[31]，还要公然替代亚里士多德主义。在该书的献辞中，帕特里奇向教宗格里高利十四世(Pope Gregory XIV)解释，历史上只有四位对上帝虔诚的哲学家，即琐罗亚斯德(Zoroaster)、至尊赫尔墨斯、柏拉图以及他自己。他还请求教宗，禁止在学校和学院里教授亚里士多德主义，并以自己的体系取而代之。[32]《一般哲学新论》这一书名就充分暗示了书中结构。首先，该书并非通过运动或变化的标准自然哲学路径上升到第一因，而是通过光(lux, light)和流明(lumen, brightness)。[33] 第二，借助"全新而特别的方法"，一切神性便自然呈现。第三，宇宙是依靠柏拉图主义的方法从上帝那里衍生出来的。我们将依次了解这些内容，但首先需要理解光的理论所发挥的作用，因为16世纪的新柏拉图主义与光学紧密相关，并把光学作为自然哲学的一种形式。

在阿拉伯世界的光学传统中，在9世纪肯迪的《论视觉》(De Prospectibus) 一书中，我们可以找到光学原理的第一次陈述：在发光体表面的每个点都可以向任何方向发射光线。不过，肯迪没有把这个原理仅仅局限于光学，而是认为"每个真实存在的事物，都可以向任一方向发射光线，使整个世界充满光辉"。[34]这个原理同样可以应用于火、磁和话语。光学的特殊意义在于，其与能量辐射有关，而肯迪认为能量辐射是最基本的自然现象。[35]继欧几里得(Euclid)和托勒密(Ptolemy)之后，肯迪提出了光的"发射说"。肯迪认为，眼睛会发出一种"能量"，到达可看见的物体，视觉由此产生。[36]后来，阿尔哈森(译者注：Alhazen又译为"海什木")提出光的"进入说"。他认为，物体发射或反射的光线进入眼睛，从而产生了视觉。[37]阿尔哈森是将解剖学、物理学和几何学综合考虑并纳入视觉理论的第一人。他也对巨大图像之所以映入瞳孔（"进入说"面对的最严峻的问题之一）提出了第一个合理的解释。在阿尔哈森的物理—生理学(physico-physiological)理论中，认为有一种被称为流明(lumen)的外部媒介能引发视觉。物体的发光性或物体的亮度被称为勒克斯(lux)，勒克斯以流明为媒介作用于视觉。流明和勒克斯两相区分，成为后来阿拉伯世界和西方光学的重要内容，几经修正与改进；并且，两者区分之初就考虑到了能量的传播，这是非常重要的。

当阿拉伯世界的光学理论在 12 世纪传到西方的时候，我们可以发现，罗伯特·格罗斯泰斯特 (Robert Grosseteste) ——虽然他本人不是方济各会会士，但和英国方济各会会士们交往甚密——的著作立刻被添上了形而上学的评注，共同构成了上帝创世的神学理论。[38] 格罗斯泰斯特将光学理论吸收利用，与另外三个理论成分结合，形成了思想论述。第一个理论成分就是奥古斯丁的神圣光照 (divine illumination) 学说。在《独语录》(Soliloquia) 中，奥古斯丁主张，物体被光照亮后人们才可看见；同理，真理只有通过某种光照，才能为人们所理解。正如太阳是物理光源一样，上帝则是灵魂之光源或真理之来源。格罗斯泰斯特在《论真理》(De veritate) 和对《分析后篇》(Posterior Analytics) 的评注中，明显接受了神圣光照学说，将光学与上帝之力做了详尽的类比。这些类比如此之贴切，源于他思想论述的第二个理论成分：光的宇宙起源论。光的宇宙起源论源自新柏拉图主义的"流溢" (emanation) 论，主要通过普罗提诺和普罗克鲁斯的文章汇编在中世纪为人所熟识。文章汇编却取名叫《亚里士多德的神学》(Theologia Aristorelia)，容易产生误导。根据光的宇宙起源论，光是"第一物质形式" (first corporeal form)，物质宇宙本身由一个原始光点进化而来。[39] 因此，研究"物理"光是认识物质宇宙的起源和结构的前提。最后，格罗斯泰斯特思想论述的第三个理论成分也取自新柏拉图主义,即物质宇宙中所有因果关系的运行都类似光的辐射。此处一个重要的材料来源是自称为狄奥尼修斯的人(pseudo-Dionysius the Areopagite,下文简称"伪狄奥尼修斯")[40],人们一直误认为(直到9世纪)他是公元1世纪时保罗在雅典使其皈依为基督教徒的那个狄奥尼修斯[41]。他的文章很有权威性(大致成文于公元2世纪下半叶至6世纪早期),因为一般认为他与基督教的起源以及基督教的创始人保罗关系密切。自圣文德时期开始,伪狄奥尼修斯在方济各会的哲学(Franciscan philosophy)中发挥的作用等同于亚里士多德在多明我会哲学中的作用。[42] 伪狄奥尼修斯著有《天阶序论》(Coelistis Hierarchia)和《教会等级》(Ecclesiastica Hierarchia),在书中精巧地设定了天上和地上的等级制度。等级根据从上帝那里得到的光照程度来划分:上帝创造世界被直截了当地等同于黑暗中出现了光明,物理空间的宇宙也从纯粹的精神宇宙中应运而出[43],同时有效区分了物理层面上受到的光照和精神层面上受到的光照。因为可知领域与可见领域之间有着根本区别,所以伪狄奥尼修斯的目标之一就是向世人展现可知领域如何隐藏在人们看得见的领域之中,又如何经由光照公之于众。[44] 要从这一视角研究光,就得去研究上帝的流溢(emanations of God)。[45]

借助伪狄奥尼修斯的观点,格罗斯泰斯特提出了"光的形而上学"理论,认为光是宇宙中一切物理变化的基础物质，为光学研究提供了理论基础。方济各会会士罗吉尔·培根（Roger Bacon）试图以光之隐喻来阐明神学真理，为"光的形而上学"理论补充了新内容。罗吉尔·培根在1267年发表的《大著作》（Opus Maius）一书中这样开场："哦，上帝！请您护卫我有如眼中的瞳仁！"他认为，如果不理解"有形"视野与物理光照的相互关系，就无法正确理解这句话，理解《圣经》中其他内容亦是如此。于是，他继续构建认识论的类比论述，其中上帝拥有直接的精神视野，天使们拥有折射的精神视野；而人类拥有反射的精神视野，也就是能够领悟俗世万物中反映的精神真理。[46]在柏拉图主义的复兴中，这种思想得到了进一步深化。斐奇诺1493年发表了一篇短小的专题论文《灵魂与光照》（De sole et lumine）[47]，探讨有形与无形的光之间的关系。在这种背景下，我们需要审视帕特里奇对光之隐喻的运用。因为他的隐喻虽乍看之下标新立异，但也并非无先例可循；而且在这些隐喻的背后，实际包含了大量的新柏拉图主义传统。

《一般哲学新论》的第一部分题为"全部光辉"（Panaugia, all-splendour），论述了无形的光可以充当精神和物质层面之间的媒介，探讨了光的物理性质、形而上学性质并延伸到光的无形相似物。理解了物理光的性质和表现形式，方能掌握光的无形相似物的性质和表现形式，而这所谓的无形相似物，就是上帝和世间万物联系的纽带。所谓有形的光，是广义上有形的光。帕特里奇既讨论了有形的光可以赋予生命的性质，也讨论了其光学性质。有形的光还存在宇宙哲学层面的含义，因为在我们可见的宇宙之外，还有最高天（empyrean，基督教宇宙中圣徒所在之处）。最高天无限大，充盈着纯洁的光。这种光虽有形，却源于无形且神圣的事物，即灵魂、理智、天使和上帝。但是，上帝是无形的光以及有形的光的终极来源。关于这一点（书中第10卷），帕特里奇从"无形的"角度明确地区分了勒克斯（lux）与流明（lumen）。帕特里奇告诉读者，上帝是"第一勒克斯"（lux prima），是无形光的来源（该观点又回归到最早期的一种基督教宇宙观，即四世纪时巴西尔的宇宙观[48]）。然后，从上帝那里散发流明（扩散的光）。流明首先扩散到上帝之子（耶稣），然后扩散至无形的生物。无形的光不仅统一宇宙中各个等级的存在，还确保上帝的行动能快速到达各个等级。统一的宇宙为帕特里奇在第二部分"全部原理"（Panarchia, all the principles）中探讨形而上学做好了铺垫。第二部分详细论述了存在的不同等级，其内容借鉴了普罗提诺、普罗克鲁斯和斐奇诺的观点，还另外增添了一个存在等级——形式（form），地位处于斐奇诺的"性质"和"物质"两个等级之间。帕特里奇的论述中更为创新的是，他摒弃了普罗提诺笔下至高无上的上帝，转而呈现一个无所不在的上帝。这个上帝包罗万象，与他所创造的万物同在。我们在下文将会看到，这种上帝无所不在的观点已接近于泛神论，梅森将把这一观点单独挑出，指出帕特里奇整个体系的危险性。这种危险性尤其体现在世界灵魂（world soul）上，这是帕特里奇的核心关键之一，也是他的宇宙整体结构观的关键之一。在帕特里奇的论述中，世界灵魂承担了多重角色，但这些角色在传统的思想体系中是由超自然所扮演的。第三部分中，帕特里奇论述了世界灵魂与宇宙整体的关系如何类比个体灵魂与肉身的关系。

《一般哲学新论》的最后一部分取了个恰如其分的标题："全部宇宙"（Pancosmia, all the cosmos）。帕特里奇在这一部分介绍了物质世界的四个基本要素：空间、光、热、流动性（fluidity）或者潮湿的空气（humid air）。[49]他对空间的论述反映了有形和无形的类比（有形和无形是第一部分的主要内容）。在最后一部分第1卷至第3卷中，帕特里奇探讨了无形空间如何生成有形空间。无形空间是几何学（geometry）的空间，包含点，而非物体，两者的区别特征是不定性。帕特里奇并没有详细说明无形空间究竟何以"产生"有形空间，但这个过程似乎更像是上帝的创造，而非直截了当的因果关系。根据《创世记》的记录，充盈有形空间的第一种事物不是物质，而是光（第4卷）。的确，光最先产生了有形的世界；随后，一种正式的能动要素"热"（heat）从光中产生。热又与被动的物质要素"流动性"结合,产生了各种不同密度的物体,物体的具体密度取决于热和流动性的具体组合。建立了物质构成理论以后,帕特里奇终于可以探讨宇宙的大范围结构中由有形与无形构成的三个层次:最高天(empyrean)、以太(ether)和月下区(sublunary realm)。最高天是处于星体之外且充满着光的区域(第9卷);以太充盈于星体与月亮之间,星体与月亮在以太中运动(第10卷)。帕特里奇对以太的论述颇有影响,因为他摒弃了星体在水晶球(crystalline orbs)上转动的理念,转而假定一种流动介质"以太"的存在。星体在以太中运动[50],"在流动的天空中飞行"。他按照地球自西向东的运动来解释地球的自转,而非按照星体自东向西的移动去解释。但需注意,帕特里奇摒弃水晶球理论并非基于光学或者天文学的证据。佩纳(Jean Péna)在1557年指出,水晶球会使星体发出的光产生异常折射,所以必须将水晶球理解为抽象概念。[51]此外,由于1577年观测到的彗星轨迹和1572年出现的一颗新星与水晶球的解释不吻合,第谷(Tycho Brahe)否定了水晶球的存在。但是,帕特里奇并不知道这些分析。在帕特里奇的体系中,正是物质的本质决定了宇宙的结构。如果宇宙"月上层"(superlunary level)的基本组成单元是光、热以及空间,那么显然没什么物质可以构成水晶球了。[52]

帕特里奇的宇宙论对与他同时代的学者以及门生有着

巨大的影响。比如，伽桑狄明确承认，他在空间本质的问题上受益于帕特里奇的观点[53]；此外，培根的宇宙论很大程度上沿袭了思辨宇宙论的传统，并从物质理论中推导出了天体运行理论[54]，他构想的模型多亏了帕特里奇的思想。[55]而开普勒则与伽桑狄等人恰恰相反。开普勒虽然认为帕特里奇是宇宙体系的奠基人，但同时也影射他为了标新立异而瞎折腾[56]，所以在《为第谷辩护驳乌尔瑟斯》(*Apologia pro Tychone contra Ursumo*) 中针对帕特里奇进行批判，指责他摒弃了天文学的假设。帕特里奇摒弃天文学假设，与他依靠物质理论为宇宙结构研究提供理论基础，两者倒是一脉相承。开普勒的观点与帕特里奇大相径庭，在对帕特里奇的批评中体现得淋漓尽致。开普勒写道：

一些天文学家尝试以不同的圆周轨迹和实心球理论来建构星体的可见运动，并以圆周轨迹、天文假设和凭空臆想来探寻事物的本质。帕特里奇对这些天文学家大为光火，他坚持自己对星体运动的判断。帕特里奇认为，星体处于固定的天球之间，严格按照观察到的那样随着流动的以太运动；它们不受水晶球的束缚，毕竟水晶球并不存在。而且星体的运动轨迹呈现前后不同程度弯曲的不规则螺旋形和直线，从未完全重复，这与肉眼的观察非常吻合。星球运动如此多样，我们大可不必吃惊，因为星体其实是有理智的动物(他用异端的哲学权威来支持这一观点)。全知全能的上帝创造出足够聪慧的生物,按照上帝规定的轨迹一直运行,也不是不可能。**57**

下文会讲到开普勒的天文学体系也包含柏拉图主义的内容,但这些内容的作用与帕特里奇的观点截然不同。于开普勒而言,天文学和宇宙论并非由新柏拉图主义形而上学衍生的物质理论来构建,相反,天文学和宇宙论应是一切理论的基础,任何形而上学都必须适应天文学和宇宙论才对。帕特里奇在《一般哲学新论》中毫不掩饰自己对天文学家的轻蔑。对帕特里奇来说,开普勒的观点完全是本末倒置。天文学家并不关心宇宙的结构和构成,也不会深入研究宇宙构成成分的运动方式和运动原理,相反,他们进行观察和计算,然后提出脑洞大开的假设去解释天文现象。例如,帕特里奇曾指责哥白尼和第谷(对第谷的指责有些莫名其妙),将天空中的星体类比为木板上的节疤或钉子。**58** 对星体与月亮之间的物质构成的终极成分进行深入思考后,帕特里奇深信,星体必定是在流体中运动。对比帕特里奇的宇宙体系,如果说经院哲学尚能提出些许宇宙论的观点,那么天文学家则几乎没有。因为他们过分看重细碎的观察,然后从几何学角度提出假设,自然会忽略对宇宙宏观物理结构的理解。

1592年，教宗克莱门特八世 (Pope Clement VIII) 传唤帕特里奇到罗马，任命他在罗马睿智大学 (译者注：La Sapienza University，即今日罗马第一大学) 担任柏拉图哲学的教授，帕特里奇在大学里教授了《蒂迈欧篇》。帕特里奇呼吁用他的体系取代经基督教改造后的亚里士多德主义，但徒劳无功，毕竟任何全新综合体系的命运都是如此。宗教裁判所还发现帕特里奇的体系在教义上错误百出，于是将他的著作列入《天主教禁书名录》(Index expurgatorius)，与其他正统性受到质疑的著作一起被打入冷宫。[59]

自然主义与自然哲学的范围

16世纪时，新柏拉图主义绝不是异端思想的唯一温床。异端思想的另一个更重要的来源是亚里士多德主义的一个流派，其主要阵地就在帕多瓦大学 (University of Padua)，而彭波那齐则是其中的代表人物。15、16世纪之交，在意大利北部大学的校园中，学者们重新对阿威罗伊的思想产生了兴趣，阿威罗伊对亚里士多德著作的评注译本也竞相涌现。[60] 通常而言，"阿威罗伊主义"这一术语是指阿威罗伊所秉持的两条旗帜鲜明的理论。第一条是自然哲学的自主性，第二条是探讨人死去后灵魂脱离肉体以后的命运，即"智性统一"(unity of the intellect) 说。这两个理论间接关联，却又唇齿相依。"智性统一"说明显违背了正统的基督教教义，因此教会认为是异端邪说。但由于"智性统一"是自然哲学理论，而非神学教义，因此教会的做法并未削弱其在自然哲学领域的威信。只有通过自然哲学的方式，才能指出"智性统一性"在自然哲学中的缺陷，然而又无法证明其在自然哲学领域的缺陷，倒成了个无解的难题。这个难题到了彭波那齐这里明显体现出来，而且从一开始就明显存在着两个相互关联的基本前提。第一个是自然哲学的范围，另一个是自然哲学的自主性。彭波那齐将自然哲学的解释范围扩展到以往看来不合适的领域，特别是扩展到那些似乎只有上帝或者超自然的活动才能产生反应的领域。这让矛盾迅速激化，并迫使自然哲学的自主问题成为焦点。

彭波那齐的思想中有一定程度的兼容并蓄，而且没有完全摆脱斯多葛主义和新柏拉图主义的影响。但他的目的是揭示亚里士多德的学说，并与基督教教义对比，努力得出合理的结论。彭波那齐以一位朋友的提问作为《论灵魂不朽》一书序言的开场，如是写道：

> 亲爱的教师，您曾向我们详细讲解了《论天》(De caelo)的第一卷。您曾讲道，亚里士多德用许多论证试图说明"不生不灭"是可以相互转变的，也讲解了圣托马斯·阿奎那

对灵魂不朽的立场。尽管您坚信灵魂不朽本身是真实明确的，但您认为，灵魂不朽与亚里士多德所言完全不同。所以，我很想向您请教两个问题，多有叨扰，还请见谅。第一，暂不论神启与神迹，将讨论完全限定在自然哲学的范围中，您个人如何看待灵魂不朽这个问题？第二，您认为亚里士多德在这一问题上持什么看法？[61]

两年后的1518年，彭波那齐将忠实地诠释亚里士多德的思想视为己任，并以此捍卫他自己的哲学结论。[62]但保守的外衣并不能掩盖他激进的诉求。虽然被基督教教义改造后的亚里士多德思想已被经院哲学接纳为正统思想，但彭波那齐所做的是要叩问这样一个问题：亚里士多德的自然哲学思想能否切实为系统化的神学提供哲学基础。正如前文所见，亚里士多德自然哲学通过论述三位一体、基督的本质、圣餐变体论等问题，已在13世纪确立了威信，却很少关注灵魂不朽这一问题。按照亚里士多德自然哲学的观点，如果灵魂是肉体的实质形式，那么肉体死亡并腐烂后，灵魂何以幸存？阿奎那曾进行过探讨，包括阿威罗伊主义所认为的脱离肉体的灵魂是一个整体。而最初的柏拉图主义者认为，灵魂是感官知觉（sense perception）和形式（Forms）（译者注：也译作相）的中介，与肉体没有必然联系。毫无疑问，在灵魂的论述上，柏拉图主义比亚里士多德主义更容易适应基督教教义。当然,这也是斐奇诺攻击亚里士多德主义的重点。

当时的情况是,彭波那齐阐明了阿奎那做的一些细致工作,并在反驳新柏拉图主义和阿威罗伊主义对灵魂的论述时,从纯粹的哲学角度再次进行了解析。结果却发现,单纯从哲学角度来看,得出的结论不同于阿奎那对基督教教义的亚里士多德式辩护。阿奎那将灵魂的较低级功能(如生长和感知,阿奎那认为这些功能随肉身死亡、腐烂而停止)和较高级的功能(如认知和理智,这些功能脱离肉身依然存在)区别开来。但是,阿奎那对亚里士多德主义的有一点论述很关键:对于人类而言,较高级功能参与的活动,特别是掌握普遍原理,必须从感知开始,即从有形的事物开始认知。他尤其强调所有的知识都来源于感官映像。阿奎那虽然宣扬这一观点,但也区分了两类认识过程:一种是对真理的直觉领悟,具有理智的特征;另一种是推理认识,具有感知的特征。所有知识虽源于感知,但一旦由理智完成了抽象工作,便不再需要感官映像。[63]这也正是彭波那齐与阿奎那的观点产生分歧之处。在彭波那齐看来,如果一种认知不涉及被认知的客体表现,就根本不算是认知。所谓的客体形象也不可能是纯粹的形式,因为亚里士多德的认知理论不会支持纯粹的形式。故而,思维本身不能离开有形的形象进行认知,也就是说,思维离不开肉体。彭波那齐既已意识到这一点,

"灵魂不朽"之疑问便豁然开朗：

> 如果以更明智的态度看待这个问题，我们必须承认，"灵魂不朽"与"世界永恒"一样，都是中性的问题。在我看来,似乎没什么自然理由可以证明灵魂是不朽的。诚然，也如许多坚信"灵魂不朽论"的学者所言，要证明灵魂并非不朽则更难。[64]

彭波那齐在哲学上倡导"灵魂是最高级的形式"（还不得不采纳新柏拉图主义的观点，着实有意思），但哲学却无法证实灵魂永生不朽。

亚里士多德的自然哲学没能为基督教的核心教义提供适当的哲学支撑，这一失利并不仅限于"灵魂不朽"的范畴。从根本上讲，亚里士多德的自然哲学无法为神学体系提供哲学基础，这才是最致命的。雪上加霜的是，在16世纪初期到16世纪中期，神学体系对哲学基础的需求比以往更迫切，而且更为急迫的是以亚里士多德自然哲学的形式来满足这一需求。就深度和广度而言，亚里士多德自然哲学的失利在圣餐变体论这一命题上体现得最为明显；作为回应，自然主义兴起过程中的激进表现也很明显。

在安瑟伦对神学体系的阐述中，特别是在《上帝何以化身为人》(Cur Deus Homo) 一书中，圣餐的地位得到提升，成为最主要的圣事：只有在圣餐仪式时，被钉死在十字架上的耶稣才真正与我们同在。这个观念成为天主教的核心教义（东正教与此不同：东正教认为，如果脱离了耶稣复活，单独谈耶稣被钉死在十字架上则毫无意义）。[65] 对于圣餐的理解引发了变体论的问题，成为16世纪20年代以后诸多神学争论中的焦点问题。变体论关系到基督教整体的神职等级问题，也是新教与天主教决裂的主要原因。天主教坚决保留教士和神职人员的等级，认为宗教阶层地位高于世俗阶层（贵族、普通信徒）；而马丁·路德 (Luther) 却反对这套观念，他认为神职是众多职业中的一种，故而所有职业在精神上都是平等的（下一章将会讲到，这种观点对于物理—神学的发展尤为重要）。列维 (Levi) 曾指出，16世纪20年代的天主教神学家们已充分意识到：任何人都可以主持洗礼；即使没有神父的宽恕，但只要真诚忏悔，罪孽也可获得宽恕；婚配双方可以为彼此主持婚礼宣誓。列维由此写道：如果没有变体论，也就不再需要等级森严的神职人员主持弥撒；如果教会不需要等级分明的神职人员，也就难有需求去建立行政体系以外的任何等级体系了。……在西方社会，国家承担了公民管理的职责后，只有由耶稣确立的、对教会礼拜中最重要的圣餐仪式合理性十分必要的宗徒 (apostolic) 继承神职得以延续，才使得教会的等级制度有必要存在。[66]

从传统上讲，变体论由亚里士多德的思想来解读和维护[67]，在其他的哲学观点中似乎找不到满意的解读。[68]无论就亚里士多德主义本身而言，还是就它作为神学系统根基的权威性而言，捍卫亚里士多德主义都迫在眉睫。但是，亚里士多德主义与神学之间的矛盾似乎已经无法再调和了。总体看来，现在有三个疑问必须要提出来。第一，可否另寻一种能为神学提供哲学基础的学说 [信仰主义者（fideists）对此持否定意见]；第二，如果可行，那样一种与亚里士多德哲学完全不同的学说能否刚好符合要求（例如，伽桑狄将不遗余力地复兴古希腊的原子论）；第三，抑或，不再削足适履般地把某个自然哲学学说塞入既定的神学体系，而是先探讨某个自然哲学学说的结果，并以此（在一定限制内）发展出一套自然神学，这样是否可行（我们可在17世纪英国的自然哲学中发现这种情况）。

亚里士多德的自然哲学是否为基督教教义提供了令人满意的基础？这个疑问又引出另一个问题：按照为基督教教义提供基础为标尺，考量自然哲学的适当性是否合适？自然哲学和基督教教义分别提出了不同且矛盾的解释，"双重真理"教义所受的抨击主要集中于此。但还有一个更深层次的问题：我们是否把某些特殊现象误判为超自然现象，从而将其归于基督教教义解释的范畴；或者，这些特殊现象实际上以自然哲学来解释会更合适？[69]我们可以在彭波那齐去世后才出版的两部专著中找到这类观点。这两部专著分别是《论咒法》(De incantationibus) 和《论命运》(De fato)，均写于1520年左右。[70]《论咒法》探讨了一系列在传统上按照超自然的因果关系来解释的现象。彭波那齐认为，人们以往对这些现象的定位有误，这些现象其实完全可以从自然角度来解释。在彭波那齐的论证中，他不仅排斥"魔鬼"和"鬼魂"的解释，也摒弃了神迹依靠的两大特征：行星影响的重要性以及我们将这些现象主体的心理状态描述成什么。第一个特征（《论命运》前两卷有详细的阐述）部分类似于斯多葛主义中的物理决定论，但更全面彻底。确实，传统上反对占星学的人所批评的正是他们眼中的占星学的决定论特征。第二个特征表明，任何宗教的、神迹般的现象都能从自然主义视角、从物质灵魂的行动中找到解释，而物质灵魂的行动是特殊心理状态下产生的或者往往伴随着特殊的心理状态。

但彭波那齐并不完全是这方面的先驱，因为斐奇诺已经用整体精神魔术 (holistic spiritual magic) 踏出了一条路。所谓"整体精神魔术"，是运用占星术和心理学解释，为传统意义上自然哲学以外的问题做出非超自然的回答。[71]但斐奇诺的动机与彭波那齐截然不同。斐奇诺是想建立一套超验性的柏拉图体系，而彭波那齐是想阐述一套自然主义的亚里士多德体系。彭波那齐真正有成效的工作是开始重新划定并拓展自然哲学的范畴，将质疑的范围扩展到以往需要超自然观点来补充解释的领域,甚至包括神迹现象(miraculous apparitions)和祷告(prayer)。以祷告为例,他区分了两种目的:获得外在的好处和让自身更为虔诚。因为上帝的意志是永恒的,并指导着世界的运转,所以祷告无法改变外在世界。但是,祈祷确实让我们更虔诚了,而且很有效,前提是祈祷者——

发自肺腑,心怀虔诚;如此这般,精神会受到更深刻的震撼,精神对于物质的影响也更加强大——不是为了让它们胜过智慧(即推动天球运转的力量,因为这些完全不可改变),而是为了它们更为触动。[72]

这段引文体现了两重含义:祈祷使心理状态化繁为简,以及心理状态对物质的影响。因此,强烈的心理状态可以使人更乐于接受各种各样的精神影响。更不同凡响的是,彭波那齐提出的"祈祷使心理状态化繁为简"正好呼应了暗示基督教成功的占星学观点。根据这种观点,星体位置对于基督教的发展是有利的,因为那时基督教的象征符号(比如耶稣的姓名和十字架符号)从星体接收到力量,产生了神迹,所以基督教或可得到发展和传播。[73] 但是那个时代不同以往,如果一个时代出现了其他星体相合的天文现象,那么基督教不一定能蓬勃发展起来。当然,首先是上帝以他超凡的智慧,产生了一系列星体相合的现象,所以是上帝通过基督教象征符号的效力使这些现象便于基督教的传播。但是基督教象征符号的效力是自然现象,而非超自然现象,所以要结合心理状态和星体的特定相合来认识。心理状态通过精神的释放或变动产生物质影响,而星体的特定相合可以产生使精神发挥作用的物质媒介。

彭波那齐取用哲学思想不拘一格,但他的动力源于对亚里士多德特定的自然主义解释,他希望将自己的思想建立在亚里士多德主义之上。虽然那时已有比亚里士多德的自然主义更为全面的多个自然主义流派,不过彭波那齐宣扬自己的自然主义观点时采用了更有针对性的素材。16世纪中期至晚期涌现出一大批自然主义著作,著者众多,包括卡尔丹诺(Girolamo Cardano)、帕拉塞尔苏斯(Paracelsus)、弗拉卡斯托罗(Girolamo Fracastro)、塞尔维特(Michacl Servetus)、斯特拉托(Stellato)、波齐奥(Simonc Porziot)、康帕内拉(Tommaso Campanella)等人。我将选择特勒肖(Telesio)和布鲁诺(Bruno)的著作为代表,重点探讨。这两位先驱都推动自然哲学朝着自然主义前进,都打破了自然与超自然的边界。他们不像彭波那齐那样囿于亚里士多德的思想,而是自由地取用苏格拉底之前和古希腊时代的自然哲学,并以他们认为合适的方式加入新柏拉图主义和亚里士多德主义的观点。

古代的自然哲学关注变化的问题。巴门尼德(Parmenides)

认为，变化的事物不可认识。因为自然不断变化，所以也是不可认识的。而柏拉图则在真实的自然界之外，假设了一个具有不变形式的世界。柏拉图认可巴门尼德的看法，但提出认识的真正对象是"形式"，自然只是不完美的副本。人们需要认识的是不变的原型 (prototype)，而非变化的副本。亚里士多德则反驳了这一论述。他认为，"形式"并不构成与真实世界分离的独立领域，而是隐藏在可感知的世界之中。物体的形式其实是物体本身的一部分，正如物质构成物体一样。诚然，形式远不止是物体的一部分，因为形式还构成了物体的本质。但是，在希腊化时代，亚里士多德的后继者们却意识到，亚里士多德从未完全摆脱柏拉图和巴门尼德的影响[74]，亚里士多德的思想仍为超验的上帝留下了空间：亚里士多德思想体系中另一个超验的存在是人的理智，上帝的存在和人的理智密切相关。在《论灵魂》的前两卷中，亚里士多德论述了在灵魂与肉体的自然关系中灵魂所起的作用，对人类灵魂进行了定义、描述和分析；可是，他也在别处暗示灵魂可能永生不朽，可以脱离肉体而存在。但是，这种模棱两可的态度在亚里士多德逝世后不久就被改变了。大约在柏拉图学园的弟子们摒弃"形式"概念的同时，亚里士多德在吕克昂学园 (Lyceum) 的后生们也在清除他思想中的超自然成分。

基提翁的芝诺 (Zeno of Citium) 是斯多葛主义的创始人。他的宇宙观本质上是在亚里士多德主义的基础上完全抛弃了先验论后的产物，甚至可以进一步追溯到巴门尼德之前哲学家们提出的物力论 (dynamism)。尽管亚里士多德在物质存在范畴内对柏拉图的"形式"概念进行了改造，但形式依旧是形式，是结构的要素。与之相比，芝诺则清除了形式的所有痕迹。他将普遍的存在和个体的世界都视为巨大的物理有机组织，将生命体与内在原则进行类比。5世纪时，医学圈早就已经探讨过内在原则这个概念，称之为"灵魂"(pneuma) 或"生命精华"(vital spirit)。对于柏拉图和亚里士多德而言，人的灵魂是一种超验物，可以全部或部分脱离肉体，享受永生之不朽。斯多葛主义承认人不同于动物，但只是在程度上有差异，而不是类别不同。人的灵魂与动物的灵魂相似，两者的灵魂不过是有机体精神体系中的某种张力，而死亡实际上是这个体系的消亡 (dissolution)。斯多葛学派在更广泛的意义上提出了宇宙的生物学 (biological) 模型，这个模型认为宇宙体系是受理性控制的，正如人类一样。因此，人类和宇宙一样，形体、灵魂和伦理有着紧密的联系。换言之，斯多葛学派的自然主义显然是一种整体论的自然主义 (holistic naturalism)。

希腊化时代另一种伟大的自然哲学是伊壁鸠鲁的原子论 (atomism)，类似于自然主义。于柏拉图而言，不变的现实存在 (unchanging reality) 处于可感知的、变化着的世界范围之外；然而，亚里士多德则认为，不变的现实存在隐藏在可感知的世界表象之下。伊壁鸠鲁认为，不变的现实存在处于世界之中，不过是在微观的层面。世界的某个层面本身就提供了理解世界变化的参考标准。尽管伊壁鸠鲁主义并不像斯多葛主义那样呈现明显的整体论特征，但发展出了宇宙整体相互联系的观点，其中伦理、逻辑与自然哲学相互关联。

在16世纪，斯多葛主义和伊壁鸠鲁主义在一定程度上被同化了。[75]两者原先的主要特征是，将世界最根本的层次视为原子（atoms）和虚空（empty space），或是统一体。如果转换视角，根据两者与柏拉图主义的关系，以及按照对亚里士多德主义进行更先验的解读来定义两者的主要特征，我们或许可以看到，希腊化时代的哲学呈现典型的自然主义特点，与古希腊经典哲学的典型二元论特点形成了鲜明的对照。[76]但是，如果在先验论与自然主义之间进行对比，我们不仅要认识到像彭波那齐这样的亚里士多德主义者对亚里士多德的思想提出了自然主义的解读，还要认识到新柏拉图主义中的"世界灵魂"观点可能或者已经被吸收到自然主义的思想之中，虽然"世界灵魂"这个概念其实最早是用来将纯粹先验的上帝与自然世界整合起来。[77]

从广义上讲，斯多葛主义和伊壁鸠鲁主义虽然同为自然主义流派，但它们立场不同，这对于16世纪和17世纪的自然哲学而言意义重大。伊壁鸠鲁主义将世界的基本构成设想为"惰性的微粒"(inert corpuscles),而斯多葛主义的整体论和学说倾向是将宇宙与生命体类比,不承认任何"惰性的"组成成分。伊壁鸠鲁主义主张将自然世界还原为惰性的原子,而斯多葛主义则从内生的力(immanent powers)或原则出发来探讨自然世界的终极构成。对于我们的探讨而言,这两种观点之间有非常重要的区别。我将在下文中用"微粒论"(corpuscularianism)这一术语指代伊壁鸠鲁主义的观点,用"自然主义"指代斯多葛主义的观点。[78] 微粒论在16世纪影响甚微,但在17世纪颇有影响。微粒论有多种形式,取决于如何看待起解释作用的微粒性质。有人认为微粒的性质局限于机械特性,如速度或速率、尺寸或重量(贝克曼的理论);有人认为要具有宏观成型的特性,比如形状(shape),进而可以用来解释宏观上的影响(如味道),传统的伊壁鸠鲁主义就是如此认为的(伽桑狄在一定程度上沿袭了这种传统)。此处仍有一个问题:这种微粒论构想是否将精神领域和超自然领域纳入自然领域?换言之,是否推崇一种彻底的、还原论的微粒论?霍布斯(Hobbes)曾经因此而受到指责。霍布斯后来的追随者们,如玛格丽特·卡文迪许(Margaret Cavendish, 1661—1717)[79]、理查德·欧弗顿(the Leveller Richard Overton, 1640—1663)[80]以及约翰·弥尔顿(John Milton, 1608—1674)[81]可能倡导过更激进的还原论,不过这种还原论在18世纪之前极其寥寥。[82]

我们在正统的自然主义中找到诸多类似的观点，然而情况更为复杂。自然主义有多个流派，依赖原始动机的是亚里士多德主义、斯多葛主义或是某种形式的伊壁鸠鲁主义。但是，以彭波那齐和尼福 (Nifo) 为例，他们的思想明显立足于亚里士多德主义对自然过程的认识[83]，其差别常常难以分辨；像特勒肖与布鲁诺这样的自然哲学家，就更难以定义和归类了。此外，虽然微粒论哲学家几乎不用还原论的观点解释物理现象 [笛卡儿的"动物机器"(bêtes machines) 论述是最著名的例外]，但是自然主义在这方面能提供一个更为合理的还原论观点：灵魂本质问题就是个恰当的例子，因为具有自然主义特点的亚里士多德主义可以从纯粹的自然哲学角度为物理现象提供充分完善的论述。但是将传统认知中的超自然现象划入自然领域时，各种问题就更复杂了。将超自然现象纳入自然领域，其背后的驱动力是假定了各种内生的力或者原则。这种力量和原则始于亚里士多德主义的潜能，逐渐因受到斯多葛主义和柏拉图主义的补充而得到巩固，综合多方因素，蓬勃发展。在柏拉图主义中，关于世界灵魂的观点意义重大。虽然世界灵魂这一观点本身并非异端思想 (是基督教的传统教义，由奥古斯丁提出)，但是作为一种内生的原则，世界灵魂或被寄予了重大的职责：负责控制地球上发生的各种现象，而且可能给新柏拉图主义中的上帝赋予极端的超验性 (与基督教的上帝相比较而言)。所以，在普罗提诺等人的笔下，世界灵魂和控制自然现象有着莫大的关系。在特勒肖和布鲁诺等自然哲学家看来，世界灵魂不仅缩小了以超自然观点来解释各种现象的范畴，同时还模糊了"自然"与"超自然"的界限，这就是世界灵魂这一观点对基督教正统思想所造成的威胁。

特勒肖通过有针对性地利用思想来源，为自然主义设想提供了第一个重要的思想版本。之前探讨的问题是，新柏拉图主义或亚里士多德主义能否为一套全面的自然主义思想提供借鉴；现在问题变为，如何运用这些资源从头建立一套全面的自然主义思想。[84]特勒肖为其思想所选择的自然哲学基础在16世纪晚期看来是有影响力的(不仅是对培根)，更重要的是，建立了一种普遍办法，用以确立个人的自然哲学目标并探寻最适合实现这些目标的自然哲学。因为有了这种普遍方法，各种各样的微粒自然哲学思想才得以在17世纪确立。

特勒肖以苏格拉底之前的思想和斯多葛主义为基础，保留其精华，提出了一套自然哲学思想。在《物性论》(*De rerum narura*)中(前两卷于1565年问世)[85]，特勒肖以感知经验为开端，避而不谈其他自然哲学的假设。他提醒读者，不要期待他的论述中有任何精妙的哲学理论，因为书中除了观察、感知经验以及自然之力，别无其他。[86]从现代角度来看，以下陈述可不算是经验主义：特勒肖的论述与他同时代的亚里士多德主义、柏拉图主义一样具有臆测性。尽管特勒肖指责亚里士多德的思想体系与感知经验和《圣经》不符，但是我仍建议，不妨这样理解他的观点：他并不想通过形而上学或其他手段来调和自然哲学与基督教教义，而是希望将自然哲学发展为一个独立自主的学科，即如同古人探索自然哲学发展之路一样［著作的全名为《依照物体自身的原则》(*iuxta propria principia*)，从中可见一斑］。此外，特勒肖认为自然哲学拥有非常广阔的范畴：他的默认立场可以概述为，某物确定无法以自然哲学解释的时候，才需要考虑超自然的解释。

特勒肖的自然主义抛弃了柏拉图的二元论，甚至抛弃了亚里士多德思想中残存的二元论[87]，只提供了一对要素：热与冷。正如同西方哲学的开端是假定物理世界有几种基本元素或要素 (principles, *archai*)，如水（泰勒斯提出）、气（阿那克西美尼提出）、火（赫拉克利特提出），我们发现，16世纪的思想家们又回到了基本的元素或要素，希望为自然哲学寻找新的基石。一些学者减少了基本元素或本原的数目，比如卡尔丹诺摒弃了"火"这一元素；而有些学者又增加了元素的数目，比如帕拉塞尔苏斯遵循炼金术的传统，增加了"硫"和"汞"。此处尚存争议的是"本原"，虽然以普通的物质命名，却不是简单地选择几种普通物质，然后将其改名为基本物质。不过在特勒肖的论述中，"热"和"冷"这两个本原的地位比较模糊。一方面来看，"热"和"冷"被强行赋予容纳的性质(receptive nature),但它们其实是一种无性质的深层特质(propertyless substratum),非常类似亚里士多德的原始质料或者柏拉图《蒂迈欧篇》中的"容器"(receptacle),因此接近于在"物质"上强加"形式"。但另一方面,他将"热"和"冷"的活动描述为物质的膨胀和收缩,也就意味着"热"和"冷"使得物质性质发生变化,而不是从一开始就为物质提供性质。不过,特勒肖所反对的依然很明确:亚里士多德的"形式"是假设已经存在并将永远存在于物质之中的潜在形式。但特勒肖发现,这个说法与物质性质的产生与消亡有冲突。无论"热"与"冷"以何种方式作用于物质,对物质最主要的影响是决定它们的状态——运动或静止,这一观点在特勒肖的宇宙论中发挥了至关重要的作用。在特勒肖的宇宙论中,地球的寒冷是由于静止不动,太阳产生的巨大热量则会导致地球在天空中快速运动。[88]

一切事物(包括知觉)都可以通过"热""冷"对立来解释,特勒肖认为只是程度有所不同。因为每个事物都努力保护自身,所以必须要能够趋利避害(第7卷)。事物之所以能区分利害,是因为拥有"精"(spiritus)。"精"是一种微妙的流体,类似的概念在希腊化时代已有先例:在伊壁鸠鲁主义中被称为阿尼玛(anima, 灵魂),在斯多葛主义中被称为普纽玛(pneuma),内科医生假定其为"精华"(spirits)。[89] "精"

其实与亚里士多德提出的"形式"类似，只不过它是一种分离的物质实体(material substance)，而非无形的本原。"精"通过外界事物起作用，最后产生物理变化。特勒肖也是用这个观点来阐述"感觉"，只不过"精"唯一可能发生的变化就是膨胀(expansion)或收缩(contraction)。在这一点上(第8卷)，特勒肖将探讨扩展到棘手的宇宙问题和抽象的知识。在"感觉"上，特勒肖坚持认为，"精"能够察觉事物的相同或差异，能够将这些事物与记忆进行比较，因此通过感官察觉到的相似性是一切知识的基础(甚至包括几何学)，这是我们和动物的共同点。

对于"热""冷"原理所能解释的事物，特勒肖只承认一个局限或例外。他在第5卷第2章中告诉读者，如果"热""冷"是唯一的本原，那么我们也许会期望人类如同宇宙中其他事物一样，为了自卫(self-preservation)而拼搏。但人类总是焦虑不安，所追寻的不仅仅是自卫和快乐：人们探寻无用的知识、寻找上帝、追寻永恒。为此，我们必须引入一种更高级的灵魂，它是先验的灵魂，也是不朽的灵魂。

特勒肖在这点上与彭波那齐有着惊人的相似之处。在彭波那齐或特勒肖身上，找不出什么来证明他们推崇"灵魂不朽"是虚伪之举，他们倡导"灵魂不朽"仅仅是出于对正统教义的担忧。特勒肖呼吁要思考人类的渴望（特勒肖发现这种渴望与纯粹的、有形的"精"存在矛盾），彭波那齐当然也有同样的想法。他们的担忧完全合情合理，但前提是要有这样的想法：解释以上现象的时候需要对心灵本性进行论述。但是我认为，在一点上他们是大错特错了，他们未竟之事业也注定失败。一百年以后，斯宾诺莎（Spinoza）将阐述一种自然主义，其形式很容易让人联想到特勒肖的自然主义，但提出了一种完全不同的一元论。斯宾诺莎的自然主义能够提出伦理、美学、宗教以及其他人类理智所渴望的问题，而无须理解这些问题是否要通过某种物质来解释，或是要通过假设的无形灵魂来回答。但对于彭波那齐和特勒肖而言，这就是个问题，而且是无法解决的问题：彭波那齐在《论灵魂不朽》的结尾宣扬灵魂是"最高级的形式"（highest form）（联想到柏拉图主义），而特勒肖发现自己有必要跳出"精"的概念去论述人类行为的特定层面。

无论彭波那齐对亚里士多德自然哲学对人类灵魂的解释有什么顾虑，他都推动着自然主义解释进入到原来宗教独占的领域之中。同理，无论特勒肖对他的一元论自然哲学对人类灵魂的解释有什么顾虑，他都推动着自然主义进入到饱受争议的领域之中。比如，在《论自然世界》（De rerum natura）的第8卷，特勒肖将"热"与"冷"的基本原则应用于道德心理学（moral psychology）领域。他坚持认为，德行不同是因为人们的"精"在暖度 (warmth)、纯度 (purity) 以及细微处 (subtlety) 有差异 (第35至36章)。特勒肖虽然推崇自由意志 (free will)，但他也明确表示，我们的激情与情绪只是反映了我们身上的"精"所经历的一些变化：克制的情绪构成了美德，因为有助于保存"精"；而放纵的情绪则会产生有害的冲动 (第9卷第3章)。

彭波那齐与特勒肖以不同的方式为自然哲学的自主而努力，这在一定程度上推动了自然主义者的研究。但真正让世人知晓自然主义者的计划有多么激进，并公然宣告自然哲学独立自主的思想家是布鲁诺。布鲁诺曾抨击帕特里奇 (称帕特里奇为迂腐的垃圾) 用一套无用的体系取代了另一套无用的系统，而在《论原因、本原与太一》(De una causa)[90] 中对特勒肖赞誉有加。尽管如此，布鲁诺的宏伟计划其实更多是对帕特里奇而非特勒肖思想的发展。布鲁诺采纳了帕特里奇的新柏拉图主义整体论，并将其改造成彻头彻尾的泛神论。这个举动显然是自然主义者的做法，要将自然哲学的解释扩展到原来需要借助神学或超自然解释的领域。布鲁诺论述的鲜明特征就是显著扩展了自然哲学的范围，表明没有事物是自然哲学思想所不能解释的。威尼斯和罗马宗教裁判所 (Venetian and Roman Inquisitors) 对他的指控包括：在三位一体说、基督的神性、道成肉身、耶稣的生死、圣餐变体论和弥撒圣事 (mass)、圣母玛利亚的卒世童贞 (virginity of Mary)、地狱说、该隐和亚伯(Cain and Abel)、神圣遗物(holy relics)、轮回转世说(metempsychosis)等教义上宣扬异端邪说；宣称宇宙永恒，存在与我们所处的世界类似的多个世界；宣称地球具有生命，拥有理性的灵魂；宣称圣灵与世界灵魂同等视之；宣称人类早于亚当存在；在《喀耳刻之歌》(Cantus Ciraeus)中把教宗描绘成一头猪；质疑灵魂不朽；宣称地球在运动。[91]布鲁诺拒绝承认其中的一些指控(例如否定圣母卒世童贞)，对另一些指控则坚称自己只是暗自担忧(例如三位一体说)，从未公开支持，但有些指控却有他的文字为证。布鲁诺学习过神学[92]，但是他的论证的大部分基础都建立在自然哲学问题之上。他在新柏拉图主义的启发下整合思想，让自然哲学、形而上学和神学密切结合，难以拆分。而且，毫无疑问，他认为基督教已从之前纯粹的宗教走向堕落，并认为这与至尊赫尔墨斯[93]有关联。然而，他在《论至小的三个方面》(De triplici minimo)一开篇就明确表示，所有的哲学问题(这个类别基本包罗万象了)必须由理性之光决定。[94]

布鲁诺对路尔(Lull)饶有兴趣，因为他发展了路尔的"记忆术"(art of memory)，自此声名鹊起。[95]布鲁诺对宗教战争的起因很着迷，于是他开始调查神学争议的起因，他和之前的路尔一样，试图找些东西来平息这些争议。但是，路尔所提出的是保护基督教的正统教义，而布鲁诺的形而上学是整体论的、泛灵论的(animistic)、魔法的、泛神论的，这使得他的思想从一开始就与基督教分道扬镳。布鲁诺的整体论源于他形而上学思想中的一个核心命题，即物质是单一和神圣的。在《论原因、本原与太一》中，他就这一核心命题如是写道：

> 逍遥学派和柏拉图主义者一样，按照"有形"和"无形"的特定差异来划分物质，大家不是已经看见了吗？因为这些特定的差异被简化为单一属（genus）的效力，所以形式也须是两类。第一类形式是超验的，级别比"属"要高，称之为本原（principles），比如"实体""整体""一""事物""某物"等；另一类形式属于种种特定的、各不相同的"属"，比如"实质性"和"偶然性"。第一类形式不区分物质，或者说不会使物质随之改变，但是这类形式作为绝对普遍的术语，既包括"有形"物质也包括"无形"物质，它们就意味着绝对普遍、完全一致，不区分有形或无形的物质。……如果一切存在物（从至高至上的存在算起）都具有某种次序并构成等级，像梯子一样向上延伸，存在物从复合物上升到简单物，再上升到最简单、最绝对的存在（这些相互关联的中间存在物均具有上下级存在物的本性，却仍保持本身的独立价值），那么任何次序都涉及某种参与，任何参与都涉及某种联合，任何联合也都涉及某种参与。由此观之，一切存在物的背后必然有一种单一的物质本原。[96]

布鲁诺从自己对物质的构想出发，推导出形而上学和宇宙哲学的结论。从形而上学的层面来讲，布鲁诺设想上帝存在于无限单一的物质中，是这种物质构成了事物的总和（"宇宙完全不是它，也完全寓于它，这就引发了对神性的沉思"[97]）。而且，内在的世界灵魂促使这种物质内部发生变化，所以我们拥有的世界更像是内生事件的展开，而不是彼此独立、相互影响的事物构成的宇宙。的确，最好是将世界灵魂看作一种隐含的主动本原，宇宙中万物的运行都与之一致，这也是布鲁诺反驳亚里士多德的一部分。布鲁诺认为，我们必须区分真实的变化（即作用本身产生的结果）和表面的变化（即单个事物的形式变化）。

因为上帝没有无中生有地创造万物（物质只是简单的、绝对的可能或效力，与上帝共存，上帝必须通过在世界中的行动来实现自身），由此来看，上帝并没有超越他创造的万物。在教会对布鲁诺的异端观点审判时，有一点很清楚：布鲁诺相信，上帝与物质世界相互需要的程度是一样的。[98] 在布鲁诺的神学观中，人与神沟通的媒介不是必需的，那么基督论也不是必需的。实际上，在《论英雄激情》（*Eroici furori*）一书中，布鲁诺表示，对神的沉思正是以对自然的沉思为媒介才会发生。在他的宇宙论中，这个观点又得以强化。[99] 布鲁诺的宇宙论抛弃了最高天（empyrean）的残留观念，所以上帝和神佑之人的物理位置几乎不存在了。在《圣灰星期三晚餐》（*La cena de le Ceneri*）

中，主人公被引领着踏上了穿越天堂的旅程，却发现不存在水晶球之类的东西，而且当我们开始穿越无限的空间时，旅程便无终点可言。那里不仅有其他的宇宙或世界，而且充满着神性，与我们的宇宙或世界一模一样。

在布鲁诺以后，自然哲学中的自然主义传统崩塌了。罗马宗教法庭在1600年判处布鲁诺死刑并非造成崩塌的主因，主因是布鲁诺将自然哲学与其传统基础几乎分离开来，开了些空头支票，与新近发展的"物理—数学"(physico-mathematical)和微粒论相比时，反差尤甚。比如，布鲁诺对地球绕日运动的辩护很简单：地球自转是为了吸收太阳的光和热，地球公转是为了享有一年四季。[100]这基本算不上严肃地探讨自然哲学问题或天文学问题，也很难丰富哥白尼学说。布鲁诺对教会的威胁其实并不是他的哥白尼学说，而是他的自然主义方法。借助布鲁诺的这套方法，自然主义可以产生或支持几乎任何与基督教不同的异端思想。在《当代自然神论者、无神论者以及自由主义派者的不虔诚》(L'Impiété des Déistes, Athées et Libertins de ce Temps)中，梅森对自然主义者以及其他人的攻击长达800页之多。在这本书中，梅森将布鲁诺视为"自然神论者(deists)、无神论者或自由主义派中最危险的思想家"，并把他挑出来，与卡尔丹诺和夏隆(Pierre Charron)一并批判。[101]在梅森看来，自然主义的核心错误是混淆了自然与超自然之间的界限。[102]这样会造成两种结果：要么如严格意义上的自然主义那样倾向于否定超自然的存在，要么如自然魔法理论那样将自然的事物误判为超自然的存在。无论是哪一种，根本问题都是因为倾向于认为自然中充满着各种各样的力，导致真正的超自然存在被排除在外。广义上的自然主义学说认为，自然主义不必借助真正的超自然（独一无二的上帝）存在来解释传统上需要其解释的事件。对于梅森而言，这些传统解释是自然主义还是半超自然（quasi-supernatural）都不是事情的关键，关键是这些传统解释排除了（真正的）超自然存在。梅森认为，这就是自然主义的鲜明特征，正是这些特征使自然主义对宗教的建制体系构成威胁，因此要尽一切可能反对之。

晚期的经院哲学

15世纪中期，东正教和天主教曾尝试和解，但以失败告终。和解失败的其中一个影响就是托马斯主义走向复兴，并很快被确立为天主教的官方哲学。在这种情形下，新柏拉图主义的复兴从希腊东正教思想家那里获得最初的启发，虽然新柏拉图主义与作为基督教神学思想核心的奥古斯丁哲学更为接近，但其复兴并非顺其自然。然而，新柏拉图主义确实给托马斯主义提出了许多难题。正如上文所讲，其中一个特别紧迫的难题就是"灵魂不朽"。斐奇诺曾论述如何从他的新柏拉图主义形而上学思想的根本原则推导出灵魂不朽。相较而言，亚里士多德在《论灵魂》的前两卷中已经提出了关于灵魂的自然主义论述，在《形而上学》(Metaphysics)与《论灵魂》的第三卷中又提出了与基督教教义更为一致(但并非完全一致)的论述。而且在亚里士多德主义者之间，存在这样一种分歧：对于肉体死亡和腐烂以后的灵魂，在哲学思想上应该秉持何种合乎情理、前后一致的立场？阿弗洛狄希亚的亚历山大所持的观点是，因为亚里士多德在功能上对"灵魂"下了定义，灵魂是肉体得以组织起来的要素，没有肉体就无所谓灵魂，所以灵魂无法享有永生不朽。另一种与阿威罗伊主义相关的观点认为，灵魂并不因身体的腐败而消亡，但灵魂不能脱离肉体而存在(不再拥有感觉、记忆、情感等特征，正是因为这些特征，灵魂才是"我的"灵魂)，所以处于一种脱离肉体的状态时，只有一个灵魂可谈，这等同于上帝，但前提是我们将上帝视为一种纯粹的精神实体。换言之，我们确实不朽，但并非个体的不朽。为了对比上述两种观点，我们选取了这一时期(即15世纪中期以后)正统托马斯主义的立场，即灵魂是肉体的形式，享有个体的不朽。

换言之，亚里士多德的自然哲学在这个问题上没有提供关键的指引，所以需要托马斯主义设计出一套形而上学体系，以解决这一问题，统一不同意见。而且，正如我们所见，这也是第五次拉特兰大公会议对哲学家和神学家提出的重点要求。但是，对于反对经院哲学的人而言，需要这套形而上学思想，只是因为受基督教改造后的亚里士多德主义中存在着固有的碎片化特征，他们认为这种碎片化特征反映了经基督教改造的亚里士多德主义有深层次的缺陷。在16世纪，与亚里士多德主义相竞争的哲学思想除了新柏拉图主义，还包括建立在斯多葛主义和伊壁鸠鲁主义基础上的哲学思想。需谨记，这些相互竞争的每一个哲学流派都有一套完整的世界观，虽然以亚里士多德主义的标准衡量，这些世界观在哲学层面还非常简陋。在这些尚存争议的世界观中，清晰明了的内在一致性（受制于清晰的内在等级）非常重要。与其他存在竞争关系的哲学流派相比，经院哲学的亚里士多德主义展现出非凡的精致度和哲学深度，付出的巨大代价就是整个体系呈现碎片化。

晚期的经院哲学对这个问题做出步调一致的回应。晚期的经院哲学教科书是正统教义的堡垒，我们可以将这次教科书运动分为三个阶段。第一阶段开始于16世纪60年代弗朗西斯科·托勒图斯（Francisco Toletus）的著作，并在16世纪后期达到高峰，以科英布拉（Coimbra）的评注为标志。[103] 总体而言，第一阶段主要是托马斯主义者，至少在神学、形而上学、自然哲学三者之间的关系上是如此，尽管在苏亚雷斯(Suárez)等关键评注人身上体现了浓厚的司各脱主义的成分。第一阶段的教科书主要由科英布拉的耶稣会评注者、罗马学院(Collegio Romano)的耶稣会评注者和安东尼奥·卢比乌斯(Antonio Rubius)编写〔在墨西哥生活的二十五年以及后来在阿尔卡拉(译者注:Alcalá,秘鲁地名)的耶稣会学院工作期间,卢比乌斯一直致力于教科书的编纂工作〕。从16世纪晚期到17世纪早期,以上是耶稣会教科书的三个主要来源,而且笛卡儿等人也是从这些教科书中学到了哲学思想。[104]教科书运动的第二阶段的标志性著作包括杜布莱克斯(Scipion Dupleix)的《哲学体系》(*Corps de Philasophie*, 1603—1610)、圣保罗的尤斯塔基厄斯(Eustachius a Sancto Paulo)编写的《哲学大全》(*Summa philosophiae*, 1610)以及拉孔尼(Abra de Raconis)的《哲学源要》(*Totius philosophiae*, 1629)。虽说这一阶段的教科书依旧沿用科英布拉的评注,甚至经常一字不落地照抄,但在许多关键之处却有不同,最终在1630年完成了对科英布拉评注的全部替换。这些教科书已不再是对于亚里士多德作品的评注,而是对他思想的概括,这是风格上的剧变。[105]而且,这些概括对自然哲学给予的重视比以往的评注多得多。[106]还需要指出,这些概括的正统色彩也变淡了,而且在我们对上帝的认识这一关键问题上全都遵循了司各脱的超验主义观点。[107]最后是教科书运动的第三阶段。这一阶段耶稣会教科书的反应比较保守,其实是向教条主义(dogmatism)的倒退,实际上是承认了在哲学层面的失败，致使其影响范围仅局限于天主教神职人员。[108]

第一阶段教科书运动的目的明确，就是要从第一原理 (first principles) 出发，系统性地重构亚里士多德的形而上学思想，并在必要时重新整理其思想内容。[109]尽管这一阶段的教科书普遍推崇托马斯主义，但需注意，这些评注不但开始取代阿奎那，而且在很多方面甚至想取代亚里士多德。[110]他们想在两个目标上重塑亚里士多德的全部传统观点：第一个目标是要表明如何从第一原理推导出基督教化的亚里士多德主义的真理，另一个目标是说明这一体系为何是单一的、自洽的综合体系。这个计划中的理解最终采用"认识"(scientia) 的形式，利用了亚里士多德主义的传统特征。正如前文所述，研究 (research) 或发现 (discovery) 并非"认识"，而是"认识"的前提。"认识"是从显而易见的、不证自明的第一原理中推导出来的真实的、确定的结论。所谓"显而易见""不证自明"，既无须进一步证明，也无法进一步证明。随着从第一原理中得出的结论越来越多，"认识"也不断建立和巩固。而认识的最终目标是获得全面的、百科全书般的理论知识，也就是弄明白"事物是什么"(how things are) 以及"事物为何如此"(why they are as they are)。[111]

与新柏拉图主义相比，晚期的经院哲学不是一个统一的体系。经院哲学尝试着解决这个问题,希望通过这种百科全书式的"认识"方式构建一个统一体系,却在另一个原先有着巨大优势的领域遭遇了失败。体系化(systematization)隔断了经院哲学与自然哲学领域内的新发展交流的机会。新柏拉图主义体系为了实现整体等级的自洽,不惜牺牲自然哲学里的创新成果。斐奇诺认为,主要是因为这种自洽实现并确保了灵魂的不朽,这一点是亚里士多德的自然哲学没能做到的。新柏拉图主义者早已否定了自然哲学独立研究的全部合法性:形而上学可以产生对宇宙每个领域的认识,而自然哲学终不过是形而上学的结果,充其量也不过是细枝末节。16世纪和17世纪早期的经院哲学家没那么大的雄心,或者说有所顾忌:对于他们而言,重点是找到一个途径调和亚里士多德的自然哲学与基督教的哲学化神学(Christian philosophical theology),更加清晰地阐述这两大领域。对于自然哲学的争论,特别是对于灵魂不朽的争论早就表明,经院哲学家们需要一个更牢固、更系统化的框架,才能实现他们的目标。

经院哲学家们在实现目标的过程中遇到了许多问题,我想重点谈谈其中的两个问题。第一个问题是他们试图进行调和的自然哲学已经不再是经院哲学的内生事物,而是越来越多地受到外部的影响。第二个问题是调和依赖于托马斯主义对形而上学的认识,以联通自然哲学和基督教的哲学化神学。但托马斯主义的观点本身就问题重重，实际上晚期的经院哲学越来越接近于司各脱主义的形而上学观点，这就使得托马斯主义完全不适合作为理论调和的工具了。

直到16世纪，无论自然哲学有多么不正统，经院哲学家们都已经在经院哲学范围内对自然哲学做了大量的研究工作。无论经院哲学家多么担忧亚里士多德主义的细节问题，抑或是多么担忧其中的某些基本假设，他们都依然在13世纪发展起来的亚里士多德主义大框架内推进自己的研究。随着自然哲学的发展逐渐超出自身控制，上述情况在16世纪发生了改变。正是由于自然主义的这种发展，经院哲学不得不将基督教的哲学化神学与之调和，只可惜经院哲学已逐渐无能为力了。当然，并非全部问题都是如此；实际上，拉特朗大公会议确定了几个最为迫切的问题，包括"灵魂不朽""智性统一"以及"自由意志"，天主教会试图将不同种类的观点整合成某种精巧完备的哲学混合体。[112]但只有在特定范围内达成共识，即在"究竟要确立什么理论"和"这个理论为何重要"这两个问题上达成共识，这些问题才能妥善解决。一旦超出共识的范围，就会出现严重的问题。

最棘手的领域是宇宙论，尤其紧迫的问题是"天"转动的原因：是天体附着于水晶球，还是天体在某种流体物质（比如以太）中运动？然而，这个问题没那么简单，它引发了更复杂的问题：处理此类问题时，到底要调和哪两者？有三个可能相关的领域：对天体运动的天文学观察，天界本质的物理学或宇宙论理论，以及神启。这三个领域都问题重重。实际上，甚至连是否需要调和都争议不断。

哥白尼和雷蒂库斯（George Joachim Rheticus）为日心说辩护产生的直接结果，并非引起世人关注天文学体系带来的自然哲学影响，恰恰相反，是强调了数学模型在"拯救现象"（saving the phenomena）时的自主性。[113]这种情况由萨巴瑞拉（Jacopo Zabarella）与梅塞纳里乌斯（Mercanarius）在16世纪初发展的一种观点得到强化。这种观点认为，天上的物质和形式与地球完全不同，这种看法貌似无害（比如阿奎那就持这种看法），但扎巴雷拉和梅塞纳里乌斯来自阿威罗伊主义影响巨大的帕多瓦，区别天上和地上的物质实际上就排除了在自然哲学的基础上认识宇宙的可能性，因为对宇宙的认识依赖于也来源于对地球事物的观察。[114]这一观点又得到了克拉维斯（Christoph Clavius）在罗马学院的同事贝尼托·佩雷拉（Benito Pereira）的进一步发展。佩雷拉最有影响、最受欢迎的著作就是对《创世记》的评注。[115]佩雷拉在评注中举例论证了神学的宇宙产生论（theological cosmogony），这是他最担忧的话题。佩雷拉认为，因为人们没有关于天体物质本质的知识，天文学家不得不采用诸如"本轮"(epicycles)与"偏心轮"(eccentrics)等模型去解释天文现象。佩雷拉认为这些都是荒谬的物理观点，此时的数学天文学变成了自然哲学中某种极简陋的形式，不再关乎真理。除此之外，天文学家也像自然哲学家一样，仅仅是找出最好的方法来"保全颜面"(save the appearance)，而不是依据论证的好坏来评估观点的对错。[116]

这个观点与亚里士多德对于物理研究与数学研究关系的观点较为一致，尽管佩雷拉从中也许得不到完全一致的结论。天文学的传统研究方法是构建星图，计算天体的位置。这是个数学学科，而且采用了亚里士多德关于数学科学的思维方式，可以从纯粹的数学思考推算行星的位置，而不是从行星的物理组成、行星的本质、流体或天体运动的内在推动力等物理角度来推算。基于这种构想，对于天体运动的数学理解和物理理解有着鲜明的差异，而且两者互不兼容。把这种差异解释得最清楚的人是佩雷拉，他列举了自然哲学与数学天文学的六大差异。[117]前两点差异指出了自然哲学的一些核心领域，这些领域与天文学家无关。自然哲学试图揭示天体的物质本质（例如，天体是否由四元素构成，或是天体由第五种元素构成），还试图探索天体运动的各种动因、天界的功能等问题。第三点差异是关于天界的偶然事件。天文学家将关注点局限于尺寸、形状及运动，而自然哲学家则研究偶然事件的方方面面，从天界的本质、天界中的物质、天体运动的作用以及天体与感官的联系等方面来认识这些偶然事件。第四点差异是，天文学家不同于自然哲学家，他们不关心确立事物的本原，只关心那些能够"拯救现象"的原因。第五点差异是，自然哲学家通常把天体现象论证为先验事件（a priori），而天文学家则论证为后验事件（a posteriori）。第六点差异是，自然哲学家会从宇宙的本质阐述宇宙的特性，而天文学家只会给出数学描述。例如，自然哲学家解释宇宙之所以为球形，会说它既不重也不轻，就是被设计成球体来运动，而天文学家会解释说，宇宙之所以是圆的，是因为它每一部分距离地球这个中心是等距的。

人为设计天文学假设是为了解释观察结果，而不是为了揭示宇宙的构造。基于这一构想，即使有人认为对这些天文学假设的物理学解释在字面层面存在错误，也不妨碍他运用这些假设。所以，自从《普鲁士星表》（Prutenic Tables）问世后，基于哥白尼《天体运行论》（De revolutionibus）的星表也从1551年开始得到普遍运用。但《天体运行论》的吸引力主要是因为人们认为此书在很多方面提供了更简单、更精确的计算方法，并非觉得它为天体运动提供了物理学上更精确的描述。除了哥白尼本人之外，雷蒂库斯是我们唯一所知的、在16世纪80年代之前就坚信哥白尼的体系真正能体现宇宙物理结构的天文学家。[118]

可问题是，将物理学问题从天文学问题中分离并不容易，因为天文学的问题总是包含一些物理结构的假设。例如，哥白尼曾极力宣称天体质地坚硬，无法穿透，这也是16世纪早期和中期的默认观点。[119]学者们试图从托勒密的天文学模型中找到物理学上的合理性，这种尝试始于11世纪的阿尔哈森。阿尔哈森着手创建了一个同心的天球与天盖体系，并试图为托勒密的每个简单运动确定一个单一的球面运动，最后得出的结论是，托勒密的"偏心点"(equants)概念无法合理解释"匀速圆周运动"(uniform circular motion)。[120]阿尔哈森的《论世界的构造》(On the Configuration of the World)是唯一一部传到西方的专著，在14世纪早期有了拉丁文译本，对于15世纪最重要的天文学教科书有着重要的影响。这本教科书就是波伊巴赫(Peurbach)的专著《行星新论》(Theoricae novae planetarum)，于1475年首次出版。波伊巴赫继承了阿尔哈森的思想，试图为托勒密行星运动理论的每个组成部分提供一个另外的星体。与托勒密的《至大论》(Almagest)不同，波伊巴赫的释例并不是几何学的图表，而是有内外面的三维同轴固体球，但固体球各处的厚度不同，代表太阳与行星绕着地球运转的"本轮"和"偏心轮"（见图3.1）。《行星新论》对托勒密观测天文学的数学要求与亚里士多德宇宙论的物理要求做了折中处理，很快成为托勒密天文学的标准物理解释。哥白尼最开始学习天文学时，使用的并非托勒密的《至大论》，而是波伊巴赫的著作。波伊巴赫书中扎实的例证让哥白尼明白，托勒密的偏心点需要围绕一根偏心轴 (off-centre axis) 运动。而哥白尼认为，假如天球质地坚硬，那么托勒密的理论在物理学上则是不可行的。[121] 排除了"偏心点"概念，哥白尼就必须找到另一种体系来解释，用"本轮"代替"偏心点"为他的体系指出方向。在他的体系中，太阳才处于中心，而非地球（译者注：即日心说）。[122]

图 3.1

哥白尼肯定不是从物理学角度摒弃托勒密天文学理论的唯一一人。在四个世纪之前，阿威罗伊就曾采用另一种全然不同的研究方法，这套方法在16世纪大部分时间里颇有影响。阿威罗伊对《形而上学》一书做评注时就曾对托勒密的体系进行了影响深远的批驳：

因此，天文学家必须建构这样一套天文学体系：天体运动可以通过这套体系推演而出，这套体系完全可以从物理学角度予以解释。……托勒密无法从真实的基础出发去看待天文学。本轮和偏心轮不可能存在。因此,我们必须进行新的研究,真正的天文学应该以物理原理为基础。……我们这个时代其实并不存在真正的天文学,有的只是为了计算而计算,与事实并不相符。[123]

阿威罗伊曾希望自己完成这项研究[124],但重任最后留给了与他同时代的天文学家阿尔佩特尔吉斯(Nur ad-Din Al-Bitruji,西班牙的阿拉伯裔天文学家,拉丁文名字为Alpetragius)。阿尔佩特尔吉斯与阿威罗伊师出同门,老师为伊本·托菲(Ibn-Tofail)。阿尔佩特尔吉斯在他采纳的宇宙论模型中提出,地球位于天球体系的中心,天球的运行轨迹以地球为中心。在这个同心体系中,所有的行星在同一个方向上进行有规则的圆周运动。其实早在天文学发展的早期,人们就意识到这样的解释与观测数据不吻合:例如,从最基本的层面上看,距离地球较近的行星亮度会连续且有规则地发生变化,表明至少在它们的部分运动中,距离地球或近或远。[125]托勒密曾试图用地心模型来解释复杂的观测数据,摒弃同心天球,引入了本轮和可动的偏心轮,以此解决与观测数据不符的难题。这个方法虽说可以解决与观测数据不一致的问题,但却没有明确的自然哲学依据,感觉纯粹是在"保全颜面"。例如,假定太阳位于偏心轮的轨道,以此来解释每个季节的不同时长,那么太阳现在就不是围绕着地球旋转,而是围绕着某个与地球有一定距离且便于运算的点在旋转。[126]

为回应这一问题,阿尔佩特尔吉斯又恢复了同心理论(homocentric theory),反驳托勒密所论述的"行星有自东向西的独立运动"。他意识到,必须要修正托勒密的理论,例如解释黄极(poles of the ecliptic)不同于天极(celestial poles),以及解释行星在经度上速率不同的事实。为此,阿尔佩特尔吉斯提出,在行星运动的每段时期内,行星的极围绕行星中间位置画小圆圈,而且他改变了公认的行星位置,将金星置于火星与太阳之间。经证实,这个理论也无法充分说明观测数据。例如,对行星的逆行弧线不能给出有说服力的解释。阿尔佩特尔吉斯的理论虽然仍有缺陷,但是在自然哲学上拥有明确的理论依据:地球位于宇宙的中心,行星、星体以及天空(firmament)绕着地球旋转。天空中包含九个同轴的天球,以地球为中心、在同一个方向旋转,天空承载着月亮、行星、太阳、恒星(fixed stars)以及提供单一原动力(prime mover)的最外层天球(outermost orb),正好在一个恒星日内完成自东向西的运动。尽管天空也承载着在其周围环绕的其他天球,但每个天球的运动都有所延迟。当天球从最外层天球向内移动的时候,延迟会增加;同时,与圆周轨道的偏差会增加,内层的行星实际上呈现螺旋形运动。许多中世纪的基督教神学家,如大阿尔伯特和阿奎那等人对于"同心天球"模型要么不置可否,要么予以反对[127],但凡后来反对这套模型的学者,都严肃地思考过。那时,人们似乎普遍觉得托勒密的"地心说"中存在某种虚构的成分,而阿尔佩特尔吉斯提出的是在物理学上最接近于理想程度的地心模型(geocentric model)。16世纪早期,这套"同心模型"在帕多瓦的自然哲学家弗拉卡斯特罗(Fracastoro)和阿米科(Amico)的著作中得到复兴,但他们与阿威罗伊看法一致,认为托勒密的体系违背自然客观。[128]

哥白尼学说("日心说")也受到了相似的对待。从鲍舍尔(Peucer)的《天体运转的基本教义》(Elementa doctrinae de circulis coelestibus, 1551年)到1633年天主教宗教裁判所对伽利略的谴责,许多人从《圣经》和自然哲学两个角度出发,表示不接受哥白尼学说作为真实的物理表现形式。[129]尽管如此,也有很多学者在思考哥白尼学说是否可以与基督教改造后的亚里士多德自然哲学调和。例如,紧随着1633年宗教裁判所对伽利略的谴责,伊比利亚半岛上的国家(即西班牙和葡萄牙)对哥白尼学说的标准应对策略是按照亚里士多德的自然哲学进行重新诠释。换言之,在亚里士多德的物质理论范围内重新解释哥白尼学说,以合乎正统教义的方式确立哥白尼学说作为物理学理论的合法性。[130]最早实施这一策略的是信奉奥古斯丁主义的修士迪戈·德·祖尼加(Diego de Zúñiga),但他并未成功。¹³¹ 祖尼加在对贾伯 (Job) 的评注 (1584年) 中主张，哥白尼学说具有神学可信度，只要正确诠释《圣经》，那么所罗门 (Solomon) 在《传道书》(Ecclesiastics) 中断言的"地球永远固定不动"就不会被否定。祖尼加认为，所谓"地球永远固定不动"其实是指"地球永远一样"，而非"地球根本不会移动"。他还说哥白尼对行星运转的构想远比其他的理论更出色。但在十三年后，在他的《哲学第一部分》(Philosophiae prima pars) 中，祖尼加从纯粹的自然哲学角度审阅哥白尼学说，发现无法将之与亚里士多德的自然哲学调和，得出的结论是哥白尼的体系在物理学上是不可能的：从亚里士多德自然哲学看来，哥白尼的体系被证实是不成立的。

从物理学角度摒弃托勒密和哥白尼的体系，当然与设计出一套更让人们满意的体系截然不同。这也暴露出晚期经院哲学思潮中最大的弱点。体系化对于经院哲学的目标举足轻重，可以说体系化占用了经院哲学的全部资源。例如，我们在14世纪自然哲学中发现的那种创新精神，在16世纪和17世纪早期的自然哲学中已销声匿迹。观点调和至关重要，如果不可行，就整合论证，形成竞争的观点：科英布拉的评注者在《圣经》的调和上就遇到了困难。例如，《圣经》认为"最高天"由水组成，而亚里士多德认为水是第五元素 (fifth element)，两种观点就发生了冲突。于是乎，秉承真正的经院哲学风格的评注者发现，他们"不得不采纳模棱两可的观念来接纳这两种观点"。[132] 如果能够接纳新发展的哲学思想，并将上述冲突的观点列为今后哲学家需要解决的问题，体系化的调和方法可能不会这么糟糕。而历史恰恰相反，体系化所采用的方法恰恰彻底阻隔了新发展的哲学思想。但是毫无疑问，对于经院哲学而言，是时候兑现三个世纪以来的空头支票了，而且体系化是唯一的方法。在晚期经院哲学的体系化进程中，耶稣会的重镇是罗马学院，佩雷拉（Benedictus Pereira）在罗马学院从事经院哲学的体系化研究。洛尔（Lohr）在讨论佩雷拉的研究时，道出了其中的争论：

在亚里士多德自己看来，他所表达的正是前人想表达的想法，只不过他之前的人都没有他的论述这么有条不紊。他希望通过运用辩证法（dialectics），从前人的理论中发现当下所讨论的问题的真正原理。罗马学院的教授们也试图通过同一方法来探索亚里士多德哲学的真正原理，不仅包括"存在"的基本原理（first principles of being），也包括亚里士多德用来建立科学概念（conception of science）的公理（axioms）。如果掌握了这些认识论的基本原理，哲学家就可以重新诠释甚至可以重新书写亚里士多德，使亚里士多德的理论与哲学的真正原理相契合。这里所谓"哲学的真正原理"，即通向天主教教义的理论。这是与佩雷拉的《圣经》释经学（hermeneutic）相一致的。佩雷拉认为，"第一哲学"不仅是存在的科学（science of being），也是科学本身的科学（science of science）。经院哲学所面对的基本问题是维护经院哲学世界观的基本原理。当佩雷拉意识到了这个情况，他所秉持的观点是，面对世俗的亚里士多德主义所引发的疑问与不确定，作为第一哲学的形而上学有责任去阐释和维护"光照所阐明的普遍自然原理"（principia generali naturali lumine manifesta）。[133]

托马斯主义对于形而上学的最初理解是，形而上学是连接亚里士多德自然哲学与基督教神学的纽带；有了这一纽带，体系化和理论综合可以通过精心设计而实现。但佩雷拉所设想的体系化和理论综合将独立的自然哲学拒之门外，致使形而上学不再发挥纽带的作用，而是成为基础。正如上文所见，这与佩雷拉自己对于探索宇宙学的构想是一致的，这种做法使得自然哲学在宇宙学研究中没有了发挥空间。佩雷拉所采用的方法在帕多瓦已有先例，但是他对天界与地界的严格区分让人想起了司各脱对自然与超自然的严格区分，这与他将形而上学设想为"存在的科学"如出一辙。佩雷拉的方法后来成为一种标准。第一代的经院哲学教科书混合了正统教义，那些源自科英布拉的思想在基本的形而上学问题上持托马斯主义的观点。但是，苏亚雷斯[134]以及其他托马斯主义哲学家 [比如迎耶坦 (Thomas de Vio Caietan)] 在他们颇有影响力的教科书中谈到形而上学的本质时，却采取了司各脱的立场，将形而上学视为"存在"的普遍科学。对于苏亚雷斯与司各脱主义者而言，形而上学一定提供了某种统一的存在概念，我们可以借助这种形而上学理解上帝的存在：形而上学并不是从迥异的资源中统一知识，而是高于知识并监督管理着知识。第二次的教科书浪潮巩固了向司各脱主义转向的趋势。尤斯塔基厄斯、拉·孔尼 (Charles Francois de Abra de Raconis)、杜普莱克斯 (Scipion Dupleix)

等人已经将司各脱主义视为理所当然,并在著作中体现了出来。这就打破了托马斯主义中举足轻重的形而上学理念的精巧平衡,进而阻隔了经院哲学接受自然哲学领域的所有新发展。阿兰·孔尼加比(Alan Gabbey)指出:"经院哲学家们坚信,他们的解释体系和本体论分类足以妥善应对一般范围内的自然现象。阅读他们的专著时会觉得,无论当前或未来,还是最近,没有任何经验上的新发现或哲学上的激变能让他们修正或取代自己的体系。"对于这番论述,无人不表示赞同。[135]

1   1362年8月24日，彼得拉克给薄伽丘的信件 [*Opera* (Basle, 1554), 880; trans. in Cassirer et al., *The Renaissance Philosophy of Man*, 140–141]：尽管如此，仍无法阻止16世纪时某些亚里士多德人文主义者思想中的阿威罗伊主义。可参见 Charles B. Schmitt, *Aristotle in the Renaissance* (Cambridge, Mass., 1983).

2   参见：Richard Sorabji, 'John Philoponus', Michael Wolff, 'Philoponus and the Rise of Pre-Classical Dynamics', and David Sedley, 'Philoponus' Conception of Space', all in Richard Sorabji, ed., *Philoponus and the Rejection of Aristotelian Science* (London, 1987).

3   请留意奥雷斯姆在《天堂与人之书》(*Le Livre du ciel et du monde*) 文末的评论："尽管亚里士多德是位卓越的哲学家，但尤斯塔修斯（Eustrathios）就《尼各马可伦理学》(*Nicomachean Ethics*) 第一卷明确地评论道，亚里士多德对柏拉图的批判有时过于冷酷，透着一股非理性的憎恨。我们曾多次说过，亚里士多德反对柏拉图。但圣·奥古斯丁与柏拉图的追随者一样，对柏拉图喜爱有加、推崇备至，在《上帝之城》第八卷和第九卷就能体现。圣·奥古斯丁认为，柏拉图学说比其他哲学家的学说更适合天主教信仰"(fo. 62d; 260-2 [text]/261-3 [trans.]).

4   参见 Ernst Cassirer, *The Individual and the Cosmos in Renaissance Philosophy* (Philadelphia, 1963); 及 Blumenberg, *The Legitimacy of the Modern Age*, 483–547.

5   参见 Richard Sorabji 编纂的 *Philoponus and the Rejection of Aristotelian Science* (London, 1987) 中 Charles Schmitt 所作文章 'Philoponus' Commentary on Aristotle's Physics in the Sixteenth Century'.

6   参见 Ian Richard Netton, *Muslim Neoplatonists: An Introduction to the Thought of the Brethren of Purity* (London, 1982).

7   柏拉图的著作主要通过盖伦（Galen）的总结而为人所知。

8   Albertus Magnus, *De causis et processu universitatis* 1. 1. 1. *Opera omnia*, ed. Augustus Borgnet (38 vols., Paris, 1890–9), x. 361b. 这一分类形式或部分源于第欧根尼（Diogenes Laertius）《名哲言行录》(*Lives of Eminent Philosophers*) 的序言 (1. 13-16)。

9   参见 Raymond Klibansky, *The Continuity of the Platonic Tradition During the Middle Ages* (London, 1950), 和 Paul Shorey, *Platonism Ancient and Modern* (Berkeley, 1938).

10 有关1400—1600年间柏拉图手稿和印刷版的拉丁文译本，可参考汉金斯《柏拉图》(*Plato*, 669-796) 一书中的列表。

11 此处请注意，自贝萨里翁（Bessarion）开始，苏格拉底和柏拉图被逐渐神圣化。可参见 Raymond Marcel, ' "Saint" Socrate, patron de l'humanisme', *Revue internationale de philosophie* 5 (1951), 135–143.

12 有关普勒托（Plethon）和贝萨里翁（Bessarion）的内容，可参见汉金斯（Hankins）《柏拉图》一书中161—263页；有关普勒托的影响，参见此书436—440页。

13 普勒托（生于1355年左右）最初信仰琐罗亚斯德教，后因异端观点遭君士坦丁堡驱逐。1409年，定居于米斯特拉斯（Mistra），打算效仿柏拉图《理想国》和《法律篇》中描写的状态。

14 可参见汉金斯（Hankins）《柏拉图》书中第255—261页。

15 可参见奥茨门特（Ozment）《改革时代》(*The Age of Reform*) 书中第64—72页。

16 对《蒂迈欧篇》的这种解读可追溯到亚历山大的斐洛（Philo of Alexandria），在开普勒（Kepler）《世界的和谐》(*The Harmony of the World*) 一书中也有体现 [trans. with introd. and

notes by E. J. Aiton, A. M. Duncan, and J. V. Field (Philadelphia, 1997), 301 (Book 6, ch. 1)].

17 参见汉金斯（Hankins）《柏拉图》一书第167页。

18 参见汉金斯（Hankins）《柏拉图》一书第225页。

19 但是，《论存在与太一》(*De ente et uno*) 的序言（1491年）写得很清楚。在他的体系中，亚里士多德发挥的作用至少与柏拉图一样大，与斐奇诺形成鲜明对比。

20 《斐奇诺全集》(*Opera Omnia*, 2 vols, Basle, 1576)，1438年；引用于汉金斯《柏拉图》一书第274页。

21 汉金斯，《柏拉图》第275—276页。

22 汉金斯，《柏拉图》第287页。

23 参见Brian Copenhaver和Charles B. Schmitt所著《文艺复兴时期的哲学》(*Renaissance Philosophy*) (Oxford, 1992)，146-149页。此处论述引用，表示感谢。

24 有关《赫尔墨斯文集》，可参见布莱恩·哥本哈弗（Brian Copenhaver）书中的导论 *Hermetica: The Greek Corpus Hermeticum and the Latin Asclepius in a New English Translation, with Notes and Introduction* (Cambridge, 1992)。弗朗西斯·叶茨（Frances A. Yates）在其《乔达诺·布鲁诺与赫尔墨斯神秘传统》(*Giordano Bruno and the Hermetic Tradition*) (Chicago, 1964)一书中写道：虽然信息丰富，但是对赫尔墨斯文稿的具体年代避而不谈；背后用意显而易见：无论我们拿到的文稿具体出自何年何月，它们都是反映古代的史料。但这种解读与证据不符。

25 《柏拉图神学》拉丁文文本附全英文翻译版逐步问世：Marsilio Ficino, *Platonic Theology*, ed. James Hankins and William Bowen, trans. Michael J. B. Allen and John Warden (6 vols, Cambridge, Mass., 2001–).

26 参见克里斯特勒的论述：Paul Oscar Kristeller, *Eight Philosophers of the Renaissance* (Stanford, 1964), 43-7。有关斐奇诺理论体系的完整阐述和详尽探讨，可参见Kristeller, *The Philosophy of Marsilio Ficino* (New York, 1943)。克里斯特勒在这本专著第35—200页研究了斐奇诺的形而上学思想，在第206—401页探讨了斐奇诺的精神生活或者沉思生活。

27 在13世纪和14世纪早期，教会广泛地谴责占星术。但在14世纪中期，由于黑死病（Black Death）的暴发，占星术再度兴起。自此以后，占星术士为皇家宫廷服务成为常态。值得指出的是，巴黎医学院(Paris Medical Faculty)的专家曾向国王解释，黑死病的成因是由于占星预测，因此治疗黑死病超出他们的能力范围。可参见：Roger French, *Medicine Before Science: The Rational and Learned Doctor from the Middle Ages to the Enlightenment* (Cambridge, 2003), 130.

28 参见哥本哈弗（Copenhaver）和施密特（Schmitt）所著《文艺复兴时期的哲学思想》(*Renaissance Philosophy*)，第151页。

29 关于此次运动的探讨，参见：Charles B. Schmitt, 'Perennial Philosophy: From Agostino Steuco to Leibniz', *Journal of the History of Ideas* (1966), 505-532.

30 帕特里奇曾翻译了名为《亚里士多德神学》(*Aristotle's Theology*) 的作品，并坚称这部著作出自亚里士多德之手。而且为了把亚里士多德拉入柏拉图主义者的阵营，他还用这个译本来诋毁亚里士多德的其他（真正的）理论。这是非常不诚实的，因为帕特里奇早在1571年《探讨逍遥学派》(*Discussiones peripateticae*) 一文中谈道：实际上，这本书（指《亚里士多德神学》）是在普罗提诺的基础上伪造出的一本阿拉伯著作。

31 这部著作后续在1593年出现了修订版，同时收录了帕特里奇早期的一些自然哲学文章的修订本。对于帕特里奇的探讨，可参见：Kristeller, *Eight Philosophers*, 111–126；以及此书文献：Copenhaver and Schmitt, *Renaissance Philosophy*, 187 n. 65.

32 Copenhaver and Schmitt, *Renaissance Philosophy*, 190.

33 比较两段引文。引文1：《新约-雅各书》(James)第1章第17段："各样美善的恩赐，和各样全备的赏赐，都是从上面而来，是从众光之父那里降下来的"；引文2：《新约-以弗所书》(Paul to the Ephesians)第5章第13段："一切能显明的，就是光"。

34 Al-Kindi, *De Prospectibus*, prop. 7 cited in David C. Lindberg, *Theories of Vision from al-Kindi to Kepler* (Chicago, 1976), 19.

35 阿尔肯迪的形而上学理论由新柏拉图主义（占主导）和亚里士多德主义共同构成。可参见Thorndike, *A History of Magic and Experimental Science*, i. 642–7; Alfred L. Ivry, 'Al-Kindi as Philosopher: The Aristotelian and Neoplatonic Dimensions', 发表于 S. M. Stern, Albert Hourani, and Vivian Brown, eds., *Islamic Philosophy and the Classical Tradition* (Columbia, SC, 1972), 117–40.

36 有关肯迪在光学上的研究，可参见Lindberg, *Theories of Vision*, 18–32.肯迪从人体结构和光学两个方面为"发射说"辩护。以人体结构分析，如果眼睛也是接收信息的容器，那么应该长得和耳朵一样，耳朵也是接收声音的容器，但耳朵是中空的，眼睛都是球形；以光学分析，视觉的明锐度极其依赖物体在视野中的位置。但这个问题也存在认识论上的考量：人们能看到外物，却不能透视脑海里的事物，这就是视力在"进入说"产生的表现。

37 有关阿尔哈森在光学上的研究，可参见Lindberg, *Theories of Vision*, 58–86.

38 参见：A. C. Crombie, *Robert Grosseteste and the Origins of Experimental Science, 1100–1700* (Oxford, 1971), ch. 6; McEvoy, *The Philosophy of Robert Grosseteste*, part III; and Steven P. Marrone, *William of Auvergne and Robert Grosseteste: New Ideas of Truth in the Early Thirteenth Century* (Princeton, 1983), pt II.

39 光的宇宙起源论在格罗斯泰斯特之前即已出现。需了解这段历史，可参见Schmidt-Biggemann, *Philosophia Perennis*, 138–42, 273–83.

40 参见：Roger French and Andrew Cunningham, *Before Science: The Invention of the Friars' Natural Philosophy* (London, 1996), chs. 9 and 10.

41 参见：Joseph Stiglmyr, *Das Aufkommen der pseudo-dionysischen Schriften und ihr Eindringen in die christliche Literatur* (Bonn, 1895).

42 参见：French and Cunningham, *Before Science*, 218–24. 狄奥尼修斯也对多明我修会产生了巨大影响，可参见：J. Durantel, *Saint Thomas et le Pseudo-Denis* (Paris, 1919).

43 参见：Schmidt-Biggemann, *Philosophia Perennis*, 1275.

44 参见：René Roques, *L'Univers dionysien: structure hiérarchique du monde selon le Pseudo-Denys* (Paris, 1983).

45 参见：French and Cunningham, *Before Science*, ch. 10；更广泛地探讨光形而上学的重要性，可参见：Klaus Hedwig, *Sphaera Lucis: Studien zur Intelligibilität des Seienden im Kontext der mittelalterlichen Lichtspekulation* (Münster, 1980).

46 相关讨论可参见：Carolly Erickson, *The Medieval Vision: Essays in History and Perception* (New York, 1976), 42–4.

47 Ficino, *Opera*, i. 965–86.

48 可参见：W. G. L. Randles, *The Unmaking of the Medieval Christian Cosmos, 1500–1760: From Solid*

Heavens to Boundless Ether (Aldershot, 1999), 3–5.

49 术语为 flour，即流动性（flow）。弗兰西斯科的著作中曾宣扬这样一种观点：苍穹包含某种流动的或潮湿的气体。具体参见：Francesco Giorgio, *De harmonia mundi totius cantica tria* (Venice, 1525). 这部著作虽受到新柏拉图主义和赫尔墨斯的启发，但最早要追溯到4世纪的巴西尔。参见：Randles, *The Unmaking of the Medieval Christian Cosmos*, 32–4.

50 这一观点早有先例：一些拥护托勒密天文体系的学者曾认为，行星轨道不是水晶球的外壳，更像是流动天界中的不同区域，这些不同的区域围绕着地心进行不同速率的旋转。13世纪时，安利库斯（Robertus Anglicus）曾提出流动天壳（fluid shells）的观点，内格罗（Andalo di Negro）和吉奥瓦尼·蓬塔诺（Giovanni Pontano）也分别在14、15世纪提出了相同的论述。可参见：James M. Lattis, *Between Copernicus and Galileo: Christoph Clavius and the Collapse of Ptolemaic Cosmology* (Chicago, 1994), 94–6.

51 Jean Péna, *Euclidis optica et catoptrica* (Paris, 1557), Preface. 参见 Peter Barker, 'The Optical Theory of Comets from Apian to Kepler', *Physis* 30 (1993), 1–25.

52 参见 Edward Grant, *Planets, Stars, and Orbs: The Medieval Cosmos, 1200–1687* (Cambridge, 1996), 349.

53 Pierre Gassendi, *Opera Omnia* (6 vols, Lyon, 1658), i. 246.

54 参见以上文献第5章。

55 参见：Francis Bacon, *The Oxford Francis Bacon*, vi. *Philosophical Studies c.1611-c.1619*, ed., introd., notes, and comm. by Graham Rees (Oxford, 1996), pp. xlii–xliv and 158–60.

56 *Epitome Astronomiae Copernicanae*, in *Johannis Kepler Astronomi Opera Omnia*, ed. C. Frisch (8 vols, Frankfurt, 1858–71), vi. 306; 'Epitome of Copernican Astronomy, Books 4 and 5', trans. C. G. Wallis, in *Britannica Great Books* 16 (Chicago, 1952), 843–1004: 850. 对比以下文献：Kepler's *New Astronomy*, trans. William H. Donahue (Cambridge, 1992), 117. 在该书第117页，开普勒对帕特里奇也有类似的抱怨。

57 译本源自：Nicholas Jardine, *The Birth of History and Philosophy of Science: Kepler's 'A Defence of Tycho against Ursus' with Essays on Its Provenance and Significance* (Cambridge, 1988), 154. 雅尔丁（Nicholas Jardine）在论述《为第谷辩护驳乌尔苏斯》一文的重要性时指出，在真实运动和可视运动的问题上，开普勒曲解了帕特里奇：234–5。

58 *Nova de universis philosophia: Pancosmia*, fo. 106r col. 2 and fo. 92v col. 1. See Jardine, *Birth*, 155.

59 《禁书名录》最早于1561年出现，但《罗马天主教经书名录》是直到1590年才发布。如需了解整套《禁书名录》体系如何运作，请参见 George H. Putnam, *The Censorship of the Church of Rome and its Influence on the Production and Distribution of Literature* (2 vols., New York, 1906–7).

60 参见 Schmitt, *Aristotle in the Renaissance*, 22–3. 一位关键人物是约翰内斯·阿尔吉罗波洛斯（Johannes Argyropulos, 1415–1487），他在1460年做了关于《论灵魂》的演讲，使得阿威罗伊主义的"一个心灵"学说得以复兴，并传播给新一代学者。

61 Translated in Cassirer et al., *Renaissance Philosophy of Man*, 281.

62 Pietro Pomponazzi, *Tractatus acutissimi utillimi et mere peripatetici* (Venice, 1525), 104r–v.

63 参见 Stephen Gaukroger, *Cartesian Logic: An Essay on Descartes's Conception of Inference* (Oxford, 1989), 38–47; 以及 Julien Peghaire, *Intellectus et ratio selon S. Thomas d'Aquin* (Paris and Ottowa, 1936), *passim*.

64 Translated in Cassirer et al., *Renaissance Philosophy of Man*, 377.

65 参见 Miri Rubin, *Corpus Christi: The Eucharist in Late Medieval Culture* (Cambridge, 1991), 以及 Sarah Beckwirth, *Christ's Body: Identity, Culture and Society in Late Medieval Writings* (London, 1993).

66 Levi, *Renaissance and Reformation*, 353. 参见 Gary Macy, 'The Doctrine of Transubstantiation in the Middle Ages', *Journal of Ecclesiastical History* 45 (1994), 11–44.

67 1215年第四次拉特兰大公会议后，变体论成为罗马天主教的官方教义。在1250至1275年间，阿奎那提出了他对于亚里士多德主义的阐述。

68 笛卡儿曾试图从机械论的角度来全面思考"变体论"，但这一尝试本身存在明显的问题。参见：Jean-Robert Armogathe, *Theologia cartesiana: l'explication physique de l'Eucharistie chez Descartes et Dom Desgabets* (The Hague, 1977).

69 该问题并不仅限于自然哲学解释，我们也可以找到性生活的自然主义方法。在盖伦的理念中，性活动是一种灵魂的激情，因此不受神学禁令的束缚。参见：Ian Maclean, *Logic, Signs and Nature in the Renaissance: The Case of Learned Medicine* (Cambridge, 2002), 88–9, 252–3.

70 Pietro Pomponazzi, *De naturalium effectuum causis sive de incantationibus* (Basle, 1556), and *De fato* (Basle, 1567).

71 在此感谢沃克尔（Daniel P. Walker）对这些问题的绝妙解读，*Spiritual and Demonic Magic from Ficino to Campanella* (London, 1969).

72 *De incantationibus*, 255. 引用沃克尔的译文，*Spiritual and Demonic Magic*, 108. 参见该书第107—111页的探讨。

73 *De incantationibus*, 302–10.

74 有关希腊化时代的哲学，参见以下文章及评述：A. A. Long and D. N. Sedley, *The Hellenistic Philosophers* (2 vols, Cambridge, 1987).

75 参见：Louise Fothergill-Payne, 'Seneca's Role in Popularizing Epicurus in the Sixteenth Century', in Margaret J. Osler, ed., *Atoms, Pneuma, and Tranquillity: Epicurean and Stoic Themes in European Thought* (Cambridge, 1991), 115–34. 有关伊壁鸠鲁主义从希腊化时代至17世纪的思想探讨，参见：Howard Jones, *The Epicurean Tradition* (London, 1989). 斯多葛主义的历史尚未集中整理。有关古代的斯多葛主义，参见：J. M. Rist, *Stoic Philosophy* (Cambridge, 1969)；有关其在早期现代的发展情况，参见：Marcia Colish, *The Stoic Tradition from Antiquity to the Early Middle Ages* (2 vols, Leiden, 1985)；有关其对于16和17世纪伦理及政治思想的重要性，参见：Oestreich, *Neostoicism and the Early Modern State*；有关其在早期现代自然哲学中的作用，参见：Peter Barker, 'Stoic Contributions to Early Modern Science', in Osler, ed., *Atoms, Pneuma, and Tranquillity*, 135–54.

76 我们在这里关注的"二元论"并不是笛卡儿的"二元论"，我们无法在普罗提诺之前的著作中找到其最早的出处。对该问题简洁概述可参见：Eyjólfur Kjalar Emilsson, *Plotinus on Sense-Perception: A Philosophical Study* (Cambridge, 1988), 145–8.

77 对自然主义最具洞察力的探讨仍是 Robert Lenoble, *Mersenne ou la naissance de la mécanique* (2nd edn, Paris, 1971), 83–167.

78 我对于自然主义与微粒论两者的区分与卡德沃斯（Ralph Cudworth）的观点大致相同。卡德沃斯将自然主义与微粒论分称为物活论的无神论(hylozoic atheism)与原子论的无神论（atomistic atheism），参见：*The True Intellectual System of the Universe* (2nd edn, 2 vols, London, 1743), i. 144.

79 Margaret Cavendish, Duchess of Newcastle, *Observations upon Experimental Philosophy to which is*

added *The Description of a New Blazing World* (London, 1666)。但是,艾玛·威尔金斯(Emma Wilkins)已向我指出,虽然卡文迪许相信"肉体灵魂"是物质,但她也相信我们拥有超自然灵魂:她没有明确在她的自然哲学中讨论超自然灵魂,因为宗教和哲学不可混为一谈。

80 Richard Overton, *Man's Mortallitie* (Amsterdam, 1643).虽然此书的出版地址写的是"阿姆斯特丹",但其实是由伦敦一家私人出版社出版。

81 弥尔顿的凡人主义和物质主义可参见 Christopher Hill, *Milton and the English Revolution* (London, 1977), chs. 25 and 26.

82 参见 John W. Yolton, *Thinking Matter: Materialism in Eighteenth-Century Britain* (Oxford, 1983). 还原论通常暗示着凡人主义,但是凡人主义不暗示还原论。当还原论还很罕见时,这样或那样的凡人主义在16、17世纪的英国已相当常见。参见:Norman T. Burns, *Christian Mortalismfrom Tyndale to Milton* (Cambridge, Mass., 1972).

83 有这样一个事实可以描述帕多瓦大学繁复的折中主义:尼弗反对彭波那齐在《论灵魂不朽的小册子》中阐述灵魂观点的自然主义,却捍卫一种以新柏拉图主义注解亚里士多德《论灵魂》的观点(一般认为,注解人是辛普利丘斯)。可参见:Simplicius, *On Aristotle On the Soul 1.1 -2.4*, trans. J. O. Urmson, notes by Peter Lautner (London, 1995).

84 特勒肖的自然哲学思想可详见:Martin Muslow, *Frühneuzeitliche Selbsterhaltung: Telesio und die Naturphilosophie der Renaissance* (Tübingen, 1998).

85 在特勒肖的一生中,《物性论》几经修订,陆续出现了三个重要的不同版本。最方便拿到的版本(也是我引用的这个版本)是第三版,也是最后一版。详见:Bernardinus Telesio, *De Rerum Natura Iuxta Propria Principia Libri IX* (Naples, 1586: repr. with introd. by Cesare Vasoli, Hildersheim, 1971).

86 *De rerum natura*, Prooemium.

87 亚里士多德的二元论存留几何尚存争议。如果以典型自然主义解读亚里士多德关于"灵魂"的论述,"热"则在其中起到了关键作用。参见 Gad Freudenthal, *Aristotle's Theory of Material Substance: Heat and Pneuma, Form and Soul* (Oxford, 1995).

88 《物力论》第1卷1—5章。

89 特勒肖详细引用的著作来自三位作者,分别是亚里士多德、布波克拉底、盖伦。沃克尔(Walker)指出,特勒肖"使用了医学中的精华(medical spirits),这种精华传统上认为是热而稀薄的,因此(依照他自己的原理)是格外'有感知力的'(sentient)、格外活跃的"(*Spiritual and Demonic Magic*, 190)。也可以参见沃克尔的文章:'Medical Spirits in Philosophy and Theology from Ficino to Newton', in D. P. Walker, *Music, Spirit and Language in the Renaissance*, ed. Penelope Gouk (London, 1985), ch. 11.

90 Giordano Bruno, *Cause, Principle and Unity*, trans. Richard J. Blackwell and Robert de Lucca (Cambridge, 1998), 54.

91 参见 Luigi Firpi, *Il processo di Giordano Bruno* (Rome, 1993) and Maurice A. Finocchiaro, 'Philosophy versus Religion and Science versus Religion: The Trials of Bruno and Galileo', in Hilary Gatti, ed., *Giordano Bruno: Philosopher of the Renaissance* (Aldershot, 2002), 51-96. 康帕内拉(Campanella)与布鲁诺的情况有许多相似之处,参见:John M. Headley, *Tommaso Campanella and the Transformation of the World* (Princeton, 1997).

92 布鲁诺的教育经历可参见:Ingrid Rowland, 'Giordano Bruno and Neapolitan Neoplatonism', in Hilary Gatti, ed., *Giordano Bruno: Philosopher of the Renaissance* (Aldershot, 2002), 97-119.

93 叶茨（Yates）曾在著作中探讨过布鲁诺在这些方面的思想，可参见 Yates, *Giordano Bruno and the Hermetic Tradition*.

94 Giordano Bruno, *De triplici minimo* (Frankfurt, 1591), Book 1, ch. 1.

95 有关布鲁诺的记忆术，可参见 Frances A. Yates, *The Art of Memory* (London, 1978), chs. 9–14; and Stephen Clucas, 'Simulacra et Signacula: Memory, Magic and Metaphysics in Brunian Mnemonics', in Hilary Gatti, ed., *Giordano Bruno: Philosophy of the Renaissance* (Aldershot, 2002), 273–97. 布鲁诺就此问题的出版物在他生命后期问世。

96 Giordano Bruno, *De la causa, principio et uno* (London, 1584) translated in Bruno, *Cause, Principle and Unity*, 74–5.

97 *Cause, Principle and Unity*, 8.

98 参见 Angelo Mercati, *Il Sommario de processo di G. Bruno* (Vatican City, 1942), 79.

99 布鲁诺的宇宙论主要阐述于两本书：《圣灰星期三晚餐》（伦敦，1584年）[英文译本为 *The Ash Wednesday Supper*, trans. S. Jaki (The Hague, 1975)] 和《论无限宇宙与诸世界》（伦敦，1585年）[英文译本为 Dorothea Waley Singer, *Giordano Bruno, His Life and Thought: With Annotated Translation of his Work, On Infinite Universe and Worlds* (New York, 1968)]。《圣灰星期三晚餐》对柏拉图和亚里士多德的宇宙论做出了批判性论述，认为哥白尼的思想可供选择并对其论述进行修改，建立自己的无限世界理论。《论无限宇宙与诸世界》也通过事无巨细地批驳亚里士多德的《论天》追求与《圣灰星期三晚餐》一样的目的。

100 参见 Finocchiaro, 'Philosophy versus Religion', 80.

101 Marin Mersenne, *L'Impiete des Deistes, Athees et Libertins de ce temps, combatuë, & renuersee de point en point par raisons tirees de la Philosophie, & de la Theologie* (Paris, 1624). See Lenoble, *Mersenne*, 259–64; 更广泛的内容可参见：Keith Hutchison, 'Supernaturalism and the Mechanical Philosophy', *History of Science* 21 (1983), 297–333.

102 这些问题也曾在梅森的书中探讨过，详见：*Quaestiones celeberrimae in Genesim* (Paris, 1623) 和 *L'Impiete des Deistes*。弗朗西斯·加拉斯（François Garasse）也曾做过研究，详见：*La Doctrine curieuse des beaux esprits de ce temps, ou prétendus tels* (2 vols., Paris, 1623), i. 1–98。对自然主义早期的批判强调，自然性质只能是上帝性质，详见：Laurent Pollot, *Dialogues contre la pluralité des religions et l'athéism* (La Rochelle, 1595), 104v–118v. 随后，在17世纪，亨利·莫尔（Henry More）对"宗教狂热"（enthusiasm）得出了同样的分析，认为宗教狂热是由于亚里士多德主义没能区分物质实在和非物质实在所致，详见：*Observations on Anthroposophia Theomagica and Anima Magica Abscondita* ([London], 1650), 7–8, and *Enthusiasmus Triumphatus* (London, 1656), 48–9.

103 将注意力限定在自然哲学文本中：《自然科学短文》(*Parva naturalia*)、《气象学》、《论灵魂》、《形而上学》以及《论天》的评注出现于1692—1698年。关于这些评注的探讨，可参见：Dennis Des Chene, *Physiologia : Natural Philosophy in Late Aristotelian and Cartesian Thought* (Ithaca, NY, 1996). 需注意，这些评注偶尔走独立路线，未为亚里士多德的文本提供系统阐述。

104 参见 Gaukroger, *Descartes, An Intellectual Biography*, ch. 2.

105 参见 Laurence W. B. Brockliss, 'Rapports de structure et de contenu entre les *Principia* et les cours de philosophie des collèges', in Jean-Robert Armogathe and Giulia Belgioioso, eds., *Descartes: Principia Philosophiae, 1644–1994* (Naples, 1996), 491–516.

106 参见 Charles B. Schmitt, 'The Rise of the Philosophical Textbook', in Charles B. Schmitt, Quentin

107 参见 Roger Ariew, *Descartes and the Last Scholastics* (Ithaca, NY, 1999), ch. 2.

108 第三阶段也包括孔普卢屯学派（Complutenses，也可译为阿尔卡拉学派）的评注（孔普卢屯学派的主要活动地在阿尔卡拉的赤足加尔默罗修会哲学学院）（拉丁文为 *complutum*），以及萨拉曼卡学派（Salmanticenses）的评注（萨拉曼卡学派的主要活动地在萨拉曼卡神学院）。孔普卢屯学派的评注始于迪戈·德·耶稣（Diego de Jesus）的逻辑评注，首次出版于1608年，终本五卷版于1670年问世。这些评注虽然探讨自然哲学问题，但似乎未对天主教神职圈子以外的自然哲学争议产生影响。萨拉曼卡学派的评注在1630年开始问世，主要关注神学问题，而非自然哲学问题，在天主教神职圈子以外也没有什么影响，这种状态可以看作正统教义的缩影。

109 相关讨论可参考：Charles H. Lohr, 'The Sixteenth Century Transformation of the Aristotelian Division of the Speculative Sciences', in D. Kelley and R. Popkin, eds., *The Shapes of Knowledge from the Renaissance to the Enlightenment* (Dordrecht, 1991), 49–58; and idem, 'Jesuit Aristotelianism and Sixteenth-Century Metaphysics', in G. Fletcher and M. B. Scheute, eds., *Paradosis* (New York, 1976), 203–20. 也可参见：Thorndike, *A History of Magic*, vii. 372–425.

110 参见 Joaquim F. Gomez, 'Pedro da Fonseca: Sixteenth Century Portuguese Philosopher', *International Philosophical Quarterly* 6 (1966), 632–44: 633–4. 加尔默罗会修会孔普卢屯学派后来的评注试图改变这种趋势。

111 关于这些问题的精彩论述可参见：Lohr, 'Metaphysics and Natural Philosophy'. 也可参见：L. W. B. Brockliss, 'The Scientific Revolution in France', in Roy Porter and Mikulas Teich, eds., *The Scientific Revolution in National Context* (Cambridge, 1992), 55–89: 56–7.

112 参见 Dennis Des Chene, *Life's Form: Late Aristotelian Conceptions of the Soul* (Ithaca, NY, 2000).

113 参见 Nicholas Jardine, 'The Significance of the Celestial Orbs', *Journal of the History of Astronomy* 13 (1982), 168–94.

114 参见吉奥瓦尼·蓬塔诺（Giovanni Pontano）曾说："如果我们追寻天堂中与我们眼耳相关的事物，何不再去追寻与鼻子相关的事物。" *De rebus coelestibus libri XIIII* (Basle, 1556), 2113, 引用自 Jardine, *The Birth of History and Philosophy of Science*, 233. 论述详见此处。

115 Benedictus Pereira, *Prior tomus Commentariorum et Disputationem in Genesim* (Lyon, 1590).

116 参见彼得·巴克（Peter Barke）和伯纳德·戈德斯坦（Bernard Goldstein）的著述：'Realism and Instrumentalism in Sixteenth-Century Astronomy: A Reappraisal', *Perspectives on Science* 6 (1998), 232–58. 书中观点认为，16世纪没有一位天文学作家对天文学进行虚构性解读：他们只是认为，因果关系的知识是无法企及的理想。如果我们以"天文学家"（astronomers）代替"天文学作家"（writers on astronomy），巴克（Barker）和戈德斯坦（Goldstein）的观点则是正确的。但像佩雷拉这样批判天文学的经院哲学家，似乎确实认为天文学根本就不在因果关系可解释的范围内。

117 Pereira, *De communibus omnium rerum naturalium principiis et affectionibus* (Rome, 1576), 47d–48b. 请注意，佩雷拉虽然明指的是"占星学家"，但他其实关心的是数学天文学。也可参见：William H. Donahue, *The Dissolution of the Celestial Spheres* (New York, 1981), 28–30.

118 Robert S. Westman, 'The Astronomer's Role in the Sixteenth Century: A Preliminary Study', *History of Science* 18 (1980), 105–47. 书中指出，在1600年，整个欧洲只找得出十位做好准备接受日心说物理事实的自然哲学家，分别是英国的迪格斯（Diggcs）和哈利奥特（Thomas

Harriot)、意大利的布鲁诺与伽利略、西班牙的祖尼加、尼德兰的斯台文(Simon Stevin)、德国的马斯特林和开普勒。我们在下文会讲到祖尼加其实不应该在名单之内。也可以参见:Robert S. Westman, 'The Melanchthon Circle, Rheticus, and the Wittenberg Interpretation of the Copernican Theory', *Isis* 66 (1975), 165–93; idem, 'The Comet and the Cosmos: Kepler, Mästlin and the Copernican Hypothesis', *Studia Copernicana* 5 (1972), 7–30; Jardine, 'The Significance of the Celestial Orbs'; and Thorndike, *History of Magic*, vi. ch. 31.

119 随着时代的发展,情况有所改变。在16世纪末,有一种赞同"流体天空"理论的强烈共识。可参见:William H. Donahue, 'The Solid Planetary Spheres in Post-Copernican Natural Philosophy', in Robert S. Westman, ed., *The Copernican Achievement* (Berkeley, 1975), 244–75.

120 参见 Owen Gingerich, 'Islamic Astronomy', in idem, The Great Copernicus Chase and Other Adventures in Astronomical History (Cambridge, 1992), 43–56.

121 参见 Noel M. Swerdlow, 'Pseudodoxia Copernicana: Or, Enquiries into Very Many Received Tenets and Commonly Presumed Truths, Mostly Concerning Spheres', Archives internationales d'histoire des sciences 26 (1976), 108–58.

122 参见 Noel M. Swerdlow, 'The Derivation and First Draft of Copernicus' Planetary Theory: A Translation of the Commentariolus with Commentary', Proceedings of the American Philosophical Society 117 (1973), 423–512.

123 Averroes, *Metaphysics*, Bv. 12, summae secundae ch. 4, comm. 45. 引自 Pierre Duhem, *To Save the Phenomena* (Chicago, 1969), 31.

124 参见 F. J. Carmody, 'The Planetary Theory of Ibn-Rushd', *Osiris* 10 (1952), 556–86.

125 参见 D. Hargreave, '*Reconstructing the Planetary Motions of the Eudoxian System*', Scripta Mathematica 28 (1970), 335–45.

126 请注意,与亚里士多德及其他学者相比,托勒密在《至大论》第1章第5节中"地球位于天堂中心"的论述独具特点,他的论述没有提供地心说的物理学依据,只是给出了天文学论断。实际上,亚里士多德看来,最重要的是地球完全处于宇宙中心,而对于托勒密而言,最重要的是地球的基本处于中心,位置接近中心即可。详见:Liba Chaia Taub, *Ptolemy's Universe: The Natural Philosophical and Ethical Foundations of Ptolemy's Astronomy* (Chicago, 1993), 71–9.

127 比如阿奎那在《三位一体》中对同心天球模型不置可否,但在《对形而上学的评注》中予以反对。参见:Grant, *Planets*, 281.

128 Girolamo Fracastoro, *Homocentrica: Sive de Stellis* (Venice, 1538); Giovanni Battista Amico, *De Motibus corporum coelestium iuxta principia peripatetica sine eccentris et epicyclis* (Venice, 1536). 有关16世纪"同心模型"的复兴,可参见:Lattis, *Between Copernicus and Galileo*, 87–94.

129 有关哥白尼学说的争议对伽利略事件的影响,可参见 Robert S. Westman, 'The Copernicans and the Churches', and William R. Shea, 'Galileo and the Church', both in David C. Lindberg and Ronald L. Numbers, eds., *God and Nature: Historical Essays on the Encounter between Christianity and Science* (Berkeley, 1986), 76–113 and 114–35 respectively; and Olaf Pedersen, 'Galileo and the Council of Trent: The Galileo Affair Revisited', *Journal for the History of Astronomy* 14 (1983),

1-29. 虽然事情在17世纪发生了重大改变，但需注意，由于宗教因素影响（并非总是如此），完全接受哥白尼学说历时漫长。主要是像西班牙之类的天主教国家（不限于此）不愿接受"日心说"，这些国家对于哥白尼学说的抵制至少直到18世纪[参见David Goodman, 'Iberian Science: Navigation, Empire and Counter-Reformation', in David Goodman and Colin A. Russell, eds., *The Rise of Scientific Europe, 1500–1800* (London, 1991), 117–44: 143]。在新教国家中，17世纪晚期和18世纪早期曾有英文著作短暂地宣扬哥白尼学说，如同昙花一现[参见John Edwards, *Brief Remarks upon Mr. Whiston's New Theory of the Earth* (London, 1697), 23–6, and Edward Howard, *Remarks on the New Philosophy of Descartes* (London, 1700), 207]。此外，布卢姆伯格指出，德国学术界直到1760年才平息争议接纳哥白尼学说[参见 *The Genesis of the Copernican World* (Cambridge, Mass., 1987), 357]。在东正教国家，"现代"自然哲学直到19世纪70年代才在基辅取代了亚里士多德主义；在希腊，我们发现一位教师在1804年因教授"日心说"而受到谴责[参见Colin Chant, 'Science in Orthodox Europe', in David Goodman and Colin A. Russell, eds., *The Rise of Scientific Europe, 1500–1800* (London, 1991), 333–60: 355]。有关天文学理论和《圣经》冲突对立，全面收集整理的文献可参阅: Pierre-Noël Mayaud, *Le Conflict entre l'Astronomie Nouvelle et l'Écriture Sainte aux XVIe et XVIIe siècles* (5 vols, Paris, 2005).

130 参见Beatriz Helena Domingues, *Tradiçaõ na Modernidade e Modernidade na Tradiçaõ: A Modernidade Ibérica e a Revoluçaõ Copernicana* (Rio de Janeiro, 1996), 且可参阅她的综述，'Spain and the Dawn of Modern Science', *Metascience* 7 (1998), 298–312. 关于调和亚里士多德主义和新的自然哲学思想的尝试，更广泛的探讨可参见Christia Mercer, 'The Vitality and Importance of Early Modern Aristotelianism', in Tom Sorell, ed., *The Rise of Modern Philosophy* (Oxford, 1993), 33–67: 57–66.

131 参见: Víctor Navarro Brotóns, 'The Reception of Copernicus in Sixteenth-Century Spain: The Case of Diego de Zúñiga', *Isis* 86 (1995), 52–78. 关于哥白尼学说在西班牙得到接受的情况，更广泛的探讨可参阅该作者的著作: 'Contribución a la Historia del Copernicanismo en España', *Cuadernos Hispanoamericanos* 283 (1974), 3–24; and José María López Piñero, *Ciencia y Técnica en la Sociedad Española de los Siglos XVI y XVII* (Barcelona, 1979), 178–96.

132 *In quattuor libros De coelo*, 1. 2. q. VI, a. III. 评注的作者是德勾斯（Emmanuel de Goes）.

133 Lohr, 'Metaphysics', 608.

134 最重要的教科书: Fransisco Suárez, *Metaphysicarum disputationem, in quibus, & universa theologia ordinatè traditor, & quaestiones ad amnes duodecim Aristotelis libros pertinentes, accuratè dispuntatur* (Salamanca, 1597).

135 Alan Gabbey, 'The *Principia Philosophiae* as a Treatise in Natural Philosophy', in Jean-Robert Armogathe and Giulia Belgioiso, eds., *Descartes: Principia Philosophiae, 1644–1994* (Naples, 1996), 517–29: 524–5. 对比蒙田（Montaigne）的表述: 他在比萨认识"一个好人，但此人信奉亚里士多德主义。此人挂在嘴边的信条是: 一切严肃思辨和真理的检验标准就看是否符合亚里士多德的学说，因为亚里士多德学说之外的一切事物都是愚蠢的妄想，亚里士多德已经看到一切、道出一切。" Michel de Montaigne, *Essais*, ed. Rat (2 vols Paris, 1965), i. 161 (Essay I. 26).

Chapter 4
The Interpretation of Nature and the Origins of Physico-Theology

第 4 章
对自然的诠释及物理—神学的起源

如果以17世纪最宽泛的定义来理解"自然哲学"概念，它是对自然现象的探索，它的两极是物质理论（matter theory）和自然史（natural history）。从古代开始，学者们就一直在同时探索这两个方向。[1]但是，自然史的权威著作[如普林尼的《自然史》（*Natural History*）]和物质理论的权威著作[如亚里士多德的《物理学》（*Physics*）或《论天》]之间差异巨大。[2]在亚里士多德看来，自然史无法在理论层面探讨，所以不能纳入他对"物理学"的认知或自然哲学的范畴。当古典文化向教父文化演进时，物质理论和自然史的分化更大了。教父文化对"自然研究要揭示什么"以及"自然研究应遵循的步骤"这两个问题又有了全新的考量；自然史转变为一种对自然的寓言性诠释，或被自然的寓言性诠释所取代（两者描述了事物的不同特点），诠释的指导原则是依据《圣经》，而不是依据实践经验。在经院哲学兴起、亚里士多德的自然哲学复苏之前，这种诠释方法实际上取代了物质理论。

在前两章的探讨中，亚里士多德对于自然哲学的认识似乎完全取代了自然史对于自然哲学的认识，但历史事实并非如此。本章的主题就是从另一个维度来探讨这个问题。亚里士多德的物质理论无疑是对自然过程进行"认识"（*scientia*）的主流理解形式，但是经过基督教改造后的亚里士多德主义其实无法满足基督教自然神学的全部需求。因此，亚里士多德的物质理论由一种对自然的诠释来补充完善，诠释的方法主要受《圣经》思想驱动，但这种诠释又与自然史有着深厚的渊源；自然史在17世纪发展得与古代的自然史极为相似，但主要受明确的自然神学问题驱动。在17世纪下半叶，为了给已走向焦点中心的后亚里士多德自然哲学(post-Aristotelian)提供发展方向，我们看到一些自然哲学家从自然史观点出发建构自然哲学，但这些观点与机械论者(如笛卡儿和霍布斯等人)所持有的对自然哲学的传统理解格格不入。

第一因

我们已在第2章中看到了阿奎那如何处理阿威罗伊主义的问题。他的处理方式表明，神学与自然哲学可能分别走上独立的发展道路，结果可能是在某些根本问题上得出相互冲突的结论。我曾论证，阿奎那的应对方法是要修正对形而上学的理解，使形而上学成为自然哲学与神学之间的纽带。在他的构想中，形而上学与自然哲学一样，对于神学保持中立。对于形而上学的这种理解，问题重重、充满争议。即使这种理解没有问题，甚至还成功调和了亚里士多德自然哲学和基督教神学(如争议最大的灵魂不朽问题)，形而上学无论是作为理解自然界的完整形式，抑或是作为理解自然界的唯一形式，都无法巩固亚里士多德自然哲学与基督教神学之间的同盟关系。其实，阿奎那本人对这一理解采取了另一种处理方式。这里探讨的一些问题在某些方面反映了阿威罗伊主义所提出的疑问，但解决方法不能照搬阿奎那处理阿威罗伊主义的方法，所以这些问题给我们指出了完全不同的方向。

在明确的自然哲学背景下论述自然过程时，阿奎那会坚定地选择亚里士多德主义，援引内在本原来解释物体的自然活动。但当他转而为上帝的存在提供佐证时，他却欣然接受了另一种大相径庭的理解，一种对于自然更具基督教传统特点的理解，一种对于神学而言根本不中立的理解。在《神学大全》(Summa theologica) 中[3]，他提出了证明上帝存在的"五路证明法"(Five Ways)，其目标所指不是阿威罗伊主义，而是一些激进的二元论学说。这些学说最初与摩尼教有关，后来在12、13世纪里得到了清洁派 (Cathars) 等宗教群体的倡导。[4]基于这一观点，物质领域与精神领域之间被划分出明确的界限，上帝的责任局限于精神领域，原因可能有两个：要么认为上帝在创世过程中把创造物质事物的工作交给了次等精神实体，要么认为是魔鬼 (Devil) 创造了物质世界。

对于阿奎那而言，新目标带来了对自然过程完全不同的理解。亚里士多德认为自然是独立自主的领域，与之相反，《圣经》将自然描绘为完全依赖于上帝的意志，这是阿奎那必须调和的对立观点。例如，阿奎那为证明上帝存在而提出的第一个论点虽然披着亚里士多德主义的外衣，但实际呈现的内容完全不同。[5]对于亚里士多德自然哲学而言，在变化的事物中，广义上的"变化"(change generally)与狭义上的"运动"(motion in particular)应归因于潜能(potentiality)的实现。这一点非常重要。当阿奎那讨论物理变化时，他假定事物有这种潜能，认为这与基督教教义并不相悖，因为上帝创造世间万物时就赋予万物潜能或"自动力"(self-active powers)。但是，证明上帝存在的第一个论证采用了与上述假定完全不同甚至截然相反的方法。阿奎那论证了每一个运动着的物体都是被其他物体所推动的，所谓"其他物体"即不同于自身的物体，所以必然存在某个不动的"第一推动者"(即上帝)。第二个论证强化了这样一种观点：物体的运动必定溯源到上帝，而不是溯源到物体的某种固有成分。阿奎那认为，物体不能成为自身的"动力因"(efficient cause)，因为这就意味着物体先于自身存在，这绝无可能。因此，物体的"动力因"必须处于物体本身以外，从而产生因果关系，最终追溯到不需要起因的"第一因"。阿奎那对于因果关系的理解与亚里士多德认为内在本原引起变化的观点并非不可调和，因为阿奎那可以在"内在本原"上加点注解，使"内在本原"最终源于上帝即可。[6]但是，这里要讲到两种迥然不同的情况。第一种是特点鲜明的亚里士多德主义。这一派的学者利用亚里士多德主义，为探讨三位一体、基督本质以及圣餐变体论等问题提供必要之条件，与新柏拉图主义和奥古斯丁学说形成鲜明对比。因为经院哲学认为，新柏拉图主义和奥古斯丁学说不足以解释这些问题，遂将两者摒弃。另一种正是新柏拉图主义和奥古斯丁学说的观点。相比于亚里士多德的"内在本原"说，这一派学者倾向于更典型的斯多葛主义的"因果之链"(chains of causes) 说，从而提出了一种对自然界的不同理解(尽管这种观点与内在本原说不存在严格的对立关系)。

阿奎那对上帝存在的第五个论证在这方面具有启发意义。第五个论证实际上从世界的和谐、秩序尤其是博爱的旨意来推导上帝的存在。人们看到这条论证，可能会想到两种推导逻辑。第一种是从普遍、抽象的和谐出发(类似新柏拉图主义体系中的预设)，推导出赐予"和谐"的某种存在(即上帝)。而第二种则是从万事万物的独特本性出发，顺着亚里士多德的路线，向世人证明每个事物都共同展现出和谐、秩序以及博爱的旨意。第一种论证逻辑显然是本末倒置了，宇宙的等级概念实际上是必须要证明的。相比之下，第二种论证逻辑似乎更有说服力，向世人展现了自然现象中需要解释的共性，而非简单的断言。但是，种种迹象都表明阿奎那的推导逻辑是第一种。他对于上帝存在的思考方式在第四个论证中显而易见。在第四个论证中，阿奎那论述了"恶"是由于上帝的缺失，这一主张与被清洁派复兴的摩尼教教义相反。摩尼教教义认为，"恶"是独立于上帝的某种事物，两者互不相关。第四个论证旨在从不同程度的完美逐步向上推导出至高无上的完美，其背后的观点是"残缺的完美只是至美的不完整体现"。在这个论证中起作用的显然是"完美"的普遍和抽象概念，而非单个事物在不同层次的完美，而且不得不说在第五个论证中也有同样的理解。

在17世纪，我们会看到第五个论证朝着亚里士多德主义的反方向发展，从一开始论证个体的特征（若非本质）发展到认识在自然中的上帝旨意，但是此处探讨的焦点是"最终因"(final causes)，而非"动力因"。这种发展是在对自然的理解两极分化的背景下出现的，这种两极分化在阿奎那的论述中表现得淋漓尽致，但已早有渊源。从我们的关注点来看，这一分化可以表述为"自然哲学"与"自然史（即自然研究）"之间的分化。但与古人探索这两个学科不同，在17世纪，自然史在广义上全然成为自然哲学的一部分。因此，在近代早期，更合理的划分应是系统性的物质理论(systematic matter theory)与自然史的分化。

在16世纪，《圣经》诠释的许多原则（自然史本身也常常借鉴）开始转变，对自然史产生了深远的影响。与此同时，自然史也受到来自新世界（即美洲大陆）的动植物品种的挑战（新世界的动植物冲击了传统上的自然史分类法)。这一时期的新自然史呈现出诸多鲜明的特征：以揭示万事万物中的上帝意志来逐渐代替《圣经》诠释；制定自然史研究的客观标准来取代寓言性的诠释。新自然史制定的标准满足了圣经诠释学对语言学和历史学精确性的要求。这种发展有时独立于物质理论和机械论，而有时又与物质理论和机械论融为一体，产生全新而强大的自然哲学形态(例如实验哲学，详见第10章)。甚为关键之处在于，新的自然研究为自然哲学事业提供了某种广义上的合法形式，从17世纪中叶开始受到许多自然哲学家的热烈欢迎，英国自然哲学家们尤为热切。

亚里士多德主义自然哲学和自然史(即自然研究)所面对的合法化问题全然不同。前者的主要问题是亚里士多德的物质理论与基督教的神学如何衔接，而自然史所面对的则完全不同：《圣经》提供了有关世界的什么信息？人们认为《圣经》具有真实可信的内在属性，但只有正确诠释，才真实可信。那么问题来了：《圣经》要如何诠释才真实可靠？这又和第一类问题(自然哲学和神学的关系)重新发生了关联，并于17世纪30年代早期在教会对伽利略的审判中极为震撼地表现了出来。但两者的结合对17、18世纪人们探索广义上的自然哲学产生了更为深远的影响，因为人们普遍相信，这一结合可以揭示隐藏在自然进程下最根本的层面(在最根本的层面，上帝对于世间万物的意志可以清晰辨识)，为自然哲学的价值和威力提供最引人注目的证明,并以超越所有教派差异的方式指导《圣经》的诠释,而不是被《圣经》所指导。简而言之,这种研究方法便于理解上帝在世间万物的意志,可为自然史提供立足之基础,并实现自然史的合法化。从17世纪下半叶开始,这些观点便从整体上指导自然哲学,为自然哲学提供了准宗教的地位,这种地位对自然哲学完全实现合法化十分关键。

对自然的诠释

亚里士多德的自然哲学并不只是取代其他的自然哲学,它也推动了自然哲学的进步,使其逐渐成为理解自然现象的体系。这种理解体系倾向于取代对自然现象的其他解释,但这些被代替的解释从未彻底消失。我们曾在文艺复兴时期,在新柏拉图主义自然哲学推荐的沉思活动中,在某些自然主义流派假设的神秘关系中,瞥见过它们的踪迹。但是,在正统的亚里士多德经院哲学中,同样有它们的身影,比如佩雷拉的思想。佩雷拉最有影响力、最受欢迎的著作是1590年出版的对《创世记》的详尽评注。

不能把佩雷拉的评注简单地归因于他对神学的兴趣。16世纪时,《创世记》有诸多版本的评注,形成了一种文学体裁，主要关注自然知识，尤其是宇宙论的知识。无论亚里士多德的自然哲学多么成功、多么全面，都不能完全取代这些评注的贡献。宇宙论打从一开始就在基督教的神学中占有一席之地，而且早期的基督教评注者对《创世记》投入了许多心血。他们主要探讨了与上帝在第一日创造的第一层天相比，第二日创造的第二层天（或苍穹）的位置问题，以及"将上面的水和下面的水"分开的苍穹所构成的物质屏障的本质问题。为了回应基督教的宇宙论，学者们提出了许多彼此对立的宇宙模型，例如4世纪的伪克莱门特著作《订正录》(Retractiones) 的作者和巴西尔 (Basil)，以及7世纪塞维尔的西多 (Isidore of Seville)。[7] 大阿尔伯特和阿奎那在对彼得·隆巴德的《箴言四书》做评注时，两人都对最高天的本质提出了自己的看法，都将最高天视为一个独立的物理空间 [当时的教科书也持同样的观点。比如，塞雷亚 (Juan de Celaya) 在1518年撰写的《关于亚里士多德〈论天〉与〈论地〉的论述》(Ecposito de celo & mandi Aristorelia)，参见图4.1]。他们也在探究每种感官"能否"以及"如何"在最高天中发挥功能。阿奎那遵循亚里士多德的观点，认为苍穹和水晶天 (crystalline heaven) 是由与地球上四种元素完全不同的第五种元素组成的。[8] 这里提到的论述完全不同于从自然哲学体系中发展而来的宇宙论，比如亚里士多德、斯多葛学派甚至是帕特里奇的宇宙论。这里的论述是一整套学科体系的一部分，明显属于新柏拉图主义范畴，它们反映并巩固了在教父的设计下为基督教神学提供理论基础的新柏拉图主义。但是，它们以迥异的方式在不同的层次上起作用，尽管13世纪时人们支持亚里士多德主义而抛弃新柏拉图主义，但后者依然在发挥作用。

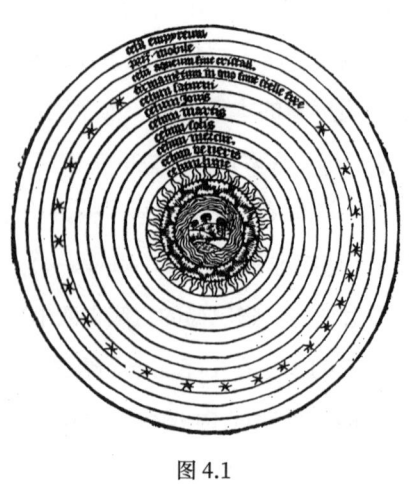

图 4.1

经教父们的发展完善，所谓"对物理世界的理解"，就是以论述自然现象所展现的象征意义来解释物理现象。例如，奥利金、巴西尔以及安布罗斯 (Ambrose) 都明确表示，上帝设计物质世界是为了满足人类的需求，真正重要的并非引起物理实体这般现象的原因，而是物理实体的象征意义。奥利金尤其认为，世界和《圣经》都具有彻头彻尾的象征性，两者都需要一套诠释方法。[9] 不可避免的是，对世界的诠释仿照了相对完善的圣经诠释法，故而世界也被看作一本书，包含着独特而隐晦的精神真理。诠释的任务是要透过字面的含义与世俗的用法，直达隐藏其中的精神真理。

奥利金的"三重释经法"对于《圣经》的诠释非常关键。他将《圣经》诠释分为三个层次，分别是解释字面意义、阐述道德意义(教导如何生活)和阐发寓言意义(揭示潜在的精神真理)。学者可以为《圣经》中一些字义相互矛盾、看似荒谬的篇章赋予含义，以展现《圣经》经文在每个细节上都具有权威性。这样一来，经文中就没有任何内容是错误的、冗余的或无意义的。而且，经文可能传达的含义还是无穷无尽的。[10] 将道德和寓言层面的诠释方法应用于自然世界，可以让人们解决直接解读自然世界遇到的诸多问题，比如回答"寄生虫和捕食者的存在是为了满足人类的需求"。在世俗世界中看不出任何意图的自然客体也可以被赋予象征意义。比如，对巴西尔而言，有毒的动物象征着邪恶(the wicked)；对于奥古斯丁而言，有翅膀的生物象征着能够飞向天堂的信徒。回答这些问题的标准文本是由奥利金(或者他的门生)编纂的《生理学》(Physiologus)一书，该书阐述了一套精致的寓言含义体系。但是，最终确立诠释原则的却是著有《基督教教义》(De doctrina Christiana)的奥古斯丁。他又增加了一个诠释的层次,称为"原因论"(actiology)或(在中世纪晚期的版本中称为)"神秘意义"(anagogy),解读了《圣经》经文或世界与神学真理的关系。但正是奥古斯丁对符号(signs)本质的论述,对于中世纪的诠释学理论产生了最重大的影响。奥利金认为,其含义具有多样性是因为《圣经》文字模棱两可;而奥古斯丁认为,《圣经》语言的含义单一明确,可以限制诸多可能的解读。[11] 尽管如此,《圣经》的含义确实具有多样性,但这是因为《圣经》文字指涉的事物存在多样含义,而《圣经》的精神含义正是蕴含在这些多样性之中。自然事物的真实含义在于它们的精神意义,而精神意义则由《圣经》提供。如果将注意力局限于自然客体,就相当于做"符号"的奴隶,而这种对自然的字面解读无异于盲目崇拜。[12] 此外,人们通常认为事物自身没有意义,只拥有精神层面上的象征意义,所以必须透过事物在感官上的表现,洞察它们的精神意义。[13]

在真正的新柏拉图主义者看来,一切关系都是自然事物与它们所象征的"更高级的"精神真理之间的关系。自然事物本身之间的相似性以此观点看来毫无立锥之地。但从安瑟伦开始,伴随着经院哲学思想的发展,特别是经院哲学在13世纪采用了亚里士多德主义的形式后,自然事物之间的关系便开始显现自身的重要性[14],开始形成体系化的原则,这也构成了自然世界知识的基础。孔什的威廉（Wiliam of Conches）在12世纪提倡对自然进行系统且直白的解读，但遭到了指控，指控的罪名是将自然视为独立自主的本原以及信仰摩尼教。[15] 与此同时，圣维克多的休（Hugh of Saint Victor）主张，事物本身或许便是启示（illumnation）之源。[16] 当然，除非这种观点说得通，不然大阿尔伯特和阿奎那所倡导的亚里士多德的自然哲学就说不通了。但是，对自然事物之间内在联系的新探索无论如何都没有取代精神真理对它们的诠释。在亚里士多德的经院哲学传统中，自然事物和精神真理在关键方面相互补充，推动了"像阅读书本一样阅读自然"的观念。一方面来看，这又强化了一种观点，即用于解读《圣经》的方法或适用于解读自然。而且，在经院哲学的传统中，自然哲学完全依据经文来探讨，这种特征很明显：自然是可以从前人的著作中习得的，前人的著作就是真理宝典，但是要偶尔根据经验不断修正。另一方面来看，对自然世界的研究取得了与《圣经》研究同等的地位，因为对自然世界的研究具有在宗教意义上的重要性，现在两者都是理解上帝不可或缺的途径。

16世纪时，这种思路的绝好例证就是徽志图（emblematics）。徽志图结合了宗教、自然研究、文学以及更广泛的文化要素，集中体现于一系列凝练的图像中。康拉德·格斯纳（Conrad Gesner）的《动物志》（*Historia animalium*）是一个很好的例子,该书前四卷问世于16世纪50年代。[17]《动物志》由爱德华·托普塞(Edward Topsell)翻译成英文,于1607年出版。托普塞自豪地在英文版扉页中描述了书中的表现方式:

每种动物的故事都有取自《圣经》、天父、哲学家、医生以及诗人的详细叙述,其中包括丰富的象形文(Hyeroglyphicks)、徽志(Emblems)、诙谐警句(Epigrams)以及其他精彩的历史描述。[18]

格斯纳的《动物志》描述了一些特别的动物,总体分为八部分。他的描述包括动物在不同语言中的称呼、因地域差异表现出的外观差异、日常习性、嚎叫与鸣叫、与其他动物的关系、食物来源等等。这些描述大部分来源于经典文献,以人文主义的风格做了长篇大论的引证。最后一部分(肯定篇幅最长)主要是探讨描述性的称号、符号、格言以及徽志图。阿什沃思(Ashworth)举例指出,在最后一部分对于狐狸的详细记录中,我们可以找到描述"狐性"(foxy)的诸多词汇(狡诈、狡猾、虚伪、诡计多端),可以找到关于狐狸的隐喻(如耶稣基督将希律王称为老狐狸,因为后者行事狡黠),可以找到有关狐狸的预兆(在路上遇到一只刚出生的狐狸不是个好的兆头),还可以找到《圣经》中对于狐狸的描写、与狐狸相关的格言警句和联想。随

后,阿什沃思未作任何解释,便得出下面这段高深莫测的结论:

> 心灵比美貌更可贵。一只狐狸溜进了舞台剧务的工作间,戴上了一副精致优雅的人形面具。面具虽是死物,但戴在狐狸脸上,从任何角度看来,面具都栩栩如生。狐狸用爪子抓住面具,喃喃自语道:这是多么精巧的人类头颅,(空有皮囊)却没有大脑。
>
> ——阿尔恰托(Alciati),《徽志图》[19]

上文中提到的阿尔恰托,为我们探讨寓意图提供了线索。阿尔恰托的《徽志图》一书在1531年首次出版,随后又出现了大量的各种语言的译本。[20]该书开创了一种体裁,一直延续到17世纪中期。寓意徽志图这种体裁一般由格言、图像以及一段解释性的警句短诗构成,以高度浓缩的方式表现丰富的细节,展现探讨对象的关键特征。

我们需要了解17世纪早期徽志传统在当时自然哲学家所处的文化环境中起到的作用。培根、伽利略以及笛卡儿都或多或少与徽志传统有关联。培根在1624年编纂了一部格言集,以独特方式(常是诙谐幽默)表达出凝练的信息。培根的这部格言集汇集了培里克里斯(Pericles,雅典政治家、大将军、演说家)、西塞罗、亚历山大、威廉·劳德(William Laud)以及他父亲尼古拉斯·培根 (Nicholas Bacon) 等人的格言。培根对于格言警句 (aphorisms) 的独特作用赞美有加，体现出以非字面的方式表达信息的重要性。例如，他在《法律原理》(Maxims of Law) 的序言中如是写道：

> 尽管我能将这些规则整理出一定的条理或顺序，我也知道，本可以做得更好，因为通过利用与其他规则的一致性和关联性，可以列出每一条具体的规则，这样看起来就更为精巧深刻；然而，我却没有这样做，因为通过截然不同、互无联系的格言来传播知识，可以留有更大的自由，可以反复咀嚼人类的智慧，也可为这些格言赋予更多的意义和用途。[21]

箴言和其他形式的凝练信息也深深地影响着培根的思想。[22]这类短句的一大优点是易于记忆，不过依然意涵丰富，读者可以通过文字本身的含义，了解到文字背后蕴藏的深厚知识。就拿笛卡儿来说，他学习的耶稣会文化早已充满了徽志和符号。在那时，人们十分注重徽志的教育价值，在耶稣会学校的教规手册 (即《耶稣会教学大全》, Ratio Studorium) 中[23]，解读神秘事物和诠释徽志与符号是受到推崇的训练活动。耶稣会中有大量关于圣像和神圣符号的文献[24]，一定程度上已相当于耶稣会文学活动的核心。[25]最后，再谈谈伽利略。徽志图在他曾供职的宫廷中也是一种主流文化，他还曾亲自为科西莫·德·美第奇设计了一幅徽志图。1608年,伽利略将自然哲学与君权结合,为科西莫设计出一幅徽志图,将君权的自然属性与君权的强制力相调和。他作的这幅徽志图以磁石（象征美第奇家族的权力）为表现形式,磁石的吸引力只会对铁屑起作用,铁屑（象征受统治的民众）自愿受到磁石的吸引,而非铁物质（象征不受统治的民众）则不受影响。[26]

尽管徽志图手法具有文化韧性,但其作为一种自然研究的模式,还是在17世纪早期走到了尽头。究其原因,徽志图没有促进自然研究本身的发展,而是促进了《圣经》释经学的发展。《圣经》诠释与自然诠释关系密切,而且自然的诠释方法建立于《圣经》的诠释方法基础之上,这些都意味着《圣经》释经学的根本性改变会直接影响到自然诠释学。

《圣经》释经学

文本诠释的问题是人文主义者研究的核心,在法律和《圣经》这两个领域内更是问题重重。这两个领域存在着共同的问题,在15世纪40年代洛伦佐·瓦拉 (Lorenzo Valla) 的著作中首次产生了交集。这部著作直到16世纪初才为人所知,因为在16世纪初期学者们才开始使用相似的通用程序在法律和《圣经》两个领域内对文本的真伪展开鉴定。《圣经》释经学面临的争议是源于对《圣经》权威开展的一次彻底的再评判，这在17世纪是个紧迫的问题。这次再评判从根本上挑战了基督教对世界的传统理解和人在世界中所处位置的传统认知，其程度远超自然哲学发展曾带来的或者可能造成的挑战。尤其从大约17世纪70年代开始，这次再评判开启了新的关注领域，并最终重新塑造了北欧文化。自然哲学虽然不是这次重塑过程中的引发剂，但随着自然神学的问题出现，对解决这些问题发挥了重要作用。

我们首先看看汇集于瓦拉的两股思潮，先从《圣经》的问题讲起吧。人文主义者向来秉持的基本原则是，任何文本的译本都不能替代原著。但是，人们在这一原则是否也适用于《圣经》的问题上争论不休。虽然耶柔米 (Jerome) 自己也提倡这一原则，但是他的拉丁文译本却成为《圣经》经院知识的唯一基础。但到了16世纪初，随着罗赫林 (Reuchlin) 开始整理《圣经》的希伯来文文本，伊拉斯谟 (Erasmus) 开始编辑《新约全书》的希腊文文本，人们开始发觉一部拉丁文译本已不够用了。这种状况着实令人不安，说来有几点原因。首先，哪怕《圣经》中的一个词被重译，神学的整个传统都可能受到威胁。比如，伊拉斯谟翻译《约翰福音》(Gospel of John) 时，对古希腊的术语"逻各斯"(logos) 的含义进行了思考，将开头的第一句话从"In principio erat verbum"改为"In principio erat sermo",从而挑战了神学"圣言"(word)研究的长期惯例。[27]总体而言,宗教改革使得拉丁文的问题呈现出两极对立。拉丁文是天主教教会的官方语言,天主教教会将欧洲国家整体上视为在教宗领导下的一个大家庭,而拉丁文正是这个大家庭的通用语言。[28]拉丁文实际上是作为一种神圣的语言,语言的多样化则被视为罪恶[29],这就表明使用本国语言在道德上是有危险的。除此之外,使用本国语言的译本为那些与天主教相悖的神学观点留下了修改措辞的余地。比如,廷代尔(Tyndale)的《新约全书》的英文译本遵循了马丁·路德的思路,将"仁爱"(charity)翻译成"爱"(love),将"神父"(priest)翻译成"上级"(senior),将"教会"(church)翻译成"圣会"(congregation)。

依据"神启诠释"(inspired interpretation),为了诠释上帝在《圣经》中的启示,需要向上帝直接代祷(God's direct intercession),这样的启示文本一旦存在,便不可修改或校订。[30]以上这种拉丁文或本国语言的"神启诠释"与基督教的语文学传统产生了直接冲突。神启版本的观念源于1世纪中期的斐罗(Philo),他将《塞普图京特》(Septuagint)这一希伯来语《旧约全书》的古希腊文版本视为不可更改的最终版本。三个世纪以后,耶柔米在翻译《旧约全书》时发现,希伯来语文本与《塞普图京特》之间存在重大出入。耶柔米坚决认为，在"基督诞生"等问题上，希伯来语文本与《新约全书》观点一致，而与《塞普图京特》有冲突。耶柔米摒弃了神启诠释的观点，转而推崇为后世所知的语文学释义法。奥古斯丁在这件事上反对耶柔米，他坚定拥护《塞普图京特》的神启诠释，并非因为他不知道两个版本有出入，而是因为担心可能引发教会分裂。对他而言，这种担忧远比版本的出入更重要。[31]然而到了16世纪，当这些问题再起争论时，对比新教从古希腊文版本和希伯来文版本翻译来的新译本，人们却认为耶柔米的拉丁文译本拥有"神启诠释"资格。

譬如，罗赫林(Johann Reuchlin)从希伯来文翻译来的《旧约全书》完全遵循的是语文学原则，没有论及神学或哲学上的问题，这种做法很能说明问题。[32]查实正本应为先，然后才能开展这样的翻译工作，而罗赫林出于语文学的理由对拉丁文版《圣经》(Vulgate)持强烈的批判态度，然而这不仅削弱了拉丁文版《圣经》的权威性，也威胁到了基督教对《圣经》的传统诠释。1516年，伊拉斯谟的《新约全书》译本发行后，情况进一步恶化。早在1501年，伊拉斯谟在对比希腊文《(旧约)》《诗篇》(Psalms)和拉丁文《圣经》时就指出，耶柔米对字词的逐字翻译使得两个文本之间产生了出入，所以只有对比古希腊原文后，方能理解拉丁文版《圣经》。伊拉斯谟在这方面拒绝就宗教文献和世俗文献做任何划分，因为两者的调查研究方法是相同的。1504年，伊拉斯谟发现了瓦拉在1449年诠释《新约全书》时写就的论著手稿[33]，这使他更坚定了自己的立场。瓦拉在手稿中提出了翻译的规则，他认为，希腊文版本的差异应准确地反映在拉丁文版本中。他还认为，要寻找语言上的指导，就应该找同时代的异教徒作家，而不是找后来的基督教作家。伊拉斯谟遵循这些规则为自己辩护，反驳神启诠释的拥趸所提出的批判。他驳斥道："做先知是一码事，做翻译是另一码事；圣灵 (Spirit) 虽在这句话中预言了未来，而在其他语句中则要依据博学的语言和知识来理解翻译。"[34]

在法律研究中也存在类似的发展进程。瓦拉为《罗马法》(Roman law) 开辟了一种语文学—历史学的研究方法[35]，旨在将法律文本的字面含义与强加其上的比喻性解释分离开来。瓦拉认为，在法律文本之上强加比喻性解释最甚者即是《标准评注》(Glossa ordinaria)。《标准评注》是对《查士丁尼法典》(Digest of Justinian) 的评注汇编，始于11世纪末西方的第一位西罗马法学者欧内乌斯 (Irnerius)，于1250年成书。在《评注》的影响下，产生了后评注学派 (post-glossators)，其中的代表人物有14世纪的律师——萨素菲那多的巴托鲁斯 (Bartolus of Sassoferrato)。他关注的是早期评注者在分歧背后的实质原因，以及如何调和这样的意见分歧，以便于将应用于具体案例的法律进行明确分类。[36]相比之下，瓦拉不是律师，而是古典学者，他的志趣在于重拾真本字里行间的原义。瓦拉知道《查士丁尼法典》本身是个错误百出的文本。他指出，在《法典》的编纂过程中，编纂者往往不加声明就删改经典文本，由于编纂者缺少合适的方法，使法典中出现了许多的年代错误与自相矛盾之处。这部法典后来经拜占庭的编纂者传播，将希腊文和拉丁文术语混杂，更添了困惑。最后，这部法典又经由经院哲学家诠释，他们不了解古罗马和罗马法的起源，瓦拉还推测，他们中的一些人闭门造车、粗枝大叶，热衷于揪着琐碎的问题大谈特谈。

律师们向来不怎么关注文本的调和问题，因为他们会从诡辩的角度思考单个主题。[37]与之相比，瓦拉反对将法学原理优先应用于案件的任何企图，因为在他看来，谬误之多已令人难以理解法律的原本含义，除非找到原本的法律，揭示它们的本来含义，否则法律应用便不可行。这就需要修复大量的古代文本，以揭示历史版本中出现的歪曲和伪造之处。其实，瓦拉已经成功地让世人逐步认识到，《君士坦丁御赐文》(Donation of Constantine)是个伪诏[38]，他凭借这一点削弱了基督教教会法规(canon law)的权威，破坏了至高权力的教权之根基。在罗马法领域，瓦拉批判了以巴托鲁斯为代表的诸多评注者，从而削弱了罗马法及其评注者所著评注的权威地位。此前,律师将罗马法看作唯一不变的理想符号,一些评注者视罗马法为神圣的原始资料。[39] 瓦拉和他的思想继承者彻底地摒弃了这样的一个做法,改变了人们固有的观念,不再将罗马法视为一个法律原理的自洽体系,而是向世人展示,罗马法只是源于不同时代、出于不同目和考量且互相矛盾的多种法律的大合集。须知,罗马法还是依时局而定的政治法令和判决所构成的实在法(positive law),而非自然法(natural law)。为纠正这一点,法学领域的人文主义者主张,不同的历史层面应分离开来,放回事件语境中重新分析,才能发现法律原理的真实目的和含义。瓦拉以此方式开始对《圣经》进行严肃的语文学研究,将语法原则的重要性置于神学原则之上。瓦拉还开创了法律文本批判的新程序,这套新程序在布代(Guillaume Budé)于1508年对《查士丁尼的法学汇编》(Pandects of Justinian)的批判和很大程度上持否定态度的分析中得以延续;在布代的分析中,强调了法律原则的史实性和偶发性等中心思想。这套新程序正面应用的另一个例子,是1561年弗朗索瓦·博杜安(Francois Baudouin)在确立历史学普遍原则方面的尝试。[40]

法律和《圣经》的语文学研究在16世纪期间有了一定发展,彻底改变了这两个领域的研究状况。但在这两个领域中发展起来的原理产生了外溢效应,扩展到涉及自然哲学地位的一些核心领域。比如，与天主教教会的权威问题有关的教义问题，这些教义上的问题囊括了许多在自然哲学范围内可以独立探讨的问题。在16世纪50年代，多明我会神学家梅尔其奥·卡罗（Melchior Cano）曾经致力于制定规则，以评定教会在教义问题上的权威，而他的关注点和解决方法与从《圣经》和法律诠释学中发展而来的原则有惊人的相似之处。这并不意外，因为在主教叙任权之争后不久，格拉提安（Gratian）汇编的教会法规就为法律提供了成体系的模式，为存有冲突的教会权威确立了一套权威性和合法性原则。[41] 在卡罗死后才出版的《论神学》（De locis theologicis, 1563年）就是为了给天主教教会提供一套成体系的程序，旨在确立教会权威的基础和级别，以回击新教对教会权威的质疑，同时也为了回击人文主义者对天主教滥用宗教文献和史料的批评。卡罗明确了教会权威的内外来源。教会权威的内部来源包括福音书、教会的全体公告或协商发表的声明，以及天父和经院哲学的某些观点。教会权威的外部来源包括自然哲学、广泛意义上的哲学，以及历史（如今，历史成为证明教会权威的一个独立来源）。[42] 历史论述在解决宗教教义的问题上有多大权威，取决于我们对历史作者的可信度评估，反过来又取决于对全部史料的通晓程度。说到底，因为这些史料只会形成可能的信仰，而不是确定的知识，所以合理的质疑有时候是恰当的。为了应对这些合理的质疑,我们需要平衡许多因素,其中最重要的是作者的可信度及其论述本身的内在合理性。在裁决自然哲学争议时,《论神学》将会发挥举足轻重的作用。比如,在对伽利略审判时,原告和被告都将《论神学》视为权威,尽管双方在与争议相关的部分内容上无法达成一致。[43]

对于新教徒而言,方式则截然不同。路德神学的核心教义之一是在圣餐(communion)期间救世主(saviour)耶稣"真实临在"(real presence)在圣饼和圣酒中。天主教教义认为,在圣餐仪式中,耶稣的真实临在是神迹转换(变体)的结果,加尔文派则认为,根本不存在所谓的真实临在,不过是一种象征符号[44],而路德派则坚决主张耶稣无处不在。正如路德所言,耶稣基督"本质上无所不在,存在于一切生物的所有部分和所有位置之中"。[45] 全知全能的上帝无处不在,意味着可以通过对于自然的研究认识上帝的安排或计划。[46] 在这种诠释下,问题不在于确立由何种权威来裁决自然哲学问题,而在于运用法律和《圣经》诠释的思路,从程序和动机的层面为自然研究构筑坚实的基础。

这方面的主要贡献来自让·博丹(Jean Bodin)于1566年写就的《易于认识历史的方法》(*Methodus adfacilem hisioriaram cognitionem*)。在博丹看来,罗马法显然没有提供一套自然法原则的自洽体系,所以我们不禁要问,应如何做才能提出这样的原则。首先需要一套详细的、成体系的历史研究方法,探究法律出现的过程,才能从视情而定的具体法律条文中寻得根本的法律原则。为了达到此目标,需要设立一些程序来评定史料记录的可靠性。在《易于认识历史的方法》一书中,博丹从以下两条道路中选了一条中间道路:一条道路是评注法学者的观点,他们认为自身使命是从天赐的罗马法体系中提炼出一些法律原则;另一条道路是怀疑论的观点,认为我们不能奢望任何的历史原则或法律原则,因为它们的来源,往好了说是出处不详,往坏了说是自相矛盾。[47] 要走好这条中间道路,就需要制定一套具有普遍共识的程序,确定作者采用的史料记录和工作报告的可靠性,博丹于是制定了一套用以评判可靠性的原则。[48] 比如,他指出,相对于二手材料,历史学家应首选当事人的记录,并与可找到的其他证据来源对比查证。他还指出,资料来源的可靠性还存在一个普遍性问题:我们应该首选那些有管理经验之人写的报告,而且应该考虑到,选用的资料来源是否受到了同时代人或相隔较近的后人们的褒贬。

当博丹转向自然研究时,我们发现他在这一领域与他在法学领域里有相同的考量,得出的结论也十分明显。在促进新的自然研究过程中,最重要的因素是,对自然世界的深入思考能指引人们深入地思考它的创造者(上帝)。对自然的研究可以在宗教和道德层面起到教化的作用,这是贯穿整个16世纪自然研究领域中的主题。[49] 毋庸置疑,徽志图以其独特的方式参与到道德教化中，但它不过是一种实现手段，且不总是最得当的手段。手段是否得当，在很大程度上取决于人们如何看待问题关键所在。看上去道德和宗教教化似乎自身就是崇高的目的（而不是为了更高的目的而教化），而且似乎其中的道理不证自明，但在16世纪末的法国，我们在一些论著中发现了一个更明确的威胁，这些论著表达的自然—神学观点正是对这个威胁的回应。在《普遍自然的戏剧》(Universae naturae theatrum, 1596年)的开头，博丹用以下论述来攻击那些对上帝"不敬"之人：

> 有些人深陷愚钝，拒绝崇拜真正的神，任何神圣的规范或先知的神谕也不能将他们拖出这顽固思想的泥沼，但他们却被科学最确切的论证所征服，仿佛经历拷打和审讯，从而摒弃了所有的不敬，热爱同一个永恒的神，这是多么可贵啊！……但是，因为我们必须常常与那些并未真正体验虔诚的人辩论，他们必须为自然科学所驱。自然科学伟力甚巨，凭其一己之力，经由连续之因果效用，便可让心不甘情不愿的人心服口服，明确认同世界的状态和起源，称许永恒上帝的无限力量。[50]

安·布莱尔 (Ann Blair) 曾指出，这里的抨击对象很可能涵盖了那些利用宗教战争反对传统基督教教义的人。譬如，加尔文派的牧师皮埃尔·维雷(Pierre Viret)早在1564年(即法国宗教战争爆发两年后)就注意到，这群人所造成的困难远甚于"迷信且盲目崇拜的"天主教教徒，而且维雷指控他们滥用了"给予他们在两种对立宗教中任选其一的自由"。[51]当时，这一群体的身份标签是"无神论者"，但这个叫法很不严谨，其中兴许还囊括文艺复兴时期的自然主义者和被贴上标签的宗教狂热分子。这些狂热分子宣称自己可以不经任何权威的中介直接得到上帝的启示。

博丹在这里提倡的那种基于自然研究的观点与托马斯主义的传统观点有着清晰且显著的差异。在博丹的观念中，自然哲学特别是自然哲学领域中的自然研究可以指导揭示造物主的旨意，明确基督教的基本真理。而托马斯主义认为，基督教本身没有也不可能有任何关于自然哲学的教义。正如阿奎那所言，调和亚里士多德的自然哲学与基督教神学的使命非形而上学莫属。但是如前文所见，阿奎那也在不同背景下提倡过另一种观点，即可通过"五路证明法"有效地理解自然，虽然与博丹的理解相去甚远，但比传统的亚里士多德的个体本性观更接近。

在《圣经》和法律的诠释中，以及在以教义为基础确立教会权威的过程中，自然史(即自然研究)首先要确保其可靠性。动植物的传统分类法无法涵盖在"新世界"新发现的动植物，自然史因此陷入可靠性危机。"新世界"的第一批自然研究始于莱克鲁斯 (L'Ecluse) 的《奇异事物》(Ecotica, 1605年),完全确立于乔治·马克格拉夫 (George Markgraf) 的《巴西自然史》(Historia naturalis Brasiliencis, 1648年)。《巴西自然史》介绍了一些动植物,它们没有已知的相似物种、亲缘关系和天敌关系。阿什沃思曾说:"(这些动植物)它们赤条条地闯入旧世界(译者注:Old World, 尤指欧洲),不具有徽志的象征意义。"[52] 这意味着徽志动物学和植物学走到了尽头。但是,这也迫使学者们反思自然研究的范围究竟是什么。事实上,在自然研究的其他领域,这种反思的基础已不复存在。在动物学和植物学范围之外,徽志象征手法在16世纪从未取得相同的优势。从16世纪中期开始,学者们编纂了许多自然研究著作,但其目的都是回应传统亚里士多德思想中和道德说教中的知识分类间存在的分歧。但徽志方法(在新世界的动植物面前,其败局已经显现)仍倾向于在完全封闭的领域中开展,所以在自然研究领域没太大用处。譬如,卡尔丹诺的《论精巧》(De subtilitate, 1550年) 和《论差异》(De varietate, 1557年),涉及自然哲学、商业和医学领域里的各种秘密、藏头诗 (acrostics)、诗中诗 (poems hidden in poems) 以及数学难题。约翰·雅各布·维克尔 (Johann Jakob Wecker) 的《秘密》(De secretis, 1582年),从天地万物的形而上学和自然哲学的含义谈到了如何伪造硬币和宝石,以及如何捕鱼。德拉·波尔塔 (Giambattista Della Porta) 的《自然魔法》(Magia nauuralis, 1589年) 探讨了许多以往被知识分类学排除在外的知识——要么是因为这些知识昙花一现（如女性美容术），要么是因为它们涉及"神奇之事"（诸如光学把戏、隐形书写等），书中虽然也探讨了冶金学和光学的实际问题（即便两者曾归于其他的类别），但论述不够充分。[53] 知识范围的扩展不仅意味着有机会挑战传统分类法的排他性，也意味着有机会弄清楚现代知识超越亚里士多德的程度。比如，在《论精巧》第17卷中，卡尔丹诺指出，现在有这么多古人并不知晓的发明，例如家用壁炉、教堂的大钟、马鞍上的马镫、时钟的平衡锤，要全部列举出来，一本书都写不下。

在此之前，处理自然研究问题和更普遍的自然哲学问题的传统方式是编纂一部对亚里士多德著作的评注。[54] 但这种方式有个前提，即学者的研究领域基本上是封闭的或固化的（基于评注文本），然而放到新世界的动植物身上，这一前提则不成立。正如地理学家安德烈·特维（André Thevet）在1588年所说[55]，新世界的自然研究揭露了一批"哲学家中的毒蘑菇"，他们用诡辩术来"否定常识"，但新世界的自然研究也受到欧洲自然研究不曾有过的束缚。安东尼·帕顿（Anthony Pagden）如是写道：

亚里士多德、阿奎那或耶柔米曾经具有的"我"的权威，并不源于获取信息和经验的特权（而作为美洲观察者的"我"的权威却源于获取信息和经验的特权）。霍布斯曾指出，"我"的权威完全源于一种在人民眼中可授予权威的文化地位。阿奎那和耶柔米的权威来自上帝。亚里士多德的权威源于他是逍遥学派的一员（人们相信逍遥学派对自然世界的见解独到，尽管对这种观点争议颇多），而且他的著作得到阿奎那的首肯。而美洲世界的观察者们，他们的权威性只源于他们作为观察者的身份，因此作为著者的观察者们（以及他们的著述）必须将自身的水平提高到一个高度，即使无法与天父或《圣经》的高度直接相比，也要和古代的科学著作一样独特、一样权威。[56]

这种回应反映了观念的转变。之前的观念是，观察和实验就可以简单地证实或反驳某个自然哲学观点；转变后的观念则是，独特的经历本身就具有合法性。[57]这种转变在《圣经》和法律的诠释中已有先例。前文已讲过，诠释《圣经》的新手段是忽略寓言式的解读，转而以明确的字面含义重构文本。正如法律领域的人文主义一样，这种重构也将文本历史化了：评注者曾运用更高层次的诠释方法，超越著作本身的时间和空间，来揭示永恒的真理，从而使人类作者的意图完全服从于著作中的真理。相反地，人们现在侧重阅读那些记载着久远事件的史料，史料的可靠性不仅要无可争辩，还必须成为历史真实性的典范。这种发展转变有个令人咋舌的例子：摩西现在被视为"一位备受尊重的历史学家""历史之父"，以及地球形成初期一段真实记录的笔者。此外，作者的信息与目标读者的信息现在也不再被忽视。[58]在这种情况下，《圣经》与历史文本、自然研究著作之间的差别就缩小了，因为《圣经》传递了历史和地理信息。伊甸园与大洪水不再象征着更深层次的精神真理，以往我们需要通过寓言式的诠释才能了解这些含义。伊甸园的地理位置与大洪水的真实程度变成了有经验依据的问题，探索的方式可以不再依靠《圣经》文字，而是可以通过历史查证、自然研究和实地考察。相应地，人们开始觉得寓言式的诠释反而遮掩了《圣经》中蕴含的历史、地理以及自然哲学的真理。

上帝先验论与物理—神学之对比

在17世纪早期到中期，关于"自然哲学对于理解上帝旨意有何意义"这一问题，我们可以从广义上划分出对立的两极。一极以笛卡儿的观念为代表。他认为，上帝既是完全超验的，也是完全无法理解的，所以我们从自然哲学那里学不到关于上帝的任何知识。与经基督教改造的传统亚里士多德主义的"我们拥有上帝赐予的感觉器官，故而我们或能理解上帝创造的万事万物"的立场不同，笛卡儿及其学派普遍认为，我们被赐予感觉器官是为了保护身体、避免伤害，而运用感觉器官本身并不能获得知识。第二极以波义耳的观点为代表。在波义耳看来,自然哲学是一种理解上帝创造万物的非宗派主义(non-sectarian)方法,与《圣经》并驾齐驱。

我们最好把笛卡儿的立场视为对托马斯主义失败后的回应。17世纪初,经院哲学圈子以外(甚至一定程度上在经院哲学内部)的学者普遍认为,托马斯主义将形而上学作为调和手段的想法已经破产。但是正如同出现了许多新的自然研究理论一样,也出现了新的尝试,试图调和作为物质理论的自然哲学与神学之间的关系。后者中最全面的理论出自笛卡儿。笛卡儿观念独特,他坚决主张上帝完全超越了我们的知识范畴,故而无论哪种自然推论都无法企及,因为我们所能想象的或构思的事物,都不能对一个全知全能的上帝强加任何限制。[59]这种观念显然认定自然哲学无法依靠自身资源产生任何与上帝制定的真理相称的知识。笛卡儿对上帝超验性这般坚定的解读,似乎加剧了彭波那齐的问题,而不是解决他的问题。这种做法实际上允许"于我,何为真"和"于上帝,何为真"之间存在一条鸿沟。[60]但在这条鸿沟不可避免地横亘于前时,笛卡儿强调的是,这条鸿沟不可架桥联通,但必须以某种其他方式予以消除。形而上学尚不够资格,或者说不得当,因为只有受到上帝指引的事物才能扮演这个角色。笛卡儿认为,可担此角色的对象是"清晰且明确的思想"(clear and distinct ideas)。这个观点是他对一种修辞原则进行改造后得来的。通过这一原则，我们可以将某种信仰清晰且明确地向自身展现，以此强化情感或信仰。经过笛卡儿的改造，这种修辞原则变成了认知原则，我们可以将某个观点清晰且明确地向自身展现，以此评判观点的真伪。[61]在笛卡儿的观念中，清晰和明确是一种上帝给予的能力（类似于良知之于道德），我们凭此能力或能评判真理，免受自封的权威所左右。但是，因为上帝和人在认知和能力上存在巨大的差距，所以上帝需要确保我们使用这项能力真正地产生真理。

依照这种观念，我们根本没有任何方法去理解上帝在自然中的旨意。无论我们对于自然的研究有多么成功，上帝现在是，而且仍会是，不可理解的。[62]但是，并非仅是上帝的不可理解性阻止了我们以自然研究来掌握关于他的知识。在梅森的影响下，笛卡儿特别想要去反驳文艺复兴时期自然主义者的思想倾向，因为他们试图将上帝塑造成万物的一部分。笛卡儿的上帝是绝对超验的，而且绝不会出现在其创造的事物中。因此，上帝即便可以被理解，自然研究也不可能揭示上帝，因为上帝在自己的创造物中根本就无迹可寻。

这种理解与宗教界对于自然思辨的悠久传统背道而驰。宗教界的自然思辨传统最早可以追溯到保罗："自从创造天地以来，神的永能和神性是明明可知的，虽是眼不能见，但借着所造之物，就可以知晓。"（《罗马书》：第1章第20节）自然哲学，尤其是以自然研究为形式的自然哲学，在此处实际上变为一种自然神学观，这种观念比笛卡儿的上帝观传播更广。我们可以在伽桑狄身上清楚看到这一点。针对笛卡儿的"第三沉思"(Meditation III)，伽桑狄规劝笛卡儿要走哲学思考的"正路"：

首先，如我此前所言，您已经偏离了平坦开阔的"正路"。这条路会指引我们认识上帝的存在、力量、智慧、美德以及其他品质。换言之，宇宙之绚烂，以其浩瀚、差异、多样、秩序、美好、恒久以及其他特征，来赞颂它的创造者（即上帝）。**63**

简而言之，笛卡儿所背离的道路可以通向上帝在自然中的设计与旨意。伽桑狄为了在《哲学体系》(Syntagma)中筑造这样一条道路，不惜将形而上学推倒并纳入自然哲学的范畴。**64**他否认形而上学（他自己称为"神学"）是从自然哲学中分离出的独立学科，认为造成分离的始作俑者是柏拉图。相反地，他遵循希腊化时期的哲学分类法，将哲学分为逻辑学、自然哲学以及伦理学：

斯多葛主义者、伊壁鸠鲁主义者以及其他哲学家将神学与物理学结合起来。因为神学的使命是深入思考事物的本质，这些哲学家认为，应将神性和其他不朽的存在纳入自然哲学的思考范围，尤其因为神性在宇宙的创造与管理中显露自身。[65]

伽桑狄认为，在探索自然哲学的过程中，人们会自发地探索与上帝本质相关的问题，因为人们可以发现证明上帝旨意的大量证据，继而找到充分的依据，证明上帝因果关系的本质。请注意，这种观点并不要求伽桑狄否定上帝的超验性，他并未以世上万物来定义上帝，与其他物理—神学的提倡者相较而言并无过分之处。认为上帝本来存在于自然中的观点仍保留在自然主义思想中，在17世纪仅有斯宾诺莎会捍卫这个观点。相较而言，伽桑狄希望复兴伊壁鸠鲁的原子论并以基督教思想改造之，所以清除原子论中的自然主义成分对于这一目标来说至关重要。[66]

然而，波义耳（并非伽桑狄）为17世纪中期的物理—神学提供了一个最好的范例。在1649年左右，在新教改革家萨缪尔·哈特里布（Samuel Hartlib）的影响下，波义耳开始将自然哲学视为通向自然神学的道路，这塑造了他的整个自然哲学研究生涯。[67]在17世纪70年代中期写就的《关于自然事物终极因的专题论文》（*A Disquisition about the Final Causes of Natural Things*）中，波义耳确认有"两个派别的现代哲学家"，他们否认——

自然主义者应在"最终因"问题上孜孜以求。对于伊壁鸠鲁及其大多数追随者（此处不算近期的人，尤其是博学的伽桑狄）而言，他们都不再去思考事物的终点。因为按照他们的想法，世界中的存在本来就是偶然出现的，便不能设想存在某个旨意来决定任何事物的终点。相比之下，笛卡儿先生及其大多数追随者认为，上帝对于一切有形物体的终极旨意极其崇高，以至于人们狂妄地以为他们的理智得以窥见其中精妙。[68]

但对波义耳来说，研究自然哲学的全部意义首先在于，自然哲学向人们揭示上帝的行为和旨意的方式，要比我们运用自然理智取得的成就更加深入：

上帝的杰作不似杂耍把戏或露天表演这般直白，亦不似王侯们的消遣之乐，所以得明白其中之隐饰；我们越了解上帝杰作，钦佩之情便会越深。这些杰作融入并显露了造物主的无限完美，我们越发深刻地思考，便可越多地发现造物主留下的足迹与印记。我们的最高科学无非使我们更到位地尊崇上帝的全知全能罢了。当某个乡巴佬得见一块不寻常的表，尽管他可能熟稔表壳上的烤瓷，也可能极熟悉装饰表盘的图案，但因无知，他无从得知钟表师的精细技艺。同理，某个手艺不凡的工匠如要弄懂一台小型的机械装置，首先要观察，考虑其精确度，要了解每个齿轮的用途，要注意其比例、精巧设计和整体调校，留心全部隐藏的驱动弹簧，如此则可。所以，在这个世界上，尽管每个细心的读者都可能读到上帝的存在，读得越细，理解越深，但他还是完全不能觉察上帝微妙的品格和措辞，真正的哲学家则能以其敏锐的洞察力了解和识别。[69]

波义耳也指出，几乎所有宗教的哲学家"通过对世界的沉思，已经产生了将世界视为一座神殿的想法"[70]，而且"如果世界真是一座神殿，人类必是神职人员，(在取得资格后)被上帝授予圣职来举行圣礼，不仅是在神殿里举行圣礼，也是为这座神殿举行圣礼"[71]。自然哲学家的活动不仅受到宗教原因的驱动，也得到了宗教的授权。波义耳同意这样一种说法：自由思想者(libertine)或许也使用科学，试图"滥用科学去非难宗教之基础，贬损宗教之习俗"，但是更多地学习自然哲学，就会更坚决地反对自由思想者的凭空假想，即世界的诞生源自"一个极其无能又卑微的起因，即没有意义的物质在其原子层面发生了激烈的碰撞，抑或仅是纯粹的偶然罢了"。[72]异教的哲学家把自然哲学当成他们道德哲学的基础，许多基督教的哲学家一直将这种自然研究方式视为消遣或者偶像崇拜。

波义耳对此做出回应，强调宗教中自然研究的传统特点，实际上将自然研究转变为一种对上帝的崇拜形式，正因为自然哲学家具备深入研究事物本质的技能，所以才被挑选出来，去发现上帝所创造的世界中其他人无法发现的真理。波义耳反对一些英国的神学家，他们"出于对宗教神圣的强烈占有欲（他们是这样想的），极力制止人们沉浸于对自然的严肃思考和研究，好像这是种对基督徒不安全的研究，可能最终会把基督徒带向无神论"。[73]波义耳这样回复：

> 只要我们有正当的理由去相信、去知晓我们真的理解了知识，那么说到底都是一样的，不管这个知识是由于我们凭借与生俱来的观念来运用理性能力，还是通过目的明确、设计精巧的实验，抑或通过人类或神圣的证词（我们将这最后一点称为"神启"）来获得的。因为所有这些都只是了解知识的不同途径，它们实际说明同一件事。[74]

若要使自然哲学家的这种认识成为可能，对自然哲学研究就要有全新的构想，而且必须要有全新的学术权威来实现这种构想。这些问题便是我们接下来会谈到的。

1. 参见 Roger French, *Ancient Natural History* (London, 1994).

2. 但需注意，亚里士多德本人在《动物志》(*Historium animalium*) 等著作中开展自然研究，他在学园 (Lyceum) 的门生泰奥弗拉斯托斯 (Theophrastus) 则将大部分时间投入植物研究，这是一个典型的自然大历史研究领域。

3. *Summa theologica*, I q. 2 a. 3.

4. 参见 Steven Runciman, *The Medieval Manichee: A Study of the Christian Dualist Heresy* (Cambridge, 1982).

5. 参见 French and Cunningham, *Before Science*, 185–97.

6. 在基督教的自然研究中，在"一种或另一种内在本原"与"单一的神圣因果关系"之间摇摆是难免的。例如，在《论三位一体》的第3卷第8章中，奥古斯丁宣扬"动植物是从预先存在的(pre-existing)种子中发展而来"的观点，他告诉我们"以有形和可见的方式所产生出的一切事物的特定种子隐藏于世界的有形成分中"。阿奎那自己也认为，当神圣的因果关系与自然的因果关系作用于同一个事物时，它们在因果关系上应该公平地承担责任，或者说，两种原因必须同时发生作用。参见：A. J. Freddoso, 'God's Concurrence with Secondary Causes: Why Conservation is Not Enough', *Philosophical Perspectives* 5 (1991), 553–85; 参见该作者: 'God's General Concurrence with Secondary Causes: Pitfalls and Prospects', *American Catholic Philosophical Quarterly* 67 (1994), 131–56.

7. 参见 Randles, *The Unmaking of the Medieval Christian Cosmos*, ch. 1, and Schmidt-Biggemann, *Philosophia Perennis*, 237–44.

8. Aquinas, *Scriptorum super libros sententiarum*, ed. R. P. Mandonnet and Maria Fabianus Moos (3 vols., Paris 1929–33), ii. 350 (2. 14. q. 1 a. 1); 比较 *Summa theologica*, I q. 68. 参见：Thomas Litt, *Les Corps celestes dans l'univers de Saint Thomas d'Aquin* (Louvain, 1963).

9. Origen, *The Song of Songs, Commentary and Homilies*, trans. R. P. Lawson (London, 1957), 223.

10. Harrison, *The Bible, Protestantism and the Rise of Natural Science*, 19. I have followed Harrison's discussion on a number of points in what follows.

11. Harrison, *The Bible, Protestantism and the Rise of Natural Science*, 28.

12. Augustine, *De doctrina Christiana*, 3. 7. 但请注意，奥古斯丁在《字解〈创世记〉》(*De Genesi ad literam*) 中，的确对《创世记》提出了字义解读，可能是源于他反对摩尼教的担忧 (*De Genesi contra Manichaeos libri duo*)。我已指出，摩尼教众反对寓意解读，在此情况下迫使奥古斯丁给出了字义解读。

13. 明确的处理方法参见：Eric Auerbach, *Mimesis* (Princeton, 1968).

14. 参见 Harrison, *The Bible, Protestantism and the Rise of Natural Science*, chs. 2 and 3.

15. 参见 French and Cunningham, *Before Science*, 76–9.

16. 如哈里森指出，这种观点实际隐含在中世纪学校的文学艺术课程中："三艺"(the *trivium*，指文法、修辞学和辩证法) 阐明文字的含义，而"四艺"(the *quadrivium*，指算术、几何学、天文学和声学) 阐明文字所指事物的含义：*The Bible, Protestantism and the Rise of Natural Science*, 57.

17. Conrad Gesner, *Historia animalium* (5 vols., Zurich, 1551–87). 有关格斯纳，请参见：William B. Ashworth Jr., 'Emblematic Natural History of the Renaissance', in N. Jardine, J. A. Secord, and E. C. Spary, eds., *Cultures of Natural History* (Cambridge, 1996), 17–37, (此处特别感谢雅尔丁) and Caroline Aleid Gmelig-Nijboer, *Conrad Gesner's Historia Animalium: An Inventory of Renaissance*

Zoology (Meppel, 1977). 更广泛的探讨请参见 William B. Ashworth Jr., 'Natural History and the Emblematic World View', in David C. Lindberg and Robert S. Westman, eds., *Reappraisals of the Scientific Revolution* (Cambridge, 1990), 303–32. 福柯（Michel Foucault）的《词与物》是17世纪认识对象征观点变迁的关键著作，请参考：Michel Foucault, *Les Mots et les choses* (Paris, 1966). 有关古代动物寓言题材的探讨，可参见 French, *Ancient Natural History*, ch. 6.

18 Edward Topsell, *The historie offoure-footed beastes. ... collected out of all the volumes of Conradvs Gesner, and all other writers to this present day* (London, 1607).

19 参见 Ashworth, 'Emblematic Natural History of the Renaissance', 20–1.

20 为便于阅读，请参见：Andrea Alciati, *Emblemata cum commentarijs amplistimis* (Padua, 1621: facsimile copy New York, 1976). 关于阿尔恰托和徽志传统，请参见 John Manning, *The Emblem* (London, 2002).

21 *Maxims of Law*, Preface; *Works*, vii. 321. 参见：他在《安息日的前夜》(*Parasceve*)中的评论"太多的方法导致重复与冗杂"(*Works*, i. 395/iv. 253)。对比《论自然的诠释》(*Valerius Terminus*)，培根在这部著作中赞同"其不应取悦或满足于所有人的需要，应该使其作为独一适合读者的版本"(*Works*,ii.248)。以前的经典作家已有先例，他们拒绝承认任何一种固定的秩序，最重要的作家是文德克土(Caesellius Vindex, 约生活在公元2世纪早期)，沿袭其思想的古代作家还有格利乌斯(Aulus Gellius, 大约生活在2世纪中)和16世纪的罗迪基努斯(Caclius Rhodiginus, 大约生活在16世纪中)等作家。参见：Ann Blair, *The Theater of Nature* (Princeton, 1997), 38–9.

22 参见 Lisa Jardine, *Francis Bacon: Discovery and the Art of Discourse* (Cambridge, 1974), chs. 9–11.

23 参见 Aldo Scaglione, *The LiberalArts and theJesuit College System* (Amsterdam, 1986), 89.

24 文献包括：Jeronimo Nadal, *Adnotationes et Meditationes in Evangelia* (Anvers, 1594), Blaide de Vigenére's translation of Philostratus, *Images ou Tableaux de Platte Peinture des deux Philostrates sophistes grecs* (Paris, 1614); Melchior de La Cerda, *Usus et exercitatio demonstrationis* (Cologne, 1617); Pierre Coton, *Sermons sur les principales et plus difficiles matieres de la fay* (Paris, 1617); Nicolas Caussin, *Electorum symbolorum etparabolarum historicarum syntagmata* (Paris, 1618); Etienne Binet, *Essay des merveilles de nature et desplus nobles artifices* (Rouen, 1621); Nicolas Caussin, *Eloquentiae sacrae et humanaeparallela* (Paris, 1624); idem, *La Cour sainte ou l'institution chre´tienne des Grands* (Paris, 1624); Francisco de Mendoéa, *Viridarium sacrae et profanae eruditionis* (Lyon, 1635); Pierre Le Moyne, *Les Peintures Morales* (Paris, 1640); Gérard Pelletier, *Palatium reginae eloquentiae* (Paris, 1641).

25 这一传统的权威论述，请参见：Marc Fumaroli, *L' Age de l'eloquence: Rhétorique et 'res literaria' de la Renaissance au seuil de l'époque classique* (Geneva, 1980).

26 参见 Biagioli, *Galileo Courtier*, 120–7.

27 Werner Schwarz, *Principles and Problems of Biblical Translation: Some Reformation Controversies and Their Background* (Cambridge, 1955), 13–14. 有关伊拉斯谟的神学理论可参见：Manfred Hoffmann, *Erkenntnis und Verwirklichung der wahren Theologie nach Erasmus von Rotterdam* (Tübingen, 1972).

28 在诠释存疑的章节中，有使用拉丁文版《圣经》的派别和使用希伯来文、古希腊文文本的派别。需注意，只是在两个派别长期辩论以后，特兰托大公会议的教令才不得不最终规定耶柔米的拉丁版与教父著作一起成为"信仰和学科"的终极权威。关于这些辩论的探讨，参见：Salvador Muços Iglesias, 'El decreto tridentino sobre la Vulgata y su interpretación por los teólogos des siglio XVI', *Estudios biblicos* 5 (1946), 145–69.《圣经》所译本国语言的所有译本收录于1559年《索引》第一版，参见综述Heinrich Reusch, *Die'Indices Librorum Prohibitorum'des sechzehnten Jahrhunderts* (Nieuwkoop, 1961), 176-208.

29 参见François de Dainville, *La Naissance de l'humanisme moderne* (Paris, 1940), 64. 有关拉丁文版本问题更广泛的探讨，请参见Françoise Waquet, *Le Latin ou l'empire d'un signe* (Paris, 1999).

30 Schwarz, *Principles and Problems*, 15-16.

31 同上，39-41.

32 但需注意的是，罗赫林通过研究卡巴拉（kabbalah），在深层次理解了基督教教义后，才完成其著作。参见Lewis W. Spitz, *The Religious Renaissance of the German Humanists* (Cambridge, Mass., 1963), ch. 4.

33 Laurentius Valla, *In Latinam Novi Testamenti Interpretationem ex Collatione Graecorum Exemplarium Adnotationes* (Paris, 1505).

34 引自Schwarz, *Principles and Problems*, 136.

35 参见Donald R. Kelley, *The Foundations of Modern Historical Scholarship: Language, Law, and History in the French Renaissance* (New York, 1970), 19-51; and Lisa Jardine and Donald R. Kelley, 'Lorenzo Valla and the Intellectual Origins of Humanist Dialectic', *Journal of the History of Philosophy* 15 (1977), 143-64. 亦可参见 Harold J. Berman, *Law and Revolution ii. The Impact of the Protestant Reformations on the Western Legal Tradition* (Cambridge, Mass., 2003), ch. 3.

36 有关传统可参见Peter Stein, *Regulae Iuris: From Juristic Rules to Legal Maxims* (Edinburgh, 1966).

37 参见Roderich Stintzing, *Geschichte der deutschen Rechtswissenschaft*, (Munich/Leipzig, 1880), i. 123-4.

38 在八世纪晚期到九世纪初期，有人伪造了《君士坦丁御赐文》，并声称它是君士坦丁大帝在四世纪的御赐文（grant），永久性地授予教宗及其继任者以广泛的权力和土地。神圣罗马皇帝奥托三世(980—1002)在十世纪末视其为伪造的文件，拒绝承认其合法性，因为他希望自己在罗马帝国可以主宰一切。尽管对这个文件的真实性存疑，特别是文艺复兴时期的学者对其怀疑从未停止，但直到十五世纪中期，学者才能完全地指出其破绽。库萨的尼古拉、雷金纳德·皮克科(Reginald Pecock, 1395—1461)、瓦拉都分别指出从文件风格本身就可以排除其出自四世纪。

39 参见Walter Ullmann, *The Medieval Idea of Law, as Represented by Lucas de Penna: A Study in Fourteenth-Century Legal Scholarship* (London, 1946), 75-6.

40 Guillaume Budé, *Annotationes ... in quatuor et viginti Pandectarum libros* (Paris, 1535), and François Baudouin, *De institvtione historiae vniuersae et eivs cum iurisprvdentia coniunctione*, ΠΡΟΛΕΓΟΜΕΝΩΝ *libri II* (Paris, 1561). 关于布代，可参见Kelley, *Foundations of Modern Historical Scholarship*, ch. 3. 有关博杜安可见上一文献第5章，以及Julian Franklin, *Jean Bodin and the Sixteenth Century Revolution in the Methodology of Law and History* (New York, 1963), ch. 8.

41 参见Berman, *Law and Revolution*, passim.

42 参见Franklin, *Jean Bodin*, 106-15.

43 参见Richard J. Blackwell, *Galileo, Bellarmine, and the Bible* (Notre Dame, 1991).

44 在以开克曼(Batholomew Keckermann)为代表的加尔文主义看来，诸如白度(whiteness)、重度（heavyness）这样的偶然性是实体的简单属性，不可独立存在。因此，基督神性的属性不可被"传递"给基督人性的属性。也就说明，马丁·路德的教义"基督的实体是无处不在"必定是错的。推而论之，圣餐的实体没有改变，那么圣餐的属性也没有相应地发生改变。参见 Batholomew Keckermann, *Gymnasium logicum, id est, De usu & exercitatione logicae artis absolutiori &pleniori, libri tres* (London, 1606). 有关这些问题更广泛的探讨，请参见 Walter Sparn, *Wiederkehr der Metaphysik: Die ontologische Frage in der lutherischen Theologie des frühen 17. Jahrhunderts* (Stuttgart, 1976).

45 引自 Peter Barker, 'The Role of Religion in the Lutheran Response to Copernicus', in Margaret J. Osler, ed., *Rethinking the Scientific Revolution* (Cambridge, 2000), 59–88: 62. 有关路德教思想对于传播哥白尼思想的作用，巴克尔做出了一个重要的再评估。

46 至少对于路德会教众 (Lutherans) 意味着这个含义。尽管加尔文承认自然中的创造物是创物主的杰作，但他（任何时候都没有接受这个前提）不会接受这个推论。因为在他看来，人类因为有原罪，所以理性有严重缺陷，因此自然哲学对于人类便没有用处。尽管如此，还是存在着某种形式的加尔文主义物理—神学观，比如在阿斯特德 (Johann Heinrich Alsted, 1588—1639) 的著作中就有体现。关于这部著作，可参见：Wilhelm Schmidt-Biggemann, 'Apokalyptische Universalwissenschaft: Johann Heinrich Alsteds *Diatribe de mille annis apocalypticis*', *Pietismus und Neuzeit* 14 (1988), 50–71.

47 参见 George Huppert, *The Idea of Perfect History* (Urbana, 1970), ch. 6.

48 同上，第9章。

49 例如可参见：Blair, *The Theater of Nature*, 28–30. 梅兰希通 (Melanchthon) 在此处是个有趣的例子，因为他采用的方式使自然哲学成为捍卫路德教的核心部分。他第一本出版的著作《关于灵魂的注释》(Wittenberg, 1540) 反复关注上帝创造不同的身体部位以满足不同用途的技巧，而且他声称（盖伦主义）解剖学既是神学的开端，也是获取关于上帝信仰和知识的途径。参见：Sachiko Kusukawa, *The Transformation of Natural Philosophy: The Case of Philip Melanchthon* (Cambridge, 1995), 100–14. 也请注意，在《创世记》的评注中，加尔文声称，天文学研究"并不是道德堕落"，因为"天文学不仅非常有趣，而且其实用性也广为人知：毋庸置疑，这种艺术（即天文学）揭示了上帝令人钦佩的智慧"。John Calvin, *Commentaries on the First Book of Moses Called Genesis*, trans. John King (2 vols, Edinburgh, 1847–50), i. 86–7.

50 Jean Bodin, *Universae naturae theatrum* (Lyons, 1596), sigs. 3r–v.: trans. in Blair, *The Theater of Nature*, 22.

51 Pierre Viret, *Instruction chrestienne* (2 vols, Geneva, 1564), vol. ii, sig. Cvi recto: trans. in Blair, *The Theater of Nature*, 22.

52 参见 Ashworth, 'Natural History and the Emblematic World View', 318. 亦可参见 Karen Reeds, *Botany in Medieval and Renaissance Universities* (New York, 1991). 更多探讨，可参见：Stephen Greenblatt, *Marvelous Possessions: The Wonder of the New World* (Chicago, 1991), Anthony Grafton, *New World, Ancient Texts: The Power of Tradition and the Shock of Discovery* (Cambridge, Mass., 1992), and Anthony Pagden, *European Encounters with the New World: From Renaissance to Romanticism* (New Haven, 1993).

53 有关德拉·波尔塔开展研究工作时所处的文化，请参见：Nicola Badaloni, 'I fratelli Della Porta e la cultura magica a Napoli nel'500', *Studi Storici* 1 (1959–60), 677–715.

54 Edward Grant, 'Aristotelianism and the Longevity of the Medieval World View', *History of Science* 16 (1978), 93–106.

55 引自 Pagden, *European Encounters with the New World*, 90.

56 Pagden, European Encounters with the New World, 55–6. 亦见 A. D. Momigliano, *Studies in Historiography*

(New York, 1966) 第8章 on the precedents in Herodotus for New World historians.

57 该问题最详尽、最重要的论述请参见彼特·迪尔（Peter Dear）的专著: *Discipline and Experience* (Chicago, 1995)。但是迪尔论述这些问题的背景与我即将论述的背景大不相同。迪尔考虑的是作为物质理论的自然哲学和"混合数学"学科之间的联系。在耶稣会的版本中，迪尔认为，通过"混合数学"学科可以使自然哲学切实可行、实现量化研究。在本书第11章，我将表明对"混合数学"学科的态度。我认为，"混合数学"学科本不可能起到这样的作用。此外，特殊经历的问题不是首次出现在量化自然现象中，而是出现在自然研究中。自然哲学的发展与量化的联系是稍晚出现于牛顿对光谱的论述中，具体内容请参见本书第10章。

58 代表性论述请参见Harrison, *The Bible, Protestantism and the Rise of Natural Science*, ch. 4.

59 "全知全能的上帝可能会做什么？"这是中世纪的学者们思考良久的问题。对这个问题最早的探讨似乎是耶柔米的论述，"虽然上帝能做所有事，但他不能使失足妇女再变为处女"。参见: Francis Oakley, *Omnipotence, Covenant and Order* (Ithaca, NY, 1984), ch. 2. 这个问题的讨论后来变得似是而非，比如全能的上帝能否创造他举不起的重物云云。参见: Amos Funkenstein, *Theology and Scientific Imagination from the Middle Ages to the Seventeenth Century* (Princeton, 1986), ch. 3. 蒙田认为，上帝伟力之甚，连我们都不能确定 $2 \times 10 = 20$。参见: *Essais*, Book 2, ch. 12 (Apologie de Raimond Sebond): *Essais*, ed. Rat, i. 588.

60 参见 Gaukroger, *Cartesian Logic*, 60–71.

61 参见 Gaukroger, *Descartes, An Intellectual Biography*, 115–24.

62 换言之，我们无法通过自然或其他中介认识上帝。但不排除通过直接知识认识上帝。参见: Marion, *Sur la théologie blanche de Descartes*, 140–59, and Laurence Devillairs, *Descartes et la connaissance de dieu* (Paris, 2004), *passim*.

63 Pierre Gassendi, *Opera Omnia* (6 vols., Lyon, 1658), iii. 337 col. 2. 请注意，这篇文章没有出现在伽森狄反驳笛卡儿《沉思录》最早的一组反对理由中，而是出现在扩充版《形而上学研究》(*Disquisitio Metaphysica*)。伽森狄在英国的追随者查尔莱顿（Charleton）对其思想有详细的论述，详见: Walter Charleton, *The Darknes of Atheism Dispelled by the Light of Nature. A Physico-Theological Treatise* (London, 1652).

64 总体论述可参见：Olivier Bloch, *La Philosophie de Gassendi* (The Hague, 1971), and Barry Brundell, *Pierre Gassendi: From Aristotelianism to a New Natural Philosophy* (Dordrecht, 1987).

65 Gassendi, *Opera Omnia*, i. 27 col. 1.

66 参见 Margaret J. Osler, 'Fortune, Fate, and Divination: Gassendi's Voluntarist Theology and the Baptism of Epicureanism', in Margaret J. Osler, ed., *Atoms, Pneuma, and Tranquillity: Epicurean and Stoic Themes in European Thought* (Cambridge, 1991), 155–74.

67 有关宗教和道德层面的兴趣向自然—哲学层面的早期转变，可参见 Michael Hunter, *Robert Boyle (1627–91): Scrupulosity and Science* (Woodbridge, 2002), ch. 2.

68 Boyle, *Works*, v. 393. 参见 Timothy Shanahan, 'Teleological Reasoning in Boyle's *Final Causes*', in Michael Hunter, ed., *Robert Boyle Reconsidered* (Cambridge, 1994), 177–92.

69 *The Usefulness of Natural Philosophy*, Essay III: Boyle, *Works*, ii. 30. 比较早期化学家/炼金术师的陈述："在这个精密的世界机器中，无形的造物主向我们展示他自己，我们可以通过眼、耳、口、手、鼻感知他的存在。在这个世界中，一切生物不过是上帝的影子罢了。"Oswald Croll, *Basilica chymica* (London, 1635), Preface.

70 同上，Essay III; *Works*, ii. 31.

71 同上，Essay III; *Works*, ii. 32. 波义耳对神殿和大祭司的意向绝非孤例。比如，比较马修·黑尔的这段话："故而，光辉的上帝似乎把人类安置在这座辉煌的世界神殿中，授予人类知识、理解和意志，将他力量和智慧的杰作置于跟前；他是普通的代理人，是普罗大众的代表，是这个无生命、无逻辑的世界中一位普通的大祭司。"参见：*The Primitive Origination of Mankind, Considered and Examined According to the Light of Nature* (London, 1677), 372.

72 *Christian Virtuoso*; *Works*, v. 514.

73 *The Usefulness of Natural Philosophy*, Essay II; *Works*, ii. 15.

74 同上，Essay III; *Works*, ii. 31.

Part 3

第三部分

Chapter 5
Reconstructing Natural Philosophy

第 5 章
重构自然哲学

要明白早期现代自然哲学合法性问题的要义,我们就需要从更一般的角度探讨一下哲学探究之源,不妨从彭波那齐的疑惑开始。第2章中,我已经提及彭波那齐夹在自然哲学研究与基督教教义之间的两难境地,这种进退两难恰好反映出早期现代人对自然世界研究合理方式的困惑。那我们就来一起回顾一下彭波那齐及其同时代学者面临的这个问题。那就是,当时得出某种核心学说的路径有两种,二者迥异:一是自然哲学路径,另一个是神学路径。二者之间存在关联,从第2章中可以看出,从11世纪末开始,众多学者协力探索为正统基督教建立可信度,既为避免滑向异端,也为让其他宗教信服基督教的优越性。其他宗教的共通之处在于,异教的哲学文化为讨论神学问题提供了形而上学的工具。这个形而上学工具在基督教和伊斯兰文化中都引起了争议,但最终亚里士多德主义战胜了柏拉图主义。在基督教西方,从哲学上理解若干基督教神学问题,需要形成抽象化知识的概念,只有亚里士多德主义这个综合性的哲学体系才能够提供足够的资源。但是,引入亚里士多德主义,意味着自然哲学成了基于哲学的神学的切入点,基督教神学和自然哲学的命运前所未有地捆绑在了一起。[1] 在13世纪的许多神学家看来,二者明显不合拍,这一点我们也曾经讨论过,但是神学家们企图回归哲学内容尚且贫乏的奥古斯丁模式,并不能跟上通过哲学和思想问题的思考而产生的思想进步，这种进步由阿奎那形成并升华的基督教化的亚里士多德主义所推动。到了16世纪，自然哲学和基督教神学不可调和的问题再掀高潮。尽管16世纪晚期经院哲学做出了不懈努力，但自然哲学与基督教神启和神学二者之间仍无法建立形而上学的纽带。

如我们所见，彭波那齐对神圣眷顾或者神圣活动并没有全盘否定，但他认为，这种活动的实体形式必须纯粹用自然哲学术语来描述和解释。这些自然哲学的解释随后取代了传统的超自然解释，并在此过程中重新定位了自然哲学领域中的诸多问题。但是这种重新定位的最终结局是什么呢？在灵魂不朽问题上，他对比了他所满意的自然哲学与基督教教义，坚持认为后者才是"本身就是正确和最为确定的"。如我们所见，问题在于似乎存在两个截然不同但均完全合理的问题研究路径，形而上学无法居中调和。然而，如果要我们在二者之间做出选择的话，答案似乎很简单，因为只有其中一个标榜可以给我们提供真理。若自然哲学与一个奉为圭臬的教义相抵触，又怎么能被认为是令人满意的呢？彭波那齐并非虚伪——他并不相信灵魂不朽，他觉得以忠于基督教教义来掩饰这一点是不得已而为之。阿奎那之后的所有经院哲学家都明白，亚里士多德自然哲学和基督教教义在此问题上并不兼容，这也是造成困惑和担忧的根源。托马斯主义者假定某种形式的形而上学调和是可能的。彭波那齐的哲学观点则显示这种调和事实上不存在，进而引发了在此情况下人们究竟何去何从的问题。如果仅从《论灵魂不朽》中的论点出发，我们也许会得出的结论是，彭波那齐的回答就是人们对此无能为力：灵魂不朽，和世界永恒问题一样，是个"中性"问题。也就是说，无法用哲学方法来证明其是否正确。[2]但是这并不妨碍他在《论命运》和《论咒法》两部著作中表明，他更倾向于采用充满争议的自然哲学解释，而不是超自然解释。即便是他并不认为自然哲学可以证明灵魂不朽的正确性，自然哲学的解释也不会自动在其他解释面前败下阵来。这不仅是彭波那齐观点的古怪之处，而且带来了自然哲学的地位问题，尤其是自主性问题。

自然哲学的自主性引发了一系列深层问题，超出了中世纪和文艺复兴哲学文化资源所及的范围。这些问题随着西方12世纪引入亚里士多德主义开始出现，在16世纪第五次拉特朗大公会议关于灵魂不朽教义哲学基础的讨论中再次达到高潮。托马斯主义试图解决问题但无果，在16世纪变得越来越力不从心，取代托马斯主义的运动起初非常激进，以特勒肖和布鲁诺的学说为代表，全然不顾调和与正统。直到16世纪早期，情形才得以改观，自然哲学家开始以全新的方式来构建自然哲学与基督教教义之间的关联。自然哲学自主性引发的诸多问题的直接核心症结在于认知探究的目的问题。这是一个特别难以驾驭的问题，除非我们能够揭示其根源，否则我们无法彻底认清17世纪自然哲学家们所面临的巨大困难。

我认为，上述变化的背后，存在着真理和证明真理二者关系的复杂变迁，这个关系塑造着自然哲学研究和宗教思想研究的环境，直接关乎最终影响17世纪和18世纪自然哲学和宗教的合法化问题。本章首先关注16世纪和17世纪早期的自然哲学方法理论，并将特别探讨在经院自然哲学以及亚里士多德自然哲学中问题的根源究竟是什么。我们已经看到，到16世纪晚期，越来越多的人认为经院哲学只是一种徒劳无果的辩论。人们认为问题根源在于方法论：亚里士多德自然哲学所信奉的探究模式不可能成为发现方法，随后人们开始探寻真正的发现方法。在此方面，本章将会聚焦培根。最后本章会讨论17世纪早期自然哲学的主导性问题之一，即天文学研究的合适形式问题，集中论述在何种程度上可以把天文学研究视为假设性问题。关于彭波那齐，问题显然是自然哲学理性与人们似乎普遍接受（可能除了布鲁诺）的基督教信仰之间存在冲突。哥白尼问题则另当别论，问题并不在于亚里士多德自然哲学与基督教教义之间的矛盾，由于人们感知到亚里士多德自然哲学存在不足，因此现在争论的是基督教教义与新天文学理论之间的冲突问题。一旦天文学理论离开了假设，便具有了似是而非的自然哲学立场。正是在确立这些观点的自然哲学地位的过程中，自然哲学的任务才得以重新调整，更为重要的是把自然哲学与应用数学学科关联了起来，而亚里士多德传统则认为这二者之间毫无关系。那么，自然哲学家需要给应用数学学科带来何种技能和品质，我们将在下一章讨论这一问题。

论发现

摆在16世纪自然哲学家面前的突出问题之一，就是是否存在一个可以仰赖与指导自然哲学研究的发现方法。亚里士多德在其诸如《论题篇》(Topics)的早期著述中，详细阐述了"知识发现"(discovery of knowledge)的步骤。这些步骤意在指导人们揭示合适的证据、发现最富成果的问题等，通过提供对问题进行分类或者区分的工具或策略，使问题可按照既定的技巧得以提出并解决。但是，在亚里士多德的后期著作中，比如《前分析篇》(Prior Analytics)和《后分析篇》(Posterior Analytics)，论述重点有了明显变化。到后期亚里士多德关注的是研究结果的呈现问题，他现在感兴趣的是，如果结论的确立是基于公认的三段论这样一个前提，那么该如何确保推理的有效性。换言之，他的研究焦点从发现问题转移到证明问题上。16世纪，亚里士多德方法论在很大程度上引发了人们对于发现方法的根本性迷茫，因为亚里士多德原先所提的发现方法及相关论题俱已丢失，至少在科学发现的背景下如此，他的三段论证明方法被解读为方法本身，即既是发现方法，也是呈现方法。

这种迷茫导致16世纪出现了两个截然相反的趋势。亚里士多德的辩护者试图厘清如何对三段论进行全新解读，以让三段论可以被用作发现方法或者至少成为某个发现方法的一部分。恰恰相反，亚里士多德的批判者则认为，三段论压根不可能成为发现方法的一部分，追根溯源，亚里士多德的自然哲学学说中的问题都源自他试图采用这种毫无用处的方法。批判者在修辞术中寻求真正的发现方法，修辞术研究在亚里士多德死后由西塞罗和昆体良 (Quintilian) 为代表的罗马思想家发展起来，奠定了早期现代修辞术的基础。这一方法既有保守的支持者，也有激进的倡导者。保守的支持者，如拉米斯 (Ramus)，把发现方法视作通往自从古典时代以来就积累起来的知识宝库的向导；激进的倡导者，如培根，则将发现方法视为用全新知识代替传统学问的大好机会。

举个亚里士多德辩护者的例子，16世纪早期帕多瓦的亚里士多德主义学者萨巴瑞拉 (Zabarella) 和尼福 (Nifo) 建立起回归 (regressus) 理论，论证三段论可以被用作发现方法。回归理论所针对的基本问题是三段论式的知识积累步骤能否产生新的信息，尽管这一点当时并未得到明确认定，但三段论事实上存在两个问题。[3]其一，亚里士多德的方法要求从感官认识开始，然后从事物的观察中抽象出越来越多的一般原理，随后从基本原理中演绎出自己的观点，这些步骤好像循环论证，并不产生新的信息。其二，像三段论这样的纯粹形式工具能否产生新的信息尚存疑问，三段论如何超越前提中包含的信息则不得而知。

要理解回归理论家们所认为的三段论产生新信息的过程，上述第一点是关键。他们的核心观点如下：的确，人们从观察开始，得出一般原理，然后展示如何从一般原理推理出观察结论，但是和这个流程开始时相比，人们在流程结束时对于观察结论的理解掌握程度不一样。流程开始的时候，人们只是知道某件事发生了这个事实，但流程结束后，人们可以理解同一件事情发生的原因。关于这个解读，三段论并不是发现了新的事实，而是发现了事实背后的原因。通过事实背后的一般原理，三段论只是清楚阐明了事实而已，并不是发现这些事实的方法。然而，在亚里士多德看来，证明性三段论的认识方向和结果方向是相反的。也就是说，就提供更深入的科学理解而言，重要的是要知道推导出结论的前提，而不是发现从给定的前提得出什么结论。证明性三段论只是一种系统呈现结果的方法而已，适合向学生解释和传达结论。[4]三段论的结论已经预先得知，三段论所能提供的仅仅是一种将结论与解释结论的前提联系起来的方法而已。

回归理论将这种观点纳入更大的科学证明理论之中。[5] 回归将从观察结果到近因的推理与从近因到观察结果的推理相结合，正是这种结合产生了所需的知识。尽管有许多变体，但最常见的是四步法。[6] 首先，人们通过观察获得对某一结果的"偶然"知识；其次，通过对事实的归纳和论证，人们获得对事实原因的"偶然"知识；再次，通过一种被称为协商（negotiatio）的反思形式，人们掌握了近因和其结果之间的必然联系；最后，人们从使其必然的原因中证明了事实。

回归理论有很多漏洞。其中之一来自亚里士多德，即证明性和非证明性三段论问题。对亚里士多德而言，科学证明按照三段论进行。他认为有些证明形式可以提供解释或给出原因，而其他证明形式则不然。即便是三段论在形式上一样，也可能出现这种情况。例如，下面两个三段论：

行星不闪烁

不闪烁的星体离我们很近

行星离我们很近

行星离我们很近

离我们很近的星体不闪烁

―――――――――――

行星不闪烁

亚里士多德在《后分析篇》中讨论这两个三段论时，认为第一个只是在证明"事实"，而第二个证明了"原因"或者一个科学解释。后者给我们提供了理由或原因，或对结论进行了解释：行星不闪烁的原因是它们离我们很近。前者的观点有效，但不是一个证明性的三段论，因为行星不闪烁并不导致或能够解释行星离我们很近。与第二个三段论相比，第一个从某种程度上没有产生新的信息：后者产生了知识，而前者则没有。两个三段论形式上相同：均属于Barbara论式，即从前提推导（或者产生）出结论的方法是相同的。因此，其中的一个三段论给出结果的原因，并不是因为形式上的差异，而是因为无论如何，总有其他类型的三段论可以产生因果关系。亚里士多德提到过一种智性洞察力（nous），可以用来区分证明性和非证明性三段论之间的差异，然而这种差异应该是什么，他却没有说明。但是他希望实现的目的却再清晰不过，他在寻求某种辨别方法，找到产生知识进步的演绎推理形式，来深化认识。他认识到单纯的逻辑标准不足以实现这一点，他试图表明，认识的进步取决于某些演绎推理所具备的某些非逻辑的但内在的或结构性的特征，但是他未能说明这种特征的来历。

回归理论有一个相关问题。在关键的第三个阶段，按照这个理论，我们应该通过协商来把握必要的因果联系。与萨巴瑞拉及其早期著作相反，尼福在后期著作中开始对协商表现出一些怀疑态度，他认为在某些情况下人们可以指望的就是推测性知识。[7]而事实上，协商仍然是一个神秘的过程，尽管起源迥异，笛卡儿认为心理状态(mental states)可以指引我们判断一个命题的真理性或确定性。

反对三段论可以在科学认识中发挥作用的人士(包括许多亚里士多德的支持者)往往会假定：对亚里士多德来说，证明性三段论是发现方法，是从普遍前提中演绎出新结论的手段。作为一种发现工具，证明性三段论看起来微不足道这一说法虽然不无道理，但这从来不是亚里士多德的目的：发现受到论题(topics)的引导，论题是对问题进行分类或描述的过程，以便使用既定的方法来解决问题。具体而言，如果人们要想正确表述问题，却无法与其他问题区别开，那么三段论会提供所需的差异；如果人们要得出想要的结论，却无法决定如何呈现，那么三段论能帮你决定。现在，这些论题除了适用于科学研究以外，也适用于伦理、政论、修辞等，事实上可以适用于所有研究领域。问题在于，中世纪期间，主要通过西塞罗和昆体良的著述，论题最终与修辞术紧密关联且与之唯一关联，而论题对于科学发现的意义最初并不为人知，随后干脆被人完全遗忘。最终，出于各种意图和目的，亚里士多德自然哲学的成果与得出成果的发现过程完全脱节。在这些成果无人质疑的时候，问题尚未凸显出来。但是16世纪以后，在人们后来开始严肃、系统地质疑这些成果的时候，人们开始发现这些成果看起来仅是教条而已，其背后的逻辑是循环推理。正是亚里士多德所谓的发现方法与他的特定结论以及整个自然哲学的不尽如人意之间的这种强烈关联，在17世纪引起了人们对方法论的强烈关注。

对方法论问题的修正，其第一阶段，形式上可称之为人文主义的反弹。如果说亚里士多德的辩护者忽略（因为错误认识）他的发现方法的话，诸如拉米斯的人文主义者则忽视了他的呈现方法。在文艺复兴时期的修辞学和法学中，这些论题得到了蓬勃发展和完善，并被用作发现或"发明"的手段。亚里士多德的人文主义批判者认为，论题不仅是发现的构成要素，而且是整个认知过程的构成要素。

回归论者认为，我们不能简单地通过近因来证明一个结果；尽管原因在"自然"('in nature')中更为人所知，但结果在"我们"('in us')中更为人所知，因为我们的知识总是从感觉开始的。这一区别对正统的亚里士多德主义至关重要。在"我们更了解"和"自然更了解"之间画出了一条鲜明的界线。前者是我们有限经验的结果,后者是所研究学科的最普遍规律,这些普遍规律使人们能够掌握该学科赖以构建的普遍原则。这种区别激发了亚里士多德对教学法、发明或发现以及判断的论述,其思想是我们必须从我们更了解的东西开始,朝着自然中更了解的东西努力,或者在最重要的教学环境中被引导至自然中更了解的东西。这种引导的形式是解决方法(分析问题要素)和构成方法(基于要素构建解决方案),所有的引导都在全部知识形成三段论的前提下完成。在16世纪,亚里士多德主义者和反对者之间关于科学证明问题的争论一般都是在教学法的背景下进行的。拉米斯纯粹从教学法的角度来思考知识,将论题转化为知识的教学法分类系统:这样做的要点是使我们能够将任何问题诉诸古代智慧的宝库,论题的作用是为我们提供进入这个宝库的入口。[8] 拉米斯的方法不是唯一试图处理这个问题的方法,却涉及非常广泛的问题——各种学科的相对地位、教学法的目的和知识的本质,这些问题在16世纪变得疑问重重。这种回应的一个重要方面是断然拒绝"我们更了解"和"自然更了解"之间的分别:只有当一种知识被用来解释另一种知识时,才能说它优先于另一种知识,而这种优先权一定归于普遍规律。拉米斯派并没有试图把发现和证明二者结合起来,而是将二者剥离,认为前者与三段论驱动的分解和构成程序无关，而仅仅取决于观察和基于这种观察的推论。在这种观点中，呈现知识与如何获得知识没有关联：对呈现知识而言，重要的是如何以最佳方式传达知识，在所有教学环境中均是如此，因为它总是包括一个从普遍事物到特殊事物的过渡过程。

理论思辨与实用学科

没有独立的成果呈现方法，只有一个发现方法，这个理念催生了一种观点：唯一有效的证明方式即重现发现过程的观点。据证实，这个观点非常有效：在呈现材料的时候，研究者使用的程序是明确的且可供评估的，这使得读者有机会与研究者共同见证发现成果，因而消除了诉诸研究者本身权威的必要。再加上人们对经院式书本学习总是无果而终的诟病，推进了人们对发现方法问题的再度关注和研究，最终成为17世纪哲学的前沿问题。这一过程中的关键人物之一就是培根，培根的首要关注点就是要让自然哲学成为一个实践性的实用学科。[9]沿袭罗马修辞学传统，培根用心理学视角来看待认识论，他的方法论研究有两个主要内容。其一，消除先有之见；其二，引导思想走向实用的方向。二者相互关联，只有认识了先有之见的本质，才能知道需要将思维引向哪个方向。

培根的超前观念是，在新的程序得以植根于人的思维之前，必须清除掉思维的各种自然倾向。正如他所意识到的，他的方法与前辈相比存在本质差异。逻辑或者方法本身不能简单替代思维的坏习惯，培根称之为"假象"(Idol)，因为这不是一个简单的替换问题。在思维过程中简单应用逻辑远远不够。[10]首先，需要清除那些导致我们误入歧途的思维特征。只有当我们做到了这一点，或者至少沿着这一路线取得了重大的进展，我们才能继续遵循他的发现方法。他从这种发现方法中所寻求的是发现对其结果来说充分且必要的原因。培根展示了他的亚里士多德传统，即追求对事物的终极解释，且很自然地认为终极解释是独一无二的。培根的方法旨在提供一条通向这种解释的路线，这条路线将我们带入一些拟议的因果关系解释之中，这些解释都会在每个步骤中得以细化。他所阐述的程序，即排除归纳法，是将各种可能的促成因素分离出来，逐一进行研究，看它们是否确实对结果有贡献。那些不相关的因素会被排除，最后的结果是那些真正相关因素的汇总。培根所追求的"相关性"实际上是指必要条件：该程序旨在使我们能够剔除那些对产生结果非必要的因素，这样就仅剩下那些必要因素了。

然而，事情至此却并未结束，培根对于真理的要求更加严格。在《论自然的诠释》(*Valerius Terminus*) 一书中，他讨论了一些用来确立真理的标准。在他看来,这些标准都是不充分的。他首先列出了一些在他看来无法令人满意的标准——崇拜古希腊罗马知识和权威,仰赖众人普遍接受的概念,凭借想当然等——其理由是,这些标准都不是"真理的绝对和无误的证据,也没有为结果和行动带来足够的保障"。他主张的标准,则是理论的真理性和理论的有用性的证据无法分离,二者间的紧密联系超乎想象:

> 发现新的知识和前人未知的新方向,是检验(公理)唯一可以接受的方法,此方法并不适用于某个特殊性可以解释另一个特殊性的情况;但若要从特殊性归纳出一个公理或者观点,然后从此公理出发去发现和设计新的特殊性,则必须采用这种检验方法。不论知识有用与否,这个检验的本质并不在于你一直可以从公理出发,发现新事例(instance)并由此得出该公理即真理的结论,而是恰恰相反,因为你可以确信,如果公理不能发现新的事例,那么它是一定无效和错误的。**11**

这里,培根貌似坚持认为只有有用之物方为真理。这一点很难说得通,因为不仅存在着无用的真理,而且存在具有实际应用价值的谬误。例如,约数有时比它们所约等于的数字更有用。然而,培根所寻求的不仅是真理,而且是指导性真理。他的主张是，我们能够判断某事物是否具有指导意义的唯一方法是确定它是否有推演性 (productive)，即它是否能推演出具体而有用的东西。如果某件事情确实持续推演出了有形和有用的结果，那么它就是指导性真理。在某些方面，培根的关注点与他的前辈们一致，但他最终追求的目标却大不相同。因为在培根看来，自然哲学家的目标不仅是发现真理，而且是推演出新的知识。这一点超越了真理只是提供解释的想法，即真理也必须是推演性的。

推演性真理问题凸显了人们反思经院自然哲学失败原因时提出的一个突出问题，即自然哲学应该树立什么样的目标。一般来说，对这类问题的关注往往是受到对哲学宗旨的人文主义思考的启发，将思辨性强但新意贫乏的理解形式与促使人们采取创造行为的理解形式对立起来。这类论点最初来源于道德背景，但培根把它们转移到自然哲学背景之下。我们必须关注这一变化，因为它使我们明白，自然哲学在17世纪所具有的地位绝不是自成一体的。恰恰相反，这门学科必须从根本上进行重塑，而其中一个重要环节就是按照道德哲学的路线重塑自然哲学。

我们已经看到，亚里士多德声称伦理学的意义不在于获得知识，而在于使人有更好的德行，却没有同时提供任何可能促使人的德行更加高尚的内容，为此招致彼得拉克等人批评。**12** 到了文艺复兴时期,这种批评变得很普遍。例如,在16世纪末的英国,锡德尼(Sidney)和他的"诗法社"(Areopagus)圈子认为,人文主义者所理解的传统哲学宗旨,由诗歌来实现更好,而不是哲学本身。**13** 当培根试图改革哲学实践以回应这些批评时,他继续将实用成果视为哲学研究价值的证明,尽管他想论证自然哲学,而不是道德哲学,是哲学活动的典范。其基本思路是,正如伦理学的价值体现在使人们行为更加高尚、医学的价值体现在使人们更加健康一样,自然哲学的价值体现在使我们能够确保对自然环境的掌控。

在《论事物的本质》(Cogitationes de natura rerum)一书中,培根批评亚里士多德把运动划分为自然运动(地面物体的直线运动,天体的圆周运动)和受迫运动的做法。亚里士多德曾经将自然物和自然运动过程与人造物和非自然或者受约束或受迫的运动过程区分开来。自然哲学关注从事物的本质出发去解释事物的特征。这个概念的基础在于区分具有内在变化规律的事物和具有外在变化规律的事物。橡子本身有能力改变它的状态,即变成一棵橡树,而被举升高于地面的石头有能力改变它的位置,即落到地上。两者都属于第一类,二者发生的变化/运动均不需要施加任何外力。在亚里士多德看来,我们通过理解事物的本质来解释和理解事物,而掌握事物的本质就是掌握其所有自然属性的来源。如果我们问为什么石头会掉落，答案是石头很重，而重物会掉落：这就是问题的全部所在。如果我们被问及为什么这棵树在春天长出宽大的叶子并保持到夏天，我们可以回答说这是因为它是山毛榉树。换句话说，要解释其行为，没有必要从事物的外部来找原因。而且，凡是解释某事物的行为可以不从该事物之外找原因，该事物的行为及其获得或保持的特征就是自然的。石头自然会掉落，山毛榉自然会长出宽大扁平的叶子。这些例子都是对非受约束的、内部生成的自然过程的解释，而此类解释是亚里士多德自然哲学的核心。[14] 自然哲学即对自然过程的认识 (scientia)：它告诉我们自然过程发生的原因和方式。与之相反，由若干外部事件引起的非自然的、受约束的或者"受迫"状态及过程可能产生不了认识。不能指望自然哲学来解释以下现象：一块石头摆脱约束，掉落到地上，唯一的解释是由内因驱动，而石头从地上举升起来的原因与石头具有的任何本质的东西无关，而是来自一些纯粹偶然的情况。

培根认为，用这样的方式来定义自然哲学存在根本性的谬误。他认为，"受迫"运动，而不是自然运动，才应该是自然哲学研究的对象。包括由杠杆、滑轮和螺丝等机械设备产生的非自然过程，那些人为有意识垒放的支撑建筑物的石头，那些由火炮发射的非自然物体运动，等等，它们是"火炮、发动机,以及整个力学研究的生命和灵魂"。[15]请注意,培根对亚里士多德的观点正确与否并不关心。他的观点是,既然整个自然哲学研究的对象跑偏了,其正确与否就无关紧要了。

这一方法的关键在于培根对实用的、主动的探究与哲学思考二者的区分。[16]在培根看来,在最基本的层面上,亚里士多德自然哲学方法的谬误在于,它的方向是寻求对自然现象的沉思性理解。[17]但是,如果一个人在追求自然哲学的过程中是为了改造自然以造福于人类,那将是远远不够的,因为它不会处理,或者只是肤浅地处理那些自然哲学问题,而这些问题在一开始就赋予自然哲学作为一个有价值的研究领域的合法性。培根把对事物的理解进行了划分:一方面是理解事物是如何构成的、它们由什么组成的——他将爱争辩的经院哲学家的做法划为此类;另一方面,是去理解事物是通过什么力量和方式聚合在一起的,以及事物是如何被转化的。他认为,恰好是后者,才是我们必须寻求理解的,因为后者才有增强和放大人类的力量。把我们的研究仅仅局限在前者,就如同我们在用"解剖尸体"的方式来认识自然。人类绝不能像亚里士多德那样,只关注把运动划分为自然运动或受迫运动,而是要去探究"那些欲求和倾向,以及在自然和艺术作品中组成和产生所有影响与突变的事物"。[18]通过这种方式,我们将发现并区分不同种类的运动,然后我们将能够加速或阻止这些运动,进而改变和转化物质。

在培根看来,自然哲学的价值很明显在于它所能实现的成果,而非对诸如真理之类的任何主张。亚里士多德自然哲学的问题不在于谬误,而在于找错了对象。持这样看法的学者当然不只是培根,17世纪早期,这种看法非常普遍,尤其是那些走上物理—数学路线的学者,但他们与培根不一样。例如艾萨克·贝克曼(Isaac Beeckman)完全反对亚里士多德的方法,即援引不同于其所解释的属性的基本原理,坚持认为宏观过程必须用与之基本相似的微观机械过程来解释。[19] 贝克曼研究自然哲学的路径并不是通过经院主义或者人文主义,而是从其自身的实际工程背景出发。包括为酿酒厂铺设水管,这种经验使他清楚地认识到,如果你想了解一台机器的原理,那么你就需要掌握机器的结构及其各个零件之间的配合关系。机器通过压力和运动来运行,要理解这种运行,就必须充分了解零件之间的联系和运动方式。[20] 不过,贝克曼比培根更加迈进了一步。尽管培根已经提到了机器的重要性,但他仍然是在自然哲学作为物质理论的观念之中进行研究工作[21],而贝克曼已经开始考虑机械解释的必要条件。然而,最清楚地揭示——并且以最普遍的形式揭示推动贝克曼研究的各种相关方法的不是力学本身,而是天文学。

天文学诸假说及其物理意义

在《学术的进展》(*The Advancement of Learning*) 第二册中,培根告诉我们,"天文学中同一个现象既可以用公认的行星周日运动和行星自转的天文学理论解释,也可以用哥白尼的理论解释(他认为地球在运动);而且双方都互相认可对方的计算"。[22] 这种情形是个僵局,天文学家不能也不应该被期待来突破这个僵局,因为与物质理论相比,天文学方法不可能让我们了解物理现实。这是16世纪和17世纪初的普遍观点。正如我们所看到的,佩雷拉给出了清晰的理由。当他批判天文学家的宇宙模型时,佩雷拉认为这些模型且不说不能与启示相提并论,它们甚至都不能与自然哲学相提并论。天文学家关注的仅仅只是"保全颜面",即使这意味着采用诸如"本轮"和"偏心轮"等方法,佩雷拉认为这些方法在物理上来说十分荒谬。在这里,我们可以区分三个层次的研究:启示、自然哲学、天文学和一般性的实用数学学科。简单来说,这些研究会产生三种形式的结果:真理,在论证和证据的基础上建立最佳解释,以及"保全颜面"。如果自然哲学被认为是揭示自然界真实结构的不理想方式,那么实用数学学科就更不具备实现这一目标的条件,因为它们甚至不关心对这个概念的解释。

这是一个具有根本意义的问题,因为在17世纪上半叶建立量化自然哲学的运动中，最为迫切的问题之一就是实用数学学科的物理意义问题。传统上认为，这些学科，尤其是天文学，能够生成多个假说，但无法提供确定某个假说的方法。17世纪初出现了另一种批判，特别是针对运动学 (kinematics)，认为它们只涉及数学的理想化，完全脱离现实。尽管两种批判各不相同，但它们想表达的核心是一样的，即实用数学学科不涉及物理领域，因此不能为物理提供有用信息。量化自然哲学的前景取决于自然哲学家应对这些批判的能力。17世纪上半叶是一个分水岭（尽管基于这些理由，对牛顿《自然哲学的数学原理》的批判一直持续到18世纪[23]），其结果是对该学科进行了彻底重组。

关于物理意义这个一般性问题存在着若干回应，我会在随后的几章中探讨其中几个，但本章将集中讨论建立哥白尼主义物理地位的尝试。首先我会探讨开普勒和伽利略两个截然不同的方法。开普勒寻求一种几何原型作为宇宙结构的基础，并相应约束天体的运动。伽利略的方法则更加零敲碎打、各个击破，他比较了托勒密和哥白尼模型的物理结果，认为后者比前者更有物理意义。

与这一问题密切关联的有诸多假说问题、理想化问题、真理问题、证明问题、客观性问题和合法性问题。本人并不会将上述问题一一分隔，逐个讨论，而是会将它们作为一个整体放在大背景中进行探讨，这样我们才会明白，对于自然哲学需要研究什么问题和研究的成果会有什么意义这个问题，没有亘古不变的正确答案。否则只能假设上述问题均自成一体，自然哲学的宗旨和目标是内部生成的。在中世纪和文艺复兴时期自然哲学发展过程中，我们已经看到该假设并不成立，本章及随后几个章节讨论的17世纪或者18世纪的发展也会显示同样的结果。如何最好地应对各种研究任务，决定了自然哲学的宗旨和目标。自然哲学家认为这些宗旨和目标对于其研究项目成功与否至关重要，而且它们在细节层面上有很大差异。把这些任务看成是从外部强加给自然哲学的，则会毫无裨益，就像把基督论问题的解决方案从外部强加给11世纪和12世纪的共相哲学问题一样：正是这些基督论问题首先激发了中世纪对共相的讨论，并产生了一个将这些问题作为核心形而上学问题的哲学传统。此外，自然哲学的自主性是16世纪和17世纪其倡导者面临的一个迫切问题，它并不取决于内部和外部问题的简单分隔，而是取决于对优先次序和相关性的复杂认识。我的假设是，这些问题不是先验的，它们可能有多个维度，而且通过分析它们在历史上如何从一个复杂因素网络的相互交织中产生，将有助于清楚地阐明这些问题。例如，我们的目的是研究自然哲学中的现实主义问题是如何产生的，而不是简单地把它们当作既定事实，并在不考虑我们为什么首先会提出这些问题的情况下试图解决它们。

我们之前看到，从波伊巴赫1475年所著教科书以来，存在着用物理术语来解释和表述托勒密天文学的传统。16世纪的最后几十年之前，哥白尼主义一般被认为是一种对宇宙错误的物理描述。然而，在16世纪70年代第谷对超新星和彗星的轨迹进行观测之后，波伊巴赫等著者提出的托勒密/亚里士多德模型的物理可信性被削弱了，替代模型的物理地位问题开始受到越来越多的关注。这里涉及天文学问题，如轨道的形状和天体的位置。但同样也涉及物理问题，例如天体通过或借助于何种介质运动，是否存在单一的中央天体系统或多个这样的系统，以及是什么力量或装置使行星保持在稳定的轨道上，天体杠杆系统、磁吸引力和浸泡在旋转的天体流体中等假说被提出，来取代水晶球假说。[24]由于人们对其中涉及的物理、观测和数学问题的相对优先次序莫衷一是，问题的解决变得更加困难。这些物理问题并不是通过简单地将一个人的天文模型转化为实心球壳形式就能解决的，就像波伊巴赫对托勒密模型所做的那样。正如一位评论家所说，实心球体行星模型与其说是一种天体物理学，倒不如说是没有人发展天体物理学的原因。[25]

为了建立日心系统的物理地位，学者分别进行了两种截然不同的尝试，一种以开普勒1596年的《宇宙的神秘》(Mysterium cosmographicum) 为代表，将真理的概念作为被揭示的对象；另一种以伽利略1632年的《两大世界体系的对话》(Dialogo sopre i due massimi sistemi del mondo) 为代表，将真理作为辩驳过程中的幸存物。在开普勒和伽利略之前，这两种对待真理的极端态度在追求自然哲学的经院学者和新柏拉图主义者中都能很容易找到。开普勒和伽利略没有被打上极端的标签，说明人们对这些问题的物理地位的思考深度大大增加。在某些方面，开普勒实现了对新柏拉图主义议题的大幅修正，他是通过思考如何确定对立假说的优缺点来实现的。相比之下，伽利略的方法是对各种理论进行分类，把所有理论都当作假说，并证明其中的哥白尼主义如何比其他理论更能经得住批驳。他使用了抗辩式的对话，但他建立自己的理论的方式，正如我们稍后将在他的《关于两门新学科的对话》(Discorsi, 1637) 中看到他对运动学的处理，他使用新的方法来建立这些理论的物理地位，这些方法使理论脱离了假设的范畴。

开普勒的研究目标极其宏大：他要证明哥白尼体系是唯一可能的天文学模型，因为它是唯一一个可以在几何学中实现的模型，而几何学在他认为自己已经发现的神圣原型中是固有的。[26] 但是开普勒说服不了任何人相信他发现了这一点，他的宇宙系统理论没有其他拥护者。[27] 恰恰相反，伽利略的更加零敲碎打的方法，远没有那么雄心勃勒，因为它并不关注去建立一个宇宙模型，但它更加具有说服力，戏剧化地扭转了当时的思潮，转到了有利于哥白尼主义的方向。[28]

让我们从开普勒开始，我把他归于新柏拉图主义的传统中。在经院亚里士多德主义中，自然哲学与启示神学的区别在于，后者使我们超越自然世界，对物理事件和人类事务的基本原理有所理解。相比之下，在新柏拉图主义传统中，自然哲学和神学融为一体。但是，正如我们所看到的，这是以牺牲自然哲学为代价的。即使在帕特里奇那里，自然哲学也不是作为一种独立的探究形式来追求的，而是作为新柏拉图主义形而上学的副产品出现的，而新柏拉图主义形而上学本身最终是服从于新柏拉图主义神学的。开普勒在广泛遵循这一传统的同时，以一种激进的、前所未有的方式使用其资源。该传统蔑视天文学，以新柏拉图宇宙论来处理所有天体问题。开普勒首先绕过自然哲学和形而上学，在天文学和神学之间建立了直接联系——后者指的是柏拉图《蒂迈欧篇》的基督化版本——然后再回到自然哲学中去解决细节问题。不过，与他的新柏拉图主义前辈不同，他关注的是如何以精确的物理方式去解释非常精微的天文细节。

在基督教新柏拉图主义传统中，《蒂迈欧篇》被视为基督教正典不可或缺的一部分，不像亚里士多德的《物理学》或者《形而上学》被经院哲学家们排除在正典之外。开普勒本人在《世界的和谐》(Harmonices mundi)的旁注中这样描述《蒂迈欧篇》:"毋庸置疑,这是对《创世记》第一章或《摩西五经》第一卷的一种诠释,将其转换为毕达哥拉斯式的哲学,细心的读者很容易看出这一点,因为他们会详细地比较摩西的实际话语。"[29]虽然不清楚我们应该如何从字面上理解这句话[30],但毫无疑问,在开普勒心目中,《蒂迈欧篇》具有神圣的地位。正是凭借这个地位,它在开普勒著作中所发挥的作用与亚里士多德的著作非常不同。《蒂迈欧篇》并没有为系统神学提供一个合理的框架和切入点,而是成为上帝宇宙计划中真理的来源。这就是它在开普勒的第一部作品《宇宙的神秘》中扮演的角色,其中天体运动的数学模型被直接映射到基于《蒂迈欧篇》宇宙论的宇宙原型结构上,并被直接用来表达造物主的本质。他在序言中写道:

我打算在这篇小论文中说明,全能的、无限仁慈的上帝在创造我们这个运动的世界并决定天体的顺序时,将五种凸正多面体作为他的构造基础,这些多面体球从毕达哥拉斯到柏拉图时代,一直到当代都享有如此大的殊荣;上帝根据它们的特性协调了天体的数量和比例,以及各种天体运动之间的关系。[31]

开普勒的目的是为哥白尼体系提供一个独特的物理解释。当然,这个可能性也被几代自然哲学家所否认,开普勒为达到这一目的进行了两方面努力。首先,他以前辈和同时代人的思想为基础——他们认为肯定存在某种决定方法在这些假说之间做出选择。但随后他试图超越这些基础,他宣称他所倡导的天文模型——哥白尼主义——在一个特定的宇宙学结构中得到了唯一证明,这使人们注意到一种明显的融合:一方面是一个比其他任何模型都更适合天文观测的数学模型,另一方面是一个柏拉图式理论,鉴于宇宙有其本身的结构,因此认为上帝在创造宇宙时,可能采用了某种原型。

《宇宙的神秘》一书中诸多假设的核心问题,就是存在着从错误前提中得出正确结论的可能性。因为相同的观测结果常常可能从多个存在差异且相互冲突的天文模型中推断出来,得出正确结论这一事实并不能保证任何模型的正确性,包括哥白尼主义。这一点可以追溯到阿威罗伊,由尼福明确提出:

> 人们应该明白,一个合理的认证中,果必须有因(*causa*)。现在公认的是,当偏心轮和本轮被假定时,现象就会随之而来并且可以被保存。但反之则不然。当现象被假定时,本轮和偏心轮不必[被确定],除非暂时发现另一个更好的因,

这是[现象]所必需的。因此,本轮和偏心轮论的支持者是错误的,因为他们从一个有多个因的假定出发来争论其中之一的因的真实性。但是这些现象可以通过这种方式和其他尚未被发现的方式保存下来。[32]

开普勒认为,事实上存在着将上述模型区分开来的方法,即跳出该模型所推导出来的案例,转而用新的案例来检验。此处有很多方法。其中之一便是对传统的试位法 (regula falsi) ——对一个未知量先假定一个值,不断计算其他值,确定是否产生矛盾,通过迭代来解决一个问题——进行扩展,扩展至相互抵触的假说中,尽量在它们与新的数据之间生成矛盾。另一方面,可以将这些假说与自然哲学的假设相匹配。尽管后者是个不同寻常的方法,例如梅斯特林 (Maestlin) 就质疑过开普勒利用自然哲学来支撑天文学假说的做法[33],但这一方法并不是完全没有先例可循。贾丁 (Jardine) 指出,哥白尼、第谷、罗斯曼 (Rothmann) 和乌萨斯 (Ursus) 均曾利用自然哲学的观点来为他们的天文学模型辩护。[34]开普勒则更进一步,他在《新天文学》(Astronomia nova) 中表明,他的模型做出了哥白尼和第谷没有做出的物理假设——使用了真实的太阳,而不是使用便于数学计算但是物理上不相关的平太阳 (哥白尼所称的地球轨道中心点)[35]——与第谷本人的平太阳模型一样,能很好地吻合第谷非常精确的数据。[36] 此外，16世纪，博杜安 (Francois Baudouin) 和博丹 (Bodin) 等学者在历史调查和一般的历史证明中都采用在各种假设之间进行选择的方法，他们经常调整用于确定法律可靠性的方法，如强化证词，以确定可靠性和概率水平。[37] 类似的问题也一直困扰着医学作家。[38] 最后，开普勒想要一套方法，可以通过这套方法来确定某个解释比其他解释更有说服力，但他也希望这种解释能够揭示出现象的本质。在这方面，他所追求的东西要比其他天文学家所寻求的宏大得多。可以说，尽管剔除假说的方法中各种假说最初被赋予同等状态，但正确的解释实际上与错误的解释截然不同，因为它反映或体现了上帝的意图，而上帝的意图是明确的，是唯一能让世界有意义的东西。这与一个解释或假设比其他解释或假设更准确或更不准确，或比其他解释或假设更可能或更不可能之间存在着质的区别。开普勒的研究不仅要构建其模型的自然—哲学合法性，而且要读懂上帝在构建宇宙时的意图。

在《宇宙的神秘》中，开普勒敦促人们将日心说模型与那些为解释一组观察结果而形成的、但却无法解释其他观察结果的诸多假说进行比较。他告诉我们，一旦将太阳置于宇宙的中心，"我们将能够证明天空中出现的任何现象，往前能够预测未出现的现象，往后能够回溯出现过的现象，能从一个现象推断出另一个现象，从而推断出它们是如何密切相关的；最复杂的证明将始终带我们回到初始假设"。[39] 换言之，我们检验现有的天文假说，观察它们是否既符合当前的观测结果，也符合过去的观测记录，我们预测天体未来的位置，从而在不同假说之间做出决定。但这里还有一个更深层次上的考虑：其中的某个假说，不仅可以解释所观察到的现象，而且可能会揭示现象背后的根本原因。然而，揭示这样的原因需要不同的证明方式：

我毫不犹豫地断言，在以几何学解释的观测基础上，哥白尼后验证明的一切，都可以被先验地证明，没有任何逻辑上的微妙之处。[40]

开普勒在这里想到的先验证明是将天文模型与宇宙原型直接联系起来。他在《宇宙的神秘》中关注的问题包括太阳是否在宇宙的中心，为什么有六颗行星，不多不少[41]，以及为什么六颗行星轨道是这个样子。托勒密传统的天文学家并没有试图确定行星球体的顺序或大小[42]，相反，人们普遍认为行星的顺序反映在恒星周期的递减上，是围绕固定恒星向内逐渐变小的球体。与之相反，哥白尼在《天球运行论》(*De revolutionibus orbium coelestium*, 译者注：该书书名在我国一直被译成《天体运行论》, Orbium 一词意指古希腊天文传统中"天球"。天球像一层层透明的玻璃球。星球镶嵌其上，被天球带着转动) 的献词中明确提出,"星体的顺序和大小,与其球体以及天穹本身紧密相连,任何局部的变化,都会给所有其他部分和整个宇宙带来混乱"。**43** 这是一个措辞非常强烈的声明。哥白尼不仅没有试图支持天球论,而且在《天球运行论》(图5.1)中将宇宙呈现的高度几何化:不仅将球体显示为圆形,或(取决于如何解读该图)显示为厚度一致的圆形物,每个圆形物之间没有间隙**44**,而且看起来行星间似乎距离相同,尽管在哥白尼模型上并不如此。梅斯特林在1596年版的雷蒂库斯《首次报告》(*Narratio prima*)中对哥白尼的行星球体示意图(图5.2)纠正了第一个问题,而开普勒对哥白尼体系的示意图(图5.3)则纠正了第二个问题,描述了实际距离。开普勒最初试图找到行星距离上的数值模式,但没有成功,他

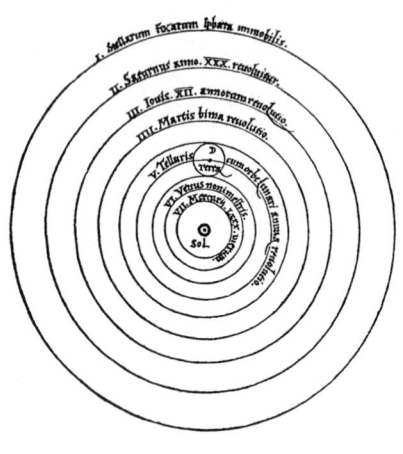

图 5.1

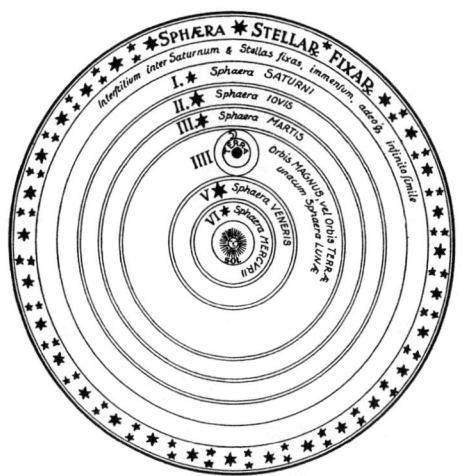

图 5.2

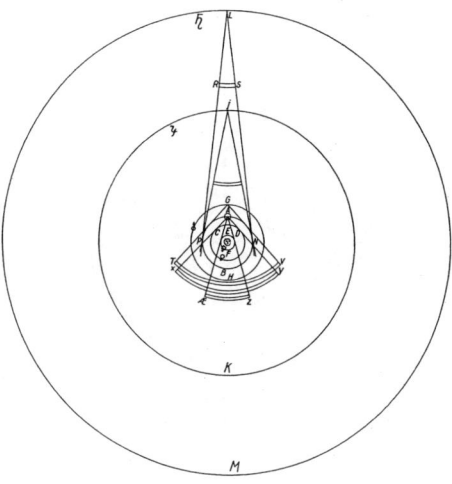

图 5.3

转而探索几何模式,发现了嵌套的柏拉图多面体结构。[45] 这些都是凸正多面体:所有的面都是相同形状的正多边形,在多面体的顶点以相同的方式拼接。这样的多面体只有五个[46]——四面体(四个三角形面)、立方体(六个正方形面)、八面体(八个三角形面)、十二面体(十二个五边形面)和二十面体(二十个三角形面)——而在这些多面体中,可以嵌入的最大球体(其内圈)和包围它们的最小球体(其外圈)的比率是这样的:当这些多面体被嵌套时,它们之间的距离与行星球体之间的距离成正比。例如,如果一个立方体被嵌在土星球体的内表面,那么它的内球面将是木星球体的外表面,如果一个四面体被嵌在木星球体的内表面,那么它的内球面将是火星轨道的外表面,以此类推。(图5.4)[47]

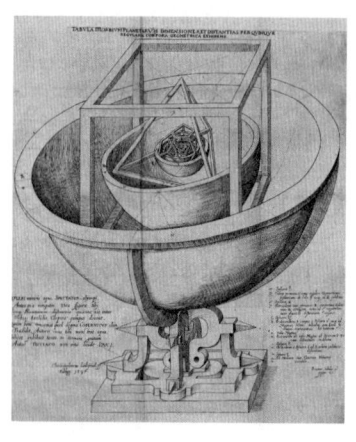

图 5.4

开普勒的几何—宇宙学哥白尼模型对行星数量和轨道之间的距离都做了说明。根据他的观点,一定有六颗也只有六颗行星,因为有五个也只有五个凸正多面体,而在行星距离问题上,该模型与观测数据非常吻合。[48] 但是,开普勒的观点完全忽略了行星大小及星际介质的密度等物理问题。这些因素可能影响轨道大小,几乎不可能对其视而不见,除非人们真的认为行星分布在晶体球上。而开普勒没有这样考虑这些问题,这就是他方法的奇怪之处。从某种意义上说,他秉承了希望确立天文学自然哲学地位的传统。但开普勒认为,上帝的意图是在一个宇宙原型中表达的,这个原型以哥白尼天文模型的形式实现,而上帝的意图无论是在自然界,还是在他的宇宙原型中,其本质上都不是物理的:只有占据规定空间位置的天体才能完全被视为是物理的。然而,使它们占据这些空间位置的,不是它们彼此之间的物理关系,而是一些几何上的东西。此外,正如《世界的和谐》第四卷所表明的那样,宇宙原型和天文模型调和了一种根本思想:我们对和谐和简单的理解与上帝的理解之间的关系。[49]

开普勒曾在《宇宙的神秘》中完全以新柏拉图的方式对这一图景进行了补充说明,他敦促道,行星运动是由于每个行星中的个体灵魂造成的[50],但是在1620年解读吉尔伯特 (Gilbert) 的《论磁》(De magnete) 时,大体上将这些灵魂——正如亚里士多德论证的那样，灵魂是非物质的，因为灵魂必须在永恒中发挥作用——转换成了太阳磁力影响。这是一种完全物理的、易于进行几何分析的分析方法，使他能够对行星轨道做出精确的定量说明。[51]吉尔伯特本人曾试图用磁力来解释地球昼夜旋转，我们后来看到，但他仍然沿用行星灵魂的说法来解释行星轨道运动。西蒙·斯蒂文（Simon Stevin）则更进一步，其在撰写于1600年代的天体运动论文《论天圈》(De hemelloop)[52]中提出来自固定恒星的宇宙磁力论，该磁力调节着围绕太阳旋转的僵化水晶球系统。[53]第谷1577年对彗星的观测使开普勒确信人们不能依靠多面体球体论，这意味着行星运动肯定不单单是一个几何学问题。

开普勒在其1609年的《新天文学》中深入阐述了他本人的磁力影响论，在1620年《哥白尼天文学概要》(Epitome Astronomiae Copernicanae)中再次阐述该观点，认为太阳，而不是固定恒星，提供了行星旋转的推动力和导向力。在哥白尼和第谷的系统中，太阳位于中心位置，除了照亮行星以外，没有什么物理作用；而开普勒则大不相同，他赋予太阳的中心位置以某种物理意义。太阳本身有着动物灵魂，作用于每个行星旋转的动物机能。但是，这种作用得以实现的方式毫无疑问是物理的。开普勒假设太阳本身有旋转，结果向外成辐射状发射出某种类磁力，推动行星沿着圆形轨道运动。[54]距离太阳越远，力量相应减弱。磁力论有着远距离作用的优势，而且具有方向性：例如地球磁力让指南针指向特定方向。但是请注意，太阳力其实并不就是磁力，因为它并不吸引或者排斥行星，而是推动它们朝某个特定的方向运动。到目前为止，这是一个高度定性的结论，但是开普勒面对的是一个非常精细的天文学模型，要检验他的解释是否充分，就得看他对于这种精细调整能给出何种解释。首先，他必须解释轨道偏心现象。每颗行星都有着不同极性的磁极——指向固定的恒星，恒星是每颗行星纬度运动的极限——它们在太阳系中保持自身的方向，因此它们抵消太阳的吸引力，避免与太阳成为同一直线。[55]当行星的异极面对太阳时，会产生对太阳的净吸引力，而当它的同极面对太阳时，就会产生净排斥力。正是摆动的磁轴导致行星产生前进和后退运动，这一结果对他处理火星的速度和距离变化尤为重要。其次，存在每个轨道平面与黄道的倾角问题，这在同一模型中得到了解释：由于构成行星两极的磁力线偏转，行星被迫在一半轨道上位于黄道上方，而在另一半轨道上位于黄道下方。

如果我们同意开普勒的两个关键假设——存在一个神圣原型，其使用五种凸正多面体作为宇宙模型，以及存在来自太阳的磁力，使行星移动，而行星本身又能够以复杂的方式改变这种作用的效果，这取决于行星的磁力排列——那么他的理论不仅在顶层设计层面,而且在细节层面都很有说服力。不仅凸正多面体的嵌套能够很好地反映行星的距离,而且在火星这个存在显著偏差的关键案例中,开普勒能够对轨道的偏心率和轨道面与黄道的倾斜度做出一致的说明,这符合他自己非常严格的标准。这也不单单是开普勒说如果我们接受他的前提,就会得到正确结果,因为我们已经看到,他很清楚,错误的前提也可以产生一个正确结论。但某些假说会在特定情况下产生正确结论,决定如何取舍假说的方法,并不等同于评估原型定律和物理定律的方法。这些定律不是假设性的,也没有像天文学假说那样可以得出可观察的结果。

那么,如何评估这些定律呢?对基本物理定律、对原型定律和对天文学假说的评估都不尽相同。物理定律是复杂的、有层次的,而天文学假说则不然。开普勒在《为第谷辩护驳乌尔瑟斯》(*Apologia pro Tychone contra Ursum*, 简称《辩护》, *Apologia*)中明确指出,必须将天文学假说与几何假说区分开来:我们可以用同心圆加本轮或偏心轮来构建一个轨道,但如果这些代表同样的行星运动,那么在天文学上它们是没有区别的;其差异在于构建轨道的几何方法上,而不是轨道本身。[56]因此,尽管天文学诸假说之间有着较大差异,但是产生的认知结果上并无不同。就天文学假说而言，终极主张——至少在最简单的情况下，对特定运动的绝对和相对性质达成一致——是行星的一种排列或排序反映或符合行星的实际排列和排序，包括其运动。但开普勒在《新天文学》中明确指出，在第谷的数据基础上，他可以设计出不同的天文学假说来与数据吻合[57]：在这种情况下，唯一的解决办法是再进一步，从物理上思考来决定这个问题：

> 事实上，一切都是如此相互关联、牵扯交织。曾有诸多方法尝试改革天文计算，有些是古人的经验之谈，有些是模仿古人并以他们为蓝本而设计的，但无一成功，除了建立在运动的物理原因本身之上的方法，即本书中确立的方法。[58]

问题是，进入物理领域会遇到前所未有的困难。声称有某种力量驱使行星在特定轨道上运行的情况下，其假设是存在某种机制，通过这种机制产生和维持某种特定的安排和秩序。这必然是个复杂的机制，在目前的情况下，需要考虑诸多不同因素：太阳磁力的存在，它对受其影响的磁化天体的作用，所有行星（及其卫星）上磁极的存在，以及太阳磁力和行星磁力排列之间的相互作用；假设一个天体需要保持其运动状态，宇宙是无限的，包含在一个球体中，因此只有一个中心；关于磁力如何随距离变化的假设，以及它是否受到干预介质的影响；还有一些未回答（和未提出）的基本问题，即首先这种力如何产生，其次物理传输方式是什么，最后这种力到底是什么，因为它在某些方面表现得像磁力，但在其他方面却不是，而且它似乎能解释一些问题，却留下更多问题悬而未决。在此值得一提的是，磁力本身并不能确保日心说无虞，它同样可以被用来为地心说辩护。尼科洛·卡贝奥 (Niccolò Cabeo) 在其1629年所著的《磁学哲学》(Philosophia Magnetica) 中详细阐述了地心说中磁力将地球固定在其当前位置的观点，17世纪40年代阿撒那修斯·基歇尔 (Athanasius Kircher) 的《磁石，或者论励磁的方法》(Magnes sive de arte magnetica, 1641)、雅克·格兰达米 (Jacques Grandami) 的《磁力对地球静止不动的新证明》(Nova demonstratio immobilitatis terrae petita ex virtute magnetica, 1645) 以及尼科洛·祖齐 (Nicolò Zucchi) 的《新机器哲学》(Nova de machinis philosophia, 1649) 继承发扬了这一观点。[59]

上文提出的证据和证明问题，远远超出对天文学假说进行评估的范围。开普勒的一些结论与亚里士多德物理理论相左，但他却没提出任何思想取而代之。他的新柏拉图主义已经面目全非，与斐奇诺、帕特里奇以及与他同时代的论敌罗伯特·弗拉德 (Robert Fludd) 的自上而下形而上学体系全无共同之处。[60]传统自然哲学体系对他毫无可资借鉴之处，甚至不能为他提供一个可行方法来组织物理理论中的问题。

就建立哥白尼体系而言，物理理论关注的最基本问题集中在运动性质上：如何区分表面运动和实际运动，以及行星运动的原因是什么？这些问题栖息在自然哲学范畴和天文学范畴的交汇处，两个传统的源头——亚里士多德和托勒密在处理这些和类似的基本问题时，倾向于以不同的方式对待它们：在亚里士多德那里是物理问题，而在托勒密那里则是天文学问题。[61]例如，在《至大论》[62]第一册中，托勒密提出了构成其理论基础的六个基本假设[63]，而哥白尼和开普勒也分别在《天球运行论》和《新天文学》前言中对这些假设进行了简要讨论[64]。第一个基本假设是"宇宙是球形运动"。托勒密的论证主要是从天文学出发，对比了事物的表现与事物在恒星线性运动时的表现。例如，他让人们注意到恒星每天都会重新出现，而且体积不会缩小，尽管他确实补充了一个简短的论证，即天体以太各部分的同质性要求它是球形的，因为球体是唯一同质的实心物体。相比之下，亚里士多德则完全通过物理论证来处理这个问题，即不可能存在持续直线运动。[65]值得注意的是，哥白尼也将宇宙的球状特征作为其体系的一个假设，将数学和物理结合在一起考虑：

世界的形状像一个球,部分原因是这种形状是个完整的整体,不需要任何连接,因而是所有图形中最完美的;部分原因是这种形状具有最大的体积,因此最适合容纳所有的东西;部分原因是世界上所有自成一体的部分——太阳、月亮和星星——都具有这种形状;部分原因是世界上一切事物都倾向于采取这种形状,例如水滴和其他液体总是倾向于保持球形。[66]

开普勒不仅赞成这一点,而且正是他对宇宙秩序与和谐的感知需要这个球形特征,而不是某种物理特性。这一点从他对布鲁诺和其他主张宇宙无限的人的回应中可以看出。[67]

托勒密的第二个基本假设是,地球是"合理的"球形,而不是平面、圆柱形或其他形状。同样,这也是个根据观测得到的观点,包括黎明和黄昏时间、看到日食的时间以及星体出现的方式。哥白尼和开普勒也同样依靠类似的观测结论。相比之下,亚里士多德在证明地球是球形的过程中,没有完全依靠观测,虽然他确实使用了观测证据,他主要依靠物理论证,特别是他的自然地点 (natural place) 概念。[68]

为了捍卫第三个假设,即地球位于宇宙中心,托勒密只使用了天文证据,而亚里士多德在《论天》(De Caelo) 前两卷中的广泛论证则坚决采用了物理方法：首先说明宇宙必须有一个中心，然后说明地球必须占据这个中心，此外，地球的特殊属性，如物体倾向于其中心的事实，是由于地球位于宇宙中心，而不是由于地球本身的某些特征。而哥白尼的回答则完全是天文学意义上的，尽管他显然有物理上的理由——例如，与天体的旋转中心有关——来主张以太阳为中心的天文学。如我们所见，开普勒提出了一个详细的天文学论点，但他既用了几何原型论据，也用了关于行星如何保持在太阳的定向轨道上的物理论据。同样的，托勒密的第六个假设——"天上有两种主要运动"，即从东到西的昼夜运动和行星（包括太阳和月亮）沿黄道从西到东的运动，与托勒密的天文模型密切相关，成败取决于其天文学基础。

第四个假设，即地球"相对于天的比例来说只是一个点"，定性地讲，这一点没有争议，因为各方都同意，亚里士多德只是指出地球一定很小。[69] 而这完全是天文学论据。然而，日心说理论要求与恒星的距离非常大，在许多批评者看来是几乎不可想象的，而且肯定比地心说理论所要求的大几个数量级。[70] 相比之下，第五个假设是"地球不做位置变化运动"。亚里士多德和托勒密基于自然哲学为之辩护，从物体下落的方向，到物体在地球表面的行为，都是他们的自然哲学论据。托勒密只提供了一个天文论据，即如果地球移动,我们体验到的现象将与地球不处于中心位置时的现象相似,与事实上体验到的现象存在差异。

哥白尼则毫不费力地论证道,如果地球在运动,那么天体现象的出现方式就会与假设天体围绕静止地球旋转的方式相同:

> 因为每一个明显的位置变化都是由于所见之物或观察者的运动而发生的,或者是由于两者的运动必然不同步而发生的。因为对于在相同方向上同步移动的物体而言,没有任何运动是可感知的——我指的是对于所见之物和观察者而言。现在,正是从地球上,天体循环被我们看到,并呈现在我们的视线中。因此,如果某些运动属于地球,它将在外部宇宙某处显示为相同运动,但方向相反,就像外部物体从眼前经过一样。[71]

然而,这些物理问题遇到了更大的障碍。对于托勒密的反对意见,即地球的昼夜旋转需要速度如此之大,地球表面物体会被甩出去,哥白尼通过区分自然和受迫运动来回应。他告诉我们:"被施加了外力的物体会被打碎,无法长期存在,而由自然所塑造的物体则处于合理状态,并保持其最佳组织形态。"[72] 这一观点有点对人不对事 (*ad hominem*),因为地心说模型倡导者假设行星和固定恒星以极快的速度围绕中心体旋转——这个速度肯定比地球的昼夜旋转速度快——但却毫发无损。还必须强调的是，哥白尼与他的反对者一样，都致力于亚里士多德动力学，这也是自然和受迫运动学说的基础。问题是，这是一个绝对意义上的区分，因为它取决于运动是否来自运动物体的性质，而不可以说相对某物，运动是自然运动或受迫运动。然而，哥白尼将在运动着的地球上的影响与运动着的船上旅行的人进行比较时，需要的正是后者：

> 事情就像维吉尔（Virgil）笔下的埃涅阿斯（Aeneas，也译作"伊尼亚斯"）说的那样，"我们驶出港口，陆地和城市都在远离"。事实上，当一艘船在平静的海面上航行时，在航海者看来，外面所有事物都在运动，而这种运动正是他们自己的形象；相反，他们认为他们自己以及他们身边的所有事物都处于静止状态。因此，在地球运动的情况下，很容易认为整个世界是在做圆周运动。[73]

从亚里士多德动力学角度来理解这一主张的物理意义是不可能的。托勒密认为，如果地球是运动的，被向上抛起的物体就不会落回地球上同一位置。哥白尼对此观点的回应并不令人满意，他认为该物体既有自然运动，也有受迫运动。前者是圆形的，物体由于是整体（地球）的一部分而具有这种运动，后者由于"物体不符合其性质"，是直线的、暂时的。[74]乍一看，好像哥白尼在此所声称的直线运动将物体带回的"自己的地点"，一般不是指地球表面，而是它当初被抛起来的特定点。但是，将物体最初被抛起来的那个地点看作"自己的地点"，是自然地点学说的无稽之谈。因此，他的意思更可能是，物体在整个向上和向下的运动过程中，都直接保持在它被抛起的点上方不动。因为正是这种圆周运动——因为物体是地球的一部分，它与旋转的地球一同在做圆周运动——使物体与地面上的点保持一致。如果物体不一同做圆周运动，仅靠直线运动无法使其回到同一点。人们可以认为这样做实际上将地球视为与其他天体一样，具有自然圆周运动，但亚里士多德对圆周运动和直线运动进行了明确区分：前者是天体领域的特征，后者是地面领域的特征。直线运动以其物体运动自身消失为目标，因为一个不受约束的物体只有在返回其自然地点时才会发生直线运动，而在到达其自然位置时，运动所指向的目标就会实现，物体就会静止下来。相比之下，圆周运动会无限持续。哥白尼的想法似乎是人们可以以某种方式将两者结合起来，这在亚里士多德自然哲学中没有先例。物体必须要么做一种运动，要么做另一种运动，因为圆周运动和直线运动表达了不同种类物体的性质。例如，让物体回到其自然位置的直线运动的结果是静止，这是亚里士多德自然哲学中的绝对状态。如果物体落回旋转物体上，那么任何圆周运动都必须是受迫的：它不可能是源自物体本质的运动，源自物体本质的只有直线运动。哥白尼的建议实际上是完全符合标准的、不可或缺的天文学方法，即叠加简单的运动来产生观察到的运动，但在目前情况下，只是在亚里士多德术语体系中没有物理意义而已。

开普勒调和地球公转和自转观测结果问题的方法也同样深刻。他准备抛弃亚里士多德自然哲学的某些方面，但结果留下了一个在许多方面都显得临时应对的解释。在《新天文学》导言中，他直接回应了托勒密关于物体垂直向上抛射的观点。他承认，如果一块石头向上抛射到相对地球直径而言相当远的距离，它就不会跟随地球运动，"它的阻力将与地球引力混合在一起，因此它将在一定程度上脱离地球的控制"。但事实上，抛射物与地面的距离与地球直径相比微不足道。在这种情况下，物体的自然静止倾向并不能阻碍地球的控制，"由于不能把地球从物体下面抽出来，地球承载着任何在空气中运动的东西，通过磁力与它相连，其牢固程度不亚于这些物体与其实际接触"。[75]但开普勒的抛射物是一块石头，不是天然磁石或者磁性物体，石头不会被磁力吸引到地球上。

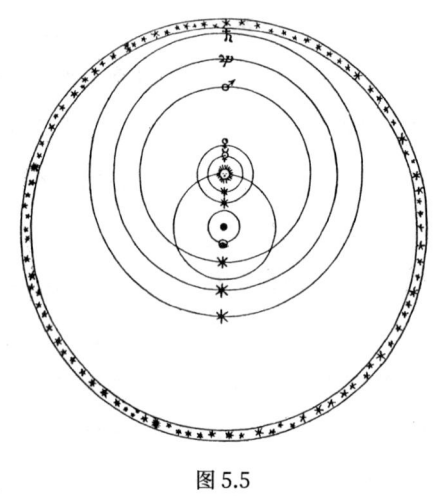

图 5.5

托勒密对地球运动的物理反对意见可以在多个层面进行回应,哥白尼和开普勒两人都同时援引了天文学和自然哲学思想。天文学方面,纯粹的地心说在17世纪初的几十年里迅速衰落,争论焦点其实是各种形式的日心说体系,无论是哥白尼主义还是第谷的地日中心模型 (图5.5)。第谷模型从纯粹天文学的角度来看难以挑剔,而哥白尼模型的缺点在于地球年周期运动需要恒星视差 (在地球运动时恒星应该看上去——例如在1月和6月之间——从太阳的一边向另一边发生轻微移动,较近的恒星会发生较大的明显位移),但这种视差当时还从未被观测到。从1620年起,耶稣会天文学家们更喜欢第谷模型。在1633年谴责伽利略的哥白尼主义和托勒密模型存在日益明显的问题之后,第谷模型成为耶稣会的正统观念,并得到更广泛的认可。里乔利(Riccioli)在其1651年所著《新天文学》(*Almagestum novum*)一书中试图说明如何对第谷体系进行修改,可以让其至少具备与哥白尼体系相当的预测功能。1691年,巴蒂(Pardies)指出,第谷体系是广为接受的天文学模型。这一说法一直持续到1728年。事实上,一直到1757年解除教授哥白尼主义禁令之前,法国大学里教授的一直是第谷体系。[76] 相较而言,从自然哲学角度来看,托勒密模型有道理,而第谷体系似乎完全没有自然哲学理据,哥白尼主义似乎也无法得到完备的自然哲学的理论支持。在没有完备的自然哲学给哥白尼主义提供全面的物理基础的情况下,捍卫哥白尼主义的关键在于确定什么水平的自然哲学资源能满足需要,并相应地发掘这些资源。按照这一思路做出的最为天才的尝试,就是伽利略1632年撰写的《两大世界体系的对话》(译者注:该著作全称为《关于托勒密和哥白尼两大世界体系的对话》,下文简称为《对话》)。

在天文学上,伽利略毫不怀疑地球每天都围绕轴线自转,并每年围绕太阳公转。他用望远镜发现了金星相位,这对托勒密体系是一个决定性的打击[77],但他的发现并不能区分哥白尼体系和第谷体系。然而,他无暇顾及那些不涉及物理问题的天文模型。这一点与罗斯曼放弃第谷系统一样,因为它只显示了逆行运动的过程,而不是原因。[78] 伽利略也对第谷体系不屑一顾。[79]值得注意的是,尽管《对话》声称要处理"两个主要世界体系:托勒密体系和哥白尼体系",但这一次不仅托勒密体系被第谷体系取代,他的同时代人认为伽利略的目标要么是托勒密体系加上第谷体系,要么只是第谷体系。[80]在《对话》"第二日"中,他的关键讨论纯粹是物理的,"第三日"的天文学讨论仅仅用他的望远镜观测结果支持了哥白尼主义,却忽略了开普勒关于火星轨道的开创性工作,"第四日"他采用潮汐理论,即从一个物理理论的角度,为地球年周期运动进行了辩护。

在物理基础上确立地球运动的核心问题之一是如何解释这样一个事实:物体在地球表面似乎表现得像在静止表面上一样,而不是像我们所预计的物体在旋转表面和运动表面上那样。伽利略的天才之处在于对这些预期进行了详细研究,对其各个组件假设进行了分析,放弃或修改其中某些组件假设,然后把这些组件重新组合,并表明,一旦我们的预期得到修正,地球表面上的物体行为就完全是我们应该预计的在旋转和移动表面上的物体行为。他的物理讨论集中在地球的昼夜运动上——这是《对话》"第二日"的主题——并且在讨论的开始就给出了这样做的理由:

  那么,让我们从这里开始思考,如果我们只关注地球上的物体,只要是归于地球的运动,不论是什么运动,对我们来说都必然是一直无法察觉的，而且好像不存在一样；因为作为地球上的居民，我们也参与了同样的运动。但另一方面，它确实同样需要在所有其他可见的天体和物体中显示出来，这些天体和物体与地球分离，不参与这种运动。因此，要研究是否有运动可以归因于地球，以及如果有的话，可能是什么运动，真正的方法是去观察和思考与地球分离的物体是否表现出一些普遍属于所有事物的运动现象。因为任何只在月球上被感知的运动，如果不影响金星、木星或其他星体，就不可能是地球的运动，也不可能是其他运动，只能是月球的运动。现在，有一种运动是最普遍和最重要的，那就是太阳、月亮、所有其他行星和恒星——总之，整个宇宙，只有地球除外——在24小时内作为一个整体从东向西移动。就最初的现象而言，在逻辑上这既可以属于地球运动的现象，也可以属于宇宙其他部分运动的现象，因为同样的现象在某种情况下和在另一种情况下都是普遍的。因此，亚里士多德和托勒密完全理解这一点，他们在试图证明地球不可移动时，并没有反对除这种昼夜运动外的任何其他运动。[81]

伽利略回应了一些传统上对地球运动学说的反对意见，其中包括：第一，垂直向上抛射的物体在旋转的地球上应该不会落回原处；第二，向西发射的炮弹等物体与向东发射的物体相比，射程应该更大；第三，离地球表面有一定距离的物体，如鸟类，应该会被地球运动甩在后面；第四，物体应该会被快速旋转的地球表面甩出来。《对话》一书在这些问题上有了新的突破，因为哥白尼、开普勒或其他日心说捍卫者都未曾提供令人满意的答案。

  前三个反对意见都涉及物体和移动着的表面之间的关系，被一并处理。在这三种情况下，地球运动可以假定为直线运动，而在第四种反对意见的情况下，引用了离心效应，因此需要圆周运动。伽利略告诉我们，第一种反对意见最初来自亚里士多德，是最有说服力的，他把第二种反对意见当作它的一个变体。一块石头从塔顶落下，需要一些时间才能到达地面，但在这段时间里，如果地球经历了昼夜旋转，它就会向东移动一个非常远的距离，所以石头不会直接落到塔底，而是落到塔的西面，石头下落的距离相当于地球在下落过程中所走过的距离。[82]伽利略告诉我们，这一观点的支持者认为，该结论已经为实验所证实。在实验中，一块石头从桅杆顶端分别落到静止的船和移动的船上。在第一种情况下，石头垂直向下落到桅杆的底部；而在第二种情况下，石头落到了船后的水中，因为在球落下的时间里，船已经前进了。同样的道理也适用于垂直向上发射出的炮弹：它落在与大炮相同的位置，而不是远远落在西边。

伽利略的答案中最具说服力的部分是他对球从桅杆上落下会发生什么的重新审视。[83] 一个铅球从一艘行驶中的船的桅杆顶部向船的甲板落下，要考虑两种情况。如果想象这艘船正从一座高桥下经过：第一种情况下，我们把球放在桅杆的顶端，一旦船从桥下经过，就把它释放下来；第二种情况下，我们设想把球悬挂在桥边，高度与第一个球正好相等，这样当船从桥下经过，两球相遇时同时被释放。伽利略指出，实际发生的情况并不是两个球都落在船的后面，只有第二个球是这样，而第一个球则直接落在桅杆的底部。[84] 在这两种情况下，球都是从同一地点落下的，但它们在下落过程中的行为却不同。伽利略认为，其原因在于第二个球是从静止状态开始的（相对于所述情况而言），因此当它被释放时，它的唯一运动是垂直向下。相比之下，第一个球一直在随船运动，它在被释放时并没有突然失去这种运动。因此，它下落过程中所经历的运动实际上是两个分量运动的结果：一个是与船同方向的水平运动，一个是垂直向下的运动。我们没有注意到水平运动，因为在这种情况下，我们的相对位置是在船上，但如果船突然消失，我们就会注意到这部分运动。

同样道理也可适用于从塔上落下的球。因为球和地球一起在运动，它的运动实际上有两个部分，我们只注意到其中一个部分，因为我们也在做这个部分的运动——即地球的运动——与坠落的物体一样。那么,人们可能会问:是什么使云和鸟与地球表面的位置保持一致?在这里,伽利略引用了空气运动,因为空气随着地球旋转而旋转,实际上把空气当作流体,带着浸在其中的任何物体运动。但鸟类可以在空气中向不同方向移动,这似乎是个更大的问题:

很简单,我认为空气可以带着云一起运动,由于云的材料很轻盈,且没有任何相反的趋势,非常容易控制;事实上,云的材料与地球属性和特征相同。但是,鸟类是有生命的动物,也可以做与昼夜运动方向相反的运动;一旦鸟类干扰了昼夜运动以后,空气就可以恢复这种运动,这在我看来好像有问题,尤其是因为鸟是实心而有重量的物体。[85]

伽利略的答案构成了他对相对运动最明确的陈述之一。伽利略让我们想象被关在一艘大船的甲板下,身边有苍蝇和蝴蝶,一大碗水,里面有一些鱼,还有一个瓶子,里面的水一滴一滴地滴进一个大容器:

船静止的时候,仔细观察小动物是如何以同样速度飞向船舱的四面八方。鱼朝着各个方向游来游去;水滴落入下面的容器;向朋友扔东西时,在距离是相等的情况下,不需要在某个方向用更大的力气；双脚一起跳，无论哪个方向你都会经过相等的空间。当你仔细观察了所有这些事情后(尽管毫无疑问，船静止时，一切都一定会以这种方式发生)，让船以你喜欢的任意速度前进。只要运动是匀速的，而不是速度忽高忽低，你就会发现，上述所有事情不会有丝毫变化，你也无法判断船是在移动还是静止。[86]

尽管这种说法使我们超越了单纯的视觉相对性，而主张我们无法区分我们身处其中的运动，但伽利略在《对话》中肯定不是在倡导全盘相对性。他明确表示，"在运动和静止这对矛盾之间，没有中间地带(就像人们不可以说地球既不运动也不静止，太阳和星星既不运动也不静止)"。[87]此外，他在"第四日"中详细阐述的潮汐理论，则取决于地球昼夜运动和年度运动的结合是如何产生加速和减速的，而这反过来又导致海洋周期性的涌动和退缩。

第四个反对意见指出地球快速旋转导致其表面物体有可能被甩出，这表明他确实认识到某些运动具有独特的物理效果。尽管在这种情况下，他必须减弱这个效果，因为我们没有经历任何我们通常所认为的被置于旋转物体表面上的情况。虽然可以说是周围的空气保持了事物与地球表面位置一致，但它不能解释为什么物体没有从旋转的表面被"甩出和散开"。

伽利略明确指出，确实有一种力量使物体从中心甩出，他指出，当一个打开的水瓶在吊索上旋转时，无论它是水平还是垂直旋转，水都不会从瓶子中洒出，人们可以感觉到悬索被瓶子拉着。这种旋转使瓶子产生了一种推动力，使它继续沿着与悬索所约束的圆相切的方向运动，尽管瓶子有一种朝向地球中心的自然趋势。[88]这里有两种趋势或力在起作用：物体在切线上移动的趋势或推动力(*impetus*)，以及向中心移动的自然趋势，这是由于它的重力(*gravità*, 重量)。伽利略意识到，前者与后者只能方向相反，因此，如果要解释旋转的地球表面物体不被甩出的事实，他就必须证明前者被后者抵消。[89]这促使他注意到，物体与地球球面初始接触点之间的距离越大，这个沿切线被甩出的物体与地面的距离就会越远，比例逐渐增加。如果地球表面是平的，那么物体与表面的距离将与物体从表面被甩出的距离成简单正比关系，因为表面和甩出轨迹之间的角度是恒定的。但地球表面是弯曲的，表面和切线之间的角度因此也会增加。现在，当物体进一步远离地球表面时，物体重量的拉力就会变小。就作用力或趋势而言，这意味着一个不断变小的重力与一个恒定的推动力相对抗。但切线与表面形成的夹角（因其形状被称为"喇叭角"）一开始就非常小，在切向运动的初始阶段，物体的推动力还非常小，同时又受到重力的充分影响，结果是它又被拉回做圆周运动。这种效应在地球上被放大,因为地球表面非常大,其曲率非常小,结果是喇叭角的角度小得无法察觉。这确保了物体在其重力的补偿作用下足以长期对抗切向运动趋势。[90]

这一论证不能被顺理成章地认为是地球自转的一个独立证据,相反,伽利略的策略似乎是这样的:从独立的天文学结果来看,他确信地球在旋转,而物体不会从地球表面被甩出去是一个常识。他认为,唯一能阻止物体被甩出去的是一种力,它能抵消旋转表面上的物体沿切线被甩出的趋势。由于这种力是物体的重力,而物体离地球越近,重力就越强,因此它必须在物体离地球表面不太远的时候发挥作用。但伽利略实际上并没有研究这些力如何达成平衡:他只是说必须如此,否则这样的结果就不会出现。他无法确定的是,重力的补偿作用实际上只需要合适的力量。事实上,按照他提出的观点,重力补偿过度了,因为这样推断的结果是没有任何物体会从地球这样大的旋转体中被甩出的,因为地球旋转速度越快,物体就越难被甩出。[91]

《对话》"第二日"中伽利略应用的几乎所有理论都只是雏形,但是作为哥白尼主义第一道物理防线却格外有效。[92]这是哥白尼和开普勒的物理辩护无法做到的,而且为后来如何去研究出更加完备的理论指明了方向。最为突出的是他突破了视觉相对性的局限,为确立运动可探测的条件奠定了基础,对给定运动进行分析的时候,将圆周运动分解为两个力,而不是简单将其看作自然运动。然而,相较开普勒而言,伽利略的研究看上去微不足道,尽管他指出亚里士多德和托勒密体系中的若干误解,这些误解损害了二者的可信度,但是伽利略并没有提出新的成体系的自然哲学。他采用的是零敲碎打的方法,并不系统,这也是其成功的源泉。但有人把这一点看作伽利略研究的失败之处,例如笛卡儿告诉马兰·梅森(Marin Mersenne),伽利略"没有成体系研究事物,没有考虑自然的第一因,只是寻求对某些个别现象进行解释,因此他的研究只是空中楼阁"。[93]事实上，在伽利略准备出版《对话》的同期，笛卡儿首次提出了他的宇宙学体系，为所有古典和中世纪自然哲学体系提供了另一个可能。

提出根本不同于以往的自然哲学体系，牵涉出另外的问题：自然哲学到底是一门什么样的研究？是否应该先试着取代亚里士多德体系，或另起炉灶？是否应该在传统的道路上继续研究自然哲学？这些问题现在都需要重新讨论，它们直接关乎研究自然哲学的意义、自然哲学合法性、自然哲学研究者的地位。我们现在要探讨的最后一个问题，十分重要却一直被大多数人忽略，它是理解新自然哲学如何嵌入16世纪和18世纪欧洲文化的关键。

1 参见 Buckley, *At the Origins of Modern Atheism*, 巴克利（Buckley）反思了19世纪的发展, 哀叹"宗教放弃了其自身本质和经验所固有的正当性，并坚持认为其正当性将在哲学中找到，成为自然哲学，成为力学"(359)。然而，请注意，如果最后三章的论点成立，那么这种形式的正当性实际上是中世纪和现代基督教的内在组成部分，而不是后来的一些增加，最重要的是，如果没有根本性的基督教重塑，它就不能被移除，在这种重塑中，它与其他宗教和世俗运动的相对地位（以及它参与的能力）从根本上改变了。

2 这似乎是路德会对这些问题的一种固定的回应。正如罗杰·弗兰奇（Roger French）所指出的，"当丹尼尔·塞纳特（Daniel Sennert）想要确定动物是否有灵魂时，他写信给一些德国神学院，其中一些回答说，这是一个哲学问题，因为路德没有在这个话题上发表意见。" *Medicine before Science*, 169 n. 42。

3 参见 Gaukroger, *Cartesian Logic*, ch. 1.

4 参见 Jonathan Barnes, 'Aristotle's Theory of Demonstration', in Jonathan Barnes, Malcolm Schofield, and Richard Sorabji, eds, *Articles on Aristotle, i. Science* (London, 1975), 65–87.

5 若要了解这一发展的总体情况，参见 Nicholas Jardine, 'Galileo's Road to Truth and the Demonstrative Regress', *Studies in History of Science* 7 (1976), 277–318; idem, 'Epistemology of the Sciences', in Charles Schmitt, Quentin Skinner, and Eckhard Kessler, eds, *The Cambridge History of Renaissance Philosophy* (Cambridge, 1988), 685–711; Neal W. Gilbert, *Renaissance Concepts of Method* (New York, 1960); John H. Randall, *The School of Padua and the Emergence of Modern Science* (Padua, 1961); and Heikki Mikkeli, *An Aristotelian Response to Humanism: Jacopo Zabarella on the Nature of Arts and Sciences* (Helsinki, 1992).

6 参见 Jardine, 'Epistemology of the Sciences', 687 ff.

7 参见 Jardine 的讨论——'Galileo's Road to Truth and the Demonstrative Regress'.

8 参见 Walter J. Ong, *Ramus, Method and the Decay of Dialogue* (Cambridge, Mass., 1983).

9 有关培根对这些问题的详细讨论，参见 Gaukroger, *Francis Bacon and the Transformation of Early Modern Philosopy*; Peter Urbach, *Francis Bacon's Philosophy of Science* (La Salle, Ill., 1987); Francis Anderson, *The Philosophy of Francis Bacon* (New York, 1971).

10 这与当代学院派作家对逻辑的看法相反。其中，Chrystostomus Cabero 提出了逻辑在道德上约束思想的观点，*Brevis summularum recapitulatio* (Valladolid, 1623); Raphael Aversa 用医学类比表明逻辑通过建立推理规则以来弥补推理的自然弱点，*Logica* (Rome, 1623)。

11 Bacon, *Works*, iii. 242.

12 彼得拉莫更关注有用性，他不喜欢将医学与农业等有用的艺术进行比较，因为他认为医学在很大程度上是无用的：*Invectivarum contra medicum libri IV*, Book 1, ch. 5, and Book 2 ch. 18.

13 这也形成了法国人文主义的一个主题，佩雷斯克和勒瓦耶（La Mothe le Vayer）在17世纪为之辩护。

14 威廉·查尔顿（William Charlton）在其翻译的 *Physics: Aristotle's Physics I, II* (Oxford, 1970) 的介绍和注释中，对这些问题进行了很好的讨论，我在这里举了一个例子。有关更全面的论述，参见 Wolfgang Wieland, *Die aristotelische Physik* (Göttingen, 1970), and Helen S. Lang, *The Order of Nature in Aristotle's Physics* (Cambridge, 1998).

15 Bacon, *Works*, iii. 29 [text]/v. 433 [trans].

16 参见 Gaukroger, *Francis Bacon*, 44–57.

17 这里的问题并不像看起来那么简单。在《形而上学》(981^b17–20) 的开篇段落中，亚里士多德似乎把无用作为价值的标志:"但随着越来越多的技艺被发明出来,有些是为了生活必需品,有些是为了娱乐,后者的发明者自然总是被认为比前者的发明者更聪明,因为他们的知识分支并不以实用为目的。"然而,正如劳埃德所指出的那样,"希腊知识分子对其思想的实际应用漠不关心的形象,很大程度上源于属于特定柏拉图主义传统的文本"。G. E. R. Lloyd, *The Ambitions of Curiosity* (Cambridge, 2002), 70. 请注意约翰·威尔金斯(John Wilkins)的反对立场,他是英国皇家学会成立背后的主要推动力量之一,他认为亚里士多德是在为实践性知识辩护,反对推测性知识:"而那些前时代的数学家,确实拥有他们所有的知识,就像贪婪的人拥有他们的财富一样,只是在思想和概念上;明智的亚里士多德,就像一个明智的管家,确实为特定的使用和改进做好了准备,正确地选择了公共利益的现实和实质,避免了一些猜测或庸俗意见。"

18 Bacon, *Works*, iii. 20 [text]/v. 425 [trans]. 培根并不是唯一采用这种方法的人。Guido Ubaldo del Monte, *Mechanicorum Liber* (Pesaro, 1577) 的序言中也表达了类似观点,该书由 Stillman Drake 和 I. E. Drabkin 编辑和翻译: *Mechanics in Sixteenth-Century Italy* (Madison, 1969), 241–7.

19 参见 Beeckman to Mersenne, 1 Oct. 1629, in Marin Mersenne, *Correspondance du P. Marin Mersenne, religieux minime*, ed. Cornelius de Waard, R. Pintard, B. Rochot, and A. Baelieu (17 vols, Paris, 1932–88), i. 283.

20 约翰·舒斯特(John Schuster)很好地总结了贝克曼的方法,详见 *Descartes and the Scientific Revolution, 1618–1634* (2 vols, Ann Arbor, 1977), i. 59–60. 同时参见 Klaas van Berkel, *Isaac Beeckman (1588–1637) en de mechanisering van het wereldbeeld* (Amsterdam, 1983), 155–216.

21 参见 Stephen Gaukroger, 'The Role of Matter Theory in Baconian and Cartesian Cosmologies', *Perspectives on Science* 8 (2000), 201–22.

22 Bacon, *Works*, iii. 365.

23 批判始于1688年8月2日《学者杂志》(*Journal des savants*) 上对《自然哲学的数学原理》(*Principia*) 的匿名评论,评论将其定性为力学,与自然哲学的"世界体系"相对立:参见 Paul Mouy, *Le Développement de la physique cartésienne 1646–1712* (Paris, 1934), 256–8.

24 Nathaneal Torporley, *Diclides Coelemetricae seu valuae Astronomicae Vniuersales* (London, 1602) 中假设了一个天体杠杆系统,其中每个行星都被放置在杠杆的一端,在另一端有一个移动的力 (*magade*)。在磁力论的倡导者中,我们将集中讨论开普勒,在天体流体论的倡导者中,我们将讨论笛卡儿。

25 Bruce Stephenson, *Kepler's Physical Astronomy* (Princeton, 1994), 26.

26 关于开普勒之前的宇宙原型的漫长而复杂的历史,参见 Schmidt-Biggemann, *Philosophia Perennis*, ch. 5.

27 参见 Wilbur Applebaum, 'Keplerian Astronomy after Kepler: Researches and Problems', *History of Science* 34 (1996), 451–504.

28 参见 Jean Dietz Moss, *Novelties in the Heavens: Rhetoric and Science in the Copernican Controversy* (Chicago, 1993). 日心说的批评者开始把它与伽利略而不是哥白尼联系起来,例如,Alexander Ross, *The new planet no planet, or, The earth no wandring star, except in the wandring heads of Galileans* (London, 1646).

29 Kepler, *The Harmony of the World*, 301. 毕达哥拉斯主义的提及很有趣,因为泰勒(A. E. Taylor)认为,《蒂迈欧篇》所阐述的不是柏拉图自己的观点,而是5世纪意大利毕达哥拉斯主义的观点 (*A Commentary on Plato's Timaeus* (Oxford, 1928), 11)。而弗朗西斯·康福

德（Francis Cornford）对这种解读提出挑战：*Plato's Cosmology* (London, 1937), pp. vii–xi.

30 参见 J. V. Field, *Kepler's Geometrical Cosmology* (London, 1988), 1. 然而，我们也不清楚是否应该完全从字面上理解《蒂迈欧篇》本身，因为柏拉图把他对物质世界的描述称为"一个可能的故事"(29C–D)，而且提出的一些学说，如宇宙的产生和灵魂的自我运动，内在并不一致，也与其他对话中的学说不一致：参见 Gregory Vlastos, 'The Disorderly Motion in the *Timaeus*', and 'Creation in the *Timaeus*: Is it a Fiction?', in R. E. Allen, ed., *Studies in Plato's Metaphysics* (London, 1965), 379–99 and 401–19 respectively.

31 Kepler, *Gesammelte Werke*, i. 9. Translation (slightly altered) from Alexandre Koyré, *The Astronomical Revolution* (Paris/London/Ithaca, 1973), 128.

32 Nifo, *In Aristotelis libros de coelo et mundo* (Naples, 1517), f. 82. Translation taken from Jardine, *The Birth of History and Philosophy of Science*, 232.

33 参见 Rhonda Martens, *Kepler's Philosophy and the New Astronomy* (Princeton, 2000), 59.

34 Jardine, *The Birth of History and Philosophy of Science*, 248.

35 参见 Kepler, *New Astronomy*, 54–5, 关于思维的不恰当性，人们可以用围绕几何中心的旋转来解释物理物体的运动。平太阳模型的经验不足并不明显，因为它们总是根据日落后的天体观测来构建和评估的，也就是说，当地球直接在太阳和被观测物体之间的一条线上进行的观测，因此观测到物体的方向也是从太阳到该物体的方向。正如开普勒在《新天文学》第6章中明确指出的那样，从日落后的天体观测来看，这种差异很明显。1610年1月，伽利略发现了木星的四颗卫星，证实了开普勒坚持天体必须围绕物理物体而不是几何点旋转的观点。

36 参见 Stephenson, *Kepler's Physical Astronomy*, 44.

37 参见 Julian Franklin, *Methodology of Law and History* (New York, 1963), Ian Maclean, *Interpretation and Meaning in the Renaissance: The Case of Law* (Cambridge, 1992); Peter Burke, *The Renaissance Sense of the Past* (London, 1969). 有关这些问题的详细案例研究，参见 Hendrik J. Erasmus, *The Origins of Rome in Historiography from Petrarch to Perizonius* (Assen, 1962).

38 参见 Maclean, *Logic, Signs and Nature in the Renaissance*.

39 Kepler, *Gesammelte Werke*, i. 15.

40 同上，16.

41 在托勒密体系中，行星中包括太阳和月亮（当然不包括地球），共有七颗行星。哥白尼没有提到哥白尼体系中为什么有六颗行星，但雷提克斯在1540年的《首要叙述》(Narratio prima)中提出了数字命理学的辩护："谁能选择一个比六更合适的数字呢？还有什么数字能比这个数字更容易说服人类，上帝是世界的创造者和翻译者，他把整个宇宙分成了几个领域呢？因为在上帝的神圣预言中，以及在毕达哥拉斯学派和其他哲学家的观念中，数字6比其他所有数字都受到尊敬。最初和最完美的工作用最初和最完美的数字来概括，还有什么比这更符合上帝的杰作呢？"（翻译见 Edward Rosen, *Three Copernican Treatises* (New York, 1971), 147.）在阅读伽利略的《星际使者》(*Sidereus Nuncius*, 1610, 威尼斯)时，开普勒面临着天体数量增加的问题，但他在《星际使者论》(*Dissertatio cum Nuncio Sidereo*, 1610, 布拉格)中将这些天体视为卫星，而不是行星。判断某物是否为行星的标准，不能包括大小，因为伽利略的两颗卫星——木卫三和木卫四，实际上都和水星一样大。

42 托勒密实际上曾试图发现轨道半径，尽管16世纪的天文学家并没有意识到这一点。参见 Bernard Goldstein, 'The Arabic Version of Ptolemy's *Planetary Hypotheses*', *Transactions of the*

American Philosophical Society, 57/4 (1967), 3–55.

43 Copernicus, *De revolutionibus*, iiii recto. 哥白尼至少在理论上可以计算出轨道的大小。在地心说体系中构成高级行星不同轨道的圆圈现在成为真正的轨道，而那些曾经是本轮的圆圈仅仅反映了地球的轨道运动；在内行星的情况下，这是相反的，均轮成为地球的轨道，本轮成为真正的轨道。根据可以从观测中计算出本轮半径与均轮半径之比这一事实，我们可以计算出轨道的大小。

44 在这种情况下，我们必须把水星和金星的标签放在它们的球体内，火星、木星和土星的标签，以及恒星的标签，放在它们的球体上。地球的球体包含一个中等圆圈，它在一个球体中显示它的轨道，这个球体也必须容纳月球。

45 关于多面体理论，参见 Bruce Stephenson, *The Music of the Heavens: Kepler's Harmonic Astronomy* (Princeton, 1994), ch. 4.

46 这已经被证明，参见 Euclid, *Elements*, Book 13, scholium to prop. 19. 笛卡儿提供了一个代数证明，参见 *De solidorum elementis: Œuvres de Descartes*, ed. Charles Adam and Paul Tannery (2nd edn, 11 vols, Paris, 1974–86), x. 269–76.

47 参见 E. J. Aiton, 'Johannes Kepler and the *Mysterium Cosmographicum*', *Sudhoffs Archiv* 62(1977), 174–94.

48 参见 Field, *Kepler's Geometrical Cosmology*, 38.

49 开普勒受到普罗克鲁斯观点的影响，普罗克鲁斯认为，心灵的创造带有数学思想的印记。参见 Martens, *Kepler's Philosophy and the New Astronomy*, 34–5.

50 托勒密在他的《行星假说》（*Planetary Hypotheses*）的第7章和第8章提出了类似的理论：参见 'The Arabic Version of Ptolemy's *Planetary Hypotheses*', ed. Goldstein. See also the discussion in Taub, *Ptolemy's Universe*, 117–18.

51 参见 Stephen Pumfrey, 'Magnetical Philosophy and Astronomy, 1600–1650', in René Taton and Curtis Wilson, eds, *Planetary Astronomy from the Renaissance to the Rise of Astrophysics, Part A: Tycho Brahe to Newton* (Cambridge, 1989), 45–53, 我在此感谢。

52 天文学著作收集于 vol. iii of Simon Stevin, *The Principal Works of Simon Stevin*, ed. Ernst Cronie et al. (5 vols, Amsterdam, 1955–66). 哥白尼学说在荷兰的一小群熟悉它的天文学家和数学家中受到欢迎。参见 R. H. Vermij, 'Het copernicanisme in de Republiek', *Tijdschrift voor Geschiedenis* 106 (1993), 349–67: 357–62.

53 另一个早期对哥白尼主义进行"磁力"辩护的——在这种情况下直接受到吉尔伯特的影响——是 Nicholas Hill, *Philosophia Epicurea, Democritiana, Theophrastica, proposita simpliciter, non edocta* (Paris, 1601). 到17世纪的第二个十年，英格兰出现了许多这样的"磁力"辩护：一个典型的例子是 Mark Ridley, *A Short Treatise of Magneticall Bodies and Motions* (London, 1613).

54 正如马滕斯（Martens）所指出的那样（*Kepler's Philosophy*, 183 n. 26），即使在他确立了行星轨道是椭圆的之后，圆形仍然是优先的——与宇宙的原型几何排列相对应——因为太阳推动行星沿圆形轨道运行：是行星的振动破坏了这种圆周运动。

55 Stephenson, *Kepler's Physical Astronomy*, 130–7, 很好地描述了这里的一些复杂性。

56 Jardine, *The Birth of History and Philosophy of Science*, 142–3.

57 参见 Stephenson, *Kepler's Physical Astronomy*, 2.

58 Kepler, *New Astronomy*, 48.

59 参见 Stephen Pumfrey, 'Neo-Aristotelianism and the Magnetic Philosophy', in John Henry and Sarah Hutton, eds, *New Perspectives on Renaissance Thought* (London, 1990), 177–89.

60 开普勒与弗拉德的争论参见 Field, *Kepler's Geometrical Cosmology*, 179–87.

61 详细差异参见 Taub, *Ptolemy's Universe*, ch. 3.

62 Ptolemy, *The Almagest*, trans. R. Cateby Taliaferro, in *Britannica Great Books*, 16 (Chicago, 1952), 1–465: 7–14.

63 希腊语"假说"(*hupothesis*)一词的字面意思是其他事物被建构的基础,而不是某种试探性的东西,托勒密应该就是这样理解这个词的:Taub, *Ptolemy's Universe*, 41.

64 Nicolaus Copernicus, *On the Revolution of the Heavenly Spheres*, trans. C. G. Wallis, in *Britannica Great Books*, 16 (Chicago, 1952), 501–838: 511–21; and Kepler, *New Astronomy*, 54–9 (via Tycho and Copernicus).

65 例如 *De caelo*, 277a12–27.

66 *On the Revolution of the Heavenly Spheres*, 511.

67 Koyré, *From the Closed World to the Infinite Universe*, 58–87. 伽利略也赞同这种观点,参见 *Dialogue Concerning the Two Chief World Systems—Ptolemaic and Copernican*, trans. Stillman Drake (Berkeley, 1953), 19, 萨尔维亚蒂(Salviati)告诉我们,宇宙必然是"最有序的,它的各个部分以最高和最完美的顺序排列在一起",伽利略在一个空白处补充说,"作者假设宇宙是完美有序的。"

68 例如 *De caelo*, 297a8 – b 35.

69 *De caelo*, 297b31–298a21.

70 参见 *On the Revolution of the Heavenly Spheres*, 516.

71 参见 *On the Revolution of the Heavenly Spheres*, 514–15.

72 同上,518.

73 同上,519.

74 同上,520.

75 *New Astronomy*, 58.

76 参见 Christine Schofield, 'The Tychonic and Semi-Tychonic World Systems', in René Taton and Curtis Wilson, eds, *Planetary Astronomy from the Renaissance to the Rise of Astrophysics, Part A: Tycho Brahe to Newton* (Cambridge, 1989), 33–44: 41. 同时参见 Laurence W. B. Brockliss, 'Copernicus in the University: The French Experience', in John Henry and Sarah Hutton, eds, *New Perspectives on Renaissance Thought* (London, 1990), 190–213. 托勒密、第谷和哥白尼的学说在英国的基础教科书中被同等对待,例如第三版的 Joseph Moxon, *A Tutor to Astronomy and Geography* (London, 1686). 在 *An Essay at the Mechanism of the Macrocosm* (London, 1707) 中,前牛顿时代牛津的科尼尔斯·普尔沙尔(Conyers Purshall)为第谷系统的修订版进行了辩护,其中行星轨道和周期与开普勒定律在数值上保持一致。

77 在哥白尼模型中,金星在近地点应该比远地点大得多,假设它不自己产生光,而是反射太阳的光,它应该表现出完整的相位范围,就像月球一样;而在托勒密系统中,它应该是永久的新月形,唯一的变化是大小的增加和减少以及新月形尖端指向的方向的变化。尽管观测金星时存在问题,因为它的亮度很高,这极大加剧了色差的问题,但伽利略能够在1610年果断地确定前者,而不是后者,依据的是仔细观察。

78 参见 Richard A. Jarrell, 'The Contemporaries of Tycho Brahe', in René Taton and Curtis Wilson, eds, *Planetary Astronomy from the Renaissance to the Rise of Astrophysics, Part A: Tycho Brahe to Newton* (Cambridge, 1989), 22–32: 31.

79 "我从不看重第谷的冗长": Galileo, *Dialogue Concerning the Two Chief World Systems*, 52. 第谷在他与罗斯曼的争论中为亚里士多德的自然哲学辩护,正是他提出了炮弹垂直向上发射的例子,我们将在下面进行研究。Alexandre Koyré, *Galileo Studies* (Hassocks, 1978), 141–3.

80 参见 Schofield, 'The Tychonic and Semi-Tychonic World Systems', 41. 同时参见 Howard Margolis, 'Tycho's System and Galileo's Dialogue', *Studies in History and Philosophy of Science* 22 (1991), 259–75.

81 Galileo, *Dialogue Concerning the Two Chief World Systems*, 114.

82 同上, 126.

83 同上, 138–45.

84 伽利略从来没有做过实验来证实这一点。第一次这样的实验是在1641年6月左右由伽桑狄(Gassendi)在马赛的一艘快速移动的船上进行的,实验报道参见 *De motu impresso a motore translato: Gassendi, Opera*, iii. 478–81.

85 Galileo, *Dialogue*, 184.

86 同上, 186–7.

87 同上, 130.

88 同上, 190.

89 同上, 192–6.

90 关于对这些争论有益的叙述,参见 Maurice Clavelin, *The Natural Philosophy of Galileo* (Cambridge, Mass., 1974) ch. 5; D. K. Hill, 'The Projection Argument in Galileo and Copernicus: Rhetorical Strategy in the Defence of the New System', *Annals of Science* 41 (1984), 109–33.

91 Joella G. Yoder, *Unrolling Time: Christiaan Huygens and the Mathematization of Nature* (Cambridge, 1988), 35–8. 参见其讨论部分。

92 例如,在英国,约翰·威尔金斯(John Wilkins)在他的 *The Discovery of a New World* (London, 1638) 和 *A Discourse Concerning a New Planet* (London, 1640) 中采纳了《对话》的论点,这两本著作是在英国建立哥白尼主义的形成性文本。参见 Barbara J. Shapiro, *John Wilkins, 1614–1672: An Intellectual Biography* (Berkeley, 1969), ch. 2.

93 Descartes to Mersenne, 11 October 1638. Descartes, *Œuvres*, ii. 380. 伽桑狄在他的 *De motu* 中也强调了对伽利略所描述的现象背后的原因进行解释的必要性(参见 Paolo Galluzzi, 'Gassendi and *l'Affaire Galilée* of the Laws of Motion', *Science in Context* 13 (2000), 509–45). Cf. Kenelm Digby, *Two Treatises* (Paris, 1644), 310, 他也认为伽利略的计划缺乏因果关系。

Chapter 6
Reconstructing the Natural Philosopher

第 6 章
重构自然哲学家形象

17世纪上半叶，培根、伽利略和笛卡儿分别塑造了新自然哲学家的形象 (persona)。相较传统自然哲学家，他们有着截然不同的重点关注领域，实际上也有着完全不同的思维方式，反映了该学科要求的根本变化。他们设想中的新自然哲学有着不同的目标和所需技能，经院自然哲学家根本不可能开展新自然哲学研究。什么样的人最适合自然哲学？追求自然哲学的最佳环境是什么？这些问题应运而生。

这些问题的重要性在经院主义的发展中体现得淋漓尽致，因为在16世纪，我们开始越来越频繁地看到对经院主义的批评，这些批评越来越少地集中在教义观点上面，而是集中在什么样的人适合当哲学家的问题上。从13世纪开始，文学系教师为自己争取到的那种自主权是以哲学家形象为基础的。与神学系教师相比，哲学家的目的不是去发现隐藏的真理，而是要无畏地、不受任何教条约束地针对问题提出自己的观点。人们有理由期待，以16世纪彭波那齐和他在帕多瓦和博洛尼亚的同事为代表的新一代哲学家，可能已经成为不同于以往神学家或柏拉图主义者的新哲学家典范。但这种哲学形象实际上是16世纪最早的牺牲品之一，因为经院哲学家们的独特方法和最大优势，恰恰越来越被视为最糟糕的特征：徒劳地为了论证而论证，不考虑任何实用成果，尤其是不考虑真理。

思辨哲学家与实用哲学家

成为一名哲学家需要什么样的品质？这个问题要回到对"哲学是什么"的认识源头，我们可以追溯到柏拉图和随之而来的柏拉图主义传统。[1]这并不是一个毫无私心的传统。其所关心的并不是发现"哲学"的含义——事实上，前苏格拉底派把他们所做的事情称为 historia（调查）——而是为自身目的开发和塑造的一种特殊话语，为其提供系统化结构，并以边缘化其竞争对手的方式来描述它。[2]这一方式特别成功，我们甚至难以重建可能的替代方案。[3]但在它构想哲学研究的方式中存在着遗留问题，这些遗留问题成为我们的关注对象，因为这些问题在中世纪和文艺复兴时期对哲学话语的重新发现中亟待解决。

柏拉图和柏拉图主义传统中有两个对立在发挥作用。第一个对立存在于哲学话语与不声称自己具有"哲学"名号的早期思想形式之间；第二个对立存在于哲学所包含的不同概念之间。就后者而言，柏拉图关注的是如何将其认为的哲学研究与诡辩家的活动区分开来。诡辩家唯利是图的形象很突出，只要有人肯付钱，他们就愿意教任何人设计论点来打赢官司，包括让毫无道理可言的论点看起来比占理的论点更吸引人。简而言之，诡辩家败下阵来最终不是因为智力不及，而是在道德上相形见绌。而这正是我想关注的问题。

沿着道德路线出现的哲学失败贯穿历史,这种失败尤见于17世纪。在那些与无神论(这往往是给哲学对手惯常扣的帽子)相关的哲学家身上尤其明显,因为早期现代神学家几乎普遍认为,无神论的动机完全是出于那些生活不道德的人需要相信没有上帝会审判和惩罚他们,反过来,无神论经常被推断为来自不道德行为。[4]加拉斯(Garasse)在其1623年的《奇异学说》(*La Doctrine curieuse*, 译者注:法文书名为 *La doctrine curieuse des beaux esprits de ce temps*, 全书名为《本时代美丽心灵的奇异学说》,文中为简称)中,声称自己为无神论者,与路德和加尔文(Calvin)以及他们的信徒一道,全都是"鸡奸者"。[5]在英格兰,霍布斯(Hobbes)和他的追随者常常被指控为不道德。1675年,一个反对"有伤风化的城里人"的匿名册子将有伤风化与霍布斯主义者联系在一起。书中告诉我们,有伤风化的城里人有三个基本德行:

> 粗言秽语(swearing)、寻花问柳(wenching)和花天酒地(drinking);如果说其他人的生活可以比作一出戏(play),那么他的生活当然只是一出闹剧(farce),只在三个场景中演出,即平庸日子(ordinary)、妓院(play-house)和酒馆(tavern)。他的宗教(因为他也会时不时地唠叨这个)是假装的霍布斯主义(Hobbian)。他发誓利维坦(Leviathan)可以提供所有失去的所罗门文集……[6]

但是将哲学和道德缺陷联系起来,并不限于无神论者或当代人士,古代哲学家也难以幸免。皇家学会最杰出的辩护人之一约瑟夫·格兰维尔(Joseph Glanvill)对亚里士多德的谴责就揭示了这一点:

亚里士多德对他之前的哲学家不屑一顾,对于一个哪怕是对他的著作不甚了解的人来说,都很清楚这一点。伟大的培根爵士在他出色的《学术的进展》一书中特别指责了亚里士多德的这种不堪行为,他说,"亚里士多德以为他就跟奥斯曼人一样,认为他不可能屈尊就卑,除非他做的第一件事就是杀了他所有的兄弟们。"他还提到,"我不能不对哲学家亚里士多德感到惊奇,他以如此矛盾的精神对待古代智慧,不仅随心所欲地创立科学新词,而且还混淆和消灭所有古代的智慧;他从不说出古代作者的名字,而是对其进行鞭挞或指责。"与此相呼应的是帕特里修斯(Patricius)的观点,他(亚里士多德)在250多个地方指名道姓地对古人吹毛求疵,在1000多个地方则没指名道姓。除了诗人和修辞学家之外,他还斥责了46位受尊崇的哲学家,而他撒气最多的对象是他优秀而可敬的老师柏拉图,他在60多处指名道姓地反驳他。柏拉图反对所有的诡辩家,但只反对两位哲学家,即阿那克萨哥拉(Anaxagoras)和赫拉克利特;亚里士多德在这方面恰恰相反,他反对所有的哲学家,但只反对两位诡辩家，即普罗泰戈拉和高尔吉亚。是的，他不仅用他的论点进行攻击，还用他的指责进行迫害，称恩培多克勒（Empedocles）的哲学和所有的先贤都口齿不清、结结巴巴；色诺克拉底（Xenocrates）和梅利苏斯（Melissus）土里土气；阿那克萨哥拉思维简单、考虑不周；是的，他们所有人，就像帕特里修斯所说，都是一堆无知之徒、傻瓜和疯子。[7]

格兰维尔在此对培根的引用至关重要。培根改造自然哲学学科的一个关键内容是对其从业者的改造。其要素之一就是阐述自然哲学家的新形象，这个形象传达了这样一个事实：自然哲学家不再是一个追求自然界晦涩奥秘并使用深奥语言来保护自己的发现的个人，而是一个为公共利益（也就是王室）服务的公众人物。[8]

哲学家偏爱无用的学问，而不是道德，这种思想可以追溯到彼得拉克，事实上，这是彼得拉克人文主义的主流思想。[9]文艺复兴时期的人文主义者提出了与他们相称的责任问题，特别是积极参与国家事务的生活（*negotium*）是否应该优先于超然和沉思的生活（*otium*）。[10]答案几乎无一例外[11]——尤其是培根本人在《论尊严》（*De dignitate*）第七卷中给出的答案[12]——那就是工作（*negotium*）应该优先于休闲（*otium*）。一旦决定了这个问题，那么问题就不在于仅仅要有合适的学问，还在于一个实用人文主义者要有适当的行为，考虑到其研究的实用性特点。首先，需要在积极生活或实践生活与沉思生活中做出选择，传统上哲学家属于后者。[13]向积极生活或实践生活的明确转向，对哲学提出了新的要求，因为哲学家们现在必须证明，他们能够实现积极或实践生活的目标。培根所做的实际上是将哲学转变为属于 *negotium* 领域的东西。这完全背离了古典哲学和基督教中世纪哲学概念。[14]通过诚实（*honestas*）和效用（*utilitas*）二者修辞上的统一，培根将哲学表述为某种美好而实用的东西，因而哲学就是积极生活的内在内容。事实上，哲学开始成为 *negotium* 的范式，这样哲学就可以取代锡德尼等作家为诗歌所做的主张，他们认为诗歌可以打动人，使人从善，而哲学则不能。

培根理想所借鉴的人文主义思想源泉中，道德哲学占有突出位置。彼得拉克明确指出，哲学应该主要关注伦理，他抱怨亚里士多德尽管在《尼各马可伦理学》（*Nicomachean Ethics*, 1094^{b}23—1095^{a}6）中告诉我们伦理学习的目标不是获取知识，而是让行为更加高尚，但事实上并没告诉任何可以促使我们行为更高尚的东西。[15]因此，彼得拉克认为我们必须首先求助于西塞罗和塞涅卡（Seneca）。罗马哲学特别重视伦理学，将其置于哲学的核心位置，除卢克莱修（Lucretius）以外，罗马哲学几乎所有的关注点都在道德、政治和法律问题上。[16]作为哲学家必须道德高尚，这也是波爱修斯《哲学的慰藉》(De consolatione philosophiae, 528) 一书的主题。该书为10世纪和11世纪的西方提供了与古代形而上学思想的唯一联系。[17]但是该书也讲出了古典和希腊化时代哲学的一个内在主题，即哲学圣人就是通过哲学训练达到道德卓越状态的人。[18]事实上，哲学家追求一种人性和道德，这是人文主义哲学的内在要求。同时，我们应该记住，人类的幸福一直是古希腊和古罗马哲学家关心的问题，人们向他们寻求生活的指导。哲学家对上述问题有着与众不同的理解，正如西塞罗所说："既然生活的最终目的是与自然和谐相处，那么拥有哲学智慧的人，必然会在幸福、完美和幸运的状态下生活，没有任何拘束、阻碍或需要。"[19]西塞罗在此阐述的观念指的是斯多葛派对灾难和不幸的超然态度。然而，实现这一目标并不容易，它要求哲学家们接受训练，为他们不同于常人的生活做好准备。希腊化时代末期，亚历山大的斐洛在研究如何养成哲学家或圣人的品德时，明确提出了如下要求：

每一个人——无论是希腊人还是野蛮人——只要是在为了获得智慧而接受训练，会过着一种少受责备、无可指责的生活，他们既不做不公正的事，也不以牙还牙，他们避免与好事者为伍，蔑视他们消磨光阴的地方——法庭、议会、市场、集会——总之，蔑视各种头脑空空的人的聚会或团聚。由于他们的目标是和平和安宁的生活,他们思考自然和在自然中发现的一切。……因此,他们充满了各种优点,习惯于不再考虑身体的不适或外部的邪恶,他们训练自己对无所谓的事情无动于衷;他们武装自己,反对愉悦和欲望,简而言之,他们总是努力让自己摆脱激情。[20]

我们不要忘记,在整个古代,哲学家的品格都是最重要的问题。至少从苏格拉底开始,哲学家根据不同的学说或流派,采取或培养了不同的品格和态度。对《斐多篇》中的苏格拉底来说,哲学使人正视死亡,而死亡又与获得真正的知识有关。[21] 对于《理想国》中的柏拉图来说,哲学家的品格——高贵,亲切,是真理、正义、勇气、节制的朋友 (487ᵃ) ——使他适合做国王。[22] 相反,对犬儒主义者第欧根尼 (Diogenes) 来说,哲学家的品格使他过上了乞丐或奴隶的生活,而这绝不简单:这需要一种"训练"(askesis),一种生活方式,包括对困难和苦难的漠视 (apatheia),自我满足和拒绝承担公民社会的责任 (autarkeia),充分和直率的言论自由 (parrhesia),以及在解决生理需要时不感到羞耻 (anaideia)。[23] 亚里士多德用了一个不同的比方,把哲学比作医学,他认为,正如认真听取医生的建议而不采取行动一样,大多数人也会错误地"停留在理论的避风港中,认为仅凭自己是哲学家,就能成为一个好人"。**24**

这种对哲学品格的培养在希腊化时代尤为明显,其主要流派都明确确定了心灵的平静(ataraxia)的目标;对伊壁鸠鲁派和斯多葛派来说,对激情的节制在获得与他们流派成员相称或适合的精神状态和相应的行为方面发挥了重要作用。事实上,正如皮埃尔·哈多特(Pierre Hadot)所说,正因为对智慧的热爱"对世界来说是陌生的,才使哲学家成为世界的陌生人。因此,每个学派都力图理性描述圣人的这种完美状态,而且都会努力去描绘圣人的形象"。**25**到了基督教时代,这种哲学形象构建有了不同的方式。我们已经看到了达西亚的波爱修斯的主张,即哲学家比其他人更容易成为更有道德的人,我们也已经看到,这个主张在1277年大谴责中被挑出来进行批评。同样引人注目的是在文艺复兴思想中屡见不鲜的哲学形象构建观点,皮科·德拉·米兰多拉(Pico Della Mirandola)关于"人的尊严"的颂词实际上是试图将哲学家重新定义为典范的圣人,并制定了实现这一目标的方案。**26**

一般来说,古代、中世纪和近代早期的哲学家们在将自己的形象塑造为道德、审美和知识责任的典范时,都取得了程度不一的成功。无论他们之间有多么深刻的哲学争论,重要的是要确立哲学观点的权威性,不只是众说纷纭之一而已。要确立权威性,就需要构建一个能够承载和展示这种权威的哲学品格形象：这种权威与神学家和政治家所承载和展示的权威存在明显差异。例如，他们在道德、自然哲学和其他问题上的主张可能与哲学家的主张相重叠，甚至可能相互竞争。这里提出的问题，是哲学与合乎哲学家或至少受过哲学教育的人身份的行为二者之间的关系，即哲学会塑造，应该塑造或鼓励什么样的品格。

道德哲学模式对早期现代思想家而言在两个方面很重要。第一，哲学自我身份塑造一直牵涉对七情六欲的认识和节制这一道德问题，正因如此，七情六欲具有特殊中心地位，因为七情六欲不仅是哲学家们研究的对象之一，也是一个人要有"哲学"气质首先必须认识的东西。以这样或那样的形式掌控七情六欲，不仅是哲学的主题，而且是苏格拉底以来哲学人物品格的独特特征，文艺复兴和早期现代哲学家们与古代哲学家一样严格自律自戒。这就是培根想要塑造其新自然哲学家的模式。[27]这个模式不适用于工匠，它赋予新从业者尊严和地位，这是他工作的集体性无论如何都不会体现的。第二，在人文主义的层面上，道德高尚和行为高尚是一回事：道德不能脱离实践层面。事实上，基于此，许多人文主义者对传统道德哲学进行了批判。例如，锡德尼在强调积极的、实践的生活比沉思生活更优越时，描述了他所认为的道德思想的影响，即教会人道德的本质与打动人去实践道德不是一回事,实际上也不能替代,而哲学只能带来前者。[28]锡德尼和培根二人均想跨越知晓道德和按道德行事之间的鸿沟。此外,值得注意的是,培根在《学术的进展》一书中强调,道德哲学是一个认知学科,实践结果是该学科构成要素之一。[29]如果像我建议的那样,我们把道德哲学作为自然哲学的榜样,而道德哲学自然而然是在人文主义背景下的,而且在从 *otum* 到 *negotium* 的转变中得到了强化,那么我们也许能够更深入地研究为什么培根主张自然哲学家的目的不仅仅是发现真理,甚至是有教益的真理,进而生产出新的成果。

在我看来,培根在《哲学的争论》(*Redargutio philosophiarum*)中关于古典哲学家的讨论明显体现了他思想的道德基础。书中告知,哲学家有三类。[30]第一类是诡辩家,他们声称自己无所不知,为了挣钱而四处收徒。第二类是对自身价值有更高要求的哲学家,他们形成一个流派,教授特定的信仰体系。培根将柏拉图、亚里士多德、基提翁的芝诺和伊壁鸠鲁列入这一类。第三类哲学家致力于寻求真理和研究自然,他们不慌不忙,没有收费,也没有形成流派。这一类的代表有恩培多克勒、赫拉克利特、德谟克利特、阿那克萨哥拉和巴门尼德。他认为第二类哲学家并不比第一类哲学家更好,因此他继续研究个人,即柏拉图和亚里士多德，不对其学说观点进行争论，而是通过"标志"来判断[31]，即学说的明显特征(包括学说提出者的品德和学说的效果)。下面是对亚里士多德和柏拉图人格的思考，实际上是对其个人价值的思考。就亚里士多德而言，培根的评价可能会被误认为人格诋毁。书中说，亚里士多德不耐烦、不容忍、善于提出反对意见、永远关注矛盾、敌视和蔑视古代思想家，并且故意模糊不清。我们需要问的是，培根对亚里士多德个人进行抨击的意义何在。培根对亚里士多德哲学的内容并不是没有具体的反对意见。他在《哲学的争论》中提到了他对亚里士多德观点的主要异议：亚里士多德错误地用范畴来构建世界，而且同样错误地从实现(act)和潜能(potency)的角度来解释物质和虚无、稀少和稠密之间的差异。从阐明观点的目的来看，这种对亚里士多德的人身攻击似乎既没有必要，也适得其反。

但我认为，这样看问题并没有领会培根的要义。对亚里士多德的个人批判不是随意附加的内容，而是培根学说的一部分。他明确告诉我们，他要判断的不是特定学说的内容，而是标志。那么，为什么个人批判对他的计划如此重要？答案是，对培根来说，自然哲学家不是简单具有特殊专长的人，而是具有一种特殊地位的人，一种准道德的地位。这种地位是作为道德哲学家的圣人被作为自然哲学家的圣人所取代的结果。我们期望道德哲学家以特殊的方式行事,就像圣人一样,而这也是其道德哲学价值的体现。圣人的范式从道德哲学家转变成自然哲学家,意味着自然哲学家现在具有了这种特质。自然哲学的价值反映在自然哲学家身上,就像道德哲学的价值反映在道德哲学家身上一样:或者,也许应该说"体现"在它的实践者身上。

《学术的进展》第二卷中关于道德哲学的讨论中,培根列出了道德哲学可能影响理性的多种形式:

> 因为我们看到,理性在其实施过程中受到三种因素干扰:与逻辑有关的陷阱或诡辩;与修辞有关的想象或印象;与道德有关的情欲或感情。正如在与他人的谈判中,人们通过狡猾、执拗和激烈的手段来进行谈判;在与我们自己的谈判中,人们被各种不相干的因素干扰,被印象或观察纠缠和诱惑,被情欲驱使。人的本性并非如此不幸,这些因素和技巧本来就具有扰乱理性而不是建立和推进理性的力量:因为逻辑学的目的是教授一种论证方式,以确保理性,而不是困住它;道德学的目的是促使情感服从理性,而不是侵犯它;修辞学的目的是使想象力服从理性,而不是压迫它:因为这些滥用技巧的行为总是间接影响我们,需要加以注意。[32]

在培根看来，道德哲学的最终目的是让人们做出道德高尚的行为；讨论善的本质，或者争论"高尚的美德存在于人的头脑中是由习惯而不是由天性决定的"，但它仅凭自身的力量并不能确保实现这一目的。道德哲学没有提供的，也是需要提供的，是教育心灵的方法，使它可以渴望并达到善：

> 道德知识的主要和原始的划分似乎是分为善的典范或平台，以及心灵的养成或培养：一方面对善的本质进行描述，另一方面制定如何驯服、应用和适应人的意志的规则。[33]

第一个问题是关于善的本质，分别讨论善的不同类型和善的不同程度。例如，我们可以把本身为善的事物与作为更大整体之一部分的善区分开来，后者应优先于前者："履行对公众的义务应该比对生命和存在的保护更加珍贵。"正是在这个基础上，培根反对亚里士多德关于沉思生活的价值高于公共生活的主张，因为亚里士多德为沉思生活提供的所有论据"都是私人的，是对人自我愉悦和尊严的尊重"。当然，沉思生活很重要。他还举例说明了忽视公民生活和以自己的快乐作为标准可能带来的社会危害。在主动和被动之善的相对优劣问题上——主动传播或保护——培根坚定地站在了前者一边。[34]关于道德熏陶的问题[35]，培根提到了"心灵的培养和养成"。他引用亚里士多德的话说，我们想知道什么是美德，以及如何成为具有美德的人：二者本来就是一体的。但他也指出了西塞罗对小加图(Cato the Younger)的赞美：小加图学习哲学不是为了像哲学家一样争论，而是为了像哲学家一样生活。这里要谈的不只是道德生活和哲学生活之间的紧密关系，而是存在一个与道德和哲学均有关系的特定品格形象的事实：不仅仅是一个拥有特殊专长的问题。我们从一开始就必须明白的是，什么是我们力所能及的，什么是我们力所不及的。我们能做的事情受到心灵本质的限制，我们需要"对人的天性特征和秉性脾气进行合理真实的描述，特别是要考虑到那些最根本的差异——其他差异的源头和原因，或那些通常同时出现或混合在一起的差异"。在了解这些差异时，我们会发现心灵的"多元化的性情和心理结构"，但我们也需要发现"其次是疾病，最后是治疗"。"疾病"是扰乱心灵的"情感不安和病态"。治疗方法包括在自己面前设定"诚实而美好的目标"，并"坚定、持之以恒、真诚地为之而奋斗"。然而，这里所说的疾病和治疗方法的意义远远超出了道德领域，培根对疾病的性质及其治疗所需的心灵养成方法的详细说明不是在道德哲学的背景下，而是在自然哲学的背景下展开的。

这就带出了一个问题,即一个人如何才能成为培根意义上的圣人。从最一般的角度来看,答案中至少有一个传统成分:清除情绪。但培根对此做了独特的解释。对培根来说,圣人不仅要清除情感状态,还要清除认知状态。这是他心灵"幻象"(idols)学说的核心。他在《新工具论》序言中阐述了需要这样做的理由:

我的计划虽然容易描述,却很难实施。因为这需要定量评价确定性,通过某种简化手段来处理感知,并最大限度降低在感知之后的思维活动。事实上,我的意思是开创并铺设一条新的、确定的从感官直觉到思维的途径。现在,那些如此重视辩证法的人无疑看到了这一点——由此可见,他们是在智性中寻找支撑,不相信心灵天生和自发的运动。但是,一旦思维被日常生活中的习惯、传闻和堕落的学说所侵袭,并被最空虚的幻象所困扰,(辩证法)这种补救措施就为时已晚。因此,(正如我所说的)辩证法已经来不及闩住马厩的门,马儿已经冲破围栏,辩证法更多的是巩固错误而不是揭示真理。通往健康和理智的路只有一条:把思维全盘推翻,从头再来,从一开始就不要让思维自由驰骋,而要让它受到管束,让思维像钟表一样运行。[36]

《新工具论》第一卷中的论述以此为契机,解释了人类心灵易犯的系统错误形式，借此提出研究自然哲学首先应该具备的心理或认知状态问题。培根认为，在他那个时代，对自然的认识达到自人类堕落以来前所未有的程度是可能的，因为阻碍以前所有尝试的特殊障碍都已确定，这在很多方面来说都是全新的理论，该理论传统上可能被归为激情理论，是专门针对自然哲学实践的理论。

培根认为，人的认知存在一些可识别的障碍，这些障碍来自心灵的先天倾向（种族幻象），来自个人心灵的遗传或特异性特征（洞穴幻象），来自我们必须用来交流的语言的性质（市场幻象），或者来自我们接受的教育和成长经历（剧院幻象）。由于上述原因，我们在研究自然哲学时，自然官能严重失能，交流手段严重不足，我们依赖的是一种无可救药的、腐朽的哲学文化。在许多方面，这些都是人堕落的结果，是无法补救的。自然哲学的实践者当然需要改革他们的行为，克服其自然倾向和情欲等，但这样做并不是让人们向往一个自然的、人类堕落以前的天真而纯洁的状态。在这种状态下，人们可能会以直接知识来了解事物，这一点永远不会实现。相反，人们必须服从行为变革的规律，要遵循一个在许多方面都与其自然倾向相悖的程序。简而言之，由于人的堕落，需要变革人的品格：在人的堕落之后，品格的关键方面一直缺失。早期哲学家认为，某种哲学训练会塑造出必要的品格，而培根则认为，我们需要从更久远的时间开始,从根本上清除我们的自然特征,以除旧迎新。

哲学之责任

培根一生最大的败笔之一,就是他无法在有生之年为其著作找到读者。自然哲学家的转型对于自然哲学的转型来说是必要的,但这种新自然哲学写给谁看?毕竟,如果新自然哲学家所要求的特质与旧自然哲学家的特质差异如此之大,那么同样的要求肯定会在读者身上体现,但这些读者不可能是传统读者,而作者也不可能是传统作者。如果新自然哲学家不是为彼此而写作,那么为新自然哲学构建新的受众至关重要。

培根对当时的几个自然哲学研究中心既不了解也不感兴趣(甚至对当时领先的此类机构——格雷沙姆学院——也不感兴趣,该学院由培根叔叔的遗嘱捐赠建立),他没有与别人进行任何关于自然哲学问题的通信往来。他认为他的自然哲学的受众是君主,尽管伊丽莎白一世和詹姆斯六世都没有对他昂贵而宏大的蓝图表示任何兴趣。[37] 相比之下,笛卡儿在其理论成熟期每天都会写几封关于自然哲学主题的信,通过梅森的圈子与自然哲学界保持广泛的联系;他参照晚期经院哲学教科书体系来设计他的《哲学原理》(Principia Philosophiae),以供学院和大学使用；他在去世前的最后几周，还在忙着为斯德哥尔摩的一个学院制定规划。[38]读者能对新作品做出适当的回应是很重要的，笛卡儿当然比培根更了解这一点，亨里克斯·雷吉厄斯(Henricus Regius)等笛卡儿追随者所著的教科书也产生了相当大的影响。但笛卡儿的著作在17世纪下半叶受到了严格审查[39]，而培根的作品则是在他去世不久后在英格兰和欧洲大陆突然得到了热烈的追捧。[40]结果培根，而不是笛卡儿，成了新科学院思想的提出者。在民族主义强烈的法国，笛卡儿主义者甚至无一成为皇家科学院院士，皇家科学院由路易十四的首席大臣柯尔贝尔(Jean-Baptiste Colbert)"按照维鲁拉姆男爵(即培根，译者注：培根的封号为1st Baron Verulam and Viscount St Albans, 维鲁拉姆男爵和圣奥尔本子爵)的建议"成立。

但在这方面，伽利略的经历才最有意思，因为从中我们可以看到受众塑造和自然哲学研究合法化的过程。伽利略是一位数学家，这个职业与机械艺术有关，在大学学科排名中地位特别低下。伽利略的数学并不是在大学学的——按照他父亲的意愿，他在比萨大学修习医学，但在获得学位之前就辍学了——而是来自佛罗伦萨的宫廷教师奥斯蒂利奥·里奇(Ostilio Ricci)，他教授军事建筑、机械学、建筑学和透视学。伽利略曾邀请他到父亲家里进行指导。[41]伽利略曾先后在比萨大学(1589年)和帕多瓦大学(1591年)担任数学教职。他在没有学位的情况下能做到这一点，表明他教的不是哲学学科，而是技术学科，是通过学徒制而不是培训来教学，工资也相应较低：大约是哲学教授的六分之一到八分之一。[42]数学对于伽利略理解自然哲学至关重要，随后几个章节中我们会看到，他的理解的出发点是实用数学学科，尤其是力学。伽利略在大学体系内无法推进他的自然哲学研究，甚至连受众也找不到。[43]

相比之下，赞助体系有着完全不同的架构，其优先次序也完全不同。赞助制度的优势不在于它比大学对实用数学学科有更多的同情心，因为它根本就不关心这一点，而在于其本身没有固定的学科排名。佛罗伦萨赞助人的主要对象——画家、雕塑家、建筑师和其他人——在整个16世纪都试图通过建立以通识教育为基础的清晰理论来提高其社会地位，试图将自己从单纯手艺人的地位蜕变为艺术家，这也为自然哲学家树立了榜样。[44]在赞助人与赞助对象的关系中，压倒一切的因素是赞助人声誉的提升，而在自然哲学领域，自然哲学的发现起到了关键作用。[45]正如在绘画、建筑、音乐和诗歌领域中，理想情况下，赞助人期待其赞助对象能拿出一些能使其竞争对手眼花缭乱的作品，自然哲学也同样如此。自然哲学之所以被青睐，是因为它有一些令人啧啧称奇的新发现。在这里，我们能在很多方面看到培根所倡导的自然哲学实践成功的迹象，因为其导向就是明显和具体的成果，而单纯的沉思自然哲学没有一席之地。此外，伽利略将其发现献给的王公们，与培根希望监督他"伟大复兴"(great instauration)的君主一样，在许多方面拥有绝对权力。在大学体系之外，赞助人提供了一个强大的合法化体系。它有自己的社会地位和信誉标准，但在这个体系中，赞助人需要赞助对象，赞助对象也需要赞助人，因此自然哲学的议程——只要它能生产出产品——在很大程度上可以由接受赞助的自然哲学家来决定，因为赞助人本身被认为不在乎细节，对细节有着其特有的无所谓态度。[46] 这样一来，自然哲学就从教廷转到了世俗领域。正如比奥利 (Biagioli) 所指出的，要付出的代价是，"在宫廷赞助下，只有通过消除作者个人的声音才能获得作为科学作者的合法性。成为一个合法作者，就意味着要以王公的'代理人'面貌示人……"[47] 例如，开普勒和伽利略进行交流的时候，其身份分别是鲁道夫二世 (Rudolph II) 和科西莫二世 (Cosimo II) 的赞助对象，而不是以自己的名义。伽利略呈给科西莫一本《星际信使》(Sidereus Nuncius)，科西莫将其寄给鲁道夫，然后鲁道夫将其转给开普勒征求意见。此外，尽管赞助人并不指定自然哲学的研究课题，但被赞助者需要回答赞助人的询问，或对赞助人传递过来的发现报告提出意见。一旦伽利略进入（或一只脚跨入）赞助网络，该网络如何塑造伽利略的研究兴趣，比奥利在书中对此进行了详细描述：他需要回应的讨论主题无一例外由赞助人提出，如浮力、博洛尼亚石和太阳黑子等问题，或者是一些偶然事件，例如1604年新星或1618年彗星。而伽利略需要回答一些具体问题，例如："什么是彗星？""为什么冰会浮在水面上？""为什么土星由三部分构成？""为什么博洛尼亚石会自己发光？""什么是太阳黑子？"[48]

宫廷赞助模式与培根倡导的模式主要区别在于，在培根体系中，高尚的绅士行为必然要求摒弃经院主义的抗辩争论特征，因为这样的争论被认为是非绅士行为，且徒劳无益，而意大利北部大公国的赞助体系中，王公发起并约束自然哲学争论，以提升其自身形象。就像决斗一样，二者均属于荣誉和地位的社会经济学，有着严格规定的礼仪规则，规定谁该和谁辩论，确保双方地位相称：例如某个社会地位较低的人士质疑伽利略的浮力学说，则会建议找一个"年轻人"来回应，来羞辱和"教训"对手。[49]此外，其他赞助人的被赞助者不得占上风。这一点至关重要。因此，比如说开普勒最终拿到了一本《星际信使》，开普勒提的第一个要求就是得到伽利略的望远镜——伽利略给科西莫制作了若干望远镜来供大家传看——但是伽利略迟迟不答应，一直说自己没有多余的望远镜，唯恐开普勒用望远镜万一发现了什么，使伽利略和他的赞助者的巨大成功相形见绌，黯然失色。[50]赞助模式所带来的是一种激烈的争论抗辩形式，尽管其作用方式与经院争论大不相同。首先，整个抗辩风格迥异。伽利略批评那些"希望看到哲学学说被压缩在最有限空间之中的人士，他们想要人们总是用词僵硬和简洁，采用纯几何学家特有的方式，没有任何优雅或装饰，甚至连非绝对必要的词都会省去"。[51]在其《对话》中，伽利略所批判的亚里士多德主义代言人辛普利西奥(Simplicio，译者注：Simplicio是伽利略在该书中虚拟的角色，是托勒密天文学和亚里士多德主义的忠实拥趸，其形象是一个稻草人)，用比奥利的话来说，"不仅是伽利略所说的稻草人，而且代表了宫廷学者认为要反对的东西"[52]此处我们不应忘了，宫廷学者包括高级神职人员，如红衣主教，他们与宗教经院哲学的代表非常不同。[53]其二，经院争论首先是发现方法的一部分，然而赞助人主导的争论并非如此。相反，其关键之处在于它是捍卫赞助人尊严、扩大赞助人影响的手段：在这个过程中，客观上起到了使在赞助人保护伞下进行的自然哲学研究合法化的作用。

进入赞助体系顶层，获得大公赞助，并不是一蹴而就的事。伽利略从17世纪初就开始尝试。当时，他改进了扇形或比例圆规——一种利用重复固定比例来解决算术和几何问题的装置。伽利略注意到许多贵族王公在进行诸如计算复利、排列不对称的军阵、使用大炮观瞄装置和计算远处建筑物高度等操作时遇到困难。伽利略在《测地与军用圆规实操》(*Le Operazioni del compasso geometrico et militare*, 1606) 一书中解释了如何使用他自己改进的比例圆规,并献给"最尊贵的科西莫·德·美第奇王子殿下"。他告诉我们,贵族们动摇并放弃了他们的事业,因为他们"被许多其他事务所困扰","无法在这些问题上保持必需的细致和耐心",所以他在小册子中为他们提供指导,"使他们能够立即解决最困难的算术运算;但我只描述那些在民用和军事中最常见的运算"。[54] 红衣主教贡扎加 (Gonzaga) 和科西莫·德·美第奇对圆规和小册子礼物做出了积极回应,但它们没有给伽利略带来他所寻求的赞助。

时间来到1609年,伽利略的事业取得了惊人的进展,最终将他推上了公共舞台,并迅速为他赢得了托斯卡纳大公 (Grand Duke of Tuscany) 的赞助。这一年,伽利略暂时搁置了在过去20年中潜心研究的力学方面的开创性工作,集中精力开发他的望远镜,在接下来的20年中望远镜占据了他大量的时间,他在17世纪30年代才真正回归力学领域。[55] 关于望远镜的第一次公开记载是在1608年9月,荷兰眼镜制造师汉斯·李普希 (Hans Lipperhay) 为一个"让远处的物体看起来很近"的装置申请了专利。1609年5月,伽利略听说这一发明后,立即买来镜片复制了望远镜,并着手改进,然后以其巨大的军事潜力为由,将其献给威尼斯总督。到11月，伽利略研制出能放大20倍的望远镜，11月30日，开始用于研究月球。他发现月球表面粗糙不平，有大坑和山脉，《星际信使》的附图突出并夸大了这些与地球非常相似的表面特征（图6.1）。这与传统的亚里士多德主义关于月球表面完全光滑的概念迥然不同。[56]例如，其表面图案曾被认为是地球海洋的反射。[57]1610年1月，伽利略已将银河系分解成若干个星系团，并注意到三颗行为奇怪的星星，通常掩盖在木星的光芒之下。通过分析，他很快意识到它们一定是木星的卫星；到他发现第四颗卫星时，他将它们统称为"美第奇星"，并将这一致敬以大写字母放在其作品的扉页上。九周内，《星际信使》面世——通过赞助网络分发，被送到大使、王子和红衣主教手中，并从那里转交给数学家和天文学家——伽利略因此名声大噪。

这部著作的新奇性没有被忽视，在当时的受众中流传甚广，不仅因为这一重大发现的影响力巨大，而且对新奇性的关注并不限于宫廷赞助体系。耶稣会在其学院的教学中对新科学发现有着广泛关注，一些耶稣会教学体系的批判者甚至认为，耶稣会的老师们几乎没有真正的科学兴趣，仅仅是猎奇而已。[58]1611年，其创始人亨利四世（Henri IV）逝世一周年之际，拉弗莱什学院（collége at La Flèche）——梅森、笛卡儿及其后来的光学研究合作者克劳德·米多尔奇

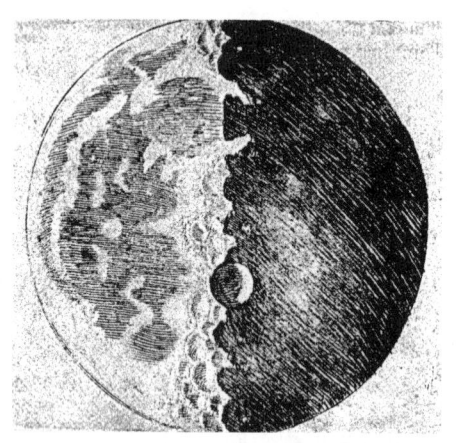

图6.1

(Claude Mydorge)都是该学院的学生——举行了隆重的庆祝活动。[59]在纪念国王的十四行诗中,有一首描述了上帝如何将亨利四世变成一个天体,作为"凡人的天国火炬",其标题就是《关于亨利四世大帝驾崩和佛罗伦萨大公治下的著名数学家伽利略今年发现围绕木星运动的新行星或恒星》。[60]伽利略发现木星卫星,可谓普天同庆。[61]同年,罗马学院(Collegio Romano)表示支持为伽利略辩护的论文[62],尽管他们将该发现归进第谷体系,而不是哥白尼体系。毫无疑问,耶稣会鼓励学生迷恋新颖的事物,笛卡儿也不例外。在一份1621年的手稿中[63],他明显着迷地描述了如何根据波尔塔(Porta)的《自然魔法》(*Magia naturalis*)——一本关于自然哲学幻觉、秘方、奇珍异物等许多东西的教科书——

创造出各种光学幻觉，该书于1589年首次面世。几乎可以肯定，他在拉弗莱什学院上学期间就已经对该书非常熟悉。简而言之，对新事物的关注，是自然哲学宫廷赞助的核心，但并不为宫廷赞助所独有，而是更广泛地弥漫在欧洲文化中。当然，如果赞助体系所珍视的东西在该体系之外没有吸引力，没有引起人们任何兴趣，那么自然而然就很难促进和提升赞助者的利益和影响，或者显示他们的雄才大略与宽宏大量。事实上，在很大程度上，赞助人体系培育出了自然哲学新事物，宫廷自然哲学家又对这些新事物进行了出色的利用，二者共同激发出人们对自然哲学的兴趣，这与经院教科书自然哲学江河日下的吸引力截然不同。

在笛卡儿身上同样可以看到人们对塑造新型自然哲学家的关注，尽管他的问题处理方式与培根和伽利略都不一样。笛卡儿要去关注的问题，乍看上去似乎有些出乎意料，尤其是与培根相比。培根在他的幻象学说中非常有针对性地指出了所要清除的东西，而且他要在整理一新的基础上建立起来的不是抽象的形而上学，而是心理学和实用的东西：这与他哲学研究改革的理念一致。笛卡儿似乎不能接受这样的理念，因为他对哲学活动有一种非常罕见的理解：毕竟，《沉思集》(*Meditationes*)要求我们通过想象没有自然界、我们没有身体来开始寻找知识。在《形而上学研究》(*Disquisitio metaphysica*) 一书中，伽桑狄对笛卡儿进行了批判。笛卡儿的《沉思集》出版前，梅森要求一些人列举反驳意见，伽桑狄便是其中之一。这些反驳意见与笛卡儿的答辩一起出版，但伽桑狄对笛卡儿的答辩并不满意，他阐述了自己的反驳意见，也对笛卡儿的答辩做出详细的回应。[64] 笛卡儿攻击伽桑迪，说伽桑迪的反驳意见不是一个哲学家会提出的[65]，从而提出了什么是哲学家的问题。他指责伽桑狄使用的是辩论技巧而不是哲学论证，关注的是肉体问题而不是心灵问题，而且没有认识到清除头脑先入之见的重要性。这场争论使主张彻底清空心灵的笛卡儿与合法学习的捍卫者伽桑狄对立起来。但事实上，事情并不那么简单，从其追求目标的大体轮廓来看，笛卡儿的目标与培根和伽利略并无不同。

要明白来龙去脉，区分两种不同的思想至关重要。第一种思想在《沉思集》和《哲学原理》(*Principia Philosophiae*) 中得以清楚阐明[66]，总体上合法，其路径是彻底清除心灵中任何可能被怀疑的东西，将清晰和明确 (clarity and distinctness, 其范式体现为笛卡儿的*cogito*。译者注：即笛卡儿的哲学命题"我思故我在") 确立为思想真理性的唯一标准，然后确定了我们对自然世界的理解必须从量化和物理基础上形成的思想开始，最后建立一个全新的宇宙论。这就是确立笛卡儿自然哲学真理的方法，但是请注意下面这个关键，笛卡儿并不主张这就是研究笛卡儿自然哲学的方法：伽桑狄将二者混为一谈，可想而知，他会对这个主张感到震惊。两本著作中所提供的路径是确信笛卡儿自然哲学真理的人所需要遵循的，并非自然哲学家需要遵循的发现路径。后一条路径以及想要走这条路的自然哲学家必须具备的心灵状态和品格，需要用全然不同的一套术语来定义，既牵涉心理学和道德上的因素，也含有认识论的因素。[67]

笛卡儿在《用自然之光探索真理》(*La Recherche de la vérité par la lumière naturelle*, 下文简称为《探索》)中对这个路径进行了论述，书中通过三个人物来对比谁更适合自然哲学：第一个人物是艾皮斯特蒙 (Epistemon)，一位饱读之士，深谙经院哲学；第二个人物是欧多克斯 (Eudoxe)，智力中等，没有被错误观念污染的普通人；第三个人物是波利安德 (Poliandre)，从未学习，是一个实干的人，当过侍臣和士兵 (笛卡儿本人的经历)。艾皮斯特蒙与波利安德被欧多克斯带到了怀疑论和根本性问题领域，却在一定程度上显示出波利安德更有资质或能力来研究自然哲学，而艾皮斯特蒙则缺乏这个资质。这里的资质事实上指接受笛卡儿自然哲学教导的先天条件。笛卡儿说，这样的实诚人 (*honnête homme*) ——

懵懵懂懂来到这个世界，早年知识完全取决于薄弱的感官和老师的权威，因此，在他的行为接受理性指导之前，他的想象空间不可避免会充斥着无数错误思想。所以后来，要想为坚实的科学打下基础，他要么需要天赋异禀，要么需要有良师指导。[68]

笛卡儿讨论的中心思想就是波利安德的心灵还没有被严重玷污，因为他是一个"实诚人"，他没有太多时间来学习书本，学习书本就是"一种教育污点"。其言下之意是艾皮斯特蒙就是这样被糊了心，因此无法训练成为笛卡儿所寻找的那种自然哲学家。只有实诚人才有可能成器，被欧多克斯循循善诱进笛卡儿自然哲学圈子的不是艾皮斯特蒙，而是波利安德。我们的确可以把怀疑一切和清空心灵看作将所有人改造成实诚人的方式，某种程度上就是。尽管在讨论激情时笛卡儿明确说明，一旦我们离开程序层面，抛弃偏见和先见并不是那么简单，需要某种特定思维的培养，这一点我们在《探索》一书中就可以看到。

在《探索》一书中，只有实诚人才能够最大限度地凭借天赋来形成清晰而明确的思想；或者至少在需要的时候，能够最大限度地使用它。这并不意味着实诚人单凭自己就能够严格做到普遍怀疑，发现知识的真正基础：理论上所有人都能做到，包括经院主义者。毕竟普遍怀疑清空了我们所有人的信仰，到了可以让所有人在自然哲学方面成为白纸一张的程度：

通过对各种各样心灵本性的仔细观察，我发现，只要得到适当的指导，几乎没人会迟钝、愚笨到不能形成合理观点，或不能掌握所有最先进科学的程度。而这一点可以用理性来证明。因为有关原理（即《哲学原理》中的原理）是清楚的，除非通过非常明显的推理，否则不允许从这些原则中推导出任何东西，所以每个人都有足够智力来理解依赖于这些原则的事物。[69]

但是，如果目标是在不断进步的过程中发展和提升自然哲学技能，那就有不同的要求：

就个人而言，不仅与那些致力于（哲学研究）的人生活在一起有益；要是还自己亲身体验，那就再好不过了。因为同样的道理，用自己的眼睛看世界，享受美丽和光明的色彩，无疑比闭上眼睛被别人牵着走要好得多。然而，即使是后者，也比闭上眼睛，除了自己之外没人引导要好得多。[70]

但是，"用自己的眼睛看"，并不是所有人都能轻易做到的，笛卡儿所追求的是能将自身体系发展到完备程度的人：

大多数有待发现的真理取决于各种特殊的观察/实验，

观察/实验不可能偶然而为之，必须由非常聪明的人费心费力地去追寻。一个人很难既有能力好好利用观察结果，也有办法获得这些观察结果。更重要的是，到现在为止，大多数最优秀的人的整体哲学的观点已经如此糟糕，肯定不会自己去寻找更好的哲学。[71]

我们必须认识到，走自然哲学学习/启蒙之路，有的人要比其他人更适合。在《探索》一书中，笛卡儿事实上认识到，人们来学习自然哲学的时候，并非白纸一张，而是本身带着不同高度的完善的信念体系，源自不同的动机，掌握程度不一。这取决于各种各样的事物，这就导致笛卡儿在《探索》一书中构建了一个"实诚人"的形象，为道德圣人和自然哲学家树立一个榜样。[72]正如他在《哲学原理》法译本前言中所说，"对于规范我们此生的道德和行为，学习哲学比使用眼睛来指引我们的道路更有必要"。[73]

在《哲学原理》中，笛卡儿着手彻底改造哲学，但他并不认为这样做是要建立像经院主义那样死气沉沉的体系。在他看来，经院主义的衰落显然在很大程度上是由于其支持者对亚里士多德的盲目追随。在这方面，笛卡儿对争取经院主义哲学家加入他的体系丝毫不感兴趣：他们根本不是那种人，只会将他的体系引向亚里士多德主义的那种停滞状态，更遑论让他们作为典范哲学家和圣人，用自己的智慧来引导他人了。那么，反思过当前(经院)哲学状态后并不看好它，不去学习这一哲学的人就责无旁贷了。对当前哲学并不看好这种评价具有充分的价值，也是"实诚人"的基本特质，而"实诚人"恰恰是笛卡儿看好的潜在新典范哲学家人选。他们具有智性诚实这个特点，可以挽回当前哲学思想的丢人局面。还请注意，"实诚人"也受邀参与合作研究。笛卡儿这种自然哲学需要分工合作的愿景，与培根并无二致，都认为自然哲学会增加公共利益，进而履行自然哲学事实上的道德担当。这样，与百无一用的经院自然哲学相比，世俗自然哲学研究也就尽了某种道德责任。这一点经院自然哲学无法做到。

不仅关注哲学的实用性，而且关注思想诚实，这与培根和伽利略的主张惊人一致，其首要的共同基础是反对带着先入为主的想法来研究自然哲学。培根的幻象学说致力于消除这种先入为主的观念，这也渗透进了皇家学会的整体理念之中。例如，罗伯特·胡克(Robert Hooke)在其给罗伯特·诺克斯(Robert Knox)的《锡兰史》(*History of Ceylon*)撰写的序言中，向读者描述了一个理想的记者应有的特质："我认为他不会因利益、感情、仇恨、恐惧或希望，或因讲述怪事的虚荣心而产生歧视或偏好，从而使他背离事实真相。"[74] 斯普拉特(Sprat)在其《皇家学会史》(*History of the Royal Society*)中，强调皇家学会收集的"历史"(histories)"所采撷的智慧来自过着最朴实无华和最纯真自然生活的饱富经验之士(experienc'd Men)持续无误使用其头脑的故事"[75]:

> 要是没有那么多精通所有神圣和人类事物的人(这是古代对哲学家的定义)可以选择，那么只要其中许多人是朴实、勤奋和努力的观察者就够了：他们虽然没带来很多知识，但他们的手和眼睛都没有被玷污：头脑没有被错误想象沾染；并且能够诚实地帮助研究(examining)和记录(Registring)外界在他们面前展现的东西。[76]

伽利略将论敌有先入为主的想法指控为一种言辞伎俩，并将此与论敌未能控制自己的激情联系起来。这在他在《分析者》(Il Saggiatore)[77]对格拉西(Grassi)的批判中体现得很明显：格拉西未能理解伽利略提出的关于彗星性质的新假说，被认为是"一个灵魂被某种激情改变的标志"。[78] 先入为主的观念在这里被解读为一种既得利益，格拉西作为亚里士多德主义的支持者，被说成是一个有私心、无法根据事情本身的是非曲直而得出结论的人，因而不得不倚仗一个哲学体系，这是思想不诚实和缺乏客观性。事实上，伽利略对格拉西远非完全公平，而且，十二年前，他本人的所作所为正是被他现在指责的格拉西所做的。在1611

年开始的伽利略与洛多维科·黛尔·科洛姆贝(Lodovico delle Colombe)关于浮力的争论中,正是伽利略本人在面对无可辩驳的证据时,试图(最终取得了成功)将争论从特定观察结果转向自然哲学体系。[79] 争论中,伽利略认为,一个物体是在水面上漂浮还是下沉,取决于物体的重量而不是形状。然而,科洛姆贝能够证明,乌木球体沉入装水容器的底部,而乌木的刨花则可以在水面上漂浮。伽利略将这些问题归于基本的流体力学,试图将焦点从科洛姆贝的实验上移开,并论证其实验结果在大理论背景下无关紧要。

然而,无论争论的对错如何,关键一点是,虽然自然哲学早期的争论自动涉及两相对立的体系(因为这就是最终的利害关系所在),但随着对那些从所谓系统认识角度来争论的人提出了思想不诚实的指控,现在又有了新的成分在发酵。这种反系统的观点形态多样。一种是我们在18世纪在伏尔泰(Voltaire)、孔狄亚克(Condillac)、狄德罗(Diderot)和休谟(Hume)等学者身上看到的那种为反对体系建设而辩护的激进立场。另一种是折中主义(eclectism),它对我们当前所关心的问题有更直接的影响。利普修斯(Lipsius)是现代最早使用"折中主义"一词的人之一。他以塞涅卡为榜样,建议我们"不要严格追随一个人,也不要严格追随一个教派",我们应该遵循的唯一教派是亚历山大的波特莫(Potamo of Alexandria)创立的"折中主义"(Elective)。[80] 英国自然哲学家沃尔特·查尔顿(Walter Charleton)明确指出他对这一"学派"的欣赏,告诉我们折中主义者——

不崇拜任何权威,对古代哲学充分敬重,但不追随,不与之为伍,也不在自己奠定的基础上树立任何自然科学的网络:但是,他们都会以一视同仁的中立和冷静,基于他们的公正判断,从其他各派中挑选出来最符合真理的东西,无论什么方法、原则、立场、格言、示例等;相反,对于那些经不起合理的理性或忠实的实验检验的东西,他们会进行反驳,并根据情况需要,对其竭力反驳……在这里我们宣布,我们属于这个教团,虽然不是什么耻辱,但也可能被指责为多余:因为这不仅是我们协会的做法,而且这种做法之前已经散见在学问家的手中,他们已经宣布了同样的做法。[81]

波义耳同样明确阐述了他对综合主义(syncretism)形式的偏爱。他赞许地告诉我们,折中主义者"不囿于任何一个教派的观念和指令,而是兼收并蓄,从每个教派中选择和挑选出似乎最符合真理和理性的东西,而把其余的东西留给他们特定的作者和追随者们"。[82] 即使是波义耳的对手霍布斯,尽管谈不上是综合主义的倡导者,或者做过任何哲学调解的尝试,但他仍然坚决反对在他看来不必要的哲学争议。他在《给塞维利安数学教授的六堂课》(Six Lessons to the Savilian Professors of the Mathematics) 中告诉我们，他热衷于欧几里得是由于数学中没有教派。⁸³

折中主义品格和哲学家品格之间的关联在18世纪得以加强，达朗贝尔 (d'Alembert) 在《百科全书》(Encyclopèdie) 对"折中主义"(eclecticism) 这一词条的解释中特别清楚地阐明：

> 折中主义者是这样的哲学家，他对偏见、传统、古老智慧、普遍同意、权威不管不顾，总之，不管一切征服大众思想的东西，他敢于独立思考，回归到最明确和最普遍的原则，研究它们，讨论它们，只允许接受他的经验和他的理性可以证明的东西；不含任何敬畏或偏袒地分析了所有哲学体系之后，他构建了一个属于自己的个人和家庭哲学。我说个人和家庭的哲学，是因为折中主义者的野心与其说是要成为人类的导师，不如说是要成为人类的弟子；与其说是要改造别人，不如说是要改造自己；是要去了解真理，而不是要教给别人真理。他不是一个种植和播种的人；而是一个收割和筛选的人。宗派主义者是欣然接受哲学家学说的人；相反，折中主义者是不承认哲学大师的人。[84]

这是对折中主义价值的一个明显带有启蒙色彩的陈

述，它关注哲学家的尊严，很好地说明了17世纪人们心目中成为自然哲学家应具备的关键条件。

总之，我们所关注的三个人物——培根、伽利略和笛卡儿——都认为哲学迫切需要彻底改革，且这种改革必须由头脑一新的人进行：这个人完全不同于撰写和教授哲学的经院教士。相较于前辈，这些新型哲学家不仅仅是研究方式不同：他们有，而且需要有，全新的品格。向广大民众传递修道院宗教价值观的大规模尝试，以及传递一种每个人须以新的适当行为规范对自己日常生活中的细枝末节负责的意识，催生了研究自我和调查自我的技巧，为重新理解一个人的心理、动机和责任感提供了可能，塑造了一个人的个性、道德和思想。[85] 培根、伽利略和笛卡儿用这种方式——方式各具特色，但目标相同——改变了我们对一个人成为哲学家所需的特质（包括个人品质）的理解。

自然哲学家和狂热分子

围绕自然哲学家品格本质有很多争议，其中一个问题就是狂热主义，与16世纪最后几十年兴起的激进清教主义紧密关联。培根在1589年的《一则触及英格兰国教争议的声明》(*An Advertisement touching the Controversies of the Church of England*，下文简称《声明》)一文中，抨击了以狂热或极端来代替学问的行为。[86]

在《公告》中，他称大部分狂热分子"年纪轻轻、见识肤浅，被个人片面崇拜冲昏了头脑"，他们的观点"要么违背真理、理智，要么头脑发热"。[87] 他们"从无知跳到偏见，从不做出正确的判断"。[88] 简而言之，他们不仅不能对问题进行评估和做出正确判断，还直接得出结论，不以无知为耻。因此，培根坚称："这样的人绝不能做法官和仲裁官，这个工作只可以是安静、温和之人以及一群博学之士来干。"[89]

当时觉察到这一危险的自然哲学家并非只有培根，吉尔伯特在《论磁》一书的序言中对当时"如大海般泛滥的书籍"现象进行了抱怨：

> 通过这些愚蠢的书籍，全世界和不理性的人陶醉其中，心态膨胀，胡言乱语，制造文字乱象，还声称自己是哲学家、医生、数学家和占星家，忽略、蔑视有学识的人。[90]

当时不仅有这样一场悄然滋生的摒弃学问的运动，支持清教徒声称可以获得的某种特殊见识，还有四处丛生的文学作品，以自我帮助和自我提高的面目出现——其中一些采用《论问题》(*problemata*) 式的常见问题问答模式，其原型传统上归于亚里士多德、阿佛洛狄西亚的亚历山大和普鲁塔克（Plutarch），还有一些显然是自成一体的——逐渐取代传统学问。

然而，这种现象并不局限于清教徒，17世纪末，笛卡儿的《沉思集》和《哲学原理》在英国被认定为狂热主义作品。[91] 事实上，从英格兰自然哲学家对笛卡儿的反应来看，将"人们依赖内部标准就可以做出认知判断的观点"认定为狂热主义，似乎是17世纪下半叶的普遍现象。梅里克·卡索彭（Meric Casaubon）在1668年写道：

> 除了他（译者注：笛卡儿）的《谈谈方法》（Method）以外，我认为他是一个过度骄傲和自负（许多人的确都有这种情况）而完全丧失了智慧的人。我不相信如此荒谬，如此亵渎（当时我就这么认为，现在仍然如此）的想法，竟然会出自一个清醒的人。他这个人脑子有问题，是个狂热分子……[92]

在讨论《沉思集》时，他对这一观点进行了详细阐述：

> 他的我思故我在（Ego sum: ego cogito）搞得真是神秘兮兮，要达到卓越，一个人必须先抛弃其所知道或相信的一切。必须放弃自然理性，放弃感官；只有洞穴和无人居住的地方才适合这种深度的沉思，多么深刻的思想啊：这真是世间少

见的发明，提高了轻信者的期望值，最终这些人成了纯粹的江湖骗子或者贵格会的信徒。[93]

三十年后，约翰·塞尔格昂 (John Sergeant) 再次做出同样的指控，如果他有资格的话：

我非常珍视你的好意，而且我意识到我有失去它的危险，因为你用一种不屑的口气暗示我，说我把笛卡儿称为狂热者；你认为这话很难听。作为回答，我否认这一指控。"可以说，当笛卡儿通过否定自己所有的感官，把自己以前的所有知识都剥夺掉，从而为科学奠定基础的时候，这……不亚于自我毁灭，有几天陷入了狂热情绪中；不，是充满了狂热；并幻想自己有幻觉和启示，他似乎脑子坏掉了，或者喝多了……这是一件事。""另一种说法是，他一贯都是极端分子，或者说一生都是狂热分子，他所做的每一件事，所写的每一本书都是如此；前者不能用真理来否认，后者也不能以任何程度的谦逊来反对。"[94]

这种形式的批判背后不仅有这样的原因——如果一个人从自己的资源出发，没有明确指导，就很容易误入歧途，而且还有这样的原因——有很多人将利用这一点给人以隐性的、实际上是有害的指导。例如，17世纪下半叶,英格兰的许多人怀疑,罗马天主教徒已经渗透进了各个新教教派。例如,格兰维尔警告说,罗马天主教徒"在我们教派中以各种形式伪装自己"[95]。卡索彭指控笛卡儿:

> 对待门徒的手法与耶稣会清教徒对待门徒没有两样;这就是,先把他们扔到绝望的最低点,然后用他们一贯擅长的说服力,再把他们抬到信念的最高点。这样一来,他们就给自己留下余地,必要的时候,就会将门徒再次抛下,再次抬起,让信奉他的门徒感到必须顺从和依附他,因为他们一方面会感到恐惧,另一方面会得到安慰(无论是真实的还是想象的)。因此,在笛卡儿迫使门徒们忘记并放弃所有从前的认可以及其他感官或科学的进步之后,他确定他们可以任他摆布了:他们必须亦步亦趋地追随他,否则就等于承认自己此前被骗了。[96]

毫无疑问,从某种"内部"标准出发是充满危险的。标准门户洞开,会被滥用,这一点似乎确定无疑:到了坏人手上,它就不再是客观性标准的体现,而是允许人们将任何事情合法化。在此,我们必须记住,关于该标准是否被适当地使用或由合适的人使用,往往取决于用它来产生的学说。尽管一些相对保守的人,如库德沃思

(Cudworth), 会使用类似的方法来重建哲学和自然神学的历史，但同样也有一些人，如霍布斯和斯宾诺莎，会使用这种"内部"标准来制定毫不妥协的非正统体系：在后一种情况下，这种体系直接来自对笛卡儿的清晰性和明确性标准的思考。[97]

然而，皇家学会辩护者对他们所认为的狂热主义，其反应除了批判以外，则更多地看到了这种现象的建设性因素。有人试图利用激进新教运动中产生的能量和新实用技能，例如，将其研究要素纳入严谨的自然哲学研究之中。格兰维尔在1668年为皇家学会辩护时给我们介绍了如何构想这个模式，他将皇家学会的化学研究与帕拉塞尔苏斯学派（Paracelsian）及其他派别的化学研究区分开来。例如，他告诉我们：

它的后期培养者，特别是皇家学会，已经把它从糟粕中提炼出来，并使它变得诚实、清醒和易懂，成为哲学的优秀解读者，并给普通大众带来益处。因为他们抛开了那些将贱金属炼成黄金、虚幻的设计和虚妄的金属变化，以及玫瑰十字会的虚无缥缈、魔幻的魅力和迷信的建议，把它变成了了解自然深处和力量的工具。[98]

这种观点在17世纪英格兰方兴未艾的自然哲学研究

中发挥了关键作用,而英格兰自然哲学研究与法国、意大利或荷兰的自然哲学研究略有差异。例如,与17世纪初的法国相比,它保留了非常实用的自然哲学观点。但它也改造了无组织的、高度个人化的、以实践为导向的自然哲学实践形式,从而重塑或遏制过度狂热的趋势。

都铎和伊丽莎白时代的英格兰将实用性置于理论学习之上[99],实用知识在很大程度上是对经院主义的抨击。到了16世纪90年代,这种抨击在托马斯·布伦德维尔(Thomas Blundeville)等学者那里变得明显激烈起来。他以马术和养马方面的著作而闻名,他的《宇宙学、天文学、地理学和航海技术实践》(Exercises on cosmography, astronomy, geography, and the art of navigation, 1594年)[100],以及威廉·巴洛(William Barlow)的《航海家的供给》(The Navigator's Supply, 1597年)中均提出了批评。[101] 但最极端的批判来自从海员转为仪器制造商的罗伯特·诺曼(Robert Norman),他在《新奇事物》(The newe Attractiue, 1581年)一书中抨击了那些从拉丁文和希腊文本中寻求知识的人——他们被称为学究,说得多而做得少——并提供了一套基于实证而不是基于文本的方法:

> 我有意不使用几近乏味的推测或想象,而是迅速将想象放下,将我的观点建立在经验、理性和证明之上,这才是这门技艺的基础。[102]

培根最先尝试采用这种方法，并将其纳入广泛的自然哲学研究，他对比了对自然过程的思考和以征服自然并使其更具生产力为目标的人工手段的发明。波义耳强调揭示事实，只提供最基本的理论，这为该研究指明了新的方向——正如他自己所说，他"从不欣赏[化学家]技术的理论部分"[103]——并坚持对实验的集体见证方法[104]，从而减小了从自然哲学中得出争议性自然神学结论的可能，使自然哲学尽可能排除争议[105]。这并不意味着尽可能地离开自然领域，转而投奔超自然，恰恰相反，这样的举动被认为是狂热分子的特征，他混淆了私人和公共、自然和超自然。在后一种情况下，威胁不是来自自然主义者将超自然融入自然之中，而是来自将自然误认为超自然。其结果正如斯普拉特指出的那样，狂热分子"绝不会通过如此大幅度地、如此随意地夸大数量的方式，来拉低真实和原始奇迹的价码"。[106]

斯普拉特将其视为一个思想道德和思想诚实的问题。他告诉我们，皇家学会所践行的自然哲学不仅没有损害基督教价值观，反而加强了它们——

看过它的许多职责后，发现确实与实验哲学家的必备素质有很多相似之处。精神上的忏悔是对我们之前错误的认真总结，也是修正错误的决心。精神上的谦逊是对我们缺陷的觉察，以及正视自身弱点的谦卑。就实验者而言，必须具备一些与此相称的品质：必须正确地判断自己，必须怀疑自己最好的想法；必须意识到自己的无知，如果想净化和更新他的理性的话……我们不妨得出这样一个结论，好问、谨慎、勤奋的自然观察者，于那些自视甚高和自负自傲的科学空想者而言，更接近成为一个虚心、严肃、温和、谦逊的基督徒。[107]

格兰维尔持相同的看法，他称："大师哲学（Philosophy of the Virtuosi）研究客观的感官对象（plain Objects of Sense），即便有确定性（Certainty），也要学会等到某个观点得到明白无误地证明之后，才结束对赞同某观点的搁置状态（suspension of Assent），正如怀疑（Scepticism）与轻信（Credulity）二者之间的对立一样。"[108]

皇家学会对这种方法已经形成了整体制度，至少在研究成果展示方面如此。斯普拉特讲到该方法为社会秩序提供坚实基础的时候[109]，毫不掩饰这种方法遏制狂热主义的作用：

因此，现在正是实验兴起的最好时节，它教给我们智慧，智慧从知识的深处涌出，摆脱阴影，驱散迷雾，赶走充斥人们头脑的虚妄的不安。这是一项适合最虔诚基督徒的工作。因为最显而易见的结果,是秉持了对基督的热爱,让古代所有虚假的神谕和虚伪的启示永远保持沉默。[110]

事实上,它不仅能遏制狂热主义,还能以自然哲学的形式驾驭狂热主义,不论参与者的宗教信仰如何。如果狂热主义表现在对《圣经》的私人解读上,那么遏制方法就是将其变成一个公共的、合作的、普遍有效的事业。[111]由于它通过一种避免争议的程序运作,因此就提供了一种"消除或抑制狂热分子的怒火"[112]的手段。皇家学会——

> 自由接纳不同宗教、国家和生活职业的人……因为他们公开宣称,不是为英格兰、苏格兰、爱尔兰、教皇或新教的哲学打基础,而是为人类的哲学打基础。[113]

这是一个大胆的主张,皇家学会的一些批评者,如梅里克·卡索彭和亨利·斯塔布(Henry Stubbe)认为,它不仅误解和低估了狂热主义的威胁,还成为狂热主义的中心。[114]这里的问题实际上有两个方面:如果皇家学会的辩护者否认他们的自然或"实验"哲学与神灵之间有任何联系,那么他们就有可能被指控为无神论,而如果他们强调这种联系,他们就有可能被指控为狂热主义。[115]斯普拉特在夹缝中艰难前行。为了回应可能的无神论和唯物主义的指控，他指出，实验哲学家确实只研究物质的东西——

这绝不是要吸引他去反对看不见的上帝，而是赋予他的头脑一种极为卓越的能力去相信上帝。在他所研究的自然界的每一件作品中，他知道，呈现在所有人眼前的不仅有一个整体的物质世界，而且有一个无限细微的微观世界，这是哪怕最敏锐的感官都无法察觉的世界。因此，当他看到人的血液中无数移动的微粒时，看到从未见过的每个人身上持续不断涌动的血流的时候，《圣经》中关于上帝的纯洁性、他的本性的灵性、天使的灵性和人的灵魂的描述，在他看来并不是那么不可思议。[116]

针对可能的狂热主义指控，无论是清教徒式的还是新柏拉图主义式的狂热主义，他从另一个方向进行了回应：

因此，当他发现自己穷尽所有的研究后，创造出来所有事物，几乎无法模仿哪怕是自然最起码的效果，也无法加快或延缓自然的共同进程，他就最能理解自己与造物主之间的无限差距了。[117]

确保自己侧翼安全之后，斯普拉特试图阐明合理探索的自然哲学对合理构建的自然神学的影响,认为实验自然哲学家——

最终会被引导至对造物主美妙造化的赞美,因而能正确使用和指导他的赞美。当这些献给上天的赞美之词出自一个对他所赞美的事物有深入研究的人之口时,无疑会比无知者的盲目赞美更适合自然的神性。[118]

斯塔布不相信这一点,事实上,他很生气,因为这里的言下之意就是可能有一条不依靠基督调解的救赎之路。就上文斯普拉特的最后一段话,他直接写下了下面的评语:

这段话前半部分与信仰和《圣经》的类比(Analogy of Faith and Scripture)相悖,其相悖之处在于它让自然哲学的研究或多或少地决定了人的祈祷是否可以接受。然而,使徒才能搁置所有向神祷告的可接受性,因为向他做的这些祷告是以神的名义,希望通过信仰,得到耶稣基督的调停。[119]

这就是问题的关键所在。皇家学会辩护者关心的是找到一个中间地带:以某种方式探索自然哲学,从而得出合适的自然神学结论。这样一来,不仅自然哲学和自然神学不再需要调和,而且在这个过程开始之前,尖锐对立的宗教信仰根本不能占有一席之地,也不能破坏所有的神学共识。[120] 正如格兰维尔的评估一贯就有的乐观色彩,他这样说:

哲学让我们看到了我们思想多元的原因,从而使我们不再期望我们的理解是一致的;由此,哲学发现,将意见的和谐作为慈善和联合的前提,愤怒,以及因为每个判断分歧而分裂,都是不合理的;由此,争端的恶性伤害得到遏制,弊病本身也得到削弱。[121]

在这里,自然哲学家成了自然的祭司:晦涩的神学公式被简单的自然神学取代,偶像崇拜的仪式和艰深教条的布道被对自然之书的谦卑阅读取代,寓言和象征主义被物理神学取代[122],而宗派主义则被达到真理的共同方法取代。

1   关于"哲学"和"哲学家"这两个术语的起源问题,参见 Bruno Snell, *Die Ausdrücke für den Begriff des Wissens in der vorplatonischen Philosophie* (Berlin, 1924); Anne Marie Malingrey, *Philosophia: Étude d'un groupe des mots dans la littérature grecque, des Présocratiques au IVe siècle après J.-C.* (Paris, 1961); Hadot, *What is Ancient Philosophy?*; 柏拉图对这些词的使用,参见 Monique Dixsaut, *Le Naturel Philosophe* (Paris, 1985). 对哲学起源的理解已经发生了根本性的变化,现代观点认为哲学可以追溯到泰勒斯,而不是毕达哥拉斯、亚当、埃及人或迦勒底人,这是18世纪中期的观点:参见 Constance Blackwell, 'Thales Philosophus: The Beginning of Philosophy as a Discipline', in Donald R. Kelley, ed., *History and the Disciplines: The Reclassification of Knowledge in Early-Modern Europe* (Rochester, 1997), 61–82.

2   参见 Walter Burkert, 'Platon oder Pythagoras? Zum Ursprung des Wortes "Philosophie"', *Hermes* 88 (1960), 159–77, 他指出,比如 Diogenes Laertius (*Lives of Eminent Philosophers*, 1. 12–13) 给出的关于哲学的关键词源学,不能追溯到柏拉图之前,而是植根于柏拉图的思想。相比之下,诡辩家(*sophistes*)这个词,作为广义的"技术大师",早在品达(Pindar)时代就出现了。Pierre Chantraine, *Dictionnaire étymologique de la langue grecque, histoire des mots*(4 vols, Paris, 1968–80)是词源学的宝贵资源。另参见 Hadot, *What is Ancient Philosophy?*, ch. 2.

3   参见 Antonio Capizzi, *The Cosmic Republic: Notes for a Non-Peripapetic History of the Birth of Philosophy in Greece* (Amsterdam, 1990), passim.

4   参见 Alan Charles Kors, *Atheism in France, 1650–1729*, i. *The Orthodox Sources of Disbelief* (Princeton, 1990), 19.

5   同上,29–30.

6   Anon, *The Character of a Town-Gallant; exposing the extravagant fopperies of som vain selfconceited pretenders to gentility and good breeding* (London, 1675). 关于霍布斯与自由主义的联系,参见 Samuel I. Mintz, *The Hunting of Leviathan* (Cambridge, 1962), ch. 7.

7   Joseph Glanvill, *A Letter to a Friend Concerning Aristotle*, appended to *Scire/i Tuum Nihil Est; or, the Author's Defence of the Vanity of Dogmatising* (London, 1665), 84–5. 他在他的 *Discussionum Peripateticarum* 中曾提到帕特里奇(Patrizi)。

8   这构成了戈克罗格尔(Gaukroger)著作关于培根的主题:参见 esp. chs. 2 and 4.

9   参见 Neal W. Gilbert, 'The Early Italian Humanists and Disputation', in A. Molho and J. Tedeschi, eds, *Renaissance Studies in Honor of Hans Baron* (Florence, 1971), 203–36.

10 沉思生活与公共生活的对立,可以追溯到欧里庇得斯(Euripides)的 *Antiope*。它是由奥利金引入基督教传统的,由菲洛(Philo)进一步区分,然后由奥古斯丁和格里高利大帝发展。格里高利对沉思生活优越性的辩护随后成为中世纪文化的中心修辞。关于这一发展,参见 Mary E. Mason, *Active Life and Contemplative Life: A Study of the Concepts from Plato to the Present* (Milwaukee, 1961); and Edward C. Butler, *Western Mysticism: The Teaching of Augustine, Gregory and Bernard on Contemplation and the Contemplative Life* (New York, 1966).

11 也有比较重要的例外,比如利普修斯,他提倡要回避公共事务[*De Constantia* (Leiden, 1584)],还有托马斯·莫尔(Thomas More),他虽然担任过大使、财政副部长和大法官,但在他的整个职业生涯中都渴望沉思的生活。在17世纪的法国,出现了一场从公民人文主义理想转向私人生活理想的广泛运动:参见 Nannerl Keohane, *Philosophy and the State in France: The Renaissance to the Enlightenment* (Princeton, 1980). 伽桑狄是沉思生活的坚定捍卫者:参见 Lisa Tunick Sarasohn, 'Epicureanism and the Creation of a Privatist Ethic in early Seventeenth-Century France', in Margaret J. Osler, ed., *Atoms, Pneuma, and Tranquillity: Epicurean and Stoic Themes in European Thought* (Cambridge, 1991), 175–96.

12 Bacon, *Works*, i. 713–44 [text]/v. 3–30 [trans.]. 参见 Brian Vickers, 'Bacon's So-Called "Utilitarianism": Sources and Influence', in Marta Fattori, ed., *Francis Bacon, Terminologia e fortuna nel XVII secolo* (Rome, 1984), 281–313.

13 *Nicomachean Ethics* 的第10卷是为沉思生活辩护的经典论据,亚里士多德在书中认为,对真理的沉思是唯一的活动,是为其本身而追求的,因此是唯一的努力,从中可以找到真正的幸福:1177ᵃ11–17.

14 这也与17世纪罗马天主教会所持的观点完全相反,罗马天主教会尤其批评培根对"马基雅维利"原则的支持,这种原则在自然哲学研究中没有给神学或教会的指导留下空间。参见 Marta Fattori, ' "Vafer Baconus": la storia della censura del *De augmentis scientiarum*', *Nouvelles de la République des lettres* (2000), 97–130; idem, 'Altri documenti inediti dell'Archivio del Sant'Uffizio sulla censura del *De augmentis scientiarum di Francis Bacon*', *Nouvelles de la République des lettres* (2001), 121–30; idem, 'Sir Francis Bacon and the Holy Office', *British Journal for the History of Philosophy* 13 (2005), 21–49.

15 Petrarch, *De sui ipsus et multorum ignorantia*, trans. in Cassirer et al., *The Renaissance Philosophy of Man*, 103. 然而,这种哲学的概念,本质上是致力于道德问题的,绝不仅仅是一种人文主义的概念,这可以在彼得拉克同时代的学院派学者奥特古的尼古拉斯身上找到。例如,他以类似的理由批评亚里士多德:*The Universal Treatise of Nicholas of Autrecourt*, 31–2.

16 参见 vol. i. of Colish, *The Stoic Tradition*,还要注意的是,直到奥古斯丁时代,拉丁教父都不是罗马人,而是北非人。

17 对于波爱修斯在这一时期的影响的概述,参见 H. Liebeschütz, 'The Debate on Philosophical Learning During the Transition Period (900–1018)', A. H. Armstrong, ed., *The Cambridge History of Later Greek and Early Medieval Philosophy* (Cambridge, 1970), ch. 37. 一个综合的叙述参见 Pierre-Paul Courcelle, *La Consolation de Philosophie dans la tradition littéraire. Antécédents et postérité de Boèce* (Paris, 1967).

18 这一主题在一些相对较新的著作中得到了详细的探讨,其中有代表性的是:Julia Annas, *The Morality of Happiness* (Oxford, 1993); Peter Brown, *The Body and Society*; idem, *Power and Persuasion in Late Antiquity: Towards a Christian Empire* (Madison, 1988); Juliusz Domanski, *La Philosophie*; Ilsetraut Hadot, *Seneca und die griechisch-römische Tradition der Seeleneitlung* (Berlin, 1969); Pierre Hadot, *Philosophy as a Way of Life: Spiritual Exercises from Socrates to Foucault* (Oxford, 1995); idem, *Plotinus or the Simplicity of Vision* (Chicago, 1998); idem, *What Is Ancient Philosophy?*; Dorothee Kimmich, *Epikureische Aufklärungen: Philosophische und poetische Konzepte der Selbstorge* (Darmstadt, 1993); Malingrey, *Philosophia*; Martha Nussbaum, *The Therapy of Desire: Theory and Practice in Hellenistic Ethics* (Princeton, 1994); Jackie Pigeaud, *La Maladie de l'âme* (Paris, 1981); idem, *Études sur la relation de l'âme et du corps dans la tradition médico-philosophique antique* (Paris, 1981); Paul Rabbow, *Seelenführung: Methodik der Exerzitien in der Antike* (Munich, 1954); André-Jean Voelke, *La Philosophie comme thérapie de l'âme* (Paris, 1993).

19 *De finibus* 3. 7.

20 引自 Hadot, *Philosophy as a Way of Life*, 264.

21 这个主题在基督教哲学中很重要,但主要的哲学来源不是柏拉图,而是西塞罗的《图斯库拉争论》第一卷中的延伸讨论。

22 参见 Plato, *Republic* 484ᵇ:"如果哲学家有把握永恒不变的能力,而那些没有这种能力的人不是哲学家,迷失在多样性和变化中,两者中哪一个应该掌管一个国家?"然而,需要注意的是,在《律法》(*Laws*)时代,柏拉图已经转向了一个社会的形象,在这个社会中，所有公民——哲学家和非哲学家——都可以向往一种高尚的生活：参见 Christopher Bobonich, Plato's Utopia Recast (Oxford, 2002).

23 参见 H. D. Rankin, *Sophists, Socratics and Cynics* (London, 1983), ch. 13. 约翰·克里索斯托（John Chrysostom）把犬儒派第欧根尼作为他的主要例子，以说明哲学价值观不适合基督徒生活：参见 Domanski, *La Philosophie*, 28–9.

24 *Eth. Nic.* 1105^{b}12–15.

25 Hadot, *Philosophy as a Way of Life*, 57.

26 参见 William G. Craven, *Giovanni Della Mirandola, Symbol of His Age* (Geneva, 1981), ch. 2.

27 这在培根对他的科学乌托邦《新亚特兰蒂斯》(*New Atlantis*) 的描述中尤为明显，在那里，自尊、自我控制和内化的道德权威是核心。

28 Sidney, *An Apology for Poetry*, ed. Geoffrey Shepherd (London, 1965), 112. 比较一下培根在 *De augmentis* 中的评价："道德哲学家为自己选择了一大堆闪闪发光的物质，在那里他们可以为自己的智慧或口才而自豪；但那些对实践最有用的，因为不能用修辞的装饰来装饰，所以大部分都被忽略了。"(*Works*, i. 715 [text]/v.4–5 [trans.])

29 Book 2: *Works* iii. 432–4.

30 Bacon, *Works*, iii. 565. 要了解更多细节，请参阅 Gaukroger, *Francis Bacon*, ch. 4.

31 同上，566.

32 Bacon, *Works*, iii. 409–10.

33 同上，419.

34 同上，424–8.

35 同上，432–42.

36 *The Oxford Francis Bacon*, xi. 52–4 [text]/53–5 [trans.].

37 参见 Gaukroger, *Francis Bacon*, 130–1, 160–5.

38 'Project d'une Académie à Stockholm', 1 Feb. 1650, in Descartes, *OEuvres*, xi. 663–5.

39 在两个相关的专制政权中，天主教会和法国，分别在1663年和1671年禁止笛卡儿主义，参见 Trevor McClaughlin, 'Censorship and Defenders of the Cartesian Faith in France (1640–1720)', *Journal of the History of Ideas* 40 (1979), 563–81; Nicholas Jolley, 'The Reception of Descartes' Philosophy', in John Cottingham, ed., *The Cambridge Companion to Descartes* (Cambridge, 1992), 393–423; Tad M. Schmaltz, 'What has Cartesianism to do with Jansenism?', *Journal of the History of Ideas* 60 (1999), 37–56; and Israel, *Radical Enlightenment*, 23–58. 关于笛卡儿作品在17世纪出版的细节，见 Matthijs van Otegem, *A Bibliography of the Works of Descartes (1637–1704)* (2 vols, Utrecht, 2002).

40 这一反响的概况参见 Gaukroger, *Francis Bacon*, 1–5. 更多细节参见 Antonio Pérez-Ramos, *Francis Bacon's Idea of Science and the Maker's Knowledge Tradition* (Oxford, 1988), ch. 2, and Theodore M. Brown, 'The Rise of Baconianism in Seventeenth-Century England: A Perspective on Science and Society during the Scientific Revolution', in *Science and History: Studies in Honor of Edward Rosen, Studia Copernica* 16 (Wroctaw, 1978), 501–22. 关于他死后在英国受到的欢迎，参见 Charles Webster, *The Great Instauration: Science, Medicine and Reform (1626–1660)* (London, 1975). 有关17世纪培根作品出版的详细信息，参见 R. W. Gibson, *Francis Bacon: A Bibliography of his Works and of Baconiana, to the Year 1750* (Oxford, 1950).

41 参见 Thomas B. Settle, 'Ostilio Ricci, A Bridge Between Alberti and Galileo'.

42 Mario Biagioli, 'The Social Status of Italian Mathematicians', *History of Science* 27 (1989), 41–95: 53.

43 大学教育一般都是这样，尽管有少量的灵活性。关于不同国家系统中的数学教育，参见 Klaas van Berkel, 'A Note on Rudolphus Snellius and the Early History of Mathematics in Leiden', in C. Hay, ed., *Mathematics from Manuscript to Print, 1300–1600* (Oxford, 1988), 156–61; Mordechai Feingold, *The Mathematicians' Apprenticeship: Science, Universities and Society in England, 1560–1640* (Cambridge, 1984); and Thomas B. Settle, 'Egnazio Danti and Mathematical Education in Late Sixteenth-Century Florence', in John Henry and Sarah Hutton, eds., New Perspectives on Renaissance Thought (London, 1990), 24–37.

44 参见 Peter Burke, *The Italian Renaissance: Culture and Society in Italy* (Princeton, 1986), ch. 3. Biagioli 指出，伽利略同样感到有义务沉浸在文学和艺术的争论中——但丁的地狱，阿里奥斯托 (Ariosto) 和塔索 (Tasso) 谁更胜一筹，绘画和雕塑的相对优劣——以证明他在宫廷和学术文化方面的能力：*Galileo Courtier*, 118–19.

45 Jay Tribby, 'Dante's Restaurant: The Cultural Work of Experiment in Early-Modern Tuscany', in A. Bermingham and J. Brewer, eds., *The Consumption of Culture, 1600–1800* (London, 1991), 319–37.

46 这里有很多变化。随着17世纪的发展，一些赞助人开始在实验中发挥更积极的作用。比如，利奥波尔多·德·美第奇 (Leopoldo de' Medici) 王子在西门托学院(Accademia del Cimento 1657–1667)就扮演了一个特别积极的角色。关于西门托学院，参见 W. E. Knowles Middleton, *The Experimenters: A Study of the Accademia del Cimento* (Baltimore, 1971); and Paolo Galluzzi, 'L'Accademia de Cimento: Gusti' del Principe, Filosofia e Ideologia dell'Esperimento', *Quaderni Storici* 48 (1981), 788–844.

47 Biagioli, *Galileo Courtier*, 53.

48 Biagioli, *Galileo Courtier*, 159–209.

49 同上，62，更宽泛的描述见60–73.

50 Mario Biagioli, 'Replication or Monopoly? The Economies of Invention and Discovery in Galileo's Observations of 1610', in Jürgen Renn, ed., *Galileo in Context* (Cambridge, 2001), 277–320. 直到1618年下半年，罗马学院的耶稣会士发现了三颗彗星，伽利略才得以保持他作为观测天文学家的杰出地位。

51 伽利略致托斯卡纳的利奥波德王子，引自 Biagioli, *Galileo Courtier*, 114–15. 意大利的赞助文化和后来的皇家学会文化之间的鸿沟在这里可见一斑。斯普拉特 (Sprat) 的教导采用"亲密、赤裸、自然的说话方式"；积极的表达式；清楚的感觉；天生的轻松，使一切事物尽可能地接近数学的简单；比起智者和学者的语言，他们更喜欢工匠、乡下人和商人的语言。*History of the Royal-Society*, 113.

52 Biagioli, *Galileo Courtier*, 115–16.

53 比奥利 (Biagioli) 指出，1633年谴责伽利略的教皇乌尔班八世根本不是正统的亚里士多德主义者，其立场更接近奥克哈米主义 (Ockhamism，出处同上，351).

54 Galileo Galilei, *Operations of the Geometric and Military Compass 1606*, ed. and trans. Stillman Drake (Washington DC, 1978), 41.

55 关于伽利略对望远镜的发展，见 Albert van Helden's introduction to Galileo Galilei, *Sidereus nuncius or The Sidereal Messenger*, trans. and introd. Albert van Helden (Chicago, 1989), 1–24.

关于进一步的讨论，见 Albert van Helden, 'Galileo and the Telescope', in Paolo Galluzi, ed., *Novità celesti e crisi del sapere* (Florence, 1984), 150–7; Mary Winkler and Albert van Helden, 'Representing the Heavens: Galileo and Visual Astronomy', *Isis* 83 (1992), 195–217.

56 参见 Samuel Y. Edgerton, *The Heritage of Giotto's Geometry: Art and Science on the Eve of the Scientific Revolution* (Ithaca, NY, 1991), ch. 7.

57 参见 the discussion in 'On the Face of the Orb of the Moon', Plutarch, *Moralia* (Loeb edn.: 15 vols, Cambridge, Mass., 1927–69), xii.

58 参见 Gabriel Compayré, *Histoire critique des doctrines de l'éducation en Frances* (2 vols, Paris, 1879), i. 194.

59 戏剧和公众表演是耶稣会文化的重要组成部分：参见 Per Bjurstrom, 'Baroque Theater and the Jesuits', in Rudolph Wittkower and Orma B. Jaffe, eds., *Baroque Art: The Jesuit Contribution* (New York, 1972), 99–110.

60 参见 Camille de Rochemonteix, *Un Collège des jesuits au XVIIe et au XVIIIe siècles* (4 vols, Le Mans, 1889), i. 147.

61 英国的哈里奥特（Harriot）和他的圈子与伽利略同时用望远镜观测月球。而伽利略发现木星卫星这一事件对英国的影响，参见 Francis J. Johnson, *Astronomical Thought in Renaissance England* (Baltimore, 1937), ch. 7.

62 比奥利（Biagioli）指出，耶稣会也支持伽利略在浮力方面反对亚里士多德的意见，并对1616年对哥白尼学说的谴责感到不满（*Galileo Courtier*, 296–7）。

63 Descartes, *OEuvres*, x. 215–16.

64 Pierre Gassendi, *Opera Omnia*, iii. 269–410. 笛卡儿自己写了一封反驳信，收录于《沉思录》的法语译本中：Descartes *OEuvres*, ixA. 198–217.

65 Descartes, *OEuvres*, vii. 348–9.

66 有关详细的讨论，参见 Gaukroger, *Descartes' System of Natural Philosophy*, chs. 1 and 3. 我们稍后再讨论这些问题。

67 同上，239–46.

68 Descartes, *OEuvres*, x. 496. 关于《探索》，参见 Alberto Guillermo Ranea, 'A "Science for honnêtes hommes": *La Recherche de la Vérité* and the Deconstruction of Experimental Knowledge', in Stephen Gaukroger, John Schuster, and John Sutton, eds., Descartes' *Natural Philosophy* (London, 2000), 313–29. 更综合的论述参见 Ettore Lojacono, 'Socrate e l'honnête homme nells cultura dell'autunno del Rinascimento francese e in Renè Descartes', in Ettore Lojacono, ed., *Socrate in Occidente* (Florence, 2004), 103–46. 这部广受欢迎的作品仅在17世纪30年代就再版了五次，在第一次出版后的两年内，就出现了英文版本 [*The Honest Man: or, the Art to Please in Court* (London, 1632)]。

69 Descartes, *Œuvres*, ixB. 12.

70 同上，ixB. 3.

71 同上，ixB. 20.

72 毫无疑问，这是一个激进的举动，特别是考虑到实诚人与"蔑视宗教"的联系，正如一位同时代的人所说：见 René Pintard, *Le Libertinage érudit dans la première moitié du XVIIe siècle* (2 vols, Paris, 1943), i. 15.

73 Descartes, *Œuvres*, ixB, 3–4.

74 Robert Knox, *An Historical Relation of the Island Ceylon, in the East-Indies* (London, 1681): Preface, xlvii.

75 Sprat, *History of the Royal-Society*, 257.

76 同上，72–3.

77 Galileo Galilei, *Il Saggiatore* (Rome, 1623), trans. in Stillman Drake, *The Controversy on the Comets of 1618* (Philadelphia, 1960), 151–336. 有一个很好的讨论可参见 Biagioli, *Galileo Courtier*, ch. 5. 正如 Biagioli 所指出的，情况很复杂，因为伽利略在《分析者》(*Il Saggiatore*) 中的论点本身并不是反体系的，而是对1616年对哥白尼体系的谴责的回应。伽利略担心第一性体系可能会取代被谴责的哥白尼体系（正如耶稣会的天文学家所做的那样），他的回应是试图搁置整个天文学现实问题，否认任何体系的有效性。

78 引自 Biagioli, *Galileo Courtier*, 308. 又见 the discussion in Dear, *Discipline and Experience*, 85–92.

79 关于这场争论，参见 Drake, *Galileo Studies*, ch. 8, and Biagioli, *Galileo Courtier*, ch. 3.

80 Justus Lipsius, *Manducationis ad Stoicam philosophiam libri tres* (Antwerp, 1604), 10; 引自 C. W. T. Blackwell, 'The Case of Honoré Fabri and the Historiography of Sixteenth and Seventeenth Century Jesuit Aristotelianism in Protestant History of Philosophy: Sturm, Morhof and Brucker', *Nouvelles de la Republique des Lettres* (1995), 49–77: 53. 波特莫是生活在公元前一世纪末的亚历山大人，他试图调和柏拉图、亚里士多德和斯多葛学派的学说。关于近代早期折中主义的历史，见 Michael Albrecht, *Eklektik. Eine Begriffsgeschichte mit Hinweisen auf die Philosophie- und Wissenschaftsgeschichte* (Stuttgart/Bad Canstatt, 1994).

81 Walter Charleton, *Physiologia Epicuro-Gassendo-Charltoniana: or A Fabrick of Science Natural, upon the Hypothesis of Atoms* (London, 1654), 4. 关于查尔顿作为自然哲学医生的复杂身份的讨论，参见 Emily Booth, *'A Subtle and Mysterious Machine': The Medical World of Walter Charleton (1619–1670)* (Dordrecht, 2005), chs. 3 and 5.

82 *Appendix to the Christian Virtuoso*, in *The Works of the Honourable Robert Boyle*, vi. 700.

83 Thomas Hobbes, *The English Works of Thomas Hobbes*, ed. William Molesworth (11 vols, London, 1839–1845), vii. 346.

84 Denis Diderot, *Encyclopèdie ou Dictionnaire Raisonné des Sciences, des Arts et des Métiers* (17 vols, Paris, 1751–65), v. 270 cols 1–2. 关于折中主义的论述很全面，见270 col. 1–293 col. 2。

85 详细描述了这一小部分社会中——16世纪末到18世纪初的法国贵族——是如何起作用的，参见 Jonathan Detwald, *Aristocratic Experience and the Origins of Modern Culture: France, 1570–1715* (Berkeley, 1993).

86 Julian Martin, *Francis Bacon, the State, and the Reform of Natural Philosophy* (Cambridge, 1992), 42 ff. 参见其中的精彩讨论。

87 *Advertisement*, in Bacon, *Works*, viii. 82.

88 同上，82–3.

89 同上，94.

90 Gilbert, *On the Magnet*, trans. Silvanus P. Thompson (New York, 1958), Preface, sig. *ijr. Stephen Pumfrey, 'William Gilbert's Magnetic Philosophy, 1580–1684: The Creation and Dissolution of a Discipline', Ph.D. thesis (The Warburg Institute, London, 1987), 详细地论证了出版《论磁》的主要目的之一是从未获许可的魔法作家手中夺回自然哲学的吸引力。更广泛地说，当

时英国印刷业的威胁,参见 Adrian Johns, *The Nature of the Book* (Chicago, 1998), esp. ch. 2.

91 尽管接下来我将集中讨论英国,但这种解释也可以在荷兰找到,例如在 Martinus Schoock 匿名发表的作品中,Admiranda methodus novae philosophiae Renati Descartes (Utrecht, 1643), 255–61.

92 'On Learning', transcribed in Michael R. G. Spiller, *'Concerning Natural Philosophy': Meric Casaubon and the Royal Society* (The Hague, 1980), 195–214: 203.

93 同上,205.

94 John Sergeant, *Non Ultra, or, a Letter to a Learned Cartesian* (London, 1698), 108–9.

95 Joseph Glanvill, *The Zealous and Impartial Protestant* (London, 1681), 26.

96 'On Learning', in Spiller, *'Concerning Natural Philosophy'*, 205.

97 参见 Richard H. Popkin, 'Cartesianism and Biblical Criticism', in Thomas Lennon et al., eds., *Problems of Cartesianism* (Kingston and Montel, 1982), 61–82.

98 Joseph Glanvill, *Plus Ultra* (London, 1668).

99 参见 Gaukroger, *Francis Bacon*, 14–18.

100 在 *Theoriques of the seven Planets* (London, 1602) 的序言中,布伦德维尔指出,他的 *Exercises* 一书的主要读者是"宫廷绅士"(sig. A3r).

101 J. A. Bennett, 'The Challenge of Practical Mathematics', in Stephen Pumfrey, Paolo L. Rossi, and Maurice Slawinski, eds., *Science, Culture and Popular Belief in Renaissance Europe* (Manchester, 1991), 186–9. 参见讨论部分.

102 这里用的是1614年的版本:Robert Norman, *The nevve, attractive shewing the nature, propertie, and manifold vertues of the loadston* (London, 1614), 'To the Reader', sig. A1r.

103 Boyle, *Works*, i. 463.

104 对于波义耳上述方面的讨论,详见 Steven Shapin and Simon Schaffer, *Leviathan and the Air Pump: Hobbes, Boyle, and the Experimental Life* (Princeton, 1985), and Steven Shapin, *A Social History of Truth: Civility and Science in Seventeenth Century England* (Chicago, 1994). 另外请参见 Barbara J. Shapiro, *A Culture of Fact: England, 1550–1720* (Ithaca, NY, 2000), 以纠正这些叙述的许多方面,尤其是后者. 另见 Lawrence M. Principe, *The Aspiring Adept: Robert Boyle and his Alchemical Quest* (Princeton, 2000), 71–3.

105 斯皮勒(Spiller)引用了艾迪生(Addison)的一段话,这段话在这里很有趣,它为缺乏争论的担忧提供了一个基础,这个基础比我所说的任何东西都要强大得多,而且远远超出了证据。艾迪生在《旁观者》(*Spectator*)第262期(1711年12月31日)中写道:"在公众可能从这份报纸中获得的好处中,最重要的是它把人们的思想从党派的痛苦中解脱出来,并为他们提供可以不带热情或激情的话语主题。据说,这是那些踏入皇家学会的绅士们的第一个计划，后来产生了很好的效果，因为它使那个时代的许多最伟大的天才都从事自然知识的研究，如果他们从事同样的政治工作，他们可能会把他们的国家烧成一片火海。气泵、气压计、象限仪以及诸如此类的发明，都丢给了那些忙忙碌碌的人，就像把浴盆和桶丢给了大鲸一样，这样它就可以让船不受干扰地航行，而自己却可以用这些无害的娱乐来消遣。"正如斯皮勒（Spiller）在《关于自然实验哲学》（*Concerning Natural Experimental Philosophie*）第30页所指出的那样，这种关于皇家学会起源的说法是不可信的，似乎是源于对斯普拉特（Sprat）和斯塔比（Stubbe）言论的粗心回忆。

106 Sprat, *History of the Royal-Society*, 362. Cf. Glanvill, *Philosophia Pia* (London, 1671), 55–85.

107 同上，367.

108 Joseph Glanvill, *A Praefatory Answer to Mr. Henry Stubbe* (London, 1671), 143–4.

109 P. B. Wood, 'Methodology and Apologetics: Thomas Sprat's *History of the Royal Society*', *British Journal for the History of Science* 13 (1980), 1–26.

110 Sprat, *History of the Royal-Society*, 362–3.

111 参见 Michael Heyd, '*Be Sober and Reasonable*': *The Critique of Enthusiasm in the Seventeenth and Early Eighteenth Centuries* (Leiden, 1995), 152.

112 Sprat, *History of the Royal-Society*, 428.

113 同上，63.

114 参见 Meric Casaubon, *A Treatise concerning Enthusiasme* (London, 1655). Heyd, '*Be Sober and Reasonable*', ch. 5 和 Spiller, '*Concerning Natural Philosophy*'中都有很好的论述。请注意，双方都指责对方对狂热主义怀有同情。反过来，格兰维尔在《给亨利·斯塔比先生的辩护答复》（*A Praefatory Answer to Mr. Henry Stubbe*）的序言中，指责斯塔布反对一切，除了"贵格会主义和民主"。

115 参见 Spiller, '*Concerning Natural Philosophy*', 113.

116 Sprat, *History*, 348. Cf. Glanville, *Philosophia Pia*, 90–1.

117 Sprat, *History*, 349.

118 同上，349.

119 Henry Stubbe, *A Censure upon Certain Passages contained in the History of the Royal Society* (Oxford, 1670), 36.

120 在17世纪中期，我们可以发现，有人试图摒弃敌对的论点，从一个共识基础出发，不是通过自然哲学，而是直接从神学角度出发。参见 Thomas White, *Controversy Logick; or, The Methode to come to truth in debates of Religion* (Paris, 1659).

121 Glanville, *Philosophia Pia*, 91–2.

122 参见 Harrison, *The Bible, Protestantism and the Rise of Natural Science*, 197–9.

Chapter 7
The Aims of Enquiry

第 7 章
研究的目标

如果要开展富有成果的自然哲学研究，则要涉及自然哲学的研究方法和自然哲学家必须具备的品质。从我们之前的讨论中可以明确得知，在探讨"研究的目标"这一问题上存在许多各具特点的思路。例如，培根将真理解释为"本质上产生新知识的事物"，培根的这一观点将真理视为某种已被揭示的事物。然而，传统的柏拉图主义认为，被揭示的真理是另一个范畴，是隐藏在现象之下的客观实际。两者的不同之处在于，培根将真理的全部问题从哲学的沉思活动转变为实用研究，进而需要对自然的掌控。研究的目标不再是从沉思的结果中发现真理，而是去发现富有意义、切实有益的真理。真理是否符合这一标准，取决于真理能否改善人类参与自然活动的现状，增强参与自然活动的控制力。笛卡儿对此则有不同看法。他认为，在自然哲学研究的论证程序之外是人们对于自然哲学家思想道德的期望。但是，培根认为自然哲学家必须服从于外在附加的方法，而且人们从伽利略离开大学，转而寻求贵族资助一事中认识到正是由于资助人没有干预他的研究，才会证明宫廷自然哲学家研究的有效性。这两种观点都在为自然哲学研究辩护时提供了超越论证程序的东西。

本章准备更深入地探讨有关真理、正当性、客观性和合法性等问题，这些疑问涉及许多方法论问题，也关乎自然哲学家所呈现的品格形象 (persona)。我首先提出这样一个问题：在古典时代，当哲学研究开始成为一门独立学科，哲学家开始具有独特形象的时候，人们对于自然哲学研究的期许是什么？柏拉图和亚里士多德在反驳诡辩的过程中对哲学下了两种不同的定义：一种为探索先验的真理，另一种为发现隐藏的本原。这两种定义代表着两种不同的研究模式。13世纪的西方神学家和哲学家们对此很清楚，但他们没能调和这两种模式，所涉及的问题也在16世纪之初变得格外严重。但在16世纪晚期，这些问题随着自然哲学的新发展而发生着深刻的转变。从亚里士多德的"理论科学"观念所面临的挑战中，我们可以窥见这次转变的关键所在。亚里士多德的哲学思想一般不涉及三大认知学科，分别是应用数学（尤其是力学、光学和天文学）、医学和自然志（译者注：即自然研究）。因为根据亚里士多德学说，真正的哲学活动在于揭示隐藏在自然现象之下的基本原理，而这些学科既不涉及自然现象（应用数学），也不是遵循基本原理开展研究（医学和自然志），因此不能满足亚里士多德学说对于"哲学"的标准。那么，这些学科到底能提供什么认识？它们的总体目标与自然哲学有何差异？这些学科的研究方向与自然哲学之间有什么联系？叩问这些问题，我们可以探讨自然哲学的研究目标，也可以基本了解17世纪出现的学科新格局（本书第四部分将详细论述）。

柏拉图的洞穴寓言与反诘法

我们可以认为哲学起源于某种解决争议的特定方法。在希腊古风时期（archaic Greece）向古典希腊（classical Greece）时期的过渡阶段，出现了大量相对独立的发展，包括解决问题的论述方式从德蒂安（Detienne）所谓的"献辞"（Efficacious speech）向"对话"的转变。[1]"献辞"通常是诗人或演说者专门歌颂君主、宣扬魔法和宗教的方式；无论是哪种情况，"献辞"通常都被赋予了因果力量。[2]德蒂安从法律的角度对"献词"进行了阐释。在法律形成之前的纠纷中，献辞的话语或手势并不针对审判官以取得有利的判决，而是针对必须要战胜的对手。而随着古希腊城邦（Greek polis）的出现，集体的决策逐渐取代了直接的命令，演说者需要通过论证来说服听众，集体决策可以通过对话的途径来达到满意的效果。在法律出现后也采用了类似的方法：控辩双方的证人提供证据，法官审理双方辩词，最后做出判决。[3]杰弗里·劳埃德（Geoffrey Lloyd）指出，这种做法在希腊城邦内非常重要，因为雄辩能力逐渐获得了法律意义上的地位，而这种地位可以转移到智力活动的其他领域。故而，我们发现诸多重要的哲学观点植根于法律术语。[4]

向对话的转变中呈现出两个互为补充的特点：一是运用论点和证据来论证；二是拒绝歧义，尽力将相互冲突的论述分解为假设事实之间所存在的矛盾,当然这也是论证的前提条件。修昔底德(Thucydides,公元前460—前400年)在其历史著作中首次系统地运用这种方法。他一改传统的叙述方式,采用全新的探究方法研究历史事件,要求明确解决事实类问题。[5]但是,只有亚里士多德的三段论才充分体现了这种方法。日常话语、戏剧、诗歌以及政治演讲普遍存在语义的歧义,将这些歧义分解为矛盾不仅是将论点转化为逻辑形式的前提,而且矛盾概念也是亚里士多德逻辑认识的核心概念,其形式为论证命题是否符合非矛盾律(the principle of non-contradiction)。这种辩护方式与推理论证的本质密切相关,正如亚里士多德所言,进行论证的所有人都必须首先假定原则的真理性:如果打算接受自相矛盾的论述,那么逻辑和论辩就无从谈起。[6]

　　向对话的转变带来了解决纠纷的新样态,这种新样态重视论证,将歧义分解为多个矛盾。从希腊古风时期向古典时代的过渡阶段,这种样态在认知理解的理念中得以体现,因为它反映了知识观(notion of epistēmē)的特征。但知识要成为哲学活动,特别是柏拉图及其继承者们所设想的那种哲学活动的构成部分,上述两个特征还远远不够。柏拉图重视对比他所认可的真正的哲学思想和诡辩术。结果发现,智者(sophist,译者注:又称诡辩家)不仅满足哲学家的标准——通过论辩来探讨哲学,将模棱两可的表述转换为矛盾——

而且似乎是哲学家的典范。但在柏拉图看来,智者不仅算不得典范,甚至根本不是哲学家。

问题的关键在于,与智者相比,若要成为哲学家,除了尽力化解歧义和开展论证以外,还需要什么?接下来,我会对这一问题的关键进行论述,这一点后来会对早期现代反思自然哲学的本质时产生巨大的影响。柏拉图和亚里士多德认为,智者和哲学家的基本区别是:智者之论辩,纯粹是炫耀才智、博得声誉[亚里士多德称之为"强词夺理"(sophistic)],或只为赢得辩论[亚里士多德称之为"竞短争长"(eristic)]。而哲学家之论辩在于揭示事物的真相。例如,柏拉图的早期对话集中大部分的内容是与智者的争论。我们从中可以看出,柏拉图试图重新阐释"论辩"的概念,即"论辩"并不是与对手斗智的手段[7],而是揭示事物真相的方法[8]。

如果为智者们说句公道话,有必要指出的是,他们教授的并不是如何狡辩,而是论辩命题正反两个方面的技巧。早期的哲学研究最应该感谢的人当属巴门尼德。因为巴门尼德的贡献,早期哲学研究认识到了"探究论证"(probing argument)的巨大影响。巴门尼德提出的真理观认为,凡是经过"反诘法"(elenchos)以后,或者说在经受质疑和反驳之后继续保持着生命力的思想,即为真理。[9]智者学派中最负盛名、最令人敬畏的学者高尔吉亚,他认为自己继承了巴门尼德的传统。他在《海伦颂》(Encomium of Helen)中表示，自然哲学家自以为了解世间万物的奥秘，而其实他们所做的不过是用一种观点驳斥另一种观点罢了。[10] 毫无疑问，柏拉图对智者学派曲解甚深[11]，但我在这里所关心的并不主要是如何更准确地描述智者学派，而是是否有某种方式可以切实有效地反驳柏拉图对智者学派的指责。在17世纪时，对类似的疑问有了独特的回答（这些疑问部分源于彭波那齐事件所造成的局面），就是呼吁以公正、中立、无偏见、无派系为特征的客观理念。但这可不是柏拉图或亚里士多德曾给出的那种回答。

不妨思考一下柏拉图的情况。诸位须牢记，在柏拉图早期的对话集中，他确立了对于"何为哲学家"的概念，并详细阐述了哲学论辩的基本理念，这些理念主要关注道德层面。真理经得起"反诘法"考验的真理观或许适用于几何学等领域，但在道德层面上，若有人希望在旧的道德体系之上再建立一套价值体系，便会产生重重问题。对柏拉图而言，很有必要和捍卫道德相对主义的智者学派进行辩论，要坚定地论证真正的道德价值体系。并非任何在特定场合中经得起论证的价值观集合就会是真正的价值观体系，这一点很重要，因为道德的基本问题是哲学家不容忽视的一类问题，而且也不会在这类问题上搁置意见。诸位要知道，柏拉图在《理想国》中高度肯定哲学家的智慧与美德，他认为哲学家是统治国家的最佳人选：在"哲学王"(philosopher kings)学说中特别重要的一点是，哲学家们一直体现着某些根本的道德品质。但是，关于巴门尼德对论证的解释，问题并不在于他的解释未指出论证的方向，而是他明确否定了柏拉图所要求的论证方向。巴门尼德认为，人根本不能透过现象认识实在。而柏拉图的目标就是要论证可以透过现象认识实在。他对道德哲学的解释如下：道德哲学可以超越道德的常规层面（柏拉图眼中的智者重视道德的常规层面），揭示道德的本质。

柏拉图和亚里士多德认定，智者学派的缺陷从某种重要的意义讲是道德上的缺陷。探究哲学的方式既可以是"强词夺理"，也可以是"竞短争长"（译者注：这是智者学派的探究风格），像这样探究哲学不是败在了"论证"，而是败在了"论证的动机"。如果一直为着一个错误的目的进行论证，归根到底是道德的缺陷大于智性的缺陷。另一方面，我们往往不把美德的缺失与某种形式的"善"联系起来，而是会与智性品质联系起来。这便是一个智性道德的问题。[12]我将区分探讨这一问题时出现的两种截然不同的方式。古代西方存在一种修辞学传统(rhetorical tradition)，其代表人物有伊索克拉底(Isocrates)、西塞罗和昆体良。[13]修辞学传统关注哲学家的道德品质，这种研究问题的方式也见于希腊化时期的各个学派。[14]我们在文艺复兴时期见证了这种研究方式的复苏，上一章中我们探讨过的自然哲学家的品格形象问题(尤其着眼于智性道德)是反思自然哲学地位的重要内容。

柏拉图和亚里士多德的论证方向是不同的。他们对智者的评判，明显包含一种道德谴责，他们也将智者的辩论术视为一种道德缺失。然而，他们对智者学派道德缺失的驳斥主要是从认识论角度，而非道德的角度。他们声称，如果要为具体学说辩护，不应只寻求有效论证(valid arguments)和确凿证据(unambiguous evidence)，还应该具备其他的品质，且是完全独立于上述两者的品质。柏拉图和亚里士多德认为，智者学派没能做到但哲学家必须要做到的就是运用论证去揭开寻常表象背后的东西。但是，柏拉图和亚里士多德所揭示的事物却又大相径庭。为突出二者的差异，我们可以这样说：柏拉图寻求揭示超验的真理(所谓超验，即不依赖于我们可能采用的任何发现方法)，而亚里士多德试图揭示的则是对客观存在的解释，这些解释不可能脱离我们的发现方法(或者说在我们有限的条件下可以发现的东西)。这个差异于我们而言相当重要，因为柏拉图思想指导着基督教神学，而亚里士多德思想指导的是亚里士多德的自然哲学。

柏拉图主义者认为，真正的哲学研究的显著特征是透过事物的"表象"发现其"实在"。若以合适的方式探索表象世界，人就能透过表象洞察形式世界(world of forms)，即实在范畴(realm of reality)。柏拉图在"洞穴寓言"中描述了与倒影世界完全不同的世界，而我们有望进入这样的世界[15]，进而表明表象和实在是两个平行存在的世界。在许多非西方的思想中（尤其是印度思想）和含有更多神秘主义成分的西方思想中，我们可以找到一种激进的真理观，认为人可以完全跳过"表象"直接掌握"实在"。新柏拉图主义有时也趋近于这种观点，但西方哲学思想通常不鼓励人完全摒弃表象，而是鼓励利用表象去发现实在。受哲学启蒙的影响，我们会从隐喻的角度对世界产生别样的思考，而非直白的解读。尽管柏拉图坚持认为理性是认识实在的路径，但他的"洞穴寓言"表明，真理的范畴独立于我们的认知活动，他也没有说明为什么理性就是通往实在的路径。新柏拉图主义运动宣扬理性，但人类只有最终超越了理性才能认识实在。[16]无论是在古代晚期还是在文艺复兴期间，那些坚持柏拉图思想的学者，其显著特点是，都认为自己的研究是诠释自然，揭示隐藏的真理。但他们的研究更像是诠释《圣经》经文中隐藏的独特真理，而不是进行实证调查。同样明显的是，这种观念还普遍存在于基督教神学和奥古斯丁的形而上学中。在这些思想体系中，我们不可能仅仅通过理性的手段就认识到超验的实在，还需要参加各种圣礼。

柏拉图思想和亚里士多德思想的主要不同在于：前者的研究理念旨在使人获得超验真理，而亚里士多德的研究理念则是将研究结果牢牢固定在人类的认知世界。对于柏拉图主义者而言，人一旦具有了任何超验的感性认识(sensory understanding)，就可以摒弃表象世界。当然，这种观点对柏拉图本人未必成立。而亚里士多德学说认为，如果我们要进行真正意义上的哲学研究，而非神秘主义或神学研究，那么哲学研究的要点就不应否定表象与真相的联系，这是个关键。亚里士多德的哲学方法之所以执着于表象，就是因为哲学要解释的就是表象。一个成功的解释不会取代"待解释项"(explanandum)：这就向我们揭示了"待解释项"拥有其特征的原因。对于柏拉图主义来说，如果是探索真理本身，就根本不需要提供对某事某物的解释。相比而言，亚里士多德则认为，一般哲学，尤其是自然哲学，就是为了对事物展开论述，即进行解释或阐明起因；哲学要明确起因，或者探明基本原理，或者提供充分依据。亚里士多德和柏拉图一样，也努力找出能区别哲学家和智者的第三种差异。他也认为智者的不足是道德的缺失，但对这种不足提出了认识论的弥补方法。不同于柏拉图对真理的追求，亚里士多德追求的是解释。这种追求和探索是成体系的，包括形式的成分和非形式的成分。

形式成分是三段论。要注意的一点是，三段论展现了一套完全抗辩的程序。三段论的目的是让对方接受或相信他们本不会接受的某个命题，而且三段论将论证局限于"前提为真，结论必然为真"的逻辑中，从而限定了说服对方的有效方式。展示三段论的最佳方式是将其比作一个A、B两人参与的过程。[17]A想通过三段论式的论证说服B。A在一开始会利用逆向思维来构建三段论。A不会寻求结论，因为结论在构建三段论之前就已给定了；相反，A要探讨必然能推导出这一结论的前提。A在逆推出前提后，再向B展现三段论，B在理解了前提后，就可从前提推理出结论。[18]在亚里士多德对三段论的定义中，他描述了三段论的过程：从被陈述的特定事情(指前提)出发，必然可以推导出与此陈述不同的其他事情(指结论)。[19]这一过程是发生在B头脑中的思考过程。但三段论本身并不等同于B的思维活动：A要负责让B去理解三段论。故而，从某种重要的意义上而言，三段论是独立于B的，B只能选择接受或否定。换言之，三段论的论述语境完全是发散性的。这在辩证性三段论的范式下是成立的。在此范式下，A、B互为对手，A的论证目的是通过运用辩证法的技能使B接受有争议的命题；而且在论证性三段论(任何认识必须以此为基础)的范式下也同样成立。在此范式下，A、B各为师生，A论证的目的是通过简单有效的方式向B传授知识。一般来说，三段论可以看成是解决争议的具体方法。通过解释来解决认知争议是哲学实践的独特形式：解释可以让人们理解相信某个命题的原因，因为相信该命题是源于或基于他们所相信的其他事物。

然而,到目前为止,这种论证过程不仅体现了真正哲学论证的特点,也体现了诡辩论证的特点。同柏拉图一样,亚里士多德从反诘法之外的层面区分诡辩论和真正的哲学论证,但不同之处在于,柏拉图将外在事物引入了哲学论述,而亚里士多德则提倡内在的推理过程。在区分诡辩和真知时,亚里士多德写道:

当我们认为我们知道它所依赖的解释/原因,作为该事物的解释/原因,而不是其他的,进而认为该事物不可能不是它,那么我们认为自身完全掌握了相关的证明性的知识,这不同于智者学派以偶然方式认识它。[20]

后者明确了源于事物本质的真理。[21] 与那些碰巧真实的事物相比,这些真理才是哲学所研究的对象,但智者学派并不关心真理和真实事物之间的区别。自然哲学的论证目的是从事物的原因来理解现象。亚里士多德与柏拉图不同,他并不认为追求超验的真理能区分真正意义上的哲学知识,而是认为(我们在第5章讨论回归理论时谈到过,这种想法不切实际)我们可以限定内在的研究范畴,依赖遵循某种方法,得出某些特定的真理(必然真理)而非其他真理(偶然真理)。

从整体上看,柏拉图和亚里士多德殊途同归,都是为了界定哲学研究的特征，以区分其他通过论证得出结论的研究方式。这两种研究方式的区别取决于哲学家和智者之间的差异。这种差异不只是两种学说的地盘之争，更是对智性道德的深刻理解，而两种学说的研究目标就立足于各自的理解。柏拉图和亚里士多德强调的重点不是智者学派歪曲了研究目标，而是认为他们根本就没有提出研究目标，只是简单地满足于研究，因此无法辨别研究形式恰当与否。哲学始于提出研究目标，而柏拉图针对道德相对主义提出这一问题，说明智者无法辨别哲学研究形式恰当与否并非仅仅是一时疏忽，而是个人的失败，致使他们不能进行真正的哲学论述。这种差异对具体的自然哲学研究产生了影响。亚里士多德试图从理解本质或本性的角度出发，使其成为理解自然哲学的唯一形式，将"物理学"定义为"理论"科学，以区别于自然研究的"实践"科学，因为自然研究只能让人认识事物的样子（译者注：即表象），而不能认识事物呈现表象的原因（译者注：即本质）。在这里我想强调，这种差异不完全是由学科内容造成的，而是取决于哲学家的适当活动：在自然哲学领域，则取决于自然哲学家所进行的适当活动。

柏拉图和亚里士多德分别对于真正的哲学论述所需的其他要求在很大程度上触发了彭波那齐的问题，因为这不仅反映出神学结论和自然哲学结论之间的明显冲突，更大的问题还在于，存在两种相互独立的哲学研究方式，一种代表着柏拉图的思想，强调揭示隐藏的真理；另一种代表着亚里士多德的思想，强调利用自然哲学揭示本质规律。有关彭波那齐对灵魂不朽的论述，我们已提前知道其(声称的)真理：人的灵魂可以永恒不灭。哲学论证旨在为我们提供这一真理的有效论点和确凿证据(就像道德哲学旨在揭示我们预先相信的事物一样，比如行为正直会更好)。如果某些特定的自然哲学论证遵循了三段论的有效性标准却未能证明这一真理，那么我们就可以说，这些特定的自然哲学研究方法肯定出了岔子。实际上，这恰巧是托马斯主义提出的方法，旨在纠正自然哲学的研究程序，直至其能得出符合基督教教义的认识。

另外一种观点认为，神学研究和自然哲学研究适用于不同的真理观。因此，我们需要做的是在不同领域以不同的方法充实各自的真理观。对真理的这种理解为阿威罗伊主义的一个流派提供了理论基础，即并不是也不可能是自然哲学和神学各自产生了不同的且相互矛盾的真理，而是它们产生的真理类型不同。为了从整体上把握该问题，我们不妨思考一下物理真理和数学真理的差异。鉴于使物理理论陈述为真的事物涉及独立的客观实际，因此有人或许会提倡在此情况下根据符合论(correspondence theory)充实物理学真理，也有人可能认为符合论体现了这一关系。但是，在数学领域中，有人可能不认可那些"独立存在的数学现实使纯粹数学陈述为真"的说法，而是主张利用一种更偏向构成主义或操作主义的方法发现真理。换言之，物理真理和数学真理似乎存在着某种本质的区别，数学类似于形而上学/神学的真理。

我们要知道这里存在的问题，这很重要。我们可以区分亚里士多德思想中两种不同的真理观：一种是简单的狭义的真理观，与他对有效性的理解密切相关；另一种是更深层次的真理观，对他的解释观至关重要。有效的论证保留了前提和结论之间的特定品质，这就是真理。遵循有效的论证形式可以确保，如果从正确的前提出发，这个真理在论证过程中都会成立：真理可以被传导到结论中。这种逻辑条件下的真理为形式真理：真命题为"是为是，非为非"。[22] 例如，我们采用一种有效的论证形式（亚里士多德三段论的一种推导形式），从"是为是，非为非"的前提出发，可以确保得出"是为是，非为非"的结论。但在解释的情况下，他希望用论证达到的就不仅限于保留真理：他的最终目标是区别启发式推论和非启发式推论。在此，亚里士多德提倡一种更深层次的真理观，要求我们区分相对于论述语境的真理和那些对于某事某物绝对成立的真理（因为它们源于事物的本质）。这种更深层次的真理观并不适用于纯粹的逻辑语境，因为形式推论保留真理，而不考虑真理产生的方式。但当我们一旦探讨启发式真理（即源自事物本质的真理），一旦将问题从演绎推理的有效性转移到解释上，那么论证对象的本质就变得重要了。这取决于论证对象是否属于自然哲学、数学或"第一哲学"（译者注：即形而上学）的范畴，因为这三个范畴的论证对象不同，要求各异的研究方法。要充实这种理念，就要思考"科学"研究的三种形式，从而指向类型完全不同的真理。

正如我所言，阿威罗伊主义认为真理的形式多种多样，它的主张似乎将事物是否为真的问题和如何检验或证明真理的问题结合了起来，但似乎从"存在多种证明真理的不同方式"转变为"存在不同类型的真理"。实际上，这种转变显然是不合理的。诚然，证实真理的方式涉及我们采用的理论、证据以及论证标准等等。但真理本身不能与这些有关：如果在一种情况下为真，但在另一种情况下不为真，那当然就不算真。[23]但我要讨论的问题比这个更深刻。我们一旦区分了亚里士多德对于真理的狭义理解和深层次理解，便可知数学、神学和物理学真理的深层次理解并不是为了提出与真理本身相矛盾的观点，而是为了补充真正普遍存在的真理的狭义理解。而事实上，一旦涉及解释问题，狭义的理解就发挥不了实际作用，因为这种情况下全都依靠深层次的理解。亚里士多德的狭义定义是一种普遍且单一的真理观，承认这一点，并不能改变其提出的深层次真理观被用于自然哲学、数学和神学后使这些领域得出与解释密切相关的各种真理的事实。若这些领域没有重叠[24],也无大碍。可彭波那齐的问题在于那些明显自相矛盾的主张和立场。由此引起的问题是如何平衡那些对于自然哲学、数学和神学的复杂理解;例如,自然哲学和数学之间新近出现的联系表明,是否需要用一种新的实质性的真理观取代亚里士多德提出的真理观;对于填补解释观的空白,甚至本身是否还需要复杂的真理观;是否可以通过完全忽略(实质性)真理来弥补解释观的欠缺。[25]

当我们从预先明确给定的所谓真理(如16世纪时灵魂不朽的教义)转向受神学支持但争论颇多的主张(如地球为静止),问题也随之转变,变得更为复杂。正因如此,我们才会开始理解从关注真理到关注合理解释(justification)的转变。这一转变是17世纪自然哲学的主要特征。如果真理不能独立给出,不能与自然哲学的众多结论做比较,那么进行合理解释便具备了不同的内涵,因为与我们理论研究相关的解释程序本身需要站得住脚。然而,情况远没这么简单。[26]一方面,如果解释真的合理,那么从某种意义上来看,它必定会受到真理的推动。为了弄清楚合理解释是什么、有什么作用,我们必须限定何为合理解释。除非我们找到使真理扮演独立角色的方法,否则真理似乎或多或少会控制或引导合理解释,那时我们便无法区分真正的合理解释与虚假的合理解释。即便是口头说说的虚假解释,我们都辨别不了。毕竟，我们有很多种方法为某种理论提供证明：我们可能指出理论背后的传统之重要、理论之新颖、理论与我们相信的其他事物联系之密切以及理论之用途，不一而足。如果我们完全撇开真理谈合理解释，则可能导致合理解释失去一定之规，甚至可能涵盖（在必要层面上）某些不可理解的标准；比如，可能要求信仰，要求随意组建的权威机构盖章背书，诸如此类。如果真理不能指导我们为理论提供合理解释，那么我们该如何避免那些与我们的认知不相干且不适当的合理解释呢？问题在于，如果没有预先给定的、可以调和合理解释的真理，那么真理就是完全依赖于合理解释。若要问某个理论是否正确，我们所需要的是能支持这一理论的合理解释。为证明其为真，我们所能做的就是证明该解释是合理的。在此情况下，这种解释则会依照该理论类型的解释标准加以评判。在这里，真理没有发挥任何作用：完全是解释在起作用，而且现在似乎又为我们应该青睐的理论提供了唯一的指导。

真理与客观性

如果我们能区分"为论证提供目标"和"为论证提供认知指导"，那么就能消除这种悖论感。要是我们能做出区分，就可以明确：虽然真理不能为论证提供目标，但一些个别的真理或假设的真理,可以为单独的论证提供目标。相比而言,在认知指导这个问题上,个别真理并不能起到指导作用。我们希望认知指导能确保认知上不相关或不适当的思考不会左右解释的方向。诸位已经看到了,真理本身乍看之下像是正确的事物,但不过是徒劳的循环论证。我要说的是,客观性——以及围绕客观性形成的一系列诸如"中立"的观念——才是我们要寻找认知指导的关键所在。

想想17世纪时讨论无神论所产生的问题,论证目标这一问题便能迎刃而解。[27]在16—17世纪期间,许多神学家视无神论为洪水猛兽,但他们普遍认为,无人能成为一名真正的无神论者。[28]但是,无神论广泛存在和不可能成为无神论者并不矛盾,因为"成为真正的无神论者"和"像无神论者一样思考"是不同的。前者受意愿的影响,后者则受智性的局限。人可能在主观意愿上成为无神论者,人们普遍认为道德败坏之人会有意为之,因为他们相信,佯称可以免受道德败坏的惩罚,便不用承担道德败坏的责任。但是,像无神论者一样思考(确实相信上帝不存在,而非佯装上帝不存在)又是另一码事。上帝存在的一些说法不仅很有说服力,而且有人认为,无论是过去还是现在,社会各界都一致相信上帝存在。正如西塞罗曾说,"在所有研究中,公认世界上所有种族的一致性是一项自然法"[29]。还有一种观点认为"历史上每位伟大的思想家都相信上帝的存在",又呼应了西塞罗的观点。17世纪时,尽管也有少数人反对"一致同意论",但在贝尔(Pierre Bayle)之前屈指可数。当时,人们认为不可能从智性上怀疑上帝的存在,因为"上帝存在"是明摆着的、不可逃避的真理,是所有人都最终承认的真理。因此,对上帝存在的质疑必定只是人的主观意愿。而现在,值得我们关注的是,在无神论问题上,对意愿和智性关系的剖析反映出一种普遍的模式。正如科尔斯(Kors)所言——

据说,无神论者虽能在主观意愿上不信神,但不能在思想上真正做到无神论。由此观之,无神论者是理想信仰者的扭曲映像。在基督教徒自己看来,他们信仰神启的意志……在信仰中努力理解、发现令人满足的真知(对于不信上帝的人,所谓的真知便毫无意义),以获得思想的愉悦。在基督教徒看来,无神论者只是在主观意愿上质疑上帝的存在,他们为着这份质疑去寻找理智上的解释,不过是愚昧无知和自相矛盾罢了。[30]

我们在这里要探讨一些关于世界本质的根本问题,以及我们身处其中的位置。虽然我们的探讨情境并非完全处于自然哲学领域,但可以在自然哲学的背景下理解真理与解释的关系维度。意愿和智性的关联方式表明，关于上帝存在的种种辩论总是带有动机的。换句话说，这些辩论意在展示解释/论证之前就已给定的某种事物。这里的"某种事物"并非一般意义上的"真理"，而是某种特定情况中得出的真理。在17世纪，人们对无神论讨论的要点是激励无神论者论证的"事物"其实不是真理，正因如此，他们的论证观点只会导致对世事的怀疑、愤恨与质疑，无法解决问题，最终走向绝望。这种结果作为原假设的反证(reductio)，足以说明论证的动机是错误的。

那么，问题的焦点即在于，论证/解释/说明不会通向信仰，但这种信仰又是论证的动机，为论证提供了说明的对象，这正好是论证的目标。信仰不是源于论证；相反，论证始于信仰，进而研究其影响，以决定信仰的可靠程度。只有当我们明确了论证的认识方向时，我们才会知道论证应是检验(假定的)真理，而非产生真理。因此，从某种重要的意义上讲，(假定的)真理是始于论证，而非终于论证。真理本身无法推动论证，因为真理不为论证提供指导方向。但是，一些特定的信仰——一些被假定为真的信仰，简称为特定的(假定)真理——可以提供推动力，并能引导论证。而这些信仰通过为论证提出任务发挥推动作用，并非提供认知层面的指导。因此，真理本身应该提供但未能提供的这种认知指导，也不同于被视为论证目标的特定真理所能提供的推动力。

如果真理本身和特定真理都不能在自然哲学领域提供一般性的认知指导，那么我们必须在真理问题之外寻找答案。真理本身的问题在于，真理仅可通过提出论证必须达到的某种目标来提供认知指导，但这一目标在论证前尚未给定。而我们需要某种东西指导论证，以正确的方向开始并进行，而不是以正确的方式完成论证。这种指导由新兴的客观性观念提供，并在自然志的研究中发展。然而，在检验这一观念之前，我们需要厘清17世纪自然哲学思想中真与客观性之间的对比关系。

在17世纪，真理和客观性的问题彼此分离，我们要理解两者在分离之前相互关联的方式，这一点很重要。它们最初的关联植根于经院哲学的知觉认知 (perceptual cognition) 理论，尤其是认知表征 (cognitive representation) 理论。彭波那齐在该问题上曾批评阿奎那为离身认知 (disembodied cognition, 以及由此引发的生存问题) 所做的辩护。在《论灵魂》第2册和第3册对感官知觉的探讨中，亚里士多德认为在知觉层面，"头脑中活跃的思维等同于客体本身"（431^{b}17-18）。[31] 在知觉认知中（相对于理性认知），知识源于可感事物，但肯定不能说可感事物存在于思维中。因此，亚里士多德主义强调事物的存在或本质在于其形式，而非其质料，所以存在于思维中的是客体的形式（431^{b}30）。阿奎那在《神学大全》中对这一观点进行了阐述。他认为，已知事物的形式"肯定在于知者，同样也在于所知本身"，所以可感形式"在某种程度上在灵魂之外，在另一方面也在感官之外"。[32]智性通过感官知觉认知从客体获得的认识不是思想产生的形式（例如，它们不是大脑产生用以匹配已知客体的认知表征），而是事物本身产生的形式，它们是事物本身在思维中的反映。这些事物真实地存在于人的理智中，因为事物的本质在于其形式。当理智开始认识这种形式，那么所接收的形式便等同于客体的形式。这种形式与该客体是相同的：而不同于客体的质料，事物的存在或本质与质料无关，而是与形式相关。

这一观点恰恰在继承阿奎那思想的思想家中颇具争议，尤其是司各脱、苏亚雷斯以及他们的追随者。[33]在16世纪晚期，有个迫在眉睫的问题是我们对客体的观念（idea）与客体的一致性：用什么来区分事物的真实观念？学者们假设了两种概念，一种为形式概念（formal concept），另一种为客观概念（objective concept）。学者们认为真实观念的问题与这两种概念的关系有关。[34]对某一客体形成的形式概念在于客体存在于人的智性中，但形式概念不一定都为真，因为有些形式概念可能是错的。换言之，形式概念与其所针对的客体不存在一致性，但客体是实际存在的事物：观念如何才能与实际存在的事物保持一致呢？许多经院作家认为，人无法真正认识事物的本质，这使得上述问题更加复杂，但他们又确信人可以认识真理。如果真理不是源自客体本身，那么它源自何处？这就需要一种非实际存在的事物代替实际存在的事物，以便与形式概念进行比较。这种非实际存在的事物就是客观概念，是"目前已知的事物"。因此，与形式概念相比较的不是事物本身，而是其客观概念。这就引出了另一个问题：客观概念和事物本身的关系是什么？这种关系被称作"客观存在"(objective being)，但这种"客观存在"的确切内涵含混不清。人们最初很容易认为要不是因为两类不同事物间的比较问题（一类是物质实体，另一类是理智观念），我们本可以对比形式概念和事物本身间的关系。当我们习惯性地从知觉层面认识事物的本质，这种关系正好能体现出来，但很显然感官知觉会出错，所以我们几乎很少（甚至几乎不能）以这种方式认识事物的本质。但这并不意味着全部或大部分的形式概念是错的，形式概念、客观概念以及客体三者间的差异可能会产生与确定性有关的一系列问题。确定性的程度问题常见于传统修辞学领域以及大学中以修辞和辩证研究为基础的法律和历史学科[35]，但到目前为止，确定性的程度问题在经院哲学对于感官知觉的论述中是缺位的。

彼得·迪尔(Peter Dear)对两位耶稣会自然哲学家的著作中所描述的确定性程度的两个早期发展阶段进行了区分[36]，尽管它们已超出经院哲学的范畴，但对于阐述该问题大有裨益。第一阶段出现于阿里亚加 (Roderigo de Arriaga) 的《哲学教程》(Cursus Phitosophicus, 1632年) 中，他把确定性的程度引入正统经院哲学的框架。阿里亚加区分了三种确定性的程度，分别是道德确定性(在信仰可靠时适用)、物理确定性(在因果关系的假设基础上适用)和形而上学的确定性(在真理存在逻辑关系时适用)。1646年，奥诺雷·法布里 (Honoré Fabri) 在其著作《逻辑学争议》(Controversiae Logicae) 中结合阿里亚加的三种确定性程度与客观/形式差异，开始重视真理和客观性的遗留问题。法布里从客观/形式的差异区分了两种不确定性：客观确定性涵盖了阿里亚加所区分的三种确定性。亚里士多德在《尼各马可伦理学》(1094^b24-5) 中论述道，不同论题适用于不同种类的例证，而且我们不应期许从几何学中得出的例证适用于伦理学。法布里发展了亚里士多德的论述，区分了适用于不同论题的确定性类型或确定性程度。这种视论题本质而定的观点在适当的领域中是客观的。相形之下，形式确定性取决于我们的判断：在这种意义上来看，事物的确定性程度不依赖于论题的客观确定性，而是取决于我们对于主张某事物所提出的证据或理由。

如此一来，知觉认知理论开始转向受人文主义驱动的传统学科，比如自然志、法律和政治研究/民间研究。在这种情况下，不但真理和客观性分离开来，而且不会对客观性造成破坏。与经院派自然哲学被逐渐视为毫无成效的研究相比，传统的人文主义学科似乎井然有序。从某种程度上讲，客观的研究不会依赖于其所研究的特定对象的任何特点。从这个意义上说，客观的论述是中立的，或在理想情况下可以被任何对象接纳，因为客观的论述不需要任何假设、偏见或特定对象的价值观。[37]客观性所具有的两大特点，使其可能规范自然哲学的研究，这让客观性尤其引人注目。其一，客观性与真理不同，客观性有程度的不同（有的程序可比其他程序更客观），而且客观性可以通过实践提高；其二，"自然哲学研究的最终目标是发现真理"这一观点可能适用于亚里士多德称为理论科学的学科，但用于描述医学目标的特点时（医学在16、17世纪时逐渐融入自然哲学研究范畴[38]），这种观点显得尤为不妥。相比之下，"客观性应该指导医学研究（就其作为自然哲学研究的一部分而言）等领域"，这种观点就像要求"客观性应该指导天文学研究"一样，毫无疑问是恰当的。

早期近代哲学家尝试改变自然哲学研究的方式证实了上述观点。当培根主张将"幻象"从内心驱除时，当伽利略向冷漠的赞助人表达观点时，当笛卡儿主张阅历丰富的自然哲学家应该取代经院哲学家时，当波义耳和英国皇家学会会员尝试以最接近"赤裸裸的事实"的方式呈现他们的发现时，尽管他们的表现形式不同，但他们共同追求的都是实现客观性的方式，而非获得真理的方式。将"幻象"从内心驱除并不会产生真理：它会从内心消除有损其客观性的特征。漠不关心不会产生真理，但展现了一种摆脱成见和偏见的自由（这两种情况其实可能都是真的）。阅历丰富的人不及经院修士对真理的追求，但他们带着智性的实诚去实现目标，因为他们摆脱了偏见，也没有接受禁锢思想的教育。呈现原原本本的事实而非冠冕堂皇的理论不能产生真理，但有助于形成清晰展现客观性和中立性的程序。例如，对波义耳而言，实事求是地呈现结果，不是对研究的临时记录（研究的早期阶段无法形成系统性的理论），而是展示其全部自然哲学研究具有合理性的方式（详见第10章）。

英国的自然哲学至少从17世纪中期开始一直受到客观性概念的主导。从真理和中立的角度来说，这是内在之所求。在没有手段证实真理的情况下，尝试制定内在的客观性标准不是次优选择，而是使任何认知主张成为合法学科都可能采用的方式。这些方式发端于文艺复兴时期的历史和法律模式（主要是借鉴修辞学和辩证法的训练），逐渐通过自然志转移到自然哲学领域。

历史和法律都是关于不能直接可及的行为或事件，两者都旨在设计研究方法，以获得对于行为或事件的足够知识。就法律而言，当法官判定证人的作证能力时，英国的法律程序会假定陪审员头脑精明、道德正直，足以判断证人供词的可信度，从而得出合理的判决结果。[39]而历史学家的语言往往反映了法律用语，历史学家以不同的方式把自己描述成"宣誓人"或"公正的证人",但如果因为他们自己不是历史的亲历者,那么在态度上就会感到愧疚。[40] 如同进行审判的法官一样,许多历史学家力图从他们所呈现的事实中引申出评判,他们认为历史能为政府官员提供前车之鉴。此外,尽管对历史事件的一般解释是归于天意,但事件发生的原因有主次之分,历史学家通过人类行为探究非天意的历史缘由。但是,无论对历史调查的解释欲多么强烈,历史学家若要保持可信度,就至少要具有一种品质,那就是公正。当然,并不是说所有的历史学家都中立客观,中立客观是一个美德,人人都声称只有自己有这种美德,而对手并不具备,这种中立客观意味着不偏不倚(体现了17世纪的观念特点,与后来中立和客观的概念对比鲜明),准确描述的积极观念开始取代或补充不偏不倚的观念。[41]

芭芭拉·夏皮罗(Barbara Shapiro)留意到,在17世纪的英国,地方志(在英国实践形式最广泛的是郡志)在为自然志研究提供基础方面发挥了重要的作用。地方志和游记是英国皇家学会报告的重要组成部分,以"实事求是"的笔触撰写,反映所有亲历者的正直品行,突出亲历者持心公正、无党无偏。地方志结合了民间史和自然志。夏皮罗认为,正是这种特殊的结合推动了"从法律中衍生出的眼见为实观念和证词评估方法从人类事件和活动扩展到自然现象、自然事件和实验"。[42]斯普拉特总结了这种情况,用以回应"英国皇家学会利用来源非常广泛的信息，可能会降低信息准确性"的指责。斯普拉特说，英国皇家学会"通过一系列实验真实、公正地验证传闻和消息"。**43**

学术界对于客观性（即持心公正、不偏不党）的关注，同样程度地体现在关注自然哲学家的人格品质和实践方法上。不光是自然哲学家采用的研究程序，他们的品格更会对研究产生影响，正如教士的个人品质和神学信仰能同等体现其宗教的真实性（尤其受到宗教改革运动的影响后）。**44**

自然哲学的目标

根据传统的亚里士多德学说，转向关注客观性并不是源自自然哲学，而是源自自然志。严格从亚里士多德学说的角度来看，把从自然志中发展出的观念应用到自然哲学根本说不通，而且应用这种观念还取决于我们在培根身上看到的那种对自然哲学目标的反思。但是，在16、17世纪，不仅自然哲学和自然志之间的关系成为一大问题，自然哲学与应用数学学科、医学学科之间的关系也同样成了一大问题。

这些问题要追溯到古典时代。那时，哲学家认为真正的哲学研究能促使自然哲学家通过表象认识事物的本质或本原，但这种观点限制了哲学研究的范围，一些纳入哲学研究的学科结果变得不伦不类、毫无生气。不妨看看这个例子：柏拉图的知识理念包含数学，但不包含医学，亚里士多德对理论科学的分类也是如此。柏拉图在《高尔吉亚篇》(Gorgias)中修改了规范用语并明确表示，技能(technē)是一种对事物做出"论述"的能力，不仅仅是实践能力。柏拉图区分了真技能（如医术）和"手熟尔"(empeiria, 即经验)，比如烹饪能力。[45]同样，亚里士多德也认为医术是一项技能。我们从疾病防治的角度来解读医学，而非从根本原理去解读，如此一来，这种观点在表面上完全讲得通。（毕竟）我们所寻求的就是疾病的预防和治疗。但是，要将医学看成和自然哲学具有同样重要地位的学科并非易事。在希腊化时代，各医学流派在"致病源是否可以发现、如何发现"以及"解剖等方式能否发现致病源"等问题上存在诸多争议。[46]如果理论科学的目标是发现根本原理，那么医学看起来符合入围标准。[47]尽管对医学而言，这一目标只是达到目的的手段，而非目的本身。我们已经讲过，培根极其关注这一问题。培根认为，亚里士多德学说的自然哲学思想之所以走向衰败，最重要的一个原因就是将真理视作自然哲学的目标本身，产生于他对自然哲学作用的错误沉思观。

相比而言，数学看起来完全不符合标准，要让数学看起来像是能揭露现象的学科可要费一番工夫。第一步是要区分纯粹数学和应用数学。例如,柏拉图认为,商人之流才使用计算,数学家使用计算则有失身份,而且他瞧不起各种形式的应用数学。[48]那么,下一步就是要明确在纯粹数学中能发现什么。有观点认为,要进行数学研究,或许要超越表象。这一观点催生了新毕达哥拉斯学派的算术构想,将算术视为对数字的分类。当然,在尼可马修斯(Nichomachus)的著作中可以看出[49],这种构想不可能得出成果[50]。这就使得应用数学学科(天文学、光学、和声学和力学)在认知学科的分类中处于非常尴尬的位置,因为既不属于数学也不属于自然哲学。这些学科不符合亚里士多德提出的学科分类体系。比如,亚里士多德在《形而上学》中指出,天文学是数学的一个分支,而在《物理学》中说天文学是物理学的分支。[51]实际上,这些应用数学学科的研究完全独立于古代的自然哲学传统。这一传统,发端于柏拉图的《蒂迈欧篇》,继承于亚里士多德的综合性自然哲学著作,在希腊化时期的伊壁鸠鲁主义和斯多葛主义的自然哲学体系中得到发展,最后形成了新柏拉图主义的形而上学体系。除了假亚里士多德之名写作的《机械学》(Mechanica)之外,这一传统完全无意将应用数学学科融入自然哲学的范畴。在亚历山大学派的传统中,自然哲学各学科之间的研究过程彼此独立,其中也包括几何学。柏拉图和亚里士多德对于自然哲学的定位是物质理论,即探寻影响物体自然行为的潜在本原，而力学完全与探寻潜在本原无关：亚里士多德学说认为，所有数学学科也与探寻潜在本原无关。

重新思考这些问题明显改变了自然哲学的研究目的。比如，机械论的目的是将力学（属于应用数学范畴）作为自然哲学的一种研究模式，这对自然哲学的实践产生了深远的影响。但传统亚里士多德学说认为，力学完全不属于自然哲学的范畴。在古代，自然哲学和应用数学学科（如天文学和力学）是完全不同的领域，从事研究的学者兴趣不同、技能各异。这种情况在16世纪晚期发生了翻天覆地的变化，而且自然哲学面临的许多问题都源于如何调整自然哲学和应用数学学科间的一致性关系（并非自然哲学与神学间的关系）。我们曾讲到，祖尼加虽然顺利解决了《圣经》思想和哥白尼学说之间的对立问题，但他也不得不承认哥白尼学说可能不正确，因为在亚里士多德学说看来，哥白尼学说在自然哲学层面讲不通。

学术界对于自然哲学的目标，还有一个更深层次的担忧，这种担忧也体现在彭波那齐的困境中。经基督教改造后的亚里士多德学说完全否定"自然哲学为自然行为提供了终极本原"，即便自然哲学原理与神启真理完全一致。阿奎那在论述自然哲学时，将个体的本性视为终极本原，而从自然世界的特征论证上帝存在时，他将上帝视为唯一的、终极的基本原理。他的主张在上述两者之间摇摆,体现出经基督教改造的亚里士多德自然哲学中存在的一些先天的、根本的问题。自然哲学研究至此也发生了史无前例的剧变。在古典时代和希腊化时代,哲学家们在研究自然哲学时,并不考虑在自然哲学范畴之外确立一个判断真理的、定义明确的独立标准,一些根本的宗教信仰在希腊化时代晚期承担了这种独立标准的角色。不过,古典时代或希腊化时代都没在这方面为早期现代的发展提供可供效仿的先例。以地球运动为例,如果有人试图剥离自然哲学的思考与《圣经》教义的关系,这种做法可能起一点作用(包括重新诠释《圣经》经文或否定教会对于地球运动的判定权威),但不会从根本上改变情况。再比如,没人会对"灵魂不朽"提出类似的主张。《圣经》和宗教教义在17世纪已经开始受到质疑,但在17世纪80年代之前,自然哲学在其中发挥的作用并不显著。自然哲学和神学之间存在一定的差异,因此需要自然哲学家在神学中树立自然哲学研究的合法地位。当然,神学和自然哲学在某些问题上出现了分化,但几乎没人认为这只是暂时的,当时的情况也与古代的形势大不相同。自然哲学"主要研究事物的内在本原",但自然哲学对于许多问题保持中立,这确实是事实:譬如,自然世界是不是偶然产生的?自然世界是否受某些内在本原所支配?自然世界是否由全知全能的超验存在(即上帝)所创造?17世纪确实有人支持这一观点(即自然哲学对许多问题保持中立),尤其是笛卡儿主义者。笛卡儿所设想的自然哲学研究是，确立一套机械论自然哲学体系，取代亚里士多德哲学体系。笛卡儿体系与亚里士多德体系在理解和完整性方面的目标是一致的，但两人采用的方法大相径庭。对于16世纪末到19世纪的自然哲学家来说，知其然却不知其所以然，就如同研究一件复杂的钟表，却不思考其运行机制：这样的人无法发现各个部件之间特定的关联机制，因为他们的研究形式就决定了他们的思维方式，使他们无法提出这样的问题。

学术界在自然志研究中提出了这些问题，进一步推动自然志研究成为自然哲学的核心。如此一来，经历变革的自然志研究有了多个目标（由客观性概念和实证调查为指引，不再是对自然的寓言式解读），这些目标将会成为自然哲学核心的一部分。不过，这种以"实验哲学"为形式的策略，只是自然哲学在17世纪中期采纳的三个方向之一，另两个分别是机械论（认为自然哲学存在于物质理论的机械形式中；对自然志研究不感兴趣，这点与亚里士多德学说的物质理论相同）和应用数学（自然哲学家已经将其纳入自然哲学，这种应用数学与机械论和实验哲学存在着复杂的关联）。

1   参见Marcel Detienne, *Maîtres de vérité dans la grèce archaïque* (Paris, 1990); Louis Gernet, *Anthropologie de la Grèce antique* (Paris, 1968); Pierre Vidal-Naquet, 'La raison greque et la cité', *Raison Présente* 2 (1967), 51–61.

2   这一现象非常普遍，远远不只出现在古希腊，人们可以在菲西诺（Ficino）对语言的神奇描述中找到它的痕迹。对这一现象有一个很好的概括说明：Brian Vickers, 'Analogy versus Identity: The Rejection of Occult Symbolism, 1580–1680', in idem, ed., *Occult and Scientific Mentalities in the Renaissance* (Cambridge, 1984), 95–164.

3   参见Detienne, *Maîtres de vérité*, ch. 5; 关于证人所起到的作用，参见Douglas M. McDowell, The Law in Classical Athens (London, 1978), ch. 14.

4   G. E. R. Lloyd, *Magic, Reason and Experience: Studies in the Origins and Development of Greek Science* (Cambridge, 1979), ch. 4.

5   例如，修昔底德在伯罗奔尼撒战争（Peloponnesian War）的真正原因（*aitia*）和事件各方声称的战争原因（*prophasis*）之间做出了鲜明的对比。关于希罗多德（Herodotus）和修昔底德的对比，参见Arnaldo Momigliano, *The Classical Foundations of Modern Historiography* (Berkeley, Calif., 1990), 以及John Marincola, *Authority and Tradition in Ancient Historiography* (Cambridge, 1997).

6   参见*Metaphysics* 1005^b35–1009^b1中的讨论部分，另外参见Jonathan Lear, *Aristotle and Logical Theory* (Cambridge, 1980), ch. 6.

7   智胜对手的想法是古代了解认知理解的核心。最早的关于认知探究的记载表明，古典希腊人对*epistēmē*和*technē*（即知识与艺术或技能）的对比源于更早的前古典时期关于认知理解的单一概念。这个早期的概念围绕着"智慧"（*mētis*）、"狡猾"或"聪明"的概念展开。其背后的理念是，要战胜对手，无论是打猎、钓鱼、比赛、使用金属等耐腐蚀材料，还是克服湍急的河流，只有两条路可供选择。要么强者会赢，要么凭借智慧的力量，一个人通过狡猾、伪装、机智或一些类似的技能来扭转事件的自然进程：一般来说，对某事件的适应或接受涉及一种理解形式，使一个人能够克服障碍——包括认知障碍——而不是解释。我们在许多场合都会发现有些形象变化得比迅速变化的自然更快。一个人接受不断变化的事物，是通过智取它，而不是通过解释它，而大自然是一个典型的不断变化的领域。参见Marcel Detienne and Jean-Pierre Vernant, *Les Ruses d'intelligence: la metis des grecs* (Paris, 1974).

8   苏格拉底被描述为一条刺鳐或一只牛虻，不断地唤醒、说服和责备人们；然而，他的目的并不是要展示他的聪明才智，而是要"检查和探索人们的思想，找出他们当中谁是真正聪明的，谁只是自以为聪明"：*Apology* 41b. 关于苏格拉底的论证，见Gerasimos Xenophon Santas, *Socrates: Philosophy in Plato's Early Dialogues* (London, 1979)。

9   参见David Furley, 'Truth as What Survives the Elenchos', in David Furley, *Cosmic Problems: Essays on Greek and Roman Philosophy of Nature* (Cambridge, 1989), ch. 4, 38–46. 另外参见Gregory Vlastos, 'The Socratic Elenchus', *Oxford Studies in Ancient Philosophy* (1983), i. 27–58.

10 参见W. K. C. Guthrie, *The Sophists* (Cambridge, 1971), 51.

11 值得注意的是，第欧根尼 (*Lives of Eminent Philosophers*, 1. 12) 将智者（sophist）当作哲学家的另一个说法，而苏格拉底本人也曾被讽刺过，阿里斯托芬（Aristophanes）的《云》(*Clouds*) 中说：苏格拉底是一个诡辩家，他愿意教导任何愿意付钱的人去强化软弱的论点，去否认神的存在。关于这个和苏格拉底当时的其他形象，参见W. K. C. Guthrie, *Socrates* (Cambridge, 1971), 39–75, 更广泛的论述，参见Capizzi, *The Cosmic Republic*.

12 参见亚里士多德《尼各马可伦理学》第10卷中的讨论部分。

13 参见 George Kennedy, *A New History of Classical Rhetoric* (Princeton, 1994).

14 参见 Hadot, *Philosophy as a Way of Life*.

15 Plato, *Republic*, 514A–517C.

16 参见 J. M. Rist, *Plotinus: The Road to Reality* (Cambridge, 1967).

17 参见 Ernest Kapp, 'Syllogistic', in J. Barnes, M. Schofield, and R. Sorabji, eds., *Articles on Aristotle*, i. *Science* (London, 1975), 35–49.

18 参见 Barnes, 'Aristotle's Theory of Demonstration'.

19 *Prior Analytics*, 24b18–22.

20 *Posterior Analytics*, 71b8–12.

21 例如，在 *Metaphysics* 1051^{b}13–17 中，它们就是这样被描述的。

22 *Metaphysics* 1011^{b}27–8. 这里的语境是亚里士多德对排除中间原则的辩护。在 *Categories*, 14^{a}14–22 中，他指出，当我们说一个人存在时，这个命题为真绝不是这个人存在的原因/解释，但"这个人存在的事实似乎在某种程度上是这个命题为真的原因/解释"。这里的语境是关于"优先权"的讨论——人的存在先于他存在这个命题的真理性。亚里士多德并不是要从形而上学的角度来解释命题的真伪，因为他需要一个更丰富的真理概念，这个概念随研究的领域而变化，正如我们即将看到的那样。

23 Donald Davidson, 'On the Very Idea of a Conceptual Scheme', in idem, *Inquiries into Truth and Interpretation* (Oxford, 1984), 183–98.

24 即使是亚里士多德也不认为如此，他对天文学是一门物理学科还是一门数学学科的模棱两可突出了这一点——比较 *Metaphysics* 989^{b}33 和 *Physics* 193^{b}25–30。

25 当然，狭义上的真理是不能被绕过的，而且在任何所谓的认知探究中都不能被绕过——任何提出认知主张的人都是在声称事物是怎样的。此外，由于论证的有效性是根据它们在前提和结论之间保存真理来定义的，没有真理（或一些足够接近真理的语义概念），理性论证是不可能的。狭义上的真理提供了一种无可争议的一般性约束，这种约束是没有争议的，因为它不涉及任何关于解释本质的问题。

26 参见 Stephen Gaukroger, 'Justification, Truth, and the Development of Science', *Studies in History and Philosophy of Science* 29 (1998), 97–112.

27 参见科尔斯 *Atheism in France*，我在这里要感谢他堪称典范的叙述。

28 例如，梅森认为仅在巴黎就有5万名无神论者：*Quaestiones celeberrimae in Genesim*, cols 669–74.

29 Cicero, *Tusculanae disputationes*. 1. 13.

30 Kors, *Atheism in France*, 17.

31 我在这里引用了约翰·约顿（John Yolton）对这些问题的一个很有帮助的解释，*Perceptual Acquaintance from Descartes to Reid* (Oxford, 1984), 6–10.

32 *Summa theologica*, I, q. 84, a. 1.

33 更多细节参见 Gabriel Picard, 'Essai sur la connaissance sensible d'après les scolastiques', *Archives de philosophie* 4/1 (1926), 1–93；Timothy J. Cronin, *Objective Being in Descartes and in Suárez* (Rome, 1966).

34 Peter Dear, 'From Truth to Disinterestedness in the Seventeenth Century', *Social Studies of Science* 22 (1992), 619–31, 参见其讨论部分；参见 *Mersenne and the Learning of the Schools*

(Ithaca, NY, 1988), 49–51, 出处同上。另外参见 Roland Dalbiez, 'Les sources scolastiques de la théorie cartésienne de l'être objectif', *Revue d'Histoire de la Philosophie* 3 (1929), 464–72; Pierre Garin, *La Théorie de l'idée suivant l'école thomiste* (2 vols, Paris, 1932).

35 参见 Richard W. Serjeantson, 'Testimony and Proof in Early-Modern England', *Studies in History and Philosophy of Science* 30 (1999), 195–236.

36 Dear, 'From Truth to Disinterestedness in the Seventeenth Century', 621–4.

37 这并不是否认，在某些情况下，完全客观性的可能性以及如何确保客观性是有争议的，尽管这里的许多假定问题在更仔细的研究后证明并非如此。参见 Stephen Gaukroger, 'Objectivity, History of', in N. J. Smelser and Paul B. Baltes, eds., *International Encyclopedia of the Social and Behavioural Sciences* (Oxford, 2001), xvi. 10785–9.

38 文艺复兴时期关于医学是艺术还是科学的争论，参见 Maclean, *Logic, Signs and Nature in the Renaissance*, 70–6, and, on its problematic relationship with natural philosophy, 80–4.

39 Shapiro, *A Culture of Fact*, 13. 另见 *Probability and Certainty in Seventeenth-Century England: A Study of the Relationships Between Natural Science, Religion, History, Law, and Literature* (Princeton, 1983), 175–86（出处同上）。然而，请注意，17 世纪陪审团的司法指导程度远远超过现在。

40 Shapiro, *A Culture of Fact*, 43.

41 同上，58.

42 同上，66. 比较 Lorraine Daston, *Classical Probability in the Enlightenment* (Princeton, 1988), ch. 1.

43 Sprat, *History of the Royal Society*, 215.

44 举一个非常引人注目的例子，罗马 1580 年颁布的《天主教教规》(*Regulae Societatis Iesu*) 要求耶稣会神父的举止要庄重而保守："我们谦虚地坐着，我们庄严地坐着，我们虔诚地祈祷着（Gestus corporis sit modestus, et in quo gravitas quaedam religiosa praecipue eluceat）"(127)。Dilwyn Knox, 'Ideas on Gestures and Universal Languages, c.1550–1650', in J. Henry and S. Hutton, eds., *New Perspectives on Renaissance Thought* (London, 1990), 101–136: 114 引用过此内容。

45 Plato, *Gorgias*, 465A.

46 参见 Michael Frede, *Essays in Ancient Philosophy* (Oxford, 1987) ch. 12 ('Philosophy and Medicine in Antiquity') and ch. 15 ('On Galen's Epistemology'). 对比 G. E. R. Lloyd, 'The Definition, Status, and Methods of the Medical techne in the Fifth and Fourth Centuries', in A. C. Bowen, ed., *Science and Philosophy in Classical Greece* (London, 1991), 249–60.

47 直到1640年，拉撒路·里佛留斯才在他的《研究所》(*Institutes*) 中详细论述了这一观点，随后成为他的《宇宙医学歌剧》(*Opera medica universa*, Lyons, 1663年) 的第一部分。参见 French, *Medicine before Science*, 193–5 中的讨论部分。

48 参见 *Republic* 527A-B。在这方面，柏拉图可能是在拒绝一种将实用数学置于理论数学之上的方法，色诺芬（Xenophon）认为这是苏格拉底的观点。色诺芬告诉我们，苏格拉底"认为应该学习几何学，以便使人能够准确地接收、传递或分配土地，或者完成一项任务……但是他又贬低几何学的学习，因为数字难以理解。他说他看不出这些研究有什么用，而且可能会浪费一个人的生命，并阻止他学习许多其他有用的东西"。色诺芬接着在天文学的例子中提出了同样的观点，并得出结论：苏格拉底劝阻人们"不要关注上帝管理各种天体的方式；他认为这些事实是人类无法发现的，他不认为如果一个人窥探了神没有选择揭示的事情，他就会取悦神"（*Memorabilia* 4 ch. 7）。

49 Nichomachus of Gerasa, 'Introduction to Arithmetic', trans.Martin L. D'Ooge, in *Britannica Great Books* 11 (Chicago, 1952), 811–48.

50 参见 Jacob Klein, *Greek Mathematical Thought and the Origin of Algebra* (Cambridge, Mass. 1968), ch. 4.

51 对比 *Metaphysics* 989^{b}33 和 *Physics* 193^{b}25–30。这种困惑贯穿整个亚里士多德传统，瓦伦丁·纳伯德（Valentin Nabod）的流行天文学教科书《天文机构图书馆》(*Astronomicarum institution libri III*, Venice, 1580年) 将天文学视为形而上学的一部分，因为它涉及不变的天体（fos. 3–5）。

Part 4

第四部分

Chapter 8
Corpuscularianism and the Rise of Mechanism

第 8 章
微粒论概述及机械论的兴起

从17世纪30年代至18世纪中叶,机械论是主导物理学理论的自然哲学思想。伽桑狄对机械论进行了广义的阐述:

有果必有因;一切原因皆在于运动;事物若对远处的他物产生作用,须经由自身、工具、连接或传动;事物因触碰而运动,既可以是直接触碰,亦可以是经由工具或其他物体的触碰。[1]

然而,一旦试图补充其中的细节,重重困难便会出现。尤为重要的是,机械论不应与力学混为一谈,尽管二者经常相互结合、相互启发。机械论本身不同于力学,并非某种物理研究的形式,但机械论却可以从总体上解释物理世界,展现物理世界的终极构成,从根本上描述物理世界中的种种现象。我们在这里所探讨的是在牛顿之前的机械论,这种机械论旨在通过"微粒"(microscopic corpuscles)解释宏观现象,基本上可以视为传统原子论的改编版。相比而言,力学并没有在解释上或者其他层面上区分宏观与微观之间的本质差别。此外,就定义而言,力学是一种量化的学科,机械论则不是。机械论的部分目标是将微粒解释为物质实体的终极构成,从尺寸、位置、速度和运动方向等可量化的属性角度来定义微粒。但机械论作为一种自然哲学的成功，虽然在一定程度上依赖于定量化研究，却并不仅限于此。机械论在未能实现定量化研究的情况下，仍能保持其显赫的地位。因为学术界达成了广泛的共识，认为机械论所要取代的亚里士多德学说已是漏洞百出，任何根本上的进步只能在微粒论的范围内实现，机械论即是其中最完善的形式。

学术界传统上认为，与亚里士多德学说相比，机械论的优点在于其有望实现实证研究和物理现象的量化。事实上，机械论在这两方面都毫无成果。但是，机械论提供了一种基本原理，使各种彼此分散的研究关联在一起。这些分散的研究凭一己之力无法抗衡亚里士多德学说这样的综合性学说体系，也无法以其他方式加以取代，但是它们在"新"的自然哲学研究大类中实现了松散的协调。参考这一基本原理，便可以提出根本的自然哲学问题。机械论尤其适合这一角色，因为其范畴与亚里士多德的自然哲学范畴一样。与亚里士多德学说不同，机械论是一种还原论，而非本质主义，但机械论的还原论在必要的时候会从本质主义的角度加以论证（例如，笛卡儿将"物质"解释为"物质的广延"）。

机械论与实验自然哲学的关系在许多方面是对立的，我们在第10章将详细论述。实验自然哲学提出了不涉及微观结构的非还原解释，但它后来的追随者视之为完备的理论；相比之下，机械论者则致力于以微粒作为解释的最终形式。实验自然哲学提供了一种完全不同于机械论的方法来思考物理问题，它利用实验来产生现象，其解释现象的方式也并非出于机械论者对于基本结构的假设。另一方面，实验自然哲学的追随者认为，他们所从事的研究与机械论大体上是兼容的。学者们为发展量化的自然哲学所做的尝试并未受到机械论的推动（在第11章中将重点探讨），而且大多数关键的进步与机械论无关。

我们需要将实验研究和量化研究与机械论区分开来，注意到这一点至关重要。我不是说它们完全独立于机械论，只是表明三者之间的关系复杂且多变。尤其要申明一点，我并不是说，从生成物理结果的角度而言，机械论的合法地位是多余的。情况正好相反：例如笛卡儿可以提出一套完全由机械论驱动且有巨大影响力的宇宙体系。但即便没有这样的例子，甚至结果与机械论无关，也很有必要指出，机械论之所以拥有自己的合法地位，是因为它能够展现一幅具有说服力的（但从狭义上来讲，是有争议的）物质世界图景。这幅图景对世界、对我们在世界所处的位置提供了一种根本层面的理解。机械论整合了松散且彼此迥异的各种研究实践，使其成为自然哲学切实可行的组成部分。事实上，机械论所呈现的物质世界图景与文艺复兴时期的自然主义形成了鲜明对比，在几乎所有的情况下都补充完善了正统神学对这些问题的理解。提出这一问题的机械论者坚信，机械论对于正统神学的补充比亚里士多德学说更有效。这在很大程度上解答了为什么即便机械论在实践层面未做任何解释性的工作，但仍有许多人不假思索地支持机械论。在开辟自身与基督教神学相互支持的领域方面，机械论起到了与亚里士多德学说相似的作用，即便机械论者们对于如何发挥这一作用或许还尚存异议。机械论如何取得这一合法地位，尤其是如何取得声称能解释所有物理现象的综合性地位（这是亚里士多德学说未曾宣称过的），我们将在第9章和第12章中讨论。但我们要从一开始就意识到，机械论的起源如同其他理论的起源一样，也享有合法的地位。

某种程度而言，机械论源于对宏观物理过程的思考，以简单机器的工作原理类比宏观物理现象（体现在贝克曼17世纪头十年间的著作中），同时也源于对自然主义的反驳（体现在梅森17世纪20年代的著作中）。前一种起源（我们在下文将谈到）紧密结合了机械论与力学，很大程度上受到"假定的物理解释何时能称为真正的解释"这一问题的驱动，同时非常反对亚里士多德学说。后一种起源与前一种的相同之处在于支持定量化的自然哲学，但所处的大背景涉及形而上学、神学和自然哲学三者之间的关系（三者的关系问题在彭波那齐事件中被推到了风口浪尖）。

梅森在反驳自然主义的过程中意识到，回归到服务于中世纪神学家和自然哲学家们的亚里士多德自然观是不会成功的。[2]梅森并不排斥经院哲学亚里士多德学说，他希望捍卫经院亚里士多德主义的一些基本原则，尤其是自然与超自然的明确区分、灵魂不朽，以及对决定论(determinism)的摒弃。这些观点在文艺复兴时期受到思想家们的多重挑战，可分为三类：第一类公开挑战的人是那些追随新柏拉图主义和斯多葛主义的学者，他们假定世界灵魂的存在；第二类公开挑战的学者对于心灵进行了严格的亚里士多德式论述；第三类公开挑战的学者接受了占星学的一些主张，一定程度上使人类活动脱离了上帝和人类自身。亚里士多德学说面临的问题是根本无法有效地回答这些刁钻的观点（其中一些观点已在1512年的拉特兰大公会议中受到了明确的谴责），并且其中的许多观点在亚里士多德学说的理论基础上是站得住脚的。最深层次的挑战来自这样一种理念：从本质上讲，自然（或者更确切地说是物质）在某种程度上是活跃的。这种理念对于"如何理解自然"以及"如何理解人类"等问题产生了诸多影响。关于第一个问题，文艺复兴时期的自然主义破坏了中世纪哲学和神学在自然和超自然之间努力画出的分界线，自然主义催生了一幅自然图景：自然世界在本质上是活跃的，包含许多隐匿力量或"神秘"力量。虽然这些力量本身并不显而易见，但如果人们能够发现这些力量，就可以将其挖掘和开发出来。另一方面，上帝也成为自然的一部分，浸润于自然中，与他所创造的世界融为一体，不可分离：类似于异教徒信奉的"自然母亲"(mother nature)。这种观念助长了各种形式的异端邪说,包括"建立在自然力量之上的神圣力量"和"泛神论"。最糟糕的是,这种观念还引发了一个非常棘手的问题:诸如神迹等明显的超自然现象,或是圣礼和祷告等与上帝情感交融的现象,是否如特勒肖所言,或许可以从纯粹的自然主义角度进行解释,或是从心理学角度加以解释。与人类本质相关的自然主义理论——凡人主义(mortalism)——使这些问题更加复杂。凡人主义主张,个体灵魂并非独立的物质,而是身体的"组织要素"(organizing principle)。换言之,灵魂是身体固有的一部分。在阿威罗伊的学说中,智性绝非个人所有,因为心灵或灵魂本身缺少个性化的要素,故不能分配给活着的个体;在亚历山大学派的学说中,从纯粹功能的角度提出了"灵魂"一词。凡人主义是否在阿威罗伊学说或亚历山大学派中得到提倡都无关紧要:在以上两种版本的学说中,灵魂不朽都遭到否定,其来源都是亚里士多德。

梅森认识到,自然主义和凡人主义的起源都在于认为物质在某种程度上是活跃的。他的解决方案是提出一套形而上学版本的机械论,其核心观点认为物质是完全惰性的(即不活跃的)。自然主义和凡人主义对已有的宗教产生了巨大的威胁,产生了一系列影响。而梅森的方案则是斩草除根，剥离自然主义和凡人主义赖以发展的物质观。如果物质不活跃，那么就必须借助于超自然力量去解释一切活动。梅森批评各种自然主义中人们盲从于形式繁多的文艺复兴思想，盛赞机械论对于自然的定量化认识这一优点。但本质上不是量化科学战胜了盲从，而是捍卫"超自然领域"不被"自然领域"侵占。梅森强调自然领域是完全惰性的，以此捍卫超自然领域，不仅撤除了自然主义者假设的各种"同情"和神秘联系，而且剔除了为自然主义者带来最初灵感的亚里士多德式的形式和质料。

以不同形式存在的机械论构成了17世纪自然哲学的发展基础。17世纪，自然哲学家们认可梅森提出的观点，即自然主义的本质完全不可接受。他们认为，不同形式的微粒论是唯一一个可以替代经院主义自然哲学的满意选择，无外乎以下三点原因：（一）微粒论可与基督教对于宇宙理解的基本原则相协调；（二）微粒论对于自然领域提出了一种切实可行、边界清晰的理解；（三）微粒论可以顺应并得益于针对物理问题的新量化研究方法。[3]

在本章中，我将概述贝克曼、伽桑狄、霍布斯和笛卡儿等人从17世纪早期到中叶在微粒论自然哲学中颇有影响的四种方法。贝克曼开创性的机械微粒论对笛卡儿和伽桑狄产生了直接影响，但他在有生之年未发表任何著作，死后便很快就被遗忘了。相比之下，伽桑狄改进了伊壁鸠鲁主义，在法国科学院（Académie des Sciences）和英国皇家学会产生了重大的影响，成为笛卡儿哲学的主要竞争者。霍布斯的动力在很大程度上源于他与笛卡儿，尤其是与伽桑狄的接触。他虽然提出了一种激进的机械论，却未减小传统伊壁鸠鲁学派对唯物主义和决定论的影响，结果学术界普遍将他的这种机械论视为教训，引以为戒。相较而言，笛卡儿的机械论尽管在某些方面与霍布斯的体系一样激进，但具有强大的影响力（尚存争议）。完善的笛卡儿学说体系展现出惊人的综合性，在宇宙论、光学、地球的形成、潮汐、磁性、血液循环、反射动作、胚胎发育、动物和人类心理生理学等方面都提出了新颖且详细的机械论解释。纵观笛卡儿一生的著作，《哲学原理》一书对于创建机械论的宇宙论尤其重要，这种宇宙论能提供一个标准的宇宙体系，直到牛顿的《自然哲学的数学原理》（Philosophiae Naturalis Principia Mathematica）问世后才遇到挑战。即便如此，直到18世纪仍有许多人相信，笛卡儿的宇宙体系相对于牛顿的体系具有显著的优势。[4]

微粒论与原子论

机械论是从17世纪的微粒论和原子论中产生的新事物。但是，机械论在这期间从未完全取代其他形式的微粒论，在我们正式论述机械论之前，概述各种其他形式的微粒论大有裨益。

17世纪的微粒论最引人瞩目的一点是，它几乎能适应各种形式的自然哲学。在17世纪初，那些提出"主动本原"(active principles)或"主动力"(active powers)的自然哲学都可以在不同版本的微粒论中觅得踪迹。例如，通过亚里士多德提出的"自然最小质"(minima naturalia)观点，微粒论吸收了亚里士多德哲学。"自然最小质"观点认为，所有物质都可以被分解为最小的成分。[5]亚里士多德明确表示，这些最小的成分不是"原子"，因为它们结合以后不能产生新的物质，只是"多个异质成分的混合物"。[6]但这并没有阻止一些原子论的支持者使用"自然最小质"作为其自然哲学的基础。例如，丹尼尔·森耐特(Daniel Sennert)认为，异质混合物也许是简单混合物（像酒和水一样的混合物，或像金银合金），但也有可能具有不同于其组成部分的性质。在后一种情况中，混合物中可能存在一种形式统一的本原，而不仅仅是偶然结合在一起。[7]这些混合物以微粒的形式存在，即便它们自身是由更小的成分构成，其性质却是不能再分的。[8]它们以特殊的形式结合形成物质，在这方面完全不同于德谟克利特所说的"原子"。森耐特反对德谟克利特的原子论，因为后者所谓的原子无法为事物的产生和存续提供"动力因"(efficient cause)。[9]如果说森耐特能在亚里士多德那里为他的微粒论找到某种慰藉，与他同时代的尼古拉斯·希尔 (Nicholas Hill) 则部分地受到了帕特里奇等新柏拉图主义者的鼓舞。[10]例如，希尔立足于新柏拉图主义者的光的形而上学理论，认定光是构成自然的主动本原[11]，并认为光通过原子的排列起作用，原子形状不同，构成了一切自然现象的变化，包括局部的运动、事物的产生与消亡[12]。

如果将上述观点视为一个早期阶段，可以发展为贝克曼、霍布斯和笛卡儿等人那种完备成熟的机械论者的微粒论，这种看法貌似不错，但实际情况要复杂得多。[13]第一，两个流派在进入17世纪后仍然存在分歧：一派认为我们应依照物质理论来解释微粒论（主要是伽桑狄及其理论的追随者，如查尔莱顿），原子的形状和表面结构主要发挥解释的作用；另一种流派认为，我们应主要地（如笛卡儿）或完全地（如惠更斯）依照力学来解释微粒论。在这种背景下，需要格外注意，两个流派的分歧并不完全等同于"定性"与"定量"的区别。在许多情况下，驱动物质理论研究的前进动力显然是对于量化的追求。例如，培根在研究比重和化学反应时，坚决要求采用量化的研究流程[14]，但他想要的是数值的比例。在培根看来，量化是数值的，而非几何的，然而机械论（遵循力学）所提供的是通过几何呈现的量化。这种量化与物质理论家所研究的一些化学过程没有任何关系。第二，有些微粒论者对部分自然哲学领域感兴趣，但他们感兴趣的领域与机械论相去甚远。例如，那些对"医学化学"(iatrochemistry)感兴趣的人，他们不能根据机械论描述的极小微粒的相互作用来描述微观层面的现象。[15]但按照机械论者自己的标准，直观描述(picturability)对于理解物理现象极为关键。第三，机械论仍然是抽象层面的一纸空谈，脱离了真实的物理过程。即便笛卡儿在机械论方面颇有研究，也改变不了这一点。机械论所提供的、相当有限的资源往往不足以满足自然哲学家们从事物理研究的实际需要（解释原则的简约性十分重要），而且这些自然哲学家准备利用任何手段推进研究，他们通常（但并不总是）希望能够回到机械论，利用机械论对研究材料进行再加工。第四，许多人将机械论视为解释物理过程的适当形式（甚至可能包括"内聚力""磁力"等难以解释的现象），但涉及有机物的领域时，或者当人们思考以目标为导向的自然过程时（如胚胎的发育和地球的形成），他们认为有必要对机械论进行补充。

当我们谈论到机械论的多样性时，还将回过头来在一些案例中详细探讨这些问题。正如非机械论的微粒论存在多种不同的形式，机械论同样不是单一的自然哲学思潮。实际上，当务之急须是提出一些机械论的共同特征，这绝不是个轻松的事儿。[16]然而，大部分问题都关乎以下三个特征。第一，机械论最明显的特征——与微粒论的大多数变体有共同之处——在于微粒的同质性：不同于"多种不同的终极元素"，微粒论只有一种物质，一切物理过程最终都必将涉及这一种物质。在微粒论中，解释事物的要素显著减少了，我们将探索其背后的原因。第二，我们需要搞清楚，采用"同质物质"进行解释是否需要付出相应的代价，因为现在所有的定性效应（包括有机物领域）必须以这种同质物质来解释。对于这个问题，还有两种互补的处理方式：通过假定微粒在形状和大小上存在差异（传统伊壁鸠鲁学派的原子论），或者在大小、速度和运动方向上各不相同（机械论的观点），同质物质理论所提供的解释方法获得了扩展。与此同时，微粒论学者极力缩小"被解释项"的范围，论证说明（或者说他们持这样的观点，因为这方面的论据其实非常单薄）性质多样性在宏观层面的体现显而易见。第三，在17世纪期间，物质理论的基础性地位开始受到力学的挑战，力学将运动视为基本的解释手段。某些物质解释与新的力学理论存在冲突，但随着微粒论的兴起，微粒论以机械论的形式，为物质理论和力学提供了相互支撑的可能。机械论在物质理论和力学之间架起了桥梁，为两者都带来了潜在的益处。物质理论可以从力学的定量化地位中受益，而力学（常被戏称为与物理学毫无关系的数学学科）可以从物质理论提供的物理模型中受益。事实证明，任何牢固的联系都难以维持，这种联系的重要性在相互合法化的层面上最为明显。尽管这种联系确实起到了指导和约束的作用，但往往是坐而论道的空谈，没有实质。

机械论的形式多种多样（自诩为笛卡儿主义的机械论者威廉·配第甚至提出了男性和女性原子）[17]，对机械论的特点进行抽象概括殊非易事。机械论各流派的观点各不相同、不一而足，从而导致每个主要流派似乎都偏离了其他流派的中心特征。窃以为，理想型的机械论所具有的特征，是将所有物理过程还原到构成宏观物体的惰性微粒的活动，从而完全可以依据力学和几何学来描述微粒的行为，微粒也只能通过动力因产生作用，这需要因果之间具有空间和时间的联系。在最简单的机械论模型中，惰性物质的微粒在虚空中运动，并与其他微粒相互作用。[18]我们可以假定微粒为实心的球形，内部没有虚空，都是相同的量级。它们运动的空间是一个连续的、完整的、均质的三维容器，作为物体位置的参照系。至于物质，我们可以把它视为被完全充满的空间。物质作为一个被充满的空间，其绝大多数基本性质源于它所占据的空间：物质是三维的，基本性质不会单纯随着位置的改变而改变。此外，在原子层面，物质是同质的且密度均匀，而在宏观层面上物质的密度不同，因为物质在空间中的分布不同。但物质也具有许多"虚空"所没有的性质。物质以分离的微小形式出现，是不连续的。而且物质是不完整的，因为在物质的碎片之间存在明显的界限。物质最独特的性质在于其不可入性(impenetrability),这也是物质与虚空最大的差异。所谓"不可入性",可以参照"物质是充满微粒的空间"这一观点:既然物质已经满了,便不能放入其他东西让它更满。至于运动,不能简单归结为物质、空间和时间这三者的任意组合,因为可能有另一个宇宙存在这三者,但没有运动;但是"运动"的概念确实依赖于这三者,因为"运动"可以定义为物质在一定时间内的空间位置的变化。在这个模型中,假定时间独立于运动,因此在一个不存在运动的宇宙中,依然存在着时间;也假定时间独立于物质,即便在虚空中,仍然存在着时间。[19]最后,宇宙具有因果封闭性:这与亚里士多德的宇宙截然不同,在亚里士多德的宇宙中,因果之链不可能自发或随意地开始。[20]

没有哪种机械论体系完全囊括这种理想模型的全部细节,但这一理想模型会帮助我们提出一些关于机械论目标的普遍问题。如果只关注个别的机械论体系,则难以理解这些问题。机械论的关键意义在于其在解释方面的远大志向。试想基本的微粒观:微粒在虚空中运动,微粒之间相互作用。我们不禁要问:这些微粒本身或是它们之间的相互作用,是否有可能解释宏观现象?因为我们的假设是微粒都是完全充盈的,所以微粒的特征之一是所有微粒都相同。但是,似乎并不可能以此为基础构建一套理论,去解释一系列定性的宏观现象。例如,对于化学反应而言,可能需要大量具有不同化学性质的微粒,无论是帕拉塞尔苏斯的汞、硫、盐理论,还是在此基础上进一步扩充的精、油、盐、水、土理论。[21]如果有的微粒论者不想假设多种微粒,一个选择是允许同质微粒有不同的形状和大小,或者允许这些微粒有不同的大小和运动。但如果真想解释得当,无论哪种选择都应该同时尝试着从另一端来解决问题,这一点十分重要。例如,可以通过增加精神层面的"感知心灵"(perceiving mind)来解释宏观层面的定性差异。换言之,需要做的就是要极力缩小"待解释项"的范围。乍看之下,这种方法很有问题,因为它不仅是权宜之计,而且有点想当然。但是,对"待解释项"进行调整,使之适应"解释前提",对于微粒论来说十分重要。我们将在下文看到,在物质理论层面,机械论在使用这种还原主义方法时暴露了更多的问题。

伽桑狄与原子论的合法性

17世纪的许多微粒论自然哲学基本自成一格,拒绝与任何早期的微粒论产生关联,或许是因为早期微粒论的唯物主义内涵不受待见(波义耳),抑或是因为后来者认为他们所做之事与此前不同(贝克曼和笛卡儿)。但一个颇有影响力的微粒论流派在形式上复兴了古代的原子论。文艺复兴时期和早期现代思想家十分熟悉德谟克利特、留基伯(Leucippos)、伊壁鸠鲁和卢克莱修等人对原子的论述，尽管这些论述是经亚里士多德、第欧根尼、普鲁塔克、塞克斯都·恩披里柯(Sextus Empiricus)和西塞罗等人传递的二手资料。只有卢克莱修例外，他的《物性论》(De Retum Natura)早在1473年就已经流传开来。在近古时代、中世纪和文艺复兴时期，伊壁鸠鲁的原子论(最缜密、成熟的一种原子论)被视作无神论而广受谴责，几乎所有评述者都认为它是极度反基督教的。[22]伊壁鸠鲁的原子论对宗教和理智的冒犯多得数不过来：支持多神论、否认上帝创造万物和上帝的旨意、主张"原子永恒、数量无限"、凡人主义、否认无形的实在、主张"宇宙广袤无边和多重世界"、认为世界的形成具有偶然性、以自然主义解释第一因、摒弃目的论、具有决定论倾向及支持享乐主义的伦理观(hedonistic ethics)。[23]在亚里士多德批驳了德谟克利特所谓"不可分割的原子"(partless atom)后，学术界普遍认为，原子论在自然哲学中的可信度已被摧毁。如果微粒论(无论细节如何)要取代亚里士多德的自然哲学，至少有些哲学家相信，第一要务是要确保微粒论的可信度，使之成为探索自然哲学的合法手段。伽桑狄在这方面做出了最艰辛的尝试。

首先需要强调的是，尽管伽桑狄的自然哲学采用系统的物质理论形式（与笛卡儿主义并称为17世纪下半叶两大机械论），但他以人文主义为指导研究自然哲学，其路径与笛卡儿截然不同，研究方法也与笛卡儿大相径庭。伽桑狄的主要关切之一是为自己的自然哲学立场搜集详细的历史依据，这一点与笛卡儿的方法也完全不同。他的目标是恢复原子论在古代自然哲学传统中早已拥有的重要地位，并详细展示原子论因诽谤和错误批判的双重打击而沉沦的过程（批判主要出自亚里士多德之手）。

伽桑狄的研究在宗教和略早的自然科学领域关于历史起源的争论中已有先例。16、17世纪是不同教派相互竞争的时代，教派之间相互质疑对方的教义及方法的合法性。其中，最为重要的论战是在历史方面。例如，红衣主教凯撒·巴洛尼乌斯（Caesar Baronius）的大部头著作《教会年鉴》（Annales Ecclesiastici）的第一卷在1588年问世。巴洛尼乌斯可以使用梵蒂冈图书馆的资源，有着无人可及的条件。从第一卷开始，巴洛尼乌斯就以编年体形式整理了罗马天主教会"从上帝开创天地到当代"的历史文献。直到1607年去世，他一共完成了十三卷。艾萨克·卡索蓬（Isaac Casaubon）是最早做出详细回应的人之一。[24]大主教劳德（Archbishop Laud）在1620年左右意识到，如果新教要树立合法性，那么回应《教会年鉴》就十分重要。于是，大主教督促艾萨克的儿子梅里克·卡索蓬（Meric Cesanbon）和杰拉德·沃休斯（Gerard

Vossius)继续推进这项工作。新教的学者们直到17世纪50年代仍在继续回应。这一争论引人关注,但对起源和历史的辩护并不局限于这样的宗教辩论。1581年,帕特里奇在《关于逍遥学派的探讨》(*Discussionum Peripateticarum*)一书中对柏拉图主义进行了辩护。该书采取了询问的方式来研究哲学起源和哲学争论。书中对亚里士多德面对其前辈和同时代学者的行为进行了详尽的、颠覆性的调查,可与后来有关教会起源的教派纷争相提并论。培根延续了这样的攻击,他虽然重点反驳亚里士多德,但也把批评范围扩大到柏拉图和整个古代的思想传统,只对德谟克利特例外。通过回溯起源来证实或者显示合法性的这场运动并没有局限于宗教争论的范围,而是人文主义论述的普遍特征。经历这一时代的学者,尤其是帕特里奇、培根和伽桑狄,发现回溯起源是研究自然哲学的必由之路。这种理念揭示了对方的错误与假象,使得宗教传统与哲学传统的合法性能够逐渐确立。伽桑狄论证了原子论是最为可行的自然哲学体系,而非亚里士多德学说,从而使得原子论成为基督教的理想搭档。

伽桑狄对于古希腊原子论的兴趣最初并非来源于自然哲学。伽桑狄于1624年出版了《反对亚里士多德的悖论练习》(*Exercitationes paradoxicae adversus Aristoteleos*,后简称《练习》)第一卷,他在书中批评亚里士多德将哲学转换为纯粹的辩论。但直到两年之后，伽桑狄才对伊壁鸠鲁产生兴趣，直到1629年他遇到贝克曼之后，他才将自己的研究拓展到伊壁鸠鲁学派的自然哲学。[25]伽桑狄的赞助人佩雷斯克（Peiresc）曾参与过一个"通史"项目，这种重新发现古希腊和古罗马所使用的人文主义方法已经拓展到所有文化中，包括古代近东文化[代表学者为斯卡利杰（Scaliger）]以及法国文化[代表学者为帕斯奎尔（Pasquier）]。在将金石学和钱币学引入历史证据评估材料的过程中，佩雷斯克发挥了重要的作用。佩雷斯克从最初研究历史事件的文献记录，再到后来对石头、矿物、植物和动物进行自然志研究，过程转变得非常顺利。佩雷斯克的经历明显激励了伽桑狄，因为在伽桑狄来看，复兴伊壁鸠鲁主义有助于重建古代世界历史这一人文主义目标。[26]

许多与伽桑狄同时代的批评家往往只局限于批判亚里士多德的自然哲学；伽桑狄与他们不同，他将亚里士多德学说视为一个综合体系，并着手以另一套综合体系取而代之，即原子论。需要说明的是，伽桑狄用伊壁鸠鲁主义取代亚里士多德学说的工作其实始于17世纪20年代中期，当时他尚未对自然哲学产生兴趣。[27]然而，自从他对自然哲学产生了兴趣，原子论便不再只是自然哲学的替代品，而是可以成为整个知识体系的替代选择。就原子论的宏伟目标而言，可与15、16世纪的新柏拉图主义体系相提并论。16世纪的新柏拉图主义者帕特里奇努力强调亚里士多德反驳前人时存在的固有错误;伽桑狄亦如帕特里奇(伽桑狄的早期作品《练习》明显受到帕特里奇《关于逍遥学派的探讨》的影响[28]),因为他相信,只要能够充分回击亚里士多德反对原子存在的观点,原子论就能被充分证明。这需要可信的文献,并充分理解亚里士多德与不同原子论者之间的争论焦点,并在此基础上构建伊壁鸠鲁学派的学说。另一方面,对于争论的理解也能快速地揭示出伊壁鸠鲁学派的批评家们所一直诟病的问题:原子论哲学与基督教的教义最大的冲突在于原子论哲学的"无神论"思想。伊壁鸠鲁学派的自然哲学有一种根本上的道德动机:我们应该学习物理,否则就无法理解神在安排现世和来世上发挥的作用;如果要获得幸福,我们就需要理解这个世界的基本结构。这种观点认为,自然世界的知识不是目标本身,而是达成目标的手段:目标是免于毫无根据的恐惧,要获得这份自在就需要真正理解自然过程如何对我们施加影响。

伊壁鸠鲁的论述始于三个基本前提。他如是写道:

第一,无不能生有。如果可以无中生有,一切事物就可以随意形成,便不再需要种子。第二,如果事物会消失得不复存在,那么所有事物都不会存在,因为缺少它们分解后的事物。第三,事物的总和始终恒定,也将永远如此。

因为不存在事物的随意改变,在事物的总和之外,没有什么可以进入并产生变化。**29**

古希腊思想的一个共同点是,世界不能从"无"中产生,所以如果世界上曾经存在某些事物,那么这些事物将始终存在。然而,伊壁鸠鲁不只是想要宣称"没有事物会产生",也要宣称"没有新种类的事物会产生"。"不需要种子"这句话意在说明,如果真有新的物种会突然出现,那么便不会存在任何永恒且各具特色的物种:如果任何事物都可以生成其他事物,更具体而言,如果某物可以由与它不同类的事物生成,那么物种就没有了稳定性。伊壁鸠鲁由此总结道,种瓜方能得瓜,同类方可生成同类。第二个前提"没有事物会消亡"建立在这样一个推理论证之上:如果万物可以消失,那么依照第一个前提"新事物无法做到从无到有",最后如果世界没有起点,那么当今世界上的一切事物都将不复存在。第三个前提是万物的总和永远守恒。其中一种解读是,第三个前提是前两个前提的延伸。因为如果万物没有"从无到有",也没有"从有到无",那么宇宙中万物会守恒。但是,伊壁鸠鲁希望进一步深化第三个前提。他希望由此推论,对事物来说,任何当前站得住的解释,今后也站得住脚。在伊壁鸠鲁看来,必须从原子论的角度进行解释,因为这是连续性的根本所在。

不同于柏拉图和亚里士多德，伊壁鸠鲁认为"不变的实在"(unchanging reality)既不超越(译者注：柏拉图的观点)也不隐匿于(译者注：亚里士多德的观点)可感世界，而是存在于可感世界的微观层面。可感世界本身存在着一个层面，为人们理解其变化提供参照点。伊壁鸠鲁的宇宙只包含原子和虚空(void)，再无他物。原子本身由物质构成：原子是充满着物质的空间，因为按照定义，原子是满的，自身不包含虚空。可感知的实体是原子和虚空的结合物。原子有大小，但是因为尺寸太小，肉眼看不见。原子有形状，但至少在卢克莱修等原子论者看来，原子的形状数量有限。因为如果形状数量有无限可能，我们就必须承认，可能存在无限大的实体。最后，原子也有重量。但由于构成原子的物质是统一的，原子的重量则与其大小直接成比例，因此重量不是原子的根本属性。在古代，人们用天平称重，重的一侧会下沉，轻的一侧会上升，因此很自然设想：如果原子没有受到任何阻碍，它们将会在虚空中向下运动。伊壁鸠鲁及其之后的原子论者也确实如此设想。[30]

根据伊壁鸠鲁的描述，一切物理过程都可以通过原子的形状、大小、重量和运动方向这四个概念来解释，无需其他概念。但其实还引入了一个概念，这就是"原子的偏斜"(swerve, parenklisis)。伊壁鸠鲁认为，原子向下的速度很快，但速度是均匀的。但如果原子毫无阻力，它们将会在重量拉动下垂直向下，做同样的匀速运动，原子在这种情况下永远不会相遇，世界也就不会从最初的原子雨 (original atomic rain) 中诞生。但当今世界又是实际存在的，要解释这种情况就不能依靠原子速度的变化，因为在伊壁鸠鲁的论证中，重的物体并不比轻的物体下落得快。亚里士多德及其他学者认为，物体的下落速度与其质量成正比。伊壁鸠鲁认为，如果原子的速度不变，那么我们能得出的唯一结论就是"原子不能始终向下运动"。为此，伊壁鸠鲁引入他所谓的"在原子雨中微小的原子偏斜"，即原子在其初始路径上的轻微偏离。这种偏斜是罕见的偶然事件，伊壁鸠鲁提出这个额外的假设主要是为了"拯救现象"。一旦偏斜发生，偏斜的原子就会与其他的原子发生碰撞，第三种原子运动就会产生：原子在下落过程中将从各个方向受到震荡。正是原子的偏斜为宇宙带来了一个不确定因素：原子的运动及其运动结果，并非完全能预见的。这就导致出现第三种能够影响原子的力，其产生的效果不同于由重量导致的匀速下落运动和自身的偏斜运动。第三种运动就是伊壁鸠鲁所说的在原子碰撞时发生的"撞击"或者冲击。这种冲击尤其会影响轻的原子。如果轻的原子夹在两个重的原子中间，当两个重的原子发生碰撞时，轻的原子就会受到向上的推动。

伊壁鸠鲁主义提出了三个主要的自然哲学质疑：不可

分性（indivisibility）、唯物论（materialism）以及决定论（determinism）。伽桑狄对这些质疑的回击对于维护原子论至关重要。由于不可分性来源于亚里士多德，因此对于不可分性的反驳也最为困难。在《物理学》的第4卷中，亚里士多德对"一个没有部分的实体"表示怀疑。亚里士多德认为，一个没有部分的实体只能偶然地运动，并不能由其自身决定运动与否。他首先指出，"由部分本身决定的运动"和"实体的各部分与实体之间的相对运动"两者之间存在着明显的区别。举个例子来说，试想一个轮子在一个平面上滚动，我们可以看到接近轮轴的部分、轮子的边缘部分以及作为整体的轮子，三者的运动存在着差别。所以，不是只有一个运动，而是有多个运动。记住这种差别，再试想一人坐在行进的船上。一个不可分的实体可以相对运动，但是这种运动并不由它自主决定。假设两个大小相等的相邻空间，一个空间位于A、B点之间，另一个位于B、C点之间。试想占据着AB空间的物体向BC空间移动。在运动发生的时刻，存在着三种可能性：该物体一部分在AB空间、一部分在BC空间；该物体在AB空间中；该物体在BC空间中。原子论者不能接受第一种可能性：如果该物体一部分在一个空间，另一部分在另外的空间，说明该物体肯定有多个部分。但如果物体在AB空间中，说明物体是静止不动的；如果物体在BC空间中，说明物体不是正在移动，而是"发生了位移"。

有两种解释或许能够反驳亚里士多德的论证，伊壁鸠鲁对两者似乎都大力推崇。[31]第一种解释是承认原子在理论上可以分割，但在物理实体上不可分割。伊壁鸠鲁曾做过这样的论述，这也是伽桑狄反驳的核心内容。但在讨论这个之前，我们要认识到，反驳亚里士多德还需要更多的东西，这一点很重要。亚里士多德的论证（如果成立的话）意在说明，不可分割的物体不能运动，除非满足"时间、运动和广延等概念本身就是由不可分割的单元所组成"的假设；然而亚里士多德已经证明这一假设不成立。"所有事物都必须由不可分割的单元构成"，伊壁鸠鲁似乎已经接受了这个结论，而且他似乎欣然接受"事物事实上由不可分割的单元构成"。换言之，伊壁鸠鲁似乎已经接受，不仅存在物质的原子（以物质的最小量级而言），而且存在时间的原子、空间的原子以及运动的原子。[32]按照这一观点，运动、空间和时间的不可分单元也是存在的，因此一个运动的单元意味着在一个时间的单元内穿越了一个空间的单元。在这种情况下（伊壁鸠鲁同意亚里士多德的观点），"物体正在运动"是伪命题，而真命题是"物体已经运动了"。亚里士多德认为"更快和更慢的运动都有时间与距离的可分性"，伊壁鸠鲁接受了亚里士多德的观点后，发展出一套理论，认为"在速度上不存在真正的差异"，并开始辩解肉眼可见的运动体在速度上的明显差别。最后得出的结论是，只有结合物——由原子组成的可见实体——才在速度上体现出差别。可问题是，如果构成结合物的原子都以相同的速度运动，那么又该如何解释这些差异。按照伊壁鸠鲁的理论，所有结合物都是由永不停歇、彼此不断碰撞的原子结合物构成的。只有组成该结合物的所有原子在一段时间内全都朝着一个方向做净运动（net motion），该结合物才会移动。当时间短得无法察觉，或者说是不可分的时间单元只能在思想中区分的时候，由于结合物中的原子彼此碰撞，因此每个原子想必是朝各个方向运动的。结合物的运动是其构成原子在某一段持续时间内的整体趋势，当多个不可分割的时间单位达到一段足够长的时间，这个持续时间我们就能够察觉。[33]

这种解释适用于伊壁鸠鲁，因为他想从原子的大小、形状和运动方向等角度来解释宏观层面的各种差异，所有原子的运动速度相同也并无大碍。但这种解释并不适用于伽桑狄，因为他的确想提出原子速度存在着根本的差异。这是机械原子论不可或缺的一部分。伽桑狄由此采取的策略是，明确物理原子论和几何原子论之间的明显区别。伽桑狄对于这一问题经常谈及的疑问是：几何中的点是否拥有更小的组成部分？[34]

线条的相交点是一直存在的问题。例如，一个不可分割的点能否是多条线的端点，或者能否是多条线的相交点。由此便引出了一个根本问题：诸如"线条"这样的连续量是否由许多点组成？如果是的话，线条为何以及如何始终是一个连续量，而没成为一个非连续量？这个伽桑狄设法论证的问题是由一位名叫让-巴迪斯特·布瓦松（Jean-Baptiste Poysson）的法国律师提出的，包括梅森在内的许多人也收到了他的问题。具体而言，这个问题就是"在某些情况下，是否可以将一个广延的量视作一个真正意义上的、不可分割的数学点"。[35] 伽桑狄的第一次回信[36]并不尽如人意，虽然他认为物体可感知的量不能与几何学中的点（欧几里得明确定义不可分）相比较，但在信中还是间或将几何学和物理学的点混为一谈。[37]但是，他论证的要点清晰明确：我们不能期望将同一种证明方式既运用到可感知的物理问题中，又运用到先验的数学问题中。[38]这个结论完美地契合了亚里士多德对于科学的分类。这种方法也支持了伽桑狄对于原子碰撞的解释。相对于原子碰撞的运动学问题，伽桑狄更关注解释为什么物体在倾斜的碰撞中会发生偏转。他提出的解释是，物体一侧的纤维物先被触碰，造成了不平衡，从而造成了物体的滚动。[39]数学研究的是虚构物，或者按照亚里士多德的说法是"抽象物"，然而可感知的物体是真实存在的。在第一次回信时，伽桑狄并没有看到梅森等人的答复，而当他看到答复后，就又继续投入到辩论中。参与这场辩论中的四个人从几何光学的角度展开讨论：第一位是梅森；第二位是在光学、天文学和数学上支持哥白尼学说的作家伊斯梅尔·布利奥(Ismael Boulliau)；第三位是内科医生、天文学家、占星学家、反对哥白尼学说和原子论的自然哲学家让-巴迪斯特·莫兰(Jean-Baptiste Morin)；第四位是内科医生、化学家克利斯朵夫·维利耶(Christophe Villiers)。维利耶探讨了"用平面反射光线"的情况，但其他三位着眼于探讨"用抛物面反射镜将光线反射到单一焦点"的情况。[40]这个焦点确实是一个单一的点，几何学将它确定为一个数学点，但这一点上显然有多条光线汇合。换句话说，它在几何学和物理学上都是确定存在的，几何学视其为一个真实的点，物理学视其为一个非连续量。三人精心准备的回复说明，布瓦松所描述的情况确实存在，无须纠结连续量和非连续量之间的差异。

在看完梅森和布利奥等人的回复后，伽桑狄给梅森写了第二封信[41]，他在信中反对"从光学现象得出数学结论"的做法。以下论述或许可以很好地表达出伽桑狄的反对意见：对物理学中"点""线"性质的数学论证并不是论证"线"本身，这些论证不过是在特定的描述中，某种程度上满足了数学中"点""线"的要求。其中的错误在于，似乎误把数学论证与物理实体中的点、线关联了起来。伽桑狄也将同样的观点应用于天文学领域，尤其是应用到哥白尼学说的争议中。在哥白尼学说的争议中，伽桑狄不允许数学论述的地位高于"假设"。他告诉梅森,"点、线、面仅仅是数学家提出的假设"。[42]但在数学能告诉我们关于可感事物的知识中,这不是我们唯一要保持谨慎的地方,我们还必须对"可感事物的表现方式与数学的相关性"保持谨慎,因为梅森和布利奥为了以数学方式解释"光",还将"光"视为某种无形物。[43]

从伽桑狄的回复中可以清晰地看到,他所关心的并不是去理解物理现象的量化研究如何成为可能,而是强调就算在数学论证中证明了不连续量最终不成立,也不能将数学论证应用于任何物理实体的情况中。他在《哲学体系》(Syntagma philosophicum)一书中写道,"不允许将几何中抽象证明的命题转换到物理学领域"。[44]伽桑狄其实是准备摒弃"定量化"这一康庄大道以保护原子在物理上的不可分性。然而,这些论证没有一个可以证明原子在物理上的不可分性,哪怕是为之辩护都没做到:仅仅是断言罢了。事实上,笛卡儿将会向学术界表明,只要摒弃了虚空观,就算没有"原子在物理上的不可分性",仍然可以保住微粒论的物质理论所带来的诸多益处。因为在笛卡儿的物质理论中,微粒通常有两种大小,除此之外,还有一种尺寸无限小、形状不确定的碎屑(译者注:即笛卡儿体系中的"第三种微粒")来充填两种微粒之间的空隙。[45]其理论要点在于,微粒不是在虚空中运动,而是在流体中运动。诚然,这种模型有一些先天的缺陷，最明显的就是如何解释由于降压而明显产生的真空。但这种模型也有一些先天的优势，例如能够解释某些情况中的物理效应似乎是通过传导产生的，而非通过彼此接触产生，尤其是在行星的运动中。

第二个质疑（唯物论）一直伴随着原子论的接受过程。在这一问题上，我们应该区分德谟克利特的原子论与伊壁鸠鲁的原子论。[46]德谟克利特是唯物消除主义者（eliminativist）：世间一切存在都是原子和虚空，他认为这些才是我们应该注意的。原子组成的宏观实体本身并不是真实的：只有构成宏观实体的原子才是真实存在的。所以，原子的独特性质，诸如尺寸、形状和重量是真实的，但是宏观物体的独特性质，诸如颜色、甜、苦、热、冷等不过是人们的观念。相比之下，伊壁鸠鲁认为，由原子组成的宏观物体"结合物"（compounds）本身就是真实的存在，虽然并不像原子那样永久存在。伊壁鸠鲁也认为"结合物"的性质真实存在，因为这些性质满足了存在物的感知标准。[47]德谟克利特认为这些性质并不真实，但是这一观点与感官相互抵触。我们可以尝出甜味，感受到寒冷，因此甜和冷的感受就和原子一样真实。伊壁鸠鲁的观点十分独到，不仅摒弃了德谟克利特的还原论，还驳斥了柏拉图主义者的本质主义还原论和亚里士多德关于"变化的实体不能存在"的观点。

在伽桑狄看来，感官的证明起到了相同的决定性作用，因为——

不是感官出了错，而是智性出了错；当感官出错的时候，不是感觉的缺陷，而是智性的缺陷。智性是占主导地位的机能，责任更大。在智性描述事物之前，已在以往感觉所形成的不同表象中（每一种表象都是必然性结果，感官必然会形成对事物的映像）探寻了一种与当前事物相符的表象。[48]

然而，伽桑狄在此处的主张并不明确。亚里士多德曾经认为，我们之所以拥有感觉器官，是因为感官向我们自然地展示了世界的本质；如果一种感官在最佳的状态下保持正常的功能，那么就会自然而然地保持真实性，不会产生误导。[49]相比之下，笛卡儿则认为，"自然赋予我们感官知觉的真正目的仅仅是告知心灵，对于身心而言，何为有益，何为有害"。[50]按照笛卡儿的观点，感官本身不可靠，不能展现真实的世界，因为这并不是感官的作用所在：只有与智性结合后，或在智性的指导下，感官才能发挥认识世界的作用。伽桑狄一方面似乎主张是智性完成了认知活动，而非感官；而在另一方面，为了实现更普遍的论证，他又需要感官在某种形式上绝对正确。但如果是智性而非感官在进行认知活动，那么感官就很难提供任何认知上的指导，无论这种指导正确与否。伽桑狄不能既主张智性，又主张感官，毕竟鱼和熊掌不可兼得。

与知觉问题密切相关的是我们通过认知到底能理解什么。伽桑狄认为，我们只是理解"表象"，不能理解事物的内在本性或者本质，我将在下一章简要回顾这种观点。我现在想重点探讨唯物论，对比伊壁鸠鲁和伽桑狄关于"人类认知与世界关系"的论述。伊壁鸠鲁认为，灵魂由"特别细小的原子"构成，这些原子能够与其他生命体进行共情的互动。[51]然而，卢克莱修解释道[52]，除了这些原子，我们还需要"更为细微的"原子，先向其他灵魂原子再向身体传递感官承载的活动，即快乐与痛苦。伊壁鸠鲁学派（特别是卢克莱修）将灵魂分为非理性部分的阿尼玛（anima）和理性部分的阿尼姆斯（animus）。阿尼玛代表了古希腊"灵魂"（psuchē, soul）的实体化，这种用法类似于荷马史诗中的"生命"（life），而阿尼姆斯则代表了"心灵"（dianoia, mind）的实体化。两者都是由各种精神原子构成，但阿尼姆斯位于身体的胸部，而阿尼玛则遍布全身，且与更粗糙的原子混合。阿尼玛这种灵魂是一种物质实体，但由于精神原子异常细微圆润，因此不会相互附着。它们需要由身体中更大、更紧密集聚的原子加以固定。因此，如果躯体泯灭，那么精神原子无法作为感官结合物单独留存：躯体泯灭后，灵魂便会飞离，四散开来。反之，由于最初是灵魂原子具备感觉的能力，如果这些原子分散开来，那么躯体中的剩余部分便没有了感觉。因此，在人死后，当灵魂原子消散，躯体就丧失了所有感觉；但当人还活着，不仅灵魂有感觉，躯体也具有了感觉的能力。卢克莱修特别注重反驳"不是眼睛而是心灵（阿尼姆斯）能够看见东西"：作为生命体而言，感觉器官与灵魂—身体的复合物不可分而论之。

在伊壁鸠鲁看来，这是感知的关键。灵魂—身体的复合物与所有的原子复合物一样，会持续不断地参与身体内部的运动。一旦有东西影响到身体中的阿尼玛原子，源自外部的新运动就会建立起来。所有这些影响既是知觉，也是快乐和痛苦的感觉。但是由于单个原子没有感觉或者感知的能力，因此只有精神原子组成更大的有机体的时候，感觉和知觉才能产生。

伽桑狄延续了伊壁鸠鲁的观点，认为原子在知觉过程中会互相碰撞或互相推动：

以外部器官感知物体为例，当可感知物的形式（species）或性质与外部器官相遇时，运动就产生了；当神经系统将可感知物的影响传递到大脑内部后，也会产生运动。与其说大脑是神经系统的终点，不如说是神经系统的起点。因此，充满着"精神"的神经系统就可以被想象成"精神"的光束。如果大脑没有受到与之联结的外部器官的影响，这种从大脑内部延伸到外部器官的"精神"光束就不可能受到哪怕最轻微的推挤。[53]

此外,虽然伽桑狄有关感知心智的论述最初延续了亚里士多德学说和托马斯主义的路线,但也明显继承了伊壁鸠鲁学说以阿尼玛/阿尼姆斯对灵魂的划分,尽管此时的阿尼姆斯被剥夺了形体,是看不见的存在。《哲学体系》第三部分第九卷第二章的标题以托马斯主义风格的术语告诉我们:"理性的灵魂是上帝创造的无形物,上帝将其注入人体,作为一种告知身体的形式。"[54]但灵魂在更普遍的情况下包含两个部分:一个是无形的理性灵魂(对应阿尼姆斯),另一个是具有调节生长和感觉功能的有形灵魂(对应阿尼玛)。在详细阐述这两种灵魂之间的功能与联系时[55],伽桑狄将有形灵魂视为理性灵魂与躯体之间的媒介。他认为动物在一定范围内存在认知行为,但动物与人类不同,它们仅拥有一个有形的灵魂。动物能够进行基础的理解和判断,伽桑狄认可这个事实,并以此说明理性能力和有形官能是协同工作的。[56]

伽桑狄之所以能够轻易将伊壁鸠鲁的阿尼姆斯进行精神化的处理,明显是因为伊壁鸠鲁对阿尼玛/阿尼姆斯的区分其实是对更早期的"精神和肉体分离"学说进行的实体化处理。但是这种实体化并不完全出于有形躯体的考虑，而是出于道德的担忧。伊壁鸠鲁哲学理论的主要目标之一是否定"人格在死后会存续"。由此一来，"人死业在，善恶得报"的赏罚信仰说到底是站不住脚的。就广泛的意义而言，伊壁鸠鲁学说的终极目的是消除道德的焦虑。在伊壁鸠鲁看来，大多数人之所以害怕死亡，是因为他们相信死亡是一切感知的终结。卢克莱修曾详细论证过，当人死后，如果没有了知觉，也免了受外界的干扰，自然不会再有焦虑。[57]尽管伽桑狄可以轻松地将阿尼玛/阿尼姆斯的区别还原为"无形"与"有形"的区别，但不应罔顾这样一个事实：伽桑狄的做法会破坏整个伊壁鸠鲁学说的理论基础。西塞罗在《论至善和至恶》(*De finibus*)中记录了伊壁鸠鲁学说的代言人塔奎图斯(Torquatus)的论述：

所以，自然哲学让人在死亡面前有了勇气；在反抗宗教的恫吓时有了决心；自然哲学消除了人对神秘自然的所有无知，让心灵得到安宁；自然哲学阐释了欲望的本质，区分了欲望的种类，让人做到了克制。[58]

这些担忧是伊壁鸠鲁学说的重要组成部分，因为触及"究竟为何要探求自然哲学"的问题。诚然，哲学家们探求自然哲学的具体目标不尽相同，但是没有一位古希腊哲学家是为了探求自然知识本身。伽桑狄自己越过自然哲学,看向自然神学,并使自然神学为自然哲学提供理论基础。但是,在伽桑狄复兴伊壁鸠鲁学说的过程中,他所保留的部分已不再是伊壁鸠鲁学说的要义所在,从更广泛的自然哲学文化而言,伽桑狄的复兴过程不过是给了伊壁鸠鲁学说一具徒有其表的空壳。伽桑狄或许一直忠于古希腊的哲学理想,但并不忠于伊壁鸠鲁学说的目标。伽桑狄拥护伊壁鸠鲁学说,道德在其中并非不重要,而是他的道德否定了伊壁鸠鲁学说中"没有恐惧的生活"的道德目标,并重构了基督教对恐惧、焦虑和忏悔的观点。[59]

这对第三个问题(决定论)产生了影响。在伊壁鸠鲁的论述中,感觉和评估知觉并不是心灵(译者注:亦可理解为思维)的唯一功能,心灵也能够产生行为。在我们所掌握的伊壁鸠鲁学说中,关于意志和行为最为详细的阐述出自卢克莱修[60],他的理论事实上就是从原子论的角度论述了亚里士多德关于行为的理论。卢克莱修运用了亚里士多德关于"开始行走"的例子。心灵首先需要行为的映像,映像来自知觉。卢克莱修说,映像触动了心灵,决定则由此产生。这种决定的形式是:心灵的活动首先扰动了阿尼玛原子,最后刺激了躯体的原子。卢克莱修认为,这些映像对于"行走"而言是必要条件,而非充分条件:我们是否基于面前的映像而行动,甚至会不会真正注意这些映像并加以思考,都完全取决于"当这些映像呈现在我们面前时，我们是什么样的人"。行为取决于性格。伊壁鸠鲁主义者通常急于向世人说明，人类的行为并不取决于他们认为的"外部原因"，即"其他原子对身体原子的碰撞"，也不取决于他们所谓的"内在必然"，即"原子在诞生时的最初排列方式"。但是要理解性格并非"内在必然"的一种形式比较困难，伊壁鸠鲁学派也力图回避这一点。更不妙的是，要理解原子在诞生时的最初安排并不是由外因决定的，也是很难的。最初的原子偏斜有时被认为或许有助于解释这个问题，但是"最初的原子偏斜"显然是随机的、无法预知的。如果仅靠"原子偏斜"就可以充分解释自发行为，那么决定论或许会被毫无目的、毫无确定性的行为所推翻。诚然，不难看出伊壁鸠鲁的决定论面临着两难境地。在伊壁鸠鲁学说中，完全没有可以对意图和行为责任提出必要疑问的理论资源，所以除了完全的决定论和完全的随机性之外很难得出其他的结论。自由行为不仅区别于随机行为，也不介于决定行为与随机行为之间：自由行为并非正确的关注点，但伊壁鸠鲁学说也不清楚应该关注何处。

伽桑狄将两个传统的基督教教义——上帝和自由意志——引入他改进的伊壁鸠鲁学说当中，上帝在其中起着根本性的作用。如果我们暂时忽略自由意志，那么物理过程归根到底只是原子之间的相互作用，唯一的作用方式就是碰撞。我们在上文曾谈到，伊壁鸠鲁认为重量是造成原子最初运动的起因，意味着原子最初都（以相同的速度）向下运动。在这种状态下，原子之间不会接触，所以伊壁鸠鲁引入"偏斜"概念来解释原子之间何以产生接触。但"偏斜"概念一直是传统伊壁鸠鲁学说中最薄弱的组成部分，而且从来没有粉饰可以消除"偏斜"概念带有的"临时救场"（ad hoc）的感觉。学术界对任何一种自然哲学进行修改时，都必须认真处理以下两点。第一，原子之间肯定发生了接触，学者需要解释这个现象。伊壁鸠鲁做到了这一点。第二，正如亚里士多德指出的，"原子都以绝对相同的方向'向下'运动"。这种观点在伊壁鸠鲁的宇宙观中站不住脚，因为在伊壁鸠鲁的宇宙中，原子运动的空间无限大，也不存在自然位置的概念。伽桑狄摒弃了"自然方向"的概念，并认为原子一经创造出来就具有不同的运动方式（及其他性质），所以宇宙的结构及运行都遵循着上帝的计划：

可以这样假设：上帝在创造每个原子的时候，就赋予了它们圆润度（corpulence）或者尺寸（尽管非常小），还赋予了不可言喻的各种形状。每个原子也同样获得了维持其运动必需的能力（vis，活力）。这种能力可以使原子将运动传递给其他原子，发生滚动，从而摆脱彼此，或闪躲，或碰撞，或驱离，或远离；原子也同样获得了抓住彼此的能力，或附着，或抱团，或固定，凡此种种。上帝预见了这一切，规定了每个原子必须达到的目的和影响。[61]

用上帝的旨意代替偶然性似乎颠倒了宇宙中的因果关系。因为如此一来，物体的物理行为都有了目标导向，而非随机事件造成的偶然结果，西塞罗称之为"偶然的原子集合"。[62] 但是这种"目标导向"与我们在亚里士多德自然哲学中看到的目标导向不是一回事。在亚里士多德关于物体自然行为的论述中，存在着一种内在的目标导向性：橡子之所以长成橡树，是因为橡子的本质有着长成橡树的潜能；橡子成熟后会落到地上，是因为橡子的本质就有着下落的潜能，与其他重物的本质一样。但正如文艺复兴时期的自然主义所证明的那样，人们往往过于依赖"内在本质"。在上文中已谈到，机械论背后的部分动因，正是要消除这种"本质"。从这个意义上看，伽桑狄仍然遵循着机械论的理念。总体而言，伽桑狄将目标导向性视为外在因素：使单个原子实际运行的目的或目标，不存在于原子之中。事实上，在单个原子的行为层面上无法区分伊壁鸠鲁和伽桑狄的宇宙观。伽桑狄的宇宙论拥有明显的优势，因为解释了我们在自然世界中观察到的井然有序的复杂性；反之，伊壁鸠鲁的宇宙论倒解释不清楚这种现象。除非如卢克莱修所言，存在着无限的世界 (infinity of worlds)，由此一来，其中一些世界所拥有的"井然有序的复杂性"纯粹产生于偶然，而我们只是栖身其中之一罢了。但是，"世界无限性"的观念却饱受诟病[63]，而且在伽桑狄看来，任何情况下都可以搬出"上帝"作为一种无懈可击的解释。搬出"上帝"避免了亚里士多德学说中"内在目标"的诸多问题（这些内在目标曾促进了文艺复兴时期的自然主义），也直接将自然主义与自然神学联系在一起。如此一来，对于自然哲学的研究事实上变成了对上帝旨意的研究。

搬出上帝的麻烦之处在于：有了上帝，是否还有"自由意志"的空间？而在伽桑狄看来，"自由意志"正是理性灵魂或智性的独有特征。鉴于无生命体的行为由重力/重量决定，那些只拥有植物灵魂/感觉灵魂的事物，它们的行为由"生长官能"(generative faculty) 决定。伽桑狄告诉我们，"就其本质而言，智性是灵活的，能把握客体的真理。智性能够在此时判断客体的一方面，在彼时判断客体的另一方面，即在不同时间做出不同的正确判断"。[64] 但麻烦在于要如何解释这种"灵活性"，貌似有两种可能性：第一种是我们可能在不同的时间做出不同的判断，因为我们的判断是随意的，不同于身体官能的传导。因为如果是身体官能的传导，相同的信息总是触发相同的认识结果，这种可能性显然不行。倘若情况真是如此，至少从可信度而言，反倒有足够的理由去倾向于身体官能。此外，在伦理学领域中，这种可能性更是彻底无望：与刻板但值得信赖的伦理判断相比，这种可能性与其说是确保行为的责任，倒不如说是将"自由行为"变成了"随意行为"。第二种可能性：我们可以说，由于接收的信息不同，因此做出的判断也不同。我们在一种场合做出判断，在另外一种场合做出另一判断，这是因为我们的判断涉及信息、信仰、知识背景等因素，从而使得我们的判断发生变化。如果这些因素完全一致，那么"在不同的场合做出不同的判断"则很荒谬，并不证明自由意志。正如霍布斯在《第一原理短论》(*Short Tract on First Principles*)中所指出的："根据自由的定义，自由是一种状态，事件发生所需要的条件都处于这种状态中，但事件可能发生，也可能不发生，定义本身就暗示着一种矛盾。"[65]"以同样的信息做出不同的判断是由于主体可以自由选择情境和关注对象"，用这个论点来回应这种反对意见毫无帮助，因为对于"是否存在着不同的判断"并无争议，"是什么导致了不同的判断"才是争论的焦点。霍布斯认为，我们评估事物的情境和对事物的关注都是出于对外界主体的反应。

伽桑狄基督化的伊壁鸠鲁主义与基督化的亚里士多德学说和新柏拉图主义有着异曲同工之妙。这些体系在许多方面存在着差异与矛盾，伽桑狄费了不少工夫进行折中、改进，以实现相互调和。从一定程度而言，这是一种成功。在17世纪末之前，伽桑狄的学说一直作为主流的自然哲学思想与笛卡儿哲学分庭抗礼。[66] 但是，伽桑狄对于伊壁鸠鲁主义的颠覆要大于经院哲学对亚里士多德学说的颠覆，他将伊壁鸠鲁主义从其伦理学核心理念"无惧的生命"中分离出来，重塑了具有早期现代基督教特征的"恐惧"和"焦虑"观念。[67]

贝克曼与"物理—数学"

尽管贝克曼把伽桑狄的兴趣从伊壁鸠鲁学说转向了自然哲学问题，但贝克曼的观点完全不同于伽桑狄着手复兴的传统原子论，他的机械论几乎完全是从力学出发，完全不同于伽桑狄的机械论。在物质的惰性 (inertness) 问题上，伽桑狄含糊其词。例如，他一方面告诉我们"主张物质不运动很荒谬"，但他也说"原子具有动力 (impetus) 的观点不正确"，最后还说"物质有没有惰性，人类的智性回答不了"。[68] 布洛赫 (Bloch) 认为，伽桑狄与霍布斯在1641年见面以后，伽桑狄的观点开始引入"内在原因"，表现为某种万物有生论与万物有灵论。因为在这次见面中，霍布斯的自然哲学思想或许提醒了伽桑狄，让他充分意识到脱离自然的目标有危险。[69] 在这一问题上，伽桑狄等人的极小微粒论（主要是源于原子论者的物质理论）与贝克曼源自力学的微粒论形成了鲜明对比。贝克曼不允许在物质惰性的问题上含糊其词。贝克曼、霍布斯、笛卡儿都把静力学（statics）作为他们的机械论模型，而"活跃物质"的观点与静力学则是完全对立的。而且，伽桑狄对于运动的论述远不及他对物质理论那般细致：例如，他认为天体运动是"统一的、永恒的，因为上帝为天体选择了圆形的运动轨迹，圆没有开始与结束，代表着统一和永恒"。[70]亚里士多德认为，正是运动的"开始与结束"决定了是否需要外力来维持其运动状态。基于这种理解的运动观已与17世纪的运动学（kinematics）背道而驰，而且任何一位以力学来探讨机械论的学者都不会支持亚氏的观点。

贝克曼通过微观力学的方式研究自然哲学，治学不辍、详尽具体，堪称欧洲第一人。他的研究结合了微粒论和源于亚历山大学派的应用数学。首先，他的微粒论主要源自亚历山大城的工程师黑罗（Hero of Alexandria，约公元前1世纪）和罗马建筑师维特鲁威（Marcus Vitruvius Pollo，约公元前1世纪）等人的思想，而非卢克莱修等人的哲学思想，尽管古代原子论观点不可避免地对他的思想产生了一些影响。[71]贝克曼对于微粒论最早的应用之一在于声学与和声理论，彼时盛行的声学论述都是运算或几何角度的。在1610年代，贝克曼深入阐述了声音的微粒理论和声音传播的脉冲理论，根据振动弦上间歇释放的声音"球形微粒"(globules)来解释和音(consonance)。只有当同一音高的音符同时发声,有声期和无声期才能保持一致;当两个音符的时间间隔从和谐音转向不谐和音,有声期和无声期则变得越来越不规律。[72]同时,贝克曼也是第一位用几何方法证明"弦的长度与声频成反比"的人。其研究方法的主要特点是结合了实证和数学。比如,当贝克曼在17世纪20年代早期接触到培根的著作时,他驳斥了培根关于"水可以转化为空气""温度降低时物体体积总是缩小"等论断(铺设管道和排水管的实践经验让贝克曼明白同等质量的冰的体积大于冷水)[73],但贝克曼也批评培根未能看到数学与自然哲学之间的联系[74]。

贝克曼设想依照微观层次中各种微粒的形状、尺寸、结构和运动方式来重新描述所有的自然现象,他基于宏观现象的力学原则来解释微粒的行为,尤其是根据简单机械的运行方式来解释。在17世纪20年代,贝克曼基于一手研究提出了自然哲学的新方法,他的方法在机械论层面远远超越了同时代的其他哲学家。通过帮助父亲铺设啤酒厂的管路,贝克曼习得了实践技能。他也拥有医学学位,却从未行过医。贝克曼精通西蒙·斯蒂文、鲁道夫·斯涅尔(Rudolph Snel)和威理博·斯涅尔(Willebrord Snel)等人的静力学和光学著作。从1618年开始,他从事教育行政工作,创建了"技术学院"(Collegium Mechanicum),为工匠和学者们提供了研究力学及其技术应用的场所,并在1628年建立了欧洲的第一个气象站。[75]贝克曼对于笛卡儿有着巨大的影响,他在1618年底说服笛卡儿着手研究自然哲学,并指引着笛卡儿向机械论者的微粒论方向前进。但是贝克曼对于自然哲学的研究没有条理,甚至可以说是随心所欲。在17世纪20年代末,他虽然整理了力学和宇宙论方面的评注,想要编一部书,但最终也没有出版。[76]

贝克曼的自然哲学记录出现在他的日记中。这本看似普通的书却包含了从胚胎学到天体力学、从三段论到应用数学等问题,所有记录的问题都短小精悍,篇幅通常不足一页。贝克曼的记录自然随性,他以此为荣,认为自己的记录与其他按部就班的学术计划相比,对于问题有更为真实的思考。[77]贝克曼反对亚里士多德学说和新柏拉图主义中"无形的原因及媒介",认为这些无形的原因和媒介晦涩难懂,所以在自然哲学中一无是处。[78]贝克曼由此坚称,自然哲学所处理的是实在的、可以想象的事物与过程,而非抽象的实体。[79]贝克曼认为,从事具体机械工作的人都不会通过目的论、神秘力量或者无形的原因来解释一台简易机械装置的工作原理。这种观点在他的思想中占有重要的地位。要解释机械工艺,就要搞明白机械装置各个零部件的结构,以及部件之间的相互作用。正如简易的机械装置和水动力设备所展现的:只有运动或者压力能够重新排列各组成部分并实现运转；从理论上讲，产生这些运动和压力的动因是其他的运动和压力。

贝克曼要求在自然哲学中应用机械工匠之间有意义的沟通标准：要采用可描绘或可想象的部件结构，部件的运动要服从公认的力学理论。[80]他的核心观点是，如果要讨论事物之间的作用，则必须能想象出这些作用产生的原理；机械装置就是个范例，因为人们可以在宏观层面使用机械装置指挥自然。贝克曼论述的起点是原子论，他所理解的原子只拥有大小、形状和不可穿透性等几何力学性质，且绝对坚硬、不可压缩、没有弹性。[81]在他的设想中，运动只是物体的一个简单状态，而非物体所经历的走向终点的过程。而且，运动状态也不受任何内部动力，即冲力 (impetus)，或神奇力量所影响。其他所有性质（包括亚里士多德提出的四个基本性质）都是因为不同的原子结构以多种方式组成物体，从而影响了我们的感官。贝克曼的物质理论中有很大的篇幅都在阐述根据其原子思想为基础所设计的一套四元素理论。[82]贝克曼的元素理论不仅冲击了亚里士多德学说和盖伦医学中仍很活跃的传统解释，还可以为他在某些情况下降低原子作为解释因素的重要性。这一点很重要，不仅是因为曾有人论证过"完全无弹性的原子在碰撞之后不可能产生反弹"（这个论证让贝克曼印象深刻），还因为他难以用原子理论解释弹性现象。[83]据此，贝克曼用"原子聚集物"构建了他自己的元素定义，并利用元素作为解释的工具。这些"原子聚集物"所具有的结构特点使其拥有了弹性，而"原子聚集物"的组成部分(即原子)本身没有弹性[84]，但贝克曼没有说清楚到底是"原子聚集物"的什么结构特点在起作用。

贝克曼的历史地位在于，他是尝试通过力学原理的模型来解释原子运动方式的第一人。在1613年或1614年前，贝克曼已经创立了一套连续运动的理论，用于阐述直线运动和曲线运动。他认为，一旦给物体施加运动，物体将保持匀速运动，只有受到外部阻力，才会改变其运动状态。如果没有外部阻力，物体的运动状态就不会改变。把一块石头扔进虚空中，它将永远保持运动，因为没有其他因素改变其运动状态。[85]贝克曼将他的连续运动理论与他的原子论相结合，得出了以下结论：向连续运动的物体施加外部阻力的唯一可能的形式是微粒的碰撞。反过来说，只有"微粒的碰撞"和"运动的转换"可以解释阻挡运动体的静止物体由静向动的转变。简而言之，只有"运动的转换"可以解释原子位置、排列和分布的改变。所以，只需借助"运动的转换"这个概念，就可以提出一切自然变化的原则。[86]

这种力学的核心任务是提出碰撞规则，在原子层面说明运动转换的结果。[87]因为贝克曼的原子完全无弹性，所以他创立了适用于刚性碰撞的规则。他通过微粒的数量和速度的乘积来测量微粒的动量(quantity of motion)。重点在于，贝克曼还将动量的测量与天平运动的动态解释相结合。贝克曼在天平上放置一个物体，用物体的质量乘以其实际或潜在位移的速度(即天平横梁在实际或设想运动中的单位时间内扫过的弧长)测算出物体的惯性力。通过将某些直观的对称碰撞事例与他自己对早期惯性原理的理解和"矢量守恒"的隐含原则相结合，贝克曼能够建立起一套碰撞规则。贝克曼对于对称碰撞情况的讨论和他提出的运动守恒观点，二者的形式及其公认的合理性都要归功于"天平模型"，而且他是以一种动态的方式来进行诠释的。贝克曼的碰撞规则大致可以分为两类：第一类是物体在碰撞前实际处于静止状态；第二类在理论中也可以还原为第一类。惯性的基本概念和"只有外部碰撞才能改变物体运动状态"的规定为解释第一类情况提供了方法。静止的物体会改变对其产生撞击的另一物体的速度，而且会吸收该运动物体的部分动量。贝克曼引用了一个"矢量守恒"的隐含原则来限制运动的实际转移。贝克曼认为，无论是哪一类情况，两个物体(一个为运动的物体，一个为静止的物体)在撞击之后都会以一定的速度分离，速度等于运动物体的动量除以两物体的总质量。举个最简单的例子，如果某个物体撞击了与之完全相同但处于静止状态的另一物体，"这两个物体的运动速度则为该运动物体原速度的一半"，"由于相同的冲力要维持原先物体两倍的质量，那么两个物体的速度只能是原速度的一半"。类比该情况与简单机械的力学情况，贝克曼补充道："我们观察到，在所有机器中，用相同的力拉起原重量两倍的物体，上升的速度为原来的一半。"[88]第二种类型中最基本的情况是速度相同、方向相反的碰撞。[89]由于原子完全无弹性，不具备变形和反弹的能力，因此两个原子会抵消彼此的运动，不存在多余的动量产生后续的运动。这种对称碰撞源于对简单机械的平衡条件的动力学解释。对称碰撞又被概括为动量相同、方向相反、大小不同的物体发生碰撞，会成比例地相互抵消彼此的运动速度。当物体的动量不相同时，更大和/或更快的运动体会抵消更小和/或更慢的运动体的动量[90]，使后者变为静止。碰撞后的速度等于更大和/或更快的运动物体抵消后的剩余动量除以两物体的质量之和。

贝克曼致力于用力学解释简单机械的原理，而且相信机械原理与原子的碰撞规则之间有相似之处，这两个特点贯穿他的研究工作。[91]他始终要求用力学的方法研究静力学、简单机械的原理以及一般意义上的机械学，包括流体静力学。这种力学方法融入物体运动或运动趋势的规则或原理，或许可以用以解读基本微粒和原子的行为。其中心思想是，宏观现象可以通过还原成微粒力学模型加以解释。贝克曼在日记中记录了数百个用此方法解释的例子。

在许多情况中，宏观现象只能以此方法还原成定性的报告；但在其他一些情况中，问题是如何把应用数学中已描述过的现象进行量化表达，比如贝克曼用解释简单机械的典型发现来解读原子的碰撞规则。

贝克曼研究的诸多方面都指引着后来的机械论者。尽管只有笛卡儿会明确地使用贝克曼的研究方法，为定量描述的宏观现象在极小微粒层面寻找因果依据，但是"广泛还原为微粒力学模型"是除医疗化学和炼金术之外所有后续微粒论研究的一个特点。"微粒—机械的各种模型体现了自然哲学定量化的特点"，这种观念将会引导基础性的自然哲学研究，确保微粒—机械模型可以用来作为根本的解释工具。

微粒论与机械论：霍布斯

正如我们所见，伽桑狄与贝克曼以不同的方法研究机械论。伽桑狄从事的是合法性的研究，着眼于物质理论，而贝克曼的方法似乎是直接从力学出发，尝试用极小微粒的概念充实力学，并将其改造为自然哲学。随着机械论者齐心协力，努力将力学与物质理论整合为一个自洽的体系，机械论迎来了发展的关键阶段。同时，他们将机械论阐述得非常精致，甚至形成了一套完备的宇宙论。其中，霍布斯的思想与伽桑狄非常类似，笛卡儿则与贝克曼非常类似，霍布斯和笛卡儿的思想差异引出了本节需要探讨的问题。

霍布斯是伽桑狄的至交。他接受了本质上与伽桑狄相同的基本自然哲学，但是并未尝试用基督教的思想去改造：正相反，霍布斯毫不犹豫地从自然哲学中得出了唯物主义和决定论的结论。但是，在伽桑狄于1655年逝世后，伽桑狄一派将霍布斯视为当时在世的最伟大的哲学家，而且为伽桑狄辩护的主要哲学家之一的索比耶(Samuel Sorbière)还指导了霍布斯的拉丁文著作在欧洲的出版。[92]在英国，伽桑狄虽有众多拥趸[93]（比如他对牛顿早期的思想发展就产生了关键的影响）[94]，但毫无疑问的是，他与霍布斯的交往在一定程度影响了他努力构建的那种原子论。

从纯粹自然哲学的角度来看，伽桑狄的微粒论引入自然哲学以外的思想进行修改，而霍布斯的微粒论则始于对自然哲学的思考，再推及其他领域。伽桑狄修改微粒论是为了确保基督教教义的正统地位，而霍布斯是将自然科学中相同的"科学"流程向外延伸，应用于诸如政治、伦理等领域。霍布斯的微粒论与伽桑狄的微粒论相比是一个"更纯粹"的机械论版本，这话有一定道理，但当时自然哲学的边界并不明确，伽桑狄坚定地认为上帝是自然哲学的核心问题。

1630年，霍布斯在乔维斯·克利夫顿爵士 (Sir Gervase Clifton) 在欧洲旅行期间为其效力。在此次旅行中，霍布斯在"一位绅士的图书馆"中发现了欧几里得的著作。霍布斯对于自然哲学的兴趣源于他1631年返回英国之后，那时他开始与"威尔贝克学院" (Welbeck Academy) 打交道。"威尔贝克学院"是指一群经常在纽卡斯尔伯爵威廉·卡文迪许 (William Cavendish) 的乡村别墅聚会的人[95]，他们对数学、天文学、力学颇感兴趣。在17世纪30年代中叶，他们正准备出版一些材料：例如沃尔特·华纳 (Walter Warner) 正在编纂哈里奥特 (Thomas Harriot) 的数学著作；罗伯特·佩恩 (Robert Payne) 在1636年将伽利略的《力学》(*Della Scienza Mecanica*) 翻译成了英文。1643年，霍布斯作为德文郡第三任伯爵威廉·卡文迪许的家庭教师拜访巴黎，并融入了梅森的学术圈子。大约在1635年，他对机械论自然哲学的最新发展成果产生了兴趣，并开始将其运用到对心灵和感官的探讨中。[96]

我们在这章所关注的机械论自然哲学中，霍布斯的理论与其他机械论者的体系相比，更注重那些可能是源自机械论的非正统结果。[97]其中的部分原因在于，人们认为霍布斯激进的政治观点和神学观点共同组成了他的机械论理论，其中包含了他对决定论的坚信不疑；另一部分原因在于，霍布斯完全根据还原主义解读机械论，这使他的思想接近唯物主义。霍布斯的《论物体》(*De corpore*) 一书写于17

世纪40年代至50年代早期，出版于1655年，他在该书中阐述自己日臻成熟的思想体系[98]，提出本体论上最简约的一个机械论版本。书中还提出更为系统化的机械论版本。霍布斯首先给"哲学"做了定义（他在此处的措辞主要涵盖自然哲学，但也包括我们所谓的公民科学）：

> "哲学"是关于结果/现象的知识，这些知识的获得需要真实的推理，依据的是我们最先获得的结果/现象的原因或产生的知识。而这些原因或产生的知识可能来自对它们结果的最先认识。[99]

哲学的目标是通过事物的原因去揭示其性质，并从性质中发现原因。根据这个定义，许多学科尽管自身有价值，但不属于哲学范畴。[100]霍布斯将神学、天使的教义和对"上帝崇拜的教义"排除在哲学范围之外，因为不能通过自然理性去理解它们；占星术也被排除在外，因为没有充分的依据避免错误；霍布斯还将自然志和政治史也排除在外，因为它们依据的是经验或权威，而非理性。将占星术排除在外的理由强调了这样一种观点：作为从原因向结果演绎的自然哲学可以产生确定性。基于这一观点，"不能产生确定性的学问肯定就不是自然哲学"，自然志则被排除在外。霍布斯把政治史排除在外，但他持有这样一种独特的观点：政治学的真正哲学形式或科学形式不同于政治史，可以确保我们了解内战的原因并避免内战。[101] 就自然哲学而言，唯一真正适合入选的领域是物质理论。即便是最为保守的亚里士多德学说追随者，也会很容易接受对于自然哲学的这种理解。然而，霍布斯所提出的自然哲学内容是一个迥然不同的问题。

在我所概括的理想型机械论中，物理世界的四个基本构成是物质、运动、空间和时间。主要的物理问题是在不增加某些种类的力的前提下去构建整个哲学体系。[102] 用这四种基本构成来解释现象似乎需要力的假设，但霍布斯反其道而行之，他首先减少基本构成，摒弃了"空间"和"时间"。这样，他的理论便只剩"物质"和"运动"。他认为，只需要运动便可以解释一切看似动态的过程。这也排除了所有精神物质的存在：凡实在事物皆是物质。[103]

霍布斯的第一步是否认空间的实在性。此处最重要的是亚里士多德以"位置"来定义的"空间"。根据亚里士多德的位置观，一个物体的位置带有动力学的含义，而纯粹的"空间方位"则不然。亚里士多德意把"位置"概念绝对化：一个事物并非相对于其他事物处于特定的位置，其自身便处于一个特定的位置。宇宙是一个有绝对方向的结构，关键的方向是上和下，因为上下是亚里士多德"自然位置"说的基础，决定了不同类型的物质的运动方式。[104]例如，如果没有外部约束，火会趋于向上移动，而重的物体会趋于向下运动。位置塑造了物体的动态行为。这背后的根本原因在于亚里士多德处理"变化"问题的一般方法，他依据事物的属性或性质差异来描述"变化"的特征。局部运动是关于位置的变化，像所有变化形式一样，局部运动可以通过起点（terminus a quo）和终点（terminus ad quem）来说明。此处的起点和终点是相对的。终点是运动过程要实现的目的或者目标：没有终点，就根本谈不上过程和运动。亚里士多德关注的是关于变化的一般理论，包含一切起点和终点的过程，既包括相反的过程，如生发和腐败，也包括相对的过程，如形状的变化。具有绝对方向的位置学说对于亚里士多德的力学至关重要："为什么运动"是"如何运动"的核心。

霍布斯对于空间的理解与亚里士多德完全相反。空间不但不是绝对的，甚至不能作为承载物体的容器。霍布斯认为，物体自身就是完备的，不需要"空间"这样的容器。[105]空间仅仅只是一个主观的参考系，它本身并不真实地存在。空间"仅仅"是我们对于物体的意识，换言之，空间是我们对于除位置以外没有其他属性的物体所产生的意识。但是，物体虽然的确存在于我们的意识之外，物体所占据的空间却是一个纯粹的精神结构。[106]空间是一种"幻觉"（phantasm），是一种抽象思维，是想象的广延：空间是坐标系或者外部位置体系，是思维依据真实广延物的经验而建立起来的体系。真正的空间是寓于物体之中的空间。换言之，真正的空间是有形物本身："因此，物体与想象空间的关系，就好比事物与其知识的关系，因为我们对于存在物的知识是一种想象。事物对我们的感官产生作用，我们随之有了想象，也就是对物体的想象，等同于我们对于存在物的知识。"简而言之，空间是"物体的缺失状态"。"缺失"(privation)的含义首先依赖于我们对物体的知识，仅仅指物体产生的可能性。以其字面义观之，物体的缺失是一种"臆想"(figment)或"空想"(empty imagination)。霍布斯对"时间"也有类似的论述。"当物体在头脑中留下其大小的幻想"，霍布斯认为，"那么一个移动的物体也会留下其运动的幻想。物体经过一个空间又进入另一空间，形成了对于物体连续运动的观念"。[107]这个论证意味着时间不是物体的属性，肯定是我们思维中的某种东西。诸如日、月、年这样的时间周期并不真实存在，不过是"我们思维的计算所致"。当我们考虑到物体在运动中的连续状态时，"曾经"和"今后"并不真实存在，不过是根据"现在"做出的推断罢了。

此处，我们必须区分"空间仅是缺失"的学说与"真空是否存在"这两个问题。对于霍布斯而言，前者是关于空间性质的纯粹概念，然而"虚空"是否存在，则是一个更为复杂的问题,这取决于经验,也取决于他的自然哲学是否容易接纳这一概念。例如,霍布斯在《论物体》中明确表示,从概念上讲,可能存在"虚空"[108],尽管他在此处也维护"充满物质的空间"(译者注:以下简称"充满论"观念)。在霍布斯参与梅森的学术圈时,就已经形成了充满论的观点。梅森学术圈在1644年时就开始关注托里拆利(Torricellian)的气压实验。霍布斯在那时信奉古典原子论的空间模型,认为原子之间由"虚空"分隔。但是,在托里拆利的气压实验中,倒置的水银试管上端出现了真空,霍布斯对这一明显的现象进行了思考后,开始担心这个现象可能与他的光传播理论产生冲突。根据霍布斯的光传播理论,光的传播需要媒介,但不是像笛卡儿所主张的压力作为媒介,而是(与其基本原理的简约原则一致)通过运动的方式进行传播。1648年2月17日,霍布斯在给梅森的信中写道:

> 所以,总结一下我对于真空的观点,我仍在思考曾对您讲过的想法:各处可能存在没有任何物体的某种最小空间,这些空间之所以产生,是因为太阳、火和其他发热物体的本性或自然行为。[109]

但他随后在附言中表达了担忧:

水银下降后在试管中产生了虚空,发光体则可以在此真空区中传播,据说肉眼可见(我认为这不可能)。所以,如果您愿意的话,不妨想一下,如果光线是在容纳真空的试管中以圆周运动的形式传播,而不通过真空本身,那么透过真空区看到的物体景象会是什么形状。[110]

罗贝瓦尔(Gilles Personne de Roberval)也是梅森学术圈的成员,他是霍布斯的朋友,和霍布斯都假定"微粒间的真空"存在,也同样对水银柱上方的空间感到困惑。他在1647年做了多次实验。他把一只排空的鲤鱼鱼鳔放入一个排除了空气的空间中,鱼鳔鼓了起来。[111]罗贝瓦尔不情愿地总结道:我们也许从未创造出真空。罗贝瓦尔回归到类似于亚里士多德的压缩和稀疏理论:鱼鳔中的少量空气变稀薄后,会比原来占用更多的空间。但是,霍布斯并不考虑稀疏(rarefaction)作用:物质不能被拉伸或者压缩。如果物质的量保持不变,物质存在着的区域(物体)并不能变大或变小。[112]这迫使他只能选择"充满论"。

我们将在第10章继续探讨这个问题,目前只需要指出,霍布斯之所以拒绝"稀疏"的直接原因可能是"充满论"。这个观点其实补充了他对于"空间不过是物质的缺失"的定义。在他的论述中,物质还具有空间的传统性质,这也不足为奇了。首先,物质具有同质性和惰性,这意味着霍布斯还必须解释物质显而易见的动态特征,而自然主义者已经以其他方式论证了同质性和惰性是物质的性质。"空间"和"时间"概念都不能涵盖所有的动态性质,如果现在不考虑"物质"概念,就只剩下"运动"概念了。"运动"概念的确承担了通常为力学所预留的全部工作。物体之间的相互作用仅限于物体表面的物理接触,正是通过这种接触,一个物体向另一个物体传递或消除它的某些运动。霍布斯运用了传统上有力学意涵的两个术语:"动力"(impetus)和"努力"(conatus, endeavour)。我在我的部分好像翻译成自然倾向了,需要统一,而且后者有着自然主义的内涵,但是霍布斯完全以还原主义的方式来使用这两个概念。[113]他将"动力"视为等同于速度的一个概念[114],并依照"动力"的常量和增量来比较规则运动和不规则运动。其中,"动力"并不是规则运动和不规则运动的成因,而是和运动一样,是可以依照直线、三角形、平行四边形等几何图形进行测量的一种概念。

在他对"动力"最一般的定义中,霍布斯告诉我们,"动力"只是"努力"的数量或速度。他对此的定义是:"在少于规定时间和空间内完成的运动;换言之,少于文字或数字可以定义或确定的时间和空间;即是在一个点的长度、一瞬间或者一个时间点内的运动。"[115]"努力"和速度是不同的,因为两种东西都能以相同的速度运动,但是彼此的"努力"却可能不同：一个羊毛球与一发铅弹同时坠落，二者的下落可能同时开始和结束，但是这发铅弹的"努力"比羊毛球更大。霍布斯似乎在说，"子弹比羊毛球有更大的力或者冲力"[116]，但是不清楚霍布斯为什么排除了"努力"无穷小的性质。当我们思考霍布斯的观点起源时，问题就会更清晰些。勃兰特 (Brandt) 指出，霍布斯对于"努力"的思考有三种完全不同的来源。[117] "努力"一词首先出现于1640年的《法律要义》(Elements of Law)，霍布斯在讨论关于欲望的心理学问题时使用了这个词。霍布斯在这里将"欲望"等同于运动的冲动。在1641年出版的《论光学》(Tractatus opticus) 一书中，他依据"介质的轻微位移"来论述"感觉"，认为人的感觉是通过压力产生的，并将感觉归入"努力"观的范畴。这种轻微的——或许是无限小的——能够使人产生感觉的位移就是"努力"。欲望引发运动的观点和在介质中的压力使人产生感觉的观点，都被霍布斯划入"努力"的范畴。他通过对"重力"或"重量"的思考，又为"努力"增补了第三个观点。在《法律要义》中，他不假思索地认为物体以重力或重量的形式拥有着"努力"。当物体下落时，我们认为该物体的"努力"是下落的运动，但是当物体受到支撑，处于静止状态下的"努力"又是什么呢？我们将在下文讲到，笛卡儿坚持认为上述情况是一种"运动趋势"，而非严格意义上的运动。

在静止条件下的努力其实与简单机械的虚拟运动是一码事。[118]但霍布斯不能接受笛卡儿的观点：他不能允许没有运动的努力存在，即便是小到无法察觉的运动。

总而言之，"努力"集合了三个概念——作为运动推动力的欲望，介质中产生感觉的压力，以及甚至作用于静止的物体并使其运动的重力或重量——这三个概念将"努力"的特征塑造为运动的开始，在空间与时间上都是无限小的。在《论物体》的第23章，霍布斯认为能满足统一这些描述的概念是静力学。霍布斯在描述一架天平的状态时，提出了许多解释。当我们说两个物体重量相同，指的是放在天平一端的物体，以其"努力"下压所在的一端，抵抗天平另一端物体的"努力"，因此两个物体中都不会移动，一直保持着平衡。霍布斯将"重量"定义为"所有努力"的集合，"物体上所有的点通过其重量下压天平，每个点都有向下做直线运动的趋势"。[119]换言之，在天平上保持平衡的物体呈现了典型的静止状态，这是无限小的运动相互作用的结果。实际上，正是因为这种无限小的运动，物体才先有了重量。

"努力"是霍布斯论述"弹性"概念的关键，与其他机械论者相比，弹性在霍布斯的思想体系中起着更大的作用，一只拉满的弓或一根被拉长的线恢复原状的模型发挥了重要的作用。[120]拉长的线或拉满的弓失去了外力，释放后恢复原状，这是难以解释的现象。弓弦显然是从静止转为运动，然后又从运动转为静止，但是人们很难说清楚导致其状态改变的原因。它既不像碰撞那样发生接触，也没有来自物体外部的引力，如磁力或重力（这是机械论者希望在一定阶段用机械论解释的现象）。唯一的解释就是，其实不存在状态的改变：弓在某种意义上始终处于运动状态，以某种力的形式产生了运动，在弓一侧的原子比另一侧的原子运动得更快，因此弓处于一种失衡的状态。在描述弓弦的还原动作时，霍布斯如是写道：

一把十字弓的板条受力后发生弯曲，当板条不再受力，就会恢复原状。尽管以理性判断，十字弓及其部分似乎都处于静止的状态；但是根据理性判断，不将去除障碍视为动力因，因此可以认为在没有动力因的情况下，任何事物都可以从静止转为运动。其结论为：在物体的各部分恢复原状之前，它们已经处于运动的状态。[121]

换言之，构成物体的微粒永远处于运动状态（如同伊壁鸠鲁的原子论），物体由此保持了特定的物理状态，因为所有物体都有"恢复自身的开端，即当物体受到压缩或拉伸，在消除外力之前，这些物体的内部各部分就存在着某种运动"。[122] 由此观之，物体并没有自然主义那种能产生运动的能力或力，从这个意义上说，物体仍然具有惰性，尽管"努力"

这个术语有着自然主义的内涵，但霍布斯还是将"产生运动的力"还原成运动本身。

笛卡儿的《哲学原理》

贝克曼、伽桑狄和霍布斯的工作揭示了机械论中大相径庭但是同样重要的两方面。贝克曼主要注重解释过程，尤其是碰撞的过程，机械论者认为过程是根本。相反地，伽桑狄和霍布斯花了大量时间重新描述现象，以使得它们更好地适应机械论的解释。而笛卡儿以最佳的形式结合了两方面的工作，他不仅提出了全面的机械论还原理论，而且以更完善的机械论阐述了微粒间基本的相互作用以及调节微粒行为的原理。

从广义上讲，自然哲学中的机械论体系意在实现亚里士多德自然哲学未竟之使命。机械论接替了亚里士多德学说，被视为系统化的自然哲学。机械论最初被设计出来取代亚里士多德学说，但不是从根本上改弦易辙。我们或许可以说，机械论最完善的形式——笛卡儿的机械论体系——可以与亚里士多德学说相提并论，逐一比较。其实，这是笛卡儿最初在脑海中构思《哲学原理》时的想法：他打算把此书打造成一部"完善的哲学教科书"，在书中他可以"根据真实的前提，信笔写下推导出的真实结论,言简意赅,不需赘言"。在同一卷中,笛卡儿补充道,他也要把一本传统的教科书——最有可能的是圣保罗的尤斯塔(Eustachius a Sancto Paulo)的名著《四部分的哲学概要》(*Summa philosophiae quadripartita*)——收录到《哲学原理》中,在每个命题的结尾作注,对比自己与经院哲学评注者的观点。[123]

笛卡儿的《哲学原理》在17世纪的自然哲学中发挥了重要的作用。他从贝克曼那里接受自然哲学的早期训练。贝克曼和笛卡儿为机械微粒论的研究制订了计划,包括伽桑狄和霍布斯的研究。笛卡儿实际上成为继承贝克曼学识的弟子[124],创建了明确的机械论自然哲学体系。在17世纪剩余的时间中,笛卡儿的自然哲学体系都拥有巨大的影响力,直到进入18世纪。在17世纪30和40年代,笛卡儿遥遥领先其他人设计了一种切实可行的机械论形式。《哲学原理》于1644年问世,奠定了笛卡儿机械论在自然哲学体系中的显赫地位,直到牛顿于1687年在《自然哲学的数学原理》中提出新的替代"原理"。

笛卡儿对于自然哲学的态度虽然很激进,但还有一个方面看起来比实际更激进。在《哲学原理》试图取代的那些自然哲学教科书中,一般先讨论物理学和生理学问题,最后才讨论理性灵魂的功能、人类的认知状态和情感状态。这是因为前文的探讨构成了后文的基础,而且因为探讨的核心不仅在于理解世界,还在于理解我们在世界的位置，这在某种程度上需要自然哲学来阐述。笛卡儿明显颠倒了顺序，他在《哲学原理》的第一部分就先探讨了人类认知的问题，但其实《哲学原理》第一部分所探讨的是将自然哲学构建为一种合法实践的根本准则。这就要求我们将物理世界与心灵分离，因为物理世界无法包含我们视之为心灵特征的意图、目标和目的；也要求我们将物理世界与上帝分离，因为上帝不是永存于所造之万物中，而是超越了万物。我们应该可以认识到，这是一条正确的前进道路：反思我们对于物质、心灵和上帝所产生的清晰、明确的理念，只有清晰、明确的理念才会为我们的前进方向提供唯一的指引；我们只有清晰、明确地理解了某个事物，才有可能提出有见地的问题。探讨心灵本质（包括认知状态和情感状态）以及道德问题的恰当位置一般是在自然哲学论述的末尾。笛卡儿计划在《哲学原理》的第六部分探讨这一问题，正如在经院哲学的自然哲学论著中一样（它们也正是《哲学原理》意在取代的对象）。

"我们只能研究那些清晰、明确地觉察到的事物"，笛卡儿以此准则为基础，开始辨认物质的基本种类。笛卡儿对于物质、属性、样态的形而上学分类与经院哲学所暗指的分类大不相同，因为他以一种全新的方式将这些概念补充到自己的哲学体系中。笛卡儿所采用的方式遵循了以其意愿构建自然哲学图景的要求。他将"属性"解释为物体必需的性质，倘若失去了该性质，物体便面目全非。物质的显著特征，诸如广延和思想，都是属性：譬如，如果物体不具有广延性，便不再是物体，这就好比心灵，停止了思维，便不再是心灵了。物质的样态包括物体处于运动或静止等特定状态，或者是心灵拥有某种特定记忆和思想。这种解释的独特之处在于，样态通过物质的属性与物质发生联系：广延是有形物质的主要属性，有形物质的样态是不同的延展方式。尽管物体处于何种样态要视情况而定，但物体的属性并非如此：样态取决于物质的本质，因为样态依赖于物质的属性。例如，形状是有形物的一种样态，有形物所具有的形状取决于该物体延展的实际情况。此外，物体的特定广延必须显示为某种特定的形状。同样地，处于某种精神状态是一种心灵的样态，心灵所处的精神状态取决于心灵所具有的思考属性，而这一属性必须在某种特定的精神状态中展现出来。

根据笛卡儿的论述，物质可通过各自的属性来区分，正如可将物质分为思想的物质和广延的物质，这是"理解物质最清晰明确"的方式。[125] 但是，物质也可通过各自的样态加以区分。不妨试想一下：某种物体具有不同的形状，但是体积保持不变。在以样态加以区分时，笛卡儿迈出了关键的一步。他这样解释道："我们最好理解思想的诸多不同样态，诸如理解、想象、记忆和意愿等等；也要理解广延的不同样态或者那些与广延相关的样态,诸如各部分的形状、位置和运动,如果我们仅仅将各部分视为它们所在事物的样态。"[126]这一点的重要性在于,当我们试图去理解运动——清楚、明确地去理解——我们仅仅需要将运动看作某种物质的一种样态,无须考虑导致运动的原因。因此,在引入"原因"概念之前,笛卡儿能够而且确实进行了关于"运动"概念的广泛探讨。这与亚里士多德的论述流程正好相反。在亚里士多德的论述顺序中,如果没有明确的动因,甚至都无法确认运动（例如,只能处于相对或相反的状态）。

这一探讨的关键在于笛卡儿对"位置"和"空间"的解释——他将这两个概念视为与"物体"（即物质的广延）同等的概念——以及对于"绝对方向"学说的否定。笛卡儿通过清晰、明确的直接论证,将"位置"和"空间"等同于"物质"。对于物质的清晰、明确的观念告诉我们,物体的本质"只存在于广延之中"。这里所说的清楚、明确的标准有个关键的部分,即我们是否能够想象出一种缺乏某种性质的物质。笛卡儿认为,我们能想象出一种没有硬度、颜色、重量及其他可感性质的物体,但是我们无法想象出一种没有广延性的物体。他以硬度举例:我们可以想象,在我们接近物体时,它们总是朝后退,我们便接触不到它们;但是我们不会认为这些物体就不算物体,所以我们能够想象没有硬度的物体。[127]"物体的本质存在于广延之中",这一论断影响了我们对于"空间"概念的理解：

> 所以,"位置"和"空间"这两个概念并不表明这两者与"位于某处的某一物体"有任何不同。"位置"和"空间"仅仅指这个物体的尺寸、形状和相对于其他物体的位置。为了确定位置,我们必须观察其他各种我们视为固定不动的物体；而且相对于不同的物体,我们可以说,同一物体在同一时刻的位置既是变化的,也是不变的。[128]

笛卡儿在这里首先反驳的是空间具有方向的观点。亚里士多德的空间观明确假定了绝对方向；在伊壁鸠鲁的空间观中,原子自然向下坠落,使其空间天然有了方向,其方向性并不逊于亚里士多德。笛卡儿谈及"位置与空间"的情况表明,不只是亚里士多德的空间观存亡攸关,伊壁鸠鲁的空间观亦是岌岌可危。笛卡儿援引"相对运动说",以独具特色的方式反驳了上述两种学说。

"相对运动"所隐含的要点在于,笛卡儿需要运用参照点,判断运动是否发生。如果空间本身没有内在方向,如果不能通过全球的坐标系固定这些参照点——笛卡儿的物质广延是"不明确的"广延,没有中心、没有边界,无法作为参考点——那么这种参考点将因循惯例,是一种相对的参考点。根据笛卡儿的论述，我们判断运动所使用的参考点只能是局部的，我们也的确采用了这一方式确认物体：先假定某一物体是静止的，然后再根据该物体判断其他物体是否运动。[129] 笛卡儿对运动的定义是，"运动乃是一个物质部分（或物体）由其紧密相邻的物体（我们认为其静止）移近于别的物体"（译者注：即相对的位移）。笛卡儿建议用这一定义来替代"常见的用法"（根据常见的定义，运动等同于"产生移动的力或行为"）。他反对"常见的用法"，因为他认为：

运动始终存在于运动着的物体中，不同于产生运动的物体。一般难以细致地区分两者；我想要明确的是运动着的物体的运动，如同处于静止状态的物体的"不动"一样，只是那个物体的一种样态，本身并不是实际存在的东西，正如形状只是有形状的物体的一种样态罢了。[130]

此时，我们在笛卡儿的论述中碰到了一个深刻的问题。[131] 由于笛卡儿的主要论点之一是否认亚里士多德提出的"（地球上）物体的运动会自然停止"的观点，因此他谈到的"静止"与"运动"是相对的（不同于亚里士多德提出的"静止是运动的结果"）。笛卡儿的另一个论断是"事物并不会出于其本性而向着对立或者自我毁灭的方向运动"。这两个论断结合在一起成为笛卡儿"运动着的物体将保持运动状态"论证的前提。[132] 但是他的"运动与静止"的解释模型似乎契合了两个迥然不同的"运动与静止相互关系"的概念。一个是我们考虑独立物体时使用的概念,而另一个是我们考虑物体之间的相互作用时使用的概念。他的第一条自然法则 (law of nature) 是,"每个物体都会竭尽全力,始终保持原来的状态"。从语境中我们可以清楚地看到,这条法则包含速度的变化以及停止的运动物体:物体改变速度的最大原因莫过于停止,这一点对于笛卡儿理解"在没有外力的情况下物体的表现方式"至关重要。然而,笛卡儿也告诉我们:处于同一速度的多个运动永远不会彼此对立,对立"存在于运动与静止之间,甚至存在于运动的快与慢之间"。这个观点似乎表明,笛卡儿认为"速度的差异"等同于"运动与静止的差异",所以静止就是速度为零的运动。但是,笛卡儿也坚持认为"静止是运动的对立面"。在这里,运动与静止被普遍视为一个物体不同的相反样态。当笛卡儿论及物体之间的相互作用时 (诸如碰撞),他主要使用这个概念来论述。下文将看到,当我们谈及笛卡儿的碰撞规则时,运动物体 (无论速度是多大) 与静止物体的表现形式不同。"不同速度的运动物体发生碰撞"的结果与"运动物体和静止物体碰撞"的结果截然不同。同样地,"一个运动着的小物体撞击一个静止大物体"的结果与"一个运动着的大物体撞击一个静止小物体"的结果也是不同的。

笛卡儿体系中"运动"与"静止"之间的关系模棱两可,其背后的原因很复杂,但是从笛卡儿研究自然哲学的起因可一窥问题的缘由。与《哲学原理》相比,《论世界》(Le Monde)一书中的动态模型更充分,至少在表面上做得更好。《哲学原理》在物质理论和宇宙论的细节上几乎完全遵循了《论世界》,但笛卡儿在《哲学原理》中以直截了当的自然哲学方式展开论述,没有以清晰、明确的理念说法来表述。笛卡儿在物理理论方面的早期实践是在流体静力学领域,这一点比较重要,而且他在静力学和流体静力学领域中完善了自己的动力学词汇。[133] 静力学和流体静力学这两个领域非常适合说明"静止"与"运动"间的鲜明区别,"静止"与"运动"分别对应着"平衡"与"失衡"。因而,当笛卡儿思考"力","平衡"观就会自然出现。这种方式从静力学和流体静力学的角度来思考"运动"与"静止",与从运动学的角度思考"运动"与"静止"存在着矛盾与对立。

在《论世界》中,笛卡儿对于吊索上的石头做出了两种论述,由此可见明显的矛盾与对立。在第一种论述中(第6章),没有受到限制的物体只能做直线运动:既然物体的运动趋势是瞬间的,那么这种运动趋势一定是直线的,因为只有直线运动才可以瞬间发生。[134] 与之相反,笛卡儿在第13章中思考吊索上运动的石头拉着绳索的原因[135]

(图8.1)。他认为，对于石头在其圆周轨迹切线 (ACG) 处的趋势，应根据这一趋势的两个部分进行分析。一个部分 (VXY) 是径向向外，另一个部分是沿着ABF的圆周轨迹 (已知吊索不会阻碍沿ABF的运动)。换言之，石头在吊索上的圆周运动并非由 (包括绳索施加的所有影响在内的) 任何外力造成：(由此可见) 物体自然地遵循着圆周运动的轨迹。有一点很有启发意义：笛卡儿似乎没有特别说明物体在缺少力的情况下如何运动，因为他所探讨的物体总是在受约束的体系内运动。就如同在静力学中一样，其目的在于理解非弹性物体的瞬时碰撞。没人会问这些力消失之后会发生什么，因为理解这些力的作用正是笛卡儿研究的关键。同时需要注意，笛卡儿所关注的 (第13章) 运动不具有圆周平衡那样强的圆周惯性。圆周平衡

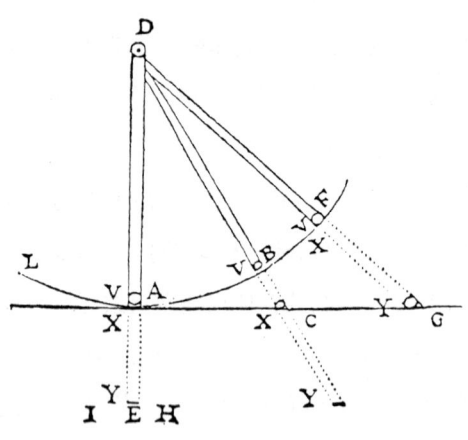

图 8.1

是指物体在连续的圆形轨道上运动，由于施加在物体上的力完全平衡，因此合力为零。因为笛卡儿在这种平衡的静力学（涉及一种站不住脚但是貌似很有吸引力的假设：有些运动是动态不平衡的）与惯性的动力学之间摇摆，所以也产生了困惑。结果，笛卡儿将物体在吊索上的圆周运动解释为该物体的切线运动趋势和径向运动趋势达成的平衡状态。

这种矛盾与对立一直存在于《哲学原理》中，虽然表面上看不出来。这是因为加入了一个新要素，增加了一层复杂性。在《哲学原理》中，笛卡儿意在依照清晰、明确的观念使其自然哲学合法化，这就意味着他必须将其自然哲学翻译成新的语言（一种受到清晰度和明确度限制的语言），这就要求笛卡儿只能使用几何学和运动学的词汇来呈现和维护自己的观点。我们在《哲学原理》中看到的是笛卡儿自然哲学的标准形式，但我们还是得偶尔跳过这种"标准形式"去理解其自然哲学具体主张的根本依据。这一点在笛卡儿的"运动守恒"和"三大自然法则"中体现得淋漓尽致，这些主张构成了笛卡儿体系的核心。在《哲学原理》第二部分第36条中，笛卡儿认为上帝是运动的基本动因，他总是保持宇宙中的动量平衡。笛卡儿谈到，宇宙中"运动和静止"的总量守恒，只是在不同时刻不等地分布在宇宙的不同部分。然而，宇宙中守恒的并不是速度的总量，因为运动是物体的一种样态，并不是与物体分离的东西。宇宙中运动的量并不只是随着速度而变化,而是随着有速度的物质的数量或大小而改变。也就是说,在有速度分布的宇宙范围内,"我们必须认为,当一部分物质以另一部分物质的两倍速度运动,而后者是前者的二倍大,那么两者运动的总量是相等的"。换言之,笛卡儿认为的守恒是大小与速度的乘积,可以理解为一个"标量"(scalar quantity)。目前,在给定的论证基础上,动量只是众多可以守恒的事物之一:我们可以真正得出的结论是,涉及速度或者速率的某种力都是守恒的。笛卡儿没有说明为什么会选择这一特定说法,但不难找到答案。简单机械的静力学提供了杠杆原理的模型,其中守恒的力等于重量和瞬时位移的乘积。笛卡儿向梅森陈述了这一原理,他说道:

如果您有一台处于平衡状态的天平,您在一端托盘放置使其失衡的最小重量,这一端就会缓缓下降,但如果您在这一端的托盘上放置了原来两倍的重量,它就会以原来两倍的速度下降。与之相对的情况是,如果您手拿一把扇子,只用支撑着它不下落的最小力,您举起或放下扇子的速度就等于扇子从您手中滑落做自由落体运动的速度;但如果您以原来两倍的速度举起或放下这把扇子,您必须用原来两倍的力,因为扇子的初始速度为零。**136**

笛卡儿在此处所做的就是将静力学的情况转化为运动学的情况，对重量的理解不变，将瞬时位移转换成了速度。[137]

上帝的永恒性构成了"运动"的守恒（大小乘以速度），其永恒性以自然法则的形式体现。这些自然法则的形式是"我们在单个物体中观察到的不同运动的第二原因和特殊原因"。这些自然法则中的第一条说明了运动守恒的具体形式。如同物体保持其原有的形状：当物体静止时会保持其静止状态，当物体运动时也会保持其运动状态。一般而言，在没有外因的情况下，物体将保持其原有的运动状态或静止状态。这背后的基本原理在于，"静止是运动的对立面，事物不会出于其本性而向着对立面或者自我毁灭的方向运动"。[138]如果保持相同的运动状态（即保持相同速度），不同于只是处于运动状态，笛卡儿的基本依据是"不同的运动状态取决于运动和静止的不同量"，因为只有这样才可以适应速度的改变。

笛卡儿的第一自然法则探讨了标量，其内容本身没有告诉我们运动的方向。但是运动总是具有某种特定的方向（即使是相对而言），笛卡儿通过论述"样态"来论述"方向"。在笛卡儿的形而上学中，广延性是有形物质的主要属性，有形物质的样态就是不同的广延方式：特定的广延性一定展现为某种形状、处于动或静的某种状态，以及所有诸如此类的样态。这类样态——我们可称其为一阶样态 (first-order modes) ——是物质属性存在或得以表现的特定方式。[139] 然而就运动而言，还存在一种二阶样态 (second-order mode)，使运动样态得以成立，这就是"规定"(determination)。[140] 虽然形状和动/静状态是物体的性质(也称为样态)，物质的属性必须依据这些性质/样态表达，但"规定"是二阶样态，一阶的运动样态必须通过"规定"表达。

第一自然法则意在确定"如果没有外因，一阶样态不会改变"。第二自然法则意在确定"如果没有外因的情况，二阶样态不会改变"。笛卡儿唯一提及的二阶样态是"规定"，"规定"是有方向的量(译者注：即矢量)。[141] 该法则告诉我们，"所有运动的物体在开始运动的瞬间即被规定，物体会继续在既定方向上沿直线运动，绝不会沿着曲线运动"。[142] 这一解释完善了笛卡儿对于单个物体的论述。笛卡儿也一直在努力指出，自然界中其实找不到持续的直线运动，因为地球上的物体运动总是受到很多原因的影响，运动最终都会停止，只是其中一些原因我们可能并没有意识到。而且，物体的运动也不是呈直线的，因为在充满物质的空间中，物体的平移需要更为复杂的圆周运动。

向曲线运动原则过渡对于笛卡儿要解释的现象具有更直接的适用性，其中太阳系的起源与结构是最首要的问题。对于这种过渡的讨论开始于第二自然法则的第二部分。第二部分第39条的标题陈述了第二法则，告诉我们："所有运动本身都是直线运动；所以，做圆周运动的物体总是试图离开圆心。"我们由此接触到了笛卡儿宇宙论的最前沿：从中心径向向外的力，即离心力 (centrifugal force)。[143]他已经提出的两个自然法则使用了最少的、静态的且相对不容易引起争议的前提。最主要的前提是上帝的永恒性，笛卡儿也尽力用永恒性来解释运动与静止：由于某种内在原则，永恒性不会让运动的物体走向静止。这些自然法则其实对于宇宙论的论证帮助不大，因为《哲学原理》第二部分不过是为宇宙论的论证做铺垫。但是引入离心力概念让一切大为改观，部分原因在于离心力是一个动态概念。

笛卡儿的目标是让确立前两条自然法则的论据成为"离心力"概念的基础，因为这些论据相对不容易引起争议。但是，对于前两条自然法则的论述并没有为笛卡儿探讨宇宙论提供帮助。对于笛卡儿的宇宙论而言，他需要物体拥有从旋转中心径向向外的运动趋势以及切线方向的运动趋势。笛卡儿解释了"旋转的物体如何努力从运动的中心脱离出去"，也解释了"宇宙中所有物质都同样努力地从某个中心脱离出去"。[144]例如，如果把一个球放置在一段中空的管子中，使管子围绕其一端旋转，球就会从中心向外运动。[145]当然，笛卡儿意识到这个球一旦离开了管子——即消除了对球的运动约束——便不再做径向运动，而会沿着旋转中心的切线方向运动。重点在于，整个宇宙环境中充满了同质的物质，这种约束永远不会消失。光之所以会从太阳这个旋转中心径向地向外传播，正是因为太阳在旋转。笛卡儿的光学和宇宙论非常依赖于一种径向向外的力。笛卡儿在《论世界》中提出了两种相互矛盾的解释，因为他也曾尝试通过静力学来思考旋转。在《哲学原理》中，笛卡儿一定程度上避免了自相矛盾的情况，因为物体的这种径向趋势现在看起来像"宇宙是一个充满着物质的空间"这一事实所造成的结果。如果物体在虚空中运动，这种径向运动的趋势便不复存在。[146]

但是，这并不意味着在笛卡儿的探讨中缺少静态模型，因为伴随着笛卡儿的第三条自然法则，静态模型在笛卡儿的碰撞规则中多次反复出现，从而使我们的注意力从"前两条法则中描述的孤立物体的表现形式"转移到"碰撞中物体的表现形式"。[147]第三自然法则的内容是："当一物体与另一物体接触，如果该物体的力量弱于对方，则不失去运动量；但是，如果该物体的力量大于对方，则失去的运动与对方得到的运动一样多。"[148]在证明第三法则时，笛卡儿充分利用了一阶样态"运动"与二阶样态"规定"之间的差异。笛卡儿告诉我们，当物体的"规定"改变时，物体的运动可以完好无损。这一观点在笛卡儿阐述碰撞时发挥了重要的作用，因为碰撞的物体通常是完全非弹性的。比如，一颗硬质的网球撞击球场的地面上会发生反弹（图8.2）。[149]但如果运动的"力"（体现为物体的速度）和运动的方向是一回事，那么网球在改变其方向前就必须先停下来；而网球一旦停止，则需要新的动因才能使它再动起来。但是并不存在这种新的动因：所以，网球与地面撞击时，其力量或速度并未受到影响，仅仅是运动方向发生了改变。如果我们以笛卡儿的方式区分物体的速度和物体的"规定"，那么就能够理解当物体的方向发生改变时速度何以守恒。[150]"规定"是一种复合样态，不同于速度，因此不能以维持速度的方式去维持。在网球受到地面的反弹之前，其速度以线段AB表示，反弹之后以相同长度的线段BF表示。线段AB也代表球的"规定"，因为"规定"仍是一种运动样态[151]，那么可以被分解为两条正交的线段（orthogonal lines）：线段AC（与地面CBE垂直）和线段AH（与地面平行，不涉及碰撞）。由于"规定"AH不涉及导致网球反弹的碰撞，故"规定"AH不变，仍是网球反弹的"规定"的组成部分，因为网球从B点到达F点的时间与从A点到达B点的时间相同——线段AB、BF表示相同的速度——线段BF的正交组成部分则是线段HF和线段EF。换言之，线段AC被线段EF取代（只是因为将物体的运动分解为两个正相交的部分），方向必然会相反。

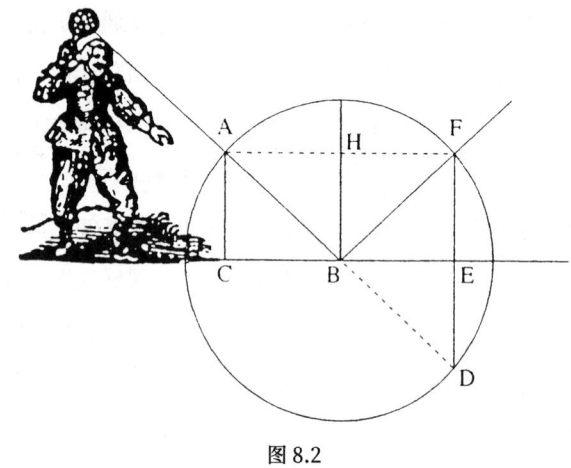

图 8.2

从第三自然法则推导出来的碰撞规则阐述了非弹性物体在同一直线上发生碰撞后的表现形式。每种碰撞都受到运动守恒定律的约束,作为碰撞的结果,物体的速度和/或"规定"可以改变。有七条基本规则描述七种最初的状态,最后一条有两个变体(图8.3)。[152]这些规则描述了三类情况:简单对立,即物体的大小和速度相同,但"规定"不同;运动状态和"规定"形成的双重对立,即两个物体一动一静,且"规定"相反;运动的中间态和"规定"形成的双重对立,在这种情况下两个物体运动方向相同,但是一物体的速度大于另一物体。这些情况的背后存在着一个静态模型。[153]例如,在规则1中,相同大小、相同速度但"规定"相反的两个物体,在同一直线上运动产生了碰

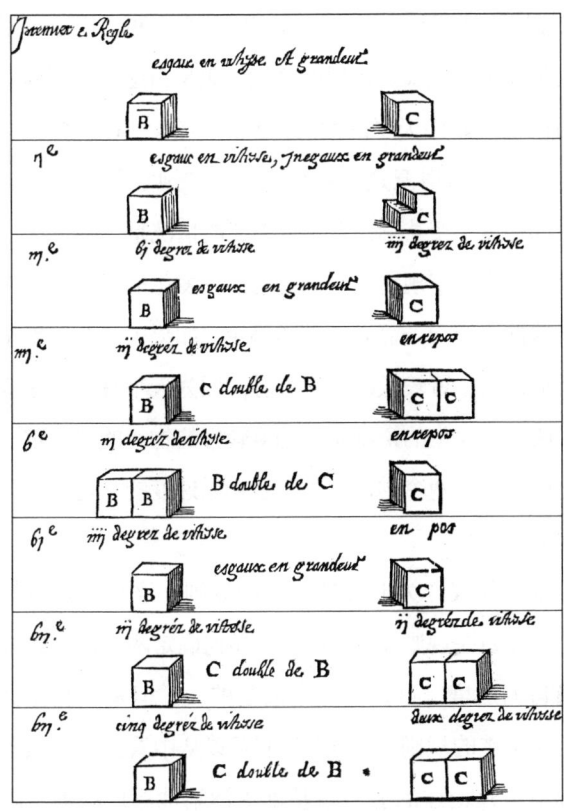

图 8.3

撞。此处的碰撞结果是根据这样一条静态原理所确定：如果天平的两臂等长、两端物体重量相等，那么天平两端齐平，处于平衡状态。所以会发生的情况是，两个物体的"规定"会与之前相反，它们在撞击之后会远离彼此。规则2描述的情况是，两个速度相同但大小和"规定"不同的物体发生的碰撞。这里的碰撞结果是由这样一条静态原理所确定：如果天平的两臂等长，那么较重的物体取胜。所以会发生的情况是，较轻物体的"规定"会与之前相反，而速度不受影响。规则3描述的情况是，两个大小相同但是速度和"规定"不同的物体所发生的碰撞。此处的结果根据这样一条静态原理所确定：如果天平两侧重量相等，那么天平臂较长的一端取胜，因为天平臂越长速度越快。所以会发生的情况是，速度较慢的物体的"规定"会与之前相反，两个物体会以两者初始速度的平均值朝同一方向运动。

就算仅仅作为非弹性碰撞的规则，这些规则也都有问题。比如在规则6中，笛卡儿如何确定两物体在碰撞之后各自的速度，这是完全不清楚的。[154]但是，我尤其关注疑点重重的规则4，因为我们可以从中看到，从根本上支撑笛卡儿论述的静力学基础更清晰地浮现眼前，除非我们理解了规则4的静力学基础，否则完全无法把握规则4。规则4讲的是，当一个较小的运动物体遇到一个较大的静止物体时，这个较小的运动物体会以原速度反弹回去，而较大的静止物体不受影响。规则5讲的是，当一个较大的运动物体遇到一个较小的静止物体时，两个物体在碰撞之后会按照运动体的方向行进，运动速度等于较大物体的大小乘以其速度，再除以两物体的大小之和。这个规则很奇怪，原因很复杂。规则4说明较小的物体永远不能移动较大的物体，无论较小的物体速度多快，也无论二者的大小差异多么微小。笛卡儿承认这个说法有些奇怪，他告诉我们"过往经验似乎与我刚刚解释的原则相矛盾"，[155] 并在规则4的介绍中明确指出，当物体被空气或其他流体包围时，规则4可能不成立。更为重要的是，考虑到笛卡儿对运动的定义（哪个物体运动，哪个物体静止，是一个确定适当参照点的问题），找到参照点是非常容易的；从参照点出发，较大的物体作为运动物体，较小的物体作为静止物体，但是如果处于规则5所描述的情况，将得出完全不同的结果。

要理解笛卡儿为什么坚持规则4并非难事，因为规则4是笛卡儿光学理论的基础。笛卡儿或许意识到，其光学理论需要规则4，他也由此改变了在这个问题上的看法，因为在五年之前他曾两次写信给梅森，信中认可了较小的运动体可以移动静止的较大物体，甚至指出了确定组合速度的方法。[156] 以直线传播的光线在反射或折射时表现出特定的几何形式，笛卡儿在尝试解释其中的原因时，从微粒机械论的角度构建了光的模型。例如，在反射时，光的微粒撞击较大的物体，并从物体表面反射回来。笛卡儿从运动学角度提出的碰撞法则应该足以描述光学里可能存在的不同类型的相互作用，由此应该可以解释"当光线照射反射面，或从一种光学介质进入另一种介质时，光线何以表现出特定的几何形式"。这种处理方式的关键在于笛卡儿对反射和折射的阐述，我们这里主要关注反射。笛卡儿对于反射的阐述始于这样一个观点：当光线以一定角度照射反射面并发生反射时，入射角等于反射角。为解释这一观点，笛卡儿将光线分解为几个组成部分，并区分了光线的速度和光线的"规定"。在以物理学具体论述这种情况的几何学原理时，笛卡儿只需要将光线想象为"许多细小的微粒照射到一个较大的物体上"。如果该物体真的被光微粒所移动，那么光微粒会将其部分运动转移给较大的物体。在这种情况下，光会被延迟，光线的方向和速度都会受到影响。如果这种情况真的发生了，反射角就不会等于入射角：而且这种情况更像折射，即光线速度的改变造成了光线的弯曲。运动学必须匹配我们所知的反射几何学，而且反射几何学并不能处理近似值：几何光学只是以精确性为核心的几何学在特定领域的解读。通过物理学模型解释光的几何学方式时，我们不能丢弃作为几何学精髓的精确性。如果对于光线的表现方式所进行的几何分析表明入射角等于反射角，那么二者就是完全相等的：无论光线照到雨滴还是海面，入射角都等于反射角。如果事实如此，光微粒则不能移动经其表面反射光线的物体。

这就解释了为什么规则4对于笛卡儿而言如此重要，但没有解释他证明规则4正确的思考过程。如果思考笛卡儿自然法则的基本原理，就可以找到这样一则物理学论断：较小的运动物体与较大的静止物体发生碰撞时，较小的物体无法改变较大的物体的状态。笛卡儿按照类似经院哲学的自然哲学思想对这则物理学论断进行了详细的论述。在笛卡儿的论述中有两个重要的前提。第一，静止与运动具有同样的实在性：静止不只是像经院哲学家们所主张的那样是运动的"缺失"。第二，静止与运动是彼此对立的：它们只是物体两种相对的样态，因而我们必须根据"较小的物体具有特定的运动量、较大的物体具有特定的静止量"来思考物体间的相互作用。运动与静止是相反的状态，所以两种状态的物体将会处于动态的对立面。故而，规则4可以看成是描述了较大的静止物体与较小的运动物体之间的一场竞争。[157]大小物体都会使用一种力来抵抗对其状态的改变，笛卡儿认为，这种力的量级随着物体的大小而变化。仅凭这个原因，一个运动物体也不能比静止物体具有更大的力，更快的速度也不能赋予该运动物体更大的力。两者中的任何一者都会破坏笛卡儿想要捍卫的"静止"和"运动"概念在本体论上的等价关系。牢记这一点，我们便会问"较小的运动物体碰撞较大的静止物体时发生什么"。在碰撞发生后，两者显然不能都保持原来的状态，所以必然会有状态的改变。因为较小（或者"较弱"）的物体很难改变较大（或者"较强"）的物体所处的状态，那么较小的物体就要改变其状态（运动方向被反转），而较大的物体在这一过程中不受影响。

这一论述解释了规则4为何必须是非此即彼。我们或许不禁要问：如果较小的物体有足够的速度（问题1），或者如果两个物体大小的差异极小（问题2），较小的物体为何不能移动较大的物体？第一个问题的回答是，因为"运动"与"静止"在本体论上是等价的两个概念，所以较小物体的速度与碰撞的结果无关。第二个问题的回答是，因为速度与碰撞的结果无关，影响碰撞的结果的唯一因素就是物体的大小。尽管如此，这样的回答还是有些奇怪，因为物体之间大小的差异无论巨大还是微小，碰撞的结果都同样与此无关。然而，当我们从静力学的角度思考这种状况时，以上回答便立马不奇怪了。试想，将两个物体分别放在一架天平（理想状态下无摩擦力）的两个托盘中，无论两个物体的重量差异多么微小，装有较重物体一端的横梁总会下降。这确实是笛卡儿论述背后的推理过程。在他写给霍布斯的信中，这种观点体现得清清楚楚。霍布斯认为，物体移动的程度与施加给物体的力成比例，所以即便向该物体施加最小的力，也会使其产生某种程度的移动。笛卡儿便在信中回应了霍布斯的观点，他写道：

"如果最小的力不能移动物体,那么任何力都不能使该物体移动",这一假设与事实不符。即便100磅在天平上不及200磅重,难道有人会以为100磅还不及另一端托盘中的1磅重吗?[158]

规则4回避了对"速度"的考量,似乎将碰撞问题还原成了一个静力学的问题,其所采用的方式借助了运动与静止在本体论上的等价原则。笛卡儿对于等价原则的阐述往往被视为他迈出的重要一步,走向了对惯性原理的正确理解,也是他从原来"把静止简单看作运动的缺失"转变为"在动力学上同等看待静止状态和匀速直线运动",认为静止和匀速直线运动都是无须外力维持的状态。这是牛顿将遵循的道路,或许他就是阅读了笛卡儿的著作才走上了这条路。但是,这是否表达了笛卡儿自身的思考方向,其实并不明了。正好相反的是,运动与静止在本体论中的等价原则(在物理学中,碰撞规则相当于动力学的等价关系)对于笛卡儿而言,是在完全相反的方向上迈出的一步。运动与静止在本体论中或者动力学中的等价关系意味着,适用于静止的理论也适用于运动。我们通过静力学认识到物体处于静止状态时的表现形式:如果可以将运动视为静止的某种变体(从平衡状态中的脱离),或许可以在静止的基础上构建对于运动的理论。如果有人像笛卡儿一样,已经在静力学的背景下发展出主要的动力学概念，那么他不得不使用些策略，不过不是将动力学概念转为运动学概念，而是构建没有运动学理论依据的动力学体系。但是，当我们考虑到宇宙论的构建是以这种自然哲学为基础时，运动学的理论依据在"物体在真空中运动"的宇宙论中要比在笛卡儿宇宙论中更紧要。

笛卡儿的宇宙论

在笛卡儿的宇宙论中，行星之所以运动，是因为身处旋转流体之中。因为宇宙是一个充满物质的空间，任何一部分的运动都会引起其他部分的运动，如果以位移作为最简单的运动形式，那么其轨迹将是一条封闭的曲线。在不同的（太阳系）中心周围存在着大量的位移，带动周围的星体围绕着中心运转，星体与中心的距离取决于星体的大小和活力。笛卡儿最迫切的问题不在于他的运动学，而是在于这样一个事实：他提出了许多基本法则，规定完全无弹性的物体的行为方式，这些物体要么彼此完全分离，要么在虚空条件下成对地互相作用。但问题是，在笛卡儿的宇宙中，物体既非完全无弹性，也非彼此分离，这才是难点。他需要用机械的方式来描述物体的内部物质组成及其周围环境的物质组成。首先，因为物体的运动是通过其所处的流体介质，所以理解流体的运动是理解物体运动的关键所在。笛卡儿的运动学不能直接用以解释行星的运动。例如，在解释行星运动时，不能将它们当作在真空中运动的完全非弹性的物体。当然，运动学可以帮助我们理解由于物体组成部分的行为所造成的物体自身的行为，运动学主要针对的就是物体的组成部分。但这只是个大致的估计，因为物体的运动并不仅仅依赖于自身组成部分的行为，也依赖于周围介质的行为，所以还是要根据周围介质的构成来分析介质的行为。

在笛卡儿的宇宙中，流体引起了其中的物体的运动，而非阻碍它们的运动。正因如此，流体构成部分的运动通常不会阻碍固体的运动，符合我们最初的预期。这一点很关键。对于流体中的静止物，笛卡儿认为，流体的构成部分处于持续运动的状态，从各个方向对该静止的物体作用相等的力，所以净效应为零，物体保持静止状态。然而，就一个运动的物体而言，流体的运动部分促发或者强化了运动，使得大的物体也可以由少量的力移动。如果物体的运动速度大于流体微粒的运动速度，那么流体将会阻碍物体的运动，但物体可以在一定范围内从流体中获得运动。处于流体中的固体随着流体一起运动，但是根据笛卡儿对"运动"的定义，这种情况不是真正的运动，因为没有相邻物体的传导。换言之，流体中物体的速度将很大程度上取决于流体构成部分的速度，这是笛卡儿宇宙论的重要成果,因为这是解释"行星为何在稳定轨道中保持运行"的主要部分。诸君需留心,在此大背景下,水晶球体系也逐渐以"流体论"来解释,随着物理学问题与天文学问题之间的鲜明区别淡化,"流体论"在17世纪早期已非常流行。[159] 随着第谷证明彗星穿过行星的轨道,排除了行星轨道上存在着冰盖或水晶外壳的可能性,对于许多人而言,"流体论"是维持水晶球体系的一种方式。"水晶球的流体化"是重新审视"是什么维持行星与恒星在轨道中运行"这一问题相对轻松的方式,尤其是对于那些接受了某种形式的地心说的人(例如上文中的培根)来说。但是,"水晶球的流体化"对于笛卡儿等人同样具有吸引力,因为他们希望按照物理学的理论来解释一切物理过程,这种物理学理论只承认物体之间发生直接接触的相互作用。其实,笛卡儿假定流体介质的动机更为强烈,因为他有一套成熟完备的理论来解释物体在流体中的行为。相比之下,他的碰撞规则或许能为在真空中碰撞的物体提供模型,但与分离物体的运动毫不相关。

如果说流体宇宙论尚有一些符合正统教义的先例,那么笛卡儿所宣扬的"多日心体系"(multiple heliocentric system)一个也没有。笛卡儿认为,太阳光的强度如此之大在于太阳是光源,不同于仅仅反射光线的行星和月亮。他在论证的过程中,迈出了哥白尼、开普勒和伽利略等人未曾迈出的一步:

虽然一些恒星距离地球和太阳相当遥远,但如果我们考虑到这些恒星的光芒多么耀眼,我们就会很容易接受"这些恒星就像太阳"的观点。因此,如果我们离其中一颗恒星的距离与我们离太阳差不多,那么这颗恒星极有可能像太阳一样,大而明亮。[160]

在布鲁诺之后、笛卡儿出版《哲学原理》之前的这段时间内,没有宣扬无限数目或不确定数目的"多日心宇宙体系"的出版物问世。但是在笛卡儿之后,人们就将这种思想作为日心说的一部分而自然接受了。[161]哥白尼和开普勒的空间都具有内在的方向性,因为它有一个中心,行星和恒星围之旋转。但正如上文中所见,笛卡儿明确否定该观点。笛卡儿的宇宙中有着数量不确定的行星太阳系,每颗行星都围绕着处于中心的太阳旋转,这些太阳也围绕自己的轴自转。笛卡儿为该体系画的插图(图8.4)中,Y、f、F、S等都是太阳,可以明确得知他宣扬一种存在多个日心系的宇宙,每个太阳都处于流体物质的涡旋中心,运载着该太阳系中的行星一同旋转,"我们将会明白:在这张图所示的平面之上、之下和之外,还存在着大量的其他行星系,散布于空间的所有维度"。[162]

笛卡儿对于该体系的辩护主要依赖于这一事实:我们对于这些行星表面上的静止或运动的感知与我们自身所处

的静止或运动状态有关。我们或许不能判断其他行星表面的运动动因是否(或者在何种程度上)是我们所经历着但却没有察觉到的运动,还是应归因于我们观察到的运动。宇宙中的流体载着地球在自身的轨道上运动,但相对于流体而言,地球是静止的。所以,根据笛卡儿关于运动与静止的运动学定义(运动与静止只与相邻的物体有关),地球本身也处于静止状态。但是,需注意的是,在笛卡儿的这种定义中,地球和太阳仍然有区别:尽管笛卡儿定义太阳"不会从一个位置运动到另一个位置",但对于地球而言,笛卡儿告诉我们"在运载着地球的天空中,地球处于静止状态"。[163]情况其实很复杂。当解释"在何种意义上不能将运动归因于地球"时,笛卡儿区分了"运动"这一术语的通俗理解与其在学术上的准确使用,并得出结论:无论在哪种情况下,运动都不能归因于地球。[164]在通俗的理解中,人们认定地球上某一点不动,以此判断其他的运动;倘若这样,可以说其他行星在运动,而不是地球没有运动。根据"运动"的准确定义,从"地球飘浮在各部分剧烈运动的流体天空中,恒星之间的相对位置始终不变"这个事实中得出结论:我们可将这些恒星视为不动的,并以此来确定地球在运动。这无疑是错误的,因为其他恒星不与地球直接接触,所以不能根据这些恒星来确定运动与否。学者有时将这种说法解释为笛卡儿的相对主义评注,用来掩饰其实际倡导的哥白尼思想。但是这种说法不大可能成立，因为笛卡儿明确倡导"多日心体系"，比标准的哥白尼思想更激进。[165]事实上，根据笛卡儿对运动的理解，他的解释确实有道理，而且他的理解的基本依据是"清晰性和明确性"的准则。笛卡儿对于运动的定义确实很复杂，他对运动的定义是出于想提出一些纯粹的运动学概念；反过来说，他的动机又主要源于自身对提出"清晰、明确的"基本概念的关注。在笛卡儿的认识中，地球没有力量移动自身，即使有力量移动自身，运动轨迹也不是圆形，而是一条直线。地球的运动轨迹之所以是圆形，是因为它被四周环绕的流体所裹挟，但地球却无论如何都不会影响这些流体的运动。然而，这就意味着地球运动了吗？答案取决于我们所采用的运动观。我们在这里必须牢记，亚里士多德认为运动是潜能的实现，这根本不是一个直观、清晰的概念。在一些标准的定义中，这种运动观确实难以理解；而且也应记住，谈及此话题时，对于"运动"的认识其实尚未达到共识。地球的运动显然与太阳相关，尤其是人们从动态的角度加以思考。笛卡儿认为有一种力，与旋转有关，从旋转的中心处径向向外发散；这种力存在于地球上，但如果地球没有围绕太阳旋转，那么这种力就会消失；但是，这种旋转只与太阳有关，与承载地球的流体无关。[166]总之，在笛卡儿看来，认为"地球不动"的主张是出于对"运动"概念十足的误解，这种主张其实是源于对空间和物质本性的根本误解：追根溯源，这种认为地球处于静止或运动状态的主张完全不能满足"清晰性和明确性"的要求，所以笛卡儿直接否定这一观点。

笛卡儿所建立的行星模型阐述如下：

遥想宇宙，行星居于其间，物质永恒旋转，如一涡旋，太阳居于中心。距离太阳近者运动略快，远者稍慢。所有行星（亦包含地球）浸于天上物质（流体）之中，悬浮其间。凭此一事，无须其他设定，行星之全部现象便可轻易理解。若稻草漂流于河中，河水激荡往复，水流旋转形成涡旋，可见涡旋载稻草而行，使之为圆周运动。除此之外，常见些许稻草以自身之中心旋转；另有接近涡旋中心之近者，其圆周运动快于远者。终可见，涡旋固然总许以圆周运动，然稻草之轨迹并非无暇缺之正圆，时宽时长，宽长各异矣。由此不难想象，行星与稻草经历类同；此之为尚待解释之行星现象。[167]

行星由涡旋带动绕太阳运动，公转周期大致与距离太阳的远近成比例，但太阳系中的两颗行星（地球和木星）都拥有卫星。笛卡儿已意识到这一情况，他同样依照涡旋来解释了这些卫星的运动，认为木星卫星的公转周期与距离木星的远近成比例。然而，他也小心地指出，行星的中心并不一定总是完全在相同的平面上，行星所运行的轨道也不总是正圆。[168] 对于第一个问题"行星在横向上的运动变化"，他注意到在其他行星的运行平面中，黄道略有变化，但指出"所有这些平面都以太阳为中心"。对于第二个问题"行星在纵向上的运动"，笛卡儿指出，这些行星所运行的轨道，在特定的时刻距离太阳比平时更远。笛卡儿可能知道开普勒对于行星轨道的研究，因为贝克曼在1628年年中曾经仔细研究过开普勒的学说。我们有理由相信，在1628年年底到1629年年初期间[169]，贝克曼在与笛卡儿会面时为他提供了这些研究材料。但就算贝克曼确实这样做了，也不能证明笛卡儿在谈及"行星轨道并非正圆"时所指的就是椭圆形轨道。他的确谈到了卫星轨道的形状"非常接近椭圆"[170]，但是他从没有将此扩展到行星的轨道。无论如何，笛卡儿所指都不是严格意义上有两个焦点的椭圆，而是因为某种原因发生了弯曲的圆，看起来有点像椭圆，但终究只有一个圆心。我们现在探讨的问题处于力学和物质理论的交叉领域，在这个交叉领域中，偶然性决定了轨道的形状，而非精确的数学。当然，我们应该记住，正如上文所见，在开普勒的论述中，"自然的"轨道——那些符合几何原型的轨道——是圆形的，但由于行星的天平动（libration，由行星物理结构中的复杂磁性和类磁性的特征所致）使得轨道由正圆变成了椭圆形。开普勒和笛卡儿都将圆形轨道视为自然形状，区别在于开普勒从数学意义上严谨对待行星实际运行轨道的确切形状，而笛卡儿认为确切的轨道形状是个偶然的物理学问题，由不同的涡旋压力决定。在笛卡儿看来，行星总是趋向于在圆形的轨道中运动，"但是因为宇宙中所有的星体彼此临近，并互相作用，每个星体的运动都会受到所有其他星体运动的影响，所以轨道形状的变化难以预测"。[171]

笛卡儿显然不理会第谷和其他科学家所做的详细观测和计算，在他们的天文学观察和计算中，彗星位于地球和太阳之间。笛卡儿认为，彗星必须位于土星的轨道之外，他的理由并不是基于更为细致的观测或更精密的计算，而是基于以下论述：

> 这些彗星需要土星与恒星之间的巨大空间，才能完成自己的旅程，因为这些彗星形形色色、数量繁多，完全不同于恒星的稳定，不同于围绕太阳旋转的行星那样规律地运行，所以若没有这片巨大的空间，似乎无法用任何自然法则来解释彗星。[172]

换言之，只有当彗星是距离我们太阳系中心最远的物体时，构成笛卡儿宇宙论的基本力学原理与物质—理论原理才能说得通。而且，当笛卡儿详细讨论彗星时，它们在理论上的质量与大小也完全由这些原理决定。

笛卡儿完全意识到了问题的症结所在，他在为其整体观点辩护时这样说道：如果从我主张的基本原理或原因中演绎而来的推论"与所有的自然现象完全吻合，那么相信引起结果的原因以及我们由此得到的发现是错误的，似乎对上帝不公"。[173]笛卡儿谈到从"数学序列"中得到以上的推论，因为在《哲学原理》中没有任何数学证明，所以他所谓的"数学序列"可能是从第一原理整合而来。"对于上帝不公"是一个关键的措辞，清楚地说明关键在于我们要从（上帝确保的）"清晰和明确的"原则出发，并以维持清晰性和明确性的方式推进研究：如果我们能这样做，将不会偏离正道，即如笛卡儿在《第一哲学沉思集》和《哲学原理》第一部分中所阐明的那样，因为上帝已经确保我们清晰、明确的认识是真实的。然而，笛卡儿谨慎地指出了他自己的观点本质上有假设的成分：如果我们始于"清晰、明确的"原则，并以适当的方式推进研究，那么我们不会犯错，当然并非人人都认同笛卡儿的理论真正地满足了这些标准。所以笛卡儿也乐意将这些理论视为假说，只要人们认可他今后从这些理论中所演绎的推论"完全符合现象"即可。[174]

笛卡儿之所以要在这里提出"免责"声明，原因之一是他准备公开他的物质理论。在他看来,这套物质理论充其量只处于假设的水平。在开始探讨物质理论时,他提到了他自己已经确立的那些基本原理:物质的同质性和可分性,以及运动守恒(即大小和速度的乘积)。有待进一步探讨的是物质分割后各组成部分的大小、运动速度及其循环运动的轨迹形状。这些问题有无限种可能的答案,笛卡儿因此建议我们对这些问题做出一些假设,看看这些假设是否可以推导出物质的组成部分所表现的现象。

第一个假设是上帝将物质分为单一大小的部分,各部分大小不同,但知道其平均值。第二,我们假设在上帝创造的宇宙中,物质总量是守恒的。最后,我们假设上帝给每一部分物质施加相等的力,使其开始运动,每一部分物质围绕各自的中心旋转,进而形成流体,正如我判断天空形成的原因那样。其他几部分物质彼此的距离相等,共同围绕其中心旋转,正如我们在宇宙中看到的多个恒星的中心那样。还有多个光点围绕着中心旋转,光点的数量等于行星的数量。因此,举例而言,上帝移动了AEI区域(图8.4)的所有物质部分,使其围绕中心S旋转;也同样移动了AEV区域的所有物质,使其围绕中心F旋转,如此这般。所以,这些物质部分形成了多少个涡旋,世界上就有多少个天体。[175]

尽管宇宙中物质的组成部分最开始并不是球形,但

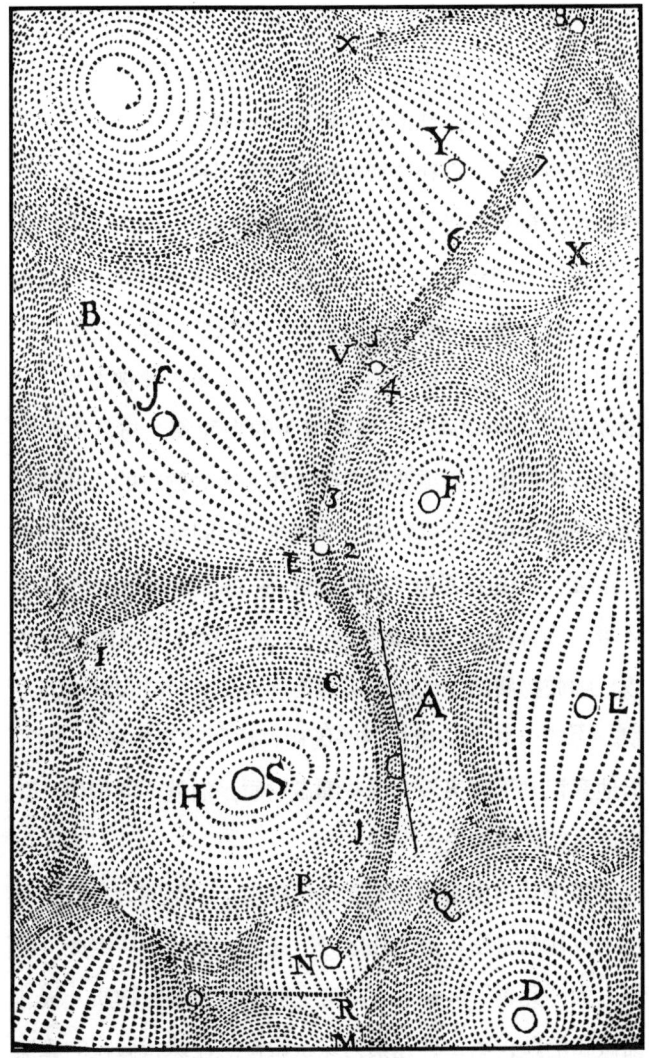

图 8.4

是在旋转以后,微粒的边角随之磨损,经过反复磨损后微粒便变成了球形。当然,在一个充满物质的空间之中,不是所有的事物都是球形的,物质的原始部分被磨损下来的边角余料必定会填补球形微粒之间的剩余空间。为此,这些边角余料必定极其微小,而且非常活跃。因为在它们从原始物质上剥离的过程中,一定获得了显著的速度。这些边角余料受到原来的大块物质推动,快速穿过一些狭窄的缝隙。此外,这些极小的边角余料——笛卡儿称之为"细微物质"(subtle matter)——拥有很大的表面积,与其体积成正比。体积比成为重要的力学性质,因为微粒的活跃度和很大的表面积都可以影响一个物体的坚固性。[176]这一点十分重要,因为这意味着一旦我们脱离了碰撞规则的理想环境,物体所具有的动量是一个大于尺寸乘以速度的函数:细微物质的搅动度事实上要远大于其尺寸和速度的乘积。[177]笛卡儿无法量化这些细微物质所产生的多余动能,但他意识到,如果没有这些细微物质,他就不能构建一套合理可行的宇宙论。

笛卡儿的宇宙论和光学理论都规定了不同大小的物质将组成什么事物。笛卡儿区分了三种大小的物质组成,他称之为"元素"(elements)。[178]第一种元素为细微物质,极其细微和活跃;第二种元素为球状微粒,在球状微粒的摩擦和磨损过程中,产生了细微物质。笛卡儿这时引入了第三种元素，由体积特别大的物质构成。笛卡儿认为，万物都由这三种元素构成："第一类元素构成了太阳和恒星，第二类物质构成了天宇，第三类构成了地球、行星和彗星。"此外，这三类元素为笛卡儿的光学理论提供了充分的物质基础，因为第一类元素构成了发光的天体，即太阳和恒星；第二类元素组成了光线传播的介质，即"天空的流体"；诸如行星这样可以折射和反射光线的天体，则由第三类元素构成。

当数量可观的细微物质形成以后——其数量超过了填补第二类物质部分之间区域的需要——第二种物质的球形微粒在离心力的作用下，开始呈放射状向外运动，过量的细微物质在更靠近中心的区域聚集，最终成为太阳S以及恒星F和f（图8.4）。我们在这里便有了笛卡儿关于光的产生和传播的论述。笛卡儿借用一根绳子上系着的石头为例，来说明物体呈放射状脱离中心的倾向，并进一步解释光是如何从太阳这个圆盘中发射出来并进入我们的眼睛的。在F点（图8.5）的球体受到所有处于圆锥体DFB范围内的物质所推动，但不受圆锥体范围之外的物质推动，所以如果空间F为虚空，那么所有在空间DFB中的球状微粒都将前去填满这一空间。[179]光是由球状微粒间的压力所产生的，在F处的人眼将能接收到来自B与D之间全部点的脉冲，所以太阳的整个圆盘都是可见的。请注意,这种压力是即刻传输的,在球状微粒之间不存在互相干扰。试想,有一个盛满铅球的器皿BFD(图8.6),然后我们在F处开一个口,这样球就依靠自身的重力下落。一旦球1移动,那么两个球2和三个球3也将同时移动,但是其他球不动。此外,确实是压力在起作用,而非球的运动起了作用,而且"光的力量并不存在于运动过程中,而仅在挤压或者运动的初始准备阶段才存在,即便挤压可能不会产生实际的运动"。[180] 简而言之,光就是由离心运动的趋势所产生的一种压力。

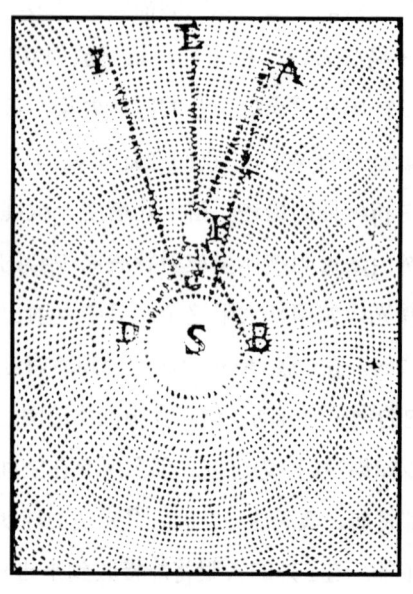

图 8.5

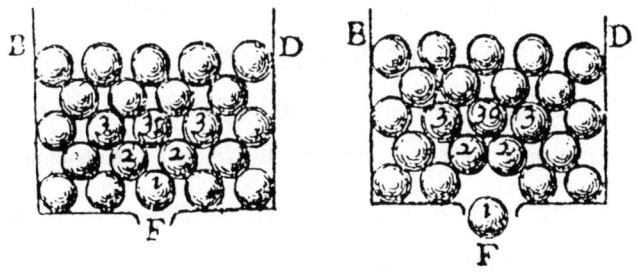

图 8.6

这种论述能在多大程度上获得成功,主要取决于涡旋理论的合理性。由于天文学家观察到的天体运动与水晶球体系并不相符,因此学术界摒弃了水晶球体系。所以,对笛卡儿而言,很有必要展现其涡旋理论与所观察到的天体运动是相符的,尤其是与天体规律性的持久运动相契合。[181]

涡旋面临的第一个限制就是这些涡旋不能在极点处接触,因为如果这些涡旋在极点处发生接触且旋转方向相同,它们的运动将合并;但如果旋转方向相反,它们的运动将互相抵消。因此,图8.4中表现得很清楚,我们可能会期待的情况是一些涡旋的极点与其他涡旋的赤道发生接触,就算这不可能发生,这些涡旋至少也可以使其极点尽可能地靠近相邻涡旋的赤道。恒星在天空中的分布显示出涡旋并非大小相同,但是根据光传播的方式(即光从涡旋的中心放射状地向外传播),我们可以得出结论:恒星一定处于涡旋的中心。虽然这些涡旋在某种程度彼此分离,但在宇宙中、在不同涡旋之间，存在着细微物质的流动。简而言之，会发生的情况是细微物质在极点处进入该涡旋，并向其中心移动，然后从中心向其赤道处外移，在该涡旋的赤道处接触到了其他涡旋的极点，并从这一极点处进入其他涡旋的内部。例如，在图8.7中，太阳系的涡旋AYBM以它的轴AB自转，而它附近的涡旋K、O、L、C分别以它们的轴TT、YY、ZZ和MM自转。来自涡旋K和L的细微物质能够在极点A和B进入涡旋AYBM，然后围绕着轴AB旋转，最终将从极点Y和M离开涡旋AYBM，进入极点O和C，并从两个极点处进入涡旋YY和MM的中心。然而，第二类物质的球形微粒会更笨重一点，在从一个涡旋的赤道向另一个涡旋的极点移动的过程中，无法始终保持其运动，它们最终在涡旋的中心处被推出，从而形成一处细微物质的永恒蓄积地，这部分的细微物质围绕着轴不停地自转：这就是太阳。[182]

人们或许会认为，物体距离涡旋的中心越远，它的线速度就越大；而且这确实也会是笛卡儿关于彗星运动的假设。然而，笛卡儿也知道水星比土星转得快，所以行星的运动速度并不只是其与太阳距离的一个简单函数。笛卡儿需要两部分组成的机械论来拯救这个现象，他在《论世界》中已经提出了这一点。[183]笛卡儿认为，第二种物质的球形微粒距离涡旋中心越近，体积就越小、速度就越快。

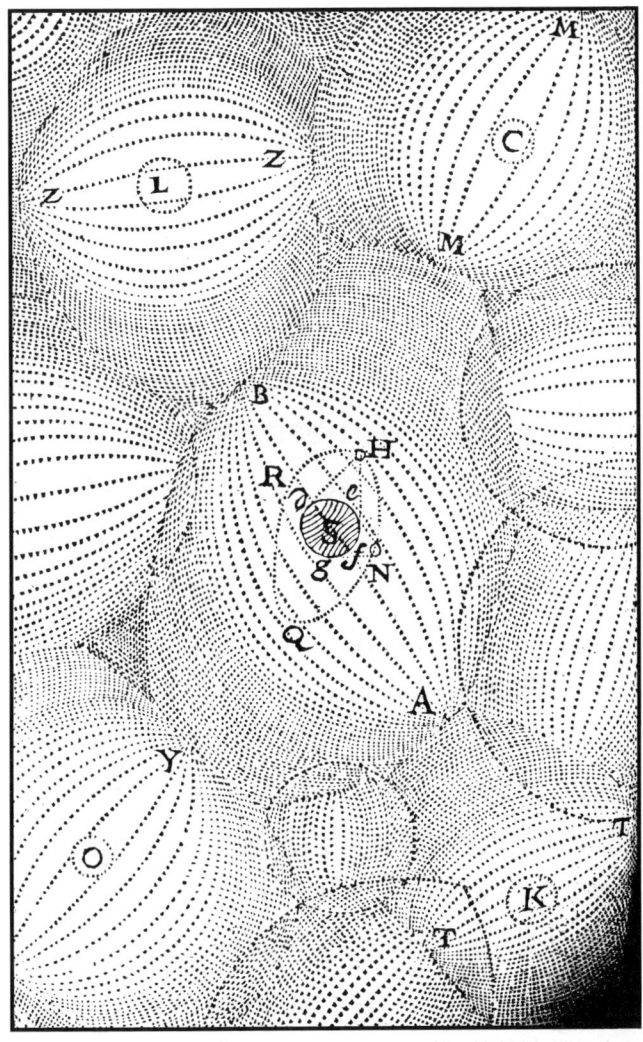

图 8.7

但这种解释范围只适用于最外层行星的轨道——土星。在土星以外，球形微粒向外运动时速度增量越来越大。[184]原因在于，在太阳和土星之间的区域，球形微粒的速度存在非自然的增加。这是由太阳的旋转所引起的，太阳的旋转促使与其表面接触的物体以更快的速度旋转，也使得与这些物体相接触的其他物体的旋转速度加快，但加速度呈减小趋势，到达土星时，这种影响最终消失了。其结果是，当一个物体从土星向内朝太阳运动时，以及从土星向外朝太阳系边缘运动时，球形微粒的速度是增加的；由此可以推断，离太阳越近的球形微粒必须小于那些离太阳远的球形微粒，因为如果两者大小相等的话，前者（离太阳越近的球形微粒）就将具有更大的离心力，在这种情况下，它们将会被向外抛出，与太阳的距离也会比后者更远了。[185]

细微物质的大小和搅动程度并不完全一致，笛卡儿认为这是因为细微物质形成于相互之间的摩擦和磨损。第一元素的一些较大部分能够聚集在一起。在这一过程中，它们将运动传递给了第一元素的较小部分。较大的部分主要沿着从极点到涡旋中心的直线流动，而较小的部分，因其更小、搅动更剧烈，能够在整个涡旋中传播。第一类元素的较大部分必须穿过第二类元素紧凑的球状微粒，它们被扭曲出沟槽般的螺纹，那些来自另一极点的较大部分受到反方向的扭曲，即呈左螺旋状和右螺旋状。因为这些有沟槽的微粒搅动程度相对较小，表面也不太规则，所以当它们向涡旋中心运动时很容易聚集，并在所处的恒星表面形成大块的物质。因为这些大块的物质尺寸大、搅动小，所以成为太阳表面的黑点。笛卡儿将黑点的产生比作烧开水，他认定沸水含有的某些物质对运动有抵抗作用：在冷水烧成热水的过程中，它们浮上水面成为浮渣，在凝集的过程中，这些浮渣具有了第三元素的性质。这些黑点能够覆盖恒星的整个表面，并逐渐覆盖恒星直到从地球上看不到，但被覆盖的恒星中的细微物质偶尔会突破黑点的覆盖，来到恒星表面，所以恒星会突然闪亮。1572年，第谷曾在仙后座（Cassiopeia）区域观测到"新星"（即"超新星"，supernova），笛卡儿认为这个事例正符合以上的论述。[186]实际上，笛卡儿的这种论述解释了"为何一些恒星时隐时现""为何整个涡旋可能偶尔被其他涡旋吸收并最终毁灭"等问题。

当处于涡旋的恒星被黑点遮蔽时，涡旋就走向了毁灭；当恒星未被黑点遮蔽时，涡旋就不能被摧毁。但如果恒星已经被黑点所覆盖，那么这个涡旋能维持的时长将取决于它阻挡相邻涡旋运动的能力。例如在图8.4中，涡旋N的位置阻碍了涡旋S，当涡旋N中心的恒星被黑点覆盖得越来越多时，涡旋N将被涡旋S清除。[187]图8.8展现了另一种情况：涡旋C处于四个涡旋S、F、G和H中，在这四个涡旋之上还有涡旋M和N。只要涡旋C周围的六个涡旋保持平衡状态，不管它的中心恒星被黑点覆盖多少，涡旋C都不会彻底毁灭。周围涡旋的平衡状态将维持涡旋C的存在，但宇宙充满着剧烈的活动，宇宙中的任何东西都不可能永远保持平衡的状态。[188]当恒星因为黑点的覆盖而变得越来越不活跃时，涡旋的大小便逐渐缩小，直到其中一个邻近的涡旋将其吞噬。这种描述就像是疾病的传播，强调了笛卡儿坚决反对亚里士多德/托勒密所理解的一成不变的宇宙。在笛卡儿的宇宙中，恒星通过黑点形成的自然过程而死亡，随之而来的结果是整个太阳系的坍塌。这些过程总是周而复始地发生，理论上讲，这些过程也可能发生在我们的太阳系。

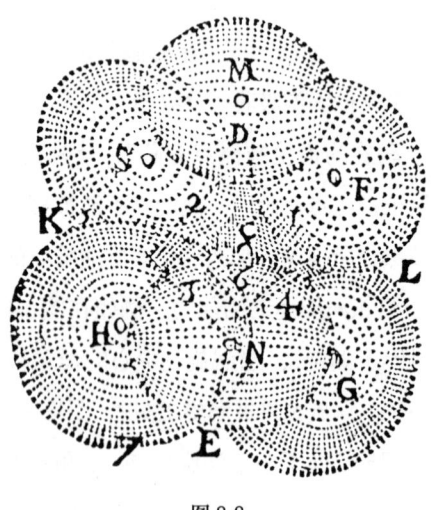

图 8.8

当涡旋N（图8.4）坍塌时，其中心原先恒星的聚集物质（现在主要是构成第三元素的固体物质）被带入涡旋S，并被边缘处运动速度更快的球形微粒推向涡旋S的中心。聚集物质会继续这一运动轨迹，直到它达到一定的搅动程度（degree of agitation）——此处与运动学中的"速度"同义——即与周围球形微粒的搅动程度相同。如果聚集物质的搅动程度超出了土星的范围，它将变成一颗彗星，其运动轨迹在图8.4中表现为从N点到C再到C2。[189]但是，如果聚集物质穿过土星，朝着太阳做向内的运动，它将会变成一颗行星，最终达到某一层面并维持其原先的运动，而维持其继续运动的力等于在该层面中周围微粒流所受的力。这种力是该天体的密度的一个函数，不同密度的天体在公转时距离太阳的远近不同，密度最大的天体其轨道也最大：月球在围绕地球旋转时总是以同一面朝向地球，在解释这一情况时的确考虑了面向地球一面的密度比背对地球的一面低。事实上，行星只能在一定的轨道中保持平衡，不会更靠近中心或远离中心，因此每个行星轨道的稳定性得以保证。如果行星试图远离中心，它将遇到更大、更慢的微粒，从而降低行星的速度，使其重新向中心靠拢；反之，如果行星试图向中心移动，它将遇到更小、更快的微粒，从而增加行星所受的力，推动行星向远离中心的方向运动。一旦处于稳定的轨道中，行星将会随其所在微粒流的运动而运动。

解释行星的速度需要三个机制：第一，距离中心越远，速度越快；第二，在中心与土星轨道中间的物体速度因为太阳的自转存在非自然的加速，当逐渐远离中心，加速度渐次减小，到达土星时，加速度完全消失；第三，由于太阳大气层的阻碍，水星轨道和太阳表面之间的速度会减小。至于轨道的形状，太阳的涡旋受到周围涡旋所施加的不等值压力而有些扭曲，所以行星的运行轨迹不是正圆，而是形成了略扁的环形（压力小的地方轨道更宽）。最终，行星的周日自转在它最初形成时就已具备，随后一直维持，尽管由于周边介质的运动，存在轻微的减速。因为地球周日自转不同于地区的轨道运动（公转），不会因为流体介质的运动而运动，或许会出现相反的运动。[190]

由坍塌涡旋中的封闭恒星所构成的第三类天体就是行星的卫星。笛卡儿谈到了两个他所知晓的拥有卫星的行星，即木星和地球。木星和地球都处于其涡旋的中心，涡旋也带动着卫星围绕各自旋转。[191]关于地月关系的起源有两种可能性。一种可能性是在地球围绕着太阳运动前，月亮就已朝着地球运动（笛卡儿认为木星的卫星就是如此）；另一种更大的可能性是，月球具有与地球相同的密度，但搅动度更大，不得不在与地球同样的位置处绕着中心旋转，但是速度更快。这两种可能性都被笛卡儿用来解释他所提出的假设模型。[192]

地球的形成

在《哲学原理》最后出版的一部分中，笛卡儿论述了他对于地球的形成与构成的思考，这其实是人类第一次将"地球"视为自然哲学的考察对象。诚然，在笛卡儿以前已经有一些关于地震和火山活动等现象的理论，但哲学家们（最为著名的是亚里士多德）认为这些现象只会影响到地球的表层：地球的绝大部分是不活跃的。[193]笛卡儿不仅使地球脱离了宇宙的中心，而且使地球的地位比其他太阳系中的废弃物强不了多少，他将自身置于"像看待任何一种其他固体物质的凝聚物那样去看待地球"的位置上，而且也可以把其他行星看成和地球一样。笛卡儿现在使用行星形成的"闭合涡旋论"来构建地球形成的假设理论。在这一假设中，他重构了多种事件，以至于整个过程的结果正好与地球实际具有的那些特征完全一致。[194]需要注意的是，笛卡儿唯一的兴趣在于"什么类型的物理过程可以形成地球"，而非"是物理过程还是一个超自然的上帝创造了地球"。正如他在《哲学原理》法语增订版的"命题1"中所言："完全可以说，自然物的本质是相同的，恰如它们确实是以相同的方式所形成，世界最初虽然并非以那种物理过程形成，而是由上帝直接创造。"换言之，既然上帝已然决定赋予地球现有的特征，那么有可能会选择笛卡儿所描述的物理过程,并以超自然的方式实现与他的论述相同的结果。

重构地球从一颗恒星衍变而来的形成过程,以及地球进入太阳系的旅程都暗示着地球的内部构造。地球最内部的区域(如图8.9标注的I)是由细微物质构成的,与太阳物质的密度相同,只是没有那么纯。中间区域由稠密的材料构成,与太阳黑子的密度一致,可以隔绝第二元素的球形微粒,但带凹槽的微粒和其他细微物质可以进入。最后,最外层区域主要由第三元素的微粒构成,并含有较少的第二元素。笛卡儿通过研究占据地球表面的第三元素微粒的形成方式,从而推导第三元素微粒的性质。细微物质通过聚合可以形成第三元素的微粒,这种微粒比第二元素的球形微粒要大得多,但活跃度更低。它们的外形与球形微粒不同,由不规则的碎屑构成,可以形成各种各样的形状。此外,行星过去往往是恒星,在恒星转换为行星的过程中,细微物质被快速移动、质量更重的球形微粒推向涡旋的中心。涡旋的中心有着巨大的压力,当地球脱离其自身的涡旋中心、进入太阳的涡旋时,地球的中心区域仍存在着巨大的压力。但是,地球的内部物质构成由于这种移动而发生了改变。因为当地球还是一颗恒星时,在地球边缘存在着许多的球形微粒,因为它们的质量或体积,在它们靠近地球的中心位置旋转时,尚可与周围的物质层保持平衡状态。但一旦当地球作为行星进入我们太阳系中的一条稳定轨道，这种平衡状态便无法维持下去了。这些球形微粒将继续朝着太阳系的中心运动，并被更重的球形微粒所取代。笛卡儿感兴趣的正是地球的外层区域，因为地球内部的两个区域被一层闭合的物质所覆盖。[195]

一些天体从坍塌的涡旋中产生，在环绕太阳的宇宙流体轨道层中确立稳定的位置。据我们所了解，这些天体在许多方面仍不同于地球。笛卡儿阐述了四种基本的"行动"，不同类型的典型地球现象由于这些"行动"而产生：_{（由球形物质的运动所引起的）}透明度的产生、重力和引力的产生、光的产生以及热的产生。[196] 不妨以重力/引力为例加以分析。随着牛顿的《自然哲学的数学原理》付梓发行，学术

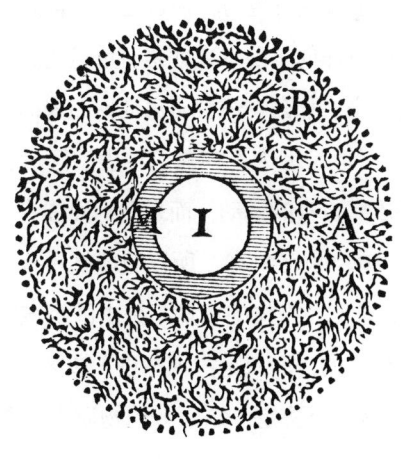

图 8.9

界对重力问题产生了浓厚的兴趣。在这种背景下，笛卡儿对重力现象的解释具有重大的意义，而且已成为涡旋理论的学术争议中一个重要的议题。因为笛卡儿是依照涡旋理论来解释重力，不同于开普勒和牛顿根据重物与地球之间的相互吸引来解释重量或者重力。笛卡儿首先论述球形水滴的形成过程：天上的球形微粒在围绕水滴的各个方向循环流转，从各个点向水滴的中心施加相同的力；同理，在地球周围循环流转的球形物质向内朝地球的中心作用，赋予其球体的形状，并推动地球靠近重物。换言之，物质的各部分并非天然地凝聚在一起：它们一同受到周边球形物质的挤压，当其他更重的物质由于离心力作用被向外推时，这些物质就被挤压到了中心。正是这种压力造成了（或者说真正构成了）重量或者重力。换言之，重量并不是物体的固有属性：没有任何东西本来就是有重量的。如果环绕地球的区域为虚空，那么物体会飞离地球的表面，除非被牢牢地固定住，"但是因为不存在这种虚空区，也因为地球的运行不是依靠自身的运动，而是受到周围宇宙物质的推动（这些宇宙物质穿透了地球的所有孔隙），所以地球就具有了静止的状态"。[197] 在地球上，物体的重量不是由围绕该物体的全部流动物质所决定的，而只是由那些进入该区域（物质向中心运动而空出的区域）的物质所决定，这部分的物质大小即等于该物体的重量。

当地球进入太阳系，移动到宇宙物质中的合适层级时，在地球和它所处的流体物质之间将会存在一种物质交换，地表上较小的球形物质会与周围流体中较重的球形物质交换位置，这个过程会促使第三种物质聚合，形成大的聚集体，阻止宇宙中球形物质的活动。图 8.10 描述了这一过程，从图的右上方开始、顺时针转动，呈现了地球形成的不同阶段。起初，地球上最高的区域A分成两种层，B和C。B层稀疏、液态、透明；C层坚硬、稠密、不透明。造成这一现象的原因如下：天上的球体微粒向下压缩C的各个部分，使其各部分黏附在一起；但是C中的微粒并非完全同质，且C的各部分因为形状原因（分支结构乱且杂）不太

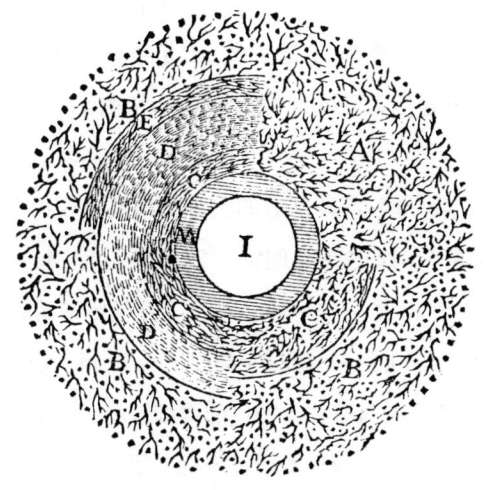

图 8.10

趋向于彼此结合,所以在压力状态下,在A与C之间单独形成了一层,即B。B层既不像岩石那样是完全的固体,也不像水那样是完全的液体。一方面,D层(其中一些微粒坚硬、一些微粒柔软)可以分离并与C层结合,且C层由不同微粒混合而成,所以其自身也可以分离成若干区域。这种分离另一方面也导致D、B层之间形成了壳体E。如此一来,行星的构成变得相对稳定,但是因为太阳为地球提供了光和热,在E层下面由搅动的物质形成了F层(图8.11上半部分),夹在硬质层之间,并导致E层出现裂缝(fissures)。如图8.11下半部分所示,裂缝有时候会剧烈爆发,分别释放出D、F层中聚集的液体和蒸汽,造成外层地壳的断裂和倾斜。于是,大陆(图8.11中的4)、山脉(图8.11中的8)、海洋(图8.11中的3、6)由此形成。在这张图中,B是空气,C是孕育金属的厚地壳,D是水,E是包含石头、黏土、沙子和泥浆的地表,F是空气。[198]

《哲学原理》第四部分的大部分篇幅主要以多种方式重新阐述了传统的元素理论:气(命题45–47)、水(命题48–56)、土(命题57–79)和火(命题80–132)。其中,最重要的讨论是笛卡儿应用他的宇宙论来解释潮汐现象。伽利略、笛卡儿、牛顿都对潮汐现象有着独具特色的详细解释,但对于潮汐现象的解释也给他们带来了很多困扰。尽管三人依次对前者的理论进行了重大的改进,但各自的理论都不算成功。在

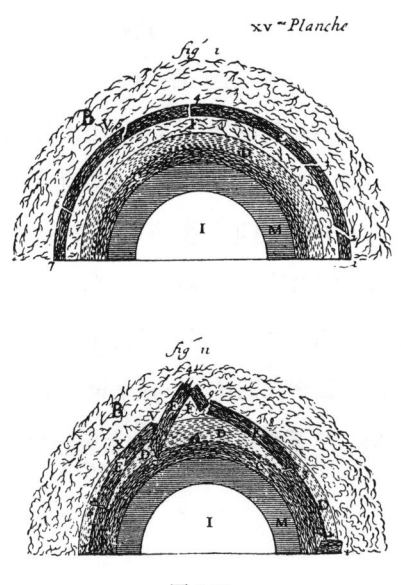

图 8.11

解释颇为棘手的潮汐现象时,力学和物质理论以一种异常复杂和微妙的方式发生了联系。而且,解释潮汐现象也是检验宇宙论的"试金石",因为哪怕再细微的调整,都会使得理论的不足之处暴露无遗。笛卡儿在《哲学原理》中所提出的体系需要力学和物质理论达到一种平衡,他的体系将在17到18世纪期间为许多自然哲学家树立典范,体现出力学和物理理论的和谐统一。

总体而言,笛卡儿的宇宙论体系提供了第一套完备的宇宙物理学体系,可以视为亚里士多德宇宙论的替代之选。而且，他的宇宙论体系成为此后每套严肃的宇宙论体系的起点，至少延续到43年后牛顿的《自然哲学的数学原理》问世。18世纪的欧洲大陆涌现出大批自然哲学和数学研究成果。对于当时欧洲大陆上一些顶尖的自然哲学家和数学家而言，直到18世纪30年代，笛卡儿的宇宙论体系相对于牛顿的宇宙论体系都有着显著的优势，即便在17世纪下半叶时法国及其他一些国家已经禁止教授笛卡儿的理论。[199]然而，笛卡儿的体系不仅是第一个综合性机械论自然哲学体系，从某种重要的意义上说，也是最后一个。

因为人们开始质疑,从传统的自然哲学角度来看,量化的物理学理论——无论是机械论还是其他的流派——是不是最好的方式?即使在笛卡儿自己看来,这种方式也是问题重重:相对于贝克曼和笛卡儿最初的期望,这套成熟的笛卡儿体系也是失败的,因为他们原本是想创立量化的自然哲学,即"物理数学"[200],后来牛顿的《自然哲学的数学原理》为探索物理学理论提出了一条迥然不同的路径,也提出了不同的自然哲学模型。即便如此,有关物理学理论的辩论依旧是复杂且悬而未决的。

1   Gassendi, Opera, i. 450.

2   参见 Lenoble, Mersenne ou la naissance de la mécanique.

3   这是梅森最后三本书的主旨 La Verite des Sciences, contre les Septiqves ou Pyrrhoniens (Paris, 1625)。

4   同样值得注意的是，在罗霍特（Rohault）的教科书（*Traité de physique*, 1671年）中的笛卡儿自然哲学，在牛顿的《自然哲学的数学原理》出版后很长一段时间里，仍然是剑桥教授的唯一自然哲学，尽管它被认为已经完全被后者所取代。正如牛顿的继任者，卢卡斯数学教授威廉·惠斯顿（William Whiston）所说的那样：因为现在大学里的年轻人必须有一些自然哲学体系供他们学习和练习；由于艾萨克·牛顿爵士的体系还不够容易，所以为了他们的利益，翻译和使用罗霍特的体系并不是不合适的[Historical Memoirs of the Life of Dr. Samuel Clarke (London, 1730), 5–6.]。1697年，罗霍特教科书的第一个拉丁文译本由约翰·克拉克（John Clarke）完成，供大学生使用，随后又出现了几个越来越"牛顿化"的版本。还要注意的是，18世纪中期牛顿自然哲学为儿童所做的标准介绍——由 Tom Telescope 出版的非常受欢迎并被广泛转载的作品 The Newtonian System of Philosophy Adapted to the Capacities of Young Gentlemen and Ladies (London, 1761)——遵循了笛卡儿的《哲学原理》而不是牛顿的《自然哲学的数学原理》的格式，从物质理论转向了宇宙学，即地球、植物、动物和人类能力的理论。

5   参见 John E. Murdoch, 'The Medieval and Renaissance Tradition of Minima Naturalia', in Christoph Lüthy, John E. Murdoch, and William R. Newman, eds., *Late Medieval and Early Modern Corpuscular Matter Theories* (Leiden, 2001), 91–131.

6   Aristotle, De gen. et corrupt., 327^{b}33–328^{a}18.

7   Daniel Sennert, *Hypomnemata physica* (Frankfurt, 1636), 120. 关于森耐特（Sennert）微粒论的发展，参见 Emily Michael, 'Sennert's Sea Change: Atoms and Causes', in Christoph Lüthy, John E. Murdoch, and William R. Newman, eds., *Late Medieval and Early Modern Corpuscular Matter Theories* (Leiden, 2001), 331–62.

8   这种方法在塞巴斯蒂安·巴索的 Philosophia naturalis adversus Aristotelem (Geneva, 1621) 一书中受到挑战，他坚持认为复合材料混合物的所有特性和属性都是其成分的特性和属性。

9   参见 Michael, 'Sennert's Sea Change', 356–62.

10 参见 Stephen Clucas, 'The Atomism of the Cavendish Circle: A Reappraisal', *The Seventeenth Century* 9 (1994), 247–73, 以及 'Corpuscular Matter Theory in the Northumberland Circle', in Christoph Lüthy, John E. Murdoch, and William R. Newman, eds., *Late Medieval and Early Modern Corpuscular Matter Theories* (Leiden, 2001), 181–207, 出处同前。

11 Nicholas Hill, *Philosophia Epicurea*, 86.

12 同上，36.

13 Keith Hutchison, 'What Happened to Occult Qualities in the Scientific Revolution?', *Isis* 73 (1982), 233–53; Ron Millen, 'The Manifestation of Occult Qualities in the Scientific Revolution', in M. J. Osler and P. J. Farber, eds., *Religion, Science, and Worldview* (Cambridge, 1985), 185–216; John Henry, 'Occult Qualities and the Experimental Philosophy: Active Principles in Pre-Newtonian Matter Theory', *History of Science* 24 (1986), 335–81; idem, 'Robert Hooke, The Incongruous Mechanist', in Michael Hunter and Simon Schaffer, eds., *Robert Hooke: New Studies* (Woodbridge, 1989), 149–80; and J. E. McGuire, 'Force, Active Principles and Newton's Invisible Realm', *Ambix* 15 (1968), 154–208.

14 参见 Gaukroger, *Francis Bacon*, ch. 6.

15 参见William R. Newman, 'The Corpuscular Theory of J. B. van Helmont and Its Medieval Sources', *Vivarium* 31 (1993), 161–91; 出处同前, 'Boyle's Debt to Corpuscular Alchemy', in Michael Hunter, ed., *Robert Boyle Reconsidered* (Cambridge, 1994), 107–18.

16 对机械论特征进行描述的最一致尝试之一是 J. E. McGuire, 'Boyles' Conception of Nature', *Journal of the History of Ideas* 33 (1972), 523–42. Cf. C. D. Broad, *Mind and its Place in Nature* (London, 1925), 45; and Margaret J. Osler, 'How Mechanical was the Mechanical Philosophy?', in Christoph Lüthy, John E. Murdoch, and William R. Newman, eds., *Late Medieval and Early Modern Corpuscular Matter Theories* (Leiden, 2001), 423–39.

17 参见 Robert Kargon, 'William Petty's Mechanical Philosophy', *Isis* 56 (1965), 63–6: 65.

18 这一模型接近于 Milič Čapek 在他的著作中所说的"微粒动力学自然观"。*The Philosophical Impact of Contemporary Physics* (New York, 1961): 特别参见第六章。

19 从任何纯粹的自然哲学讨论中都看不出灵魂是否独立于空间,尽管许多17世纪的自然哲学家认为不朽的灵魂是在时间中存在的纯粹精神的、非空间的实体。另一方面,一些纯粹是空间的,而不是时间的东西,比如几何图形,一般来说不会被视为真正存在的东西,而是一种抽象的东西,因为这种持久性似乎从根本上与存在联系在一起,尽管这里也有例外,马勒伯朗士——在很多方面都是机械论者,把几何图形视为独立存在的原型,存在于时间之外。

20 参见 Graeme Hunter, 'The Fate of Thomas Hobbes', *Studia Leibnitiana* 21 (1989), 5–20.

21 参见波义耳的叙述 *Sceptical Chemist*: Boyle, Works, i. 544.

22 参见 Jones, *The Epicurean Tradition*.

23 参见 Bloch, *La Philosophie de Gassendi*, 300.

24 卡索蓬的回应在他去世的那一年发表: Isaac Casaubon, *De rebus sacris et ecclesiasticis Exercitationes xvi* (London, 1614)。参见Spiller, '*Concerning Natural Philosophy*', 2–4的讨论部分。

25 Bernard Rochot, *Les Travaux de Gassendi sur Epicure et sur l'atomisme, 1619–1658* (Paris, 1944), 34–41. 这次会面的详细描述见 Isaac Beeckman, *Journal tenu par Isaac Beeckman de 1604 à 1634*, ed. Cornelius de Waard (4 vols, The Hague, 1939–53), iii. 123–4.

26 参见 Lynn Sumida Joy, *Gassendi the Atomist: Advocate of History in an Age of Science* (Cambridge, 1987), 43.

27 这种前自然哲学版本的取代计划与利普修斯试图用斯多葛主义取代亚里士多德的尝试相似,尽管利普修斯在他的 *Physiologiae Stoicorum Libri Tres* (Antwerp, 1604) 中为斯多葛主义的自然哲学提供了辩护。关于伽桑狄在17世纪20年代恢复伊壁鸠鲁主义的运动,见 Margaret J. Osler, *Divine Will and the Mechanical Philosophy: Gassendi and Descartes on Contingency and Necessity in the Created World* (Cambridge, 1994), ch. 2.

28 参见 Rochot's introduction to Pierre Gassendi, *Dissertations en forme de paradoxes contre les Aristoteliciens*, ed. and trans. Bernard Rochot (Paris, 1959), xi.

29 *Letter to Herodotus*: Long and Sedley, *The Hellenistic Philosophers*: ii. 18 [text]/i. 25 [trans.].

30 关于原子的运动,参见 Long and Sedley, *The Hellenistic Philosophers*: i. 46–52, and ii. 41–9, 同时参见 Furley, *Cosmic Problems*: ch. 7.

31 还有其他的可能性,在此不多做讨论,可参见 David Konstan, 'Problems in Epicurean Physics', *Isis* 70 (1979), 394–418中对"最小部分"的讨论。

32 这里提出的问题很复杂,远远超出我们目前所关心的事:古代有关争端的详细情况,请参见 Richard Sorabji 的 *Time, Creation and the Continuum: Theories in Antiquity and the Early Middle Ages* (London, 1983) 和 *Matter, Space and Motion: Theories in Antiquity and Their Sequel* (London, 1988), 以及 Michael J. White, *The Continuous and the Discrete: Ancient Physical Theories from a Contemporary Perspective* (Oxford, 1992).

33 Walter Charleton（伽桑狄的英文评注者）在 *Physiologia Epicuro-Gassendo-Charltoniana* 的第 3 卷第 9 章中以现代的形式阐述了这些学说。

34 参见 Joy, *Gassendi the Atomist*, ch. 5, 他的叙述指导了我接下来的讨论。有趣的是，这个问题（版本略有不同）是第一个有记录的自然哲学/数学问题，它考验了笛卡儿，也考验了牛顿。1618 年 11 月，笛卡儿遇到了贝克曼，当时他请贝克曼从佛兰德语为他翻译这个问题：见 Adrien Baillet, *La Vie de Monsieur Descartes* (2 vols, Paris, 1691), i. 43, and Gaukroger, *Descartes, An Intellectual Biography*, 68–9. 牛顿在他早期著作《问题》（*Questiones* 1664）中以这样一个问题开头："数学点在哪里？或者数学点和部分在哪里？或者在划分之前的一个简单实体在哪里？或者个体即原子在哪里？"：J. E. McGuire and Martin Tamny, eds., *Certain Philosophical Questions: Newton's Trinity Notebook* (Cambridge, 1983), 336.

35 参见 Mersenne, *Correspondance*, v. 285.

36 *Gassendi to Mersenne*, 2 November 1635: Mersenne, Correspondance, v. 444–53.

37 例如，他在处理球体接触平面时：参见 Joy, *Gassendi the Atomist*, 87–8. 更一般地说，是关于早期现代的连续体及其部分的问题：参见 Thomas Holden, *The Architecture of Matter: Galileo to Kant* (Oxford, 2004).

38 Mersenne, Correspondance, v. 450.

39 Gassendi, *Opera*, i. 360–1.

40 梅森详细讨论过抛物面镜的光学特性，详见 *Quaestiones celeberrimae in Genesim* (Paris, 1623), cols. 513–15.

41 Gassendi to Mersenne, 13 December 1635: Mersenne, *Correspondance*, v. 532–7.

42 同上，534。伽桑狄确实相信有物理依据来支持日心说，比如水星、金星、火星、木星和土星的逆行（Opera, iii. 515–16），他似乎把日心说的解释更简单地作为支持其真实性的标志（同上，506）。

43 Mersenne, *Correspondance*, v. 534–5.

44 Gassendi, *Opera*, i. 265.

45 参见 *Le Monde* 第六章：Descartes, *Œuvres*, x. 31–6.

46 参见 David Furley, 'Democritus and Epicurus on Sensible Qualities', in Jacques Brunschwig and Martha C. Nussbaum, eds., *Passions and Perceptions* (Cambridge, 1993), 72–94.

47 参见 Long and Sedley, *The Hellenistic Philosophers*, i. 78–101/ii. 83–103. 感觉实际上只是第一个标准，虽然是最重要的标准。第二个标准是由一般概念或先入之见提供的，而这些先入之见源于记忆中保存下来的重复经验，这使语言的使用成为可能。例如，当我们听到"人"这个词时，我们对这个名字所指的对象有一个先入之见。因此，先入为主的观念或一般概念对经验进行了分类，并确定了变化的界限。因为我们的一般概念只是记录直接经验中的相同点和不同点，所以它们本身就是"真"的，可以作为标准。这样，伊壁鸠鲁就在文字、概念和经验材料之间建立了一种对应关系，而没有援引柏拉图的理念或亚里士多德的本质或偶然性。还有第三个标准：感觉。一切感觉都是经验意义上的感觉，但当伊壁鸠鲁谈到感觉是一种标准时，他指的是快乐和痛苦。一般来说，基本感觉是我们感知对象存在的向导；一般概念或先入之见帮助我们恰当地描述我们的感觉和表述正确的命题；快乐和痛苦的感觉是我们应该如何行动的标准。

48 Gassendi, *Opera*, i. 85; trans. in Pierre Gassendi, *The Selected Works of Pierre Gassendi*, trans. Craig Brush (New York, 1972), 345–6.

49 参见 Irving Block, 'Truth and Error in Aristotle's Theory of Perception', *Philosophical Quarterly* 11 (1961), 1–9; and Stephen Gaukroger, 'Aristotle on the Function of Sense Perception', *Studies in History and Philosophy of Science* 12 (1981), 75–89.

50 Descartes, *Œuvres*, vii. 83 (*Meditation* 6).

51 Long and Sedley, *The Hellenistic Philosophers*, i. 65–6/ii. 64–5.

52 同上, i. 67–8/ii. 69–70.

53 Gassendi, *Opera*, ii. 403. 请注意，伽森狄对伊壁鸠鲁关于视觉图像传递的描述做了一些修改。他认为进入眼睛的拟像（simulacra）在物体的"表皮"转化成了光线，而且，他从开普勒那里得知，视网膜图像是倒置的，他很努力地去适应这个事实（Gassendi, *Opera*, ii. 377）。

54 同上, ii. 440; 与466处进行对比，在那里它被描述为一种实体形式。参见 Pierre Gassendi, 91–8.

55 Gassendi, *Opera*, ii. 425–46.

56 同上, 451.

57 Long and Sedley, *The Hellenistic Philosophers*, i. 149–54/ii. 154–9.

58 Cicero, *De finibus*, 1. 19. 64.

59 关于伽桑狄的道德观，参见 Lisa Tunick Sarasohn的 'The Ethical and Political Philosophy of Pierre Gassendi', *Journal of the History of Philosophy* 29 (1982), 239–60, 以及 'Motion and Morality: Pierre Gassendi, Thomas Hobbes, and the Mechanical World-View', *Journal of the History of Ideas*, 46 (1985), 363–80.

60 Long and Sedley, *The Hellenistic Philosophers*, i. 105–6/ii. 110–12.

61 Gassendi, *Opera*, i. 280; trans. from *Gassendi, Selected Works*, trans. Brush, 400–1.

62 Cicero, *De natura deorum*, Book 1, 24.

63 参见 Steven J. Dick, *Plurality of Worlds: The Extraterrestrial Life Debate from Democritus to Kant* (Cambridge, 1982), ch. 2.

64 Gassendi, *Opera*, ii. 824.

65 Thomas Hobbes, *The Elements of Law*, ed. Ferdinand Tönnies (New York, 1969), 196.

66 参见 Thomas M. Lennon, *The Battle of the Gods and Giants: The Legacies of Descartes and Gassendi, 1655–1715* (Princeton, 1993).

67 Delumeau, *Le Péché et la peur*.

68 Gassendi, *Opera*, iii; i. 280; i. 275. 参见 Antonio Clericuzio, 'Gassendi, Charleton and Boyle on Matter and Motion', in Christoph Lüthy, John E. Murdoch, and William R. Newman, eds., *Late Medieval and Early Modern Corpuscular Matter Theories* (Leiden, 2001), 467–82.

69 Bloch, *La Philosophie de Gassendi*, 446–56.

70 Gassendi, *Opera*, iii. 488.

71 参见 Benedino Gemelli, *Isaac Beeckman: Atomista e lettore critico di Lucrezio* (Rome, 2002).

72   H. Floris Cohen, *Quantifying Music* (Dordrecht, 1984), 116–61, 参见讨论部分。

73   Beeckman, *Journal*, ii. 476.

74   同上，iii. 51.

75   关于贝克曼，广泛认可的著作是van Berkel, *Isaac Beeckman*。我在这部分的叙述广泛来自Stephen Gaukroger and John Schuster, 'The Hydrostatic Paradox and the Origins of Cartesian Dynamics', *Studies in History and Philosophy of Science* 33 (2002): 535–72.

76   此时，笛卡儿正开始为《论世界》(*Le Monde*) 整理材料，当得知贝克曼也有类似的计划时，他显然很不安，于是对贝克曼进行了猛烈的抨击，质疑他的能力和独创性，结果贝克曼放弃了写这本书的计划。这段插曲的详细内容参见Klaas van Berkel, 'Descartes' Debt to Beeckman', in Stephen Gaukroger, John Schuster, and John Sutton, eds., *Descartes' Natural Philosophy* (London, 2000), 46–59。然而，这本书确实是在他死后出版，由他的兄弟亚伯拉罕（Abraham）编辑：Isaac Beeckman, *Mathematicao-physicarum meditationum, quaestionum, solutionum centuria* (Utrecht, 1644).

77   Beeckman, *Journal*, ii. 99.

78   同上，i. 25.

79   参见Beeckman to Mersenne, 1 October 1629, *Correspondance de Mersenne*, ii. 283, 并对比在《思想的指导法则》(*Regulae*) 的后半部分，笛卡儿对数学和"数学的"自然哲学的要求，以及他对数学、光学和自然哲学中要解决的问题的"形象"表示的坚持。关于后者，参见Dennis Sepper, 'Figuring Things Out: Figurate Problem-Solving in the Early Descartes', in S. Gaukroger, J. Schuster, and J. Sutton, eds., *Descartes' Natural Philosophy* (London, 2000), 228–48.

80   这些问题的详细阐述见Gaukroger and Schuster, 'The Hydrostatic Paradox'.

81   然而，他开始对弹性产生疑虑，他在1620年8月的日记中指出，原子论包含了原子必须同时具有完全的硬度和完全的弹性的矛盾：*Journal*, ii. 100。

82   同上，ii. 86, 96, 与iii. 138进行比较。这种举动当然不是史无前例的。折中的亚里士多德自然哲学教科书往往从（一种无害的）原子论逐渐过渡到介绍亚里士多德的四元素理论，这可谓是标准程序。可参见Johannes Magirus, *Physiologia peripatetica ex Aristotele eiusque interpretibus collecta* (Frankfurt, 1596).

83   *Journal*, ii. 100–1.

84   *Journal*, iii. 31. 贝克曼的光理论就是一个很好的例子。他认为光是有形的，存在于最细小的热或火的粒子中。因为光可以被反射和折射（对贝克曼来说，折射是内部反射的一种形式），所以它不可能存在于孤立的原子中；因此，光、热和火必须被认为是由无数原子和虚空空间组成的二阶均质复合材料。

85   同上，i. 24–5.

86   贝克曼甚至试图把在阻力介质中做圆周运动的物体的离心倾向解释为圆周惯性和介质对物体不同部位的不同阻力共同作用的结果：*Journal*, i. 253.

87   参见Appendix I in *Correspondance de Mersenne*, ii. 632–44, 其中包含de Waard的说明。

88   *Journal*, i. 2656.

89   同上，266.

90   同上。

91   *Journal*, i. 266 and iii. 133–4.

92   参见Noel Malcolm, *Aspects of Hobbes* (Oxford, 2002), 24–5.

93 他也有一些有影响力的批评者。亨利·莫尔（Henry More）在评论伽桑狄对伊壁鸠鲁主义的复兴时告诉我们，他"非常惊讶，像伽桑狄这样一个有如此值得称赞的品质的人，竟然有耐心从腐烂的粪堆中拣出如此粗糙的破布来塞进他的大卷书"：*An Explanation of the Grand Mystery of Godliness* (London, 1660), p. vii.

94 这种影响是通过查尔顿（Charleton）产生的，参见 McGuire and Tamny, *Certain Philosophical Questions: Newton's Trinity Notebook*, 26–126.

95 关于霍布斯的思想发展，参见 Malcolm, *Aspects of Hobbes*, ch. 1.

96 参见 Douglas M. Jesseph, 'Galileo, Hobbes, and the Book of Nature', *Perspectives on Science* 12 (2004), 191–211.

97 关于对霍布斯的反应，参见 Mintz, *The Hunting of Leviathan*.

98 在《论物体》出现之前的自然哲学著述，虽然存在一些归因问题，但仍显示出自然主义的元素。大约在1630—1601年写成的《第一原理简章》（*Short Tract on First Principles*）传统上被认为是霍布斯的作品，提供了一种非常自然主义的自然哲学，其中充满了主动本原。但笔迹其实属于霍布斯的密友罗伯特·佩恩（Robert Payne），这篇短文应该归功于他：参见 Noel Malcolm's comments in the entry on Payne in Thomas Hobbes, *The Correspondence*, ed. Noel Malcolm (2 vols, Oxford, 1994), ii. 874。然而，作者的问题（与笔记相反）并不是那么直截了当，霍布斯在17世纪40年代的各种光学著作中重复了一些出现在《第一原理简章》中的定义：参见 Jan Prins, 'Hobbes on Light and Vision', in Tom Sorell, ed., *The Cambridge Companion to Thomas Hobbes* (Cambridge, 1996), 129–56: 132。更一般地说，值得注意的是，霍布斯在1642–3年对托马斯·怀特（Thomas White）的自然哲学的详细而混乱的评论中，把太阳归因于一种脉动活动，这种活动具有明显的自然主义色彩，特别是在他将这种脉动运动与收缩和舒张进行比较时：Thomas Hobbes, *Critique du De mundo de Thomas White*, ed. J. Jacquot and H. W. Jones (Paris, 1973), 162。但是，请参见 Malcolm, *Aspects of Hobbes*, 80–145，详细论述了《第一原理简章》出自佩恩之手。

99 Thomas Hobbes, *The English Works of Thomas Hobbes*, ed. W. Molesworth (11 vols, London, 1839–1845), i. 3.

100 同上，10–11.

101 同上，7–9.

102 这对伽桑狄、霍布斯和笛卡儿来说都是如此：参见 Richard S. Westfall, *Force in Newton's Physics: The Science of Dynamics in the Seventeenth Century* (London, 1971), 535–7.

103 Shapin and Schaffer, *Leviathan and the Air Pump*, 96–9，认为霍布斯放弃了真空的概念，因为它可能是非物质精神的所在地，但这是不对的。正如诺埃尔·马尔科姆（Noel Malcolm）所指出的，霍布斯拒绝非物质精神所需要的只是唯物主义：*Aspects of Hobbes*, 190–1.

104 主要的讨论在《物理学》（*Physics*）第四册。

105 Hobbes, *English Works*, i. 91–4. 对比伽桑狄关于空间独立于身体，甚至似乎独立于上帝的论述：*Opera*, i. 183.

106 这导致霍布斯提出了一种唯物主义的几何解释，例如，点是物体，其大小足够小，可以忽略不计，而线是由这些点的运动产生的。参见 Douglas M. Jesseph, *Squaring the Circle: The War between Hobbes and Wallis* (Chicago, 1999), ch. 3.

107 同上，i. 94–5.

108 Douglas M. Jesseph, *Squaring the Circle: The War between Hobbes and Wallis*, i. 93.

109 Hobbes, *The Correspondence*, i. 165 [text]/167 [trans.].

110 同上，166, 168.

111 Malcolm, *Aspects of Hobbes*, 193–6，参见讨论部分。

112 *De corpore*；*Six Lessons to the Professors of Mathematics: English Works*, i. 509 and vii. 224–5，参见评注部分。

113 Frithiof Brandt, *Thomas Hobbes' Mechanical Conception of Nature* (Copenhagen/London, 1928), ch. 8, 参见讨论部分。

114 Hobbes, *The English Works*, i. 219. 他的术语是"速度"(velocity)，但他在《论物体》(113)中对"速度或敏捷（swiftness）"的定义是一个标量的定义："运动在一定的时间内所能传递的一定长度，被称为速度或敏捷。"然而，在他的光学中，很明显（与笛卡儿相反），他不认为速度和方向是运动中分开或独立的组成部分。

115 同上，i. 206.

116 Brandt, *Thomas Hobbes' Mechanical Conception of Nature*, 297–9. 参见讨论部分。

117 同上，301–15.

118 参见 Westfall, *Force in Newton's Physics*, 111.

119 Hobbes, *The English Works*, i. 351.

120 参见 H. R. Bernstein, 'Conatus, Hobbes, and the Young Leibniz', *Studies in History and Philosophy of Science* 11 (1980), 25–37; Jamie Kassler, *Inner Music: Hobbes, Hooke and North on Internal Character* (London, 1995), 62–107; and idem, *Music, Science and Philosophy: Models in the Universe of Thought* (Aldershot, 2001), 101–24.

121 Hobbes, *The English Works*, i. 347–8.

122 同上，344.

123 Descartes, *Œuvres*, iii. 233，对比 Descartes to (Charlet)(December 1640); 同上，iii. 270，他谈到了"将各学派的哲学与我自己的哲学进行全面比较"，然而，经院自然哲学教科书包括生命和认知功能的描述，而出版的《哲学原理》则局限于运动的本质(第二册)、宇宙学(第三册)和地球的形成和本质(第四册)。尽管如此，笛卡儿最初确实打算这本专著要包括六本书，而不仅仅是出版的四本书。后两部分别涵盖动物和人类的功能(包括独特的人类认知和情感状态以及道德)，它们提供的内容可以毫不困难地从笛卡儿的其他著作中重建，给我们还原一部六本书的专著，与后期的经院哲学专著相匹配，提供了一个系统的世界和我们在其中的位置。有关这些问题的详细说明，请参阅我的《笛卡儿自然哲学体系》(*Descartes' System of Natural Philosophy*)。

124 参见我的 *Descartes, An Intellectual Biography*, ch. 3.

125 *Principia*, Book 1, art. 63.《哲学原理》包含 vol. viiia of Descartes, *Œuvres*。为方便起见，引用时我将不按页码，而按部号和文章号。

126 同上，art. 65.

127 *Principia*, Book 2 art. 4.

128 同上，art. 13.

129 同上，art. 13.

130 同上，art. 25.

131 完整的讨论参见 Gaukroger, *Descartes' System*, 103–14.

132 *Principia*, Book 2 art. 37.

133 我们将在第10章讨论笛卡儿的流体静力学。

134 *Œuvres*, xi. 45–6.

135 同上,85–6.

136 Descartes to Mersenne, 2 Feb. 1643: *Œuvres* iii. 614.

137 参见 Westfall, *Force in Newton's Physics*, 75.

138 *Principia*, Book 2 art. 37.

139 Peter McLaughlin, 'Force, Determination and Impact', in Stephen Gaukroger, John Schuster, and John Sutton, eds., *Descartes' Natural Philosophy* (London, 2000), 81–112, 参见讨论部分。

140 参见 Descartes to Clerselier, 17 February 1645: *Œuvres*, iv. 185.

141 关于"规定",参见 Alan Gabbey, 'Force and Inertia in the Seventeenth Century: Descartes and Newton', in Stephen Gaukroger, ed., *Descartes: Philosophy, Mathematics and Physics* (New York, 1980), 230–320; and Peter McLaughlin, 'Force, Determination and Impact'.

142 *Principia*, Book 2 art. 39.

143 需要对离心力这个概念做一些说明。在17世纪,笛卡儿和惠更斯等关键人物,甚至最早的牛顿,都认为力是一种径向向外的力,作用在一个绕中心旋转的物体上,不同于现代的理解,即力是物体对任何约束它做圆周运动的东西(如吊索)的反作用力。

144 *Principia*, Book 3 arts. 58 and 60.

145 同上,art. 59.

146 与我在 *Descartes' System* (120–1) 中的观点相反。

147 Stephen Gaukroger, 'The Foundational Role of Hydrostatics and Statics in Descartes' Natural Philosophy', in Stephen Gaukroger, John Schuster, and John Sutton, eds., *Descartes' Natural Philosophy* (London, 2000), 60–80; and Peter McLaughlin, 'Contraries and Counterweights: Descartes' Statical Theory of Impact', *The Monist* 84 (2001), 562–81.

148 *Principia*, Book 2 art. 40.

149 例子取自 *La Dioptrique: Œuvres* vi. 93–6, trans. in Descartes, *The World and Other Writings* (Cambridge, 1998), 76–8. 17世纪的网球很硬,不像现代(草地)网球。

150 这个想法看起来有些道理。比较一下贝克曼在他1619年7月25日至9日的日记中的记录:"如果一艘船的帆被取下,只靠它先前的动力前进,可以用舵引导它以半圆的方式向它来的地方移动,它沿着它来时的路线,以同样的动力返回。"(第330页)

151 还要注意,和运动一样,它也有大小的概念:笛卡儿在2月17日写给克莱瑟利耶的信中说,在碰撞中,一个物体传递给另一个物体的速度和"规定"可以超过它的一半: *Œuvres*, iv. 186。然而,"规定"似乎最终都缺乏任何完全一致的解读。请参阅 McLaughlin 的 "Force, Determination and Impact," 以获得对难点的最佳陈述,以及它们的现实解决方案。

152 这里的插图来自我1659年版的 *Principes*,由 Le Gras 在巴黎出版,我相信这是第一个不同类型碰撞的插图。请注意,在第一版 *Principes* 的第二册第46篇文章的插图之后,物体被表示为立方体而不是球体。正如 Peter McLaughlin 在他的 *Force, Determination and Impact* 中所坚持的那样,碰撞实际上更适合用立方体而不是球体来表示,因为一旦这些规则开始应用,对撞击表面积的考虑就会发挥作用。

153 参见 McLaughlin 给出的范例: 'Force, Determination and Impact', 97–102.

154. Shea 在整理笛卡儿的推理/猜测方面作了很好的尝试。参见 William R. Shea, *The Magic of Numbers and Motion* (Canton, Mass., 1991), 296–7.

155. *Principia*, Book 3 art. 53.

156. Descartes to Mersenne, 25 December 1639: *Œuvres*, ii. 627; and 28 October 1640: *Œuvres*, iii. 210–11.

157. 参见 the discussion in Gabbey, 'Force and Inertia in the Seventeenth Century'.

158. Descartes to Mersenne for Hobbes, [21 January 1641]: *Œuvres*, iii. 287.

159. 参见 Donahue, 'The Solid Planetary Spheres in Post-Copernican Natural Philosophy'.

160. *Principia*, Book 3 art. 9.

161. 参见 Thomas Kuhn, *The Copernican Revolution* (Cambridge, Mass., 1957), 189.

162. *Principia*, Book 3 art. 23.

163. 同上, arts. 21 and 26.

164. 同上, art. 29.

165. 我们的太阳系不是唯一的太阳系,这一理论在许多对笛卡儿主义的谴责中被单独挑出来。1662年,鲁汶神学院谴责提案5谴责了"任何世界都必须有和我们一样的物质"的说法。1678年,位于巴黎的祈祷总会举办的祈祷大会第6条谴责了"上帝同时创造几个世界并无令人反感之处"的说法。1706年耶稣会第十五届大会的第13条禁止提案谴责了"在天堂之外,确实存在一个由物体或物质填充的空间"的说法。摘自 Roger Ariew, John Cottingham, and Tom Sorell, *Descartes' Meditations: Background Source Materials* (Cambridge, 1998), 252–60 的附录部分。1705年,Jean Du Hamel 全面讨论了对笛卡儿主义的谴责,详见 *Quaedam recentiorum philosophorum ac praesertim Cartesii propositiones damnatae ac prohibitae* (Paris).

166. *Principia*, Book 3 art. 29.

167. *Principia*, Book 3 art. 30.

168. 同上, art. 34.

169. 参见 Schuster, *Descartes and the Scientific Revolution, 1618–1634*, ii. 566–79.

170. *Principia*, Book 3 art. 153.

171. 同上, art.157.

172. 同上, art.41.

173. 同上, art.43.

174. *Principia*, Book 3 art. 44

175. 同上, art. 46.

176. 同上, art. 125.

177. 参见 Edward Slowik, 'Perfect Solidity: Natural Laws and the Problem of Matter in Descartes' Universe', *History of Philosophy Quarterly* 13 (1996), 187–204, 更广泛的讨论参见 *Cartesian Spacetime: Descartes' Physics and the Relational Theory of Space and Motion* (Dordrecht, 2002), 出处同上。

178. *Principia*, 3 art. 52.

179. 同上, art. 62.

180. 同上, art. 63.

181. 伽桑狄还提出了一个旋涡理论,他莫名其妙地把它追溯到伊壁鸠鲁,他显然认为这是笛卡儿描述的最终来源。在伽桑狄旋涡理论中，旋涡运动最终是由内部产生的旋转引起的，这与开普勒的磁性纤维的作用没有什么不同，但在其效果上，它与笛卡儿旋涡在物理上是相同的：参见 Eric Aiton, *The Vortex Theory* of Planetary Motions (London, 1972), 66–7. 重要的一点是，主导微粒主义自然哲学的两个主要竞争者都致力于旋涡理论，而伽桑狄学派可以很高兴地接受笛卡儿的旋涡理论。

182 *Principia*, 3 arts. 70–2.

183 *Œuvres*, xi. 53–6.

184 *Principia*, Book 3 art. 82.

185 同上，art. 85。Aiton指出，这意味着旋涡的稳定性要求离心力不能随着远离中心而减小，见 *The Vortex Theory of the Planetary Motions*, 63 n. 78。

186 *Principia*, Book 3 arts. 104–14.

187 同上，art. 116.

188 同上，art. 118.

189 *Principia*, Book 3 art. 126.

190 同上，art. 140.

191 同上，art. 33.

192 同上，art. 149.

193 在古代和中世纪与地球相关的理论，参见：Clarence J. Glacken, *Traces on the Rhodian Shore* (Berkeley, 1967), chs. 1–7. 有关笛卡儿的论述，参见：Jacques Roger, 'The Cartesian Model and its Role in Eighteenth-Century "Theory of the Earth"', in T. Lennon, J. Nicholas, and J. Davis, eds., *Problems of Cartesianism* (Kingston, 1982), 95–112.

194 *Principia*, Book 4 art. 1.

195 *Principia*, Book 4 art. 13.

196 同上，arts. 14–31.

197 同上，arts. 22. 不幸的是，正如Régis和其他人后来指出的那样，如果重量来自周围物质的循环流动，那么它不应该指向中心，而应该指向旋转轴。参见Pierre-Sylvan Régis, *Système de philosophie* (3 vols, Paris, 1690), i. 443.

198 *Principia*, Book 4 art. 44.

199 参见 McClaughlin, 'Censorship and Defenders of the Cartesian Faith in France (1640–1720)', and Schmaltz, 'What has Cartesianism to do with Jansenism?' 笛卡儿对地球形成过程的论述引起的反响见 Peter Harrison, 'The Influence of Cartesian Cosmology in England', in Stephen Gaukroger, John Schuster, and John Sutton, eds., *Descartes' Natural Philosophy* (London, 2000), 168–92. 他对圣餐变体论的论述所引起的反响见 Armogathe, *Theologia Cartesiana*. 他对"动物机器"（*bêtes machines*）的论述所引起的反响见 Leonora G. Rosenfield, *From Beast-Machine to Man-Machine* (New York, 1968), and Jean-Claude Beaune, *L'Automate et ses mobiles* (Paris, 1980). 到18世纪50年代，甚至在法国，对笛卡儿的自然哲学也存在广泛的敌意：见 Laurence W. B. Brockliss, *French Higher Education in the Seventeenth and Eighteenth Centuries* (Oxford, 1987), 353–8, 376–80, 366。

200 参见 Daniel Garber, 'A Different Descartes: Descartes and the Programme for a Mathematical Physics in his Correspondence', in Stephen Gaukroger, John Schuster, and John Sutton, eds., *Descartes' Natural Philosophy* (London, 2000), 113–30.

Chapter 9
The Scope of Mechanism

第 9 章
机械论的范围

机械论的自然归属是物理理论，但是物理理论可不是自然哲学的全部，机械论自称为自然哲学研究树立了典范，这就远超出了物理理论的范围。在本章，我会侧重机械论者最感兴趣的三个领域，这些领域能让我们看到自然哲学机械论合法化的诉求。首先是机械论者如何应对由于解释性资源极少但解释目标又过于宏大而给机械论体系带来的工作量，特别是第一性的质（primary qualities）和第二性的质（secondary qualities）学说在这方面扮演的角色，尤其涉及马勒伯朗士（Malebranche）对笛卡儿主义的重新改造。其次，我会考察将机械论扩展至生命机能和认知机能领域的尝试，生命和认知现象在早期现代被视为自然哲学的领域，也引发了大量争议。最后，由于自然哲学扩展到了生物学领域，但是传统临床医学对疾病、健康的生物学过程有着非常不同的认识模型，因此基于自然哲学和传统临床医学之间的关系，我会提出一些值得思考的问题。

第一性的质和第二性的质

我们到目前为止讨论的笛卡儿《哲学原理》部分章节中对自然哲学的研究，与经院传统有显著不同，两者分别认为应该采用不同的第一原理来合理进行自然哲学研究，由此推导出的物理和宇宙论学说也是不同的。但是它同伽桑狄和霍布斯的机械论体系一样，都与经院自然哲学理论同样宏大，旨在解释全世界以及人与世界的关系。但是在另一方面，机械论体系却与经院自然哲学天差地别，因为与亚里士多德自然哲学相比，机械论体系的解释性资源少了很多，但被说明项又多了很多：亚里士多德自然哲学只关注自然现象，即基于事物自然本性（nature）的现象，而微粒论自然哲学总的来说似乎希望解释世间一切现象，包括自然的和非自然的（抛射体的运动、杠杆、螺杆等机械设备的作用等）。特别是机械论似乎旨在解释整个物理学领域，因为如果从微粒的层面上观察，可以说世间万物都是根据其自然本性而行动的，一切物理行为都可以追溯到构成事物的微粒的运动。但是这给机械论带来了无法承受的工作量，甚至需要区分某些被说明项才能开始解释。区分使用的工具，就是第一性的质和第二性的质的学说。

培根在机械论出现之前就从微粒论的角度提出过自然哲学范围的问题。我们之前谈过，培根认为，自然哲学不但应该处理自然现象，还应该探究人为或受迫的现象，他因此反对亚里士多德主义。但是，并不是亚里士多德主义将自己限制在自然现象领域，仿佛这是亚里士多德本人有意识选择这么做，而且这个选择还能根据经验修正或推翻一般。亚里士多德主义根据基本原理来解释物体行为，这个方法意味着只有这些原理推导出的行为我们才能解释，而这些原理正是决定了物体自然行为的原理，也就是说，正是也只有自然行为才能被解释。我们可以超越亚里士多德主义，采用包括如抛射物运动等力学现象在内的"受迫"或"非自然"现象底层的原理，尝试寻找其中是否存在什么基本原理。但是有些人，比如培根，认为力学是纯数学学科，与自然哲学毫不相关；有些人则相信力学是重组自然哲学的关键，这就需要他们努力去寻找将力学与自然哲学连接起来的方法，但这点极难做到。不管怎样，都明显需要反思自然哲学，使其也满足力学提出的要求。

有一种反思是这样的：放弃亚里士多德的第一性原理，用能够推导出包括自然和非自然的一切物理行为的原理取代。微粒论有潜力提供新理论基础，但是缺少了亚里士多德主义的明确性。亚里士多德主义中的说明项 (*explanans*) 能够导出特定的被说明项 (*explanandum*)：需要说明的内容会被提前划定好范围，需要说明的资源则专门用于说明它。微粒论完全没有这样的明确性：被说明项不会被差别对待。究其原因很简单，因为它试图解释一切物理现象。但实际结果是，微粒论似乎失去了与物理世界的一切联系，只能应用在那些能从其第一性原理推导出来的理想场景中，有时甚至只能处理球形微粒的共线碰撞这样简单的问题。这里还要提一个相关的问题，这些第一性原理提供的解释性资源极少，包括形状、速度和运动方向等，比亚里士多德的"本质"差远了。所以，微粒论的一个主要工作就是修正被说明项：必须大幅缩减被说明项，才能使用极少的说明资源去说明它。这是通过第一性的质和第二性的质学说完成的。

用最直白的话说，机械论自然哲学是可以获得非常强大的解释性资源的，因为它的经济性和普遍性，但是机械论自然哲学只能解释高度理想化的现象，很难找到任何能够实际解释的东西。为了给自己的理论辩护，机械论者指出，这些高度理想化的现象就是被说明项的构成部分，那些无法被归为被说明项构成部分的现象要么可以用种种方法归为第一性的质和第二性的质学说中的"第二性"，要么认为这些现象根本就不存在，比如机械论者就把有机现象中的"生命"(vital)活动直接排除。将第一性的质和第二性的质区分开来，实际上就好像亚里士多德将现象分为我们需要解释的和我们不需要解释的自然/非自然现象一样，经常以隐性(occult)和显性(manifest)性质的形式出现[1]，只不过在这里微粒论是这样区分的：一边是仅由微粒状态生成的宏观第一性的质，即宏观和微观拥有共同性质，另一边则由于宏观性质与生成其的微粒状态性质不一致，所以不被视为真正的现象，需要重新描述(比如颜色)或者排除(比如"生命")。区分第一性和第二性的质，是机械论最强大的工具。但它也是最让人质疑的工具，因为它的基本逻辑与其说是它能将被说明项缩小到可以管控的规模，不如说是它能将任何可被说明的现象限制在可被机械论说明的范围之内。

　　第一性与第二性的质学说是如何实现这点的？从表面上看，这个工具不在乎使用者的自然哲学流派是什么，它只是区分了存在于物体中并独立于观察者的性质与相对于观察者的性质。用自然哲学的方法将自然存在的性质与相对于观察者的性质做出区分，这早在德谟克利特 (Democritus) 时就提出过。德谟克利特想证明，自然中的一切不是原子就是虚空，他采用的论证方法之一就是普罗泰戈拉 (Protagoras) 的相对性学说，即冷热等现象不存在于自然中，仅仅是相对我们人类而言才存在。普罗泰戈拉的相对主义其实主要是道德层面上的，尽管它在一般意义上为认识论带来了一定的影响，但是用在自然哲学问题上是有问题的。如果真的要用相对性来在一般意义上证明宏观性质不真实，微观性质才真实，那就需要证明微观性质独立于我们存在，而宏观性质不是独立于我们存在的。而这一点是相对主义显然无法证明的，因此也就难怪德谟克利特的原子论继承者们并没有将真实性仅仅限制在微观层面：比如，伊壁鸠鲁虽然坚持认为世间万物都是原子构成的，却也没有否认原子是可以结合的，也没有否认这些结合能够带来明确独特的感官性质，而这些性质在原子层面是不存在的。

自然哲学界开始采用相对性的论证方法，是在针对哥白尼主义的争论时出现的。正是伽利略提出了关键的两点：第一，我们之前也谈到过，伽利略提出了运动相对性原理，即我们无法察觉我们自己所在的参照系的运动。第二，在《分析者》中，他在证明热是运动的一种形式时，将物体实际拥有的性质与感知者心理添加上去的性质做了区分——

现在我想说，每当我设想一个物质或实体时，我会立刻认为应该将其想象为有边界的，有这样那样的形状，相对其他事物来说是大是小，在一个具体的时间存在于具体的地点，运动或静止，接触或不接触其他事物，是一个、几个还是很多。这些条件或性质我是无论如何也无法从这个事物中剥离的。但是，它是白或红、苦或甜、吵闹或安静、芳香或恶臭，我没有将这些视为必需的附属性质。如果没有感官的影响，单凭理性或想象力也许永远也无法察觉到这些性质。所以，我认为我们感受到的一个物体的味道、气味、颜色等，对这个物体而言只不过是名字罢了，这些性质只存在于我们的意识中。[2]

与微粒论物质理论重要的微观/宏观区分不同，在这里伽利略是根据我们是否能够设想一个物体拥有某些性质来区分的。如果能够设想，那么这些性质就是来自我们与物体的互动。如果不能够设想，那么互动不存在，这些性质也会存在，而这就是自然哲学所考虑的范围。

这其实与"确认物体在平衡状态（流体静力学模型）或不受约束（运动学模型）状态时的行为，然后描绘物体离开平衡状态或受到约束时行为会如何被修正"所需的研究流程有相似之处。只不过这里使用的不是物理理论，而是感知 (perception) 理论，或者在更广意义上使用的是感觉认知 (perceptual cognition) 理论。感觉认知理论需要完成大量的工作：它必须证明一个仅仅包括可以用机械论描述的性质的物理世界如何能够产生我们亲身体验到的丰富多样性。在一个更普遍的意义上，从笛卡儿《思想的指导法则》(*Regulae ad Directionem Ingenii*, 1626-1628) 的第12条法则如何实现这项工作的描述中就能明显看出这项工作固有的问题。笛卡儿似乎在这里使用的是形状，而不是运动，或者使用的是形状与运动的结合，但是其背后的原理以及背后的问题，都是一样的。他写道："形状的概念简单普遍，感官察觉到的一切事物都拥有形状。"亚里士多德主义认为，我们对形状的视觉感知取决于我们对颜色的感知，因为如果在颜色或色度上不做区分，我们就无法在视觉上区分物体之间的界限。与亚里士多德主义相反，笛卡儿认为我们对颜色的感知取决于我们对形状的感知：

无论您假定颜色是什么，您都不能否认颜色是广延的（extended），拥有形状。在不发明一个无用的、无意义的新实体，也不否认其他人针对颜色发表的看法的前提下，如果我们仅仅将颜色除了其形状之外的所有特征抽象化，并将白、蓝、红等颜色之间的差别设想为这些或类似图像之间的差别(图9.1)，会产生什么样的结果？同样的道理也可以用在一切能够为感官所知觉的事物上，因为我们确信，图像的排列组合无穷无尽，能够充分表达可感知事物之间的一切差别。[3]

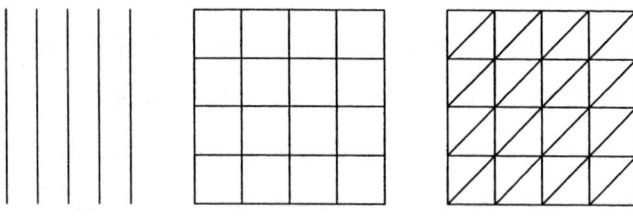

图9.1

笛卡儿让我们设想自然仅仅由形状组成，但是这到底有没有一丁点的合理性？也许，我们可以想象所有的颜色都可以用各式各样的线条图案来代表，但是笛卡儿让我们设想的可不仅仅是这些。线条图案不仅必须代表颜色之间的差别，还要代表颜色、温度、味道、气味等之间的差别。每个感官至少还要对应不同种类的形状。形状可能性无穷尽的观点，在这里并没有用处，不仅因为这意味着感官能够区分无穷无尽的复杂形状，但我们没有理由相信这一点，更是因为我们需要知道的不是一共存在多少种形状，而是如何区分出那些与讨论话题相关的形状种类。此外，有些感官是可以同时区分多种事物的：我可以感觉出某个东西是圆的、硬的、黏的、表面光滑、离我很近等等。这样一来，似乎还是需要不同种类的形状才能解决问题。

提出这个学说几年之内，笛卡儿就发展出一套颜色理论，在一定程度上做了简化：我们体验的颜色是我们对某类微粒在物体表面反射的反应，物体表面拥有某些纯物理性质，导致其反射出的光微粒开始旋转。我们的视觉感知系统"被大自然命令"对这些旋转做出反应，感知颜色。[4] 笛卡儿对颜色的产生及其视觉认知的理论是综合全面的，远超出其他任何理论体系，但是他这种还原主义策略的局限也很明显。比如，他的理论没有告诉我们对颜色的感知如何产生。正如沃尔特·查尔顿所言："能够发现视网膜、视神经、大脑或内部灵魂与任何一个颜色之间类比关系的俄狄浦斯（译者注：解谜者）在哪里？"[5] 此外，笛卡儿也没有说他的颜色感知理论能否运用到其他感觉，或者甚至能否运用到对其他性质的视觉感知，如色调和明亮度（不要和光照度混淆）。事实上，即使在现象学层面上他都无法充分解释颜色，因为他会将我们感知的颜色限制在色谱之上，但是我们感知到的大部分颜色根本不是光谱颜色：比如，我们能够感知到褐色的多个色度，但是褐色在光谱上是没有一席之地的。

但是，如果将感官性质简化为形状和运动等性质的学说这么显然地不合理，我们又该怎么解释早期现代自然哲学家普遍支持这个学说？一个重要的原因是亚里士多德主义感觉认知理论的崩塌。人们对它不满意的地方主要有两处：一个是和形式 (species) 的本质有关，另一个和光学和生理学的发展有关。第七章我们看到，在17世纪早期，经院哲学家们关于感官知觉能够捕捉到什么的话题意见不一，产生了争论。在那些感官知觉能够捕捉到被感知事物的本质的例子中，"客观存在"的观点是可行有效的，但是人们也逐渐承认，这些例子在现实生活中实际上并不存在，所以经院传统之外的一些自然哲学家，如梅森和伽桑狄，由此得出结论，即我们知识的地位因此会受到影响。伽桑狄认为，由于受到我们的感知官能所限，亚里士多德派学者追求的知识的本质在实际上是不可能的。[6] 我们在感官知觉中捕捉到的并不是内在本质，而是表面的发散物 (emissions)。[7] 因此，我们能够构建的自然哲学体系必须将外表而不是本质作为研究主题，因为我们无法获得本质。伽桑狄本人认为这种做法可以在亚里士多德教条主义和怀疑主义之间开辟一条折中道路。[8]

随着光学的发展，对亚里士多德的不满也逐渐增加。亚里士多德曾认为，我们的感觉器官之所以是今天这个形态，是因为它们将世界的本质自然地(naturally)展现给我们。亚里士多德对视觉感知的光学和生理学的阐释，就取决于他认为这个功能到底如何作用，其中包括，构建光学和生理学的目的，必须是要产生出与被感知的事物相仿的感知图像，因为真实性存在于相似性之中。一张准确描述世界的图像，亦即我们的感觉器官在最优条件下本能生成的图像，正是一张和世界一模一样的图像。但是开普勒已经在他的《对维泰洛的补充，天文学的光学说明》(*Ad Vitellionem paralipomena*, 1605年) 第5章中详细论证了视觉图像不是在晶状体液中，而是在视网膜上形成的，他也不容置疑地证明了视网膜图像是倒立的。[9] 这个出乎意料的发现意味着，感官和认知器官并不是被动的信息接收器。亚里士多德的理论来自他假设感觉认知必须生成一张与世界一模一样的图像，因此任何光学和生理学体系必须要解释这是如何实现的。但是开普勒的工作证明，由亚里士多德学说发展出的光学和生理学是完全错误的。

笛卡儿在17世纪20年代着手研究视觉认知的问题，他从对视觉光学和生理学的全新认识出发，考察视觉认知会采取何种形式。这就翻转了研究的方向。我们不再从认识感知功能出发，而是从感知的物理/生理过程出发，探究这些过程会带来什么结果。走这条路是困难重重的，特别是如果我们不仅要用机械论的理论来解释物理世界，还要解释感知物理世界的物理过程，困难具体体现在如何解释我们的认知反应。这对于所有机械论者来说都是个问题，笛卡儿是当时对该问题的复杂性考虑得最周全的学者。举例来说，霍布斯在17世纪30年代已经发展出一套针对感知光学和生理学的机械论理论，但是在他发表自己的研究成果之前，笛卡儿就抢先一步于1637年出版了《谈谈方法》(Discours)和《屈光学》(Dioptrique)。霍布斯对此的反应是，他认为笛卡儿在感知的机械化方面做得还不够：因为在霍布斯看来，视觉在根本上就是运动，"因此，我们看到的东西在形式上、在严格意义上就是被移动的东西"[10]，即某种有形的东西。其实笛卡儿的理论已经高度机械化了，霍布斯反对的二元论只是在人的认知中才起作用，但是到了人的认知这一步时，除了智力判断之外的所有感知过程都已经被解释完毕了。笛卡儿解决的首要问题，是一个对机械论能否成功解释感知来说极其关键但霍布斯甚至都没想过的问题，即这样一个只是简单概述感知中的因果关系的观点，是否真的就能捕捉到我们所认为的感知过程。

感觉认知所调用的官能——"外部"感觉器官、常识、记忆、想象——传统上被认为是有实体的，解剖学家的关注点就是在大脑具体部位中定位这些官能。不过,从实体角度来解释某些层次的认知功能,经常会导致学者们用各种方法试图让物质本身变得有知觉,如提出存在一个"觉魂"(sensitive soul, 译者注:来自阿奎那的理论),能够从内部调节实体过程。既然笛卡儿想要证明有机过程,包括一些认知操作,可以完全用机械论来解释,他就必须要保证自己的学说与物质的惰性是不冲突的。他的目的在于证明物体的结构和行为可以用我们解释机器结构和行为的方式来解释,以此来证明即便不动用智力官能,也可以发生某种形式的真正认知。换言之,他想要用纯机械论的理论来解释自动机(automata),即自动运动的物体。所有的动物感知都归于此类,不涉及自我意识的任何人类感知也归于此类。

在处理视觉认知时,我们可以区分:对视觉刺激的机械反应,即自动机各部件仅仅是以固定的方式做出反应;视觉意识,即感知者对引起视觉刺激的物体或事物状态拥有了心理表征;感知判断,即对这个表征做出反思和判断的能力,如判断其是否为真实的。笛卡儿认为最后一类只有人类才能拥有,因为在他看来,这需要拥有意识/理性灵魂(rational soul, 译者注:在阿奎那的理论中也译为"灵魂",下方出现rational soul时统一译为"灵魂")才能做到。第一类是条件反射,不仅能够在动物和人类中观察到,而且只要是笛卡儿认定的循环系统中都可以潜在观察到,这既包括动物体内的血液循环,也包括植物体内的汁液运动。他将"敏感"植物的条件反射行为也包括在内,如含羞草对触觉极其敏感,只要轻轻用指尖一碰,含羞草二回羽状复叶的小叶就会折叠起来。[11]传统的感觉论很难解释植物为什么看起来也有感觉,因为传统上认为植物是生魂 (vegetative soul) 调节的,负责营养等低端功能,而动物虽然有生魂,但是也有觉魂,所以动物才拥有感觉的能力。[12]由于笛卡儿反对这种传统理论,将植物和动物都视为惰性物质构成的机械体,因此植物拥有感觉的现象对他来说就构不成原则上的问题了。只需要循环,就能形成条件反射行为,因为如果对物体某一部分的刺激要想对接触点区域之外的地方产生系统性的效果,则要通过循环系统才能够将有机物各个部位连接起来。[13]大多数的动物和无意识的人类感知活动都与此不同,远远超出简单的条件反射,涉及对世界的表征。自动机可以像真正的机器一样,对构成光的微粒行为做出直接反应,而不会实际感知 (seeing) 到任何东西,但是笛卡儿在《论人》(L'Homme) 中不是这么描绘自动机的视觉过程的。比如,他告诉我们:"松果体是想象和常识的所在地,松果体上的精气 (spirits) 勾画的图像,应该被视为观念,即当灵魂 (rational soul) 与这台机器合二为一、开始想象或感知物体时,会直接思考的形式或图像。"[14]这意味着,自动机的松果体上是存在表征的。确实,如果要想研究视觉认知,很难想象松果体不存在感知表征。而且，既然都说存在表征，又不谈这些表征的内容，这就说不过去了。阿尔诺（Arnauld）在大多数问题上可以算是最善于思考的笛卡儿追随者了。他意识到了这个问题，并提出了反对意见：

针对野兽的魂而言，笛卡儿先生在其他地方较为明确地提出野兽没有魂。野兽只有一个身体，有特定的设置，各器官以某种方式构成，我们观察到的该野兽的所有行为都通过这种方式产生。但是我认为，如果要让世人接受这种观点，就必须要合理证明。因为，乍看上去，很难相信如果没有魂的指引，从狼的身体反射回来的光进入绵羊的眼睛后怎么就能触动超薄的视神经，并且在这个运动进入大脑后，绵羊神经中弥漫的动物精气（animal spirits）怎么一定就会让绵羊逃跑。[15]

具体而言，问题在于，尽管笛卡儿允许自动机拥有表征，但又不说清楚自动机如果没有意识到自己拥有表征，那怎么能够了解表征的内容：如果与人类不同，自动机无法对表征做出判断，比如无法评判真实性，那怎么能够了解表征的内容？自动机的行为必须被视为以真正认知的方式对感知和其他认知刺激做出的反应，也就是说，必须要超越简单的刺激——反应弧学说。换句话说，自动机的行为意味着它们是有知觉的。但是自动机没有意识：它们不知道自己的认知状态就是认知状态，所以无法就其内容做出判断。结果就是，笛卡儿不得不还要解释有知觉但是无意识的自动机的行为。因为自动机在定义上就是"无意识"的，所以只能通过机械论生理学来解释。这个任务的困难之处在于，需要捕捉到有知觉的和无知觉的行为之间的差别，并解释这如何导致在机械论生理学层面的差别。

用简单的话说，笛卡儿的解决方案分两个方面。[16]首先，他区分了"受原因(cause)影响"和"受信号(sign)影响"。当我们的眼睛受到旋转光微粒的影响时，我们体验到颜色的感觉。旋转的光微粒是原因，导致我们进入特定的物理状态，这就让光微粒有能力向我们发出信号，我们将其体验为颜色，但颜色体验发生的前提是我们必须要以特定的方式对信号做出反应。也就是说，光线自身并不是让我们看到颜色的原因，因为如果我们身体中没有东西能够让我们有能力将这个特定的运动类型视为另一个东西的信号并对其做出反应，那么我们是看不到颜色的。第二，笛卡儿认为，我们之所以有能力对某些类型的光做出反应，是因为大脑拥有特定的自然设置。是上帝将大脑如此设置的，目的在于以恰当的方式做出反应。这种"天生的设置"(hard wiring)能够确保我们获得正确的表征类型：当受到必要的刺激时，我们会看到光，换句话说，我们会看到一个展现出颜色和形状的视觉图像。导致我们产生视觉图像的原因不是自然中的东西，而是自然产生的刺激和动物生理学的特定特征共同作用，产生出特定的表征，即视觉感知。这显然与感知判断产生的过程不同，但这与植物向阳生长或者胎儿发育为完全体的过程又有什么不同吗（笛卡儿认为这两个是类似的过程）？我认为，这里的不同点可以描述如下。在胚胎学的例子中，下文我们也会谈到，笛卡儿基本上否认了从功能角度对胎儿发育的理解——比如认为胎儿之所以按这种方式发育就是为了能够生长为该物种的成年体——能给我们带来任何有意义的信息，因此他用机械论—因果论学说取而代之。相比之下，在自动机的感觉认知的例子中，他不否认可以从功能角度来解释，但是认为功能角度的解释可以被转化为机械论生理学，还不会失去论证的关键，即y对x的感知的前提是x对y是有意义的，以至于y把x感知为狼。现在需要的是物体有能力将视觉刺激（可以被形容为视网膜构成微粒的搅动）转化为必要的感知表征，即能够传达"这是狼"的观念。这可以通过大脑内必要的实体器官来实现，器官的行动可以用机械论学说来描述，并辅以对意义的解释，同时这种对意义的解释与机械论学说描述的物理过程兼容，并且除已经描述的物理过程之外，不再需要其他的物理过程了。

这种理论提出了很多问题，其中关于表征的本质的问题以"观念的学说"(doctrine of ideas)的形式成为讨论的焦点。[17] 感知表征的问题又因为对认知能动性(cognitive agency)的新理解而更加复杂化了。笛卡儿之前的观点是，只有拥有灵魂(rational soul)的物体才能进行感知判断。到了马勒伯朗士构建感觉认知的理论时，这个学说已经从"思想(mind)是人类感觉认知的必要条件"，转变为"思想负责感觉认知"的学说：是人的思想，而不是人在看和判断。这个转变的驱动因素包括："客观存在"引起的争议；光学的发展，因为光学已经证明视网膜图像(以及笛卡儿理论中的松果体图像)与现实世界中的图像来源并不相仿；有关智力认知的思考，即人类可以不借助感知输入就能够进行认知活动，因此这似乎是只有思想自己做的事情；以及对疼痛等感知体验到底位于哪里的困扰，这类困扰之所以会出现，是因为幻肢(phantom limb)等现象的存在，即肢体被截掉后身体还会感觉它在疼，也就意味着疼痛实际上一定是存在于思想或大脑中，思想或大脑体验疼痛时，是把疼痛当作位于肢体内来体验的，不管是截肢还是没截肢都是如此。[18]结果就是，笛卡儿用思想"审视图像"的说法模糊地解释人做判断的现象。我们会在下面谈到，阿尔诺拒绝接受这样诠释笛卡儿的理论，他坚持认为我们无法看到世界的视觉表征，而是通过视觉表征的方法来看到世界，这对视觉的能动者也产生了影响，因为现在就没有必要再假设出一个"试图了解心理表征的思想"；相反，我们可以认为，思想是有能力进行视觉表征活动的，并将其视为视觉感知世界的必要条件，也不用再否认完成看的动作的是人，而不是他的思想或大脑。但是阿尔诺的观点属于少数派，相对来说也没有得到充分论述，笛卡儿派对这个问题最有影响力的解释是马勒伯朗士做出的。

为了考察马勒伯朗士的学说，必须从一开始就说明十七世纪下半叶笛卡儿主义出现了一个新的元素，即奥古斯丁的神圣光照（divine illumination）学说。[19] 马勒伯朗士"观念理论"（theory of ideas）的首要反对者阿尔诺也是神圣光照学说的拥趸，两人都假设，清晰明确的理解最终取决于神圣光照。此外，两人都认为，我们感觉器官的功能不可能是向我们展示实体世界的本质，感官的目的其实是以快速和经济的方式向我们告知我们的身体有什么需求。[20] 马勒伯朗士认为，在人类因堕落被逐出伊甸园之前，亚当就了解到这一点，所以亚当从不依靠自己的感官去判断物体的本质。[21] 但是自从人类被逐出伊甸园后，我们就变得非常依赖自己的身体，结果就是我们即便在一些不应该依赖自己感觉的方面仍然依赖自己的感觉。这样来看的话，很明显并不是我们的感觉欺骗了我们，而是这些感觉不可避免地带来的自然判断，我们也是不由自主做出这些判断的。错误程度也有高有低。马勒伯朗士在解释这个问题时，区分了我们对第一性的质的判断和我们对第二性的质的判断。他否认感觉能够可靠地指引我们发现物体第一性的质，如大小、形状、运动、位置等；但我们也不是完全被蒙在鼓里，完全不知道物体的特征，因为我们正确地知道物体是有一定的大小、形状、位置、速度和运动方向的，即便我们错误地认为它们具有我们感觉上所表现出来的那些性质。在颜色、冷暖、声音、气味、质感等第二性的质上，感觉对我们的欺骗更加彻底。马勒伯朗士告诉我们，这些"其实根本就不在我们身外，也从来没有在我们身外存在过"。这些都是纯粹在脑海中出现的性质；并且，我们对作为心理状态的第二性的质的认识，比作为物体状态的第一性的质的认识要更加错误，这个事实在马勒伯朗士看来意味着我们对广延 (extension) 的认识要比对思想 (mind) 的认识更加清晰；这个观点正好与笛卡儿的观点相反[22]，但很多机械论者都持有此观点，即便他们可能没有像霍布斯、伽桑狄以及后来一些笛卡儿主义者一样不加掩饰地支持这个观点。

马勒伯朗士称，我们之所以会将思想模式误认为是独立存在的外部性质，是因为我们混淆了四个事情。[23]第一，物体对我们感觉器官做出的行动，如一个物体的微小部分触碰着我们的皮肤；第二，这对我们身体产生的影响，即这个行动沿着神经纤维一路传到大脑；第三，伴随大脑中事件发生而做出的思想修正,如感到温度;第四,我们不由自主对这个感觉做出的自然判断,比如相信我们感到的温度实际上存在于被触碰的物体中和触碰物体的手中。总而言之,我们混淆了感觉与相关物体的性质。最开始物体对我们的感觉器官做出行动时,被感觉的物体的微小部分,比如光微粒,或者被触碰物体的快速振动的部分,与我们皮肤表层接触,仅此而已。但是,因为这些部分小到无法被感知,我们认为我们感觉到的——前者是颜色,后者是温度——存在于被感觉的物体中。结果就是,"比如,几乎所有人都相信他感到的热存在于产生热的火中,而光也存在于空气中,颜色也存在于有色物体中"。[24]但是,当引发感觉的物体实际可见时,比如我们被针刺痛,或被羽毛搔痒,我们就不会犯同样的错误:我们不会认为,刺痛感或瘙痒感是存在于针或羽毛中。[25]如果是这样的话,那为什么我们非要假设当物体不可见时,比如微粒的快速运动,我们感受到的温度是物体的性质呢?马勒伯朗士的结论是,我们是否将感官性质视为物体的性质,取决于引发感觉的物体的可见程度。引发我们光感的微粒是最小的,最无法被感知,因此至少当我们仅凭感觉认识世界时,我们就会误认为物体是有颜色的。类似的关系也适用于感觉的强烈程度和感觉的来源。出现强烈感觉时,我们认为其性质是存在于我们自己体内的:当我们把手放入热水中,感到烫手时，我们认为疼痛感在我们体内，不在水中。但是换成微弱的感觉，比如将手放入温水，我们就认为其性质存在于水中，而不是我们体内。[26]

马勒伯朗士对第一性和第二性的质之间的区别有着独到的见解。他将观念 (idea) 这个词仅限于我们对第一性的质的概念，并且认为第一性的质与其代表的物体相仿。这类第一性的质是我们能够用几何或机械理论设想出的性质。相比之下，我们对第二性的质只是向思想发出的有关某个物体状态的信号，而第二性的质与这个物体状态并不相仿，马勒伯朗士将这些性质称为"感觉"(sensations)。他认为，观念和感觉属于完全不同的类型。观念是智力感受到的，马勒伯朗士详细论述道，我们通过他所说的"可理解的广延"(intelligible extension) 来感知它们。[27] 这些观念不存在于世界中，也不存在于我们的思想中，而是作为原型存在于上帝之中，我们在上帝之中直接感受到这些观念。这种说法最好是用几何模型来理解，因为基本可以肯定这个说法就是基于几何模型给出的。这里的意思是，当我们捕捉到圆圈、三角和其他类似图案的性质时，这些图案既不存在于实体世界，因为它们是抽象的，也不存在于人的思想中，因为它们的客观性质不因人的意志而改变。马勒伯朗士这个柏拉图/新柏拉图式观点认为，这些都存在于一个独立的、神圣（说它是新柏拉图主义就是因为这一点）的领域。其他常见观念在马勒伯朗士的模型里也是同样的情况：它们存在于一个纯粹可被理解的领域。在他看来，这个领域等同于上帝。但是，若要实现感知，观念和感觉都是需要的。智力只能感知到可理解的广延，而我们如果想要区分物体，就需要赋予它们可感觉的性质，比如颜色。但如果我们是为了在视觉上、听觉上等方面觉知物体才给物体赋予可感觉的性质的话，那我们就不会直接感知物体。我们感知到的是物体的表征，或"观念"(ideas)。

阿尔诺对马勒伯朗士观念的理论中的一些学说提出了反对意见，不过我们在这里仅分析"我们感知到的不是物体，而是其表征"这个学说，因为该学说后来会成为后笛卡儿主义认识论的核心特征。阿尔诺称，思考、认识、感知都是同一类活动，关于物体的"观念"和对物体的"感知"也是同一个东西。[28] 这个观念—感知 (idea-perception) 既与思想有关，也与感知到的物体有关（前提是这个物体是在思想中客观存在的）。前一个关系用"感知"这个词形容最为恰当，后一个关系用"观念"这个词形容最为恰当。所以，尽管感知毫无疑问是一个单一动作，但这个动作的两个互补的要素却可以被区别命名。阿尔诺称，只有当我们像马勒伯朗士那样将观念和感知视为两个不同事物或过程时，才会出现误解。因为这样做就会在物体和感知之上又添加了一个多余的东西，即作为本质化表征 (hypostatized representation) 的观念；之所以添加这个多余的东西还有一个原因，就是我们混淆了"关于物体的观念"和"被设想的物体"。阿尔诺也承认一切想法或感知都是表征性的，他也同意我们直接看到观念，间接看到物体；但是他认为，尽管以上两点是对的，也不代表观念就是单独的事物，而且还可以代表物体。我们的确通过观念来看到外部物体，但这不代表我们看到的是观念而不是物体。关键在于，我们拥有对物体的视觉表征，而不是看到物体的视觉表征：拥有对物体的视觉表征，就等于看到这个物体。观念是感知行为 (perceptual acts)，不是感知物体 (perceptual objects)。

不管两人在表征的本质（即实现感觉认知的方式）上存在什么分歧，阿尔诺和马勒伯朗士都同意，感觉认知一定会涉及表征，我们如果依赖对自然世界的感官表征来指导我们认识世界，那么就会发生系统性的误解。那么问题就来了：为什么我们非要有这种系统性的错误认识？马勒伯朗士和阿尔诺在这个问题上的意见大体上是一致的。马勒伯朗士指出，欺骗我们的不是感觉，而是总是伴随着感觉出现的不由自主的判断，这些判断的目的与感觉的目的相同：能够使思想有能力迅速处理身体的需求。比如，我们不由自主地相信，疼痛和烧伤的感觉存在于我们自己身体的某些部位，这种想法尽管在严格意义上讲是错的，但却有很大的实际用处。感觉的目的是让我们认识到身体的需求，所以每当身体出现需求时，我们必须要立刻感受到。如果我们将感觉作为思想做出的修正而加以体验（感觉也确实就是思想做出的修正），那么我们就必须从身体的状态有意识地做出推导，但这样就无法立刻处理身体的需求。比如，"疼痛在自己身体内"的想法尽管错误，但是如果我们要将身体从伤害它的环境中撤出，就必须要拥有这种想法。同理，颜色让我们可以分辨出远处的物体——比如掠食者——如果物体没有颜色，分辨起来就会困难很多。对这个学说最全面清晰的解释是阿尔诺给出的：

我们绝对不能认为，（物体内）不存在什么要素能让该物体在我眼中呈现出某种颜色而不是其他颜色。当然，这是由于它们表面的微小部分是经不同排列产生的，不同的排列导致（从物体）反射的微粒进入了我们的眼睛，以不同的方式刺激视神经。不过我们的灵魂很难察觉这些刺激的不同，因为这只是强度大小的问题，上帝决定在这里赐予我们通过感觉不同颜色来做区分的手段，在视神经受到不同刺激时，是上帝的意志让我们产生了对颜色的感觉，这就好像挂毯编织工使用的"小样"，同一颜色的不同色度在小样里会以完全不同的颜色标记，以防编织工真正开始编织时弄错。[29]

在这个理论中，颜色是提高感知的形式，允许我们更有效地在视觉上做出分辨,这样看的话,马勒伯朗士和阿尔诺使用的策略,与达尔文主义影响下发展起来的一些进化认识论派别(evolutionary epistemologies)是有相似之处的。不过,这两者在动机方面大相径庭。进化认识论的目的是要将不科学的或者不够科学的东西——即认识论——纳入科学事业中。马勒伯朗士和阿尔诺的策略则拥有完全相反的目的。他们认为,我们是错的,但不是因为我们认为世界的颜色是内生的,因为这只是我们不由自主做出的自然判断,我们出错是因为我们依赖这些不由自主的判断来认识物体的真正本质或性质。马勒伯朗士尤其强调,如果我们真的通过自主判定,认可我们心中产生的自然判断,那么欺骗的罪名就要怪到我们自己头上了。[30]

这样做的实际后果是,感觉和感官性质被从认知领域切了出去,它们已经不再需要自然哲学来解释了。我们也不知道如果想回答这个问题可以去哪里找答案——就好像一旦它们离开认知领域,我们怎么处理它们就无关紧要了——不过需要指出,在马勒伯朗士眼中,这个问题变成了准道德问题,他基本明确无误地告诉我们,如果我们判断物体是真的有颜色的,那就是扭曲滥用了上帝赐予的官能,这也是人类堕落本性的一个标志。因此,这里还要特别提到,17世纪70年代"正统"笛卡儿主义的头号拥趸泊松(Poisson)对读者说,他之所以拥抱笛卡儿主义,是因为他充分理解了奥古斯丁真即是善、谬即是恶的教义，意识到笛卡儿哲学的任务就是要弥补人类被逐出伊甸园后所失去的东西。[31]

生物机械论

如果说第一性和第二性的质学说从自然哲学范围中移除了一系列传统上由自然哲学来解释说明的现象，但还是剩下一些现象既不能通过这种方式移除出去，也似乎超过了机械论的描述能力上限。特别要指出，传统自然哲学的范围是包括生命 (vital) 现象的，而且生命现象似乎与内生目标 (intrinsic goals) 的实现密不可分，也无法被机械论简化还原。

很多机械论者与亚里士多德自然哲学的主要不同点之一在于目的论 (teleology)。就力学、光学、宇宙学而言，除了地球形成的问题外，一旦亚里士多德主义被摒弃，目的论也将被一并抛弃。但是生理学不一样，在机械化生理学要处理的现象中，有很多似乎明显是目的导向 (goal-directed) 的。起码在这里，问题不在于亚里士多德错误地将目的论解释硬塞给本来不需要目的论解释的事物，而是在于机械论究竟该怎么做才能在解释这些过程时避免谈及目的。某些生理过程似乎拥有明显的目的导向性，这个问题是机械论生理学面临的最严峻挑战。笛卡儿的做法是正面交锋，直接把胎儿发育这个关键案例中所有的目的导向元素统统清除，但是笛卡儿的靶子是内生目标，而不是外生目标。

笛卡儿对地球形成的解释和《论人体的描述》(Description du corps humain) 中对胎儿形成的解释存在共同点。传统上认为这两者都拥有内生的目的导向过程，但我们在这里一定要注意，笛卡儿关心的不是目的导向性本身，而是内生的目的导向性。他既不否认上帝引导地球形成的目的是给人类提供栖息地，也不否认是上帝引导着胚胎的发育。但同时他也不明确把这点说出来，因为和伽桑狄不同，笛卡儿不认为自然哲学能够在这些例子中给我们提供可靠的指引。外生的目的导向性对笛卡儿来说根本不属于自然哲学的范围。只有在目的导向性以某种方式被身体内化的情况下，外生的目的导向性才属于自然哲学的范围，但是这又会导致体内发生一些在他看来会与物质的惰性相冲突的过程。在某种意义上，笛卡儿并不否认"胎儿物质之所以有如此行为，是因为最终会发育成为该物种的成年个体"这个问题的存在。他想说的是，这个问题的解释不是胎儿发育内生的，而是外生的：是上帝让它这样行动的，上帝是唯一的最终原因。笛卡儿自然哲学关心的是内在或内生原因，而它们在胎儿发育这个例子中是不存在的。所以问题的关键在于内生目的导向性。内生目的导向性是亚里士多德自然哲学的特征之一,被视为任何自然过程的特点。有机过程,如种子生长为大树,和无机过程,如物体坠落到地面,都用内生目的导向性来解释。机械论之所以能够瓦解内生目的导向流程的概念框架,就是因为它抛弃了形式的学说(doctrine of forms),而正是形式的学说支撑着物体努力实现自己的自然状态。至少对笛卡儿来说,无论是在亚里士多德主义被摒弃后再使用目的导向性就显得人为刻意的例子中,还是在胎儿发育等使用目的导向性仍然显得很自然的例子中,机械论都通过这种方法成功瓦解了亚里士多德主义。

大多数生物过程都可以被视为是目的导向的:呼吸、排泄、睡眠等。但是有很多纯物理流程也可以被视为目的导向,亚里士多德就认为要想解释重物落到地面,就必须体现坠落过程的目的导向性:物体之所以会落到地面,是因为这是它们的自然属地,当物体没有受到约束时,重物的本性要求它做出如此这般的行为。这就引出了一个问题:到底在哪里划界?我们的确可以承认一个过程是存在目的的,同时在解释该过程的时候又可以不承认目的导向性起到了真正的推动作用。比如,除非我们真的认为目的论在任何有机过程中起着作用,否则我们不会倾向于认为少年或成年通过积累脂肪的形式实现生长这个过程需要用目的来解释。另一方面,我们也许的确倾向于认为胎儿的发育是需要用目的来解释的：胎儿之所以会这么发育，是因为它会生长为马、人、鸟等。在这两者之间，存在着一个灰色地带。我们可以将笛卡儿的策略视为将胎儿发育推进这个灰色地带，这样的话，如果想回答"哪个解释最正确"这个问题，就不用再受到"目的"和"我们目前讨论的问题有关吗"等先验思考的评判了，评判的标准就变为"不管我们能给出什么具体解释，只要能解释得通就好"。

在系统的层面上，尽管笛卡儿没有明确给出如何回答这个问题，但在机械论解释胚胎学的背后似乎明显存在着一个三管齐下的策略。首先，解释普通生长时，不会涉及目的。这点可见《论人体的描述》有关营养的第三章。[32] 这里的重点是他如何解释营养以必要的形式运到需要营养的身体部位。当然，我们自然而然会倾向于从目的导向的角度来解释，不过笛卡儿坚决要用机械论来解释。他问道，我们难道真的认为每个身体部位都能够挑选并引导食物的某些部分流向需要它的地方吗？这样做无异于"让身体部位拥有了比灵魂还多的智慧"。[33] 他认为，其实只有两个因素负责运送营养到正确的部位：营养一开始所处的位置及其与该器官的方位关系，以及允许营养通过的膜孔的大小和形状，笛卡儿在此基础上考察了血液在全身的路径，讨论了孔的筛分效应。

第二，胎儿的形成和成熟过程被视为生长的一种，仅此而已：比起童年到成年的发育，胎儿发育的确复杂得多，各部位的内部分化程度深得多，但是这不代表胎儿发育与其他发育存在质的不同。第三，笛卡儿必须证明，从低程度的复杂性和内部分化发展到高程度的复杂性和内部分化，是可以用同样的机械论理论来解释的。这个策略使机械论者有能力发展出一套一般性生长理论，解释原料如何从外部进入有机体，并转换成高度异化的不同物质，构建骨骼、血液等。在此基础上，机械论者继续证明，用这种方法形成的理论可以应用在"器官并非被构建而是被新生成"的情况中。

笛卡儿理论的基本解释工具是一个类似于发酵的过程。当两性的种子结合在一起后，会产生热，并分解物质。[34]然后这些部分在热作用下重新组合，并因此膨胀，压力增加。压力下被抛射出的这些部分的直线运动趋势，再加上阻止直线运动的障碍，导致运动轨迹产生多个分支，物质累积在分支不同的终点，这个流程取决于流动性的程度、搅动的程度、形成的薄膜上孔的大小，以及其他各种机械论设计的变量。[35]这里的问题在于，既然笛卡儿绝口不提内生目的或目标，那他是否因此失去了一个重要的要素来合理地解释这个过程。他希望实现的理想状况是，我之前也提到，胎儿的发育可以被视为营养吸收的一种，类似于青春期生长、变胖、变瘦等流程。没有人会认为体重增加这一过程是以肥胖状态为目的的：这样想会将因果倒置。同理，是胎儿和子宫中的（可被机械论解释的）化学和机械过程导致胎儿生长为特定物种的成年个体，而不是因为胎儿会生长为特定物种的成年个体，所以化学和机械过程才以如此这般的方式进行。确实，笛卡儿甚至都准备好接受自然发生 (spontaneous generation) 说。他在《动物繁殖初论》(Primae cogitationes circa generationem animalium) 中指出："既然构成动物的所需成分那么少，在腐败物质中自生出这么多动物、蠕虫、昆虫也就一点都不奇怪了。"[36]

我们千万不能忘记，这里的关键是笛卡儿试图将外生目的取代内生目的。笛卡儿不否认胚胎发育过程是目的导向的，他不认为动物的子宫是碰巧长出了合适的产道，或碰巧发生了正确的化学反应。上帝创造子宫时就赐予其这样的产道和这样的化学流程，目的就是子宫内的物质可以实现特定的胎儿发育。笛卡儿理论得出的结果是，引导发育的目的不是内生的，也就不属于自然哲学的研究范围。波义耳在讨论"活"物时也基本使用了同样的论证。他否定了亚里士多德关于特定内生形式的学说，认为活物和非活物之间没有本质区别。他将生命定义为一种特别类型的运动或活动，由微粒以特定形式组合而产生，而微粒的这种组合是上帝在最初设计自然时就安排好的。[37]这种论证和第一性/第二性的质学说有很重要的共同点，即当机械论自然哲学的被说明项超出力学范围时，必须要在这些新的领域大动手术，切除掉无法被机械论解释的方面。机械论者在这方面采取的手段可谓高明，不仅让机械论自然哲学取得了胜利，还帮助基督教正统获得了新地盘：将"目的"从物质界拿出，又稳稳地放回了神界。通过将胎儿发育的内生目的替换为外生目的，在自然和超自然之间划出一道鸿沟，剥夺了物质在自身发展中扮演的角色，将发展的目的全部归于神界。梅森在17世纪20年代设想的机械论背后的神学基础，终于彻底实现了。

这里面涉及两个基本问题：在解释有机过程方面，生物力学与目的导向论形成了对立；先成说（preformation）与后成说（epigenesis）也形成了对立，即未来有机体是提前就被预设好了，还是通过与局部环境互动逐渐生成。[38] 比如，伽桑狄在基础物理和宇宙学问题上是机械论者，但是他认为发育生理学不属于机械论的范围，因为他觉得发育生理学中有序的复杂性（organized complexity）根本无法被生物力学所解释。[39] 这是他在反对笛卡儿《沉思录》第四个沉思时提出来的，并由此强调通过上帝的造物来了解上帝的重要性：

您否定在自然哲学中使用"目的因"（final cause），这也许在其他语境下是正确的，但是既然我们正在讨论上帝，您这样做是有危险的，您可能正在放弃能够通过自然之光

(natural light)证明上帝智慧、神意、力量的主要论证手段……哪里还能找到比植物、动物、人类和您自己(或您的身体，因为您身上有上帝的影子)的不同功能更能证明上帝存在的证据？……您会说，应该考察形状和位置的物理原因，考察目的因而不考察主动因(active cause)或质料因(material cause)的人是傻子。然而，心脏瓣膜为什么是我们观察到的这个形状，为什么这么排列，为什么能够扮演心室血管阀门的角色，瓣膜是怎么形成的，瓣膜的构成物质是从哪里获得的，物质是怎么使用的，或者怎么就能保证该物质满足所需的坚硬度、一致性、适合性、弹性、大小、形状、位置，导致发生这一切的主动本原(active principle)没有凡人能够理解或解释。听我说，既然没有自然哲学家能够理解并解释这些结构和类似结构，为什么他就不能至少惊叹于这非凡的机能，惊叹于设计出如此完美瓣膜的妙不可言的神意？ [40]

在某种程度上，以上问题属于生物力学的范围，笛卡儿对此反对意见可能会如此回应：他没有清晰区分内生原因和外生原因。笛卡儿并不是说胎儿是出于自然界的偶然才会以某个方式发育；相反，是上帝设计了每个物种的子宫和产道，以便动物在胚胎阶段就开始发育为不同物种。不过即使我们接受了这一点，也接受了生物力学是唯一合理学说的观点，但可能还是会疑惑，比如为什么这个过程在物种内部不同个体之间能够产生这么大的差异，但是物种却永远是固定的，或者为什么器官次第发育就真能长出一个活物，而不只是得到一堆无法具有生命的器官？

为了说明问题，这里举马勒伯朗士的情况为例。马勒伯朗士毫不含糊地支持机械论。尽管面对大量的神学批评，他还是接受了笛卡儿关于地球形成的机械论学说[41]；尽管被几乎所有人敌视，他也仍然接受了笛卡儿的"动物机器学说"。[42]他是生物力学的坚定拥趸，但是他不理解为什么通过发酵、压力和膨胀等机械（或可以被机械论解释的）"后成说"过程，就能够生长出一个完全有机体。他注意到笛卡儿解释发育生理学的方法与解释宇宙形成的方法相似，因此提出，在前一种情况下，我们需要认识到目的起码在内生层面上实现了，所以在一个重要的意义上已经被嵌入了有机体本身。这样一来，马勒伯朗士就削弱了"可以从营养角度来解释胎儿发育"观点的合理性：

有生命的、有组织的物体的形成，与构成宇宙的旋涡的形成是不同的。有组织的物体包含无穷多的部分，为了实现特定目的，这些部分彼此依赖，如果要作为一个整体来运作的话，这些部分必不可少，必须要形成。这是因为，我们没有必要赞同亚里士多德"心脏第一个活、最后一个死"的学说。没有动物精气的影响,心脏无法跳动,如果没有神经,动物精气也无法穿过心脏,神经的根在大脑中,也是在大脑中接收动物精气的。而且,如果不形成动脉,也不形成将血液输送回来的静脉,心脏也无法跳动、输送血液。简而言之,机器如果不完整是无法工作的,所以心脏是不可能独活的。因此,从蛋中出现心脏那一点开始,鸡就是活的了;同理,从孩子被怀上那一刻开始,他就是有生命的,因为当精气使器官开始运作时,生命就开始了,如果器官没有形成,也没有相互连接,那这是不会发生的。因此,如果还妄图基于运动传递的简单一般法则一个接一个地解释动物、植物及其各部位的形成,就大错特错了,因为这些部位彼此连接,连接的方式又因不同物种的不同目的和不同用途而不同。[43]

从表面上看,马勒伯朗士在这里面临着两难的困境。因为,他既然持有内生目标的理念,又怎么能坚持信仰机械论呢?笛卡儿起码通过用外生原因来解释目的,将此类问题移出了自然哲学的范围。如果有哪个机械论者对这种做法不太赞同,也很难再重新捡起亚里士多德的内生因概念,因为在很大程度上机械论就是摒弃了亚里士多德的形式概念这个内生目的的理论基础。此外,机械论本身并没有提供任何资源来思考内生目的的概念。不过,要想解决这个问题，其实不用采取重新思考机械论中因果关系的本质这么激进的方法，解决的关键在于处理后成说和先成说的问题。

这就牵扯到机械论作为解释模型的核心问题。微粒论者一般嘲笑亚里士多德的理论不可理解，我们之前也谈过，正是贝克曼最明确地指出，可理解性和解释能力就等于各部位的可绘制性 (picturability) 或可想象性（这些部位的运动是由所谓力学理论控制的）。后亚里士多德自然哲学普遍都有可绘制性的概念，后成说和先成说模型都与可绘制的过程有密不可分的联系。[44] 比如，就后成说模型而言，的确可以用类比的方式将受孕绘制为磁性作用，即当一块铁进入磁石的磁力范围时，两者之间会传递无形的东西，改变铁的性质。不过，即使磁力可以被机械化，机械论者也不太可能使用这个模型。相比之下，有机体是"先成的"，且受孕启动了生长过程这个理念倒是很容易视觉化，可以轻而易举地用笛卡儿理论机械化。

先成说在马勒伯朗士看来有三个独特的优势。第一，生物机械胚胎学模型需要的就是这样一个学说。它不需要采用内生目的的概念，同时还能充分解释胚胎发育中非常具体的有序复杂性。胚胎发育过程在本质上与幼年生长为成年的过程是相似的：这主要是生长的问题，胚胎发育中的质变与青春期发育时的质变在本质上没有不同。变化背后的驱动因素不是目的,而是营养:先成说允许机械论以简单、直观的方式解释全部发育过程。第二,我之前提到过,马勒伯朗士与很多17世纪晚期笛卡儿主义者一样,将笛卡儿主义与几条明显是奥古斯丁主义的学说结合在一起。机械论被很多人视为对基督教有害,而且因为它否认内生目的导向性,又被认为与伊壁鸠鲁无神论有关,所以若能将机械论与奥古斯丁正统学说结合起来,就能发展出了不得的强力理论。先成说又加深了这两者的结合,因为它的前身很明显能在奥古斯丁"先存说"理论中找到:"一切以实体、可见方式生成的事物,其种子隐藏在这个世界的实体元素中。"[45]第三,显微镜技术似乎完全证明了先成说的正确性,基本上没有人信后成说了,比如1670年至1705年期间,先成说就在法国所向披靡,战无不胜。[46]其实,显微镜提供的证据无法得出定论,但即使是那些较为严谨的显微镜学家,他们在报告中使用的语言和图像也通常无意中倾向于支持先成说。比如,马尔比基(Malpighi)的研究就被广泛用来支持先成说,虽然他相信有机体的基本部分在卵孵化前就已经存在了,但是他似乎不认为这些基本部分在受精之前存在于卵细胞中。这就与马勒伯朗士等卵先成说的拥护者不一样了。不过,正如威尔逊所说,"必须要承认,正是他为马勒伯朗士和莱布尼茨等先成说的传播普及者和哲学家提供了术语、观点和权威的学术研究"。[47]

对马勒伯朗士来说，先成说是生物力学的关键。先成说为机械论者解决了一个烦人的问题，即笛卡儿的理论使机械论者很难阐释自己的观点。笛卡儿既否认目的导向过程的存在，又坚持从未分化物质开始发展理论，未分化物质太过初级、太过无序，机械论就不得不做大量的解释，而且都不清楚光凭机械论本身是否能够提供足够的资源来完成这么大的工作量。马勒伯朗士对先成说的提倡，比笛卡儿的后成说更加彻底地将具体有序的复杂性究竟如何产生的问题转移到外生原因的领域，借此把难题转移出机械论需要解释的领域。马勒伯朗士在生物力学这里的做法，与他支持区分第一性和第二性的质，从而将无法机械化的现象从自然哲学的被说明项中移除的策略别无二致。

如果我们把先成说与笛卡儿的"机械论与后成说结合论"，以及与那些在讨论发育过程以及广义生物过程时不得不寻找其他东西来补充机械论的理论相比就会看到，先成说能够很好地满足机械论的需求。这里举剑桥柏拉图学派的拉尔夫·库德沃斯 (Ralph Cudworth) 为例。剑桥柏拉图学派认为自己是抵御自然主义、唯物主义、决定论的堡垒，将物质事物视为精神的一种特殊表现形式。[48]不过，该运动的两位领袖库德沃斯和莫尔 (More) 都认为我们所说的物质是一种独立的精神的表现存在，都认为尽管精神先于物质,但这并不会贬低物质的本体论地位。的确,库德沃斯接受了机械论对神秘超自然性质的批评,并赞扬原子论,因为原子论让理解实体世界成为可能,而大谈形式和性质什么也解释不了。不过,他拒绝了笛卡儿主义,认为笛卡儿主义只允许广延和思维(cogitative)的范畴,而且只用意识来解释思维的范畴。这样做就让我们只能面临两个选择,一边是机械运作、至少在上帝造物之后就独立于上帝的宇宙,另一边是每时每刻都需要上帝管理的宇宙。库德沃斯认为,笛卡儿选择了前者,将"所有的最终因果关系和心理因果关系"都赶出这个世界,只允许机械因果关系的存在。

相比之下,库德沃斯自己的立场是,上帝会干预世间万物的想法是荒谬的,不过仅用机械论过程来解释是不够的。[49]因此他试图结合机械论和神学,但这并不是从目的论的角度来理解机械论,而是试图将两者视为各自独立又互为补充的过程。为此他提出,存在着"一个可塑的或可生殖的本性"(a plastick and spermatick nature),它是塑造世界的法则,超越纯机械过程,又与上帝是不同的,因为——

> 自然事物是按照神的法则和命令运作的,这是真理,但是不能庸俗地去理解,就好像只要口头下达法令就可以影响万物的运作,因为无生命的事物无法被这样的命令支

配。所以在神旨和神意之外，肯定会存在其他的直接代理者和执行者，来负责实现世间一切效果；因为如果仅凭口头法令，而不存在其他动力因（efficient cause）时，不可能让石头或其他重物随时向下坠落；因此要么就是上帝直接推其下落，要么在其运动本质之中还必定存在附属因。因此，管理自然万物的神的法则和命令，一定是委托了一些积极因、效果因和操作因来产生世间一切效果。[50]

这个可塑本性在我们内部作为重要能量活跃（active）存在，在我们的本能行为等无意识进行的目的导向行动中体现出来。它是高级意志使用的无意识工具，不需要理解"自身行为的理由"就可以运作，是一个不受个人影响的、无意识的本性，依据神圣设计师的主意指导着宇宙间万物的进程。原子这个构成物质世界的元素也许是被机械法则管理的，而机械过程却是由更高级的"目的因"管理的。

不过，这不但给那些全心致力于机械论的人带来了问题，也给那些只在乎与自然主义做斗争的人带来了问题。我们可以认为，库德沃斯提倡的是某种形式的二元论，只是将物质或实体的部分还原到近乎虚无。然而，这种还原主义的代价却是巨大的，因为将非实体领域大幅扩展，包罗万象后，库德沃斯的二元论就失去了很大一部分神学意义。如果他真的是二元论者，那么他的二元论也是力与物质，主动性（activity）与被动性（passivity）的二元对立，而不是身与心；他为了要让自己将主动的（active）等同于非实体（incorporeal）的做法看起来合理，只能将凡是不会消极接受推拉动作的东西都视为非实体。这就意味着非实体性已经无法再保证不朽性。库德沃斯模糊了人类心灵与其他实体之间本来清晰的界限。他的二元区分的基础不是将思考和非思考对立，而是将目的论和机械论对立起来。在他的理论中，将动物和人类联系在一起的是本能，而本能的核心特征是目的导向性，因此就不是机械的。根据这个定义，不管最终目的是什么，总会有一些非实体的东西参与其中。

这里的问题在于，在库德沃斯"可塑的本性"理论中，代理者不需要意识到目的的存在。但是，一旦我们接受自然中存在一种力量，它拥有追求最终目的的能力，又不会去思考这些目的，那么我们就不能再说，不管追求的是什么最终目的，必定存在着一个心灵在规划着这个过程；在这种情况下，我们也不能认为纯粹的物质和非思考力量永远也不会主动去寻求特定目标。换句话说，二元论和自然主义之间的中间地带也被归为自然主义。库德沃斯的目的是要提倡自己的学说，但是这对他来说构成了一个很大的问题，至少和他批评的霍布斯微粒物质主义一样有问题。此外，将目的导向性活动分为不同层次的做法，笛卡儿主义者基本不会赞同，因为这说到底就是生魂和觉魂的概念换了张新皮而已，而笛卡儿生理学要反对的就是生魂和觉魂的概念，因为它们没有解释价值，而且正是在这些问题上笛卡儿生理学才最有说服力。

自然哲学和医学

笛卡儿主义生物力学认为，医学各学科说到底属于自然哲学，而传统上认为医学是临床学科。当然，笛卡儿不是第一个这么认为的；比如培根就认为自然哲学就是通过对医疗实践的支持来彰显其用处的，特别是因为医学有可能给我们带来推迟人类老化过程的方法。[51]

整个17世纪，围绕医学的地位、医学属于什么类别、医学与其他学科关系如何、医学的未来究竟是独立自主还是会融入或服从广义的自然哲学文化等问题，经常发生激烈的争辩。争辩的焦点主要是如何划分药剂师（apothecary）和内科医师（physician）的职责，争议的根源很大程度上来自盖伦学派（Galenist）和帕拉塞尔苏斯学派（Paracelsian）医学观点的不同。[52]盖伦学派从体液失衡的角度看待疾病，所以每种疾病在本质上是个人特有的，疗法必须要因具体的人、地、时、患病部位等而异。相比之下，帕拉塞尔苏斯学派和海尔蒙特学派（Helmontian）则认为疾病是能够被独立分类的实体,拥有明确的、普遍可辨识的病因和解剖学结果,所以是针对病开药,而不是针对人,因此药剂师也可以开药。皇家学会也卷入了这场争辩,与皇家内科医师学院(Royal College of Physicians)形成了敌对关系。到了17世纪末,内科医师大获全胜。因为药剂师和支持他们的自然哲学家的目的是要取代盖伦学派内科医师的诊断和治疗方法,又因为这样的话,他们自然哲学体系的成败就要取决于能否在诊断和治疗共同的领域中取得成功,因此他们不得不采用结果导向的策略,但这样做毫无胜算可言。[53]

我们之前提到过,笛卡儿主义者对机械论的不同方面持保留意见,特别是关于动物感觉和发育生理学的问题。不过,即使他们反对笛卡儿关于颜色的学说、关于感受温度的学说、关于目的导向活动的学说,一般来讲机械论的目的就是要将这些问题移出自然哲学应该处理的范围之外。话是这么说,尽管笛卡儿和机械论传统上巧妙地处理了这些问题,但是我们仍然要看到严格意义上讲可以算作认知研究(cognitive enquiry)的问题其实也被排除在自然哲学领域之外,根本就不被考虑。当然,将颜色贬为第二性的质,与将生命和目的导向现象还原并踢出生物力学,这两者之间还是存在显著不同的。如果颜色理论搞错了,实际上也不会产生什么严重后果[54],但是生物力学却与医学有着明显的联系。的确,主要是医学在最初推动着该研究的发展。笛卡儿1645年给纽卡斯尔侯爵写信时指出："保护健康一直是我研究的主要目的。"[55] 不过，笛卡儿生物力学中似乎很难见到健康的身影，因为健康的定义体现出的是一个规范性的幸福概念，完全不属于机械论自然哲学研究。[56]

这个问题当然不是只有笛卡儿生物力学才有，反对医疗化学疗法的人也是出于同样的考虑。在法国，较为保守的盖伦学派巴黎医学院 (Paris Medical Faculty) 在1615年下令禁止销售所有化学药物，相比之下，皇家内科医师学院出版的英格兰第一部国家药典《伦敦药典》(*Pharmacopoeia Londonensis*, 1618) 既包括传统化学药物，也包括传统盖伦学派药物，尽管用盖伦的体液失衡理论来看，前者是说不通的。1648年，冯·海尔蒙特 (van Helmont) 的作品被译为英语，引发了英格兰医学界的二十年大危机，因为它基于医疗化学论给出了非常不同的思考疾病本质的方法，并在后来使本来与内科医师不同、只专攻一类疗法、和江湖郎中同处于医学职业等级制度最底层的经验医师 (empiric) 的地位发生了翻天覆地的变化。[57] 在波义耳发表的第一篇作品《献给哈特利布的化学、医学、外科学发言》(*Chymical, Medicinal, and Chyrurgical Address made to S. Hartlib*, 1655) 中，他提倡药物发现应该自由交流，服务基督教慈善事业，不过在作品中也能看到他希望以自然哲学方法将医学发展为一套知识体系：作品中有主题明显表明自然哲学中蕴含着合作的本质和优势,也明确表示自然知识的发现和交流是宗教的追求之一。[58]尽管如此,与那些1648年后加入哈特利布圈子,并将自己的事业视为不仅是自然哲学界而且特别是教育界激进改革的海尔蒙特学派不同,波义耳并不认为这是海尔蒙特体系完全取代盖伦体系的问题。他认为目标应该在于将盖伦主义的优点与医疗化学论的实际发展杂糅结合起来。[59]

之所以很难实现完全取代盖伦主义,是因为盖伦主义提供了一些医疗化学论所缺乏的内容,即盖伦主义起码尝试去理解"一个有机体健康或不健康"的含义。从表面上看,体液失衡的概念与帕拉塞尔苏斯学派/海尔蒙特学派对医疗化学论完整性的观点是冲突的;不过,就像笛卡儿生物医学一样,医疗化学论也提不出能够替代体液失衡的理论。这对内科医师来说什么用都没有,因为内科医师的工作就是要处理病人的健康和福祉问题,所以才会使用盖伦理论,因为基本不存在其他选择。不过,这些争论的大背景,不是内科医师如何在行医实践中吸纳一些医疗化学论的疗法,而是"药剂师大战内科医师",两方都企图完全控制医学界。1651年,当皇家内科医师学院因为政治动荡甚至连起诉无证医生的能力都极为有限时,海尔蒙特学派的诺亚·比格斯(Noah Biggs)出版了一本引战的小册子,呼吁解散传统医学,用海尔蒙特原理取而代之。[60]1665

年,在皇家内科医师学院受到反盖伦学派人士攻击后,威廉·约翰逊(William Johnson)做出回应,医疗化学论者——

之所以能够出名,唯一原因就是他们在政治上利用了这动荡年代乌合之众党同伐异的恶习,通过贬低人文学问来实现乌合之众的利益;这些文盲无异于向一切人文艺术和科学吐口水。[61]

论战带来了灾难性的结果,皇家学会和皇家内科医师学院两败俱伤。就双方之间存在的严重冲突问题,亨利·斯塔布曾亲口提醒过波义耳[62],并在其《极致变着急》(*Plus Ultra*)中认为,皇家学会"坦白承认,所有的古代科学方法对内科医师来说都是徒劳、无效的,连手指划个口子都治疗不了"。[63]尽管有人给出了一些更温和的提议,比如乔纳森·戈达德(Jonathan Goddard)建议内科医师可以自己学会制药,这样药剂师就无活可干[64],但一般而言,皇家内科医师学院及其捍卫者们一直到世纪末都在反击(在他们看来)自然哲学家企图对医学领域的控制。[65]

内科医师的一大问题在于,几乎不管什么小病都坚持采用放血疗法,这一点在海尔蒙特学派的很多文献中都有提及,经常就印在扉页,比如,比格斯的《内科医师的虚荣》(*Mataeotechnia medicinae praxeos*)就告诉读者,它旨在剖析"一些学派在催泻、放血、囟门学说、痰脓学说、膳食学说等主要疗法中的错误、愚昧、欺骗、疏忽"。没有任何证据表明放血疗法是有效的,所以传统医学的反对者如果用这点做武器应该会产生强有力的效果。但是值得注意的重要一点是,反对者在这点上只是停留在叫骂阶段,没有一个人系统考察过放血的疗效。另一方面,医疗化学论活动完全不成体系,无法为医学实践提供基础,直到海尔蒙特主义出现才有所改观,但即使是这样,与成功的医学实践相比,它能提供的东西最多只能算沾点边。[66]

波义耳认为,盖伦学派和海尔蒙特学派都在不同领域有自己的优势,在很多情况中,双方的不同点只是表面的,这个观点至少可以追溯到丹尼尔·森纳特的《论化学论者》(De chymicorum, 1615)。[67] 虽然他接受了传统盖伦学派的临床做法,即让病人描述自己的症状,并将其排泄的体液,特别是尿液,给大夫肉眼观察,但他还是主张"对病人身体的其他排泄物以及受损的物质进行熟练、合理的化学分析"。同理,他一边接受盖伦的体液理论,一边称化学分析会揭示体液中的活性成分,因为——

若有人学习过化学,对几种盐、硫的本性有所了解,观察并思考过这些物质的相互作用及其对其他物质的作用,那么他似乎会在讨论体液以及体内其他液体的变化和运作时有如神助,即便他从未拜火神伏尔甘为师。……确实,如果更仔细地研究体液,特别是由自然主义者来研究,而他又熟悉如何让固体挥发、让挥发物固化,熟知露天条件可以让固体挥发更快的话;那么,发现与体液本质有关的很多元素,发现甜化、活化以及其他改变体液的方法,并察觉到这些发现的重要性,这些并不是不可能的。[68]

不过,我们需要注意,尽管波义耳坚持认为至少在病理学和治疗法领域中化学研究是未来的关键,但他的自然哲学概念中的还原程度远不比基础主义机械论者或海尔蒙特学派医疗化学论者的自然哲学概念。我们下文会讲到他对气压的研究主要是受到后哈维(Harvey)时代心肺工作原理研究的启发,他也明确拒绝用还原主义方式来解释气动现象(pneumatic phenomena)。确实,他之所以想使用自然哲学来扩大对医学问题的理解,更多是因为他想采用实验和量化程序,而不是想要寻找什么隐藏在事物背后的微观结构。还要注意,海尔蒙特学派虽然是用化学方式来理解医学问题,但在实践中也基本上和微观结构不沾边,实际上就是坚持使用发酵这样的化学/炼金程序而已。换句话说,当时问题的关键大多数情况下就是对放血和发酵等实践做法的坚持,这两者本身毫无重叠,只是关联代表了不同类型的事业。波义耳的气动力学引入了另一类事业,笛卡儿生物力学的压力流体模型也引入了一类。因此,我们看到的并不是两个综合方法之间清晰明确的竞争,而是情况复杂的模型混战,没有一个能够在实际上涵盖全部医学领域(比如,海尔蒙特学派和盖伦学派都倾向于无视解剖学),但是每一个都自称在重要的相关领域应该得到重视。

波义耳的杂糅方法至少能够把医学界捆在一起,但是这种方法本身无法继续推动医学向前发展。不过极有可能是在波义耳的影响下,托马斯·西德纳姆(Thomas Sydenham)的理论确实推动了医学的发展。[69]西德纳姆对疾病的理解属于盖伦学派,他也是临床医学的坚定支持者,但同时还是17世纪临床医学最伟大的改革者。他最为系统地将自然哲学作为基础支撑临床医学,但方法不是将临床医学翻译成化学科学或生物力学术语,而是将系统观察和化验方法吸纳进临床实践。他没有能力移除盖伦学派处理流行病和瘟疫时面临的障碍,因为根据体液失衡学说,瘟疫只能被视为血液错乱的结果,但是他发明了疾病分类学(nosology),在反复、有据的临床观察的基础上对疾病进行系统性分类列表，这是认识流行病的必要条件。值得一提的是，他是在盖伦学派影响下而不是医疗化学论影响下做到这一点的。他使用的模型与自然史记录、积累信息的系统方法有相似之处，要求仔细观察疾病发展过程，而不是先假定病因。洛克在《人类理解论》(*Essay concerning Human Understanding*)开篇"致读者信"中，将西德纳姆、波义耳、惠更斯、牛顿并列为自然哲学研究的领袖[70]，西德纳姆对洛克自然哲学理论的理解起到了至关重要的影响。

这样的临床医学改革从策略上来讲，与基础主义者要实现的事业是有冲突的。基础主义者追求的是最终将医学纳入重新修整的、机械化的自然哲学。临床医学改革提出的研究方法迄今为止从来没有出现过。不过两者之间的分歧并不是一边是临床医学一边是自然哲学这么清晰明确，因为从17世纪初开始，我们可以看到自然哲学的核心领域也出现了向着同样方向发展的趋势。这些发展都可以归为"实验哲学"的范围，这也是我们即将在下一章讨论的内容。

1. 关于亚里士多德的隐性/显性与第一性的质和第二性的质学说之间的联系，见 Hutchison, 'What Happened to Occult Qualities in the Scientific Revolution?'.

2. Galileo, *Discoveries and Opinions of Galileo*, trans. Stillman Drake (Garden City, NY 1957), 273–9.

3. Descartes, *Œuvres*, x. 413.

4. 同上，vi. 130 (*La Dioptrique*, Discours 6).

5. Charleton, *Physiologia Epicuro-Gassendo-Charltoniana*, 197.

6. Gassendi, *Opera*, ii. 456.

7. 同上，463.

8. Brundell, *Pierre Gassendi*, 100.

9. Lindberg, *Theories of Vision*, ch. 9. *Ad vitellionem* is available in an excellent English translation as Johannes Kepler, *Optics*, trans. William H. Donahue (Santa Fe, 2000). 详见讨论部分。

10. Hobbes, 'Tractatus opticus: prima edizione integrale', ed. F. Alessio, *Revista Critica di Storia dela Filosofia* 18 (1963), 147–88: 207.

11. Descartes to Mersenne, 23 August 1638: *Œuvres*, ii. 329.

12. 根据盖伦学派的传统说法，生魂 (vegetative soul) 位于肝脏，通过静脉运作；动魂 (animal soul) 的自然力量位于心脏，通过动脉运作；而它的敏感力量位于大脑，通过神经运作。这种三段式的划分对胚胎的发育有影响，根据盖伦的说法，大脑、心脏和肝脏必须先发育。

13. 关于这些问题的详细论述，参见 Gaukroger, *Descartes' System of Natural Philosophy*, ch. 7.

14. Descartes, *Œuvres*, x. 176.

15. 同上，vii. 205.

16. Gaukroger, *Descartes' System*, 196–213. 详见讨论部分。

17. 参见 Richard A. Watson, *The Downfall of Cartesianism, 1673–1712* (The Hague, 1966), and Yolton, *Perceptual Acquaintance*.

18. 参见 Descartes to Plempius for Fromondus, 3 October 1637: "他对……表示惊讶。我不认为感觉会发生在大脑之外。在这一点上，我希望所有的医生和外科医生都能帮助我说服他；因为他们知道，那些最近被截肢的人常常认为，他们不再拥有的部分仍然感到疼痛。我曾经认识一个女孩，她的双手受了重伤，由于坏疽蔓延，她的整个手臂都被截肢了。每当外科医生走近她的时候，他们都会蒙上她的眼睛，这样她就会更容易被控制。她的手臂原来的地方缠满了绷带，好几个星期她都不知道自己已经失去了手臂。与此同时，她抱怨手指、手腕和前臂感到各种疼痛；这显然是由于她手臂上的神经的状况造成的，而这些神经原来是从她的大脑连接到她身体的那些部位。如果这种感觉，或者如他所说，疼痛的感觉发生在大脑之外，这肯定不会发生。" Descartes, *Œuvres*, i. 420. 对这种幻肢论点的一种回应是将幻肢痛当作牵涉性疼痛来处理：参见 M. R. Bennett and P. M. S. Hacker, *Philosophical Foundations of Neuroscience* (Oxford, 2003), 123–4.

19. 参见 Henri Gouhier, *Cartésianisme et augustinisme au XVIIe siècle* (Paris, 1978).

20. 参见 Descartes, *Principia*, Book 2, art. 3. 就我所能确定的而言，这一学说统一了各种笛卡儿学派，并成为一些反笛卡儿主义者批评的焦点，例如，Gerardus de Vries, 'Dissertatio de sensuum usu in philosophando'，以及 *Exercitationes rationales de deo, divinisque perfectionibus accedunt ejusdem disseretationes de Infinito* (Utrecht, 1685), 358–99（出处同前）。

21 *La Recherche*, Book 1 ch. 5 p. 1. *La Recherche* 曾出现过许多经过广泛修订和扩充的版本。我将按册、章和节号来引用它。

22 这里有一些关于笛卡儿在多大程度上致力于心灵的透明的复杂问题：参见 Marleen Rozemond, 'The Nature of the Mind', in Stephen Gaukroger, ed., *The Blackwell Guide to Descartes' Meditations* (Oxford, 2006), 48–66.

23 *La Recherche*, Book 1 ch. 10 p. 6.

24 同上，ch. 11 p. 1.

25 同上，ch. 11 p. 2.

26 同上，ch. 12 p. 2.

27 同上，Book 3 p. 2. 关于马勒伯朗士对观念本质的论述，参见 Steven Nadler, *Malebranche and Ideas* (Oxford, 1992).

28 具体参见 Arnauld, *On True and False Ideas*, 65–101. 关于马勒伯朗士和阿尔诺之间的争论，参见 Steven Nadler, *Arnauld and the Cartesian Philosophy of Ideas* (Manchester, 1989).

29 具体参见 Arnauld, *On True and False Ideas*, 65–101; 131–2.

30 参见 Arnauld 和 Nicole，他们坚持认为，我们感官的可靠性不仅来自感官本身，还来自"区分我们何时应该相信，何时不应该相信的推理"：Antoine Arnauld and Pierre Nicole, *La Logique ou l'art de penser*, ed. P. Claire and F. Girbal (Paris, 1965), 337，他们继续为圣餐教义得出结论，如果不加推理，圣餐教义似乎与感官相矛盾。

31 Nicolas Joseph Poisson, *Commentaire...sur la Méthode de Mr. Descartes* (Paris, 1671), 'Avis au Lecteur', unpog.

32 *Œuvres*, xi. 245–52.

33 同上，251.

34 同上，250–86.

35 这一观点被继承并传到了英国，参见 Kenelm Digby, *Two Treatises*, 217–23.

36 Descartes, *Œuvres*, xi. 506.

37 Boyle, 'Three Considerations about Subordinate Forms', *Works*, iii. 127–8.

38 还有其他选择，比如泛论论和单纯的先存论，在这里我们先忽略它们。

39 关于伽桑狄对发育生理学的论述，参见 Saul Fisher, 'Gassendi's Atomist Account of Generation and Heredity in Animals and Plants', *Perspectives on Science* 11 (2003), 484–512.

40 Descartes, *Œuvres*, vii. 309.

41 Malebranche, *Recherche*, Book 6 Pt 2, ch. 4.

42 同上，Book 4 ch. 11, and Book 5 ch. 3.

43 Malebranche, *Recherche*, Book 6 Pt 2, ch. 4. Malebranche, *Œuvres*, ii. 343–4. 参看同一作者的 *Méditations Chrétiennes: Œuvres* x. 721.

44 参见 Daniel Fouke, 'Mechanical and "Organical" Models in Seventeenth-Century Explanations of Biological Reproduction', *Science in Context* 3 (1989), 365–82; 以及 Catherine Wilson, *The Invisible World: Early Modern Philosophy and the Invention of the Microscope* (Princeton, 1995), ch. 4. 更一般的参考可见 Linda van Speybroek, Dani de Waele, and Gertrudis van de Vijver, 'Theories in Early Embryology: Close Connections between Epigenesis, Preformationism, and

Self-Organization', *Annals of the New York Academy of Sciences* 981 (2002), 7–49.

45 Augustine, *De trinitate* 3. 8.

46 关于卵先成论，参见 Jacques Roger, *Les Sciences de la vie dans la pensée française du XVIIIème siècle* (2nd edn, Paris, 1971), 256–93.

47 Wilson, *The Invisible World*, 122.

48 参见 Ernst Cassirer, *The Platonic Renaissance in England* (Austin, 1953); John Passmore, *Ralph Cudworth: An Interpretation* (Cambridge, 1951), 以及 A. Rupert Hall, *Henry More: Magic, Religion and Experiment* (Oxford, 1990).

49 Cudworth, *The True Intellectual System*, i. 146.

50 Cudworth, *The True Intellectual System*, i. 147.

51 参见 Gaukroger, *Francis Bacon*, 95–100.

52 可参见 P. M. Rattansi, 'The Helmontian-Galenist Controversy in Restoration England', *Ambix* 12 (1964), 1–23; Allen G. Debus, *The English Paracelsians* (New York, 1965), ch. 4; A. Rupert Hall, 'Medicine and the Royal Society', in Allen G. Debus, ed., *Medicine in Seventeenth Century England* (Berkeley, 1974), 421–52; Harold J. Cook, 'The New Philosophy and Medicine', in David C. Lindberg and Robert S. Westman, eds., *Reappraisals of the Scientific Revolution* (Cambridge, 1990), 397–436: 418–21.

53 Andrew Wear, *Knowledge and Practice in English Medicine, 1550–1680* (Cambridge, 2000), chs. 8 and 9; 更广泛的参考请见 Roger French, *Medicine Before Science*.

54 不过，它确实对绘画产生了影响。17世纪晚期的法国画派在笛卡儿主义的基础上捍卫了形状比颜色更重要的观点，认为颜色是一种危险，会引诱人远离真理。参见 Christopher Allen, 'La tradition du classicisme' (Ph.D. thesis, University of Sydney, 1990), 25–47.

55 Descartes to the Marquis of Newcastle, October 1645: *Œuvres*, iv. 329.

56 1646年6月，笛卡儿告诉查努特（Chanut），"与其寻找保全生命的方法，我找到了另一种更容易、更可靠的方法，那就是不惧怕死亡"（同上，441–2）。在17世纪40年代，他向传统的人文主义价值观迈进了一步：参见 Gaukroger, *Descartes, An Intellectual Biography*, ch. 10。但这并没有让我们更清楚健康是一种什么样的目标。Des Chene认为，人类是心灵/身体的综合体，能够反思自己的幸福，这意味着他们可以超越纯粹的生物力学：参见 Dennis Des Chene, 'Life and Health in Cartesian Natural Philosophy', in Stephen Gaukroger, John Schuster, and John Sutton, eds., *Descartes' Natural Philosophy* (London, 2000), 723–35. 问题是，我们需要像健康这样的概念来保护所有生物，包括其他动物和植物。

57 参见 Harold J. Cook, *The Decline of the Old Medical Regime in Suart London* (Ithaca, NY, 1986), and Debus, *The English Paracelsians*。关于海尔蒙特的思想引入前英国医学等级制度的历史，见 Margaret Pelling, *Medical Conflicts in Early Modern London: Patronage, Physicians, and Irregular Practitioners, 1550–1640* (Oxford, 2003).

58 Barbara B. Kaplan, '*Divulging of Useful Truths in Physick*': *The Medical Agenda of Robert Boyle* (Baltimore, 1993), 25.

59 同上，30–1.

60 Noah Biggs, *Mataeotechnia medicinae praxeos* (London, 1651).

61 William Johnson, ΑΓΥΡΤΟ-ΜΑΣΤΙΞ. *Or some Brief Animadversions upon two late Treatises* (London, 1656).

62 Boyle, *Works*, i. p. xcv. 1660年底，皇家内科医师学院拒绝了皇家学会每周在皇家内科医师学院开会的请求，因为皇家学会迫切需要一个地方来举办会议，1662年的《专利书》(*Letters Patent*) 和《皇家宪章》(*Royal Charter*) 赋予皇家学会与皇家学院同样的权利解剖死刑犯的尸体，使得两方关系进一步恶化：参见 Margery Purver, *The Royal Society: Concept and Creation* (London, 1967), 136, 132。

63 Henry Stubbe, *The Plus Ultra Reduced to a Non Plus* (London, 1670), sig. a2r.

64 Jonathan Goddard, *A Discourse Setting forth the Unhappy Condition of the Practice of Physick in London* (London, 1670).

65 一篇特别有趣的辩论文章：Thomas Brown's *Physick lies a Bleeding, or the Apothecary turned Doctor, A Comedy Acted every Day in most Apothecaries Shops in London* (1697).

66 至少在17世纪70年代早期，西尔维乌斯的作品出现之前是这样的，他不仅认真对待临床实践，而且认真对待解剖学，海尔蒙特学派普遍忽视了这一主题：Allen G. Debus, *Chemistry and Medical Debate: Van Helmont to Boerhaave* (Canton, Mass., 2001), 59–64.

67 参见 Allen G. Debus, *Chemistry and Medical Debate: Van Helmont to Boerhaave*, 18.

68 Boyle, *The Usefulness of Experimental Natural Philosophy: Works*, ii. 79–80.

69 参见 Thomas Sydenham, *The Entire Works of Dr Thomas Sydenham*, ed. John Swan (London, 1742)。同时参见 Andrew Cunningham, 'Thomas Sydenham: Epidemics, Experiment, and the "Good Old Cause"', in Roger French and Andrew Wear, eds., *The Medical Revolution of the Seventeenth Century* (Cambridge, 1989), 164–90.

70 John Locke, *The Works of John Locke, Esq* (2nd edn, 3 vols, London, 1722), p. ix.

Chapter 10
Experimental Natural Philosophy

第 10 章
实验自然哲学

如果仅考虑成体系的自然哲学的话，那么从17世纪中期到牛顿1687年出版《自然哲学的数学原理》(Principia)，从事物理研究的人只有两个选择：一个是伽桑狄的自然哲学体系，另一个是笛卡儿的哲学体系。[1]但其实还存在另一个选项，一个反体系的自然哲学形式，后来被称为"实验哲学"。尽管通常认为它与波义耳和皇家学会有关[2]，但对实验方法的公开呼吁可以追溯到1651年，诺亚·比格斯对大学展开了猛烈抨击。他当时问道：大学怎么能够为发现真理做贡献？

> 机械化学，作为大自然的使女，已经凭借丰富的真实经验从哲学各学科中脱颖而出。但我们与机械化学之间的联系在何处？实验的考察方式和内在条理是什么？[3]

1654年，约翰·韦伯斯特(John Webster)也有过类似的批评，他认为亚里士多德学派希望"打开大自然丰富的宝藏，又不愿意辛苦劳作、实验、操作、测试、观察"。[4]亨利·鲍尔(Henry Power)在1664年《实验哲学》(Experimental Philosophy)中告诉我们——

> 这是一个(依我看)哲学如春潮般来袭的时代；逍遥学派若想阻挡自由哲学的漫溢，还不如去海中力挽狂澜，或(像

薛西斯一样)切断大海;依我看,所有陈旧的垃圾必须要丢掉,腐朽的大厦必须要推倒,被哲学的大洪水卷走。我们今天必须要为一门更加辉煌的哲学奠定基础,令其万世不倒:这门哲学会通过经验、理智去探究大自然现象,从艺术呈现的、机械证明的大自然的本原(originals)中,推导出一切事物的因果。[5]

鲍尔对实验哲学的概念有点杂糅,不过总的来说,他攻击的目标是他眼中的体系化自然哲学形式,这也成为17世纪60年代起"实验"哲学在与其他学科斗争时主要遭受攻击的部分。到了60年代末,这个观点已经牢牢在英国自然哲学界站稳了脚跟,到世纪末时还被写入基础教科书。比如,约翰·丹顿(John Dunton)在1692年哲学启蒙读本《青年学生文库》(The Young-Students-Library)中就将"思辨"的自然哲学与"实验"的自然哲学分开,教导读者摒弃前者,追求后者,因为它是唯一"明确、切实的真正哲学的方法,因为在纯思考基础上建立的科学是空中楼阁,也许精美壮观,但其材质决定了它无法长久"。[6]将两者对立的做法,可以追溯到培根[7],即实验哲学发展的第一阶段。60年代开始,实验哲学进入第二阶段,被注入新的活力,被推向全新的发展方向,不但超越了培根的模式,还在事实上愈发接近吉尔伯特主张的方法,而这正是培根所不满的。

这在皇家学会拥护者看来是一个很重要的问题。比如，索比埃尔 (Sorbière) 提出伽桑狄和笛卡儿的体系为皇家学会提供了思想资源后，斯普拉特 (Sprat) 就迫不及待加以否认。他在1655年声称："这两个人都对皇家学会没有任何影响；皇家学会从没有将两个人视为统治人类理性的独裁者；也没有太考虑过这两个人的意见。"[8] 同年，胡克在《显微图谱》(Micrographia) 序中再次提到了独裁者的主题：

"理解"管理着所有低级官能；但是它必须是守法的主人，不能是暴君。它不能代替这些官能，也无法接管它们的工作。它必须监督感官，但不能抢先完成感官的工作，或阻止感官搜集信息。它必须检查、分类、处理记忆中的信息库；但是它必须要区分清楚"严肃且妥善搜集的信息"与它有时候会遇到的"天马行空的观念和错误的印象"。[9]

但是，这肯定不是17世纪60年代唯一流行的观点。亨利·鲍尔受到波义耳的影响，在前一年就从实验经济性的角度提倡实验哲学：

(波义耳) 指出，当一个人仅仅告诉我他的思想或猜想，又不用真正的实验或观察来充实他的话语，那么如果他的推理出现错误，我也有被他带偏的危险，或者至少我会浪费宝贵的时间，得不偿失；但是如果他努力通过新的、真正的观察或实验来支撑他的意见，情况就大不一样了；因为，哪怕他的意见大错特错（但实验是正确的），我也可以忽略前者，并按需吸收后者的价值。**10**

两年后，塞缪尔·帕克（Samuel Parker）在《自由公正批判柏拉图哲学》(*Free and Impartial Censure of the Platonick Philosophie*) 中，列出了机械论相较亚里士多德主义的优势，将实验方法与思辨方法做了比较。在这里，他不仅针对亚里士多德，而是针对所有思辨体系，包括笛卡儿的和伽桑狄的：

> 尽管比起别的假说，我更倾向机械论假说，但是依我看这些假说的结构过于薄弱，无法承受任何压力；我觉得最形象的比喻是将机械论比作鲁珀特之泪（译者注：glasse drops，即 Prince Rupert's Drop），一旦捏破最细的尾巴，整个玻璃珠构架瞬间破碎，化为齑粉；因为这些假说的各个部分只是拼凑在一起，仅由一层轻薄、脆弱的猜想包起〔没有经过经验和观察的退火 (anneal) 处理〕，如果哪里撑不住，整个假说体系会不可避免地破碎。因此，我之所以选择机械论实验哲学而不是亚里士多德哲学，并不是说它带来更大的确定性，主要原因是它为好问者提供了能够获得更大确定性的方法，而其他哲学只会妨碍好问者的勤奋努力，用空洞的、微不足道

的概念来占据他们的时间。因此,我们可能很快就会看到皇家学会自然哲学研究(如果他们真能遵循计划的话)取得前所未有的成就;因为他们已经摒弃了所有的假说,全身心投入精确的实验和观察,这样不仅能够为世界献上一部完整的自然史[也就是自然哲学/科学(译者注:Physiologie,当时对自然科学/科学的叫法)最有用的部分],还能为未来的假说奠定坚实的基础(尽管提出假说是后世的任务了):至少,我们可以由此获知是否有可能构建某个假说,尽管我对此还存在巨大的疑问,因为就算实验是精确、确定的,但它在假说上的应用是不确定的,疑点重重;因此,即使假说的基础是坚实的,但猜测和不确定(但有可能)的应用有可能让假说局限于其基础,所以我认为,我们必须找到最真实精确的自然史以供使用和实验,并以最完美的、可能性最高的假说作为灵感和点缀。[11]

"实验哲学"与笛卡儿、伽桑狄、霍布斯体系中的自然哲学之间的差别,其实并不清晰明了。当我们不再关注这些体系的拥趸,转而考察这些自然哲学家本人的理论时,就会发现两者之间的界限有时是模糊的。不过,这两者之间的确存在着真实、根本的不同。接下来,我会梳理一些不同之处,下文考察的三个案例在我看来体现了"思辨"与"实验"自然哲学争辩背后的关键问题。第一个案例分析的是吉尔伯特围绕磁现象建立自然哲学研究的尝试,以及培根对这种方法的批评。这虽然发生在"实验哲学"兴起之前,但我们会看到,其中涉及的问题,与"波义耳和霍布斯在气泵上的争议"以及"牛顿和笛卡儿在研究颜色产物方面的矛盾"涉及的问题是相同的(尽管后两个争议比第一个要更加复杂)。

我在下文中会提出一个基础性概念,也就是"思辨"自然哲学——即用底层逻辑解释宏观行为,同时证明这种方法综合完整、包罗万象——在需要的时候甚至会调整被说明项以适应说明项。相比较而言,"实验"自然哲学反其道而行之,调整说明项以适应被说明项。这两者是非常重要的问题,其影响以不同形式延续到当今。[12]特别需要强调的一点是,两者给自然哲学带来的合法性约束是不同的。机械论是物质理论的一门学科,从关于世界的终极构成元素或世界底层原理的基本假设出发,力图证明一般性的宏观行为可以从这些假设推导出来,或者可以被这些假设解释。例如,机械论旨在证明物体构成部分的性质和排布决定了物体的行为。物质理论的核心观点认为,只有确定了构成物体的最终成分才能得到物理解释,因为这些才是导致物体以特定方式行为的原因。自然哲学谱系的另一端是自然史,由实验和观察驱动,其基本理念是这样的研究方法能够让我们理解上帝的造物目的,自然史的合法性也是依此理念而来。我们会发现,从16世纪末起,一些研究工作在这两端之间摇摆不定，无法确定哪条才是研究自然现象的正确道路，广义上的自然哲学因此开始向着两个看似相悖的方向发展。其中一个是尝试将物质理论推向机械论的方向，将一个脱胎换骨的全新物质理论重新打造为自然哲学的最基础、最优先学科：我们在前两章讲述的就是这条道路。另一条道路，也就是本章的内容，在一些方面可以被视为尝试拓宽自然史传统，让经验证据（empirical evidence）和可靠性问题逐渐开始指导组织（organization）问题。

在开始之前，我们需要指出，纵观整个17世纪，两者之间的分界线在一定程度上并非一成不变，而这个现象也能让我们清楚地看到自然哲学事业面临的基本问题。也许我们会理所应当地认为，笛卡儿和笛卡儿主义的自然哲学家们既然将自然哲学置于精巧设计的机械论物质理论之上，那么一旦涉及棘手的气象问题和一般地球现象时，会向自然史一端靠拢。[13] 而从自然史走向物质理论这个反方向的发展，乍一看上去也许会让人惊讶，至少在我们思考其动机之前是如此。比如，波义耳可以被视为自然史传统的代表，但他却致力于发展机械论物质理论。特别有意思的是，自然史的研究重点和流程也逐渐转移到物质理论中。法律和圣经解释学以及后来城市史和自然史中使用的证据评定和收集技巧处理的是研究者无法亲身目睹、聆听、再现、接触的事件或史实。同理，物质理论也是设定了一些无法接触到的事件——引领17世纪的微粒理论设定的就是肉眼不可见的极小微粒，只能间接探测——自然史和其哲学模型建立的证据评定方法早从培根开始就影响物质理论的发展，后来又在波义耳及其同辈的工作中继承发扬。

自然史和物质理论

物质理论和自然史的自然哲学研究方法之间有一个重要的不同，这个不同决定了到底哪类解释说明才适合自然哲学；两者之间的区别用最直白的话说，是应该通过寻求现象底层的物理结构来解释现象，还是应该通过研究相同层次的其他类似现象来解释它。就后者的情况而言，聚焦这一形式十分重要。当我们之前讨论自然史徽志性的传统时，我们发现其徽志的宗旨就是要以高度浓缩的形式体现丰富的细节，并将关键部位的细节凸显出来，加以"聚焦"。在实验哲学传统中，我们能碰到类似的浓缩组织物质的形式，只不过其存在的自然哲学语境与自然史完全不同。在这里，聚焦研究类别不同、表面看上去是异质的物质时，使用的是实验而不是徽志。

不过，聚焦只是问题的一个方面。当我们将目光从自然史转向"将自然史关注的问题融入自然哲学"后，自然哲学是建立在物质理论之上的这个传统观点并没有消失。相反，还需要做一些复杂的平衡性工作——尤其是解释和说明——来调和两种秩序之间的关系：其一是在现象层面被用来塑造物质的秩序，另一种是任何基本物理过程中固有的内在秩序。

这里涉及的问题并不只是在17世纪自然哲学出现，也可以在16世纪帕拉塞尔苏斯学派改革医学的尝试中看到。帕拉塞尔苏斯在基本自然哲学层面上吸收了两个不同的物质理论传统，以解决"自然中存在什么原料"和"这些原料如何被转化为药物"的问题。第一个是亚里士多德的四元素理论；第二个是炼金术的硫—汞金属理论；在此之上他又添加了第三个"原则"，也就是盐，以解释一切化学过程，特别是医疗化学的过程。金属理论其实比元素理论更加重要，因为经他这样解释，元素就失去了自身的性质，并且受以上三个原则的支配。硫赋予物体油性、可燃性、黏性、结构；汞赋予物体流动性、精神、蒸发性，能让物体活起来；最后，盐赋予物体刚性、固性、干燥性、土性。然而，仔细观察帕拉塞尔苏斯学派采用的实际做法，会发现不同的流派发展方向也不同。一方面，对很多帕拉塞尔苏斯学派人士来说，基础化学原理具有宇宙论方面的意义，帕拉塞尔苏斯最有影响力的追随者之一约瑟夫·杜谢纳 (Joseph Duchesne)，在17世纪初期提出的天体演化论在很大程度上符合我们第4章讨论过的转型后的自然史传统。[14]既然伊甸园已经不再被解读为寓言,而被视为在现实世界真实存在的地方,既然大洪水被视为真实发生的历史事件,就必须寻找经验证据支撑,因此寻找物理手法重现创世的过程就变成了首要任务。根据杜谢纳的重现理论,宇宙起初是一团混沌的水,被上帝分成了月下区和月上区,月上区含有纯净的"精神"物质。通过蒸馏,上帝将精细、气化的汞液从粗糙、油腻的硫液中分离出来,然后从后者分离出干燥的盐渣。另一方面,16世纪另一位帕拉塞尔苏斯学派领军人物彼得·塞维里努斯(Peter Severinus)开辟了另一种理论发展方向,告诉读者去买一双结实的鞋,去攀山越野、探索沙漠海滩,"细心记录动物、不同植物、各类矿物、世间万物的性质和本原之间的区别"。[15]这正好响应了帕拉塞尔苏斯自己在《水木土火与其他精灵之书》(Liber de Nymphis, Sylvis, Pygmaeis, et Salamandris, et de Caeteris Spiritibus)中的观点,即草药的美德肉眼不可见,但是可以被探测到,因为——

依上帝的神意,人在自然之光中行走于世间,获知世间万物;因万象皆为人而存在。因万象皆为人而被创造,因人需要万象,他必须探究自然的一切。[16]

帕拉塞尔苏斯学派将医疗化学论作为工具使用,以将自然史领域分类为可为医学所用和不可为医学所用的内容,尽管帕拉塞尔苏斯学派使用的基础原理与这种分类的实际做法基本没有关系。

帕拉塞尔苏斯传统研究的是基础结构的形式,但是关于基础结构存在两个理念需要阐明。第一,能够解释药物对人体作用的基础结构是存在的。第二,存在终极基础结构,即万物的基础。第一个理念是医学驱动的,第二个是新柏拉图形而上学和亚里士多德/炼金物质理论驱动的。在帕拉塞尔苏斯笔下,两者似乎被混为一谈,但二者显然不同。此外,因为帕拉塞尔苏斯体系的第一要务就是要取代盖伦学派内科医师的诊断实践和治疗,而且正因为此,体系的成功就要取决于它在诊断和治疗实践上成功与否,帕拉塞尔苏斯学派只能被迫采用结果导向的策略。企图从第一原理推导出治疗方法是不实际的,而且正如塞维里努斯上面那段话所示,工作实际上需要在自然史层面上展开。确实,用医疗化学论来组织自然史领域其实只是一种新的方法,与用基础自然哲学如新柏拉图、微粒论或其他理论来组织自然史领域的方法是类似的。

之所以这样对比,一个重要的原因是最基础的层面不一定能给出解释性资源,而解释性资源也许能在不那么还原(reductive)的层面获得。有关药物行为的化学知识能够给出的解释,可能要比化学过程底层的基本原理、元素、微粒活动能够给出的解释多得多，而且化学知识还可以通过改变实验条件来探查，这是更基础的理论无法做到的。换言之，尽管可以说化学过程之所以如此这般进行，正是其背后的基础原理、元素和微粒活动导致的，但是至少在解释潜力方面，现象层面才能提供最好的解释。这也就是说，一个非还原的解释——比如考察现象之间的因果关系这类解释——也许就是最好的解释。帕拉塞尔苏斯学派人士是不会预料到这一点的，因为还原性的解释正是他们的方法与盖伦主义之间最明显的区别之一。不过他们的方法的确可能会向只关注实际解释力，而不是自然哲学基础的方向发展，而且也不一定与帕拉塞尔苏斯学派微观物体的终极构成物质理论相冲突。不过，为了让这种方法生效，必须有人逐渐意识到，可以组织一套"不是仅仅探索基础原理，而是寻求如何在现象层面用手中物料打造出解释工具"的解释模式。培根以及在这方面贡献最大的吉尔伯特在自然史和自然哲学之间的浑水中摸索时，迈出了朝这个方向发展的第一步。

自然史研究的聚焦：吉尔伯特与培根

吉尔伯特和培根分别出身于文艺复兴时期两个侧重评定证据的职业背景：医学和法律。[17]吉尔伯特是皇家内科医师学院的院长，是伊丽莎白女王和詹姆斯一世的内科御医，培根则担任过一系列的法律界、政界高级职务，包括检察总长和国玺大臣，最终当上了大法官。两个人都强调做学问要讲究实际，都明确反对清教主义狂热派，都在本行工作多年之后，在40多岁才开始对自然哲学产生兴趣。

最重要的是，两个人都使用自然史来启动对物质理论的研究。两个人的出发点都是16、17世纪热衷于新世界发现的伊比利亚学者所开创的全新自然史传统。我们之前谈过，新世界动植物的发现导致徽志学的没落，但它的意义远不止如此。16世纪的伊比利亚人是第一批质疑自然史中古人权威地位的人，包括他们在风、潮汐、导航、宇宙学（cosmography）等领域的地位。[18]新世界自然史的开山之作、何塞·德·阿科斯塔（José de Acosta）1590年撰写的《东印度和西印度自然与道德史》（Historia Natural y Moral de las Indias）中详尽描写了风、潮汐、季节变化、冶金以及美洲土著的民族学和人类学。[19]该书在1604年被培根在格雷出庭律师公会（Gray's Inn）的同事爱德华·格里姆斯顿（Edward Grimston）译成英文[20]，培根受其影响颇深：比如他在《新工具》（Novum organum）中将民史和自然史归为记忆官能的做法就来自阿科斯塔，他在《伟大的复兴》（Great Instauration）中还大量借鉴阿科斯塔的描述，特别是关于风的部分。

不仅如此，培根的法律方面的研究兴趣也反映在他处理自然史的方式上，因此他的研究方法显得与众不同。对培根来说，改革英格兰法律只有在揭示其底层的理性、本质结构后才有可能实现。[21]与同时代的英格兰人不同，他试图在一个法国模式的基础上将英格兰法律法典化，这个法国模式可能是他从1578年指导他的法国律师那里学来的[22]，他的目标是通过证明法律的本质结构建立在一小部分底层原理之上，从而将法律组织为有序的体系。当培根自1602年开始将研究兴趣从法律转移到自然哲学后，他延续了原来在普通法领域的做法，在自然史领域仍然坚持寻找底层的基础性原理，将大量的异质信息结构化。他还重新定义了自然史，使其更接近物质理论。这在他的《宇宙现象》(Phaenomena universi)中有明显体现，他在该著作中将自己的物质理论概述视为讨论宇宙论问题的起点。[23]这部作品的副标题是《以自然史构建哲学》，但培根自己心里想的却和传统自然史内容大不相同。他提到了亚里士多德、普林尼、狄奥斯科里迪斯(Dioscorides)等古典大师，但基本没有点名现代自然主义者。[24]另一方面，他对自然史的研究时常涉及一群学者，他们普遍被认为与自然史关系不大：帕特里奇、特勒肖、卡尔达诺(Cardano)、德拉·波尔塔(della Porta)、布鲁诺、帕拉塞尔苏斯。宝拉·芬德林(Paula Findlen)对此评论道："在熟悉自然史传统的人看来，培根自己那套自然史似乎十分缺失通常领域的共有标志：没有长篇大论的对动植物的描述；没有讨论词源学、脚趾和叶子的数量或其他分类方法。"[25] 她认为，原因在于培根希望重新定义自然史，他眼中的自然史包括——也许其主要构成元素就是——自然魔力和炼金术的组合。他在《现象》开篇告诉我们，迄今为止的自然史编纂方式"粗略而无用，甚至不是我想要的类型"。我们可以总结出，其主要缺陷以及导致其"甚至不是(他)想要的类型"的主要特征[26]，是"它主要采纳了对自然的研究，而在很大程度上抛弃了对机械的研究"。培根认为，后者能够让我们超越自然作用，探寻自然的秘密，尽管机械研究者迄今为止关注的只是"隐藏的、罕有的"东西，而不关注"普通的实验和观察"。培根希望在他创新的自然史——既包括自然魔力和炼金术的一个学科集合，他又将这些学科贴上新的标签，也许是为了显得更体面[27]——和传统自然哲学之间搭起一座桥，即能够提供自然基础知识的认识（scientia）。

推动培根宇宙论和广义自然哲学发展的是物质理论，培根提倡一种新的发现方法，这种方法利用物质理论以更加充分地认识因果关系。我们在第五章谈到，培根认为发现方法中必要的是找到产生效果的充分和必要原因，他认为他的排除归纳法（eliminative induction）可以实现这一点。他认为原因位于微粒层面：是微观"部分"的分布和行为产生了宏观物体的特征。这种方法如何使用,可以参见《论自然的诠释》(*Valerius terminus*)中颜色的例子。他希望用这个例子替代亚里士多德的颜色学说[28],然而培根既没有对亚里士多德的学说进行详细论述,也没有提及亚里士多德对原子论的批评,更没有在颜色的本质层面与亚里士多德进行辩论。他只是简单接受了原子论/微粒论,即只能在颜色物体的微观微粒结构中才能找到答案,其真正的作用是带领我们推导出正确的原子论/微粒论解释。

首先,产生白色的过程需要一些物质组合,换言之,我们的出发点是产生白色的实际充分条件,然后从中删除任何非必要条件。其次,我们注意到混合空气和水会产生白色,雪或波浪就是典型例子。我们找到了白色的充分条件,但不是必要条件,因此下一步要扩大范围,用任何透明无颜色的物质替代水。由此我们发现,玻璃或水晶研磨后变为白色,蛋清最开始是液体状透明物质,被搅入空气后也变为白色。第三,我们继续扩大范围,考察有色物质的情况。琥珀和蓝宝石研磨后变为白色,葡萄酒和啤酒产生泡沫也会变为白色。目前为止考虑的物质都"比空气更加透明"。接着,培根开始考虑火焰这种不如空气透明的物质,认为混入空气能让火焰变得更白。他最终得出的结论是,水是白色的充分条件,但不是必要条件。他按照这种思路继续推下去,研究空气是不是白色的必要条件。他注意到水和油的混合物是白色的，即便其中空气已经蒸发之后也是，所以空气不是白色的必要条件，那么透明物质是必要条件吗？到了这一步之后培根就不往下问了，而是得出了结论，即组成部分不均匀但以简单比例构成的物质就是白色的，各部分比例均匀的物质是透明的，比例不均匀的有颜色，绝对不均匀的是黑色的。换言之，如果对现象的必要条件和非必要条件进行筛选，就会得出这样的结论，尽管培根本人并没有一步一步推到最后的结论。

这种情况下，我们可能会问，既然他自己都没有完整给出"归纳"过程，他哪里来的信心得出这样的结论？答案是，信心来自他能从自己的理论中导出的结果。有两种方法来评估他的结论是否合理：按照他刚列出的排除归纳法来评估，或按照这个方法产生的结论的结果来评估。[29] 这种双向过程，从经验现象到第一原理，再从第一原理到经验现象，是经典的亚里士多德方法，不过亚里士多德主义者寻求的可以被用来生成关于现象因果知识的基础原理，无论在目的还是实质上都与吉尔伯特和培根的非常不同。两个人对亚里士多德主义的反对大多是反对他关于自然过程底层的形式理论。这在培根身上尤为明显。与亚里士多德一样，培根认为自然哲学最为基础的层面是物质理论，但是亚里士多德物理理论的潜能 (potentialities) 和趋势 (tendencies) 似乎存在于物质内部，无法在物理层面上识别，而培根认为它们以物理方式存在于微观层面，时不时以物理方式在宏观层面上体现出来：挤压、伸展、收缩、放大、膨胀。[30]对培根（而不是亚里士多德）来说，物质过程的原因就是物质的——原因和效果本质上是一样的——自然哲学应该为我们提供研究方法，从显性的物理效果回溯至其底层的物理原因：自然哲学应当教会人们如何确定宏观行为底层的物理物质形态，因为我们希望解释的过程正是由这些物理物质形态导致的。

问题在于，培根的排除归纳法仍然只是一张空头支票。这种方法不能给人们带来物体行为的终极解释，这种解释通常存在于宏观过程的简单微观投射中。此外，这种方法不仅没有考虑到微观过程层面，而且在很早的阶段就会失去动力——在我们刚刚讨论的颜色的案例中以及培根对热的详细研究中都是如此[31]——显然无法带我们到达能够发现必要条件的最终层面，更不要提培根想获得的必要和充分条件。培根的自然史根本就无法与他认为能够揭示本质结构的自然哲学产生联系。但是，培根无法接受任何低于此水平的方法，这在他对吉尔伯特的批评中十分明显。在讨论如何将特定案例扩展到一般理论时，培根批评吉尔伯特"观察了下天然磁石，就管这个叫哲学了"。[32]在某种意义上，培根说的并没有错：吉尔伯特的确从天然磁石建立起了他的哲学理论，他成功地使用一块磁吸装置——他称之为小地球（terrella）——来聚焦研究并管理自然史一些关键内容的解释，并成功证明，这些内容的解释对宇宙论和地球理论能够产生直接的影响。

吉尔伯特关于自然史的工作很大一部分是直接明了地记录数据、编纂有关该数据的权威观点。这种方法在《新气象学》(Nova meteorologia) 中有明显体现，该书讨论了彗星、银河、云、风、泉、河、海洋和潮汐。[33] 他编纂了古代、中世纪和当代有关这些问题的理论，同时还认真记录观察数据，表明哪些是他自己观测到的、哪些是别人记录的。通过筛选记录的理论，他否定了一些理论，有时也会对他认为的正确解释发表一些评论，但通常他会留下讨论的空间。他的工作一般是这样进行的：给出关于实践自然哲学问题的不同观点，尽可能记录观测证据，尝试有序组织不同的观点并评估其合理性，偶尔就正确的解释提出建议，包括新的和已知的解释，不过一般来说讨论是开放的。

《论磁》也是按这种方法写的，不过吉尔伯特在此书中已经可以就更广泛的问题做出判断。《论磁》第一卷第一章搜集了自古以来关于磁的故事、报道、已知事实，涵盖各个经院哲学、自然主义、柏拉图哲学学派。不过这并不是流水账，他有时也会指出前人和同时代人的不足之处。比如，他认为德拉·波尔塔的研究是未经检验的[34]，不够稳定，其水平与之前的《新气象学》相当，但与目标更宏大的《论磁》相比却不可同日而语。第一部分包括很多自然史的标准话题——天然磁石发现的历史，地理分布，其他语言中对它的称呼——不过话题很快就转移到天然磁石的物理性质，特别是其极性、沿南北轴保持一致的能力以及吸引和排斥力，然后再讨论铁和磁石之间的关系。特别值得一提的是吉尔伯特使用的方法——为了证明磁石不仅能够吸引铁还能吸引铁矿石，以及未磁化的铁矿石会吸引铁矿石——他设计了一个实验，将一段熟铁丝系于浮在水面的软木，以观察其不受阻的运动，再用另一段铁丝使第一段铁丝转动。因为合适条件下铁矿石的两极与地球的磁极性保持一致，他认为天然磁石和铁矿石实际上是相同的，铁只是后者提取出的而已。地球就是一个巨大的磁体，为了证明这一点，他发现天然磁石和铁矿石都拥有一些基础性质：两者都有磁极以吸引物体，两者也都有磁赤道。此外，已经探明天然磁石在地球表面广泛分布，这就意味着这不是局部偶发事件，而且铁深藏在地球深处，这就能解释为什么铁产品在表面广泛分布。亚里士多德的元素地球说被否定了，因为这种东西从来没有被观测到过。

《论磁》第二部分的内容是磁"交合"(coition)，吉尔伯特之所以使用这个词，是因为他认为其他人使用的"吸引力"(attraction)是错误的。对吉尔伯特来说，交合是一个相互作用的过程,而吸引力指的是一个物体通过力将另一个物体拉过来。[35]吉尔伯特认为,这样区分是十分有必要的,因为他指出一些吸引的形式尽管与磁交合相似,但在他看来本性上有很大不同。比如,琥珀的吸引力需要先摩擦琥珀才能产生。琥珀并不是唯一具有此性质的物质,因此他区分了电质(electrics, ēlektron 在希腊语中是琥珀的意思)——即像琥珀一样摩擦后呈现吸引力的物质——与非电质(non-electrics),即摩擦也不会产生效果的物质。他还描述了一种可以区分电质与非电质的装备——转向器/静电验电器(versorium)。这是一根处于微妙平衡状态的针,如果摩擦后的电质接近它,就会转动,摩擦后的非电质则不会。第二部分第二章讨论的磁交合和琥珀吸引力(以及一般性的电吸引力)的不同在于,磁物质的形式与地球一样,这个形式是造物主赋予的,是这个形式让该物质拥有了磁力。有些物体保留了这种形式,这些物体就呈现磁性。琥珀并不是来自拥有原始磁形式的物质,而是来自地球的复合本性,即流体湿物质和固体干燥物质的混合。"电质"组成的物质被摩擦后能够吸引其他物质。电质之所以有这种不寻常的性质,是因为构成电质的流体湿物质没有完全固化,因此会释放出素(effluvium)捕捉小粒子并向内吸引。相比较而言,磁交合不需要摩擦释放素,因为它不是靠素来作用的,而是靠一个不可见的磁质球(orb of virtue)。与电素吸引力不同,它能真的产生超距作用（action at a distance），但球的尺寸是有限的，只影响它边缘之内的物体。任何进入这个球的铁或其他磁性物质都会影响中心磁体，也会被其影响。

接下来，吉尔伯特做出了一个很重要的举动。他告诉我们，一个小型的中心球型磁体"小地球"可以模拟地球的磁力作用。具体来说，磁化铁块被置于小地球"磁质球"内时会如此行动：

> 小地球根据其活力和性质呈球状向外放射力。当铁或者其他恰当尺寸的磁性物体进入它的磁质球时，就会被它吸引；物体离小地球越近，向它移动的速度就越快。物体是向着磁体运动的，但不是向着某个范围的中心，也不是向着磁体的中心运动。因为只有在两极——即被吸引的物体、天然磁石的极以及天然磁石的中心都处在同一条直线上——才会如此运动。在位于两极之间的其他地方，物体是倾斜运动的，可以在图10.1清楚看到，磁力影响也延伸到了磁质球范围内的相邻磁性物体；在两极处物体运动是笔直的。[36]

作为一个能够再现出于各种原因无法直接观察的体系的运作方式的简单装置，小地球与太阳系仪（orrery）等仪器有相似之处。[37] 不过，天文仪器装置的运作方式和其代表

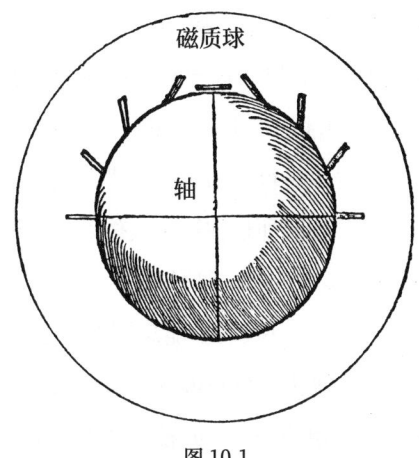

图 10.1

的体系的运作方式是不同的,比如太阳系仪就是通过发条来运作的,而小地球的独特之处在于,它的运作方式设定得与真正地球磁力体系的运作方式一模一样。

需要记住,吉尔伯特是内科医师,解剖学家传统上就有拿可用动物的解剖结构来代表不可用动物的解剖结构的做法。盖伦没有办法解剖人体,因为在当时的古罗马这是明令禁止的。尽管他呼吁抓住一切机会观察人类尸体(他甚至曾观察过一具皮肉已被河水冲走的尸体),但这些机会稀有,对系统解剖研究来说是远远不够的,所以他才得出了猿与人的解剖结构非常相近这样的重要结论,并且呼吁为了避免被误导,应该选择解剖与人类最近的猿 [他认为我们今天称为巴巴利猕猴(barbary apes)的动物符合这样的标准]。[38] 10 世纪后期,解剖学在萨勒

诺 (Salerno) 复兴，用猪替代了猿。因为11世纪萨勒诺一位解剖学家指出："尽管猴子等一些动物在外部形态上与我们相仿，但是在内部结构上，猪是与我们最相似的动物，因此我们要在猪身上进行解剖研究。"[39]因为假定猿和猪的解剖结构与人体相似，所以在缺少人体解剖的情况下，可以解剖猿和猪来模拟人体。维萨里(Vesalius)的人体解剖学著作于1543年问世，但我们不能忘记在此之前世世代代解剖学家的天才创造力。这些解剖学家无法解剖人体，但又不认为解剖是无用的——比如柏拉图主义认为，身体旨在庇护灵魂，所以身体也会像灵魂那样是三元结构，在这种理念下解剖并不是一种合适的研究方法——因此人们需要找到人体内部构造的实际证据，同时不能进行解剖。

吉尔伯特的小地球使用的就是这种推导方法。使用这种方法，他便能够通过小地球这个替代物来检验关于地球磁力的理论。《论磁》接下来的章节详细介绍了如何使用小地球来解释地球的磁质球中磁性物体的行为。卷3、4、5分别讨论了处在平衡状态、可以自由转动的天然磁石的三种性质——方向、与磁子午线的偏差、磁偏角，每个性质都与磁罗盘航海问题息息相关。最后在卷6中，吉尔伯特从磁域性质的角度来解释地球运动。他无法确定是否存在每年一周期的地球运动，但是他提出地球每天的自转都是由磁力导致的。具体来说，因为地球是一个球形、平衡的、拥有两个相对磁极的天然磁石,所以它会围绕地轴旋转。[40]他假定地球的旋转是根据宗动天(primum mobile,通常指的是固定天体的天球,但吉尔伯特并不认为所有固定天体与地球之间的距离都相同)旋转的。他设计了一个实验来证明这种说法,让小地球自由漂浮在木桶中的水面上,如果将小地球的两极设定为相对的,就像地球一样,小地球就会旋转。

吉尔伯特将自己的理论建立在小地球实验的成果上,将一部分自然史研究串联起来,但他的方法却和《论磁》前几卷介绍的物质理论基本自然哲学原理相悖。我们之前提到,培根反对这种方法[41],而且,尽管培根的事业在某些方面,尤其是在基本自然哲学原理的角色方面非常激进,但他还是认为自己的目标与亚里士多德主义的目标是一致的,而且这些目标只有自己的理论才能实现,亚里士多德主义只能干做梦。相比之下,吉尔伯特的研究模式与亚里士多德和培根所追求的截然不同。不是说这种模式不具有系统性,而是说他在纯现象层面上发现了系统性的关联,而不是在现象底层的原因层面发现的。现在考虑的问题就变为,这种现象关联能够具有哪些解释性价值。

波义耳在《关于空气弹性及其效果的物理—力学新实验》(New Experiments Physico-Mechanical, Touching the Spring of Air, 1660)[42]中列出了43个使用空气泵完成的实验。空气泵最初是仪器制造师拉尔夫·格雷托雷克斯(Ralph Greatorex,图10.2)凭借天才创造力设计出的仪器,后来由胡克加以改进。一年之后,霍布斯在《关于空气本性的物理学对话》(*Dialogus physicus de natura aeris*)[43]中对波义耳制造真空的实验提出了疑问,这场争议一直延续到了下一个十年,并提出了关于自然哲学知识应该包括什么内容的基础问题。值得注意的是,这场论战第一次明确提出"思辨"自然哲学与"实验"自然哲学之争。霍布斯在《对话》中问道:波义耳"都没有提出普遍抽象运动学说(很简单的数学问题)",凭什么能够唤起"对物理学进步的期待"?[44]

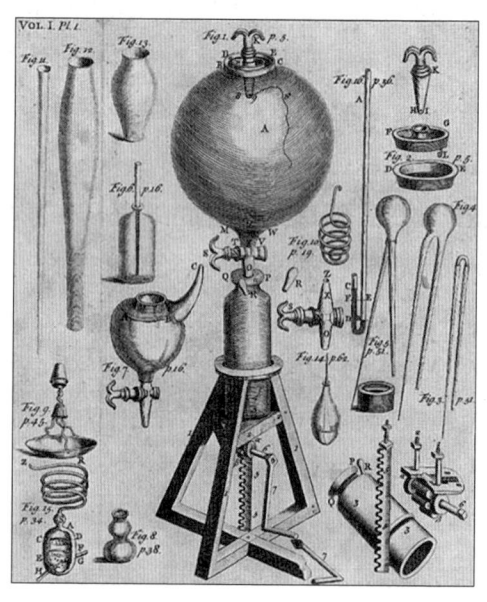

图 10.2

空气泵:霍布斯与波义耳

在波义耳看来,空气泵取得的"最重大成果",是将一个托里切利气压计放在泵中的实验,在抽取试管中空气的同时观察水银面的变化。[45]要理解这个实验的意义,我们需要知道,充满流体的密封试管被倒置放入盛有相同流体的槽中时,密封试管上方会出现真空(取决于流体和其高度)。关于为什么会出现这样的现象,学界一直众说纷纭。不同的自然哲学流派都对此做出了解释,特别是亚里士多德的"自然厌恶真空"理论。这个问题也有具体实践意义:比如,1630年乔瓦尼·巴利阿尼(Giovanni Baliani)曾写信给伽利略寻求建议,他在城市和山之间安装了水管,试图将山里的水运输到城里,但是水管似乎表现出顶部漏气的现象,水从顶端的两侧流下。伽利略回复道,之所以水不能被提到超过一定的高度——34英尺左右,是因为水和绳子一样,被提到一定高度后,自身的重量就会把自己压断。这不是管子的直径和总长度的问题:管子的垂直高度才是关键。在1638年发表的《关于两门新科学的对话》(Discorsi)中[46],伽利略在解释梁木断裂强度时,便采用了这个理论来解释内聚力:高达34英尺的水柱之所以能够聚在一起,是因为水微粒之间细小真空引起的吸引力,一旦超过34英尺高,水的重量就会大于这种吸引力。17世纪40年代中，一些意大利自然哲学家开始深入研究这个现象。他们将之前使用的U形管换成一个顶部带有小球的玻璃管，这样水平面的高度就清晰可见为34英尺左右。巴利阿尼之前认为这种真空是由于大气压产生的，托里切利(Torricelli)设计了一个实验探究其中原委。他从静力学理论出发，认为大气的重量与水柱的重量实现了平衡。这样的话，如果用汞替代水，由于汞的重量是水的14倍，那么汞柱的高度应该是水柱的1/14，实际上也的确如此。

气压计的一个重要特点，是我们能够像吉尔伯特的小地球一样调整操作它，来判断对立的理论孰对孰错。比如，否认真空存在的人需要想办法解释密封试管水银柱上方出现的空间。一些人认为水银柱上方出现的是蒸汽，但帕斯卡(Pascal)的实验推翻了这一观点。他用葡萄酒柱与水柱进行对照试验：因为酒会产生蒸汽，所以酒柱的高度应该比水柱低，而如果决定因素是液体柱的重力，那么酒柱应该比水柱高，因为酒的重量比水轻。实验的结果是酒柱高于水柱。同理，空气泡理论也无法解释问题，因为密封试管中的水银柱高度与顶部安装大球体的试管中的水银柱高度是一样的，试管的长度无论怎么增加，水银柱的高度都不变。还有一个更直接的证据，只要改变一个变量就可以检验空气重量和流体柱重量：海拔。将水银柱放置在高地（帕斯卡让妹夫将水银柱拿到了多姆山顶），可以观察到海拔越高，水银柱的高度就越低。

不过，关于气压计的行为还存在其他解释。波义耳将气压计置于空气泵的实验足以说明这根本不是空气重量的问题，因为尽管密封容器中水银柱的高度是正常的，一旦容器中的空气开始被抽出，水银面就会下降，这肯定不是由于空气的重量，因为容器中空气的重量相比水银的重量可以忽略不计。波义耳得出的结论是，可变量不是空气重量，而是空气压力，这一点在另一个实验（罗贝瓦尔之前用更加简陋的仪器做过类似的实验，在第8章谈过）中得到了支撑。实验将容纳少量空气的气囊放置于容器中，当容器中的空气被抽出时，气囊会膨胀。他得出的结论是，空气是一种弹性流体，去掉外部约束后，空气就会膨胀：

> 空气充斥着，或者起码包含着的部分，拥有这样的本性，如果被周围大气的重量或任何物体弯曲或挤压，这些部分会努力摆脱这种压力，顶开周围弯曲着空气的物体。[47]

霍布斯和波义耳论战涉及的问题并不一目了然，不过有一个问题是显而易见的，即自然哲学家应该研究哪些学科。我们之前谈到，霍布斯在《论实体》(*De corpore*) 中区分了自然哲学和自然史，因为后者"只是经验，或权威，不是推理"。[48] 相比之下，波义耳在《反思霍布斯先生的〈关于空气本性的物理学对话〉》(*An Examen of Mr. T. Hobbes his Dialogus Physicus de*

Natura Aëris)中严厉批评了霍布斯,问他"为丰富自然历史贡献了什么实验或事实"。[49]两者之间的区别是根本性的。霍布斯主要批评了波义耳"对现象的解释不构成因果关系",比如波义耳的空气复原力学说,霍布斯认为并不能作为一个合理的解释:

> 哲学家的任务就是要寻找这些事物的真正原因,或者起码是可能性很大的原因。研究压缩羊毛、钢板或空气原子,怎么能让实验哲学家发现复原的原因?为什么在十字弩中钢板能够迅速复原成挺直的状态,您能给出可能的原因吗?[50]

不过,需要注意的是,霍布斯和波义耳之间也存在共识,他们都认为关于原因的知识是猜想性质的,两人都觉得,当存在几个不同的解释时,我们应该选择最简单的那一个。[51]霍布斯坚持认为,有因必有果,同样的原因也会导致同样的结果。这不仅是霍布斯对机械论认识的理论基础,实际上所有人对机械论的认知都是以此为基础的,包括波义耳。霍布斯确实比波义耳更加深入地推进了机械论的发展,比如将自己的还原主义与机械论结合而发展出决定论,但这只是机械论范围的问题,而不是机械论本性的问题。两人的论战中没有任何一点表明波义耳认为空气泵产生的现象超出了机械论的解释范围:正相反,他对弹性的认识很明显是在机械论的语境下形成的。在此语境中,"同因同果"的原则一定是适用的,否则宏观行为下的微观机械原因将永远无法确定。

当然了,"同因同果"的原则并不会排除一种结果存在多种不同原因的可能性。这里波义耳和霍布斯并没有分歧,两人都认为上帝能够通过诸多原因产生相同的结果。夏品(Shapin)和夏佛(Schaffer)认为,波义耳和霍布斯的分歧核心在于,一个结果可能有不同原因会给自然哲学研究带来什么样的影响。波义耳"觉得上帝可以通过不同原因来产生相同的效果,所以他建议在方法论上要小心谨慎,甚至怀疑自然哲学家是否有能力揭示真的原因"。[52]相较而言,霍布斯"尽管承认我们对自然原因的知识是假设性的,但并没有因此将因果关系研究排除在自然哲学基础之外。对霍布斯来说,对因果关系的论述应该是任何哲学探索的基础和出发点之一"。[53]

在关于空气泵的论战中,波义耳和霍布斯确实在解释的层面上有分歧,不过从波义耳的回应中无法判断他这样做是不是因为他觉得同样的表现可能有不同的原因。霍布斯的关键问题似乎在于,他认为波义耳的解释与一些基础理论相悖,而这些理论正是霍布斯自然哲学体系的核心所在。最重要的是,霍布斯的物理光学认为光的传播需要介质。我们之前谈到过，正是水银上方空间光正常传播的现象让他在1648年第一次质疑真空的存在。[54]对霍布斯来说，所有的解释都必须在基本自然哲学问题的指导下进行。而波义耳坚持认为霍布斯检验假设的两条标准——可设想性和必要性——并不全面，需要添加第三条标准，也就是假设不能与其他任何真理或自然现象冲突。[55]但尽管如此，他本人的解释仍无法彻底解答光是如何传播的这个问题，因为这不是真理或自然现象，而是一个假设。确实，第三条标准针对的正是这些假设。波义耳还指出，霍布斯将空气视为均质、穿透性流体的观点与实验结果根本不符。

要了解霍布斯在这些问题上的看法，也许可以用天文学论战做类比。关于天体运动存在着众多理论，其中一些明显是物理学层面的。比如，第谷体系尽管只需要最低限度的物理研究支撑，却确实产生了物理学上的影响。实际上，这也是人们相较日心体系更偏爱它的原因：相比日心体系带来的物理学影响，它的物理学影响是无害的。用天文学这个类比来解释的话，可以认为波义耳提出的体系尽管在"解释现象"方面要优于其他理论，但是它背后的物理学原理却与一个自然哲学体系相冲突，而当时人们是有理由选择这一自然哲学体系、摒弃其他体系的。霍布斯提出的并不是一个完整的天文学体系，但他提出了光传播的学说，而笛卡儿的《原理》早就将光的传播置于宇宙论研究的核心。从这个角度来看,波义耳的方法干脆无视了基本的自然哲学问题,仅仅提出对某一个现象的一次性解释,甚至这个现象产生的条件还会被质疑:比如,所有产生可变压力的装置都特别容易泄露,霍布斯对"避免了泄露"这样的说法嗤之以鼻,往好了说,也是持怀疑态度。

如果从这个意义上来看,我们就能够了解为什么霍布斯对波义耳的方法感到失望。一些与波义耳同时代的欧陆学者也同样有这样的失望和愤怒,尤其是斯宾诺莎和莱布尼茨。[56] 不过,尽管波义耳的反对者认为他的方法只是简单地罗列枯燥事实,但波义耳却不这样认为,他不认为这仅仅是临时性的研究记录,也不认为这个方法尚不成熟,需要时间才能体系化、才能研究现象背后的基本原因。[57] 在他第一部论文集《一些自然哲学随笔》(*Certain Physiological Essays*) 中,波义耳明确表示他与"某些杰出的原子论者"有分歧,不同意他们说的"在自然哲学的思辨中,非原子或原子性质的原因都是非理性的"。[58] 在波义耳看来,霍布斯以为理想化的解释真的是可以实现的(实际上无法实现)。但问题在于,理想化的解释不仅无法完成任何实际工作,而且与霍布斯说的正相反,反而会妨碍进步。对霍布斯而言,进步是在基本自然哲学原理指导下进行的,这些基本自然哲学原理会告诉我们什么需要被解释、需要什么样的解释。他的方法也是贝克曼、梅森、伽桑狄和笛卡儿的方法，因为这些人即使在自然哲学能实现的确定性程度上也有分歧，但起码在这个层面上自然哲学产生了新起点已经一目了然，因为正是在这个层面上新的自然哲学体系的基本设想和原理得以彰显。但基本自然哲学原理在波义耳眼中扮演的不是这样的角色，这并不是因为他不相信这些原理——他对机械论的信仰不逊于霍布斯[59]——而是因为他对如何最大化自然哲学的作用有不同的理解。

空气泵之争涉及的自然哲学形式是物质理论。针对物质理论应该做什么、主要目的是什么的不同理解，也许会影响学者如何看待其底层的自然哲学。举医疗化学论为例。像波义耳一样，如果我们不再将疾病视为盖伦学派眼中的体液失衡，即每种病在不同人身上体现出的症状是不同的，而是认为疾病有自己的特性，即同一种病可以在同一时期或不同时期让数个病人患上，这样一来就可以用化学药物方式来治疗该疾病，在一定的程度上药效不存在个体特殊性，而是在所有人身上都有相同的作用。[60]因为药物在化学层面直接作用于病因，而病因又能够脱离具体患者而独立存在并可确定，物质理论在拓展这种药物的范围上具有潜在的重要作用。这里有两个需要注意的地方。第一，实际效果：物质理论，当作为医疗化学论时，它的目标是提供拥有真正疗效的药物。这个目标完全是实践意义上的，没有东西能够凌驾其上，任何考虑都不能妨碍这个目标。第二，如何在物质理论的层面为这些药物提供合理性，这里自然哲学考量又重新进入研究的视野。不过，这里要指出，这不是一个认识药物的化学—生理学作用的问题：17世纪根本没有人能够做到这一点，波义耳这类学者的动机也和这个不是一回事。波义耳寻找的不是药物的化学—生理学基础原理，而是确定药物精华成分的手段，这就涉及有什么手段能够分离和提取"精华"(essences)。如果说自然哲学研究能够在这其中起到一定作用的话，那就是帮助我们知道如何从更加方便的来源或通过更加方便的工艺来获得药物，以便事先确定所需剂量，以及认识药物的普适性。在《自然哲学的用途》(*Usefulness of Natural Philosophy*)中，波义耳强烈鼓励医师们去观察接生员、理发师外科医生(barber surgeons)、老妇人、美洲印第安人等群体的实践：这些都是药物疗效和使用方法的知识宝库，因为这些药物在各种各样的情景中都得到了尝试。[61]

在这个层面上的问题不需要考虑基础原因，实际上如果真的寻求基础原因，反而会妨碍这些问题的解答。比如，提取物质精华是医疗化学论的核心所在，也是化学传统而非医学传统的专长之一。不过，这门专长并不是在自然哲学层面上发生的，而是在实践层面上。17世纪早期的化学家之所以选择用流体来构建医疗化学论，不是因为背后存在什么自然哲学观点认为应该优先研究流体（比如笛卡儿的自然哲学就是如此），而是因为发酵这种从药物原材料中提取精华的方法是经过反复检验的，所以是靠得住的。[62]

波义耳起初主要是通过医疗化学论接触到自然哲学的[63]，实际上他的微粒论信仰不但继承了伽桑狄和笛卡儿，也继承了由伪贾比尔（pseudo-Geber）开创、由海尔蒙特和波义耳早期协作者乔治·斯塔基（George Starkey）[64]进一步发展的炼金术传统。医学问题也从一开始就激发了他对自然哲学的思考。[65] 1648—1649年，他二十几岁时的文章就提到了血液循环和惠斯勒"佝偻病是营养紊乱疾病"的理论，也提到了一些解剖的知识，而且当时他就已经开始使用原子论的理论来思考生物过程。这种方法具有17世纪40年代和50年代后哈维一代的明显特点，特别是牛津地区的学者，他们主要关注热、呼吸、血液本性等问题，这些兴趣在很大程度上推动了波义耳自己的研究。[66] 40年代期间，因为与哈特利布以及一些其他人的关系，波义耳受到了海尔蒙特化学原子论、伽桑狄原子论、笛卡儿机械生理学的综合影响[67]，一本早期哈维学派教材的作者纳撒尼尔·海默尔（Nathaniel Highmore）还在其用原子论阐述胚胎学和营养学的《繁殖史》（The History of Generation, 1651）中写明此书专门献给波义耳。[68]

17世纪50年代中后期，波义耳开展了大量解剖活动，进行了众多解剖学和生理学实验。1659年，他开始用空气泵来更为彻底地研究呼吸。[69]《新实验》(*New Experiments*)中的实验41考察了为什么动物需要呼吸以及肺在呼吸中的作用问题。他分别将一只云雀、一只雌麻雀、一只家鼠置于真空中：动物开始抽搐；打开容器后，麻雀和家鼠能够苏醒；之后，他再次抽取空气，直至动物全部死亡。不过，实验中只抽取了部分空气，容器中还剩下大量空气，这一点让波义耳费解。因此，他花了很大篇幅解释呼吸[70]，长度仅次于他的空气"弹性"(spring)学说。基于解剖学原理和对犬只的活体解剖，他认为肺不会自行运动，而是由胸廓和横膈膜的运动带动的。他还指出，盖伦学派的"肺吸引空气"理论和笛卡儿的"通过胸廓扩张迫使空气进入肺"理论都与实验不符。当横膈膜和胸廓使肺膨胀时，内部气压小于外部气压，从而将邻近的空气压进开放的气管：

> 针对这个难题，我们的工具(空气泵)提供了简单的解决方案，之前很多实验已经证实。在这个案例中，不需要扩张胸廓或腹部以使空气进入肺；胸廓一旦扩张，由于体内空气或呼吸物质倾向于充满胸腔内肺没有填满的地方，其弹性下降，因此邻近的体外空气肯定会通过开放的气管被压入肺中，因为肺中的阻力要小于其他地方。[71]

传统的呼吸理论认为，呼吸的作用是降低血液温度，或有助于生成生命精气，或使血液换气并清除血液中的垃圾。针对第一个和第二个，波义耳是从生理学实验和解剖学角度来反驳的，在反驳第三个时，空气泵实验就派上用场了。波义耳指出，如果空气只是简单地从血液中吸出血液垃圾，那么抽空容器对动物应该是有益的，因为随着空气被抽出带出了动物血液内的垃圾，然而实际上很明显，这是对动物有害的。换个角度来思考，也许存在最优的空气稠度来清除血液垃圾，如果空气过稠或过稀，抽取血液垃圾的能力将受到影响。波义耳对这个想法非常赞同[72]，并采用空气的弹性来解释所需空气稠度。

这样一来，呼吸这个哈维留给后世的重大问题之一，就与"空气弹性"紧密结合在一起。后者是理解前者的关键：我们如果不理解空气的弹性，就无法理解呼吸是如何运作的。呼吸是一个复杂的经验事件 (empirical event)：比如，除我在上文提到的实验外，波义耳还花了大量精力研究沉浸在流体中的身体是如何呼吸的，特别是胚胎的呼吸和鱼的呼吸。要弄清这些现象，很明显需要做大量的解剖和生理学工作，还需要回答诸多化学问题，不过波义耳通过从纯机械论角度思考心脏的泵血功能，成功地研究了看起来纷繁芜杂的众多问题。空气泵不仅为他带来了研究问题的全新角度，也给了他改变实验变量的能力，尽管他也会反过来受到实验变量的制约。在霍布斯等批评者（也应该包括斯宾诺莎、莱布尼茨等人）眼中，这种思考方式就好像波义耳围绕着一个高度具体的装置选取了一个高度偶发性、高度局限性的话题，其具体结果的自然哲学意义非常有限，然而波义耳却向世人宣称他的工作是自然哲学的核心、合法形式。

波义耳之所以采用这样的自然哲学研究方法，并不是因为微观—机械微粒论模型能够提供什么样的解释性资源。他的确很信任这个模型，也是在这个模型的指导下提出了他的解释。[73]但是，这个模型无法连接他的被说明项。是空气泵帮助他成功划定研究领域，并使其统一、连贯。通过空气泵这个聚焦点，可以处理生理学、化学、力学诸多偶发性问题，空气泵的成功来自它能够生成多种高度可控的现象。这个方法获得合法性的关键就在于实验的完整性：实验设计的精心程度、精确程度、观察报告的可靠程度。但霍布斯认为，宣扬经验数据多么精准，其实是掩盖了真正的问题。也就是说，不管这些实验多么精准，都无法仅凭实验结果对重要的自然哲学问题做出回答。他真正担心的是实验结果不能解释任何现象，无论它多么精准。但他同时也对实验精度表达了怀疑，而这一步是大错特错的。这样一来，波义耳就将霍布斯拉进实验的领域，让一切都由实验可信度来决定，最终将霍布斯描述成实验失败者。[74]

波义耳空气泵实验及其引发的论战中体现出的实验自然哲学的合法性，其实并不是没有先例。首先，我们在第6章提到，培根、伽利略、笛卡儿等人均在不同程度上认为思想诚信是指不能盲从某个既定的体系，但他们在其他时候和其他方面却遵从着成体系的理论。有些情况下，他们之间的不同是采取策略的不同造成的，特别是伽利略，比如需要先发制人，通过否认任何天文体系的合法性来阻止世人在哥白尼学说被攻击后自动接受第谷天文学。对笛卡儿来说，问题的关键之一在于拒绝接受任何体系，除非该体系极其严格地采用了清晰性和明确性的标准。他认为只要采用这种标准，最终大家都会选用笛卡儿体系。我们之前提到过，他的英格兰批评者们认为这只是笛卡儿为了实现个人肯定、满足个人虚荣提出的，也染上了宗教狂热的色彩。相比之下，培根既攻击教科书传统，又明确反复地赞美共同、集体形式（只要是中央规划）的自然哲学研究。在提供合法化的语境下，他的做法与波义耳也没有什么不同。不过，我在这里想强调的是，不管他们是出于什么原因才会认为"依赖体系在某种程度上意味着思想的不诚实"，"为自然哲学体系辩护并不是唯一研究自然哲学的方法"这种观点并不是波义耳第一个提出来的，尽管（不是要磨灭吉尔伯特的功绩）他可以说是第一个在此观点下进行具体自然哲学研究的人。

第二,我们之前提到,波义耳从早期开始便将自然哲学视为通向自然神学的路径。波义耳倡导的基督教研究所认可的合法化方法包括理性、实验、人类和神圣见证。[75] 人的见证是一种合法化的形式,它在"思辨"自然哲学中的作用是极小的,通常被视为根本不适用。不过,它在波义耳的实验自然哲学中却扮演着重要的角色。此外,《圣经》,尤其是《新约》中,大量存在无需异教哲学语言构成的神学中介就可以直接见证神迹的故事[76],波义耳很可能受此影响,强化了自己对见证的信念。在基督教对这些故事的理解中,最核心的是愿意相信那些神迹或其他神圣事件的目睹者,相信他们的证言,而不是那些试图让宗教教义适应异教哲学的一代又一代神学家的阐述。

第三,见证方法背后涉及的客观性和合法化的诸多问题在自然哲学界之外也被广泛讨论。比如,霍布斯和波义耳的争论在很多方面与霍布斯和黑尔(Hale)之间的争论相似。霍布斯试图在其他一些领域根据第一原则来进行研究工作,但这种方法在当时就被视为不切实际。比如,在《哲学家与英格兰普通法学生之间的对话》(Dialogue between a Philosopher and a Student of the Common laws of England) 中[77],霍布斯认为,律师已经篡夺了本属于君主的立法特权。他的理由是,法律是基于自然理性的,而不是基于普通法,因为自然理性是一致的、确定的,而普通法不具备这样的性质;同理,法律也不应当基于律师个人的专业技能。首席法官马修·黑尔(Matthew Hale)对此回应道,普通法律师不聚焦于道德哲学第一原则,而是寻求实际问题的实际解决方案的做法是正确的。[78] 他写道:

在所有涉及理性的课题中,法律是最难利用理性引导自身得出确定答案的主体。……因此,人是不可能像在数学科学上那样在法律问题上也获得同样确定性、证据和证明的,有些人心满意足地相信,在法律上也可以寻求到证据和连贯性,从而创造出一个适用于一切状态和情况的永远正确的法律和政策体系,但当他们有实际的问题需要解决的时候,他们就会发现自己被无效的观点蒙蔽了。[79]

波义耳在《理性与宗教的调和性》(The Reconcileableness of Reason and Religion)中介绍了自己的研究方法,其程序与普通法完全一样:

当我们评判两个相互矛盾的意见中哪个更理性,或者说更符合正确理性时,我们应该选择的不是那些普遍的,或者从其他流派中挪用来的观点;我们应该选择的是那些具有充分证据支持,或者能够帮助做出正确判断,或者起码是包含的信息最完整的观点。[80]

在此意义上，法律并不是唯一这样做的领域，因为在其他一些学科中，证据和客观性的问题已经受到广泛的关注：历史、医学、自然史在这里和法律一样被置于重要位置。确实，在很多方面，波义耳的方法可以被视为继承了自然史的传统，就像吉尔伯特的磁力理论可以被视为继承了自然史的传统一样。两者共同的特点在于，能够提供一个强有力的聚焦点，不是在某个假设的底层结构层面运作，而是在现象的层面运作。这个聚焦是得益于仪器实现的——吉尔伯特用的是小地球，波义耳用的是空气泵——以可控的方式将一些表面上不相关的现象汇集在一起。这一点在波义耳的空气泵中尤为明显。从他的描述中可以看出，被说明项的组织原则和被说明处在同一个层面，并且需要说明项去主动适应被说明项。波义耳的自然史和医学研究在这方面能够提供丰富的素材，不过我在这里想说，我们在"思辨"自然哲学的核心领域之一光学中也能瞥见这一点。

颜色的产生：牛顿与笛卡儿

笛卡儿和牛顿的研究都对颜色的本质产生了深远的影响。根据1637年的《论气象》(*Les Météores*) 第8章所述，笛卡儿的理论是，白光是同质的，但是在特定情况下，比如以特定角度经棱镜折射,光线的构成微粒会以不同速度旋转,这就产生了不同的颜色。牛顿的观点是,光是异质的,在特定情况下,比如以特定角度经棱镜折射,光线就被分解为不同颜色的构成光。如果我们比较两个人理论中说明项和被说明项之间的关系就会发现,笛卡儿和牛顿得出各自结论的方法是截然不同的。笛卡儿建立了一套几何光学理论,然后切换到一个完全不同的领域——微粒物理光学——来解释颜色。相比之下,牛顿没有采用"构建底层逻辑,解读现象层面的结果"的思路来解释颜色,而是停留在几何光学的领域,探索现象之间的因果关系。惠更斯在给奥尔登伯格的一封信中如此评价牛顿的光的异质性学说,"如果某些光线从根源上就是红色、蓝色等颜色这种说法真是正确的,那么很难用机械论哲学来解释颜色多样性"。[81] 惠更斯要求就不同的运动如何与不同的颜色之间存在联系给出一套假说,"因为只有提出这种假说,(牛顿)才能告诉我们颜色的本性和不同是什么,否则他的观点只能说明不同颜色碰巧拥有不同的折射性(当然这一点也很重要)"。[82] 不过牛顿看待这个问题的方式却非常不同,他拒绝接受"原因存在于现象底层,所以必须与现象处于不同层面"的观点。他的方法表明,存在一种认识现象的方式,其主要任务是考察现象之间的因果关系,而不是现象底层的因果关系。笔者比较牛顿和笛卡儿两者对颜色本性的研究，就是为了强调这个转型。

笛卡儿早期在流体静力学方面的工作中制定了一套量化自然哲学的研究方法。在理想化的机械论中，我们倾向于想象一个微观的底层结构，简单的微粒按照机械论的方式良好运转着，更重要的是，可以通过尺寸/质量/体积和运动的速度/方向等要素的组合来量化这种方式。随后我们使用这个层面的流程来解释更加复杂、更难量化的宏观层面的行为。其实，在实际发展微粒论的时候，情况是完全相反的。这一点在笛卡儿身上尤其明显，他从量化宏观现象出发，但随后转向更加思辨的微粒底层结构。

早在研究流体静力学时，笛卡儿就使用了这套流程。他从阿基米德的流体静力学出发，因为该学说此前已经得到斯蒂文 (Stevin) 的进一步完善。与阿基米德一样，斯蒂文采用严谨的数学方法来研究流体静力学。以阿基米德对杠杆的研究为例，他将物理量抽象化，将杠杆上的物体视为位于一条直线上的与物体重心重合的点。一旦完成初始抽象化，并建立确定重心的 (几何) 步骤，杠杆问题就完全抽象为了几何问题。相比而言，笛卡儿方法采用的步骤旨在揭示现象背后的物理过程，而传统阿基米德式流体静力学更关注使用数学语言来描述这个现象。笛卡儿第一次关注流体静力学是在1618年末。在贝克曼的指导下，他开始考察流体静力学中一系列的问题，所有这些问题最终都或多或少归于"流体静力学悖论",这也是斯蒂文之前的研究发现并证明的。[83]斯蒂文已经证明,流体可以对容器底部施加比自身重量大出很多倍的总压力。具体来说,他的实验证明了同一流体对底面积和高度相等的两个容器底部施加的压力相等,不管容器形状如何——如圆锥形、圆柱形等——也与容器中流体的量无关。针对该原理,他论证道,如果用相等密度的固体取代流体,不会改变对底部的压力,因此证明就可以用几何方法进行了。

笛卡儿的方法截然不同。[84]他没有采用斯蒂文严谨、确凿的几何证明法,取而代之的是一个截然不同的解释性论述,这种论述以阿基米德静力学标准来衡量的话,并不具有说服力。笛卡儿没有也不可能否认斯蒂文论证的严谨性。如果问题的关键不是公认的欧几里得或阿基米德式的正确性和严谨性,那么问题的关键是什么?笛卡儿将问题推入他眼中的自然哲学领域。[85]几何论述不能为现象提供解释,因为它无法确定现象的原因。流体是物理实体,由微观层面的微粒构成,微粒的行为决定了流体的宏观行为。如果要了解流体的行为,就需要了解构成微粒的物理行为,因为正是微粒行为的因导致宏观行为的果。从广义上讲,这符合自然哲学传统意义上的范围和目标:物理考察需要确认是什么导致物体以某种方式行动。不管柏拉图学派、亚里士多德学派、斯多葛学派和伊壁鸠鲁学派之间存在什么争议，各派均同意有一类理论提供了宏观物理现象的终极解释，这就是物质和因果关系理论。亚里士多德认为，混合数学科学（mixed mathematical sciences，译者注：这个说法是培根首先使用的，这个学科集包括工学、天文学、音乐、建筑等学科，这些在培根眼中都属于形而上学）从属于给定的、已确立的物质和因果关系的解释性物理原则。在自然哲学中，正是这种观念将数学的运用边缘化了，至少是使其变得不再具有说服力。笛卡儿起初的目标，似乎是在"物理—数学"的旗帜下，将流体静力学从实用数学完全移入自然哲学。为了实现这个目标，他试图用他自己的物质理论重构流体压力现象：他通过解释假想中构成流体的微观微粒的累积行为，重新描述了产生压力的原因。

笛卡儿光学也采用这种研究流程作为模型，用几何光学进行宏观领域的类比，用物理光学提供自然哲学的底层理论。[86]其大方针是，几何光学描述反射和折射中的光如何以特定的几何方式传播，物理光学则在光的物理构成理论基础上解释为什么光会如此传播。下面举彩虹的例子来说明这种研究方法。

在《论气象》第8章中，笛卡儿对彩虹进行了量化论述，并将其视为能验证自己的"方法"的"样本"。[87]这个模型的确处理的是物理现象的量化——除了伽利略对自由落体的研究之外，这算是17世纪前半叶唯一的此种模型。

他首先写道,彩虹形成的地点不仅是天空,还有阳光照射下的喷泉和淋浴。因此他提出假说,彩虹现象并不是天象独有,其产生的原因是光对水滴做出了反应。为了验证这一假说,他造了一个大的玻璃雨滴模型——用的是一个玻璃壶——并灌满雨水。然后他背对太阳站立,在阳光下双臂伸直举起球体,上下移动以产生颜色。如果我们让光来自天空中标记AFZ的部位(图10.3),我的眼睛在E点,当我把球体放到BCD部位时,D点部分的球体从我的角度看完全是红色的,亮度比球体其他部分高出许多。不管我向它靠近还是退后一步,向左移动或向右移动,甚至让它围着我的头转圈,只要DE线和EM线的夹角是42°左右,并将EM线想象为从眼睛中心一直延伸到太阳中心,D就总是呈现同样的红色。但是,一旦我把角DEM稍微扩大一点点,红色就消失了。当我将角度稍微变小一点点,红色不是一下子消失,而是首先分裂成两个不那么亮的部分,从中可以看到黄色、蓝色和其他颜色。然后,向着球体上标记为K的部位看去,我发现,如果角KEM是52°左右,K也似乎是红色,但没有D亮。[88]

在充满雨滴的大气中,所有角度为42°和52°的水滴都会显示红点。一般来讲,42°时,产生的是主虹,红色在最上方,紫色在最下方;52°时,产生的是暗一些的副虹,光谱颜色顺序反过来。

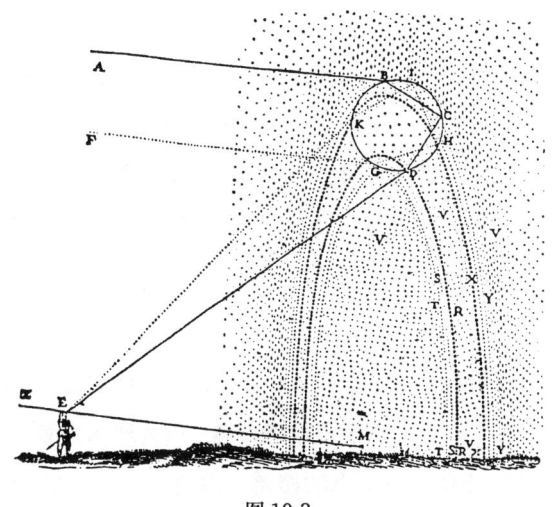

图 10.3

论述的下一阶段是发现光线的路径：比如，来自 A 的光穿过雨滴时是否会受到影响？将一张黑色纸放在 A 和 B 之间、随后放在 D 和 E 之间后，他发现 D 的红点消失了。当纸放在 B 和 C 之间，然后放在 C 和 D 之间后，D 的红点也会消失。不过他发现，如果盖住整个球，只在 B 和 D 处留开口，红点还是很明显的。忽略球自身玻璃造成的折射不计，他总结道，这就意味着 A 发出的光线在 B 点进入水后发生折射，继续传播到 C，经内部反射到 D，从 D 出来时再次折射。副虹的形成方式与此类似，不同之处在于，除了 G 和 K 处的两次折射外，H 和 I 处还需要发生两次内部反射才能解释现象。

下一个问题是：为什么主虹在42°角时产生，而副虹是52°角，两个角度的数字是怎么决定的？答案是水和空气之间的折射率。因为这个折射率的存在，光线以特定的入射角从空气进入水时会以特定的角度发生弯曲，正是这个折射角度和内部反射决定了从什么角度可以看到颜色。折射才是关键，因此笛卡儿开始研究折射。他的研究证明弯曲表面、内部反射、多次折射都不是必要的，只需要一次折射就可以产生彩虹现象。比如，一个玻璃棱镜就可以做到，笛卡儿对玻璃棱镜很感兴趣，因为球体表面每一部分都可以被视为一个小的棱镜。想象一个棱镜MNP，如图10.4所示。让阳光垂直射向NM表面不发生明显折射，光随后穿过另一个阴影面NP上的小孔DE时，PHGF屏上呈现颜色，红色靠近F，紫色靠近H。对这个实验来说，只需要一次折射，因为当NP平行于NM，根本观测不到折射时，颜色就不会出现。

笛卡儿现在着手解释为什么颜色是在PHGF屏上产生的，以及"为什么H和F处的颜色不一样，尽管折射、阴影和光在这里是以相同方式同时发生的"。[89]为了论述这一点，他将研究转换到另一个领域，从指导几何光学的实用数学换到微粒论物质理论，让读者想象空气的小球（第二元素）将压力从太阳传递到这里。这些球体最初只是朝着传播的方向运动，但是当倾斜撞击折射面时便获得了旋转运

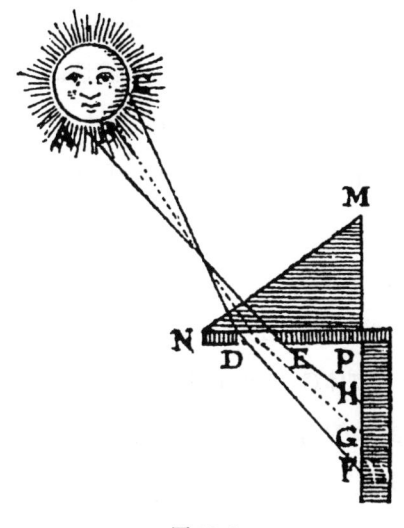

图 10.4

动；从这一刻起，球体全部以相同的方向旋转，并且可以全部以相同速度旋转，或者被相邻的球体加速或减速。笛卡儿用旋转速度的变化来解释颜色的变化。他认为，只有一个原因会导致旋转速度不同，那就是在 D 和 E 点与阴影的接触，因为球体全部拥有相同的最初运动，如果不是受小孔 DE 周围的阴影的影响，颜色也不会生成。笛卡儿猜想，EH 光线中的球体碰到了速度更慢的球体，因此自身运动速度降低；DF 光线中的球体碰到了速度更快的球体，自身运动速度提高。他用图示说明，当球体 1234（图10.5）从 V 被倾斜地推向 X 时会发生什么：比如从空气到水。球体到达YY表面时获得旋转运动，因为碰撞的一瞬间第3部分被减速，而第1部分仍以原有速度继续运动。因此球体被迫沿着1234的路线、即顺时针方向旋转。在这个例子中，旋转的原因非常简单，就是球体从一种光学介质进入另一种时造成的。

接下来，笛卡儿开始研究不同的旋转速度是如何产生，从而生成不同颜色的问题。他让我们想象球体1234被四个类似的物体Q、R、S、T包围。与1234相比，一方面，Q和R"以更大的力度"向X移动，而S和T的运动被减缓。Q和R会让1234加速，因为它们的平移运动会推着

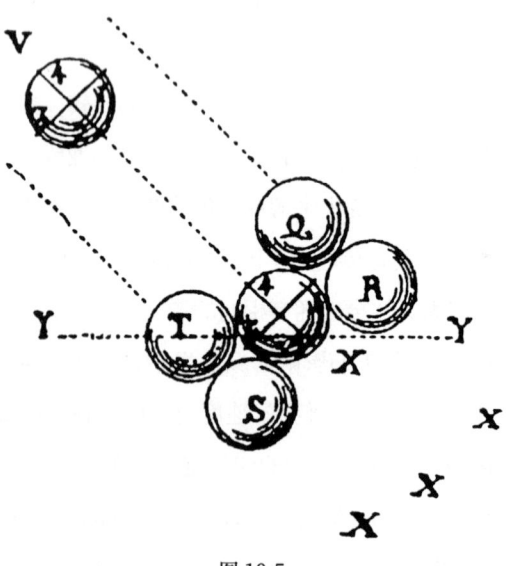

图10.5

第4部分和第1部分朝顺时针方向旋转：会让球体以更大的速度顺时针旋转。另一方面，S和T不会对球体产生影响，"因为R向着X移动的速度比1234跟随它的速度快，而T并不会以前方1234移动的速度跟随1234"。笛卡儿告诉我们，这"解释了光线DF的行为"。具体解释是，D边缘周围的微粒会因为接触边缘而减速，行动方式会与S和T一样。远离边缘的微粒会像Q和R一样行动，从而使DF路径上的微粒加速。在E点发生相反的过程，EH路径上的微粒被减速。[90]这导致F点产生红色，H点产生蓝色或紫色。[91]中间微粒的速度也是同样方式产生的，即两侧微粒的平移运动不同，相应地造成旋转速度发生改变。

笛卡儿告诉我们，一开始他怀疑棱镜产生颜色的机制是否与彩虹产生颜色的机制相同，因为棱镜需要借助阴影，而——

我（在彩虹的例子中）没有注意到任何切断光的阴影，也不明白为什么颜色仅在某些角度时才会出现。但是当我拿起笔，详细计算所有落在水滴不同部位的光线，尝试弄清两次折射加一或两次反射后光线是以什么角度射向我们的眼睛，41°到42°范围之间看到的光线比角度小于这个范围看到的光线多得多，角度大于这个范围则什么也看不到。……（副虹在51°到52°范围也是类似的情况）……所以，两侧皆存在阴影,切断了那些穿过无数阳光照亮的雨滴,与我们视线呈42°或更小角度而来的光线,导致主虹的形成(副虹的情况类似)。**92**

完成这些计算,需要掌握空气到水的折射率,笛卡儿准确算出这个数值是250/187。他采用的步骤如下(图10.6)。**93** 来自太阳(标记为S)的各束光线是平行的,但EF射线等是被折射的。FH:FC是射线EF的入射角i的正弦。当FH与(没有折射的)AH重合时,FH = 0,i为零。设定水滴半

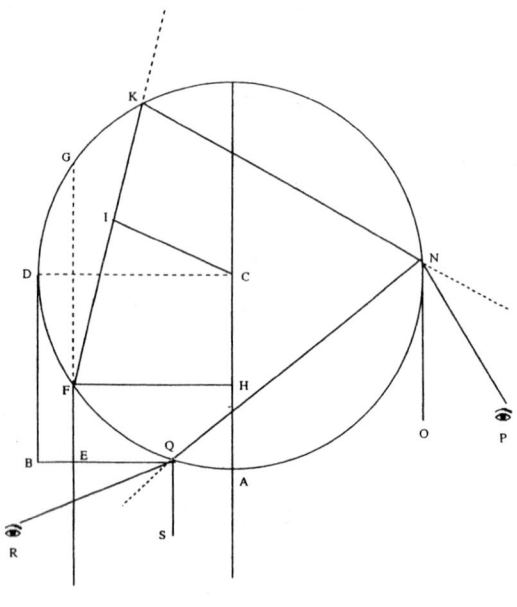

图10.6

径为10000单元（这是当时的惯例，可以避免使用分数）。当 FH = 10000，即刚好轻触水滴时，入射角为90°。当 EF 射入水滴，在 K 点折射后，可以从 K 点射出，或在 K 点发生内部反射，在 N 点折射，射向位于 R 的眼睛。产生主虹的 FKNP 路径涉及一次反射和两次折射，产生副虹的 FKNQR 路径涉及两次折射和两次反射。对主虹来说，我们需要确定 ONP 角的大小；对副虹来说，需要确定 SQR 角。笛卡儿根据 FH 从1000到10000计算了 ONP 的角度（图10.7）。计算的事实依据是，在 F 点，偏差角 δ 等于入射角 (i) 减去折射角 (r)，由 GFK 角测得；在 K 点，偏差角为 $180°-2r$，在 N 点，偏差角为 $i-r$。因此，总偏差为 $180°+2i-4r$，由于 ONP 角为 $180°-\delta$，得出 $4r-2i$。图10.7是 FH = 8000时的情况。在这里，i 约为 $40°44'$。

图10.7的计算结果证明，无论射线的入射角为多少，射出光线与入射光线形成的角度都不会大于 $40°57'$。

事实上，笛卡儿在 FH = 8000—9888范围内通过更加精确的计算证明，光线存在聚集现象，大量射线的折射角度为 $41°30'$ 左右。假设太阳的视半径为 $17'$，笛卡儿认为，内虹的最大角度不超过 $41°47'$，外虹的最小角度不小于 $51°37'$。这个论述很有说服力。它不仅证明了为什么彩虹在特定角度下出现，还证明了为什么主虹的外边界比内虹的内边界更清晰。

LA LIGNE H F	LA LIGNE C I	L'ARC F G	L'ARC F K	L'ANGLE O N P	L'ANGLE S Q R
1000	748	168.30	171.25	5.40	165.45
2000	1496	156.55	162.48	11.19	151.29
3000	2244	145.4	154.4	17.56	136.8
4000	2992	132.50	145.10	22.30	122.4
5000	3740	120.	136.4	27.52	108.12
6000	4488	106.16	126.40	32.56	93.44
7000	5236	91.8	116.51	37.26	79.25
8000	5984	73.44	106.30	40.44	65.46
9000	6732	51.41	95.22	40.57	54.25
10000	7480	0.	83.10	13.40	69.30

图 10.7

不过，笛卡儿对颜色形成的论述还是存在一些问题。比如，他无法解释副虹颜色顺序颠倒现象，而且尽管用旋转速度来解释颜色构成的做法比早期理论——认为颜色是光影的混合，或者是当时所谓基本色的混合——有很大进步，但他没有给出测量旋转速度的方法。确实，旋转速度无法用任何棱镜实验得出的证据来测量：这种方法声称自己更优越，实际上就是因为机械论微粒模型在"解释现象"方面做得比其他理论要好得多。笛卡儿的很多实际观察数据都是来自早期资料，特别是利伯特·弗洛伊德门特

[Liebert Froidment, 即弗罗门都斯（Fromondus）]《气象学六卷》(*Meteorologicorum libri sex*) 的小结部分，第一版于1627年出版。[94]当然这些文献没有在颜色上得出定论，1664年波义耳在《关于颜色的实验与思考》(*Experiments and Considerations Touching Colours*) 中对所谓的"颜色的自然史"这门学问做出了重大贡献。波义耳带领读者详细浏览了各式各样的颜色现象，强调现象的复杂多样性不太可能由单一的自然哲学理论解释，比如笛卡儿的微粒转速学说：

您肯定也知道，笛卡儿主义者认为，某种可以穿过空气和其他轻盈透明物体的孔隙的极小球形固体冲击视觉器官，人们才感觉到光，他们尝试用这些球体的径直前移或运动、与球体围绕自身中心的旋转或运动的不同比例来解释不同的颜色。由于比例不同，假说认为这些球体会以几种不同的方式冲击视神经，因此人会感知到不同的颜色。[95]

波义耳对此做出回应，不管是按压眼睛还是暴露在非常亮的光源之下都不会影响彩色图像的生成，而且我们在梦中也能感知颜色，这就表明视神经可以独立于外部刺激而运作。他还写道，很多动物和植物定期改变颜色，应该是生理过程导致的，在有些情况下也可能是光照程度不同导致的。此外，暴露在热环境中也会导致物质改变颜色，流体混合时也经常改变颜色。波义耳信奉的是传统观点，即颜色是光和物质相互作用产生的[96]，物体表面高度复杂，甚至光照程度变化都会对其产生影响。这里不是说他赞同伊壁鸠鲁学派、亚里士多德学派或某些炼金术对颜色的论述，他对这些论述并不支持，而是说，对他来讲，基本微观微粒论自然哲学不是合适的路径，因为要是尝试沿着这条路前进，就必须忽视颜色现象的多样性，只关注能够适用微观微粒论学说的一小部分现象：但是，没有任何证据表明这一小部分现象具有代表性。和空气泵研究一样，波义耳在考察丰富多样颜色现象之间的联系时，并没有借助底层微观微粒结构的理论。

牛顿早期研究光学时，两个主要灵感来源分别是笛卡儿的《屈光学》和波义耳的《实验与思考》。[97]我们之前提过，笛卡儿的兴趣在几何光学和物理光学，而牛顿很早就认定笛卡儿是错的，光并不取决于介质中的压力。[98]不过，他对几何光学的研究却受到波义耳解释颜色的尝试的影响。正如波义耳在论述空气弹性和肺的机理时使用了空气泵来处理和聚焦被说明项，牛顿也采用了同样的方式，在非常特定的实验语境中使用工具（棱镜）来处理和聚焦被说明项。与波义耳一样，他的研究也被批评过于狭窄——他没有多次重复实验，没有考虑其他众多关于颜色的实验，也没有从自然哲学角度解释光的本性——因此，他的论述遭到很大抵制。[99]

17世纪20年代，笛卡儿光学研究的主要目标是制造能够将平行光线聚焦于一点的透镜。望远镜中的球面透镜无法实现这一点，图像会严重扭曲（球面像差）。笛卡儿将新发现的正弦折射定律用于透镜，并用一系列棱镜来调适透镜曲率后，他意识到双曲线和椭圆透镜可以将光线折射至一点。不过磨制非球面透镜是项艰难的工作：笛卡儿为此花了大量时间，造出了一个精巧设计的透镜研磨机，体积大到占据整个房间，并固定在地板和天花板上以避免振动，不过最后也没有起什么作用。牛顿在1663—1665年集中攻克的就是这个磨制"非球面的光学玻璃"问题。[100] 1666年初，牛顿获得了一块棱镜，开始拿它做实验。借助棱镜，可以分离折射成像过程：相比之下，如果使用透镜，就必须要同时解决多种折射，因为透镜曲率会让入射线以不同角度进入。

牛顿对自己的方法是如此描述的：

我使用了玻璃三棱镜，来验证著名的颜色现象。为此，我让房间处于黑暗中，在百叶窗上开一个小孔让阳光透进来，将棱镜放在阳光照射到的地方。一开始，看到产生鲜活明亮的颜色，我颇为欣喜；不过更加全面地观察一段时间后,我惊讶地看到光呈长条形;而根据公认的折射定律,我之前预计它们应该是圆形才对。它们的两侧均为直线,不过在端部颜色逐渐变淡,较难准确确定;看似为半圆形。[101]

牛顿预计的情况和实际看到的之间存在巨大差异。就他的预测而言,光是通过小圆孔,以一束细线的形式进入房间,所以通过棱镜折射的是圆形光束。而实际上,光线撞击棱镜的角度能产生重大影响,大多数情况下会使光发生某种程度的伸长。然而,牛顿的光学讲稿表明,光束撞击棱镜的角度是所谓的最小偏向位置(position of minimum deviation)。[102]如果我们相对光源旋转棱镜,在转到某个位置时,进入棱镜的光线的折射角度会与射出棱镜的光线角度相同,也就是说,折射前平行的光束在折射后也会平行,这就是最小偏向角。这一角度下,我们预计光束会保持圆形,尤其是在将光束视为几何光学中假设的彼此独立的光线的情况下。[103]牛顿采用的正是最小偏向角,但他实际看到的却是一个菱形光带,长度约为宽度的5倍。

他对各种可能的解释进行了检验。一个传统的光谱理论是,因为棱镜是三角形,光束的一边比另一边要穿过更长的距离,所以光束的一边比另一边受到的扭曲或削弱程度更大,因此很多自然哲学家都得出了颜色是光影混合而成的结论。牛顿着手检验了这个说法，他让光穿过棱镜底部，这样移动距离最大，又让光穿过棱镜顶部附近，移动距离很小。对比两者结果后发现，产生的光谱是一样的。由此得出，光束穿过的玻璃量不是一个影响因素。光穿过的小孔的尺寸也不是有效因素，因为他记录道，孔的尺寸变化对光谱没有产生影响。此外，将棱镜置于窗户外面，先折射再穿过百叶窗的小孔进入暗室，也没有产生任何不同。关于颜色和形状伸长还有一个解释，即棱镜的玻璃不规则。为了检验这个说法，他拿了两个相似的棱镜：一个正放一个倒放，让光束穿过。他是这么想的，"第一个棱镜的规则效果，会被第二个棱镜破坏，但是不规则的效果会因为多重折射而被放大"。[104] 不过，结果产生的是无色的圆形图像，所以不规则性不可能是颜色或形状伸长的原因。

到了这一步，牛顿便开始计算和测量。光谱有圆边，这就表明现在的光谱是圆形伸长的产物。测量表明，未经折射的光束产生的图像宽度，与光谱的宽度相同：这只是光线性传播的一个特点而已。这样一来，需要解释的就是为什么光谱沿着垂直于棱镜折射边的方向伸长。一个可能是，来自太阳两端的光线从不同的角度进入小孔，根据正弦定律，会发生不同折射，但是牛顿计算出的差异非常小（约为31'），并且通过围绕轴线操纵棱镜，证明即便是偏离4°或5°，光线也不会产生任何不同：墙上颜色的位置没有变。这表明,要么正弦定律有缺陷,要么光束离开棱镜后又经历了什么变化。一个可能是,构成光束的各个光线在离开棱镜时分散了。比如,回忆一下笛卡儿模型,光的球体在穿过棱镜时获得了某种程度的旋转运动:旋转的不同是否有可能导致光线弯曲?牛顿评论道:

> 他经常看到,用球拍斜着拍网球,网球就会沿曲线前进。因为拍击让网球除向前运动外还旋转运动,运动汇集的那一侧的各个部位对相邻空气的压力和撞击肯定要比另一侧更加猛烈,也由此成比例地引发空气更强烈的阻力和反作用力。同理,如果光线可能是球体构成的,由于斜着从一种介质进入另一种介质,获得了旋转运动,那么光线应该会在运动汇集的那一侧感到来自周围以太的更大阻力,因此会持续弯曲式前进。[105]

然而,牛顿没有观测到曲线:光谱的长宽比是恒定的。

牛顿在1672年一封信中写道,"逐步排除这些猜想后,最终我走向了'判决性实验'(Experimentum crucis)"。[106]"判决性实验"在牛顿的理论中起到了不同的作用,他在早期的《光学讲稿》(Optical Lectures)和后续相关报告中都没有用到这个方法,但是在这里,通过"判决性实验",他提出了一些在他看来具有决定性的想法。[107]新的实验设计巧妙，一眼看上去简单明了，不过出于各种或好或坏的原因，后来的一些批评者都没有能力复刻这个实验。[108]实验设置了两块棱镜和两块带小孔的板子，放置顺序如下：光源（百叶窗的孔）、第一块棱镜、第一块板、第二块板、第二块棱镜、最终图像投射需要的墙（图10.8）。板子和第二块棱镜是固定的，第一块棱镜可以旋转，让光谱的不同部分落在第二块板子的小孔上。当紫色光穿过小孔时，会被第二块棱镜折射到墙上特定的一点，但是当红色光穿过同样的小孔时，会被第二块棱镜折射到墙上另外一点。该实验设计的一个重要特点是，第二块棱镜的入射角保持不变，因为第二块棱镜和两块板都已固定住：只有第一块棱镜能够动。这意味着墙上图像位置出现的任何变化，只能是第二块棱镜对光束的不同折射造成的。多年之后，他在《光学》(1704)中详细阐述该实验时指出，第二块棱镜产生的图像不是伸长的，而几乎是圆形的：随着折射产生的颜色从红色变为紫色，这个圆形图像在墙壁上移动。

牛顿通过该实验，成功地让我们看到光经棱镜折射的一个基础特征。折射光与非折射光的行为存在不同：板子上显示的虹彩光圈与墙上的图像非常不同。他得出的结论是，颜色的产生不是光经棱镜折射发生改变造成的；相反，阳光中肯定存在不同组成部分，各自行为不同，折射

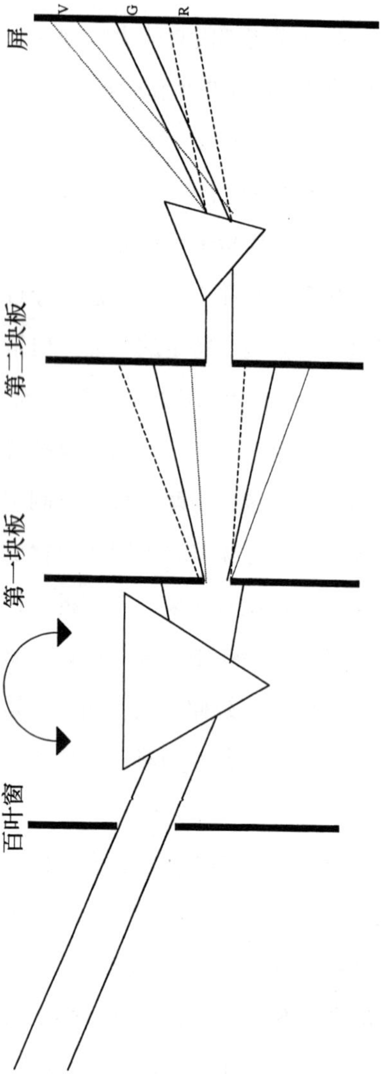

图 10.8

角度分别稍有不同,颜色从红色渐变到紫色。这一点对望远镜的设计产生了巨大的影响,牛顿写道,因为除了需要解决透镜曲率错误产生的扭曲问题(即笛卡儿花了大量精力试图解决的问题)[109],现在又发现了新的问题,即光谱两端红色和紫色光的折射永远都存在很小但意义重大的差别。讨论到这一步,他开始介绍反射式望远镜如何能够克服折射式望远镜中存在的这个问题。[110]

牛顿以一个重建的、理想化的方式,对判决性实验进行了如下描述:

> 一个自然主义者根本想不到关于颜色的科学能成为一门数学,但是我敢肯定,这门学问与光学的其他领域拥有同等的确定性。因为,就颜色而言,我要告诉世人的不是假说,而是最严谨的结论,不是简单推测"它之所以是这样,是因为不是那样",或者因为它的解释符合所有的现象(每个哲学家挂在嘴边的话题)而臆测出来的,而是通过实验的仲裁,直截了当、毫无疑问地得出的结论。[111]

牛顿强调的第一点是,针对颜色的研究属于数学研究。笛卡儿先从几何光学出发,随后转向不同领域,用物理语言解释颜色,而牛顿则一直没有离开几何光学层面。牛顿指出[112],颜色是由多种方式产生的,不是光影混合或微粒旋转这种学说可以解释的。比如，他指出光谱上相邻的颜色可以混合配出中间色，不相邻的颜色就无法如此混合，但是当所有颜色混在一起便产生白光；薄薄的"肾木"[Lignum nephriticum，译者注：欧洲历史上认为Lignum nephriticum是源自墨西哥的肾木（kidneywood），但现代研究表明，其源头是菲律宾的印度紫檀（Pterocarpus indicus），又称菲律宾紫檀]条在水中浸泡后，折射光时呈金色，反射光时呈蓝色。除了牛顿熟悉的产生颜色的现象，如折射色散（钻石）、干涉（肥皂泡）、荧光（肾木）之外，还存在衍射（羽毛）、散射（天空）等其他现象，这些都让颜色现象的研究难上加难。[113]需要指出，牛顿在判决性实验中关注的是光谱的形状伸长，而不是颜色。之所以如此，是因为形状伸长是量变的：牛顿可以将其作为几何光学进行研究，确保问题不会超出定量领域。[114]由此便可以靠数学将各现象联系起来，而不靠重新构建假说中的底层微观物理过程来揭示光的本性。换言之，牛顿能够在没有光本性理论的情况下提出完整的光行为学说。在这层意义上，他不仅脱离了亚里士多德理论，也脱离了笛卡儿理论。他研究光的方式超越了实用数学，成为自然哲学的一部分；而且他之所以能够这样做，是因为他不再仅用物质理论来思考自然哲学。实用数学到自然哲学的这种转向，也就是我们下一章要讨论的内容。这种转向不仅是光学发展的关键一步，也是所有传统亚历山大学派学科，特别是力学发展的关键一步。

牛顿提出的第二点，是以一种不使用假说的方式研究自然哲学。这一点在《哲学汇刊》(Philosophical Transactions) 发表的他给惠更斯的回复中再次被提及：

不过，我的目的不是考察如何通过假说来解释颜色。我从没有想过证明颜色的本性和不同是什么，只是想证明，它们在事实上是光线展示出的固有的、不变的性质；这些性质的本质和不同，我留给其他人去通过机械假说解释：我觉得这不难吧。[115]

他称自己的成就超越了仅仅"解释现象"，向我们证明了光折射时实际发生了什么。这里存在两个问题。首先，牛顿的实验结果并不像他声称的那样是"事实"[116]，他的光和颜色的论述，特别是他的判决性实验，长期以来备受争议，这种质疑一直持续到18世纪20年代。[117]但应当指出，当时的读者也在逐渐接受他的实验结果和研究方法。其次，就他的研究方法而言，牛顿对自己实际工作的形容未必准确，因为他的研究中也涉及假说[118]，但他的研究方法与前人之间的不同不是简单的"科学方法与陈述方法之间的不同"[119]，牛顿的工作与笛卡儿、伽桑狄、霍布斯等自然哲学家的工作存在实质上的区别。他寻求的是光学现象之间的物理联系，其中有些联系是因果关系(折射性和伸长之间的关系)，有些联系甚至可以被称为现象规则(折射性和颜色之间的关系)，与此同时，他又始终将研究工作限定在自然哲学领域中，但又不致力于用底层物理过程的物质理论来解释，抛弃了传统自然哲学这一核心做法。[120] 与波义耳的情况一样，既然抛弃了必须从给定的说明项出发才能组织研究领域这样的观念，牛顿就不得不设计出一套实验，独立划出被说明项的空间。像笛卡儿那样聚焦于光的基本性质的学者，不太可能关注光谱的伸长，因为这既不属于几何光学的工作，又不属于对光本性的物理认识。牛顿过滤掉了笛卡儿研究中解释职责的划分，通过在实验和量化因素之间建立起新的联系，成功划出了一个新的解释空间。

使说明项适应被说明项

17世纪中叶之后的自然哲学史，是由"思辨"和实验自然哲学推动前行的，在很多方面这也是这段历史最显著的特点。这两者提出了截然不同的因果联系概念，我们可以在本章和前两章内容的基础上区分出三种不同的路径。第一是基础主义机械论观。一般来讲，这是一种还原主义的因果关系观，但与亚里士多德本质主义观一样，都认为因果关系可以比作垂直的关系：现象底层藏着现象行为的全部原因。在另一端的第二个路径，认为因果关系和现象是在同一个层面上发生的。17世纪没有实验哲学家认为所有的因果关系研究都要被局限在现象层面，波义耳和牛顿（某种程度上也包括吉尔伯特）的例子表明的是，一旦我们超越个别案例——如果是像颜色这样的复杂现象，都不用超出个别案例——因果关系就超越了简单的底层结构问题，也不仅仅是简单的现象问题，而是两者的混合。确实，牛顿对光谱的论述表明，在某些意义上对颜色的研究也许不是建立因果关系的问题，而是对意料之外的相关联系进行解释的问题。

由此一来，17世纪60年代期间，波义耳和牛顿都发现，为了就某些现象给出令人满意的解释，必须暂时搁置微粒论，不再将它作为解释物理行为的唯一参考点。既然他们抛弃了可以算是唯一一个能提供基础性解释的替代综合理论，即亚里士多德的本质 (essences) 理论，那么就需要在底层结构理论之外寻找一个能够处理现象的考察方式。底层结构影响了表面现象，同时也能提供解释现象之间联系的线索。然而，特别是在光谱这个例子中，这些线索可能会具有误导性，牛顿也意识到了这点。因此，我们需要在没有任何假定线索的前提下开展研究，但我们可能可以在实验装置本身中找到指引。这就产生了一系列无法用基础原则解释的现象，但又不能被无视，因为现象的结果是客观的。唯一能做的，就是接受这些结果，从结果开始研究。然而在基础主义者看来，这些结果缺乏内在连贯性，因为根据微粒论，它们是反常的。因此，产生结果的方式就至关重要了，因为只有找到产生结果的方式才能合理地解释结果，而且结果的一致性必然与产生结果的方式有关。比如，产生结果的方式才将这些结果作为相关现象联系在一起，排除了那些表面上看起来（比如在微粒论眼中）相关的现象。实验装置可以控制产生结果的方式，实验者可以通过操作实验装置决定实验内容。我认为这种情况可以被概括为：实验或工具可以聚焦考察对象，代替了传统上的底层结构。结果是，调整说明项以适应特定的实验或工具，简言之，调整说明项以适应被说明项，从而颠覆了传统研究的方向。

由此产生一个问题：这种研究流程，如果真的能被接受，是否也只能永远是临时性的，这样一个零碎的、看起来不成体系的认识形式是否可以被视为真正的认识？这里要强调三点。首先，这不是只有单方面需要调整的问题。基础主义者总是习惯性地调整被说明项以适应说明项，这种调整——比如通过采用第一性的质和第二性的质学说——其实和我们现在讨论的至少在激进程度上是一样的，而且如果其目的在于让基础主义为一切自然现象提供终极解释，会造成严重得多的问题。第二，波义耳和牛顿等自然哲学家通常在研究时既遵循实验研究的议程也遵循基础研究的议程,只不过两个议程是在不同的领域。更复杂的是,他们可能会遵循不止一个基础主义议程:牛顿不仅遵循基础主义机械论的议程,也会在机械论无法带来产出时,选择基于主动原理的基础主义物质理论,他在研究导航时就是如此。[121]第三,即使是在进行纯实验研究时,也总会存在一系列相互竞争的自然哲学流派,规约着学者对自然哲学的讨论。比如,波义耳虽然抛弃了抽空试管时发生的现象最终必须要用微粒论来解释的想法,但是他强调这不代表存在其他终极解释的可能性,比如亚里士多德派解释。对他来讲,如果真的存在基础性解释,那么很明显,必须从微粒论中去找。我们之前谈过,波义耳对微粒论的信念,不是指他认为一切解释最终都必须归于假想中微粒间的相互作用。他相信的是,在研究基础过程时需要通过微粒之间的相互作用来解释。

简言之,他并不认为只有微粒论能真正解释物理现象。在我们上面讲过的案例中,是实验结果才拥有解释效力,所以是实验结果进行着真正的自然哲学工作,而不是我们为实验结果选定的体系。比如,"颜色仅仅是第二性的质"的观点,与波义耳和牛顿的颜色学说大相径庭。牛顿并没有一方面研究微粒相互作用,另一方面又研究彩色现象。需要解释的内容,不是通过区分第一性的质和第二性的质而产生的,而是通过在现象层面确认有疑问的现象而产生的。牛顿在确定考察领域时,并没有尝试用某种基于先验来规定被说明项的原则替代亚里士多德的本质原则。自然哲学体系提前决定要解释什么、不要解释什么的做法被抛弃了。但这不意味着我们就不应该研究自然哲学体系,或者我们不应该利用自然哲学体系的解释性资源;这实际上意味着,随着亚里士多德主义被抛弃,一种确定自然哲学被说明项的硬性方法也被抛弃了。

这里出现了一个新的变量,使情况变得更加复杂,而我之前只是简单提到了这个变量而已。我们之前谈过,牛顿使用严格可控的实验让光学现象可以用数学进行研究,同时又让光学现象成为自然哲学的一部分。实验自然哲学的拥护者并不会因为自己的身份就比微粒论的拥护者更加支持定量研究。不过,起码机械论的一些主要流派认定微观微粒论解释一定会是定量的,因为它只考察速度、尺寸、运动方向等可量化概念。这种想法也在很大程度上推动着这些流派的研究。当然,这并不排除在其他层面的定量研究。笛卡儿在论述颜色时,用微观微粒论重新描述了量化的宏观颜色产生机制,结果我们就离开了定量研究领域,走向了思辨的、定性的领域。一旦出现这种情况,局面就变得有意思了。

我们在前两章讨论了用机械论来优化微粒物质理论的各种做法,本章我考察了基础主义和实验自然哲学的区别。其中都出现了研究的量化本性的问题,但是到目前为止我们没有专门去讨论。下一章我们就来看一看量化自然哲学的问题。

1. 如见 Lennon, *The Battle of the Gods and Giants*.

2. 见 Peter Dear, 'Totius in Verba: Rhetoric and Authority in the Early Royal Society', *Isis* 76 (1985), 145–61; Peter Anstey, 'Experimental versus Speculative Natural Philosophy', in Peter Anstey and John Schuster, eds., *The Science of Nature in the Seventeenth Century* (Dordrecht, 2005), 215–42; and Alan Shapiro, 'Newton's "Experimental Philosophy"', *Early Science and Medicine* 9 (2004), 185–217.

3. Biggs, *Mataeotechnica*, Dedication.

4. John Webster, *Academiarum Examen* (London, 1654), 92. 他问道:"物理学难道除了仅仅对自然可移动物体的搜寻、讨论、理解、争辩之外就没有更深的最终目的和思考了吗?……自然哲学应该肯定有比思辨、抽象概念、思考揣摩、口头争辩更加高贵、超卓、终极的目的吧。"(18)

5. Henry Power, *Experimental Philosophy in Three Books* (London 1664), 192.

6. John Dunton, *The Young-Students-Library* (London, 1692), pp. vi col. 2–vii col. 1.

7. 英格兰文献中特别强调了这一点。比如,麦克劳林(Maclaurin)试图在培根身上找到牛顿理论的合法性,他说培根"被尊为真正学问的重建者之一,特别是被尊为实验哲学的奠基人……他看到需要彻底研究改革自然知识的方式,所有不基于实验的理论都需要被抛到一旁"。Colin Maclaurin, *An Account of Sir Isaac Newton's Philosophical Discoveries* (London, 1748), 56.

8. Thomas Sprat, *Observations on M. de Sorbier's Voyage into England* (London, 1665), 241–2. 当然,这也是皇家学会座右铭的核心观点:"Nullius addictus iurare in verba magistri"(大师所言,誓不迷信)。参见约翰·德莱顿(John Dryden)1662年被选入皇家学会时写的《致吾挚友查尔顿博士》("To My Honoured Friend, Dr Charleton"):"暴政无尽日悠长,先祖拱手理性让,亚氏火炬高举起,此夜绵绵无绝期。"

9. Robert Hooke, *Micrographia: or some Physiological Descriptions of Minute Bodies made by Magnifying Glasses* (London, 1665), Preface, sig. b2r.

10. Power, *Experimental Philosophy*, Preface (unpaginated).

11. Samuel Parker, *A Free and Impartial Censure of the Platonick Philosophie* (Oxford, 1666), 46–8.

12. 如见 Nancy Cartwright, *How the Laws of Physics Lie* (Oxford, 1983); idem, *The Dappled World: A Study of the Boundaries of Science* (Cambridge, 1999); and Giere, *Science without Laws*.

13. 见 Gaukroger, *Descartes' System*, ch. 6. 就后期笛卡儿主义而言,可以在这里提一下比如17世纪笛卡儿主义化学教材经常从微粒的形状角度来做出解释,而不是从大小、速度和运动方向的角度: 见 Hélène Metzger, *Les Doctrines chimiques en France du début du XVIIe à la fin du XVIIIe siècle* (Paris, 1969).

14. Joseph Duchesne, *Liber de priscorum philosophorum* (1603), and *Ad veritatem hermeticae medicinae* (1604). 关于杜谢纳,见 Allen G. Debus, *The French Paracelsians* (Cambridge, 1991), chs. 2 and 3.

15. Peter Severinus, *Idea Medicinae Philosophicae* (The Hague, 1660), 39: cited in Debus, *The English Paracelsians*, 20. 见斯卡伯格献给哈维的致辞:"他研究了海洋大地、岛屿大陆、群山万壑、森林平原、江河湖泊,以及其间蕴藏的神秘"[L. M. Payne, 'Sir Charles Scarburgh's Harveian Oration, 1662', *Journal of the History of Medicine* 12 (1957), 158–64: 163].

16. Translated in Paracelsus, *Selected Writings*, ed. and trans. Jolande Jacobi (Princeton, 1958), 109.

17. 见 Ian Maclean, *Interpretation and Meaning in the Renaissance*, and idem, *Logic, Signs and Nature in*

the Renaissance.

18 这个问题的讨论详见 José Antonio Maravall, *Antiguos y Modernos: Visión de la historia e dia deprogresso hasta el Renacimiento* (2nd edn, Madrid, 1986). 另见 Víctor Navarro Brotóns and Enrique Rodríguez Galdeano, *Matemáticas, Cosmología y Humanismo en la España a del Siglo XVI. Los Comentarios al Segundo Libro de la Historia Natural de Plinio de Jerónimo Muñoz* (Valencia, 1998).

19 关于如何评估阿科斯塔的贡献，见 Jorge Canizares-Esguerra, 'Iberian Science in the Renaissance: Ignored How Much Longer?', *Perspectives in Science* 12 (2004), 86–124: 96–8.

20 *The Naturall and Morall Historie of the East and West Indies* (London, 1604). 阿科斯塔的这部著作有很多译本，出版仅十年之内，除了三版不同的西班牙语版本外，被译为拉丁语（1596）、意大利语（1596）、法语（1598、1600）、德语（1598、1600）、荷兰语（1598）。详细情况见 Víctor Navarro Brotóns et al., *Bibliographia Physico-Mathematica Hispanica (1475–1900, i. Libros y folletos, 1475–1600* (Valencia, 1999), 67–70 (items 3–12).

21 见 Martin, *Francis Bacon*, chs. 3 and 4.

22 Lisa Jardine and Alan Stewart, *Hostage to Fortune: The Troubled Life of Francis Bacon 1561–1626* (London, 1998), 61.

23 详情见 Gaukroger, *Francis Bacon*, chs. 4 and 5.

24 他提到了格斯纳（Gesner）、阿科斯塔和格奥尔格·阿格里科拉（Georgius Agricola），*De re metallica libri XII* (Basle, 1556).

25 Paula Findlen, 'Francis Bacon and the Reform of Natural History in the Seventeenth Century', in Donald R. Kelley, ed., *History and the Disciplines: The Reclassification of Knowledge in Early Modern Europe* (Rochester, 1997), 239–60: 240.

26 *The Oxford Francis Bacon*, vi. 2/3–4/5.

27 比较 Findlen, 'Francis Bacon and the Reform of Natural History', 241: "培根眼中的自然史与传统自然史非常不同；与自然哲学一样，自然史也需要被彻底改造……[自然史]给出了一个大标题，在其之下可以重新进行那些在现行条件下无法充分实现目标的研究。自然史在尊贵的自然哲学学科与超自然科学和手工艺传统之间提供了一条折中的道路……培根从不同的知识领域吸取养分，通过贴上"自然史"这个新的标签来净化这些知识，力图创造一种研究自然的方式，让研究和研究者都更加不负公众的认可。"

28 Bacon, *Works*, iii. 236.

29 Bacon, *Works*, iii. 237.

30 特别见《宇宙现象》，该作品描述了流体的行为，特别是水和空气。培根的首要关注是物体如何通过这些流体介质推动自己运动，比如鸟如何通过推动自己飞行，船桨如何通过水推动船航行。这些情境中，当流体被挤压进受限的空间时，比如当翅膀和船桨向后推动紧后方的空间时，流体就会施加一个与翅膀或船桨运动相反方向的力，结果就是鸟或船被空气或水向前推进，其中，空气或水因为首先被压缩，所以会朝着运动的方向扩展（*The Oxford Francis Bacon*, vi. 36–40/37–41.）。他考察了一些案例，包括气压产生声音，将水强压进狭窄拱形产生的效果，将碗翻转后连同其中的空气浸入水中后碗的行为，鼓风机的机制，以及各种显示流体受压后效果的案例，特别区分了两类情景："为了避免真空"产生的运动和"从张力状态恢复正常"的运动（ibid. 46/47），他又列出了一些实验以区分两者的效果。

31 Bacon, *Works*, i. 236–68.

32 同上,iii. 293.

33 《新气象学》可能于16世纪80年代写成,《反亚里士多德的新自然哲学》(*Physiologiae nova contra Aristotelem*)可能于90年代写成,这两部著作在吉尔伯特去世后很快便被收集以待出版,17世纪前几十年培根和哈里奥特(Harriot)就知道了两部著作的存在,尽管直到1651年两部著作才被放在《论世界》(*De mundo*)中出版。见 Suzanne Kelly, *The De mundo of William Gilbert* (2 vols, Amsterdam, 1965),其中一卷是对《论世界》的介绍,另一卷是1651年版《论世界》全文的复刻版。

34 Gilbert, *On the Magnet*, 6.

35 同上,68, 46.

36 同上,75.

37 不过需要指出,16世纪前,科学仪器通常并不是被作为科学仪器使用的。在古代和中世纪,计时、导航、勘测仪器通常并不是被用做计时、导航、勘测的,而是被视为知识的象征而收藏起来。见 Derek J. de Solla Price, 'Philosophical Mechanism and Mechanical Philosophy: Some Notes towards a Philosophy of Scientific Instruments', *Annali dell'Instituto e Museo di storia della scienza*, 5 (1980), 75–85; idem, 'Of Sealing Wax and String', *Natural History* 93 (1984), 49–56.

38 见 Andrew Cunningham, *The Anatomical Renaissance: The Resurrection of the Anatomical Projects of the Ancients* (Aldershot, 1997), ch. 1.

39 这是来自一位12世纪萨勒诺的解剖学家,译文见 George W. Corner, ed. and trans., *Anatomical Texts of the Earlier Middles Ages* (Washington, 1927), 51.

40 Gilbert, *On the Magnet*, 221.

41 不过这里要指出,培根对吉尔伯特的了解可能不是基于《论磁》,而是基于《新气象学》和《新自然哲学》: 见 Marie Boas Hall, 'Bacon and Gilbert', *Journal of the History of Ideas*, 12 (1951), 466–7.

42 Boyle, *Works*, i. 1–117.

43 *Thomae Hobbes malmesburiensis opera philosophica quae latine scripsit omnia*, ed. William Molesworth (5 vols, London, 1839–45), iv. 233–96; 译成英文并附录于 Shapin and Schaffer, *Leviathan and the Air Pump*, 346–91.

44 Shapin and Schaffer, *Leviathan and the Air Pump*, 379.

45 托里切利实验第一次出现在英语文献中是沃尔特·查尔顿1654年的 *Physiologia Epicuro-Gassendo-Charltoniana*, 348.

46 Galileo, *Two New Sciences*, 24–6.

47 Boyle, *Works*, i. 11.

48 Hobbes, *English Works*, i. 3. 关于霍布斯将历史划分为自然史、民间史和神圣史的做法,以及他对自然史的蔑视,见 Karl Schuhmann, 'Hobbes's Concept of History', in G. A. J. Rogers and Tom Sorell, eds., *Hobbes and History* (London, 2000), 3–24.

49 Boyle, *Works*, i. 197.

50 Hobbes, *Opera philosophica*, iv. 247–8; trans. Shapin and Schaffer, 356–7.

51 相关讨论见 Malcolm, *Aspects of Hobbes*, 187–9.

52 Shapin and Schaffer, *Leviathan and the Air Pump*, 147.

53 同上，148.

54 伽桑狄也认为试管顶部的空间不可能是真空，因为他视光为微粒，而光能够穿透这个空间：*Opera*, i. 206. 但是与霍布斯不同，他认为这个空间中的确没有空气存在。

55 Boyle, *Works*, i. 241.

56 比如，莱布尼茨给奥尔登伯格（Oldenburg）写信，焦急地让他催波义耳就其化学观点给出系统的阐述：Leibniz to Oldenburg, 5 July 1674 and 10 May 1675, in Oldenburg, *Correspondence*, xi. 46 and 306 respectively. 斯宾诺莎也在1662年4月给奥尔登伯格的一封信中就l此表达了保留意见：ibid. i. 462. 奥尔登伯格认为波义耳和斯宾诺莎应该联手"思想才华，真诚培育出一个真正的、坚实的哲学体系"。(ibid. ii. 102 [text]/104 [trans]).

57 如见他在《一些自然哲学随笔》中的评论，"如果能够真正提倡实验的学问，那我愿意为它的发展做出贡献，哪怕我做出的贡献是最无法让人信服的；为了能够建成这样一个有益、坚实的自然哲学体系，我愿意给建筑工做副手，甚至去采石场挖石头，不能对它的建立袖手旁观。"*Works*, i. 307.

58 同上，308.

59 这里要指出，因为波义耳与机械论存在这样的联系，所以他拒绝卷入自然是否存在"虚空"的争论，他也极其反感莫尔试图用他的气动力学实验来彻底证明物质中存在非物质精神的活动。原因之一，是波义耳认为莫尔的自然精神（Spirit of Nature）学说又回到了自然主义理论，这样就使真正的超自然活动没有必要存在，而正是由于他自己的机械论信仰，他才没有受到这个异端思想的毒害。见Jane E. Jenkins, 'Arguing About Nothing: Henry More and Robert Boyle on the Theological Implications of the Void', in Margaret J. Osler, ed., *Rethinking the Scientific Revolution* (Cambridge, 2000), 153–79; and John Henry, 'Henry More versus Robert Boyle: The Spirit of Nature and the Nature of Providence', in Sarah Hutton, ed., *Henry More (1614–1687) Tercentenary Studies* (Dordrecht, 1990), 55–76.

60 盖伦学派的医学当然也提供疗法，尽管一般是草药而不是化学药物：见Wear, *Knowledge and Practice in English Medicine*, ch. 2. 不同之处不在于提供疗法、甚至是化学疗法，而在于医师应该获得什么样的情报才能找出最合适的疗法。英格兰盖伦学派医师詹姆斯·普利姆罗斯（James Primerose）指出，"盖伦在他的《方法》（*Method*）各卷中教导我们，应该根据病人、地点、患病部位和其他情况来调整疗法"。[*Popular Errours of the People in Physick*, trans. Robert Wittie (London, 1651), 20.]

61 Boyle, *Works*, ii. 162 (*Usefullness*, Part 2, Essay 5, ch. 10).

62 见French, *Medicine Before Science*, 205–7. 就连海尔蒙特派对"万能溶剂"（alkahest）的研究，也是出于实际应用的考虑才进行的；"万能溶剂"是一个假想的普遍溶剂，能够将所有的化合物溶解为"简单物"，分离出纯净的活性剂。见Alan Debus, 'Fire Analysis and the Elements in the Sixteenth and the Seventeenth Centuries,' *Annals of Science* 23 (1967), 128–47; Charles Webster, 'Water as the Ultimate Principle of Nature: The Background to Boyle's Sceptical Chymist', *Ambix* 13 (1966), 96–107.

63 见Antonio Clericuzio, 'A Redefinition of Boyle's Chemistry and Corpuscular Philosophy', *Annals of Science* 47 (1990), 562–89; idem, 'From van Helmont to Boyle: A Study of the Transmission of Helmontian Chemical and Medical Theories in Seventeenth-Century England', *British Journal for the History of Science* 26 (1993), 303–34; and idem, 'Carneades and the Chemists: A Study of The Sceptical Chymist and its Impact on Seventeenth-Century Chemistry', in Michael Hunter, ed., *Robert Boyle Reconsidered* (Cambridge, 1994), 79–90. 另见Robert G. Frank Jr., *Harvey and the Oxford Physiologists* (Berkeley, 1980).

64 见 William R. Newman, 'The Alchemical Sources of Robert Boyle's Corpuscular Philosophy', *Annals of Science* 53 (1996), 567–85; and idem, 'Boyle's Debt to Corpuscular Alchemy'.

65 见 Kaplan, '*Divulging of Useful Truths in Physick*', and Hunter, *Robert Boyle (1627–91)*, ch. 9.

66 见 Frank, *Harvey and the Oxford Physiologists*, chs. 4–6. 另见 Shapiro, *John Wilkins*, ch. 5.

67 笛卡儿生前并没有发表自己的机械论生理学理论（除了《灵魂的激情》[*Les Passions de l'âme*]中的只言片语），不过他的追随者却未经许可就发表了他的理论，这让他非常气愤：Henricus Regius, *Fundamenta physices* (Amsterdam, 1646); idem, *Fundamenta medica* (Utrecht, 1647); Cornelius Hooghelande, *Cogitationes, quibus Dei existentia et animae spiritualis, et possibilis cum corpore unio, demonstrantur: necnon brevis historia oeconomiae corporis animalis proponitur, atque mechanice explicatur* (Amsterdam, 1646).

68 关于波义耳和海默尔的关系，见 Kaplan, '*Divulging of Useful Truths in Physick*', 34–8.

69 详情见 Frank, *Harvey and the Oxford Physiologists*, ch. 6.

70 Boyle, *Works*, i. 99–113.

71 同上，100–1.

72 不过，他并没有排除呼吸现象还存在其他方面的可能性，他"也倾向于怀疑，空气在呼吸中还实现了其他作用，但这一点还并未被充分解释"(ibid. 113).

73 比如，由于毒药和药物能够迅速产生具体效果，似乎不适合用微粒论来解释，有人就从非微粒论角度来解释，波义耳明确反对这种观点：见 Wilson, *The Invisible World*, 148–50.

74 详细讨论见 Shapin and Schaffer, *Leviathan and the Air-Pump*, chs. 4 and 5.

75 *Reconcileableness of Reason and Religion*, Pt. 1, Essay 3: *Works*, ii. 31.

76 关于《圣经》中对见证的描述，见 David Daube, *Witnesses in Bible and Talmud* (Oxford, 1986). 关于神圣证词的地位见 Serjeantson, 'Testimony and Proof in Early-Modern England', 206–7.

77 Hobbes, *English Works*, vi. 1–160.

78 J. H. Baker, ed., *The Reports of John Spelman* (2 vols, London, 1971), i. 29, cited in Rose-Mary Sargent, *The Diffident Naturalist: Robert Boyle and the Philosophy of Experiment* (Chicago, 1995), 49. 我在这里借鉴了 Sargent 著作的第二章内容。

79 'Reflections on the Lord Chief Justice Hale on Mr Hobbes His Dialogue of the Law', in William Holdsworth, *A History of English Law* (12 vols, London, 1936), v. 502. 黑尔也是自然哲学家，针对波义耳的空气泵实验发表了三篇言辞激烈的短文：*An essay touching the gravitation, or non-gravitation of fluids, and the reasons thereof* (London, 1673), *Difficles nugae, or observations concerning the Toricellian experiment, and the various solutions of the same, especially touching the weight and elasticity of the air* (London, 1674), *Observations touching the principles of natural motions and especially touching rarefaction & condensation* (London, 1677). 黑尔的观点有些古怪，他认为之所以出现气压，是由于人工压缩，气体偏离了上帝赐予的自然体积，所以拥有了渴望回到原本状态的冲力。相关讨论见 Alan Cromartie, *Sir Matthew Hale, 1609–1676: Law, Religion and Natural Philosophy* (Cambridge, 1995), ch. 13.

80 Boyle, *Works*, iv. 179–80.

81 Huygens to Oldenburg, 17 Sept. 1672: *The Correspondence of Isaac Newton*, ed. H. W. Turnbull, J. F. Scott, A. R. Hall, and Laura Tilling (7 vols, Cambridge, 1959–77), i. 235–6.

82	Oldenburg to Newton, 引用了来自惠更斯的信, Huygens, 18 January 1673: *Correspondence of Isaac Newton*, i. 255–6.
83	斯蒂文静力学研究的译文见 *The Principal Works of Simon Stevin*, i. 375–501.
84	Descartes, 'Aquae comprimentis in vase ratio reddita à D. Des Cartes', in Descartes, *Œuvres* x. 67–74. 具体细节见 Gaukroger and Schuster, 'The Hydrostatic Paradox and the Origins of Cartesian Dynamics'.
85	他在考察自由落体时也做了同样的事情，只不过没有这么成体系。见 Gaukroger, *Descartes, An Intellectual Biography*, 80–4.
86	见 John Schuster, '*Descartes opticien*: The Construction of the Law of Refraction and the Manufacture of its Physical Rationales', in Stephen Gaukroger, John Schuster, and John Sutton, eds., *Descartes' Natural Philosophy* (London, 2000), 258–312.
87	Descartes to [Vatier], [23 Feb. 1638]; *Œuvres*, i. 559. 这是笛卡儿为了介绍自己"方法"给出的唯一一个例子。
88	同上, vi. 326–7.
89	Descartes to [Vatier], [23 Feb. 1638]; *Œuvres*, i. 331.
90	Descartes to [Vatier], [23 Feb. 1638]; *Œuvres*, i. 332–3.
91	这里存在一个问题。笛卡儿想当然认为，光线从空气进入水的法则也适用于光线从玻璃进入空气，比如光线射出棱镜这个例子。因为这个错误的假设，他对颜色顺序的论述与我们知道的相反。《论气象》出版时，有两个人在信中向笛卡儿提出了这一点。见 Morin to Descartes, 22 February 1638; *Œuvres* i. 546–7; and Ciermans to Descartes [March 1638]; Ibid. ii. 59–61. 他给 Morin 的回复完全无法说明问题：见 Ibid. 208，和 Morin 的回复, ibid. 293–4. 相关讨论见 Alan E. Shapiro, 'Kinematic Optics: A Study of the Wave Theory of Light in the Seventeenth Century', *Archive for History of Exact Sciences* 11 (1973), 134–266: 155–9.
92	*Œuvres*, vi. 335–6. 光和影是形成光谱的必要条件，这一观点是亚里士多德提出的，尽管存在一些批评的声音，但这实际上是学者们的普遍观点。
93	同上，337–41.
94	见 Jean-Robert Armogathe, 'The Rainbow: A Privileged Epistemological Model', in Stephen Gaukroger, John Schuster, and John Sutton, eds, *Descartes' Natural Philosophy* (London, 2000), 249–57: 251–2.
95	Boyle, *Works*, i. 694.
96	当时最有名的关于彩虹的著作就为这种理论做出了辩护：Marco Antonio De Dominis, *De radiis visus et lucis in virtis perspectivis et iride tractatus* (Venice, 1611). 见 Carl B. Boyer, *The Rainbow* (Princeton, 1959), ch. 7.
97	见 *Certain Philosophical Questions*, 262–72; 一般性讨论见 A. Rupert Hall, *All Was Light* (Oxford, 1993), ch. 2.
98	见 John Hendry, 'Newton's Theory of Colour', *Centaurus* 23 (1980), 230–51.
99	见 Alan Shapiro, 'The Gradual Acceptance of Newton's Theory of Light and Colours, 1672–1727', *Perspectives on Science* 4 (1996), 59–104; and Simon Schaffer, 'Glass Works: Newton's Prisms and the Use of Experiment', in David Gooding, Trevor Pinch, and Simon Schaffer, eds, *The Uses of Experiment: Studies in the Natural Sciences* (Cambridge, 1989), 67–104.

100 见A. Rupert Hall, 'Sir Isaac Newton's Notebook. 1661–1665', *Cambridge Historical Journal* 9 (1948), 239–50; and idem, 'Further Optical Experiments of Isaac Newton', *Annals of Science* 11 (1955), 27–43.

101 Newton, *Correspondence*, i. 92.

102 Isaac Newton, *Optical Papers of Isaac Newton*; i. *The Optical Lectures, 1670–1672*, ed. Alan Shapiro (Cambridge, 1984), 53–9. 见 Dennis L. Sepper, *Newton's Optical Writings* (New Brunswick, 1994), ch. 3, 他的论述非常有用, 我在这里加以借鉴。

103 令人惊讶的是, 牛顿在得知并接受罗默(Römer)对光传播速度是有限的证明之后, 还在如此看待光线。他在《光学》(*Opticks*) 中写道: "数学家通常认为光线是从发光体到被照明体的直线, 光线的折射是直线从一种介质进入另一种介质时发生弯曲或破折造成的。如果光是瞬间传播的, 光线和折射就可以如此理解。但是, 根据木星卫星蚀时的等式得知, 似乎光传播是需要时间的, 从太阳到我们大约需要7分钟: 因此, 我选择用一般性的语言来描述光线和折射, 以求在两个情况中都适用。" *Opticks: or, a Treatise of the Reflexions, Refractions, Inflexions and Colours of Light* (London, 1704), 2.

104 Newton, *Correspondence*, i. 93.

105 同上, 94.

106 同上。

107 这封信是初次实验五年后写的, 信中牛顿对实验进行了重新构建并理想化处理, 关于重新构建和理想化程度的讨论, 见 Johannes A. Lohne, 'Experimentum crucis', *Notes and Records of the Royal Society of London* 23 (1968), 169–99; and Shapiro, 'The Gradual Acceptance of Newton's Theory of Light and Colours, 1672–1727'.

108 尤其要提到马略特(Mariotte), 他声称无法证明颜色在第二次折射后不变, 不过他的实验问题似乎很多要归结为他很难生成完全分离的紫色光线, 而牛顿之前明确说过, 这是试验成功的必要条件。关于法国人对判决性试验负面反应的一般性讨论, 见 Henry Guerlac, *Newton on the Continent* (Ithaca, 1981) ch. 4. 牛顿后来被迫针对玻璃种类等情况提供了详细的说明。见 Schaffer, 'Glass Works: Newton's Prisms and the Uses of Experiment', 85–91.

109 Newton, *Correspondence*, i. 95.

110 有些人认为, 可以通过复合透镜来解决这个问题。欧拉在1748年称, 可以实现消色差的透镜组合, 而牛顿学派认为这不可能, 两方掀起了论战。1757年, 多兰德(Dolland)成功申请了一个新的消色差透镜的专利, 但没有采用物理光学的理论, 因为新透镜的设计是基于玻璃的化学性质, 而不是物理性质。见 Keith Hutchison, 'Idiosyncrasy, Achromatic Lenses, and Early Romanticism', *Centaurus* 34 (1991), 125–71.

111 Newton, *Correspondence*, i. 96–7.

112 同上，98–9.

113 见 Alan Shapiro, *Fits, Passions, and Paroxysms* (Cambridge, 1993), 99. 还要留意"边界颜色"的问题，即当透过棱镜观察相互毗邻的光和暗物体时，产生的光谱缺少绿色带，与普通光谱非常不同。牛顿也观察到了这个光谱：见 *Certain Philosophical Questions*, 246–7.

114 颜色就不能这样处理，因为 Alan Shapiro 指出："确定颜色的固有性和不变性，与研究折射性时截然不同：首先，牛顿无法参考任何数学定律来描述颜色的变化；第二，太阳入射光的颜色在第一次折射前和一旦被分解为颜色后是完全不一样的。牛顿本人最终也意识到，针对第一次折射时阳光中颜色的所谓'颜色不变性'强原则是不可能给出实证证明的，因为在第一次折射前颜色是无法感知的，无法与折射后的颜色相比较以观察是否发生了改变。"['The Evolving Structure of Newton's Theory of White Light and Color', *Isis* 71 (1980), 211–35: 215–16.]

115 *Philosophical Transactions* 8 (1673), 6109.

116 18世纪末，歌德发起了针对牛顿理论的又一场论战，歌德重新捡起颜色是光影混合产物的理论，但他使用的理论基础与这一学说的中世纪拥趸使用的理论基础是不同的：见 Dennis L. Sepper, *Goethe contra Newton: Polemics and the Project for a New Science of Colour* (Cambridge, 1988).

117 见 Schaffer, 'Glass Works: Newton's Prisms and the Uses of Experiment', and Shapiro, 'The Gradual Acceptance of Newton's Theory of Light and Colours, 1672–1727'.

118 特别是关于光学的内容，见 Alan E. Shapiro, 'Newton's Optics and Atomism', in I. Bernard Cohen and George E. Smith, eds., *The Cambridge Companion to Newton* (Cambridge, 2002), 227–55.

119 特别要提到 Ben-Chaim，他正确地指出牛顿脱离了探求事物"本性"的工作，但是他也有争议地提出，牛顿主要是出于宗教原因才试图破坏事物本性的哲学定义的合法性。见 Michael Ben Chaim, 'Doctrine and Use: Newton's "Gift of Preaching"', *History of Science* 36 (1998), 169–98; 另见 idem, 'Locke's Ideology of "Common Sense"', *Studies in History and Philosophy of Science*, 31a (2000), 473–501.

120 但是需要指出，牛顿能否做到这一点因情况而异，我不想给读者留下他可以完全不用物质理论就能搞研究的印象。特别是，他在《自然哲学的数学原理》第二卷中对流体的研究完全是根据关于流体微观结构的假说进行的。见 George E. Smith, 'The Newtonian Style in Book II of the *Principia*', in Jed Z. Buchwald and I. Bernard Cohen, eds., *Isaac Newton's Natural Philosophy* (Cambridge, Mass., 2001), 249–313.

121 见 Rob Iliffe, 'Abstract Considerations: Disciplines and the Incoherence of Newton's Natural Philosophy', *Studies in History and Philosophy of Science* 35 (2004), 427–54.

Chapter 11
The Quantitative Transformation of Natural Philosophy

第 11 章
自然哲学的量化转型

量化自然哲学的目标是17世纪许多机械论研究的动因和影响因素。不过这个目标却很难实现,即使是诸如笛卡儿等一开始就计划围绕量化目标全面重塑自然哲学研究方法的人也很难实现。其中一个问题在于,新的自然哲学是用物质理论来定义自己的。将新的哲学与亚里士多德主义区分开来的,的确是这样或那样形式的微粒论,但是微粒论根本没有任何关于量化研究的理念,而且培根和伽桑狄这两位原子论最有影响力的拥护者将数学和自然哲学视为分属两个完全不同的学科。相比之下,有些人,如贝克曼、霍布斯、笛卡儿,将微粒性质限定在量化的属性上,如体积/重量和速度/速率,但是他们也没有因此提出量化的自然哲学,因为他们无法从微观—微粒论理想化模型导出宏观经验事件。特别是,尽管在有些孤立的研究中取得了成功,但是他们仍没能推动传统实用数学向着自然哲学方向发展。结果,针对实用数学传统是否与自然哲学研究有关联,还存在着深刻、棘手的问题没有解决。17世纪前叶,笛卡儿和伽利略是仅有的以系统方式全面处理这些问题的学者。不过在我们讨论他们的观点之前,需要先回顾一下亚里士多德主义带来的挑战。

亚里士多德对自然过程的认识存在一个指导原则,这从《形而上学》第E卷中的知识类型分类可以看出。第二章我们提到,亚里士多德用研究主题(subject matter)来定义形而上学、物理和数学。形而上学研究的是不变的且独立存在的事物。"物理"或自然哲学研究的是变化的且独立存在的事物,即自然现象。最后,数学研究的是不变的且不独立存在的事物,即我们人工形成的量化抽象概念:数字(非连续量)和几何形状(连续量)。这个理论下,科学研究的目的是通过确定主题的本质特性来决定该主题是何种类型的事物。为了达成这一目的而采用的原理取决于这门科学的主题。为了确定自然物体、事件或过程的本质特性,需要采用与主题相符的原理,即能够捕捉到独立、变化事物的本质的原理。

这很大程度上影响了各门理论科学之间的联系,在物理和数学关系的复杂问题上更是突出,因为这就意味着物理原理必须用在物理研究上,数学原理必须用在非常不同的数学主题上。两者不能混淆,因为物理和数学原理在本质上是关于不同主题的。亚里士多德理论带来的一般指导思想就是,物理研究或论证不能用数学方法来解决,数学研究也不能用物理方法来解决。这一观点还可以从另外一个角度得出,我们可以考虑一下物理解释到底是什么,特别是物理解释如何提供有用的信息。亚里士多德和他之后的古代、中世纪传统一致认为,为了解释物理现象,需要区分物体的偶然特征和本质特性,物体本身产生的任何行为一定是物体本质特性导致的。这些本质特性解释了物体的行为。这些性质是物质的。亚里士多德认为，不可能用数学或量化概念来捕捉到这些性质。

除自然哲学外，古代还存在另一门学科，尽管被归类于实用数学学科，但研究的却是物理装置，这门学科就是力学（mechanics，译者注：从词根来讲，mechanics的本意原为研究机械的科学，即机械学，但该词的含义在历史上逐渐扩大为研究"力"的科学，所以中文译文也对应翻译为"力学"。与此同时，机械论的英文是mechanism，其形容词可以是mechanistic或mechanist，也可以是mechanical，但这又是力学mechanics的形容词。在英文mechanical含义模棱两可之处，中文译文主要依上下文决定，如第八章、第九章谈机械论，所以翻译为"机械论的"；而牛顿虽然在某种程度上也是机械论者，但本章主要是讲力学，所以大部分都翻译为"力学的"），是研究机械的科学。力学研究的装置——如杠杆、斜面、楔子、滑轮、螺丝、齿轮——在亚里士多德主义看来存在两个方面的问题。首先，这些是非自然的装置，即它们不是用来彰显自然过程的，而是加在自然头上的：因此，它们就属于"受迫运动"的范畴，而不是"自然运动"的范畴，完全不是自然哲学的适当主题。第二，力学学科既不完全是数学，也不完全是物理，亚里士多德及其追随者认为它应该被归为"混合数学"。

物理角度的论述——如为什么天体是球形——会根据物理主题的基本原理来解释问题，即它用正在变化的、独立存在的事物来解释现象，而数学角度的论述——如球体的表面积和体积之间的关系——需要一个完全不同的解释，则需要采用符合数学实体的原理。[1]比如，《论天》便针对地球的球形给出了物理的证据[2]，而不是数学证据，因为我们在这里处理的是一个物理物体的性质。简言之，不同的主题要求采用不同的原理，而物理和数学是不同的主题。不过，亚里士多德也承认从属科学和混合科学的存在，他在《后分析篇》(Posterior Analytics)中指出："一门科学的定理无法被另一门科学证明，但如果这些定理是更高等科学的从属时例外：比如，光学定理是几何学的从属，和声学定理是算数的从属。"[3]比如，虽然物理光学——考察光的本性及其物理性质——明确无误从属于物理学，几何光学"考察的是数学直线，但这些线是作为物理的来考察的，而不是数学的"。[4]一方面是混合数学，另一方面是在此理论下实际做出解释工作的数学和物理等"更高等"学科，这两者之间的关系在整个中世纪和文艺复兴时期都是一个棘手的问题。不过，既然前者一直处在自然哲学领域的边缘，那么问题并不是很明显。到了17世纪初，被视为混合数学的各门学科开始备受关注，人们首先关注它们自身是否具有解释力。

这里的问题在很大程度上围绕着如何将力学融入物质理论展开。力学处理的是物理过程，考察物体的运动及产生运动的力的本性。物质理论处理的是物体的物理行为如何取决于构成该物体的东西，17世纪通常是用微粒论来解决的，考察物体构成部分的本性和排列如何决定物体的行为。力学和物质理论的物理理论研究方法非常不同，采取截然不同的思路，从表面上看，它们给出的解释也是针对不同现象的。我们不会用物质理论解释杠杆、斜面、螺丝、滑轮的工作原理。基于类似道理，也很难想象力学能够为燃烧、发酵、流体固体差别等现象提供恰当的解释。

传统上来讲，物质理论一直是自然哲学的一部分，从前苏格拉底时代一直到17世纪，人们一般认为认识物理过程的关键在于认识物质的本性及其行为，其中一派理论认为物质是外部非物质原则调节的，一派理论认为是内部非物质原则调节的，还有一派理论认为是宏观物体内部构成物质的行为调节的。传统实用数学学科包括几何光学、方位天文学、和声学和静力学，静力学是唯一一个在古代就得到详细论证的力学领域。静力学及其他这些学科都被视为数学的分支，这就意味着——在占主流地位的亚里士多德主义眼中——它处理的是抽象和假说，不是物理实在。换言之，它不属于自然哲学，无法用它来探索物理世界。

流体静力学与运动学

传统上认为力学包括三个领域：静力学 (statics)，处理的是处于平衡状态的物体；运动学 (kinematics)，处理的是运动的物体；动力学 (dynamics)，处理的是运动的原因，即力。17世纪物理理论的终极大奖是动力学。静力学处理的是力，不是运动；运动学处理的是运动，不是力；而动力学需要两者兼顾。广义上讲，这就意味着动力学有两条研究路径。第一条是通过静力学。因为静力学不处理运动的物体，处理的是力，这里的目的就在于在对静止物体的作用力的研究基础上推导出运动物体的作用力，比如考察静止物体开始以特定方式运动时，作用力如何被修正或补充。这种方法的优势在于，静力学的精确、量化、几何研究从古代就开始了，17世纪的自然哲学家也希望用这种方法研究动力学。第二条路径是通过运动学。运动学处理的不是力，不过至少从伽利略的《关于两门新科学的对话》起，运动学就开始为运动提供精确、量化、几何的论述。走这条路的学者认为，通过分析运动学和将运动分为不同范畴，也许能够获得运动和静止的基本类型，这样就能够将不同的力与不同的基本状态联系起来，进而解释为什么会造成这些不同。

尽管这两条路径并不是总能简单区分开来，但它们确实指向了非常不同的方向。比如，伽利略和笛卡儿都在物理理论工作中使用了从流体静力学获得的模型，以及来自运动学的、更为熟知的模型。伽利略早期研究使用的是流体静力学模型，开始发展运动学模型之后就放弃了前者。

相比之下，笛卡儿以一种更具创新性的方式使用流体静力学模型，以此来指导自己在光学、宇宙论甚至在某种程度上生理学的研究。

笛卡儿之所以使用流体静力学模型，是因为他最早开始研究的是贝克曼称为"物理—数学"的工作，在其工作中还得到了贝克曼的指导。不过从一开始笛卡儿就重新思考了物理—数学的本性以及如何能够将其进一步完善。贝克曼的流体静力学模型来自伪亚里士多德的《力学问题》(Mechanica problemata)。[5]笛卡儿另辟蹊径，抛弃了《力学问题》的方法，选择了阿基米德静力学，并以过人的独创性开辟了一组基于流体静力学的概念，并将其发展成为一整套力学体系，最终在此基础上发展出光学和宇宙论。

《力学问题》的静力学模型与阿基米德静力学模型存在根本上的区别，这在关键程度上影响着物理或自然哲学学科与数学学科关系的问题。亚里士多德传统通过"从属科学"的概念来思考这个问题，不过我们下文会谈到，坚持这个传统的一些学者可以做出颇为激进的举动，试图摒弃某些特定的亚里士多德自然科学学说。伽利略早期的力学工作就可以被视为继承了这种传统。另一种方法是物理—数学。在笛卡儿的构思中，可以横跨"高等"和"从属"科学之间的传统界限，抛弃基于形而上学的学科分类法以及这种分类法为这种传统界限提供的理论依据。[6]

《力学问题》的静力学传统提供的是物理理论，而阿基米德的方法是纯数学的。两种方法的对比在杠杆原理的研究中最为明显。阿基米德的论述将物理量抽象化，将杠杆上的物体视为一条直线上的位于物体重心的点。相比之下，《力学问题》对杠杆原理的研究是基于重量和速度的比例关系的。[7]这背后的基本原理，亚里士多德在多处均有提到[8]，相同的力会使两个不同重量的物体运动，但是更重的物体移动得更慢，因此两个物体的速度与重量成反比。把这些重物悬挂在杠杆的两端，就产生两个方向相反的力，每个物体做弧形运动，力与物体重量乘以力臂成正比。乘积更大的物体会呈圆弧形下降；如果乘积相同，会保持平衡状态。

阿基米德的方法将静力学变为数学，独立于一切一般性运动理论，而《力学问题》的方法将静力学变为简单的一般性动力学理论极限情况（limiting case），这个理论毫无疑问是物理的。换言之，《力学问题》的论述可以视为一个研究传统的一部分，这个研究传统其背后的驱动力是亚里士多德动力学，特别是重量与速度比例原理。这并不妨碍16世纪意大利一些数学家和自然哲学家——特别是塔尔塔利亚（Tartaglia）、贝内德蒂（Benedetti）和伽利略——尝试修正这个研究传统。他们希望能够在挽救杠杆式天平和简单机械的动力学解释的同时，抛弃其背后的自然哲学。值得一提的是，伽利略的早期作品《论运动》(De motu)[9]中的动力学基础便是《力学问题》传统底层的原理，即运动物体的作用力与物体速度成正比。伽利略——在写《论运动》(约1590年)时，他已经开始思考下落速率与落体比重(specific weight)成正比的问题——抛弃了下落速率与绝对重量(absolute weight)成简单正比的观点，重量和速度的比例在于，比重相同的物体下落速率相同，理由是(贝内德蒂之前提出过)如果一个物体比另一个重10倍，便需要10倍的力才能使其移动，增加的绝对重量总是被需要移动绝对重量所增加的力所抵消。迪昂认为这继承发扬了亚里士多德的比例原理[10]，但其实恰恰相反，这破坏了比例原理。亚里士多德自然哲学认为，导致物体下落的，不是物体之外的、克服物体重量产生的阻力的因素。正是物体的重量才产生了驱动力，所以速度与重量成正比。迪昂的理解若想说得通，我们就必须想象物体被拉向地面：这时可以认为将物体拉向下方的外力被阻止其下落的内力在某种程度上抵消。但是这与亚里士多德自然哲学的基本宗旨完全相悖。如果力学如亚里士多德所说是"从属科学"，那么它从属的是亚里士多德自然哲学，伽利略(以及其他16世纪意大利数学家)想要前进的方向从一开始就受到亚里士多德自然哲学要求的阻拦。

伽利略在绕过这些要求方面可谓天才，但是他最终也没有克服这些要求。在一个被从根本上修正从而变得不稳定的亚里士多德框架下，通过考察伽利略能走多远，我们能够更加深入认识这个问题。他在早期研究中认为，流体静力学是动力学的关键。他对流体静力学模型的充分完善可参见《论运动》对自由落体的早期论述。书中，他质疑亚里士多德对抛物线运动的论述，即抛体一旦离开抛掷它的物体（大炮、手，什么都行），抛体的持续运动取决于周围的介质。这个论述问题很大，臭名昭著，16世纪在很大程度上被"冲力"（impetus）理论取代。[11]冲力理论认为，当抛体被抛掷时，抛掷者向抛物施加力，力"压到"物体上。尽管它是物体之外产生的外力，但是它实际上被物体所内化。当物体被向上抛时，冲力逐渐减弱——可以通过物体耗尽燃料的类比来思考这个过程（不过不同的冲力理论具体细节也不尽相同）——物体运动逐渐放缓，到达最高点时停止。为什么物体不会就这样停留在空中的问题，可以通过冲力和物体向下的自然趋势之间的平衡来回答。物体向下的自然趋势恒定不变，但推动物体向上运动的冲力却不断减少（被逐渐"耗尽"）。后者相对于前者减少时，物体减速，接着到达冲力与向下作用力完全平衡的一点（运动的最高点），之后向下作用力会占主导。随着冲力逐渐消失，物体加速，最终到达冲力完全消失的一点，物体停止加速。

　　冲力学说有两个特点对伽利略来说很重要：它是动力学的，又有量化成分。冲力理论解释抛物运动时用到了三个力：抛掷物体的外力；这个外力被内化的版本，即冲力，逐渐耗尽；还有一个内力"重力"(gravità)，这是一个目的论的概念，这种力允许物体实现其自然目标，回归其自然位置。在发展冲力理论时，伽利略保留了其动力学元素：他关注的是使用产生运动的作用力来解释运动。就量化问题而言，冲力理论与亚里士多德自己的理论大不相同。亚里士多德只是在论证真空运动的不可能[12]时对量化问题一带而过，他还认为下落速度与绝对重量成正比，与介质密度成反比。之所以提到后者，是因为他想证明，物体在真空中会以无穷大速度运动，因为真空的密度为零，所以真空运动是不可能存在的。相反，冲力理论通过物体上或物体内作用力的净平衡来解释抛体向上向下运动的速率变化。

伽利略在保留冲力理论最精华的部分后对其加以重建，通过应用流体静力学原理来强化其量化部分，并在这个过程中破坏了它的亚里士多德动力学理论基础，将重量概念相对化，并实际上剔除了自然位置学说在冲力理论中的地位。他将重量不同的两个物体从塔上同时抛下，两个物体同时落地，以此否定下落速度与绝对重量成正比的亚里士多德理论；他还成功证明，下落速度与介质密度成反比的说法站不住脚，因为比如软木塞在空气中以特定速率下落，但是不会在水中以成比例的较小速率下落，而是会在水中升起来。这就从量化的角度指出了亚里士多德落体运动学说的重大弱点：它用不可通约量 (incommensurable quantities) 的概念来思考问题，下落速率与物体绝对重量成正比，介质的密度或比重成反比。我们可以通过比较物体绝对重量与介质绝对重量，或者比较两者的比重，来使这些量可通约。前者显然不可能，因为我们不知道要考虑多少量的介质。不过，后者显然克服了亚里士多德理论的弱点。如果下落速率与物体的比重成正比，那么显然两个铅球不管绝对重量差别多大，都会以相同速率下落；如果下落速率与介质比重成反比，那么物体在一个介质中是升还是降取决于其比重（不是重量）是大于还是小于介质的比重。这就解释了为什么软木塞或木头这样的物质——比重比空气高，但比水低——会在空气中下落，在水中上升。

伽利略其实是在尝试在流体静力学的基础上建立自由落体模型。流体静力学传统的针对物体在密度相对较大的流体中如何上升有着完善的论述，通过将物体比重与流体比重做比较来实现。伽利略的观点是，密度相对较大的物体在空气中的下落实际上也是同样的问题——只需要简单地将空气静力学视为流体静力学的极限情况即可——答案的关键在比重。在《论运动》中，他认为问题的关键在于以同样的方式思考空气中重物下落与水中轻物上升。这样做的优势是，静力学的研究手段可以直接应用于当前的问题。静力学关注的是物体在介质中升降的条件，这些条件是根据"脱离平衡状态"来思考的。伽利略尝试将这一分析一般化，涵盖为什么物体在不同介质中运动速度不同的动力学问题，由此便使动力学问题也能像静力学问题一样可以用几何方法研究。

他的方法是将介质的浮力效应在数学上等同于施加在物体上的力对物体造成的人造轻浮效应。当物体被向上抛时，施加给物体力，让物体有了人造的轻浮效应：这个效应改变了介质中物体的有效重量。重量被相对化为有效重量，有效重量等于物体比重减介质比重：当有效重量为正值时，物体下落；为负值时，物体上升。

请注意这一论述有两个特征，笛卡儿基于流体静力学模型的力学也存在这两个特征。首先，它开始从函数角度思考重量。伽利略仍然在某些程度上区分向下和向上运动：前者是自然运动，存在明确目标，只需要内生原因，而后者是受迫运动，没有目标，必须依赖外生原因。不过他自己的论述又否认了这种区别，因为很难解释软木塞在水中的上升运动为什么不如其在空气中的下降运动"自然"。更重要的是，我们如果不了解介质，即介质的比重与物体比重的关系，就无法考察是什么原因导致特定情况下特定的向下运动。现在在做解释工作的是平衡状态，而不是自然位置。这就引出了第二个特征，即用脱离平衡状态来解释运动的原因。如果物体在介质中处于平衡状态，既不会下降也不会上升，那么当物体开始运动时，决定其运动的因素就不是物体或介质的绝对重量，不是物体的比重或介质的比重，而是物体的比重减去介质的比重：就如同当杠杆式天平两臂的两个物体处于平衡状态时，如果我们打破平衡，在一个物体上添加更多材质，天平两臂由此产生的运动就不是物体重量的函数，而仅仅是两个物体重量差别的函数。

我们会注意到，对伽利略来说，在这里介质是问题的构成部分。也就是说，按照他重新定义自由落体问题的方式，任何关于自由落体的全面考察都必须将介质作为自由落体的核心因素：自由落体在本质上是发生在介质中的运动，如果我们不考察介质的作用，根本无从考察自由落体。为了解释这一点，我们来看杠杆式天平的例子。如果两个物体在天平上不处于平衡状态，我们就可以说它们的有效重量不同，但这与它们的绝对重量无关。如果物体起初是处于平衡状态的，我们就可以通过不同方式打破平衡。我们可以在其中一个秤盘上放东西，让它下降，让另一个秤盘上升。我们还可以不改变秤盘里的东西，只是将杆臂向左移动，让一边臂短一边臂长。左臂变长，会导致左秤盘中物体的有效重量增加，与向左秤盘添加更多材质产生的效果一样。此外，不改变秤盘里的东西，也不改变左右臂的长度，但将右秤盘进入水中，也会产生类似的效果。有效重量才是关键所在，是一系列因素的函数。当我们考虑自由悬浮在介质中的物体时，也是同样的道理：正是有效重量决定了运动的方向和速率。

这样一来，似乎可以保留《力学问题》中的形式特征——静力学是物理学科，处理的是平衡状态这个极限情况——同时又可以抛弃《力学问题》的内容，摒弃其背后的理论依据，即亚里士多德的驱动力学说。不过，很难看出如何能够实现这一点，即便采用伽利略本人会使用的标准来评判也很难实现。如果我们抛弃了亚里士多德的驱动力学说，那么到了必须要通过物体弧形运动的速度与物体重量成正比来解释平衡状态时，我们还能拿什么来解释？正是这些原理将静力学和运动物体联系在一起。我们不能简单地抛弃原理后，还想当然觉得联系依然存在：任何此类联系都会因为我们抛弃了亚里士多德学说而失去自己的物理理论依据。伽利略在《论运动》中做出了可谓大胆英勇的尝试，他试图通过让《力学问题》旧瓶装新酒来重新规划物理理论的发展。但是他手中的资源少得可怜，特别是，冲力理论完全是从静力学角度构建的。因为构建它的基础——以及测量它的方式——是简单机械违背一个物体的本性将其抬升所需的力，因此它在本质上是研究垂直运动的，无法适用于水平运动。它没有涉及改变物体静止或运动状态的外生原因,而是涉及运动物体因为获得了这个运动将自己抬升到某个高度并从高度落下的能力。[13]简言之,这项工作的概念性资源过于匮乏。伽利略本人也意识到了失败,因此他最终放弃了这项工作,不再将静力学作为物理理论的基础,而在1602年的《力学》(Mecaniche)讨论杠杆原理时,伽利略用力矩(moments)取代了运动,从而切断了静力学和运动学的直接联系。[14]

与早期伽利略一样,笛卡儿也确信可以使用流体静力学模型来发展动力学。不过他采用的方法截然不同,避免了那些迫使伽利略早早放弃的问题。伽利略试图修正以《力学问题》为代表的研究传统,既希望拯救杠杆式天平和简单机械的动力学解释,又想抛弃其背后的自然哲学,但是自然哲学在其中起到的关键作用意味着伽利略的修正永远无法成功。相反,笛卡儿采用的是阿基米德方法,而不是《力学问题》中的理论。阿基米德方法不涉及任何动力学甚至任何广义上的物理研究。笛卡儿的目的是在阿基米德静力学提供的数学骨架上,添加物理学血肉,生成一整套动力学。

我们在第8章谈过,笛卡儿的流体静力学旨在取代斯蒂文的阿基米德几何论证,在考察论述中将问题推进自然哲学的领域,关注物体存在何种底层物理排列导致物体拥有特定的行为。结果,他给出的讨论毫无疑问是得不出结论的，也缺少严谨的形式。不过与斯蒂文的几何论证相比，他认为自己的论证能够确定导致现象发生的原因。他的目标是在"物理—数学"的旗帜下，将流体静力学从实用数学领域彻底转移至自然哲学领域。为了实现这个目的，他根据自己的物质理论重新描述了流体对承装容器底部施加压力的原因：他根据构成流体的假想微观微粒的累积行为来重新描述产生压力的原因。

斯蒂文提倡的，不仅是将静力学简化为数学，还包括将静力学从运动学中移除，即与力学中研究运动的内容——运动学和动力学——一刀两断，以及切断静力学与一切形式的自然哲学的联系。然而，与之相对的《力学问题》传统依赖的不仅是基本力学，还有亚里士多德自然哲学，尤其是推动着重量速度比例学说的物质理论。斯蒂文将静力学与力学分离，其好处在于不用再受某种自然哲学的束缚；坏处在于，它不再属于物质理论，既不利于从静力学或流体静力学向动力学的转移，也不利于与此相关的从数学向严格意义上自然哲学的转移。这里涉及两个问题。第一，静力学和流体静力学如何能够描述作为经验事态的经验事态？换句话说，不再仅能够描述作为抽象概念的经验事态。第二，我们如何能够将静力学和流体静力学特别关注的经验事态的物理特征，与物理理论其他方面关注的物理特征联系在一起；特别是，我们如何将平衡状态产生条件的描述,与物体内外作用力合力产生平衡状态的论述联系在一起?

广义上讲,笛卡儿有两种选择以解决这些问题。第一,他可以在杠杆和简单机械的动力学研究基础上使《力学问题》式的分析更进一步,支撑起一套新的自然哲学,取代亚里士多德自然哲学,然后在此基础上完善一般性物理理论,利用静力学和物理理论其他领域之间已经建立起来的联系。这也是伽利略早期的策略。第二,他可以从斯蒂文的阿基米德流体静力学出发,尝试从零开始为其填充物理内容。他选择的是后者,采用的做法是考察何种自然哲学——其实就是何种物质理论和何种因果动力学理论——能够帮助他弄懂斯蒂文的分析结果。既然他无视了《力学问题》传统中核心的静力学物理解释,并选择了阿基米德方法,那么就无法利用静力学和其他物理理论之间的一切自然联系:所有的联系都必须重新开始构建。不过,他也没有被《力学问题》传统中的亚里士多德自然哲学困住。他完全没有采取扎根于亚里士多德自然哲学的《力学问题》式方法,甚至根本没有考虑过采用亚里士多德自然哲学。确实,他是从斯蒂文的数学论述出发的,试图将其"物理化",根据流体构成物质的微观—微粒理论来为其填充内容。在他看来,这就是典型的"物理—数学"。与亚里士多德"从属科学"传统大不相同[15],他的

"物理—数学"采用截然不同的方法来实现对物理过程的量化研究,不是尝试"混合"数学和物理,而是尝试将物理问题转换为构成物质(物体和流体)的微观微粒的可量化描述的行为,然后运用力、趋势、分量、(后来又提出了)"决定"等因果术语来描述。这些都与亚里士多德"原理"完全不同。笛卡儿的终极目标,在最广义的层面上,与伽利略《论运动》的目标相同:从静力学——通过精确、量化、几何的研究——推导出全套物理理论。但是他们实现目标的方法却大相径庭:伽利略的《论运动》尝试激进地修改"从属科学"传统,而笛卡儿实际上抛弃了这个传统,转而选择了全新的理论。笛卡儿希望通过探索他眼中静力学的潜在自然哲学基础,特别是流体静力学悖论,发现并清晰阐述一整套一般性自然哲学。《力学问题》中力学原理的统一其实是底层的亚里士多德自然哲学提供的。如果剔除了这个自然哲学,就像伽利略发现的那样,统一性也会遭到破坏。任何统一都必须是自然哲学产生的,而不是嫁接到自然哲学上的。

笛卡儿从宏观几何论述出发,然后根据物理行为的底层微观—微粒分析来重新描述它。这种量化自然哲学的尝试具有高度独创性,也确实取得了成就。我们之前谈过,先在《世界》、后在《哲学原理》中,笛卡儿都旨在给出一套基于流体静力学模型的机械论宇宙论,运用微观—微粒物质理论，再加上一些关于微粒运动的定律，来建立一套既包括天体物理也包括光本性和性质的机械论宇宙论。他在机械论基础上论述了行星轨道和其卫星轨道的稳定性，想象众行星在流体物质海洋的旋涡中被带动着；此外，他也从自转的离心效应角度论述了太阳光的传播。确实，介质直接影响着物体的行为，不需任何超距作用力的参与——这些力往好了说是我们缺乏了解，往坏了说完全是神秘莫测的——流体静力学模型在表面上的确最有希望成为动力学这个力学终极大奖的模型。

然而，就"物理—数学"的初衷而言，这些工作都是失败的。笛卡儿无法系统地构建量化自然哲学，他在量化自然现象上取得的成就依然顽固地停留在实用数学领域，与他的自然哲学之间不存在任何看起来合理的连续性。在他成熟的自然哲学中，他也被迫同时采用流体静力学模型和运动学模型，仿佛两者是同一类研究。具体而言，他倾向于使用静力学来推导出作用力，并用这些作用力填充运动学。这产生了两组根本上的异常现象，说明问题是多么严重。

这两组异常现象并不属于同一类型，尽管两者都是在运动学框架中产生的。我们之前在其他章节谈过，所以在这里简要提一下。第一组出现在笛卡儿对圆周运动的惯性成分的论述中，在这里他似乎明显有些自我矛盾：他认为只存在直线惯性运动，但接着便开始假想圆周惯性的存在。第二组出现在他的碰撞定律中，他认为较小的运动物体与较大的静止物体碰撞时，小物体绝对不会移动大物体，这明显与我们从实际情况中获得的经验直觉相矛盾，也缺乏明显的运动学理论依据。

笛卡儿的直线惯性原理告诉我们，没有外力作用的情况下，物体会保持静止状态或匀速直线运动，物体也只有这两种惯性状态。他认为，因为物体的运动趋势是瞬时发生的，所以运动趋势只能是直线的，只有直线运动能够被瞬时决定。然而我们在第8章谈过，笛卡儿似乎也相信圆周惯性的存在。确实，严格来讲，他认为存在两种圆周惯性。在《世界》的第13章中，他认为用绳子系住物体并将其抡起来旋转时，物体对绳子的拉力是物体放射状向外运动和物体圆周运动的合力。之所以提到这第二个例子，是因为有人问他为什么光线从太阳射到地球时没有减速，他回答道，就像光微粒不会丢失自转速度一样，光也不会丢失传播速度。他给西尔曼斯(Ciermans)的信中写道："我不知道为什么您认为天体物质的微粒无法保持能够产生颜色的自转运动，也无法保持光的直线运动，毕竟我们通过推理两者都很好理解。"[16]换言之，就像匀速直线运动不需要外力来保持一样，光微粒的自转也不需要：在这个意义上，它是惯性的。

第二个异常发生在碰撞规则的第4条，即不管较小物体的速度如何，两个物体的尺寸差别不管多么小，较小物体都绝对无法使较大物体移动。我们之前谈过，这条规定非常古怪：它并非由其他规则推出，也非常不符合我们的实际经验，一个快速运动的物体与一个仅比它大一丁点的物体碰撞，前者会被弹回，后者根本不受影响，维持原来的静止状态不变。根据第8章的分析可以清楚看到，这些异常并不是笛卡儿的简单疏忽或误解。它们只是深层结构的含糊体现在表层的症状，因为笛卡儿将运动学建立在静力学特别是流体静力学的模型上。看上去他的结论是运动学得出的，但实际上结论很大程度上是静力学得出的。这两者思考物理问题的方式截然不同。在最基本的层面上，两者关注的是迥然不同的问题：在两者看来，需要解释的东西是非常不同的。占主导地位的静力学思考物理问题的方法，与另一种截然不同的思考方法相冲突。比如，笛卡儿需要运动学来解决问题，又使用静力学的概念来解决，当运动学和静力学冲突时，就产生问题了：他本该从惯性角度来（做运动学的）思考，却从平衡状态角度来（做静力学的）思考，他本该从大小物体碰撞行为的角度来（做运动学的）思考，却从大小物体在天平上行为的角度来（做静力学的）思考。

运动的量化

伽利略的研究兴趣从传统上讲是力学,尽管1608年到1630年间因为他忙于从光学和物理角度为日心说辩护,搁置了力学研究,但早在1586年开始一直到1637年的《关于两门新科学的对话》构思、创作期间,他一直在研究一般性力学问题,特别是自由落体问题。[17]长期来看,《关于两门新科学的对话》对17世纪自然哲学的发展起到的关键作用甚至要大于笛卡儿的宇宙论。[18]不过,在某层意义上,伽利略却深切地感受到自己的失败:他没能建立一套可以取代亚里士多德的动力学。即使从根本上修正《力学问题》静力学和流体静力学模型也无法为动力学奠定一个新的基础,这迫使他放弃了对动力学的探求,转而探索对运动的纯描述性——但是量化的——研究:运动学。然而,这项工作反而成为学术历史的一个分水岭。特别要指出,这项工作为动力学的研究提供了一条大获成功的路径,克服了困扰着流体静力学宇宙论的众多基本问题。

在《关于两门新科学的对话》的"第三天"和"第四天"两篇中,伽利略给出了现代首个关于运动的全面运动学论述。其中重点关注三种情况:匀速运动,自然加速运动,抛物运动。运动学在这里被转换为实用数学:研究是纯几何、纯量化的。[19]时间和空间是变量,将运动纯粹视为一定时间内空间位置的变化,这与运动是不可还原的实在而时间仅仅是运动在头脑中的抽象的亚里士多德理论相反。与他研究流体静力学时不同,伽利略在建立运动学的时候完全没有考虑亚里士多德自然哲学。此外,由于基本范畴会约束接下来的考察,将力学——在这个例子中是运动学——置于研究的核心,在生成基本范畴时物质理论就无法扮演任何主导角色。不仅是亚里士多德物质理论在考察中不扮演任何角色,微观—微粒机械论的物质理论也不扮演任何角色。

伽利略对运动学的研究是高度系统化的,从基本情况开始,逐渐过渡到更为复杂的情况。比如,在自然加速运动的情况中,伽利略先从自由落体开始,再讨论光滑斜面上的运动,然后讨论自由下落后沿着光滑平面或斜面的运动,并确定最快的下降路线。讨论完匀速运动后,自然而然地开始讨论自由落体,确立时间与速度的直接关系。因此,匀加速运动——物体在每一个时间点都在其原有速度上不断增加速度——的特征是在相同时间内增加相同的速度。[20]接下来,伽利略就可以确立一系列基本定理。定理I证明,在相同时间内,从静止开始做匀加速运动的物体移动的距离,与匀速运动物体以匀加速运动物体最快速度和最慢速度的均值速度移动的距离相等。定理II是一个重要的结论,匀加速运动中,移动距离与时间的平方成正比。[21]定理Ⅲ开始讨论斜面运动的情况，证明从特定高度落下的物体的下降时间与沿着斜面下落的物体的下降时间之比，等于垂直长度与斜面长度之比。[22]他接下来研究物体在长度相同但倾斜度不同的斜面上下降的时间，以及物体在长度和倾斜度均不同的斜面上下降的时间，然后再系统化研究圆周内斜面情况，第一步是证明如果斜面的垂直线穿过圆心且斜面的顶点触碰圆周，那么沿该斜面下降的物体下降的时间相同。

《关于两门新科学的对话》第三天关于运动学的论述关注的是匀速运动和匀加速运动。第四天关于运动学的论述讨论的是两者的结合，特别是将运动分解为垂直向下的匀加速分量和水平匀速分量。比如第四天的定理Ⅰ处理的是水平抛物的问题，告诉我们物体下降运动若是匀速水平运动和匀加速运动的复合，那么物体的曲线轨迹称为半抛物线。[23]我们在下文会谈到惠更斯在研究等时摆（isochronous pendulum）时采用了第三天的结论，以及胡克和牛顿在考察向心力时以截然不同的方法采用了第四天的结论。不过，我们主要考察的不是作为实用数学学科的运动学，而是运动学在自然哲学事业中的地位。后者才是我们讨论惠更斯、胡克和牛顿时的主要关注点。伽利略运动学的重要性不仅在于提供了一个骨架供人搭建动力学，也在于当批评者指责他的研究只是理想化的数学时，他为了维护自己的运动学研究而做出的尝试,这也成为量化自然哲学发展史上的分水岭。在所有的理论中,是他为如何在绕过物质理论的前提下将实用数学与自然哲学联系起来指明了方向。

比如,为了将数学分析应用到抛物运动,伽利略不得不提出三个假设。第一,他设定物体向地心下落的趋势可以被忽略,这样才能将物体的轨迹视为垂直于地球表面,而地球表面必须被视为真正的水平面,而不是球面,这就是他的第二个假设。他意识到,如果没有前两个假设,抛体轨迹就不是抛物线,数学没法分析这么复杂的情况。[24] 第三个假设是介质的阻力可以被忽略,这一点我要具体谈一下。这个假设比其他两个的争议大得多,需要由完全不同的方式来证明,这也是一般性数学自然哲学能否成立的关键。在这场争议中,亚里士多德派的代表辛普利修斯 (Simplicio) 如是说:

此外,在我看来,为了不破坏运动的平衡性和下落重物的加速规则,而不考虑介质的阻力,这一点是不可能实现的。所有这些困难(即这三个假设)就意味着,从这些易变的假设中推导出的任何结论都不可能在实际实验中得到验证。[25]

伽利略通过对真空运动进行数学描述来建立自己的运动学。真空中的物体运动我们根本不可能亲身经历，也无法直接接触。相反，阻尼介质中的物体运动我们经常经历，但是这些运动与相同物体在真空中的运动是不同的。比如，伽利略的自由落体原理，即第三天的定理II，告诉我们一切物体在真空中都做匀加速运动，但在阻尼介质中明显不是这样。因此，乍一看这个原理存在两个缺陷：它似乎在描述一个也许永远无法发生的情况，并且似乎没有描述通常会发生的情况。因此，该定律在实用性上似乎存在问题，能否得到证据支持也似乎存在问题。比如，因为我们无法经历物体在真空中下落，所以我们无法通过直接归纳得出符合伽利略定律的结论。另一方面，如果该定律成立的话，既然它是偶发的——物体完全有可能在真空中以不同速率下落，或者以非加速或非匀加速运动下落——先验的论证就不可能被称为定律。哪怕是称该定律是一个接受经验检验的假说，也基本无济于事。首先，这个问题只会在另一个层面再次出现。定律中的情况不会自然发生，也无法通过实验归纳，那么它怎么接受经验检验呢？而且，即便情况可以用某种方法通过实验归纳，这条定律与阻尼介质落体运动之间有什么关系这个问题也无法解答。第二，提出假说的通常步骤是用某种方式在纯理论层面发展理论，再通过经验来检验理论是否成立。不过，如果我们跟着伽利略对自己思路的辩解走下去,我们就会发现经验问题,特别是实验,是过程必不可少的一部分,而不是额外添加上去的。他是这么辩解的:要考察真空落体和阻尼介质落体之间的关系。他从阻尼介质落体出发,设计了一系列实验,包括思想实验,旨在确定落体速度的决定因素及其决定方式。[26]

他首先处理关于落体速率与绝对重量成正比的亚里士多德观点,提出了两个反对意见。第一个是从经验角度反对的:如果材质相同但绝对重量不同的两个物体从塔上同时投下,它们会同时落地。第二个是思想实验,如果我们投下两个不同重量的铅球,亚里士多德主义会认为较重的下落速率较快。现在假设我们把两个铅球捆在一起,较慢的铅球肯定会减慢较快的铅球的速度,最终速度应该是介于两个原始速度之间。不过两个球绝对重量的和要大于较大铅球的绝对重量,所以下落速率与绝对重量不成正比。亚里士多德还认为,下落速率与介质密度成反比。伽利略针对这一点又设计了一个思想实验。如果我们将水与空气的密度比设定为$n:1$,n大于1(因为水的比重大于空气的比重),并选取一个在空气中下落但在水中上浮的物体(比如木球),将空气中的下落速率设定为1个单位,那么它在水中的下落速率就应该是$1/n$个单位。但我们已经说了它在水中是上浮的,所以它不会在水中向着同样方向但以较慢速率运动,而是会向着相反方向运动。因此，下落速率与介质密度不成反比。

接下来，伽利略做出了一个重要的一般性概述。他没有简单思考一个物体在两种介质中的下落速率或两个物体在一种介质中的下落速率，而是思考任何物体在任何介质中的下落情况。首先，他描述了一个实验，证明各物体下落速率之比不等于比重之比。金和铅在空气中下落速率大致相同，但是在汞中表现完全不同：前者下沉，后者浮出水面。这表明，物体下落速率之间的差别会随着介质密度降低而减少。这就促使伽利略去考察极限情况的真空现象：他提出，在此情况下，一切物体的下落速率有可能都是相同的。不过，如果我们不知道速度、比重、阻力之间的精确关系，就无法证明这一点。因此，他又提出了一个实验以确定介质的浮力效应，即物体比重与介质比重之比。问题在于，如何精确算出这个比值对下落速率的影响。他比较了两种介质（空气和水）对两个物体（黑檀木和铅）的浮力效应。给定这些材质的比重后，浮力效应很容易算出。结果发现，浮力效应的变化程度远远大于物体的比重：设定空气、水、黑檀木、铅的比重分别为1、800、1000、10000，则空气的浮力效应对黑檀木和铅下落速率的影响可以忽略不计，但水对黑檀木的浮力效应是巨大的（它失去了五分之四有效重量），而对铅的浮力效应非常小（不到十分之一）。决定下落速率的是比重的比,而不是比重本身。既然真空没有比重,就无法与落体的比重形成比例关系;这就是说,决定下落速率不同的比,无法在真空情况中发挥作用,所以我们必须得出结论,一切物体——不管比重如何——在真空中都会以同样的"速的度"<small>(后来会发现是匀加速运动的度)</small>下落。这个结论特别重要,因为在一切物体在真空中以相同速率下落的基础上,我们至少可以在理论上通过比较物体比重与介质比重来确定真空中理论速度会放慢多少,从而算出任意介质中任意两个物体速度之差。为此,伽利略开展了<small>(很大程度上是失败的)</small>实验以衡量空气的比重。

这里还存在一个问题。介质中的落体实际上不是匀加速的。比重和浮力效应都无法解释这个现象,因为二者是常量<small>(后者对于任何物体和任何介质都是常量)</small>。伽利略因此引入了一个阻碍下落的形式,与浮力效应不同:摩擦效应。摩擦效应随物体加速而增加,因为物体需要穿过越来越多的阻尼介质。当物体因摩擦而停止加速,就达到了平衡状态。物体密度越低,就越早进入平衡状态,这不是因为摩擦效应与比重直接相关,而是因为浮力效应对低密度物体影响更大,所以其运动速度已经被大幅放缓。[27]不过,这一推理的成立需要先完成两个证明:第一,摩擦效应对低密度物体的影响更大;第二,摩擦效应随速度增加而增加。为了证明第一条,我们需要在实验中将摩擦效应与浮力效应分离。在自由落体情况下这是不可能的。伽利略提出让软木和铅从稍有倾斜的斜面上滚下，让运动尽可能缓慢以减少浮力效应。麻烦在于，倾斜度越小，表面摩擦越大，干扰我们分离摩擦效应（这与表面摩擦不同，因为它是介质带来的效应）。他设计了一个巧妙的实验来克服这个困难：将软木球和铅球悬挂在等长的线上，做振荡摆动。两个球的振荡周期相同，但软木球的振荡幅度会快速大幅缩小。这不可能是由于铅球比重更高因此速度更快：我们可以在实验一开始让软木做更大的弧度运动，让它初始速度更快，但最终会出现同样的现象。此外，因为浮力效应只是比重的比，所以也不是原因所在，因此一定是摩擦效应导致的。最后就剩一件事需要证明，即摩擦效应随速度增加而增加。对自由落体也无法进行直接实验，因为涉及的距离太长，测量起来困难较大。因此，被人为高速抛出后的物体会持续减速至其在该介质中的自然最大速度，这个结果就非常重要了，因为我们可以用相对简单直接（但有些不精确）的方式实验检验。我们可以从高处垂直向下开枪，测量子弹穿透地面的深度。然后可以靠近地面开枪，测量深度。前者要小于后者，也就是说子弹速度被减慢了。

总之，伽利略通过一系列真实实验和思想实验证明，下落速率与比重、浮力效应和摩擦效应之间存在复杂的关系。通过确定这些因素的彼此关系，他得以确定当介质完全不存在时会发生什么，这就构成了落体定律的内容。这得以保证定律不是抽象或理想化的数学，而是与实验和观察直接相关，与概念论证和数学论证直接相关。

为了充分了解这一思路的重要性，我们需要更进一步考察伽利略的落体定律到底说了什么。它不仅描述一个特定情况下——真空落体——发生的现象，而且描述一切自由落体情况下的共同现象。真空落体的特殊意义在于，真空中唯一影响落体速率的因素，正是一切落体运动的共同因素，真空落体非常特殊，因为在其他落体运动中总是存在其他一些因素，而这些因素不是所有落体运动共有的。因此，该定律可以用两种方式表述：一是所有落体运动的共同运动分量是匀加速运动 (S_1)，二是在真空中所有物体都以相同的匀加速速率下落 (S_2)。这两个表述指的是同一种情况，只是以不同的方式来理解：打个比方，就好像它们提供了通向这种情况的不同路径。这是伽利略理论中很重要的一环。我们上文谈过的一系列实验将我们一步步从 S_1 带到 S_2。伽利略这样做是有理由的，因为 S_1 是纯概念和数学论证自然得出的形式，尽管含义明确，我们却不清楚如何去验证其真伪。相比之下，可以将 S_2 与经验上确定的陈述模式联系起来。S_1 本身仍然属于数学领域，其在经验上的意义很难看到。从经验上来讲，如果我们只知道所有落体运动共有的下落分量是某类特定的运动，仍然会无从下手。然而，如果能够证明S_1和S_2指的是同一个情况，我们就能够为定律提供确定的经验内容支撑。这样一来，我们就可以将S_1与一组经验流程联系起来，通过后者来确定前者的真伪，因为我们知道只有在阻尼介质落体时才会出现非普遍特征，而其中起作用的因素能够在经验上确定。所以，我们就需要将S_1转换为S_2。在这项工作中，实验扮演着至关重要的角色，这个角色因为不仅仅关注证实和证伪，所以总是被忽视。它扮演的角色具体来说是，将数学构思的力学与由经验规范的自然哲学联系起来。这一重要的联系，是之前没有人能够实现的，不管是"混合数学"，动力学驱动的笛卡儿静力学，还是各式各样的机械论传统，而且正是这一重要的联系从此让力学成为一门自然哲学学科。

伽利略从早期《论运动》工作，到《关于两门新科学的对话》的转型，是历经50年思考力学问题的结果，代表着力学思考发生了根本性的转变。《论运动》对运动的论述是动力学的，援引了导致运动的作用力，并尝试用流体静力学的概念来解释这些作用力。《论运动》之后，伽利略放弃了通过流体静力学研究动力学的方法，此后再也没有用流体静力学的模型指导过动力学研究，他始终没能给出一套可行的动力学理论。在他关于运动本性的最成熟论述《关于两门新科学的对话》中，他完全回避了动力学：当出现作用力时，他将其视为运动的结果——比如物体穿过阻尼介质产生的摩擦——而不是运动的原因。他对运动的研究纯粹是运动学的。

之所以从基于流体静力学模型的动力学转到运动学，背后存在一些原因，伽利略逐渐意识到他在《论运动》的流体静力学论述是站不住脚的。我们之前谈过，《论运动》认为，自由落体问题的解决方案，是用比重替换绝对重量，因为物体下落速率与比重成正比，与物体穿过的介质比重成反比。不过，他逐渐看到事情没这么简单。如果《论运动》的比例学说是正确的，那么比重不同的两个物体在一种介质中下落时的比例就应该会反映在这两个物体在另一种介质中下落速率的比例上。但是伽利略发现实际并不是这样。

他在《关于两门新科学的对话》中提出的关于自由落体和抛物运动的解释，与《论运动》中提出的截然不同。他没有用力的平衡来分析运动，而是将运动分解为分量，而自由落体最基础的分量是匀加速运动。现在他的出发点是真空落体运动，完全剔除了介质。换言之，介质不再是物理问题的构成因素：不再将介质视为在某些情况下推动或导致运动发生（如相对密度较大的流体中轻物的向上运动），在其他情况下妨碍运动（重物在高密度介质中缓慢下落）。现在只从对运动阻力的角度来讨论介质。

伽利略后来的运动学与他早期的基于流体静力学模型的动力学有冲突，因为两者选择了物理现象完全不同的特征作为其核心意义。两者都尝试处理介质中落体的行为问题，将其描述为一个更为基础或更为一般性的情况，从而更加清楚地确认并分析底层物理问题。流体静力学模型将这种情况归纳为物体在流体中的运动，包括上升和下降。运动学模型寻找的是一切自由落体共有的运动分量，然后考察加入其他变量后该分量如何变化。在前者中，介质是研究问题的条件之一。但是在后者中，介质显然不存在：在这里，认识自由落体的关键在于考察惰性真空中物体行为，从而了解现象的基本物理特征。

作为运动学的力学

到17世纪中叶，运动学似乎开始自给自足，不再是动力学的穷亲戚了。这方面最大的成就要归功于克里斯蒂安·惠更斯 (Christiaan Huygens)。[28] 他的父亲康斯坦丁·惠更斯 (Constantijn Huygens) 在17世纪40年代是笛卡儿的坚定盟友和拥趸，克里斯蒂安也早早便显露出神童般的数学和机械技能 (他和胡克是最娴熟的空气泵实验者，很有可能是唯一能让空气泵一直稳定发挥的两个人)，受到笛卡儿的鼓励和指导。他的研究可以被视为主要受到伽利略运动学和笛卡儿《哲学原理》"合理化"的自然哲学体系的影响。我之所以用"合理化"这个词,是因为我们在第八章谈过,《哲学原理》按照"清晰明确的理念"原则重新论述了15年前的自然哲学发展。[29]经过这次重新论述,很多观点的动力学出身被掩盖了,披上了运动学的外衣。运动学应该是可以量化的,但是其中唯一得到量化的是碰撞定律。然而,这些定律太特立独行,没有人愿意接受,惠更斯很早便意识到必须要以激进的方式来重新论述,直指笛卡儿理论的核心。他的重新论述保留了笛卡儿思想中的一些核心学说,如离心力,还有一些出于清晰明确原则重新改写的学说,特别是空间相对性学说。我们在下文会首先讨论他对碰撞定律的重新论述,因为他尝试克服笛卡儿碰撞定律中的自相矛盾之处;然后讨论他的等时性(isochrony、isochronism)论述如何巧妙发展了伽利略的匀加速运动学说,并且为以伽利略的方式研究运动学提供了模型;最后讨论他将伽利略的运动学与笛卡儿宇宙论结合而形成的离心力论述。这些工作证明了运动学的解释力,巩固了"运动学很有可能就是力学关键"的观点,排除了困扰着笛卡儿《哲学原理》和霍布斯、伽桑狄等其他一切机械论研究的关于力的难题。

我们之前谈过,笛卡儿的碰撞定律——不仅来源于他的运动学研究,也来源于静力学和光学研究——前后矛盾。规则4告诉我们,较小运动物体与较大静止物体碰撞，较大物体不会受影响，较小物体保持原有速度但是被反弹；而规则5告诉我们，较小静止物体被较大运动物体共线碰撞，两个物体都会朝着运动的原本方向运动，但速度小于较大物体原始运动速度（因为速度被均衡到两个物体上）。根据笛卡儿《哲学原理》中对运动的论述，速度总是相对速度，这就意味着规则4中的情况应该可用规则5重新描述，但事实并非如此。

《论碰撞作用下的物体运动》(*De motu corporum ex percussione*)[30]初稿于17世纪50年代中期完成[31]，惠更斯在其中将问题归于笛卡儿原理中存在的一个基本矛盾。笛卡儿既相信运动相对性，又相信运动守恒，但惠更斯意识到这两者并不兼容。惠更斯认为，运动相对性是指匀速运动之间、匀速运动与静止状态之间是不可区分的。这其实是伽利略的相对性，而不是笛卡儿的原理，即一个物体运动与否只是相对于设定为静止状态的邻近物体而言。话说回来，如果笛卡儿的相对性成立，那么惠更斯提出的温和版相对性也应当成立。其首要任务在于弄清采用相对性会如何影响碰撞现象研究。

惠更斯想象一艘船在运河上平稳移动。这个实验与伽利略的自由落体思想实验很像。在伽利略的实验中，大船从桥下驶过，从静止的桥边缘和大船的桅杆上抛下物体。在惠更斯的思想实验中，一个人在小船上做实验，双手用线悬挂着两个硬球[32],他合拢双手时物体就会碰撞。第二个人站在岸上,当第一个人经过时与他联手,共同进行实验(图11.1)。惠更斯的研究流程旨在证明,通过调整参照系,可以解释所有相等物体的情况[33],然后再过渡到解释不相等物体的情况。最直接的情况是两个相等物体沿穿过两者中心的直线以相同速度向彼此移动,因为两者均会反弹,速度不变。如果船的移动速度和其中一个物体的速度相同,岸上的人会看到一个运动的物体与一个静止的物体碰撞,后者获得了与前者撞击前相同的运动。[34]只要简单改变船速,任何情况下的相等物体都可以调整为这种对称状态。

图 11.1

在处理相等物体时,惠更斯提出了一系列假说,包括一个直线运动惯性的原理[35],相等物体拥有相同、反方向速度情况下的对称性原理，以及运动相对性原理。[36]针对不相等物体，他提出了第四个假设，即较大移动物体与较小静止物体碰撞，较大物体会将其一部分运动转移给较小物体。通过简单改变参照系、颠倒运动状态，转移给较小物体的运动就变成了较小物体在撞击时转移给较大物体的运动。特别要指出，与笛卡儿说的正相反，现在很明显运动总量是不能守恒的。[37]在笛卡儿对惯性原理的表述中，他将运动速度和方向分别视为一级模式和二级模式（即模式的模式），因此需要单独的速度原则和方向原则；而惠更斯的惯性原理一次性就描述了匀速直线运动。话说回来，惠更斯并没用矢量来思考问题：他区分了方向和速度，速度量等于物体量乘以速度，因此速度量永远是正值。基于这一点及运动相对性，只有一个物体扭转方向时，运动量就不是恒定的。运动相对性要求总运动量在碰撞后可能会增加或减少：随参照系变化而变化。[38]

惠更斯在数年期间多次修订碰撞理论，韦斯特福尔(Westfall)观察道，每次修订都增加一些运动学内容，删除一些动力学内容[39]，碰撞力(vis collisionis)的说法被运动的转移——或者是"表面上的"转移，因为转移是相对于参照系而言的——所取代。韦斯特福尔认为，惠更斯是在强调笛卡儿理论中最有力的内容，同时尽量剔除其自相矛盾的内容，不过其实没有这么简单。我们之前谈过，笛卡儿本人从动力学角度思考力学问题，使用的概念大多源自流体静力学，然后又尝试与运动学相结合。伽利略被审判为异端后，笛卡儿尝试在清晰明确的原则下强调运动学以维护自己的力学理论，这就对他构建物理理论施加了一系列新的束缚。结果便形成了一个多层体系，由运动学设置解释议程，但实际的解释工作却是动力学概念做的。特别是，运动学的论述往往说不通，必须深挖到动力学概念——这些概念在《世界》中很明显，但在《哲学原理》中大部分被清除了——才能弄清他为何要如此论述。然而，若想以清晰明确原则论述力学就需要这样做，所以笛卡儿在《哲学原理》中将他的基本力学描述得仿佛只是运动学的一种形式而已。马勒伯朗士将《第一哲学沉思集》和《哲学原理》中对形而上学的表面描述奉为圭臬，通过将一切事物归于其最抽象、最具纲领性的特征之下，从而构建出一个高度一致的体系，颇为新奇；同样的，惠更斯也摘出《哲学原理》中的自然哲学，通过将一切事物归于其最抽象、最具纲领性的特征之下，从而构建出一个高度一致的体系，颇为新奇。他告诉我们，笛卡儿——

本应该用他的物理体系来尝试说明在这门科学中什么是有可能的，只讨论力学原理。……不过因为他四处给人留下他发现了真理的印象,又在他作品的奇异论述中支撑、美化这种印象,他的工作就不利于哲学的发展。因为那些接受了他的言论,成为他门徒的人,觉得自己了解了世间万物的起因。[40]

我们可能会问:鉴于伽利略思想在他的运动学中扮演的角色,他为何又如此费力为笛卡儿这类思想辩护,特别是还因为他提倡的其实不是笛卡儿相对性,而是伽利略相对性?这在一方面肯定是因为与笛卡儿思想相比,伽利略的研究不可能产生对自然的系统化认识。反正在惠更斯看来,笛卡儿体系不管有怎样的缺陷,都仍然能提供一套合法的指导和约束,为自然哲学提供了真正的微观—力学基础:毕竟,这就是碰撞研究为什么重要的原因,因为在微观层面上,碰撞是决定所有宏观物理过程的行为。在上一章惠更斯对牛顿棱镜实验的回复中就可以清楚看到这一点:只有当颜色的差别被回溯并归于底层运动的差别时,才可以说他成功地解释了颜色。[41]

惠更斯是在证明速度与量成反比的两个物体的反弹速度与碰撞前速度相同的过程中开始从重心的角度来思考问题的。[42]这个方法的底层原则托里切利早在1644年《论重物的运动》(*De motu gravium*)中就已经证明。[43]在他之前,伽利略提出但没有证明过,物体沿不同倾斜度的斜面下降,垂直位移相同，下降速度也相同。托里切利从相连物体（如通过滑轮或天平相连）的一般情况出发证明该原理，将位于两个倾斜度不同的斜面上的两个物体连在一起进行比较，发现只有公共重心移动时物体才会移动。[44] 托里切利关注的是勾画出伽利略运动学为动力学带来的影响，但惠更斯反其道行之。他对托里切利原理的兴趣不在于连接运动学和静力学，而在于让多个物体形成一个系统，从而如单一物体一样行动，因为系统的重心决定了各部分的力学行为。[45] 托里切利只研究垂直运动，而惠更斯将这套理论应用于所有惯性运动。此外，他意识到物体不必非要以物理形式连在一起：惯性参照系和物理约束系统的作用是一样的。特别是，如果物体远离重心的速度与撞击前接近中心的速度相同，重心不会受到碰撞的影响，不会改变运动状态。仅通过改参照系，惠更斯就可以证明，一个惯性物体系统的重心在撞击前后都做匀速直线运动。伽利略等人曾用撞击力来解释物体在撞击时的行为，而惠更斯则不需要考虑撞击力，什么力都不需要考虑。惠更斯关注的是完全坚硬的物体，他认为这些物体是非弹性的：它们的速度不会受到影响，因为撞击是瞬时的。笛卡儿认为，既然方向改变不能被理解为物体先停止再向另一方向运动，就有必要区分速度和方向；而惠更斯的分析表明，方向改变只是相对于参照系而言，若用碰撞物体的重心来决定参照系，则撞击没有引起任何变化。

抛弃那些永远无法满足笛卡儿新自然哲学清晰明确要求的力学概念，这种做法在惠更斯关于等时性的开创性研究中也有明显体现。[46]《摆钟》(Horologium Oscillatorium) 描述的便是惠更斯1656年末发明的摆钟。摆钟克服了发条调节阀遇到的一系列问题，因为调节阀的使用取决于钟摆的等时性，但是单摆的周期也受振幅决定，只有小振幅时影响才忽略不计。因此，惠更斯着手确定摆锤究竟应该以何种路径运动，其周期才不是振幅的函数，他发现这个路径是摆线。《摆钟》共四部分，每部分处理问题的一个不同方面。第一部分处理的是摆钟建造和使用的实际问题。第二部分是对振荡的抽象技术性讨论，论证摆线的等时性。第三部分讲的是如何确定曲线的渐屈线——即对曲线的曲率中心所在点的研究——证明摆锤的路径取决于悬挂点两旁的挡板形状，特别是证明摆线的渐屈线是摆线弧。第四部分讨论了复摆的振荡，确定复摆振荡与单摆振荡的关系。

第二部分是我们兴趣所在，主要可以分为三节。第一节（命题1-11）在伽利略《关于两门新科学的对话》第三天内容的基础上研究匀加速运动。这些命题描述的是垂直和沿斜面下落的物体。惠更斯想使用这些命题来分析复杂曲线路径的运动。在第二节（命题12-20）中，他用几何手段将这些曲线分解为一系列切线的极限。最后在第三节（命题21-26）中，他结合了前两节的结论和手段，将摆线分解为无穷多个平面，这样摆线就成为这些平面的极限。这样一来，他就可以证明，当物体在重力作用下沿着反向摆线下滑，从曲线任意一点到底部的时间等于自由落体下落与轴线相同的距离所需要的时间的$\pi/2$倍，所以物体在最低点周围的振荡是等时的。从落体角度来构建振荡理论，其背后的主导思路是摆线振荡（小振幅的情况下，是简单振荡）的周期与下落时间之间的关系。正如摆线摆的周期为摆长的平方根，下落时间也是从静止开始下落的垂直距离的平方根的函数；正如振荡周期是重力加速度的平方根的函数，下落时间也是。

纯粹从运动学角度研究力学的做法，在《摆钟》中比《论运动》中体现得更为明显。惠更斯有意识地、不加掩饰地淡化动力学的思考。韦斯特福尔指出，惠更斯1659年写成的论文——《摆钟》第二部分即以此为基础——中动力学的内容要比最终版本中多得多。[47] 其实最终版本是以动力学开篇的，首先列出了三个明确属于动力学的假说。[48] 第一个假说是，如果没有重力，也没有介质的阻力，所有物体都会继续原有的运动，速度不变，沿直线运动。第二个假说是，重力会在物体任意匀速运动上施加一个向下的运动。第三个假说是，这些运动可以分开研究，彼此不妨碍。命题1是由这些"假说"推出的，显然也是动力学，甚至谈到重力"产生"运动，还谈到重力带来的作用力 (vis)。但是，接下来的两个命题就以纯运动学方式讨论速度和时间与匀加速运动的关系。相比之下，命题4从动力学角度证明，自由落体获得的速度会让物体再次回到初始高度。不过，在命题5中，惠更斯替换上了运动学证明——与命题1相互独立——落体在连续相等的时间内运动的距离比是恒定的。第一节接下来的内容从运动学的角度来讨论自由落体加速度的极简动力学前提，以及物体系统的重心由于重力作用而上升的不可能性。

命题4的动力学与取代它的运动学论述是兼容的，表明惠更斯正是通过动力学思考才得出了结果，但他只情愿以运动学的方式来呈现研究结果。这与17世纪数学家 (如牛顿) 存在相似之处。这些数学家解题的时候也许用的是分析法，但坚持用论证形式即综合法来陈述结果。[49]值得一提的是，在发表《摆钟》的同年，惠更斯还给出了一个显然是动力学的证明，即阻力 (incitatio) 与摆线摆位移的弧线成正比。这项研究本可以很好地补充《摆钟》第二部分，但却收录在一篇未发表的关于弹簧震动的论文中。[50]运动学不仅是惠更斯首选的陈述模式，在他看来也是唯一能够清楚揭示基本过程的模式。

《摆钟》1673年问世时，惠更斯在书后附上了一些没有给出证明的定理，这些定理是14年前他在《论离心力》(De vi centifuga)中论述离心力时推导出来的。这项工作一开始是因为他想通过实验算出真空落体的重力加速度常量。[51]这是一次令他颇为沮丧的经验实践。梅森似乎首先意识到，钟摆的等时性能够为落体提供最为精确的计时，但是令他困惑的是，钟摆下落90°要比物体下落同样垂直距离更快。[52]基于伽利略的时间平方定律，梅森的实验显示，物体从静止到下落14英尺需要1秒钟，而利奇奥里（Ricciloi）的实验却得出1秒钟15英尺。[53]惠更斯开展了三次实验，一次比一次复杂。最终他放弃了用实验算出准确值的方法，转而考虑间接方式，考察重量和离心力的关系。他告诉我们，"物体重量等于等量物质从中心向外快速移动做出的努力"。[54]

重量和离心力的关系是《论离心力》圆周运动研究的核心内容。其主要目的是准确地——或者用笛卡儿的术语来说，清晰明确地——论述笛卡儿宇宙论的一个核心概念：离心力（这个词是惠更斯发明的）。我们谈过，离心力概念将笛卡儿基本力学和物质理论与他的宇宙论联系在一起，在他的宇宙论中发挥了最重要的作用，因为它不仅是其行星轨道间距和稳定性论述的关键要素，也是太阳光传播理论的关键要素。笛卡儿宇宙论认为，离心力和重量之间存在密切关系。物体以自身重量下落，肯定会挤开下落路径中更微小的物质，使其绕着落体向上运动。换言之，重量需要用物体和周围介质关系来定义，这是源自笛卡儿宇宙论的流体静力学模型的。不过，惠更斯意识到，这里存在两个未决的问题：地球旋涡的旋转应该引起落体的水平方向运动，且物体下落的方向不应该是地心，而应该是旋转轴。[55] 只有通过分析离心力才能解决这些问题，为了模拟旋涡离心力作用，惠更斯设计了一个巧妙的实验，在圆盘中放入水，两条平行线沿水面穿过盘的中心区域，将蜡球置于平行线之间浮在水面。这样一来，蜡球的运动就会受到限制。旋转圆盘，因为两条线的限制，球无法随着水旋转，反而移动到中心，并留在中心。发生了什么？流体的旋转产生了向心力，惠更斯因此为重力旋涡论提供了实验基础。

为了给出准确的离心力论述，惠更斯采用了运动学的分析。基于这一分析，他发现离心力在很多方面与重量互为镜像。1690年他在《论重力的原因》(*Discours de la cause de la pensateur*) 中指出：

因此，远离中心的努力，是圆周运动的一个恒定效应。尽管这个效应似乎与重量直接相悖……旋转物体远离中心的努力，与其他物体向中心移动的努力是一样的……因此，物体重量正是由此构成的，可以如此描述：流体物质——

围绕地球中心做圆周旋转,向各个方向运动——努力远离中心,将不参与这一运动的物体推到了流体物质原本的位置。[56]

将石头悬挂在绳子上,我们可以感到绳子上存在垂直向下的张力,这个张力可以直接用静力学解释。抡起石头,使其在水平面上做圆周旋转,也会感到向外放射的类似张力。惠更斯直觉地感到后者应该归入前者,这与年轻的伽利略相似。年轻的伽利略认为解释物体为何在稠密流体中上升的流体静力学论述可以被一般化,以考察为何重物在空气中下落。不过,惠更斯解释离心力时用的不是流体静力学,而是运动学,必须用运动学来确定重量和离心力的关系。惠更斯认为,悬挂在绳子上的石头对绳子的拉力,和水平面上旋转时石头对绳子的拉力,都是源自石头沿着拉力方向运动产生的趋势。

惠更斯在《论离心力》中首先概要介绍了自己的一般性论述。系于绳上的物体在无重力的水平面上做直径为 d 的圆周运动,离心趋势产生的绳子的张力等于自由悬挂时物体重量产生的张力,前提是如果物体圆周运动一周的时间等于下落 $\pi^2 d$ 距离的时间。[57] 惠更斯指出,因为自由落体的移动距离与时间的平方成正比,所以如果物体绕圆运动一周所需时间增加一倍并保持同样张力,那么圆周的直径将是原来的4倍。[58]论证的核心在于：将物体系于半径为AB的绳上，沿BD弧做匀速圆周运动（图11.2），第二条半径穿过D点，其延长线与在B点与圆相切的切线在C点相交。物体的离心力产生于直线惯性，若物体在B点按自身惯性自由移动，离开圆周的距离为DC。A角较小时，可以证明圆周和切线之间的距离，也就是DC，与BD弧长度的平方成正比。[59]由于角向运动是匀速的，弧长就成为时间的度量单位。结论是，离心力是一种运动趋势，随着时间平方增加，距离也会增加。其实，这就意味着物体的离心趋势会产生加速度，在数学上与重力相等。但惠更斯并没有往这个方向走。因为这会要求他向动力学转向，而惠更斯一直抵制这样做，这也反映出他对笛卡儿主义基础主义

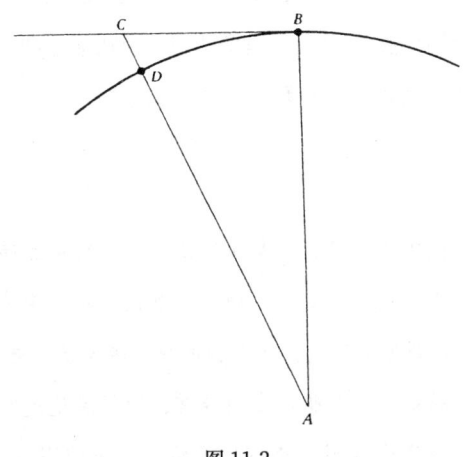

图 11.2

的执着。如果运动学这个自然哲学清晰明确的范式都无法解决问题,那么作用力这种我们知之甚少的东西也无法解决问题。

宇宙的无序

从地心说向日心说的演变,对世人的宇宙构想带来了巨大的冲击。从以离心力思考行星轨道演变为以向心力思考行星轨道,同样是一个重大的转变,造成了同样巨大的冲击。确实,在有些方面,后者更为激进。我们之前谈到过的各个宇宙论体系都假设行星轨道是宇宙的基本特征。圆形轨道的旋转中心也许不得不从地球转移到太阳才能解释观察到的轨道运动,也许会稍微拉长变形,也许在准磁力复杂的相互作用下会呈椭圆形,但轨道运动是宇宙的基本特征。例如,开普勒在《新天文学》(Astronomia Nova) 开篇写道:

> 世世代代均见证,行星按轨道运动。行星回转呈正圆形,这因理性直观推定,也由经验加以肯定。因为,所有形状中,正圆形最完美,所有物体中,诸天最完美。然而,当人深入观察且在经验中发现异常,即行星轨道并非简单圆形时,会产生强烈惊奇感,最终在其驱使下一探究竟。

天文学正是由此诞生。天文学旨在证明为何群星运动在天空中秩序井然,从地上看却似乎并不规则……[60]

开普勒告诉我们,在区分苍穹整体运动和行星运动之前,诸天的周日路径(diurnal path)似乎接近圆形,但这些"彼此缠绕,好似线团上的纺线,大多数是球面小圆,罕有球面大圆(如图11.3的ABCE、FMNG在CN处与赤道AB相交),有些在大圆北面,有些在大圆南面"。天文学家的任务是解开纺线。如果有人真的相信"太阳真的在一年内经过黄道带,就像托勒密和第谷·布拉赫一样,那他就不得不承认,三个地外行星(土星、木星、火星)在以太空间的环路由于是数个

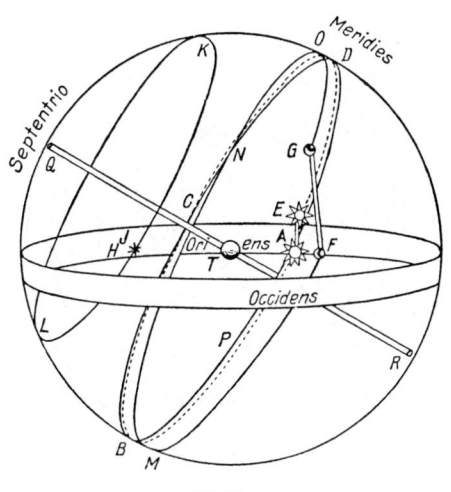

图 11.3

运动的复合，因此呈真正的螺旋状，而不是（先前认为的）螺旋如纺线般并排绕在线团上，形状应该更像碱水包（panis quadragesimalis, 即英语中的pretzels, 译者注：德国碱水包，又称德国结、扭结面包、蝴蝶脆饼等），如（图11.4）"。[61] 开普勒认为，这种学说生成这么复杂的轨道，和哥白尼的学说一比，显然不会有人选择前者。请注意，这里的关键在于，行星的简单运动不会因为与太阳或彼此之间的相互作用而受到摄动（perturbation）。我们谈过，开普勒认为，太阳的圆周运动带着众行星呈圆形轨道运动，但是太阳准磁力的影响会导致行星轨道摄动，结果轨道不再是圆形，而是变成椭圆形。这里的意义在于，研究是从简单曲线入手的，复杂性只是该曲线的修正。椭

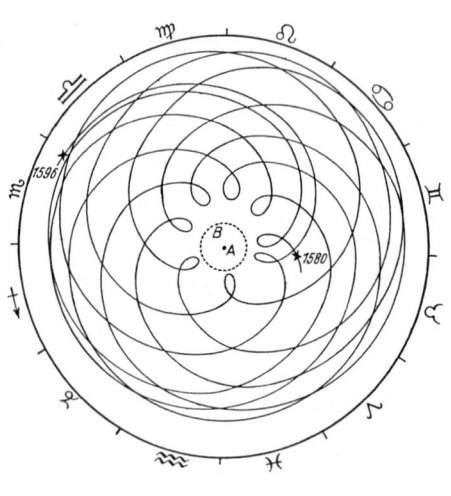

图 11.4

圆轨道的另一位拥护者波雷里 (Borelli) 也是这样做的。他在1666年研究美第奇卫星的著作中推断，旋转太阳的光线使行星保持椭圆形轨道，轨道的稳定性来自物体向中心太阳的向心力与旋转带来的离心力之间的平衡状态[62]，问题在于计算行星努力偏离既定轨道所需的作用力。

笛卡儿的旋涡体系也是基于同样的前提。行星及其卫星别无他选，只能旋转，因为围绕中心太阳旋转，是宇宙的基本特征：如果不旋转，所有运动都会很快停止，宇宙也不复存在，变成一堆物质。既然存在轨道旋转，那么力学问题就在于解释行星和月球轨道的稳定性。不管针对行星轨道的形状或者旋转中心以及轨道稳定性的原因存在何种争议，轨道本身的存在都是理所当然、毋庸置疑的。轨道是自然平衡状态的范式，是完美平衡运动的范式。

直到1679年底前，几乎所有人——包括牛顿[63]，尽管他是用离心力来研究轨道的——都是这么想的。

只有胡克是例外，他也是唯一一位以书面形式写下反对观点的人，尽管雷恩到1677年时几乎肯定受到胡克的影响，从而也可能持类似的观点。[64]不过，伽利略在《关于两门新科学的对话》第四天对抛物线轨迹的分析将匀速直线运动与地球引力施加的加速作用力相结合，表明行星轨道并不一定非要被视为原初存在：在理论上，它们可以被分解为分量。这个分析实际做起来极难，我们会在下一节讨论这个所谓的"开普勒问题",即如何判定围绕一个焦点力心做椭圆运动所需要的力。而现在我想谈的是一个近在眼前的紧迫问题:为什么在1679年之前除了胡克没有人走这条路?既然伽利略运动学对惠更斯、牛顿等自然哲学家产生了巨大的影响,既然伽利略运动学的关键在于将运动分解为分量,而惠更斯和牛顿又对此非常擅长,那么起码乍一看很难理解为什么他们没有沿着伽利略的思想继续迈出下一步:为什么轨道物体的轨迹会与其他所有曲线的轨迹不同?[65]而且,迈出这一步的人,不太具备将研究进行到底的能力。胡克尽管是17世纪最有创意、最天才的思想家之一,但他不是有创意的杰出数学家,最后也没能迈出第二步。确实,他忙于研究的是力,没有使用伽利略《关于两门新科学的对话》占主导地位的运动学传统来思考力学问题。

1679年11月,胡克给牛顿写信,问他:"尤其是,您能否不吝赐教,您如何看待将行星的天体运动视为沿切线运动的顺行 (direct motion) 和向心引力运动的复合?"[66]胡克的主张具有极重要的意义。他的观点是,不受约束的物体会沿直线运动,因此如果其沿闭合轨道运动,则肯定是某种原因导致其偏离了直线运动。他认为这个原因可能是太阳的引力。这就将轨道运动问题从物体如何努力偏离轨道、什么在阻碍它偏离,变为是什么约束了本该直线运动的物体，使其一开始就做轨道运动，而不仅是研究手段上的变化。加尔 (Gal) 指出，胡克的模型"将行星轨道视为结果——独立的、看似偶发的物理过程的结果"。[67] 行星轨道不再被视为本初的、上帝赐予的，保持着同样是上帝赐予的、向内向外趋势的平衡状态。开普勒对天文学本性的观点证明，托勒密和第谷的地心说体系显然是错误的，因为行星轨道缺乏规则性，而此时在胡克的观点面前，开普勒的观点也毋庸置疑成为"乞题"(question-begging; 译者注: 指在论证时把不应该视为理所当然的命题预设为理所当然)。在胡克主张的模型中，没有理由假设行星运动一定是规则的，或者甚至是有轨道的：如果实际上真的是这样，那就需要在更基础的层面进行解释。然而，胡克这个问题思考了十多年之久[68]，但到1679年给牛顿写信之前仍然没有找到解决办法。牛顿回信道，他已经多年没有思考过自然哲学问题了，也不知道"您的假说，将行星的天体运行视为复合，包括沿曲线切线运动的顺行"。[69] 其实，胡克早在1666年就于他在皇家学会宣读的关于"顺行随后被吸引力原理弯成曲线"的短篇论文中提出了这个观点[70]，在1674年他发表的卡特勒 (Cutler) 讲稿《试证地球运动》(*An Attempt to Prove the Motion of the Earth*) 中再次提及[71]，而且有理由认为牛顿也读过。[72] 不过，如果他真的读过，应该也没有给予重视，在这封回信中也同样没有重视胡克的建议。[73] 不过，巧合的是他确实对胡克提出的另一个事情产生了兴趣，这就是弗拉姆斯蒂德 (Flamstead) 称观察到了视差 (parallax)，这又间接将牛顿绕回胡克关于弯曲的问题。地球的周日旋转是视差问题的关键，所以牛顿设计了一个实验来证明。传统的对地球周日旋转的反对意见认为，塔顶下落的物体应该落在塔西边的地面上，但牛顿正好相反，认为其实应该落在塔东面，因为塔顶离旋转中心的距离更远，塔顶的切向速度大于塔底的切向速度，所以落体其实在向东分量上的速度会大于地面速度。然而，他为了证明画出的图 (图11.5) 不仅有物体落到地面的轨迹 AD，还继续延长到 C，表明如果物体自由下落到地心会是什么轨迹，这样一来，牛顿无意间赋予这个问题全新的意义，因为现在处理的已经不是自由落体

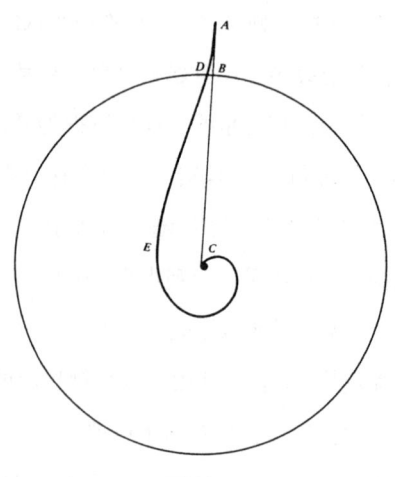

图 11.5

问题,而是轨道运动问题。现在的问题变为,最初做切线运动的物体会沿什么轨迹落向引力中心。而且,牛顿犯了个大错误,将第二段的运动画为螺旋形,胡克立刻就指出了他的错误。胡克认为,运动不会让物体落到中心,而是会"上升下降交替绕圈"[74],形成一个逐渐缩小的椭圆形轨迹(图11.6)。

牛顿意识到错误,迅速做出计算,试图证明胡克的答案也不正确。他实际上证明的是,假设重力为常量,不随距离变化,那么当物体穿过图11.6中的直径AD时,运动方向不是朝向N,而是N和D之间的某一点,如图11.7。通过这个证明,能够看到牛顿可以从离心力分析,即他(就像惠更斯一样)之前处理该问题的方法,相对轻松地转换为

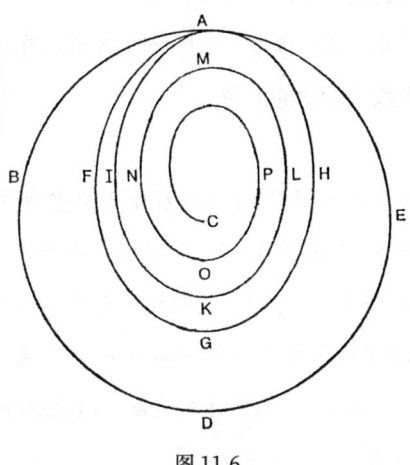

图 11.6

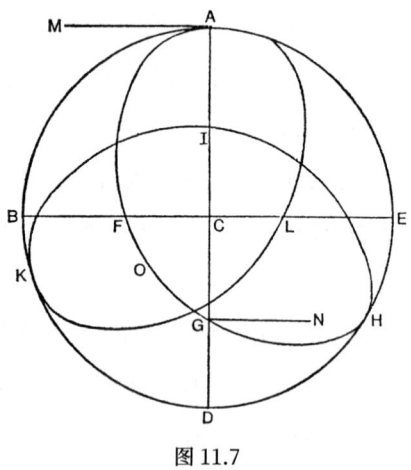

图 11.7

胡克的理念,即轨迹由物体受到的外力决定;确实,在数学上,离心力可以轻松地转化为向心吸引力。[75]他指出,物体在G点的运动是复合运动,包括在A点(向M点)的切线运动,和"从A到G的过程中每一时刻受到重力作用而连续形成的无数个运动的汇聚"。

这些无数个运动从A到F过程中因为重力作用连续产生,使轨迹由GN偏向D,从F到G过程中产生类似运动,使轨迹由GN偏向C。不过,这些运动与产生运动的时间成正比,从A到F所需时间(因为路程更长,运动速度更低)要大于从F到G所需时间。因此,AF段产生的运动要超过FG段,这使物体由GN偏向N和D之间某段。[76]

胡克在回信中指出，他没有将重力设为常量，而是与距离的平方成反比。问题在于如何根据这些条件求出相关曲线，因为需要考虑不断变化的速度和不断变化的距离之间的平衡关系，而胡克不知道怎么做。牛顿知道怎么做，不过他用的方法与胡克不同。当牛顿意识到向心力也许是理解轨道运动的关键后，在一篇可能是与胡克通信后两周内写成的论文中[77]，他对胡克的问题进行了逆向思考。他没有考察平方反比定律下的物体行为，反而假设物体在一个引力体的吸引下，以引力体为一个焦点做椭圆形运动，并证明这个椭圆形是由平方反比吸引力调节的。类似地，当哈雷 (Halley) 1684年问他，"假设太阳的吸引力与行星和太阳之间距离的平方互为倒数，行星运动会呈现什么样的"曲线[78]，他也扭转了思考，先假设一个椭圆轨道，然后考察轨道是如何生成的。

从曲线入手逆推，数学做起来就容易多了，不过从运动学角度来看，这是一个较为奇特的切入方法。另外一个因素是，就像之前的开普勒一样（试比较图11.4的"德国碱水结"和图11.7的曲线），牛顿假设轨道肯定是完全规则的。有意思的是，胡克从一开始就没有假定轨道是规则的，而是更多关注轨道是如何生成的。这就是伽利略的研究思路，将曲线运动分级为直线运动和加速度运动，但只有胡克意识到这可以用于轨道运动的研究。不过胡克也意识到这会导致有些轨

道不规则,因为行星会受到各式各样的吸引力作用。他在1674年的卡特勒讲座中提道:

> 一切天体都受到朝向其中心的吸引力或重力作用,不仅如我们观察到的地球一样吸引着自身各部分,防止其飞走,还会在活动范围内吸引其他天体;结果,不仅太阳和月亮对地球本身和地球运动产生了影响,地球也对日月产生影响,(所有其他行星的)吸引力都会对地球产生相当大的影响力,正如地球相应的吸引力也对每个行星的运动产生相当大的影响力。[79]

至少有一点很清楚,在这些条件下,决定行星轨道的作用力会很复杂,难以预测,最多只能做到一定程度的近似估算。也就是说,其实并不存在完全规则的轨道。[80]

到这里我们会问,是否胡克的研究思路中存在某些东西鼓励着他从这种角度看问题。他最初的动机似乎纯粹是从动力学角度出发的。他第一次阐述直线运动被弯曲的观点是他在皇家学会的演讲,他说道:

> 我经常好奇,为什么行星会按照哥白尼的学说围绕着太阳运行,它们既不处于固态的天球中(古人可能因此会接受固态天球的观点),也没有可见的线把它们和中心太阳拴在一起;行星

偏离太阳既不会超过一定的角度,也不会做直线运动,毕竟一切物体如果只受到一个冲力的话,理应做直线运动:因为一个实心固体在流体中向任意方向运动时（除非被附近的冲力推开,或被其他物体拦在路上；或者它所处其中的介质并不是均匀可穿透的）一定会保持直线运动,不会往这边偏或往那边偏。然而,一切天体都是规则的实心固体,都在流体中运动,却以圆形或椭圆形轨迹运动,而不是直线,除了它们一开始的冲力外,肯定存在其他原因将它们的轨迹弯成曲线。[81]

这能表明,胡克的关注与惠更斯等人的关注形成鲜明对立,两人在钟表机制上的对立可谓是最鲜明的。惠更斯从数学问题角度来研究问题:

单摆不会自然而然地向我们提供准确、均等的计时,因为我们观察到单摆的宽幅运动比窄幅运动慢。不过,采用几何方法,我们发现了一个不同的、全新的方法来使单摆悬停；我们还发现了一条线,其曲率可以奇妙地、颇为合理地给予单摆运动所需的均等性。[82]

相比之下,胡克不关心等时性,而是如加尔所说,关心的是一个恒定可控的力,"从这个角度来看,摆取代原始平衡摆 (foliot),以及后来的弹簧取代摆,都是作用力的实际操作——包括固有力(vis insita, 译者注：可理解为惯性)、重力、弹力"。[83] 对胡克来说，钟表学是力平衡的艺术，准确计时的挑战在于能否使不同的力保持平衡并相互抵消。在1665年左右写成的《关于发明经度计时的手稿》(*A manuscript concerning the invention of a longitude timekeeper*)中，胡克思考了特别是便携航海钟的摆的运动中心经常与其重心不一致的问题，谈到了引入"人造重力"的必要性："因为自然重力无法控制运动中心；我设计了一个人造重力，能够实现同等效果。"[84] 这个人造重力就是弹簧，用人造重力替代了摆的自然重力：

重量作用下产生自然摆或垂线，伽利略首次将其应用于计时，同理，弹力作用下产生人造摆，其振动运动取决于朝向某一确定点或始于某一确定点的弹力，如同垂线或摆取决于朝向地心的重力作用。[85]

胡克的工作自始至终都在尝试建立一套以重心为中心问题的一般性力或力量理论，首先是他对物质和力量理论的研究(1661)，在《显微图谱》(*Micrographia*, 1665)的观察报告VI中继续完善，最终在1678年的卡特勒讲座《论势能的恢复，或弹力》(*De Potentia Restitutiva, Or Of Spring*)中发展成熟，用弹簧取代了自然力或一般力量。加尔指出，对胡克来讲，"力量创造秩序。这不是指公转天球的平稳状态,也不是指固体和谐状态下的完美静态,而是他的表中动力的、自我校正的、不稳定的秩序。就像这块表一样,胡克的力量概念也是用弹簧构建的"。[86] 胡克的研究动机主要来自仪器的精确平衡和控制问题,他没有理由用运动学重新论述动力学问题。他深挖物理问题的动力学核心,并借此重新论述这些问题,这将动力学研究推到了前台。这也带来了一种非常不同的认识宇宙微妙平衡的方法,再次将对轨道运动的力学思考与影响了运动学的伽利略思想直接联系在一起。

动力学

牛顿后来的确承认,是胡克1679年末的信促使他开始从重力角度思考轨道运动,不过他和哈雷说的是,他在和胡克通信前已经根据开普勒定律——轨道运动中,相同时间内扫出的面积也相同——算出了平方反比关系。[87] 在用向心力构建轨道运动方面,有两个问题牛顿不得不搞定。我们谈过,伽利略和惠更斯成功地将实用数学应用于运动学。伽利略在其运动学中还建立起数学学科和自然哲学之间的桥梁,而牛顿的任务在于,利用实用数学的资源来处理动力学的"开普勒问题",即如何判定围绕一个焦点力心做椭圆运动所需的力。因为自然哲学发展到这一步已经在很多方面超越了应用数学资源的解释能力，其中最重要的是力的问题，所以力的量化，即开普勒问题的核心，是成功量化自然哲学一定要解决的必要条件。第二个问题是力学的核心概念问题，动力学能否成功就在于能否解决这个问题，即惯性状态的本性。如果要将伽利略运动学模型用于动力学，那么一切研究的成功都要取决于能否确定物体在没有力的作用下会如何运动。

1684年1月，在皇家学会召开的一次会议上，哈雷、雷恩、胡克讨论了能否用直线运动和向太阳的吸引力复合算出行星轨道。胡克的证明没有说服雷恩，但雷恩自己无法解决问题，哈雷也没有办法。1684年8月，哈雷去剑桥拜访牛顿，问他如果太阳吸引力随距离平方变化而变化，行星轨道会呈何种曲线。据记载，牛顿立刻回答道会是椭圆形，他之前就算出来了。其实，他这个最早的计算也许是与胡克通信后立刻完成的，但他意识到算错了，所以他为了证明又从头开始计算。[88]

最晚在一两个月内，他就算出了答案，但解决的不是哈雷最开始提出的问题。应该指出，当胡克向牛顿建议考虑向心力时，牛顿清楚向心力不会与距离成反比。通过从离心力的角度来思考问题，牛顿和惠更斯都在之前分别独立证明过圆周运动的力正比于 v_2/r。如图11.8，P 是行星，S 是位于椭圆焦点的引力体。胡克认为 P 点的速度反比于

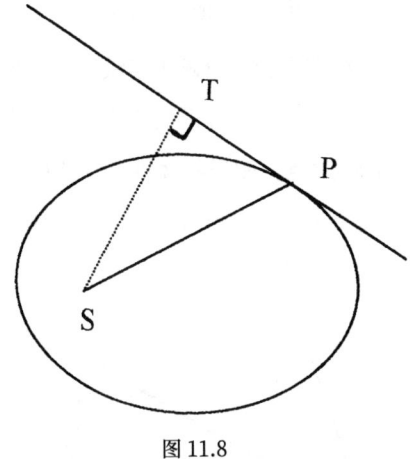

图 11.8

SP，即与太阳的距离，而牛顿（和惠更斯一样）知道它其实反比于ST，即从S做垂线，与轨道在P点的切线相交于T点后ST的长度。[89]

哈雷拜访之后[90]，牛顿在重新证明中首先给出了三个"假说"。第一个假说表述了直线惯性原理：物体在不受介质阻力或外力作用时，会保持匀速直线运动。

第二个假说是关于路径上运动任意变化与使其变化的力之间的比例。最后的第三个假说是关于如何通过平行四边形运动法将运动分解为分量，AB和AC线表示两个运动，长度与运动成正比（图11.9），两线可以合并形成一个平行四边形，运动就可以由AD线来表示。接下来，第一个命题证明，一个平面上运动的物体若连续被中心吸引，会在相同的时间内扫出相同的面积(开普勒第二定律)。为了处理这个问题,他将连续的吸引力分解为连续瞬时产生作用的离散冲力。图11.10中,我们假设太阳在A点,物体在T时间内从B点移动至C点。如果物体在C点没有受到冲力,就会在下一个时间间隔T内沿着BC的延长线移动至I点。不

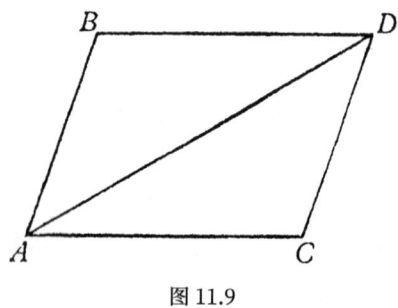

图11.9

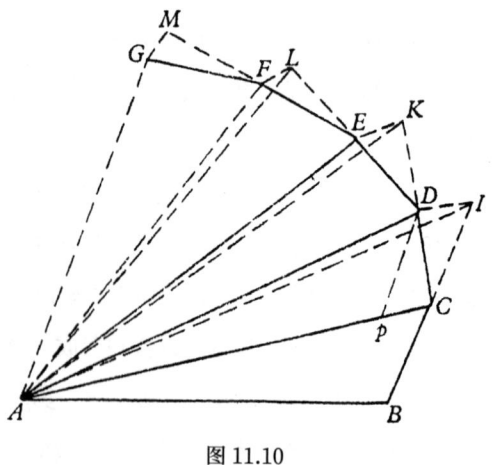

图11.10

过,它的确在C点受到了冲力,产生了向A点移动的运动分量。如果画一条线ID,平行于CA,其与CD线相交的D点是物体在第二段时间后达到的位置。三角形ABC和ACI的底边BC和CI相等,又有同边AC,所以面积相等。三角形ACI和ACD有同底AC,又都位于两条平行线之间,所以面积相等。所以,第二段时间画出的三角形ACD与第一段时间画出的三角形ABC面积相等。如果我们使每段时间逐渐减小,使力连续产生作用,BCDEFG线会变为曲线,沿着这条曲线运动的物体会在相同时间内扫出相同面积。牛顿这个证明最重要的成就之一就是表述问题时引入了时间。其结论为,如果运动是向心加速的,那么开普勒面积定律成立,这样就可以用扫过的面积以几何方式表示时间,适用于所有向心加速运动。[91]

下一个任务,是证明沿椭圆形轨道围绕中心引力体运动的物体受到的吸引力与距离的平方成反比。牛顿首先证明,物体沿椭圆形轨道运动,椭圆形的一个焦点与引力中心重合时,平方反比定律对该物体的拱点 (apsides) 适用 (命题2),接着又证明,这对椭圆周上任意一点都适用 (命题3)。[92] 命题2从最容易的点切入问题,因为椭圆两端的曲率是相等的,这意味着他可以用圆几何来算出想要的结果。他也确实是这样做的,在证明中使用了连续的力,而不是不连续的冲力。相比之下,命题3处理的是更困难的一般性情况，又重新用起了冲力，完全无视命题2的结论。不过，关键结论在于，椭圆形轨道只需要平方反比向心力，这与开普勒试图证明"椭圆形轨道是圆形轨道和次级（准磁）力合力的结果"是不同的。

尽管牛顿的分析取得了成功，但是哈雷提出的问题和牛顿实际上解答的不是一回事。我们谈过，胡克关注的是向心力的本性：向心力是什么，如何起作用。哈雷、雷恩、胡克感兴趣的是，给定力的定律，如何确定运动轨迹。而牛顿回答的问题正好相反：给定运动轨迹，如何找到力的定律？其实，牛顿从来没有明确解答第一个问题[93]，也没有试过考察作用力的本性。不过，虽然他没有解答引力本性的问题，但是在针对力的一般性问题做出重大阐明之前，他也无法继续研究动力学。

牛顿对力的思考有几处来源，其中重要的一个原因是他否认了笛卡儿关于空间和物质的概念。在这里，牛顿受到了亨利·莫尔的影响。这要从17世纪40年代笛卡儿和莫尔的通信说起。[94] 莫尔反对笛卡儿的二元论，理由是无法理解一个没有在空间上广延的纯粹灵魂怎么就能与一个纯粹物质体相结合，因为在笛卡儿看来物质体就是广延。莫尔提议，还不如假设灵魂虽然是非物质的但也是广延的，而且世间万物甚至上帝都是广延的，否则上帝怎么还能存在于世上。他问道：

首先,您对物质或物体的定义过于宽泛。确实,正如天使是广延体,似乎上帝也是广延体,而且在广义上一切自立存在的事物都是广延体,这样一来似乎广延的界限就与事物绝对本质的界限一样,然而根据这些本质的种类不同,界限也会随之变化。我自己认为,上帝是以这种方式广延的,正是因为他无所不在,既亲身占据世界中的每个粒子,也亲身占据整个世界机器。确实,如果他没有以最亲切的方式触碰了宇宙的物质,或至少没有在某个时间触碰了宇宙的物质,那么他怎么能够将运动传递给物质,因为他至少这样做过一次,而且据您所言,他现在仍然在做。如果他不是无所不在,没有占据所有的空间,那么他肯定无法做到这一点。因此,上帝是……一个广延物。[95]

广延的观点不能被用来定义物质,因为它包括物体和灵魂,而且两者都是广延的。莫尔的提议是,既然物质不像空的空间(empty space),必须是可感觉到的,那么就应该由其与感觉之间的关系——如可触性——来定义。然而,笛卡儿(出于清晰明确的原则)坚决避免谈论任何感官知觉。针对这一点,莫尔建议,应该由不可入性(impenetrability)来定义物质,因为不可入性是物质必定拥有的,也是物质区别于灵魂之处。灵魂虽然是广延的,但是自由可入,无法触碰。这就意味着,灵魂和物体可以在同时存在于同一地点,不同的灵魂可以存在于同一位置。

与笛卡儿不同,莫尔坚持将空间和空间中事物区分开的古典传统;空间中的事物在空间中也是实际移动的,而不是事物之间仅做相对运动,因为具有不可入性所以占据空间。莫尔主要从两方面来批评笛卡儿将空间或广延等同于物体。第一,他认为,广延不仅是物质的属性,而应该是存在的属性:事物只有在空间中广延才能存在。第二,他指责笛卡儿没能辨别物质和空间的特性:物质在空间中移动,由于不可入性因此占据空间,而空间不会移动,不会因其中是否存在物质而受到影响。

17世纪40年代时,莫尔的观点倾向于将空间和精神混为一谈。不过,他接下来意识到这样不太令他满意,所以后来他明确区分了精神的广延与精神及一切事物所处的空间。[96]他区分了空间或纯非物质广延,与弥漫充满空间、作用于物质、产生磁力和重力等各种非力学效应的"自然的精神"(spirit of nature)。由于重力无法用纯力学来解释,因此此类现象就归在自然的精神之下。[97]莫尔继承了笛卡儿的观点,不认为重力是物体的本质特性,但是重力又不能用力学解释,所以如果在这个世界中不存在其他非力学的力,那么移动的地球上没有被固定住的物体就不会停留在地面,而是会飞入太空。但是在现实中物体不会飞入太空,这就证明自然中存在一个"超越力学的""精神的"代理人。确实，如果没有一个非力学原理的作用，那么宇宙一切物质就会瓦解、分散，甚至连物体都不会存在，因为没有什么能将物体的终极构成粒子维系在一起。当然，植物、动物、太阳系中彰显的那种有目的的组织也不会存在。这些都是自然的精神的功劳，而它本身无意识，是神圣意志的工具。

因此，一种自然的精神弥漫整个宇宙，广延至无限的空间。[98]在此基础上，空间本性的问题应运而生。尽管莫尔在这里有些闪烁其词，不过一般来讲他倾向于认为空间就是神圣的广延。他是这样思考的：首先，"空间"是广延的。笛卡儿指出，广延不能无中生有：两个物体间的距离是真实存在的，或者至少是一个有着真实基础的关系。不过莫尔并没有从这里推理出空的空间不是真实的，相反，他认为这肯定是一个真实主体的真实属性，因为不可能存在没有主体的属性。这不仅适用于物质，物质不存在的地方也适用。他写道："确实，我们无法不想象一个不动的、弥漫万物至无限的广延是一直存在的，也会继续永恒存在，因此与物质截然不同。"[99]弥漫万物的、无限的、广延的实体确实是一个质，但不是物质。它是精神：不是随随便便一个精神，而是精神本身，即上帝。空间不仅是真实的，还是上帝的属性。

莫尔对牛顿的影响，早在17世纪60年代初的《一些哲学问题》(*Certain Philosophical Questions*)中就能明显看到。[100]此外，可能是80年代中期写成的《论重力》(De gravitatione)[101]也就莫尔的一些观点加以展开。它的全称是《论流体的重力和平衡》(On the gravity/weighing-down and equilibrium of fluids)，原本计划写流体运动学，但除了一些定义和命题外，他只写完了引言部分。引言部分介绍了他对力和物质本性的论述。受莫尔启发，牛顿认为，笛卡儿既然分离了心(mind)和身(body)，就等于否认了物质世界对上帝的依赖。牛顿认为这无异于无神论。他在两个主要问题上严厉谴责笛卡儿，一是他的空间和运动的相对性概念，另一个是将物质等同于广延。笛卡儿仅仅将运动视为地点的变化，但牛顿不赞成。他写道："物理和绝对的运动应该要用平移以外的东西来定义，平移仅仅是外部的。"他的意思是，地点的改变是运动的结果：运动本身需要用物体内部的力来描述和解释。定义5告诉我们，力是运动和静止的因果原理，"既不是生成、破坏或改变物体的运动的外部原理，也不是使物体保持现有运动或静止，使一切存在努力维系自身状态、抵抗阻力的内部原理"。定义8将惯性定义为"物体内部的力，以防该物体被外力激发轻易改变状态"。[102]

牛顿主要是从维持物体运动和静止的力的角度，而不是力的作用可能产生的地点变化的角度，来思考运动和静止的。由于使物体静止的力与使物体在特定方向以特定速度运动的力不同，运动和静止是绝对的。这两种状态又与加速度运动不同，运动和静止只需要内力来维持，而加速运动既需要内力也需要外力。牛顿对这些力进行了修订和重组。为了理顺这些关系，他尝试了不同排列组合。这项工作是牛顿全部动力学理论的基础。手稿存在前后四稿，我们可以将其统称为《论运动》。[103] 第一稿是1684年夏天写成，第二稿是同年末，第三稿是1684年末/1685年初。牛顿在第二稿开篇列出了四个定义：

定义1：向心力，是物体受到的朝向一个中心点的吸引力或受力。

定义2：物体的力，或物体的固有力 (vis insita)，是物体努力维持其直线运动的力。

定义3：阻力是规律地阻碍运动产生的力。

定义4：量的指数是与当前作为研究对象的量成比例的其他任意量。[104]

他又加入了五个定律 (第一稿中称为"假说")：

定律1：物体在不受外部阻力的情况下，由于其固有力的作用，会保持匀速直线运动。

定律2：运动或静止状态的改变与受力成比例，沿着受力方向做直线运动。

定律3：无论一个既定空间是静止的还是做不含圆周运动的持续匀速直线运动，该既定空间中的各物体的相对运动相同。

定律4：公共重心不会由于物体相互作用而改变其运动或静止状态。这是由定律3推出的。

定律5：介质的阻力由介质密度与物体球面及物体速度共同决定。[105]

基于以上定义和定律，牛顿尝试论述行星运动。前几稿中，他想从两个力的相互作用中导出轨道运动。两个力自身就有问题，彼此之间的关系也有问题。第一个力是固有力，拉丁语是 *vis insita*，牛顿认为这是维持物体匀速直线运动的力。它等同于物体抵抗状态改变所需的力，而且似乎也解释了该力从何而来，因为物体抵抗改变所需的力取决于物体的状态：物体的尺寸及物体的速度。第二个力是向心力，连续使物体偏离直线运动。向心力产生了匀速加速度，所以根据自由落体模型被自然而然视为重量和加速度的乘积。不过我们刚刚谈到，它并不总是被视为连续力，而是根据撞击模型被视为不连续的运动增量。就胡克对这个问题的思考而言，轨道运动只涉及一个力，也就是使物体偏离直线路径的力。牛顿的想法更接近于轨道是相同的力之间的平衡产生的。问题在于，两个力似乎不可通约，牛顿使用运动的平行四边形来作为力的平行四边形，挣扎着尝试算出合力，但没有成功。

牛顿在《论运动》中接下来的修改起初不但没有解决问题，反而凸显了问题，因为他将两组明显是动力学的概念推到了台前：一组围绕着绝对运动的概念展开，另一组围绕惯性原理展开。惯性原理其实会削弱以绝对方式判定运动的方法，因为我们刚刚谈过，定律3告诉我们"无论一个既定空间是静止的还是做不含圆周运动的持续匀速直线运动，该既定空间中的各物体的相对运动相同"。如果这个定律成立，那么我们就无法在静止和匀速直线运动之间做出绝对区分。牛顿对此问题的第一个反应是对运动给出一个新的定义。他之前用固有力，即 *vis insita* 来定义运动，即物体维持匀速直线运动的力。不过因为区分静止与匀速直线运动的难题，他现在将两者都纳入运动的定义，并称是固有力导致两者出现。他将物体的固有力定义为：

> 物质的固有力是抵抗力，是物体在正常状态下通过这个置身其中的抵抗力继续保持静止或沿直线做匀速运动使用的力。它与它所属的物体成比例，实际上等同于物质的惯性，尽管在我们的概念模式中不将两者视为一回事。[106]

请注意，在这里固有力仍然是物体保持状态使用的力，只不过现在加入静止状态，也能够以这种方式维持状态。在这一版说法中，牛顿说的是匀速直线运动和静止都需要力才能维持下去。固有力就被视为一个内在的维持力：它是物体抵抗状态变化使用的一个独立的力。不过接下来牛顿重新思考了整个问题，仅将固有力视为物体抵抗状态变化使用的力，而不是物体维持状态使用的力。

总而言之，我们可以将牛顿的思想演变分为三个阶段。他首先认为，物体需要一个固有力，即 *vis insita* 来维持匀速直线运动。这个力也是物体抵抗状态变化需要的力。其次，他考虑到匀速直线运动和静止在动力学上不可区分，所以静止和匀速直线运动之间必须要引入某种对等性。作为解决办法，他让固有力既负责维持匀速直线运动，又负责维持静止。再次，他意识到维持运动和静止与抵抗状态改变是存在不同的，他就将后者等同于固有力，结果前者就无力可用了。这意味着维持静止和匀速直线运动不再需要力：只有改变状态时才需要力。这样一来，他成立了一种彻底焕然一新的惯性理论，所有困扰着伽利略和笛卡儿学说的问题都迎刃而解。

在一些关键意义上，牛顿动力学是在伽利略运动学模型的基础上发展起来的。确实，后者对牛顿构建动力学至关重要，所以通向动力学的道路是运动学而不是流体静力学。《自然哲学的数学原理》第二卷大部分都在谈这一点，提出了对旋涡理论的详细批评，证明如果在笛卡儿旋涡中心不存在恒定的能量输入，旋涡中的运动很快就会平均分布。我们之前谈过,流体静力学考察的是物体与周围介质相互作用时的行为。研究首先从静止介质入手,物体比重和介质比重的量化关系决定了物体的运动。广延至宇宙论后,笛卡儿认为,物体实际所处的介质是关键,决定着我们对物体位置与太阳关系以及物体轨道形状和速度的认识。在此模型下,一切物理变化都存在物质因(material cause),通过直接接触产生作用:比如,行星之所以在特定的轨道上运行,是因为构成物体周围流体的微粒在压力和速度上存在相对差异,而且尽管太阳离行星很远,也可以沿着太阳和行星之间不间断的物质链通过接触作用于行星。认识物理过程,就在于认识物体和周围介质的关系:比如,介质就是伽利略前期和笛卡儿自由落体问题研究的关键构成部分,因为这个物理问题一开始正是由介质和物体的相互作用定义的。这种思路使平衡状态成为关键的物理概念,这也强化了行星轨道浑然天成的观点,毕竟行星轨道被视为天体平衡的范式。

运动学模型被引入动力学后,为物理研究指明了一个全新的方向。现在的出发点变为物体在不受任何约束情况下的行为,约束被定义为任何会导致物体偏离静止或匀速直线运动的东西。在此模型下,第一步要分析孤立物体的行为,然后判定当物体受力时行为如何改变。在不考虑引力的时候,这个方法颇为有效。在从单一物体宇宙到双体宇宙再到n体宇宙（碰撞是该宇宙中唯一的相互作用形式）的研究过程中，是运动学提供了解答，然后可以通过用动力学内容填充运动学过程来在更为基础的层面上对这些解答做出解释。然而，一旦引入引力，情况就会发生翻天覆地的变化。我们首先研究孤立物体情况时，就需要将其视为一个质点，也就是说，假设它的内部不存在微分引力效应，因为这些效应在动力学上非常复杂。但是，这样一来从一体宇宙过渡到双体宇宙的变化就是定性的了。[107]一体宇宙根本就无法告诉我们双体宇宙中两个物体对彼此施加的引力情况，所以引力就变成了一个额外添加的问题，因为只有物体数量多于一个时引力才会出现。而且，一旦我们考虑物体间的相互引力，伽利略模型立刻出现了问题，因为严格意义上讲我们就无法再从静止物体的行为开始研究：

因为吸引力总是朝向物体的，而且——第三定律规定——产生吸引的物体和被吸引的物体的行为总是相互的、相等的；所以，如果有两个物体，引力的施力方和受力方都不可能静止，而是两者……围绕着一个公共重心公转，仿佛彼此吸引。[108]

更一般地说，运动学方法鼓励我们将惯性视为物体自身物质的一部分,而物体间的吸引力则只能被视为这种物质在物体或质点周围介质中产生的效果。不过,这样看待内部惯性状态和外部引力之间的关系是有问题的。试着考虑引力研究最简单的双体情况——自由落体。伽利略已经证明,在真空中一切物体都会以匀加速运动落地。特别是,他证明两个材质相同但绝对重量不同的物体,比如两个铅球,若从相同高度同时释放,则会同时落地。不过如果一个球质量更大,如果引力与质量成正比,那么其他条件均相同的情况下,更重的物体会受到更大的引力,加速率会更高。牛顿认为,之所以不会发生这种情况,是因为质量更大的物体受到的更大的引力(现代术语称"引力质量")恰好被其更大的惯性(现代术语称"惯性质量")造成的对加速的抵抗所抵消。为了证明这一观点,牛顿开展了一系列实验,使用了尺寸相同但比重不同的摆锤:惯性质量与引力质量的比例差,会反映在振动周期的差。[109]不过,他又不能为这个相等的现象提供理论依据,因为尽管能够明显感觉到牛顿在其动力学中将惯性和引力视为基础性质,伽利略模型显然只为他认识惯性和碰撞提供了理论基础——动力学在这里的作用就是为稳固的运动学架构填充内容——但是没有为他认识引力提供理论基础。[110]结果,针对惯性开展的分析再次阐明,对引力来说是不适用的。

在对牛顿体系的批评中，有很大一部分针对的是他没能全面论述重力的本性。此外，"思辨"——或用一个党派色彩不那么浓的词，"基础主义"（译者注：尽管"思辨"这个词在中文是褒义词，或至少是中性的，但speculative在英文中的本意是"猜的、猜想的、臆测的"，在"没有证据"这个意义上是含贬义的。中文按照约定俗成，不翻译成"靠猜的哲学"，这样译才能忠实体现出原文的贬义，而是较为好听的"思辨哲学"。在原文中，作者觉得人可能会认为用speculative不太好，是在批评这一哲学全是靠猜，这个词党派色彩较浓，所以才给出一个更加中性的词"基础主义"；这也解释了为什么全书凡出现"思辨哲学"时，

"思辨/speculative"大多都是加引号的）——自然哲学和实验自然哲学之间的鸿沟，在《自然哲学的数学原理》出版后又一次成为争论的焦点。尽管该书从力学基本原理导出广泛的地球和天体现象，但仍然被融入了一套被全新制定的实验自然哲学。[111]这里的一个关键问题在于，基础自然哲学、实验自然哲学和力学之间究竟是什么关系。更一般地说，这是关乎自然哲学统一的问题，也是我们下一章要讨论的问题。

1 见 Aristotle, *Posterior Analytics*, 75^{a}28–38: "在每个属（genus）中，都有本质的、被各自主题拥有的属性，正因为这些属性是必要的，显然科学知识研究的结论和论证前提都是必不可少的。……因此，在论证时，我们不能够从一个属跨到另一个属。" Cf. 76^{a}23 ff. and *De caelo*, 306^{a}9–12.

2 *De caelo*, 297^{a}9 ff.

3 *Post. Anal.* 75^{b}14–16.

4 *Physics*, 194^{a}10.

5 关于《力学问题》，见 Henri Carteron, *La Notion deforce dans le système d'Aristote* (Paris, 1923). 关于《力学问题》在16、17世纪的影响，见 Pierre Duhem, *Les Origines de la statique* (2 vols Paris, 1905–6); Paul Lawrence Rose and Stillman Drake, 'The Pseudo-Aristotelian *Questions of Mechanics* in Renaissance Culture', *Studies in the Renaissance* 18 (1971), 65–104; and W. R. Laird, 'The Scope of Renaissance Mechanics', *Osiris* 2 (1986), 43–68. 《力学问题》可能是斯特拉托（Strato）或泰奥弗拉斯托斯（Theophrastus）所著，但传统上曾认为是亚里士多德所著，迪昂（Duhem）和卡尔特龙（Carteron）也是这么认为的。这部作品具有亚里士多德的特征，不过有一点特别之处，亚里士多德自然哲学只限于自然过程，因为自然过程正是由事物的本质（nature）决定的，但《力学问题》的主题，正如其开篇首句所讲，是"人为违背自然而创造出的现象，为了造福人类"。

6 耶稣会的评注者们到了17世纪30年代已经采用了"物理—数学"这一术语——如 Nicolo Zucchi, *Nova de machinis philosophia* (Rome, 1649)——但他们将这个术语等同于"混合数学"：见 Ugo Baldini, 'The Development of Jesuit "Physics" in Italy, 1550–1700: A Structural Approach', in Constance Blackwell and Sachiko Kusukawa, eds., *Philosophy in the Sixteenth and Seventeenth Centuries* (Aldershot, 1999), 248–79: 259.

7 *Mechanica*, 850^{a}39–850^{b}6.

8 最重要的是 *De caelo*, 301^{b}4 ff.

9 Galileo, 'Dialogue on Motion', trans. in I. E. Drabkin and Stillman Drake, *Galileo on Motion and on Mechanics* (Madison, 1960), 这是一部极珍贵的伽利略作品合集；另有 Drake and Drabkin, *Mechanics in Sixteenth-Century Italy*, 收录了同时代塔尔塔利亚、贝内德蒂、德尔蒙特（Guido Ubaldo del Monte）的一些力学作品，独特有趣。

10 相关讨论见 Duhem, *Les Origines de la statique*, i. ch. 11.

11 详细讨论见 Michael Wolff, *Geschichte der Impetustheorie: Untersuchungen zum Ursprung des klassischen Mechanik* (Frankfurt, 1978).

12 *Physics*, 215^{a}24–216^{a}21.

13 相关讨论见 R. S. Westfall, *Force in Newton's Physics*, 25.

14 见 Stillman Drake, *Galileo at Work* (Chicago, 1978), ch. 2 on *De Motu* and chs. 3 and 4 on his *Mechanics*. 另见 Clavelin, *The Natural Philosophy of Galileo*, ch. 3. 《力学》有一部英文译本，见 Drabkin and Drake, *Galileo on Motion*.

15 相关观点见 Dear, *Discipline and Experience*, 他认为数学物理来源于混合数学。另见 W. R. Laird, 'Galileo and the Mixed Sciences', in Daniel A. Di Liscia, Eckhard Kessler, and Charlotte Methuen, eds., *Method and Order in Renaissance Philosophy of Nature: The Aristotle Commentary Tradition* (Aldershot, 1997), 253–70.

16 Descartes, *Œuvres*, ii. 74.

17 关于他是如何持续研究的精彩讨论，见 Drake, *Galileo at Work*.

18 尽管《关于两门新科学的对话》在当时流传范围不广、速度不快，甚至到了1671年都没有什么知名度。见 Thorndike, *A History of Magic and Experimental Science*, vii. 44.

19 传统研究中的"强度量"（intensive magnitudes）的确也在伽利略的论述中有所体现，但被完全转换了：见 Clavelin, *The Natural Philosophy of Galileo*, 278–98.

20 Galileo, *Two New Sciences*, trans. Stillman Drake (Madison, 1974), 154–62.

21 同上，166–7.

22 同上，175–7.

23 同上，221–2.

24 同上，222–3.

25 同上，223.

26 Galileo, *Two New Sciences*, trans. Stillman Drake (Madison, 1974), 65–108.

27 相关讨论见 Paul Lawrence Rose, 'Galileo's Theory of Ballistics', *British Journal for the History of Science* 4 (1968), 156–9.

28 如果惠更斯在发现之时就发表，历史意义会更大：然而基本所有的成果都是在多年之后才公布，而且很多仅收录在 *Opusculaposthuma*, ed. B. de Volder and B. Fullenius (Leiden, 1703).

29 尽管有些人（如伽桑狄）嘲笑笛卡儿的清晰明确原则，还是有一些颇具影响力的思想家非常严肃地看待这个事情，特别是惠更斯、斯宾诺莎和马勒伯朗士。惠更斯在放弃笛卡儿自然哲学几乎全部主要原则多年之后，态度仍然鲜明。1693年2月26日他给拜尔（Bayle）的信中写道，尽管他已经无法再接受笛卡儿物理学和形而上学，但是笛卡儿哲学的伟大之处在于笛卡儿说的话别人能听懂，不像其他哲学家满口"性质、实质形式、意向种类"：Christiaan Huygens, *Œuvres complètes de Christiaan Hugens*, ed. La société hollandaise des sciences (22 vols, The Hague, 1888–1950), x. 403.

30 Huygens, *Œuvres*, xvi. 29–91; 我引用的是英文译本，见 Richard J. Blackwell, 'Christiaan Huygens' The Motion of Colliding Bodies', *Isis* 68 (1977), 574–97，以下简称 *The Motion of Colliding Bodies*.

31 见 Huygens, *Œuvres*, xvi, 3–14.

32 17、18世纪的碰撞概念经常造成误解，因为坚硬和柔软物体之间的区分不完全等于弹性和非弹性物体之间的区分。惠更斯没有将他实验中的坚硬物体想象为弹性物体，因为弹性是动力学的概念，但我们会谈到，他想通过运动学来推理。然而，惠更斯的坚硬物体的行为完全不像笛卡儿的坚硬物体的行为，他提出的定律相当于雷恩（Wren）提出的弹性物体定律，见 'Lex Naturae de Collisione Corporum', *Philosophical Transactions* 3 (11 January 1669), 867–8. 雷恩之所以制定这些定律，是因为之前皇家学会请他考察撞击现象。沃利斯（Wallis）也发表了一篇论文，提出了非弹性物体的碰撞定律，但惠更斯研究碰撞定律的论文，也就是我们现在讨论的这些定律，当时并没有发表：见 Huygens, *Œuvres*, xvi. 173–8.

33 惠更斯对"相等"（equality）的定义，比笛卡儿对这个词的定义稍微更接近"质量相等"的含义，不过它仍然被视为同质等量物体的量，所以与体积成正比。

34 *The Motion of Colliding Bodies*, 575.

35 我这里之所以加了"一个"，是因为惠更斯没有考虑方向的改变与速度的改变是否在动力学上是等同的。

36 *The Motion of Colliding Bodies*, 574–5.
37 惠更斯认为，守恒的是物体量乘速率平方得到的乘积。针对撞击中什么守恒的争议持续了相当长的一段时期。见 Wilson L. Scott, *The Conflict between Atomism and Conservation Theory, 1644–1860* (London, 1970).
38 *The Motion of Colliding Bodies*, 581–2.
39 Westfall, *Force in Newton's Physics*, 151.
40 Huygens, *Œuvres*, x. 405.
41 在《论重力的原因》(*Discours de la cause de la pesanteur*, 1690) 中，他对牛顿的重力论述持同样的态度，否认重力是吸引力，坚持认为必须要用运动解释：*Œuvres*, xxi. 472.
42 *The Motion of Colliding Bodies*, 585 ff.
43 Evangelista Torricelli, *De motu gravium naturalitur descendentium et proiectorum libri duo* (Florence, 1644).
44 相关讨论见 Westfall, *Force in Newton's Physics*, 128–34.
45 在将其用于运动学之前，惠更斯在17世纪40年代末便在阿基米德静力学的语境下讨论了这套理论：见 Alan Gabbey, 'Huygens and Mechanics', in H. J. M. Bos et al., eds., *Studies on Christiaan Huygens* (Lisse, 1980), 166–99: 168.
46 Huygens, *Œuvres*, xviii. 73–368. English trans.: *The Pendulum Clock or Geometrical Demonstrations Concerning the Motion of Pendula as Applied to Clocks*, trans. Richard J. Blackwell (Ames, Iowa: 1986). 相关全面讨论见 Yoder, *Unrolling Time*.
47 Westfall, *Force in Newton's Physics*, 159–67.
48 *The Pendulum Clock*, 33–4.
49 相关全面讨论见 Niccolò Guicciardini, *Reading the Principia: The Debate on Newton's Mathematical Methods for Natural Philosophy from 1687–1736* (Cambridge, 1999).
50 Huygens, *Œuvres*, xviii. 489–95. 见 Westfall, *Force in Newton's Physics*, 180–1.
51 见 Yoder, *Unrolling Time*, ch. 3.
52 Marin Mersenne, *Cogitata physico-mathematica* (Paris, 1644), 38–9. Cf. idem, *Harmonie Vniverselle* (3 vols, Paris, 1636), i. *Mouvement des corps*, Book 2, 131–8.
53 相关讨论见 Alexandre Koyré, *Metaphysics and Measurement* (London, 1968), 98–110.
54 Huygens, *Œuvres*, xvii. 276.
55 这些问题是1669年11月皇家科学院 (Académie Royale) 的会议上提出的，惠更斯、罗贝瓦尔 (Roberval)、马里奥特、佩罗 (Perrault) 等人积极参会：见 Aiton, *The Vortex Theory of Planetary Motions*, 75–84.
56 Huygens, *Œuvres*, xxi. 452, 456.
57 同上，xvi. 303.
58 同上，304.
59 尤德 (Yoder) 指出，"尽管惠更斯推导方程式的过程没有记录下来，但可以根据后来《论离心力》的初稿和修订稿中的命题以及命题的附图来重建这个过程。他实现量化的方式，是将代表水平抛出的落体路径的抛物线用数学手段叠加在圆周上，物体在失重情况下就是绕着这个圆周运动的。在他的《论圆大小的发现》(*De Circuli Magnitudine*

Inventa, 1654)中,惠更斯知道他能够用伴随抛物线来近似任意圆,抛物线的正焦弦等于圆的直径。《论离心力》第一个命题的附图画的就是这样的一个圆、其近似抛物线以及以两者交点为切点的公切线,在该点两侧无穷小的距离内,可以将抛物线视为是沿着圆的"(Unrolling Time, 19-20). 我引用过这张图及相关论述,见 Richard S. Westfall, The Construction of Modern Science (Cambridge, 1977), 128-30. 尤德提供了更加详细的介绍。

60 Kepler, New Astronomy, 115.

61 同上,119. 一个明显相反的观点来自于物质理论宇宙论,如培根在《论学术进步》(De Augmentis Scientiarum)中讨论"部落的偶像"时告诉我们,人的头脑预设并赋予大自然平等性和统一性,但实际上大自然并不是如此,他举的例子就是数学家千方百计要使一切天体运动呈正圆形,而不是比如螺旋形等其他形状:Works i. 644/iv. 432. 相关讨论见 Blumenberg, The Genesis of the Copernican World, 40-3.

62 Giovanni Alfonso Borelli, Theoricae medicerum planetarum ex causis physicis deductae (Florence, 1666). 相关讨论见 Koyré, The Astronomical Revolution, 467-527.

63 见 D. T. Whiteside, 'Newton's Early Thoughts on Planetary Motion: A Fresh Look', British Journal for the History of Science 2 (1964), 117-37; idem, 'Before the Principia: The Maturing of Newton's Thoughts on Dynamical Astronomy, 1664-1684', Journal for the History of Astronomy 1 (1970), 5-19; and J. Bruce Brackenridge, The Key to Newton's Dynamics: The Kepler Problem and the Principia (Berkeley, 1995), 17-24.

64 见 Richard S. Westfall, Never At Rest: A Biography of Isaac Newton (Cambridge, 1980), 402-3.

65 见 Ofer Gal, Meanest Foundations and Nobler Superstructures (Dordrecht, 2002), 191-2.

66 Hooke to Newton, 24 November 1670; Newton, Correspondence, i. 297.

67 Gal, Meanest Foundations, 21.

68 应该指出,胡克总是揽下大量的工作,多到做不完,1666年起,他帮雷恩重新设计、重新建造大火后的伦敦,所以这里不是说他在这段时间脑子里没想着其他数不完的事情。见 Lisa Jardine, The Curious Life of Robert Hooke (London, 2003).

69 Newton to Hooke, 28 November 1679; Newton, Correspondence, ii. 300.

70 Thomas Birch, The History of the Royal Society of London (4 vols, London, 1756-7), ii. 90. Birch 又附上了论文全文,见91-2.

71 Gunther, Early Science in Oxford, 8 (The Cutler Lectures of Robert Hooke), 27-8. 实际讲话是四年前,1670年。

72 见 Westfall, Never At Rest, 383.

73 见 Johannes Lohne, 'Hooke versus Newton: An Analysis of the Documents in the Case of Free Fall and Planetary Motion', Centaurus 7 (1960), 6-52.

74 Hooke to Newton, 9 December 1679; Newton, Correspondence, ii. 305.

75 见 Patri J. Pugliese, 'Robert Hooke and the Dynamics of Motion in a Curved Path', in Michael Hunter and Simon Schaffer, eds., Robert Hooke: New Studies (Woodbridge, 1989), 181-206; François De Gandt, Force and Geometry in Newton's Principia (Princeton, 1995), 139-43; Gal, Meanest Foundations, 179-85.

76 Newton to Hooke, 13 December 1679; Newton, Correspondence, ii. 308.

77 牛顿有一篇论文的确符合这个描述,由约翰·赫利韦尔(John Herivel)首次发现并发表:'Newtonian Studies III. The Originals of Two Propositions Discovered by Newton in December

1679?', *Archives Internationales d'Histoire des Sciences* 14 (1961), 23-34. 该论文也许是通信后一两周写的,也许是一两年后写的。如果是一两年后写的,那可能不是最初版本,而是后来修订版。关于论文时间的争议,见 Westfall, *Never at Rest*, 387-8, n. 145.

78 原文引自哈雷向亚伯拉罕·棣莫弗(Abraham DeMoivre)转述他和牛顿会面时使用的文字。见 Westfall, *Never at Rest*, 403.

79 Gunther, *Early Science in Oxford*, viii. 27-8.

80 E. Brian Davies 指出,"有些情况下,三体问题的动力学由于行为混沌而无法预测,还有其他一些情况下的[萨瑞和夏志宏提出的]五体问题只能限定在一段时间内才有解,超出后便无解,尽管五个物体之间不会发生碰撞": *Science in the Looking Glass* (Oxford, 2003), 168. 即使是太阳系都存在明显的混沌轨道运动,特别是土星和木星的卫星。最极端的例子是土星的一个卫星,土卫七(Hyperion)。见 Ivars Peterson, *Newton's Clock: Chaos in the Solar System* (New York, 1993), ch. 9.

81 Birch, *The History of the Royal Society of London*, ii. 91.

82 *The Pendulum Clock*, 11.

83 Gal, *Meanest Foundations*, 122.

84 手稿抄录在 Michael Wright, 'Robert Hooke's Longitude Timekeeper', in Michael Hunter and Simon Schaffer, eds., *Robert Hooke: New Studies* (Woodbridge, 1989), 63-118: 108.

85 同上,117.

86 Gal, *Meanest Foundations*, 140. 关于胡克思想中概念化、实验化、仪器化的密切关系,见 James A. Bennett, 'Robert Hooke as Mechanic and Natural Philosopher', *Notes and Records of the Royal Society* 35 (1980), 33-48.

87 Newton to Halley 14 July 1686, *Correspondence* ii. 444-5. 关于牛顿早期曲线运动的研究,见 J. Bruce Brackenridge and Michael Nauenberg, 'Curvature in Newton's Dynamics', in I. Bernard Cohen and George E. Smith, *The Cambridge Companion to Newton* (Cambridge, 2002), 85-137.

88 相关介绍见 Westfall, *Never at Rest*, ch. 10. 我们在这里讨论的文本可见 Isaac Newton, *Unpublished Scientific Papers of Isaac Newton*, ed. A. Rupert Hall and Marie Boas (Cambridge, 1962)的第2和第4部分。

89 见 I. Bernard Cohen, *The Birth of a New Physics* (Harmondsworth, 1987), 219-21.

90 'On Motion in Ellipses', *Unpublished Scientific Papers of Isaac Newton*, 293-301. 这些命题后来收录在《论运动》中。

91 德冈特(De Gandt)指出,面积定律,即《论运动》和《自然哲学的数学原理》列出的第一定理,"仿佛象征着一个力的全新概念,挣脱了空想的窘境,摆脱了物理原因的束缚。……扫过面积的规则性使时间出现在图表中成为可能——将时间间隔转换为多个片段,不考虑物体在轨迹上以何种速度运动"。(*Force and Geometry in Newton's Principia*, 272.)

92 该问题的详尽论述见 *De motu*, ibid. ch. 1.

93 在《自然哲学的数学原理》第一卷命题10和11中,他证明如果物体沿椭圆形轨道运动,若引力朝向中心,则力随距离变化而变化,若朝向焦点,则等于距离的平方。命题10的推论阐述的是其逆命题,但没给出证明。牛顿给出的最接近证明的表述见第一卷的命题41。关于该命题的乐观评价见 D. T. Whiteside, *The Mathematical Principles Underlying Newton's Principia Mathematica* (Glasgow, 1970), 16. 其他人没有被说服: 见 Lohne, 'Hooke versus

Newton', 35-6. 理查德·费曼（Richard Feynman）说他无法厘清牛顿的证明，并给出了自己的证明：David L. Goodstein and Judith R. Goodstein, *Feynman's Lost Lecture: The Motion of Planets Around the Sun* (London, 1996), 94. 德冈特认为，该问题的第一个解决办法其实是1707年约翰·伯努利（Johann Bernoulli）给出的：*Force and Geometry in Newton's Principia*, 8, 249–50, 257–9.

94 关于摩尔的自然哲学以及他是如何由于接触笛卡儿主义得到了启发，见 Alan Gabbey, 'Henry More and the Limits of Mechanism', in Sarah Hutton, ed., *Henry More (1614–1687)* (Dordrecht, 1990), 19–35.

95 More to Descartes, 11 December 1648; Descartes, *Œuvres*, v. 238–9.

96 关于他的思想演变见 Alexandre Koyré, *From the Closed World to the Infinite Universe*, ch. 6.

97 Henry More, *The Immortality of the Soul* (London, 1713), p. xii (Preface).

98 同上，212 (Book 3, ch. 12, sect. 1).

99 Henry More, *Enchiridium metaphysicum* (London, 1671), 30 (ch. 6, sect. 6).

100 见 *Certain Philosophical Questions*, 113–26.

101 霍尔（Hall）和他在 *Unpublished Scientific Papers of Isaac Newton* 发表这篇论文时，称论文是60年代中期写成，80年代中期这个说法的提出者是B. J. T. Dobbs, *The Janus Face of Genius: The Role of Alchemy in Newton's Thought* (Cambridge, 1991), 130–50, 已经被广泛接受，如伯纳德·科恩（Bernard Cohen）在其翻译牛顿的英译本的引言中就接受了这个说法，Isaac Newton, *The Principia*, 47。另见，James E. McGuire, 'The Fate of the Date: The Theology of Newton's *Principia* Revisited', in Margaret J. Osler, ed., *Rethinking the Scientific Revolution* (Cambridge, 2000), 271–96. 尽管如此，还是有一些人怀疑（但还没有推翻）算出这第二个时间的理由：如见 Howard Stein, 'Newton's Metaphysics', in I. Bernard Cohen and George E. Smith, eds., *The Cambridge Companion to Newton* (Cambridge, 2002), 256–307: 298–9 n. 27.

102 *Unpublished Scientific Papers of Isaac Newton*, 114 [text]/148 [trans.].

103 关于这些问题的合理论述，见 Westfall, *Force in Newton's Physics*, 431–48.

104 *Unpublished Papers of Isaac Newton*, 243 [text]/267 [trans.].《论运动》的全文及大量评注可见 De Gandt, *Force and Geometry in Newton's Principia*, ch. 1, and in Isaac Newton, *The Mathematical Papers of Isaac Newton*, ed. D. T. Whiteside (8 vols, Cambridge, 1967–81), vi.

105 *Unpublished Papers of Isaac Newton*, 243 [text]/267–8 [trans.].

106 同上，239/241.

107 我们在这里只关注双体情况。牛顿在《自然哲学的数学原理》中证明的不是行星轨道实际为椭圆形，而是在双体近似法中轨道是椭圆形的，他也知道木星的引力影响会导致比如其他行星偏离严格的椭圆形轨道。

108 Newton, *Principia*, 561 (Book 1, sect. 11).

109 见 *Principia*, Book 3, Proposition 6. 这些实验最初是牛顿在写《论运动》时开展的。

110 见 Brian D. Ellis, 'Newton's Concept of Motive Force', *Journal of the History of Ideas* 23 (1962), 273–8; and idem, 'The Origin and Nature of Newton's Laws of Motion', in Robert G. Colodny, ed., *Beyond the Edge of Certainty* (Englewood Cliffs, NJ, 1965), 29–68.

111 这些问题会在下一卷予以关注。

Part 5

第五部分

Chapter 12
The Unity of Knowledge

第 12 章
知识的统一

我们在第四部分讨论过的三派自然哲学之间可谓泾渭分明。这三派在研究自然哲学时并不一定是互相排斥的，更不是在所有方面都相互排斥。不过，当威尔金斯（Wilkins）在1660年提议皇家学会开展"物理—数学—实验研究"时[1]，他对三派合作的乐观精神实际上远远超出了自然哲学实际甚至理论上的可能。事实是什么？到了17世纪60年代，自然哲学的统一产生了极大的问题，自然哲学研究的三个新模式与两个旧模式展开了激烈的竞争。

从13世纪到16世纪，存在两种知识统一的模式。一个是亚里士多德的认识（scientia）统一观：对自然过程的终极理解，是系统化理解事物行为底层的本质原理。另一个是基督教观，即宇宙是唯一神上帝从无中（ex nihilo）设计创造了宇宙以供人类栖息，这个观点的关键特征是世界乃上帝设计的产物，只有理解世界的设计，才能从根本上获得关于世界的知识。第一个观点中，自然哲学的范围相对受限，只限于在"理论"方面——而非在"实际"或"有用"方面——理解纯粹由内生原理生成的物体行为。相比之下，第二个观点对自然哲学旗帜下可以包括什么持开放得多、定义更模糊的态度。在知识统一原则中，自然哲学起到了突出的作用。这些原则并不处于个体的层面，而是处于神圣设计的层面。在终极分析中，神圣设计正是自然世界万物行为的唯一原因。

17世纪，亚里士多德的认识统一观渐渐名誉扫地（尽管17世纪后期莱布尼茨以非常克制的态度为它做出了辩护）。也许因为终于挣脱了亚里士多德主义对自然哲学认识的限制，"宇宙是上帝设计的"的观点自由发展，获得了应有的地位。不过，我们在第四部分讨论的自然哲学的三条进路在很大程度上决定了自然哲学解释的争辩能够在什么范围内展开，每一条进路都对自然哲学的构成问题做出了独到的贡献。结果是，这三条进路和之前的两个观点之间发生了复杂的互动，而我希望在本章考察这个互动某些方面的内容，旨在综述17世纪下半叶自然哲学研究的角色和地位，同时也不会忽视1620年之后自然哲学高度异质化的构成。

机械论与亚里士多德观和神圣设计观的关系尤其复杂。与两者都不同的是，它否认了目的论（teleology）。正因如此，至少在17世纪大部分时间内，它否认自然哲学中应该存在任何神圣设计观。它将自然哲学视为体系化的事业，起码就自然基础过程的物理解释而言，它认为自然在很大程度上是独立自主的，不过它否认个体自然/本性（nature）的存在，因此设定存在一个最基础的解释层面，一切物理过程的终极原理都处于这个层面。尽管这个万物共有的解释层面是指微粒之间的相互作用，机械论和神圣设计观都认为一切物理过程（用亚里士多德的术语来说就是"自然的"和"非自然的"）都存在唯一终极原理，这很能说明问题。比如，两者都认为一切物理现象都在研究范围之内,这与亚里士多德主义截然不同。两者还否认自然中偶然事件的存在,在很多方面甚至否认自然过程中存在偶发性。

相比而言,实验哲学并没有提出实质性的自然哲学统一观,它密切关注的是特定的研究方法论规则和规律。不过我们之前谈过,这其中很多是源自圣经和法律解释学的,而且起码在方法论上肯定没有让人觉得自然哲学是一项多么与众不同的事业。实验哲学似乎没有关于自然哲学统一的内生原则。也许有人会认为,这其实反映出自然哲学就不是一个统一学科的事实。不过,持这种态度的话,就无法有效地为实验哲学事业辩护,因为在各派自然哲学体系激烈竞争的主流气候下,如果能够以某个可用的体系作为支撑,会强化实验哲学的合法性,而且无须做出痛苦的调整,因为实验哲学就是在一般性层面上得以实现的,不需要修改或重新诠释研究的结果。举例来说,哪怕波义耳的气动学和牛顿的颜色理论与主流的微粒论不符,这也只是意味着如果真的存在这些现象的终极解释,那么这种终极解释也是机械论的,只不过不是现在得出的机械论解释,因为这与经实验确定的现象不符。在神圣设计方面,动物学和植物学会乐于接受并适应神圣设计观,因为这样做就可以用自然哲学的最新发展来指导圣经诠释了,而不是反过来。这样一来,自然哲学会获得巨大的合法性和崇高的地位，自然哲学家也成为上帝真理探寻者的典范。

惠更斯、牛顿等人的几何化自然哲学在表面上似乎范围很窄，因为基本上就是力学。与自然史一样——或至少与它之前的实用数学一样——几何化自然哲学在传统上也被排除在自然哲学之外，不过与自然史不同的是，它无法直接被嵌入神圣设计的框架。因为它实现了机械论（至少是贝克曼、梅森、霍布斯、笛卡儿构建的机械论）的一个目标，即量化，所以它与机械论关系密切，双方也在某种程度上实现了相互加强。然而，机械论在本质上是物质理论，而力学的基本元素是运动和力，很大程度上避免涉及谈论物质。结果，双方针对物理过程的基本构成元素问题便产生了一些冲突。在某种程度上，显微镜的出现将研究聚焦从物质理论转移到了力学。机械论在微观微粒过程的问题上是高度臆测的，它假设在微观微粒层面，物理过程及其构成元素十分简单：宏观层面上由于过程的复合才产生了复杂性。所以，有理由认为，随着我们进入微观层面，显微镜下的自然会越来越简单。然而，胡克的《显微图谱》用图像明确告诉我们，事实与肉眼可见的宏观现象正好相反。随着我们进入微观层面，自然甚至比宏观层面更加多样复杂。这样的话，可能就会产生物质理论微观微粒论被力学取代的结果。然而，从物质理论转移到力学的举动，还存在一个未决的问题，因为取决于物质基础性质的现象，要远远多于能够被力学定律解释的现象。一方面是提升说明项的能力，另一方面是被说明项的范围在表面上大幅缩小，两者之间必须要权衡处理。

万物共有的因果关系

我们首先讨论机械论自然哲学解释背后的观点，即存在一个基础层面，在这个层面上发生的因果过程对一切物理现象来说都是一样的。我上面谈过，机械论和神圣设计观一样，均假设一切物理过程都有一个唯一的终极原理。微粒论取代了亚里士多德物质理论：亚里士多德观点中的原因是在局部起作用的，而在微粒论中，一切物理现象都有一个共同的因果层面，即原子碰撞的微观层面。这就统一了自然哲学，因为与亚里士多德模型不同，现在存在一个因果相互作用的基础层面，一切物体都参与到这个相互作用中——"不存在不能被判断为自然的运动"，伽桑狄如是说[2]——这个相互作用也影响着整个物理体系的行为。霍布斯的机械论还原已经让自然哲学家们看到了如果对其置之不理会产生什么样的后果，不过究竟该怎么应对倒是众说纷纭。一方面，万物共有的因果关系为上帝在世界上的活动提供了一个切入点，这就意味着在这个层面上神圣设计论可以直接获得世人的支持。不过，这就等于假设机械论能够给出一套完整的关于形体界 (corporeal realm) 的论述，但是很多在一定程度上支持机械论的人都觉得它不能够解释所有的物理现象。机械论的万物共有因果关系观带来的问题，为人们提供了一个最佳的切入点，来考察机械论角度的自然哲学完整统一问题。

早期现代的自然哲学家们就一点达成了共识，即亚里士多德自然哲学提供的所谓解释其实完全缺乏解释力。在一个重要的意义上，这种批评是建立在误解上的，因为亚里士多德的"认识"模型的目标不是解释，而是证明。[3] 不过，现在是机械论者主宰着话语权，亚里士多德主义在机械论的环境下也说不出什么东西来。霍布斯在《利维坦》第一章中告诉我们："亚里士多德主义者说，视觉的原因，是被看见的东西向各个方向发散一种可见的 species, (在英语中，这个词的意思是) 可见的外观、景象或面貌被看见；它被收入眼睛，就是看见。"[4] 笛卡儿也指出，这些亚里士多德主义者承认，他们自己并没有很好地理解他们口中的运动：为了阐明其概念，他们将其定义为"在有潜能的条件下，有潜能的存在的行为"。笛卡儿觉得这完全是不知所云。[5] 伽桑狄也同意："老天爷！世界上有谁读到这个不会反胃？我们要的是对一个熟悉事物的解释，但这也太复杂了，现在全乱了。"[6] 格兰维尔 (Glanvill) 也在嘲笑亚里士多德主义者：

连最常见的东西在这里都被分解为天体的影响、元素的组合、主动与被动原理以及假大空的话；而它们的特定形式却像同感一样隐藏不见。如果我们越过它们表面上的空洞意指，追查它们的显性性质，我们会发现它们是玄学，和那些自称是神秘玄学的东西一样玄乎。"重物是由于重力下落的"，你去问乡巴佬得到的答案也不比这个差：再说一遍，"重物借助重力这个性质下落"，这无异于毫无意义的绕圈，什么也说明不了。[7]

一般来说，机械论者能够轻而易举地证明亚里士多德主义的解释(或者是被视为解释的论述)是在病态般地绕圈，十分笨拙。不过，放弃使用本性观来解释物理行为，又产生了新的解释性问题。

亚里士多德自然哲学的前提是，理解了事物的本性，就能理解其性质。更准确地说，亚里士多德自然哲学称，我们能够理解源自事物本性的性质，能够理解源自这些性质的行为。世上偶发事件产生的物体行为，即非源自物体本质的行为，不在自然哲学讨论之内。结果，世界上就有很多物理过程无法用亚里士多德自然哲学解释，这不仅是说在实际上无法解释，而且在原则上就无法解释。比如，自然哲学可以解释水能自由流动后为什么会落到地上，但无法解释水为什么、怎么样可以被机械装置抬起来。[8]亚里士多德自然哲学处理的是物体的自然行为,而不是其他可能会发生的行为。

我们之前谈过,培根对亚里士多德自然哲学的主要批评在于,它搞错了应该研究的过程。我们应该关注的,是"人造"过程,即我们可能用来约束、控制自然现象的过程。满足这个要求,需要的不是一个排除自然过程的体系,因为要想控制自然过程仍然先要理解它,需要的应该是一个既包括自然又包括非自然过程的体系。希腊化时代有两个这样的模型。斯多葛主义提出了一个整体论的宇宙观,万物实际上都是自然的,因为万物相连:将存在的宇宙设想为一个巨大的物理有机体,围绕着一个内部原理组织而成,这个原理用生命体做类比的话可以被称为生命精气(vital spirit)或普纽玛(pneuma)。这个模型在16世纪兼容并蓄的新柏拉图主义和亚里士多德主义中开始流行,但是从自然主义过渡到微粒论后,这个模型基本上就被抛弃了。我们之前谈过,斯宾诺莎是唯一重要的例外。相比之下,伊壁鸠鲁主义没有提出这样的内生联系,不过该学派认为,宇宙的终极成分原子展现出绝对整齐划一的行为 [这里不考虑棘手的"偏斜"(swerve)问题,早期现代的原子论者干脆把它抛弃了]。伊壁鸠鲁模型下外生联系实现的功能,正是斯多葛主义内生联系实现的功能,因此在两个模型中都存在一个能够解释一切物理现象的层面,两者的宇宙论也是决定论的。

这与更早的柏拉图和亚里士多德体系形成了对比。柏拉图认为，整齐划一的规则性要到"形式"中去寻找，而不是可感知的现象。经典的决定论——一切事物状态都必定是一条前因链的结果——基本上在亚里士多德的理论中也不存在。亚里士多德更看重的，是两个方面的鲜明对比：一方面是天体运动、数学真理、月下区的存在——如人类的道德——的某些属性中的绝对必要性和不变性，另一个方面是月下世界许多方面的不规则性和变化性，在这个世界中很多事物最多只能被描述为"大部分情况下会发生但不会总是发生"，这个世界中还存在很多偶然的联系，完全不处在自然哲学知识的范围之内。亚里士多德认为，事件的因果关系不是一个相互纠缠、无限延展的因果链大网，而是如同大卫·巴尔姆 (David Balme) 所类比的，一块石头扔进池塘后产生的涟漪，涟漪扩散开来，与其他石头激起的涟漪叠加，但最终会消失，不会有任何结果。[9] 此外，亚里士多德也声称，存在全新的开始 (archai)，不限于人的能动性。他不认为存在一个决定论的因果网，偶尔被非决定论的事件打断，因为他根本就没有从这个角度来思考这个问题。[10]

是否有可能存在无因事件，是亚里士多德主义和斯多葛主义之间的一个基本分歧点。亚里士多德认为，来源于偶然而不是必然的事件是存在的，偶然事件是"非自然"

事件，不需要自然哲学来解释，而一切自然过程都与必然性有关，因为它们是内生原因作用的结果。不过，亚里士多德的关注点不在原因，而在解释。他举了个例子，一个人去集市，偶然遇到了一个欠他钱的人。[11]针对这个偶然相遇应该提出的问题是，是否存在解释，是否存在原因，导致这个人和债务人去集市的过程是否使这次相遇具有必然性。巧合没有解释，这是一个合理的直观回答。我们也许完全可以解释为什么这个人在t_1到达集市，我们也许可以解释为什么债务人在t_2到达集市，但是如果按假设，这次相遇是巧合，那我们就无法解释为什么$t_1 = t_2$，而且甚至都不清楚为什么会有人要求做出解释。如果真能解释，那肯定不能称其为巧合了吧。问题在于，缺少解释是否就意味着缺少原因。从表面上看，答案是肯定的。因为，如果我们认为解释就是陈述原因，如果能解释，显然就存在原因。不过如果我们不能解释呢？可能仍然存在原因，只不过我们找不到或识别不出。不接受偶然、巧合、偶发事件存在的人，会坚称一切事件都有起因：我们无法解释一切事件，仅仅意味着我们没有找到必要原因。所以，缺少解释不必然意味着缺少原因。但是亚里士多德倾向于仅仅将原因视为通过解释能够确认的相关因素。这样一来，原因就会相对于语境：什么可以算作原因，取决于我们寻求的解释是什么。在这种观点下，巧合缺少解释，的确意味着缺少原因。最后还有第三个因素：必然化（necessitation）。必然化独立于解释和原因。我们刚刚谈过，给出这个人在特定时间出现在集市的原因并给出债务人在相同时间出现在集市的原因，不等于给出两者同时在集市的原因。我们应该区分有意的结果和意外的结果，区分这个人去集市就是为了遇见债务人的情况和二人纯粹巧合相遇的情况。第一个情况中，这个人在特定时间出现在集市的原因加上债务人在相同时间出现在集市的原因，等于二人同时在集市的原因，因为因果链是真正连在一起的。但是在巧合相遇的情况下，很简单，不存在二人同时在集市的原因。不过必然化的情况不同。如果一件事的结果不可避免，那么这件事就是必然化条件，必然化条件就是充分条件。如果存在这个人在特定时间出现在集市的充分条件，也存在债务人在相同时间出现在集市的充分条件，那么就存在二人同时在集市的充分条件。

这样一来，亚里士多德理论中的解释、因果、必然化之间的关系就非常复杂了。相比之下，斯多葛主义和伊壁鸠鲁主义在这方面就很简单明了。后者情况下，在某个描述层面上，宇宙万物彼此相连：因此不存在没有因果链的事件，只要我们准备好一直回溯至最初的原因。解释就是原因的陈述，原因使结果必然发生。确实，原因仅仅被视为结果的充分条件。亚里士多德主义与斯多葛主义之间的分歧，与实验主义者和基础主义者之间的分歧存在明显的相似之处。亚里士多德和实验主义者都不关心什么万物相连的基础层面，前者是因为根本没有思考过这个层面，后者是因为这个层面与实验主义自然哲学实践相去甚远。相比之下，斯多葛主义和原子论者，以及他们的早期现代基础主义机械论继承者，认为任何事件都通过因果链与基础层面的行为相连。比如，霍布斯就坚定认为因必有果。与斯多葛主义者一样，霍布斯也阐述了自主行为 (voluntary acts) 问题会带来的影响。与斯多葛主义一样，霍布斯也认为，否认"自主行为永远是必要的"，就等于假设因果关系失效：就等于承认无因事件的存在，但这是不可能的。

机械论——至少在理想形式中——的独特之处，是三个观点结合的结果：一是，因果关系发生在微粒活动的基础层面；二是，在这个层面上一切都是同质的，并在一个闭环的因果系统中有着因果联系；三是，不存在例外，也就是说表面上是目的论的、有意的行为，其实也是在这个因果观的界限内运行的。

这些问题可以追溯至伊壁鸠鲁主义。古代希腊化时期的两个体系中，伊壁鸠鲁主义在因果关系上存在更多问题。原子是同质的，在相同的情况下有着同样的行为，但它们究竟是如何彼此相连的？斯多葛主义者基于身体各器官关系的模型，假定宇宙宏观和微观事件之间存在内生联系，因此这些事件就在本性上彼此相连。但原子不是这样的：每个原子都独立于其他原子，因为除非原子之间发生碰撞，否则行为不会受到其他原子的影响。对亚里士多德和斯多葛主义者来说，物体由于其本性不同而具有不同行为；而对伊壁鸠鲁主义者来说，物体不存在个体的本性。物体完全同质，所以它们的基础行为——也就是基本物质理论试图捕捉到的行为，而不是什么将微粒形状与比如感官性质连在一起的特设性假说 (*ad hoc hypotheses*)——是相同的。不过，可以提出这样的问题：是什么让这些原子，或更广义上的微粒，具有这种行为方式？举个例子，笛卡儿就提出一个守恒原理和三个自然定律来规约一切微粒相互作用。[12] 如果物质是惰性的，缺少亚里士多德和自然主义传统术语中的力量、潜能、活性，那么它的行为是从何而来的？笛卡儿和其他机械论者都没有尝试过从物质构成导出自然定律；也就是说，"物体若不受约束会保持匀速直线运动"不是从机械论对物质的论述中导出的。的确，这尽管是贝克曼打下的基础，却为笛卡儿在《哲学原理》中指明了方向。笛卡儿从运动而不是物质的角度来思考物体行为，即从机械论而不是物质理论的角度。在很多方面，这也是机械论发展必定会走的方向。梅森在17世纪20年代提出的机械论就认为，坚持关注外生因果关系，会将16世纪自然主义中开始取代超自然元素的内生原因踢出自然界。这样一来,上帝便成为因果关系上唯一的能动者。笛卡儿很难接受这个形而上学的观点,但最后也没给出一个明确或令人满意的处理方法。[13]

波义耳指出微粒就是一小块一小块的惰性物质,从而言简意赅地指出了问题核心所在:他认为微粒会像人一样服从或遵守定律,这往好了说,也只能说是一个不合适的比方。在《对大众自然观念的自由研究》(*Free Enquiry Into the Vulgarly Received Notion of Nature*, 1686)中,他指出:"法律(译者注:定律、法律、法则在英语中都可以是 law)只是一个行为规则观念,遵守的是上级的意志,因此显然只有拥有智力的存在才能正确接受并守法行动。"[14] 1691年,他在《基督教大师》(*Christian Virtuoso*)中进一步指出:"无生命的物体根本无法理解法律是什么、法律规定要做什么以及自己的行动是否顺应法律;所以,由于无生命的物体不可能激发或缓和自己的行为,它们的行为只能是真正的力量产生的,而不是法律。"[15] 不过,波义耳本人在这个具体问题上却含糊其词,而且《自由研究》在尝试阐明上帝如何将原动力(motive force)引入自然界时,还使用了一个几乎肯定是源自冲力理论的图像:"一切物体,一旦进入实际运动状态,不管最初使其进入该状态的原因是什么,都被内在原理推动着:比如,一支箭在空中向靶子飞行时,是由其内部的某些原理推动前进的。"[16]

相比之下,另一些人对这个问题的解答是将一切因果力限定在神圣层面,此外还有一些人赐予物质因果力,让物质理论成为力学基础。在牛顿的《自然哲学的数学原理》出版之前,马勒伯朗士在《真理的探求》(De la recherche de la vérité)中详细为第一个立场做出辩护;《真理的探求》首版1674—1675年问世,约十年后牛顿在《论重力》中为第二个立场做出辩护。[17]马勒伯朗士和牛顿之间的对比可以从他们对笛卡儿主义的不同态度来分析。马勒伯朗士的工作可以被描述为将笛卡儿《哲学原理》中的笛卡儿主义理性化。他只保留了笛卡儿的形而上学和自然哲学最精华的部分,然后在新的基础上将其重新构建。在重建的过程中,又加入了新的特征:最重要的特征包括,基本将一切事物都归于认识论,加入对自然界的现象论论述,并提倡对因果关系进行彻底的偶因论(occasionalist)论述。不过,马勒伯朗士自己觉得这只是对笛卡儿主义的理性化和发扬。尽管他在一些方面的确彻底重新诠释了笛卡儿主义,但他显然继承发扬了笛卡儿主义,而且与惠更斯的工作非常契合,后来也成为很多人心中的经典版本。相比之下,牛顿尽管和同辈的严肃自然哲学家们一样是笛卡儿主义出身,但后来抛弃了笛卡儿主义。在《论重力》中,他将笛卡儿对心(mind)身(body)的区分——对笛卡儿和马勒伯朗士来说,这是机械论最基本的前提之一——视为否认了物质世界而依赖于上帝:他写道,无神论的终极原因,就是"这样一个观点，即物体仿佛自身拥有了完整的、绝对的、独立的实在"。[18] 不过，在一个方面，他和马勒伯朗士其实在这个问题上是一致的。马勒伯朗士修改笛卡儿主义来让物体对上帝完全依赖，正如牛顿拒绝笛卡儿主义是因为它使物体独立于上帝。

两者之间的另一个系统性差别是力学自主的问题。机械论剥夺了物质的一切内生力量，结果就是物质的能力只限定于以特定方式移动及传递运动所需的能力。马勒伯朗士学惠更斯，从运动学角度研究自然哲学，将其视为"清晰明确"的范式：这就用数学运动理论——基本将物体仅仅视为运动的传递者——取代了物质理论。[19] 在《自然哲学的数学原理》中，牛顿的力学就用这种方式研究物体：在最基本的层面，物体被视为缺乏空间广延的、理想化的质点。不同在于，他不认为力学就能让问题画上终止符，因为这些质点还在散发引力，而惠更斯及更加体系化的马勒伯朗士尝试将运动学视为自然哲学的关键构成部分。两者对比的背后，是对力学解释能力的思考。不过从马勒伯朗士和牛顿的论述中可以明显看到，评估解释的充分性时，最重要的因素是上帝与自然过程的关系如何。特别是，上帝以何种方式活动于自然层面这个问题亟待解决。

马勒伯朗士对物理理论的看法主要受到笛卡儿《哲学原理》自然哲学的影响。我们谈过，笛卡儿提出了一个"清晰明确"的自然哲学观,并通过不使用任何晦涩的概念从而实现了(或声称实现了)这一点。对晚期经院哲学体系和笛卡儿自己的体系来说,晦涩主要来自运动的动力学基础。两者的不同在于,对晚期经院哲学体系来说,运动的动力学基础就是研究必不可少的一部分,因为理解事物为何移动是理解其如何移动的前提。笛卡儿对此做了翻转,认为我们应该首先理解事物如何移动,然后才讨论原因。他对这第二个阶段的论述相对薄弱,不过在笛卡儿自然哲学接下来的历史中,这个特征没有被视为缺陷,反而开始被视为优势。在这个笛卡儿模型下,一个可能的研究方向便是避免尝试为运动的原因提供独立的论述。相反,可以研究在所有可能想到的、机械论能够描绘的情况下物体是如何运动的,然后考察这会带来什么动力学上的影响。这就是惠更斯/马勒伯朗士的路径,对18世纪理性力学的形成产生了重要的影响。它的目的在于,尝试在不依靠任何明显的、独立的力学论述的前提下,在对运动做穷尽分析后确定还剩下什么,然后再研究这剩下来的东西可以怎么理解。[20]

马勒伯朗士采用笛卡儿《哲学原理》中的观点,以系统化的方式重新论述,剔除掉其中的矛盾和模糊之处。笛卡儿自己的研究在不同的时间走向了不同的方向,还存在未调和的张力,而马勒伯朗士只沿着一条路系统化地走下去，最终得出合乎该系统逻辑的结论。举例来说，笛卡儿假设了三种不同类型的实质——无限实质（上帝）、无限精神实质（心灵）、无限广延实质（物质）——但他没有讨论三者之间的系统性关系。相比之下，马勒伯朗士将其视为基础主义研究的关键，而且不难想象他可能会觉得笛卡儿在这些基础关系上的含糊正是笛卡儿在这个问题上似乎闪烁其词的原因。比如，笛卡儿对身—心关系的论述，在《论人》中是对认知状态的自然主义论述，在《灵魂的激情》中是对情感状态的自然主义论述，但到了《沉思录》就变成黑白分明的二元论，然而他似乎又不愿意接受二元论带来的结果，坚持认为灵魂能够直接体验身体的状态。一边是偶因论下的身心分离，另一边是"身心实质合一"学说下的身心混合，他明确选择了后者，因为偶因论尽管在形而上学上更为合理，但它带来的结果是违反直觉的，劣势大于优势。[21]

相比之下，马勒伯朗士拒绝做出这样的权衡。他认为如果在形而上学上是合理的，那么必须要沿着这条路走下去，因此他毫无保留地接受了偶因论。在马勒伯朗士看来，对实质的形而上学思考会迫使我们认为，实际存在着两种实质。心灵是上帝和物质之间的中介，上帝和物质则完全不同：或者心灵是纯智识时属于上帝，或者心灵与身体相连时属于物质。[22]这种心灵观带来了一系列麻烦的结果:它等于让马勒伯朗士信奉阿威罗伊主义,即离身的心(disembodied mind)等同于上帝[23],而且它也没有为自由意志提供稳固的根基。不过,作为自然哲学的基础,在神圣与自然之间做出区分是能带来优势的。在马勒伯朗士的现象论路径上,对物理现象的描述存在一个自给自足的层次,无须提及任何包括力在内的"神秘性质",这也正是被还原为力学、再被还原为运动学的自然哲学起作用的层次。请注意,在马勒伯朗士的论述中,现象界完全不存在任何内生因果能力。这就说明实验自然哲学进行的那种研究在这里无法进行,因为在这个层面不存在因果过程。因果仅限定于上帝的神圣活动,只有上帝才能带来自然的任何变化,因为不存在内生能力能够在这个层面启动因果过程。实验主义者声称,真正的、可论证的因果过程明显在现象层面发生,而且也能够被操控,这样我们就可以检测其本性和效果,而"存在一个更加基础的层面"这种说法在因果关系上通常只能算臆测。马勒伯朗士的论述在两个方面挑战了这一观点。第一,它排除了现象层面的因果关系。比如,就因果过程的真实性而言,波义耳和牛顿在气动学和光学中使用的因果过程,与基础主义机械论者使用的微粒碰撞学说没有什么区别。双方使用的因果关系都不是真的,因为双方认为的因果能动者都缺少因果能力。第二,对马勒伯朗士来说,因果过程一开始完全是在超自然界启动的。自然过程的终极解释不存在于自然界：我们能做的只有将自己的研究限定在现象层面。

一边是一切因果都是超自然的，另一边是现象层面存在真正因果过程，如果我们以对比的眼光来看待这两个观点，似乎马勒伯朗士的偶因论应该会在重力终极本性的问题上支持牛顿的不可知论。但是事情没有这么简单。伽利略的运动学模型迫使牛顿将引力和惯性视为根本不同的两类事物：虽然惯性的来源和效果都完全属于力学范围，但引力的来源却不在力学界。马勒伯朗士将力和广义上的因果能力限定在神圣界（这在很大程度上能够解释为什么他在处理自由意志的时候非常棘手），而牛顿并没有将力学视为自然哲学的核心成分。不同在于，运动学不包含力，而动力学包含力。研究动力学的人，在面对动力学中需要处理的、非起源于力学的力时，有更多的动机去探索这些力的物理起源。牛顿当然认为一切力最终源自上帝，他认为我们在理解力时必须要考虑到这一点，"无法独立于上帝而存在的，便无法独立于'上帝观'而被真正理解"。[24] 但这些力是以自然原因的形式存在的，如果它们无法在力学界找到，那牛顿认为它们肯定是存在于事物的物质构成之中。《论重力》中没有任何关于重力来源的内容（书中讨论的"重力"其实是重量——即流体动力学中研究的"压重"——书在后半部分才澄清），但的确为力学提供了物质理论基础。牛顿在这里大幅偏离了机械论。在牛顿对物质的论述中，物质的特征是力，不是广延。他构建了上帝创造物质的假说[25]，上帝首先创造了一片已存在的物体无法穿越的空间：他创造了一片不可入的空间。不可入性仅仅是笛卡儿理论中物质的一个衍生本质（笛卡儿认为，任何包含物质广延的事物都是不可入的），而在这里变成了物质的唯一本质。其次，上帝创造出不可入的空间后，允许其遵守特定的定律移动。再次，这个移动的不可入空间是不透明的（比如我们可以从反射、折射光微粒的能力角度来思考这个问题），所以这类空间是可感知的。因为它是不可入的，所以它是可触的，它是物体。牛顿告诉我们，这样的物体若要存在，"只需要广延和神圣意志的行为，其他都不需要"。但两者是截然不同的，"广延是永恒的、无限的、非创造出的、何时何地都整齐划一、绝不移动、无法导致物体运动或改变心中思想的；而物体在每个方面都与广延是正相反的。"[26]简言之，《论重力》认为，物质在本质上是主动的，更确切地说，是被主动原理激活的被动的质。这个观点是牛顿在炼金术研究中提出的[27]，炼金术也是他针对物质理论做过的唯一系统化经验研究。

我认为，马勒伯朗士和牛顿自然哲学概念的主要不同在于，上帝在自然界的活动究竟是无中介的还是有中介的。马勒伯朗士的理论中，力学被视为自然哲学的核心构成，其范式是通过现象论，因为力学能够精确量化力的效果，这些力的来源如果在力学界外，也就不属于自然哲学考虑的范围。与此相对，对牛顿而言，中介是通过物质理论来实现的，物质理论提供了动力学处理的力的近似来源。在某些方面，这种解读不符合世人的印象：牛顿及其追随者避免考察引力，而他的反对者要求他给出引力的解释。不过，如果我们深入观察各方究竟想要的是什么，就能够看到情况要更为复杂一些。牛顿的否认，只是因为他无法解释引力的本性和来源，他在《自然哲学的数学原理》整本书中讨论的力学就会被削弱。他还否认自己的力学因为没有解释引力的本性和来源所以是不完整的，因为他认为这些问题不属于力学。他正是在这些问题上与惠更斯等批评者产生了争执。惠更斯说的其实是，如果引力真的像牛顿声称的那样发挥作用，就必须要用力学来解释。惠更斯的意思是，解释应该在微观微粒层面做出，但现在是力学而不是物质理论负责在这个层面描述事件，因为物质已经被全盘机械化。因此，惠更斯要求重力的来源要在力学内解释，此外，不仅在完成这个任务之前任何力学都不能称自己是完整全面的，而且否认这个任务可以在力学内完成就相当于承认力学是存在严重缺陷的。

牛顿和惠更斯围绕力学应该包括什么的争议触及关于机械论胜任力的核心问题，因为牛顿认为，在为我们自然哲学研究提供资源的数个学科中，机械论只是其中一个，而且也没有理由认为这些学科存在内在联系：的确，正是这些学科似乎不存在联系才让这个情况如此棘手。在这个背景下，值得一提的是牛顿研究炼金术的首要目的之一是探索用其他方法无法触达的底层微观原理：必须通过宏观层面的显性化学反应来考察隐性微观层面上到底发生着什么。在某些方面，这种方式揭示的内容与光学显微镜揭示的内容较为相似。机械论认为，力学和物质理论会在微观层面上结合，但是显微镜真正帮到的人，不是那群认为微粒相互作用仅仅是体积、速度、方向的人，而是提倡更传统的定性物质理论的人，或者关注实验哲学和自然史的人。问题就在于，显微镜下的世界在很多方面比宏观世界更复杂多样。

考察形状和肌理的传统微粒论拥护者尽管肯定曾期待微观层面情况会更加简单，但他们并不为显微镜的发现感到多么烦恼。伽桑狄及其追随者沉迷的是原子论和连续体论之间自古以来的争议。结果，查尔顿，也就是在世纪中叶将伽桑狄的自然哲学引入英格兰的人，就可以将他的所见所闻称为微粒论物质本性论对亚里士多德物质本性论的胜利。查尔顿认为，表面同感、超距作用、世界的主观特征 (如一见钟情)，都应该用原子之间物理联系的各类性质形式来解释，因此——

在每一个奇怪、不可感知的物体相吸情况中,自然都使用了某些纤细的钩、线、链或类似的连接工具,从吸引物延伸到被吸引物,同理……在每一个无法察觉的排斥或分离情况中,它使用了某些细小的棒、棍、杆或类似的推伸工具,从排斥物延伸到被排斥物。[28]

他拿来与之相比的是亚里士多德主义者,他们——

永远无法根据狭隘、贫瘠的原理来解释不可感知的性质:他们觉得将这些性质称为神秘的,就可以为自己的无知找到充分的借口;而且……他们厚颜无耻地让大自然承受了太多的封闭和晦涩,仿佛是它希望所有不可感知的性质都应同样无法解释。[29]

查尔顿认为,显微镜证明了原子论的正确性,倒不是说它能让我们看到原子,而是宏观层面的连续性在微观层面由起伏的峰谷构成,所以"没有一个物体的表面可以完全平滑温顺,没有一丝参差或粗糙,因为随便一个普通显微镜都能在顶级切割的钻石和最精致的水晶表面发现无数处不平坦"。[30]凯瑟琳·威尔逊(Catherine Wilson)指出,对查尔顿来说,连续性只是一个感知模糊的问题:显微镜下金属均匀的表面其实是不规则的,水肯定也像细沙一样,尽管连显微镜也看不到这一点。[31]简言之，如果问题是原子论与连续体论之争，那么显微镜的观察果断支持原子论的胜利，而且尽管放大倍数有限，根本看不到原子，但这并非一个紧迫的问题。

除此之外，有些人提倡机械论应该更多采用力学最新成果，即用运动来构建基础性质，显微镜的发现却让这些人不知如何是好。显微镜肯定没有观察到，也不可能观察到碰撞的微粒。确实，很难看出他们究竟期待在微粒层面上看到什么。格兰维尔认为，我们应该能看到亚当——他的眼睛能够看到天然磁石是否根据原子素产生吸引力——不用望远镜就能看到的东西[32]，但是对于什么可见、什么不可见还是众说纷纭。波义耳臆测，如果我们的显微镜足够强大，就能够看到"那些小小的凹凸会中断、放大光"，产生出"我们赋予可见物体"的颜色。[33]亨利·鲍尔（Henry Power）认为使用显微镜能看到"光的太阳原子（或著名的笛卡儿笔下的以太球）"。[34]不过，不难看出鲍尔实际想说的是什么：肯定不是看见小球撞击微粒获得旋转，因为我们是借助小球才能够看见，但我们看不见小球本身。[35]显微镜究竟能够观察到什么物理过程，针对这个基础问题存在着深深的困惑。光学也绝不是唯一一个产生问题的学科。机械论越靠近力学，微观/宏观之分就越不合适。简言之，对机械论而言，显微镜反而将其臆测的特点暴露无遗。胡克的《显微图谱》证明，显微镜揭示的微观世界让世人看到了新奇的自然史内容——植物学、动物学、矿物学——这些领域之前从来没有被假设存在过底层微观结构，然而对那些被假设存在底层微观结构的自然哲学领域来说，显微镜的发现对其几乎一点帮助也没有。

因此，"自然哲学的统一发生在微粒层面的终极因果关系中"这个观点就受到了冲击。如果这样一个层面只能注定停留在臆测界，丝毫不受这唯一能够直接打开微观世界的学科的影响，那么统一原则似乎一定会是臆测的、自娱自乐的。当然，还存在其他潜入微观界的方法，特别是炼金术/化学，旨在操纵底层过程以在宏观层面产生可见的、甚至量化的效果。牛顿肯定就是走的这条路。随着时间推移，物质理论家们开始失去对显微镜的兴趣，这也可以理解。[36] 与此同时，力学不再从微粒角度构建物理性质，而是采用后来称为质点 (mass points) 的概念——即质量的中心，在力学起作用的抽象层面，这些中心是否实际广延是无所谓的——没有人认为这些质点是强大显微镜下能够看到的微观事物。随着惠更斯和牛顿力学的发展，物理性质不再被自动转换为物质性质，力学和物质理论也开始分道扬镳，越来越难找到一个独特的、足够全面的万物共有因果关系层面。

一般而言，可以通过追溯到万物共有因果关系层面来统一自然哲学，这种想法的确存在几个问题。理想化的万物共有因果关系层面本应该先确定一小批简单的、充分量化的第一性的质，只拥有这些性质的微粒通过相互作用才会产生复杂的、第二性的质的宏观世界。然而，随着显微镜的崛起，现实正好是相反的：是宏观世界可以被量化，微观世界仍然停留在臆测界。而且，将微观/宏观之分从原本的物质理论语境中单独拿出来之后，这种区分还能起什么功能，也是不明确的：过程是微观还是宏观，对力学来说都无所谓。我们在第9章讨论过，第一性/第二性的质之分取代了微观/宏观之分，这种思路更符合力学的要求。通过这种方法，可以完成自德谟克利特原子论以来微粒论的核心工作，即找到一个所谓的"基础层面的真实"。尽管德谟克利特持相反意见，但微观世界比宏观世界更真实这种说法是站不住脚的。但是可以这样说，第一性的质的世界比第二性的质的世界更加真实：第一性的质真实存在于世界，而第二性的质仅仅是心灵在感知时添加上去的。这样一来，自然哲学就开始集中关注前者，而且因为第一性的质领域正是自然哲学研究的对象，所以在这个实质的意义上，自然哲学得到了统一。不过，随着从微观/宏观转移到第一性的质/第二性的质，也从直观的、明确的物质理论转移到有争议的、臆测的领域，缺乏经验支持、显微镜支持，也许甚至还妨碍经验研究，将其带向一个完全不合适的方向，典型的例子就是牛顿的颜色学。

政治—神学与自然哲学

万物共有的因果关系原则，如果真的成功了，的确会从微观微粒论角度统一自然哲学。[37]但是万物共有的因果关系仅限于自然哲学，并不包括自然哲学之外的认知行为领域。这就提出了一个问题：从自然哲学的（真正的或想象的）成功中是否可以学到一般性经验，以及这对于其他认知行为领域是否会带来具体的影响？然而，回答这个问题的前提是，要深入问一些更加基础的问题，包括认知研究的目的是什么、自然哲学如何实现这些目的。特别是，我们可以问：一个思路与自然哲学全然不同的学科是否可以成为一个真正的认知研究形式，是否针对认知研究可以存在不同的模型，比如说神学和自然哲学是否可以采取不同的路径？彭波那齐事件后，这个选项的吸引力便降低了，尽管一些思想家不当且失败的尝试使哲学成为终极仲裁者的希望破灭，例如布鲁诺曾经考虑建立一整套能够规约一切认知研究形式的哲学标准。部分原因在于，在回答认知研究的意义这个问题上，相比神学，最前沿的自然哲学没有单一的或无争议的策略。

古典时期，哲学家认为知识的终极目标是智慧和幸福。基督教将这些目标移植到纯精神界，只有与上帝合而为一时才能完全实现，而与上帝合一是只能死后才能实现的。尽管一些文艺复兴思想家尝试复兴古典思想，但却在这么做的过程中使知识发生了转变，追求自然哲学就是在追求智慧和幸福等观点时出现了一些破绽，很难看出为什么自然哲学比数学或医学更能够带来智慧和幸福。不是说智慧和幸福的崇高目标被放弃了，而是说现在很难看出怎么才能够通过自然哲学实现。正是在这个背景下，自然哲学的目标和宗旨得到反思，彼此没有内生联系的真理和用途取代了彼此存在内生联系的智慧和幸福，因为智慧被视为能够带来最高形式的幸福。培根之所以迫切地尝试整合真理和用途，是因为他想最终建立一套认知研究观及其文化地位，以取代正在被自然哲学的核心作用所淘汰的智慧和幸福整合观。这种做法带来了一系列西方现代性独有的问题和关切。

如果自然哲学只是多门认知学科中的一门，这倒不会成什么大问题。然而，我们已经谈过，早在13世纪，自然哲学就成为了解一般认知研究的关键。彭波那齐、特勒肖、布鲁诺、霍布斯等学者认为，认知学科的所有内容，基本都囊括在自然哲学中。但是，如果这样的自然哲学无法实现这些目标，就必须要问是否真的能够在认知研究中找到智慧和幸福。培根对自然哲学的改造使有用性成为一个核心目标，不过，先不谈这种有用性在17世纪有多不明显的事实，如果自然哲学真的要扮演培根及其继承者口中的认知和文化角色，那么还需要进行更多阐述才可以。

解决困难的一个方法是按照实际上已经成为自然神学的某派自然史来重新塑造自然哲学。自然哲学这里接管了基督教化的智慧和幸福目标，将自己在实际上转化为基督教的一种形式。我们已经讨论过这种进路在波义耳理论中的形态[38]，它带来的结果是重新塑造自然哲学和基督教，我在之后的几卷中会有所论述。不过，还存在另外一个迎接挑战的方式，即强调自然哲学的自主和自足性，尝试将自然哲学研究合法化，证明它能够产生在很多人眼中只能由宗教经验和知识产生的智慧和幸福。斯宾诺莎不但维护相互关联的智慧和幸福传统目标的价值，还坚决不妥协地维护机械论方法论的进路作为认知研究的唯一进路。他将二者结合，旨在构建一个全新的关于智慧和幸福本性的概念，直接、完全基于自然哲学实践的思考。斯宾诺莎是在尝试证明，机械论自然哲学若能恰当诠释，可以为我们提供一套有关世界和我们在世界中位置的认识，全面替代犹太—基督教义和理想提出的认识。

斯宾诺莎的工程存在两个要素。其一，重新评估宗教认识的一般本性，特别是神启；其二，尝试提出一个新的关于自我认识和自由的论述，指导这个论述的一般性原则正是指导机械论自然哲学发展的一般性原则。第一个内容是基于圣经解释学的发展成果，可以追溯至瓦拉，不过斯宾诺莎对这些做出了特别激进的注释。第二个内容大部分是没有先例的，不过在某些方面，尽管斯宾诺莎对自然哲学的概念是彻彻底底的机械论，但与文艺复兴自然主义者特别是特勒肖存在近似之处。

笛卡儿认为，我们可以观察一下，当我们将自己的信念呈现给自己时，能够实现多大程度的清晰度和明确度，并依此来评估这些信念的真实性，因为清晰性和明确性是得到上帝担保的标准，能够评判想法和信念。我们可以想象一下，笛卡儿研究可能会走向两个方向。第一个方向是，我们应该区分出能够清晰明确表达出的思想，集中研究这些，将那些无法接受清晰明确标准检验的思想搁置一旁。第二个方向是，在我们关注知识和真理问题时，一切在认知方面提出的观点，无一例外必须接受清晰明确标准的检验。笛卡儿主义从17世纪30年代中期开始在荷兰得到了最完善的发展[39]，正是在这里我们能够看到这些相互矛盾的方向最清晰的表现。

笛卡儿本人肯定认为，许多神学问题是无法接受清晰明确标准检验的，因为上帝是彻底超验的。在这个世界中，上帝是不在场的，他的旨意我们也无法参透。结果，与比如波义耳的物理—神学不同，在笛卡儿看来，自然知识永远也无法带我们走向对上帝的知识。自然界和超自然界泾渭分明。这种思路在荷兰笛卡儿派学者约翰内斯·德·雷伊 (Johannes de Raey) 那里得到了独到的发扬，他认为清晰性和明确性不是思想的一般性质，即一切思想都会受到其影响，而是一组精选的思想的特征，也就是基于形而上学的笛卡儿自然哲学概念。[40]因此，从怀疑开始哲学研究，并不是为了让模糊、糊涂的思想变为清晰、明确的思想，而是要区分这两类想法及适合这两类想法的学科。清晰明确的思想仅适合哲学(在范式上是自然哲学)，无法应用到其他学科，如神学。雷伊没有否认《圣经》诠释能够揭示真理，他只是说我们对真理的掌握可以通过清晰明确的思想来进行。这样一来，他这种重新用笛卡儿主义来表达的划分法，就反映出自然哲学证明和神学诠释之间的传统区别：两者在根本上是不同种类的活动，是通向不同真理的不同路径。

另一条相反的道路，是在荷兰自由派神学家约翰内斯·科齐乌斯 (Johannes Cocceius) 的理论基础上发展起来的，又被笛卡儿主义大力发扬，导致17世纪50年代期间笛卡儿—科齐乌斯派与以吉斯伯尔特·沃蒂乌斯 (Gisbert Voetius) 为首的保守亚里士多德派开展了一场论战。[41]笛卡儿—科齐乌斯派的立场是1653年克里斯多夫·维迪奇 (Christopher Wittich) 奠定的[42]，他的核心观点是，《圣经》是用平民的语言写成的,便于平民理解,但《圣经》不是用真理的语言写成的。就真理的语言而言,他是使用笛卡儿的清晰明确标准来思考的。这种圣经诠释方法带来的结果,可见另一位荷兰笛卡儿主义者洛德维克·迈耶(Lodewijk Meyer)的明确论述。迈耶指出,既然《圣经》不是用清晰明确的语言写成的,但是因为上帝的神启又不能否认自然理性之光,或与其产生任何形式的冲突,那么笛卡儿式的清晰明确的观点就应该提供用以判断圣经诠释的准绳。笛卡儿的清晰明确标准必须被用来判断任何认知方面提出的观点,包括圣经诠释。[43]可以说,思想起源于笛卡儿主义的斯宾诺莎[44]在这里是脚踏两只船的。一方面,他认为存在相互竞争的不同道德体系,其中只有一个——也就是他的《伦理学》(Ethica)中提出的——采用了清晰明确标准,这就使其与众不同,他认为其他体系无法采用这种标准,因为其他体系的目标不是真理。同时,他也认为,只要我们发表关于认知的观点,只要我们关注道德的终极基础而不是仅仅寻求实现道德行为,那么只可能存在一种真正的认识形式,这就是遵循清晰明确标准的认识形式。换言之,自然哲学中成立的认知标准,一定在其他任何关于认知的观点中也成立,包括圣经诠释。斯宾诺莎不仅试图淡化自然哲学证明和神学诠释之间的界线,还试图将前者奉为唯一能够产生知识的方式。

斯宾诺莎将传统的智慧与幸福目标转译为他笔下的虔诚与和平。尽管他最喜欢用的一个策略是让人觉得他是在展示他的体系与传统价值的兼容性，同时在论证过程中又巧妙地改变了这些价值标准术语的含义，但是虔诚和和平与最初的智慧和幸福尽管表面措辞不同，含义却相近，而且存在内生的相互依赖性。这种相互依赖性来自他用政治—神学来解释一般性宗教问题，研究权威从何而来，特别是宗教和政治权威从何而来，以及如何确定权威的范围等问题。相比之下，哲学完全不是从权威角度来解释的，因为既然哲学采用了确定性的标准，就意味着我们不需要服从什么权威。只有当我们无法自己决定问题时，求助于权威才是适宜的。举例来说，我们服从君主做出的决定，不是因为我们接受了其背后的逻辑：如果我们只有在理解并赞同决定背后的逻辑后才服从，那么我们基本不会赋予君主任何权威。[45]在处理身为《圣经》作者之一的先知（prophet）时，也是类似的道理。先知诠释上帝透露给他的旨意，我们接受他的诠释，因为我们接受他的权威。

那么我们又如何知道先知是真正的先知？斯宾诺莎讨论了预言（prophecy）的三个传统标志。[46]第一是先知体验的生动性，不过他也指出，梦和幻觉也可以很生动。第二是行神迹，不过这些神迹也有可能不是真正的（斯宾诺莎认为，其实不存在真正的神迹[47]），而且为了确定神迹的真实性，我们必须确定神迹是真正的先知所行,这等于是在绕圈了。为了确定真正的预言,最紧迫的问题是确定先知的体验是完全私人的体验。他的体验是"内向证词",无法与他人分享:与哲学家提出论证不同,先知无法带其他人进入与他相同的心灵状态。我们无法体验先知的体验并亲自评估。不可能教谁成为先知,也不能自己学成先知,而这就是先知进行的"诠释"活动与哲学家推理的不同之处。

这就带出了第三个标志,即"先知一心向善"。我们根据先知的教导和行为中体现出的道德来判断他是否为真,但这个道德又是根据理性标准来判断的,也就是说,理性才是判断的终极根据。[48] 这个结论有三点需要指出。第一,正如要用和平来判断政治体系,既要判断其是否有能力保证和平,也要判断神启是否有能力保证接受神启的人心怀虔诚。正如君主行使权威但不揭示真理,斯宾诺莎政治—神学中的先知也行使权威但不揭示真理。要根据预言的实际结局来评估预言,正如要根据政府的实际做法来评估政府一样。真理是哲学的专属领域。

第二,对神启的赞同,需要意志行为 (act of will),而斯宾诺莎认为意志与知识无关。这既不同于传统上关于人如何得知上帝存在的观点,也不同于笛卡儿的观点。我们谈过,前者将知识视为被驱动的 (motivated),即我们从判断为真的事情出发,然后着手阐明、证明它:当我们从上帝不存在这个判断出发,按照这个思路思考所产生的怀疑和痛苦就被视为初始判断的归谬法(reductio)。而笛卡儿自己清楚地指出(马勒伯朗士更是确切挑明),意志力是知识的一部分,因为相信什么事物,就等于自愿赞同它的真理。[49]但是对斯宾诺莎而言,认知判断不涉及意志行为。我们又不是先决定什么事物是真的,然后再赞同它的真理:当我们将认知标准应用在一个信仰上,证明了它的真理后,工作就完成了。只有在仅凭权威接受一个事物时,才会涉及赞同的问题。针对这种区分的决定性论述,可参考斯宾诺莎在《神学政治论》(Tractatus theologico-politicus)头几章中从想象和智识的角度对预言和哲学区别的论述。他认为,预言仅是想象所为,智识对此没有任何贡献。这就可以解释为什么先知的所作所为可以超越智识,为什么先知使用与逻辑证明毫无关系的醒世寓言(parables)、寓言(allegories)等文学形式,为什么预言是零星发生的,为什么没有任何学识的人也可以成为先知,为什么预言缺少内生的确定性,以及为什么预言反映出的是先知的个性、信仰、脾性。[50]鉴于此,便不该期待预言会使我们认识一般真理,尤其是自然哲学的真理。用预言是否能够让接受预言的人心怀虔诚来评判预言,是完全恰当的,但用预言是否能够揭示或确立关于世界的真理来评判预言,就是完全不恰当的。

第三,我们讨论过,针对无神论的传统观点是,既然无神论不建立在任何智识基础上，那么它就不是道德驱动的：不道德的人，害怕自己的行为会带来的后果，否认上帝存在，以期逃避惩罚；反过来说，不道德的行为，或不虔诚，也是识别无神论者的标准方式。斯宾诺莎希望确立的观点是，一个体系的价值取决于它是否能够引领依附该体系的人走向虔诚。他认为，他自己的体系尽管提出了很多具有无神论特征的论点——否认超验上帝的存在、决定论、否认摄理 (providence) ——实际上让追随者产生了虔诚，因此应该与让信徒产生了虔诚的宗教信仰平起平坐。这里很容易看出与哥白尼主义的相似之处：斯宾诺莎试图证明，他的体系能够"拯救现象"——在这里是指能够使追随者产生虔诚，这也是所有体系的共同目标——正如宗教体系一样。这就产生了新的问题：在这些等值的体系中，哪个是"真正"的体系？毫无疑问，他希望证明，有一个体系拥有这种资格，也就是他自己提出的、在《伦理学》中详细论述的体系。[51]

不过，在我们考察这个体系之前，需要了解一下斯宾诺莎寻求的知识是什么样的。他早年写成的《知性改进论》(Tractatus de Intellectus Emendatione) 区分了不同类别的知识或所谓的知识：拒绝传闻知识（来源于教育和传统的知识），类似事件偶然比较后得出的知识（如"人终有一死"的知识），以及我通过结果推导出的原因的知识（如我从"感觉的事实"推导出身心合一）。斯宾诺莎拒绝了这三类知识，因为它们无法增进我们的理解能力。不过，他接受了另外两类知识：从原因推导出结果而产生的知识和对真理的无中介掌握产生的知识，斯宾诺莎学笛卡儿将后者称为"直观"(intuitus)。后者来源于笛卡儿理论，是"我思"(cogito)产生的知识，而前者则是斯宾诺莎自创的。《伦理学》的公则4告诉我们，"关于结果的知识，依赖于并涉及关于原因的知识"。对斯宾诺莎而言，"A导致B"就等于"B的存在和本性都依赖于A"。事物之间的这种依赖性通过观点之间的依赖性得以"表达"或"设想"，如果观点B的真理必须要参考观点A才能确立，则观点B依赖于观点A。比如，数学证明的结论依赖于前提，而观点之间的"理性依赖性"关系的模型显然是数学。更成问题的是，这也是一个"因果关系"模型，即当B的存在和本性必须要用A来解释时，A和B之间的关系就是这个"因果关系"。通过证明，我们解释结论，如果前提不证自明，那解释就是完整的。换言之，因果关系和演绎关系是完全相同的事物：现实和概念重叠，观点之间的关系完全对应着现实之中的关系。

这个论证的目的是将"直观"(intuitus)和演绎确立为两个知识来源。"直观"提供了心灵中的内在确定性(immanent certainties)，演绎告诉我们如何使用这些来产生新知识。在这一点上，斯宾诺莎认为他学的是笛卡儿，但是他随即便拒绝了笛卡儿思路中的决定性环节，即怀疑法。斯宾诺莎认为，真实的观念(idea)包含其自身的确定性。确定性就是"事物的客观本质"，这个事物就是表示在认识中的那个事物。因此，拥有真实观念的心灵必定知道这些观念是真实的：发自内心的怀疑无法影响这些观念，这些观念也不需要什么东西来保障。一旦我们识别虚构的、虚假的、疑惑的观念，我们就不会将其与真实的观念相混淆，且斯宾诺莎认为识别这些观念很容易。判断一个观念是否为虚构，主要看它是否缺乏定性(determinateness)。我们可以随意想象它的客体存在或者不存在；我们可以将这样或那样的谓词(predicate)随意归因于一个我们不完全清楚本性的存在——比如，我们可以想象心灵是方形的。虚构的思想是一个允许替代方案的思想。不过，如果我们掌握了关于某个事物的真实的观念，它的不定性(indeterminateness)就消失了。对一个了解自然全部过程的人来说，一个存在要么就是必需的，要么就是不可能的，任何一个了解心灵本性的人都不可能将心灵想象为方形。相比之下，一个虚假的思想则将一个并非从主体的本性中演绎出来的谓词归因于该主体，因为心灵只能以困惑的、模糊的方式设想自己的本性。怀疑生于错误。比如，笛卡儿的"普遍怀疑"(hyperbolic doubt)之所以有可能，正是因为存在对"撒谎的上帝可能存在"的虚假信仰。相反，真实的观念是完全确定(determinate)的观念，包含着针对该观念的客体能够做出的一切陈述和否认的原因。举例来说，当我们清楚了解一个运转有序的钟内各部位关系时，我们就对钟的机制有了一个真实的观念，即便这个机制本身可能没有实现：钟可能实际上并不存在。构成真实的观念的，不是它与外部现实的对应，而是斯宾诺莎笔下的"内生特征"。

斯宾诺莎在这里想的显然是能够在数学中凭借自身资源形成真实观念的理解力。第一步是介绍简单的观念，这些观念肯定是真实的，因为它们简单所以一定是完全确定的。随后，通过将这些简单观念连接起来，形成复杂观念。例如，关于球体的观念，来源于一个半圆围绕球体直径进行的旋转。每一个这样的观念都是完全确定的本质，心灵不需要使用普遍的、抽象的公理就能掌握这些观念。问题在于，这种论述对数学也许可行，但关于自然的知识不太可能通过这种方式获得。不过，斯宾诺莎觉得这是可能的，关键在于是否能够有条理地分析问题的条件。如果通过理解，能够再现一个真实的而且是自然中所有结果的普遍原因的本质，就像圆的本质是圆全部性质的原因一样，那么关于自然的知识可以仅仅通过理解就能获得。通过理解，从关于真实本质的观念中演绎出关于其他一切事物的观念，目的是让我们的心灵尽可能完美地再现自然。斯宾诺莎告诉我们，通过理解，从自然底层原则的客观性本质中演绎出的自然，不能是"一系列易变的单个事物，而必须是一系列固定的、永恒的事物"。为了理解这些固定的、永恒的事物是什么，我们需要回忆笛卡儿假设自然中存在固定的本质和永恒的真理，如广延、运动守恒、碰撞法则。斯宾诺莎的"固定的、永恒的事物"也是一整套构成自然恒久结构的法则；"一切单个事物的发生和管理，都是根据这些"法则实现的。然而，这就意味着它们也是特定的本质，是明确定义的、确定的真实性（就像数学中直角或圆的本质是确定的本质一样），尽管它们在自然中无处不在，扮演着普遍法则的角色。一般来讲，正如我们从一个数学真理演绎出另一个数学真理，但永远无法到达演绎链的尽头，也永远无法用演绎链来形成一个整体一样，斯宾诺莎认为每一个这种"固定的、永恒的事物"只是链条中的一环或发展过程中的一刻，而不是整体的一部分。对斯宾诺莎而言，就像在数学中一样，在一般的情况中，我们设立一个问题为出发点后，演绎也必须总是向着这个问题的解决而发展下去。在最广义的层面上，这就变成了人性和人性与上帝合而为一的问题。这正是他在《伦理学》中尝试回答的问题。

《伦理学》首先思考存在着什么，斯宾诺莎非常迅速地得出了非凡的结论，即与笛卡儿的三个实质论——上帝、心灵、物质——相反，其实只有一个实质：上帝。他是使用某个版本的本体论来论证的。斯宾诺莎与前人安瑟伦和笛卡儿一样，使用本体论不是为了证明上帝存在，即针对怀疑、否认上帝存在的人进行劝说。他们的论证与其说是证明上帝存在，不如说是上帝的存在是由什么构成的，因为他们关注的是上帝的本性。作为回答问题的方法，他们先确立上帝的存在肯定拥有独到特征。因为斯宾诺莎得出的结论是极其非正统的，这个特征在他的论证中尤为明显。本体论的论证通常被用来证明至少存在一个事物：上帝。斯宾诺莎认为，本体论还可以证明，至多存在一个事物，因此他在《伦理学》第一卷的命题14中指出，"除上帝外，无法存在，也无法设想存在其他实质"。推理如下：斯宾诺莎将上帝定义为"由无限属性构成的存在，每一个属性都表现出永恒的、无限的本质"。[52]上帝不可能是由其他事物导致的，所以必须是自因 (causa sui)；但如果一个事物是自因的，那么它的本质必须包括它的存在。因此，上帝必然存在。这部分的论证也可以用更传统的术语来进行：上帝有每一种完美，如果一个事物有每一种完美，那么它既不会依赖它身外之物而存在，它的存在也是它的完美之一。接下来，斯宾诺莎到了他完全原创的部分。他告诉我们，"除上帝外，无法存在也无法设想存在其他实质"[53]，因为上帝表现着实质的一切属性，并且如果有其他事物表现这其中一个属性的话 (如果这个事物是实质的话，它也必须表现一个属性),那么就会存在拥有同一属性的两个实质,而这是不可能的,因为属性表现本质,本质又是独特的、唯一的。唯一能得出的结论,是上帝等同于一切存在的总和。

然而,尽管除上帝之外不可能存在其他事物,但不同的事物仍然可以在上帝中存在。"上帝中的存在"在斯宾诺莎笔下是有特定含义的,我们必须要掌握两个要点才能理解他想说的是什么。第一,我们要记住,斯宾诺莎将因果关系与演绎联系在一起,因此如果说A是B的原因,B被包含在A中,就等于是在说A是B的解释。不过这个论述也取决于他对实质、模式和属性之间关系的独到见解。《伦理学》开篇就定义了"自因",即一个事物是自己的原因:"一个事物是自己的原因,是指它的本质包括它的存在;或者说,它的本性只能被设想为存在。"**54** 讲完这个定义——其实正是一切存在事物的定义——他开始区分三个事物:"实质""属性"和"模式"。实质是"在自身中的、通过自身而设想的东西"。也就是说,我们不需要设想任何其他事物,就可以设想这个事物。斯宾诺莎认为,以这种方式在概念上独立的事物,在本体论上也是独立的。因此,存在属于实质的本性,每一个实质都在其自身中包括有关它本性和存在的全部解释。斯宾诺莎认为,他这样做,只是将一个被前人混乱理解的观念进行了逻辑梳理,并得出了合理结论。很多经院哲学家和笛卡儿主义哲学家之前假定，实质是现实的终极构成，因此是自我独立的。斯宾诺莎认为，他们没有看到这种假定会带来的结果；也就是，任何实质一定是自因的，所以必定存在。这种实质的定义本身并没有争议，有争议的是斯宾诺莎从中得出的推论。相比之下，模式的定义就非常有他的个人色彩了，尽管在他的实质论中是说得通的。模式的定义是，一个无法独立存在的事物：一个模式必须是某个事物的模式。通常人们将模式视为性质或关系，不过斯宾诺莎还用这个词来形容个体事物。你我都是神圣实质的模式，因为我们都可以被设想为不存在，所以对我们存在的解释需要依赖于我们身外的事物。我们不是自我独立的，如果我们存在，则是借助了我们身外的力量才得以存在。最后，属性的定义是，"知性感到的构成实质本质的东西"。这里斯宾诺莎似乎是在学笛卡儿。笛卡儿认为实质的本质是通过其主要属性清晰明确地被认识的——比如，物体的本质是通过广延被认识的。斯宾诺莎认为一个实质可以有多于一个属性，这似乎也能在笛卡儿理论中找到先例，但斯宾诺莎并没有顺着这点讨论下去。尽管笛卡儿从广延的角度来定义物质的本质，他也意识到物质的必然是不可入的，因此将不可入性视为其衍生本质。[55] 所以，可以说物质的本质是广延和不可入性；用斯宾诺莎的术语来说，就是它的属性是广延和不可入性，这也就是说，存在着两种不同的方式来感知物质的本质是什么。

具体而言，斯宾诺莎确认了上帝的两个属性：思想和广延。思想是一切观念的系统总和，广延是一切物理客体的系统总和。不过，这并不是二元论，至少不是传统意义上的二元论。斯宾诺莎处理身心问题的方式就是简单地指出，观念和物理客体都是一个单一实质的修正，以两种不同的、不可通约的方式被设想。一会儿作为心灵，一会儿作为物质或广延，两者均不能被还原至另一种。不过当我们使用精神和物质范畴时，我们讨论的其实是一回事。

因此，上帝不是不同于世界，而是等同于世界，这也是很多文艺复兴时期自然主义者得出的结论，尽管斯宾诺莎得出这个结论的思路以及对这个结论的解释是截然不同的。对斯宾诺莎而言，上帝是人的心灵以两种不同的方式设想的：要么是通过思考上帝的心灵，我们的心灵是它的一部分，要么是通过考察物理世界的结构，开发有关上帝的知识。斯宾诺莎用了一个著名的说法来表达他的一元论：世界是 *Deus sive Natura*——上帝或自然。上帝不像梅森和笛卡儿急于确立的那样，是世界的超验原因，在世界之外或超越世界发生作用，而是世界的内在原因，从内部发生作用。此外，因为因果关系是必然性的一种形式，并且因为神圣本性是永恒、必然的，世界上发生的一切都是必然发生的。所有的机械论者都认为，物理世界不存在传统意义上的自由。同理,斯宾诺莎也认为精神和物理在本体论上是同一事物,也就是说精神世界也不存在传统意义上的自由。就像数学证明是必然严格发生的一样,有了原因就必然产生结果。每一个人类的行动,作为上帝的模式,都是来自同一条不可断的必然性链,因此"偶然""自由"这种观念不能被赋予其传统上拥有的意义。世间万物不可能有其他的样子,若想有其他的样子,前提是上帝得是其他的样子:但是上帝不可能是其他的样子,因为为了成为上帝,他必须拥有一切完美,不拥有一切完美的事物不可能是上帝。

最后,上帝是唯一的"自由"因,因为只有上帝才能自我创造。我们若以这种方式思考上帝,就会将自然认识为一个主动的、创造的原则,在其自身内、通过其自身即可理解。我们将自然认识为 *natura naturans*("产生自然的自然"),并在这个意义上将它与上帝、心灵、一位造物主和非时间性(atemporality)联系起来。当我们如此解释事物时,不会将事物与在时间上早于它的事物联系起来,而是证明了它与上帝永恒本质的永恒关系。不过,我们可以将自然作为造物的产物、作为创造性的努力或冲动的具体实现来研究。这样一来,我们就将其认识为 *natura naturata*("被自然产生的自然"),在这个意义上我们将它与自然、物质、创造物和时间性联系起来。"产生自然的自然"与"被自然产生的自然"是一枚硬币的两面。斯宾诺莎的形而上学规定，除了一个实质外，不存在其他事物：也就是构成世界的那个自我包含的、自我维系的、自我解释的体系。这个体系可以以两种不同的方式去理解，但是理解的就是一个相同的体系，一个相同的事物。

在《伦理学》第二卷中，斯宾诺莎转而研究从这个单一实质的本性和属性能演绎出的人类本性。上帝的无限属性中，只有两个能够被认识，即广延和思想，每个都是简单、无限、永恒的。另一方面，包括身体和灵魂的人类本性的特征则是跨时间 (duration)、变化、多样、出生、死亡。因此，第一个问题是，既然两者如此不同，人性如何能够从神性中产生。对斯宾诺莎的回答的最佳理解方法，是考察他借鉴笛卡儿自然哲学的方式。与惠更斯和马勒伯朗士一样，斯宾诺莎认为，正是用清晰明确原则重新论述物理理论的笛卡儿《哲学原理》中的理性化体系才是自然哲学的核心工作。确实，曾经在第一部出版作品中用公理术语重新书写笛卡儿哲学的斯宾诺莎，他的哲学成果几乎全部是通过体系化实现的，从一个丰富的、强大的体系中得出了未曾预见、出乎意料的推论，并将其推向新奇的方向发展。在这个例子中，他的出发点是笛卡儿"物体只有相对运动时才会彼此区分"的主张。宇宙中的运动量是恒定的，尽管每一刻的分布不同，而且运动分布的法则——惯性和碰撞法则——永远真实。斯宾诺莎将宇宙中的恒定运动量解释为广延属性的一个模式：它是一个永恒的模式，就像该属性一样永恒，它也是一个无限的模式，因为它表示的是宇宙在整体层面上的不变性元素。换言之，虽然在个体层面存在变化，在总体层面没有变化，因为运动量不变。所以，这个唯一存在的实质，从广延属性角度来思考的话，拥有一个永恒的、无限的模式，即固定的运动量。同样还是这个实质，在其另一个属性——心灵下，也拥有一个无限的模式，即"无限知性"，或上帝的知性，包含森罗万象。

这还不算新奇，当我们从无限模式转向有限模式时，斯宾诺莎体系中真正新奇的内容就出现了。广延的有限模式：物体，仅仅是拥有不同部分的物质广延，当一些部分相对于其他部分运动，导致整体会持续一段时间，从而形成了这种物质广延。在这里，我们找不到物体与广延属性的永恒本质之间存在任何联系。相反，作为物体的存在是由于它与其他有限模式产生了相互作用。也就是说，其他物体将运动传递给了它，而这些物体又从另外的物体中获得运动，以此类推。广延的模式理论，也适用于思想、观念的模式，因为根据属性对应原则，我们思想中的客体的秩序再现了广延中的实在物的秩序。从这里可以得出，有限模式的存在方式与无限模式或属性存在的方式非常不同。在无限模式和属性中,本质与存在合为一体。但在有限模式中,从其本质角度来考虑的话,只是一个可能,因为只有当另一个有限模式产生它时,它才开始存在,当另一个模式排除它时,它便不复存在。在斯宾诺莎的论述中,跨时间意义上的存在——即在时间中持续——是与本质不同的存在,并且有限存在是特殊的,因为它们存在的原因在它们之外:它们之所以存在,不是由于它们的本质导致的。确实,他认为有限世界由于有外部因果性,并且只是简单的跨时间存在,因此是有缺陷的,因为它不能从单一实质的任何一个属性中直接演绎出来。但是,这个单一实质又是造成这个有限世界的原因,因为它是造成万物的原因。斯宾诺莎说,上帝不是有限世界的内在原因,而是有限世界的远因。但这是很成问题的。远因仍然是内在的,因为它不是超验的。而且,既然他从演绎蕴涵(deductive entailment)的角度来思考因果关系,那么远距离推论在逻辑上与近距离推论是一样直接的,所以斯宾诺莎是否真能捕捉到上帝的远因作用方式,还是无法确定的。反过来,如果上帝不是远因,那么我们就是上帝的一部分,因此是神圣的,但这又与"我们只是整体的一部分"产生了矛盾:单一实质学说看起来与阿威罗伊的"普遍心灵"(one mind)学说类似了。

尽管如此,斯宾诺莎的人类本性概念还是提供了一个强大的自我实现模型,尽管这个模型要到18世纪末才会在哲学上被普遍接受。对斯宾诺莎而言,人类包括身体和心灵,他分别将二者描述为实际的广延模式,和由身体相关的观念构成的实际的思想模式。为了理解对后者的晦涩描述,我们必须回忆起思想的属性和广延的属性——都是单一实质的属性——分别为我们提供了关于本质的完整、充分的知识。思想和广延分别代表着现实的本质,每个属性都给出了关于这个现实的完整论述。因此,一切模式——包括时间和变化体系中的一切客体——都既可以从思想角度也可以从物理角度来描述,如果我们不熟悉表达着一个物理客体的现实的观念,这只是由于我们感知上出现了混乱。不过,在我们自身的例子中,我们既知道一个单一有限模式的思想表达,也知道它的物理表达。斯宾诺莎告诉我们,心灵是一个特别的观念,即"关于身体的观念"。[56]这个观念"不是简单的,而是由很多观念构成"[57],对应着这个观念的每一部分,都存在着一个身体的过程,也就是这个观念各部分的"客体"或"观念的对象"(ideatum)。晦涩性主要是术语上的表达造成的。通常而言,我们说一个观念是某个客体的观念(an idea of some objects)时,我们不是在说这个观念和这个客体是像我们的身心一样紧密相连的。毕竟,我们可以拥有虚构客体的观念,不熟悉客体的观念,诸如此类。通常而言,"的"(of)的意思是"关于"(about)，一个观念的"客体"是在这个观念中被再现、被思考的事物。然而，对斯宾诺莎而言，一个观念和一个物质体之间唯一能够存在的真正认知关系，就是这个观念——即在思想的属性下被设想的单一实质的模式——与在广延的属性下被设想的同一个模式之间的关系。对斯宾诺莎而言，"身体的观念与身体自身——即心和身——是同一个事物，一会儿在思想的属性下被设想，一会儿在广延的属性下被设想"。[58]心和身是同一事物：尽管如此，将一个事物描述为心和将其描述为身，就是等于将其置于两个不同的、不可通约的体系中。两个体系的细节无法相互替代，所以两者之间不可能存在因果关系。

斯宾诺莎将人类设想为自然的一部分，或自然中的一个有限模式。一切有限模式得以持续和保留其身份的前提，是在构成这些模式的简单物体体系之中保留着一定的运动和静止分布。人类在与环境互动的过程中，总是遭受状态的改变或本性的修正；不过因为人类是相对复杂的有机体，所以能够以多种方式被改变，而不会破坏人类成为特别事物的"实际本质"。特别事物的身份取决于它是否有能力自我维护，任何特别事物的"实际本质"就是它自我维护的倾向，尽管存在外部原因，但这个本质就是导致这个特别事物如此这般的原因。斯宾诺莎在《伦理学》中说的就是这个意思："每个事物通过努力（*conatus*；译者注：这是一个拉丁词,意为努力、倾向,具双重含义。斯宾诺莎认为,这种自我维系的努力是出自万物本性的倾向。万物本性便是努力维系自我)来维系自己的存有,这个'努力'正是该事物自身的实际本质。"[59]这个特别事物的自我维护力量越强大,它拥有的现实就越强(即身份越强),也因拥有明确本性和个性而被更清晰地区分出来。在斯宾诺莎的定义中,一切有限的事物,包括人类,都努力维系自身,努力增强自己的自我维护力量。"努力"(conatus)是自然万物的必要特征,因为"明确、可识别的事物"的定义中就包括这种自我维护的倾向。因此,人类通过自我维护以保持自己的身份或个性,这不是选择或决定带来的结果,而是自然万物自然而然、必然产生的。相比人而言,结构简单的特别事物受到的修正会少一些,作为明确事物的个性也会少一些:它们的内聚力会被相对更少的外部原因破坏。

任何事物都可以被设想为自然的一部分,在思想的属性下或广延的属性下都可以。但是,只有人类的复杂性达到一定的程度,当在思想的属性下被设想时,才能够被视为有自我意识,或者可以被视为拥有由观念构成的心灵,这些观念反映出外部原因在修正构成人类身体的运动和静止的平衡时产生的效果。身体与其他事物的互动产生的修正也许会造成"努力"的增加或减少。按照定义,每次"努力"增加都是快感,每次减少都是痛苦。斯宾诺莎将"快感"定义为"使心灵进入更高完美状态的激情",

将"痛苦"定义为"使心灵进入更低完美状态的激情"。[60] 如此一来,任何有限事物的力量或完美程度都取决于它与其他事物之间因果关系上的主动程度,而不是被动程度。唯一绝对强大、完美的存在——上帝或自然,在方方面面都是主动的,不存在被动的方面。一个有限模式,比如人类,当其连续状态或修正不是外部原因导致的结果,而是它内部之前变化的结果时,就拥有更大的力量和完美。这就意味着,被设想为思想的有限模式的人类,当构成其心灵的观念之间以因果关系相连时,就会拥有更大的力量或完美。换言之,一个人的连续观念如果是成逻辑的,那么他就是主动的,而不是被动的。构成大多数人类心灵的观念序列,其原因是在序列之外的;所以该序列本身不是可理解的,和自我包含的序列不同。一个心灵在生产观念时越不被动、越主动、越自我包含,它的力量和完美就会成比例增长。[61]

在斯宾诺莎的论述中,个体在其存在的任何一个时刻都会被视为"身体",在其所处的状态中,通过接触特定事物,其活力被刺激或抑制;这个状态,或"决定"(determination),可以完全用纯物理法则从物理平衡的角度以及平衡近期波动的角度来阐明。这个概念与盖伦医学非常相似。同样的情况还可以用另一种方式描述:缺少自由的意思,主要是指我们被一些原因所动,但我们对这些原因没有意识，因为我们的观念是混乱的。这样一来，只要我们的观念变得充分，就可以从不自由过渡到自由。从不充分的观念到充分的观念的过渡，实际上就是从心灵被动到主动的过渡。若我们的观念是充分的，那么我们就再也不会被我们之外的事物所动；启动我们运动的，在我们内部，因此按照定义，我们就是自由的。理性的理解不能仅仅是实现其他什么东西的手段。这一点斯宾诺莎认为极其重要。理性的理解既是手段，也是目的。通过理解而揭示的目标，就是自由和理性的目标，并且两者是同一事物。这种自由主要是指能够知道导致我们移动的原因，并由此使这些原因成为能动者的内部原因而不是外部原因。因此，斯宾诺莎认为，"自由意志"就是真正自由的人已经抛弃的众多幻觉、混乱观念中的一个。

如此一来，在这个明显借鉴了伊壁鸠鲁和斯多葛主义的理论中，斯宾诺莎重新捕捉到了智慧和幸福观，将其从自教父时代开始就所处的宗教世界中移出，重新安置在世俗界，在这世俗界，自然哲学提供了一个全面的、完整的了解世界和人类在其中位置的认识形式。不用说，这激起了空前的敌意，甚至比反对伊壁鸠鲁和霍布斯的敌意还要激烈。不过，除了一小群"地下运动"者支持斯宾诺莎外[62]，学界对斯宾诺莎观点的全盘否定并非因为他同时代的人没有努力接受他的斯宾诺莎主义：比如，马勒伯朗士和莱布尼茨的确努力尝试去接受它，它也影响了他们在因果关系、自由、心灵等问题上的思考，而且也不是因为斯宾诺莎"太超前了"。将严谨的评定标准应用于圣经诠释的观点，可以追溯到瓦拉，也早已被基督新教神学家所吸收，其中很多人并没有回避指出矛盾和不一致的地方。此外，斯宾诺莎的自然哲学在很大意义上只是对笛卡儿《哲学原理》的教条式重述，而且他只能做到对该书前面的一部分进行系统化处理而已。斯宾诺莎理论并没有被同时代的人和下一代接受的原因，在我看来，是因为他的体系存在内生的困难，最重要的是，他的体系无法满足他自己提倡的自然哲学的要求。

对斯宾诺莎而言，知识的范式是秉承清晰明确观的机械论自然哲学。斯宾诺莎对清晰明确观的认识，并不与笛卡儿的观点一一对应，最重要的是，也不与系统化怀疑挂钩。不过，笛卡儿学说的一个特征，即评定真实性就是检验观念，被保留了下来。不同在于，对笛卡儿而言，尽管在有些问题上——如上帝的存在、物质的本性、心灵的本性——通过检验观念便可揭示一切，还存在一大批经验问题，在这些问题上，清晰性和明确性是理解的必要条件，但不是充分条件。就后者而言，关键在于我们向自己呈现观念以便自己能够形成并提出清晰明确的问题。木星有多少卫星这种问题，无法仅仅通过考察自己的清晰明确观念来回答,因为这些是经验问题。相反,对斯宾诺莎而言,尽管这些问题的确对我们来说是经验问题,但这只是因为我们对宇宙的理解不充分,如果我们真的掌握了宇宙的全部知识,就会理解不存在偶发性,只存在必然性。如果木星有四个月亮,这是因为它只能有四个月亮:它有四个月亮,是事物的本性使然,不可能存在其他情况。

这为清晰明确观带来了它绝对无法承受的负担。确实,连它在范式情况中——物理理论——能否承受负担都不清楚。我们讨论斯宾诺莎的同代人和邻居惠更斯时已经讲过[63],将清晰明确观严谨应用在物理理论上,并没有扩大自然哲学知识的范围,而是将其缩小到运动学。惠更斯清晰明确观的底层模型,是公理几何学证明,正是因为他将清晰明确观应用在运动研究上,才阻止了将力的概念引入到力学。斯宾诺莎使用的是同一个模型,但他认为他使用模型的方式能够捕捉到使数学证明如此确定、如此确信的原因,即清晰性和明确性。不过,这种清晰明确性,一旦超出普遍接受的严谨论证的要求的范围,就根本无法体现几何证明的本质,而仅仅成为关于几何证明的观念的暗喻式拓展。更有甚者,这个清晰明确观究竟有多么适得其反,甚至在它最没有争议的、(在几何之外的)最贴近字面含义的形态中——力学——都能清晰看到?惠更斯和斯宾诺莎对波义耳气动学实验的方法完全搞不懂:他们就是无法理解，一个不成体系的方法、一个没有从基础清晰明确观念出发并从由清晰明确观念陈述的原则中演绎出现象的方法，怎么能够产生真正的解释。他们做不到先不加质疑地接受波义耳的工作并评估其价值，而后再评估其是否符合他们的正典解释。不过，起码惠更斯是在将波义耳的解释方法与一个具有真正解释力的正典来比较：问题在于，从基础原则出发的公理证明是否是唯一合法的解释形式。而斯宾诺莎就太离谱了，因为斯宾诺莎体系中真正做出解释工作的正典在合法性上并不是不存在争议的：它是对几何证明中证据的清晰性和明确性的隐喻式拓展，存在很大的争议。

斯宾诺莎提出的一般性方法论标准，与笛卡儿早年尝试从"普遍数学"的发现外推出一般性方法理论有密切的关系[64]，其中一些基本问题可以追溯到笛卡儿。1620年左右，笛卡儿开始思考，本来用来计算复利等问题的校正多脚圆规，不但可以解决这类算数问题，还能解决三等分角等几何学问题。在笛卡儿之前，几何和算数被视为互无联系的两门学科：比如在亚里士多德的定义中，这两门学科处理的分别是连续量 (continuous magnitudes) 和非连续量 (discontinuous magnitudes)。笛卡儿思考了圆规的操作原理，即生成连比 (continued proportions)，意识到算术和几何的底层存在一个更加基础的数学学科，一个关于"比"的一般性理论，他将其称作"普遍数学"(universal mathematics, 拉丁语为 *mathesis universalis*)。他认为,这个学科是一切数学学科的基础,不仅包括几何、算数等理论学科,还包括天文和声学等实用学科。这个发现走向了两个——互相冲突的——发展方向,一个是数学的方向,一个是非数学的方向。第一个是发明了结构方程论,即代数,帮助笛卡儿解决了难倒历代几何学家的数学问题。这极大地证明了笛卡儿的确发现了一个更基础的底层学科,拥有更大的解答力。第二个发展方向是尝试发现一个更加基础的层面。笛卡儿认为,就像普遍数学是一切数学学科的底层基础,普遍数学自己也许也能够反映出一个更加基础的层面,即一个涵盖一切知识、不限于数学的普遍方法。这背后的思路是,如果能够以某种方式表现数学观念,让我们清晰无误辨其真伪,那么我们就可以在一般意义上发出疑问:究竟是什么赋予数学观念这种特征?对笛卡儿而言,问题在于一旦他开始处理某些复杂数学运算,他认为的清晰明确表现数学观念的方法——即基于线长的简单运算——就失效了。[65] 这个方法在数学中的应用可以通过加法运算来说明。2 + 2 = 4 这个等式,并不能清晰证明2加上2就真的等于4:我们需要首先理解符号、算子、算法本性是什么。但是当我们以线长或点来再现数字,就能够直观掌握命题的真实性。将一对点":"放在另一对":"旁,便得到":∶",直观清晰,不可能犯错，不可能混淆。然而，在《思想的指导法则》中，他一方面寻求以结构化的方式将算数代数化，另一方面又寻求以让人无法质疑的方式清晰明确地证明算数过程，这两者之间就产生了矛盾。在《思想的指导法则》未写完的规则19—21中，当他关注"必须以几个未知元构成的几个方程式来解决的问题"——即高次根式开方——时，清晰明确证明法就彻底失效了，因为线长法会导致我们使用极其复杂的几何构图，绝对还不如本来要证明的运算清晰明确。涉及虚根时，笛卡儿的代数过程与线长证明法之间的联系彻底断裂，因为根本无法构建线长。不过，这并没有导致笛卡儿放弃清晰明确学说；在其接下来的发展中，其模型从数学转移到"我思故我在"，即笛卡儿认知理解的范式。在"我思故我在"的例子中，它至少实现了普遍方法的一个功能，即提供了一个通透解释命题概念内容的方法。我们一旦掌握这个方法，就会立刻了解这个命题的真伪。不过，清晰明确学说在数学中的失效——数学不仅是清晰明确观的范式案例，而且清晰明确观只有在普遍数学这个狭义的领域才能证明自己能够真正产生成果——给它的一般合法性造成了沉重的打击。而且，离数学越远，标准就越成问题，越有争议。

这对斯宾诺莎的研究来说尤其成问题，因为我们上文讨论过，斯宾诺莎将基于数学模型的清晰明确观推到了连笛卡儿都没有想象到的高度,将因果关系瓦解为演绎关系,将经验研究变为准数学演绎形式。然而,斯宾诺莎的信心放错地方了,因为他从未像笛卡儿那样用复杂数学案例来检验他原创的"清晰明确观念"概念,也从未用地球形成等复杂物理案例来检验,因为任何研究地球形成的人都会立刻指出讨论数学必要性是完全不合适的,会让任何地球研究根本无法迈出第一步。幸好我们看到,在斯宾诺莎唯一一次关注系统自然哲学时,也就是将笛卡儿的《哲学原理》公理化时,他仅仅讨论了《哲学原理》前面纯纲领性的部分,在涉及可观察的宏观过程物理理论之前就止步了。那些拒绝斯宾诺莎学说的同时代自然哲学家们很清楚他的清晰明确观是完全理想化的。只有惠更斯坚持采用类似的清晰明确的标准来要求证明过程,不过他寻求的——除了在力学中建立起真正的数学严谨性之外,而且力学数学化是没有争议的——是将力学还原为运动学,因为他认为是力破坏了力学的清晰明确性。因此,对惠更斯而言,清晰明确的标准带来的真正知识只限于一个非常受限的领域。然而,对斯宾诺莎而言,受限的不是领域——正相反,斯宾诺莎将领域扩展到一切认知研究——而是我们对它的理解。与惠更斯相比,斯宾诺莎的做法导致清晰明确标准可能拥有的任何解释力都被稀释了。这并不是说,斯宾诺莎对心灵的本性、自由意志、人的本性等问题的独到的、激起强烈敌意的见解，就因为他试图用清晰明确观来重新思考一切观念的做法——正是这个做法让他产生了这些学说——存在致命缺陷，就应该被无视。正相反，这些学说是对哲学传统的巨大、持久的贡献。斯宾诺莎被后世称为"中立一元论"(neutral monism)的学说，即精神和物理是对世界的不同描述形式而不是两种不同的实质，始终是心灵理论的主要竞争者，与马勒伯朗士的偶因论和莱布尼茨的预定和谐论(pre-established harmony)等理论不相上下。他对自由意志的否定，如果不被视为"我们是否自由"的问题，而是"自由意志观究竟应该确定什么"的问题，则仍然是哲学界的一个主要未决问题。因为，如果它要解决的问题是我们如何确定行为责任（尤其是道德上应该被谴责的行为），那么我们的确可以问，在一个人经过实际思考过程，权衡选项利弊，决定了他认为正确或合适的行动后，我们其实通过又在过程中加了额外一步而让这个人为自己的行为负责：在这个额外步骤中，这个人会选择是否按决定真的采取行动，这一步不是基于思考（因为这是思考过程的一部分），似乎完全不基于理性，仅仅是基于在思考出决定后是否有能力采取行动？这样一个过程不但无法确定行为的责任，反而会让道德行为随机化。最后，斯宾诺莎还提出了人的学说，即一个人通过为自己的人生负责而使自己成为道德能动者，并在一般意义上成为人。斯宾诺莎用纯认知概念来解释这个学说，不过我们在这里不必按照他的思路。斯宾诺莎提出了传统道德和人性观之外的替代学说，并从18世纪末开始得到进一步完善。不过，不管这些学说有什么优点，我们都不能认为它们是斯宾诺莎用清晰明确观重新思考一切观点的一般性做法产生的。这些学说的优点应该受到独立评估，不过斯宾诺莎却将其视为自己整体系统中不可分割的一部分，这就让独立评估这些学说的优点变得极其困难。只有当这些学说在18世纪末被移植到德国浪漫主义的肥沃土壤中后，情况才有所改变，在这个土壤中，通过纯认知的路线而达到自我实现 (self-realization) 是不可行的，这一点就很说明问题。[66]

德国浪漫主义者复兴了斯宾诺莎的研究，这个现象的确能告诉我们很多事情，因为德国浪漫主义对宇宙的元活力论 (proto-vitalistic) 见解，与斯宾诺莎物理研究的机械论基础大相径庭。不过，吸引他们的是斯宾诺莎的"努力"(conatus) 学说，而且似乎正是这个让人联想到文艺复兴自然主义，并与泛神论这个自然主义者传统罪名明确相关的学说，破坏了斯宾诺莎研究的机械论基础。比如，值得一提的是，他对"努力"的描述，使其无法被霍布斯式机械化。将物理和精神对宇宙的描述区分为"被自然产生的自然"和"产生自然的自然"，并将"努力"仅限于后者，也是不行的。症结在于，"被自然产生的自然"和"产生自然的自然"是同一个东西,将"努力"视为后者必不可少的成分,就等于是在说"努力"真实存在于自然,不管我们最终选择如何描述自然。[67] 一方面将主动力量 (active powers) 从自然中移除——这正是机械论的最大特征,另一方面又认为存在一个对自然的描述模式,而且在这个自然中主动力量是不可或缺的。这两者无疑相互矛盾。毕竟,库德沃斯认为,机械论在纯物理层面上能够完美描述自然过程,但一旦我们开始处理有机过程,就需要用主动力量来解释。当然,这并不是斯宾诺莎的观点,但是随着我们进入有机界,尤其是人类界,"努力"愈发明显,这的确会让人觉得,描述模式和描述层面至少是趋于相似的,而且很有可能在解释力方面成为同一个事物,即一个描述模式可能更适合无机物,另一个模式更适合有机物。这样一来,按照机械论的标准,斯宾诺莎的体系付出的代价,要比库德沃斯的体系付出的代价更大,因为在斯宾诺莎体系(的一个描述模式)中,的确在纯物质层面存在着主动力量。

不过,从自然哲学角度来看斯宾诺莎的体系特别不具吸引力的原因,是到1677年《伦理学》问世时,尽管普遍意识到笛卡儿的碰撞法则存在根本上的缺陷,斯宾诺莎还是重提了笛卡儿的规则4,即小的移动物体无法影响更大、更重的物体,同时一切运动都是相对的。[68] 笛卡儿力学最显而易见的问题之一被简单回避了,根本没有意识到问题的深度或基本性质。他告诉我们，他"本应该更充分地解释、证明这些事情。但是我已经说过，我想做别的事情，我之所以提出这些，只是因为可以轻易地从这些演绎出我决定证明的事情"。[69]从这点开始，斯宾诺莎的研究开始明显古怪起来。它的古怪，不是因为他将这些基本原理视为概念真理，因为惠更斯在某种程度上也是这样做的（18世纪理性力学传统也是），而是他认为这些概念真理坚不可摧，仿佛它们根本不会存在彼此不一致的问题。我们如此清晰明确地掌握了它们的真理，以至于知道自己不可能是错的。然而，我们的确错了，这就肯定会让人怀疑，简单思考（而不是如对结果的详细探究）就足以确立真理的这种观点是否正确。可能有人会觉得是几何模型误导了斯宾诺莎，但是反证法（reductio ad contradictionem）是几何学的标准证明手法，即使是公设也要根据其产生的后果而接受评估。此外，问题不在于斯宾诺莎希望从力学原理外推时所使用的力学原理有缺陷，而是这些原理充当了斯宾诺莎体系演绎结构的模型。他基本上将演绎视为单向过程，无法从原理的后果来确认原理的正误。

与相对性原理不一致的另一个原理是运动总量守恒：惠更斯在17世纪50年代对该原理提出了否定，雷恩和沃利斯在1669年《哲学汇刊》发表的碰撞论文中讨论了惠更斯的论述，也否定了这个原理。不过，这个原理和相对性原理一样都是斯宾诺莎体系的基础原理。我们讨论过，它在斯宾诺莎形而上学中扮演了关键的角色，因为宇宙——即广延属性的永恒、无限模式——运动量守恒，代表着宇宙整体的某种不变性：尽管个体层面存在变化，在总量层面却没有变化，因为运动量不变。不过，如果斯宾诺莎理论中的运动量守恒是不成立的，如果与他其他的关键自然哲学原理不一致，那么它就无法胜任斯宾诺莎强加给它的形而上工作。将自然哲学原理转化为概念真理/形而上原理本就是一项高风险的策略（康德在研究空间的本性时也会这样做），斯宾诺莎就是一个不成熟转化的极端案例。对一个声称能够在范式上彰显清晰明确性的自然哲学知识模型来说，最糟糕的就是底层自然哲学不仅不充分，还自相矛盾。毕竟，斯宾诺莎提出的这些自然哲学原理的内容并不是偶然发生的：这些内容是斯宾诺莎研究的核心所在。这样一来，没有一个积极投身自然哲学的人会认为斯宾诺莎的主张能够充分论述自然哲学在广义知识中起到的作用。斯宾诺莎的主张被自然哲学家无视，也缺乏任何自然哲学合法性。

物理—神学与自然哲学

"诠释《圣经》的方法，与诠释自然的方法没有区别，完全一致",斯宾诺莎在《神学政治论》中这样说道。[70] 其实,这句话也可以被用来形容斯宾诺莎主义的主要替代体系的中心思想,将知识的统一追溯至世界和人与世界关系背后的统一设计。斯宾诺莎提出了圣经诠释权威性的关键问题。不过,尽管他提出问题的方式十分有特色,但他肯定不是第一个提出这个问题的人。圣经诠释权威性的问题从16世纪开始便花费了诸多学者的精力,到了17世纪中期,在这方面出现了某种程度的权威性危机。[71] 斯宾诺莎利用了这场危机以削弱《圣经》,认为《圣经》除了提供一个道德行为和准绳的模型外,其他的主张都是不可信的,甚至连这个模型都没有任何天生的特权地位。而且在他看来,在世界和人与世界关系概念方面,他提供的哲学体系要比这个模型更优越。然而,还存在另一个处理权威性危机的方法,即凭借自然哲学的支持来加强权威性。在这个模型下,自然哲学指导着圣经诠释,但二者不是斯宾诺莎体系中那种敌对关系,而是自然哲学在确保着《圣经》对自然界的陈述是连贯的、基于充分经验的。

为了理解这样一个模型如何发挥作用,可以将其与"万物共有因果关系"做一比较。亚里士多德允许在自然中出现新的起点、新的事物,但斯多葛主义/伊壁鸠鲁主义认为宇宙的活动由因果链生成,这就引入了因果闭合 (causal closure) 的原则。这个原则后来被机械论者热情接受。

不过，伊壁鸠鲁主义模型中，世界的诞生是偶然的，因为如果不是最初的"偏斜"启动了一系列碰撞，构成世界的原子永远也不会彼此接触，而这个"偏斜"是在决定论的宇宙中发生的一个随机事件。这个构想引发了一个问题：如此这般偶然诞生的世界是否拥有规则的结构？尤其是，它是否拥有我们已知世界的规则结构？在17世纪自然哲学家看来，自然拥有的不仅是规则结构，而且是像人造物一样的统一结构——微观结构的美丽和复杂对称被发现后，这种观点得到了进一步强化——很多关于造物神的传统理论就是基于世界拥有统一结构这个特点。世界底层似乎存在一个"方法的经济性"(economy of means)，比"万物共有因果关系"尝试囊括的要强大得多，因为"万物共有因果关系"本身无法解释世界的人造物性质，即各部分黏合的方式根本不可能是偶然发生的。此外，世界是造物的观点，为自然哲学研究带来了一定程度的影响，使其与万物共有因果关系区分开来。因为，如果世界真是造物，这就意味着世界中存在着未发现的奥秘和关联，而对其的探索正是自然哲学家的责任，因为这些奥秘和关联能够让我们更加全面地理解世界背后的设计，从而更加全面地理解世界的设计者。

在最一般的层面上，严肃对待自然哲学进展、将自然哲学视为地位可能与神启不相上下的盟友的新物理—神学，它的任务是调和表面上互无交集的理论，勾勒出一幅统一的画面。不过，与托马斯主义在神学和自然哲学之间搭建形而上的桥梁不同，我们现在看到的自然哲学和神启之间的联系要直接得多，如三角形一般，使两条不同的、表面上相互独立的道路在真理处汇集。起初也许更加偏向神启，但是必要情况下自然哲学完全可以占上风。

实现这个目的的方法有很多，有些较为成功。其中，库德沃斯和莫尔的策略是重新发现基督教底层的原初哲学——起源于亚当和摩西，流传到今天（存在缺陷）的形式是由柏拉图制定的——并且将其与笛卡儿自然哲学最新发展相调和。比如，莫尔告诉我们，他和笛卡儿团结在同一神圣旨意下，以及——

> 我们都是从同一个起点出发，尽管路径不同，一个走的是德谟克利特主义的低洼路，在原子的浓密尘土和物质的飘浮颗粒包围下前行，另一个走的是柏拉图主义的崇山峻岭，穿越空气稀薄、微妙的非物质性地区，但两人最终（在上帝的摄理下）汇合于同一个目的地，即《圣经》的入口，将我们的共同努力奉献给基督教会的仪式和荣耀。[72]

库德沃斯的论述更加一体化，认为原子论既有德谟克利特主义的形式，即原子是物理的，也有毕达哥拉斯主义的形式,即原子是精神的。在他《真正的知性体系》(*True Intellectual System*)长长的第一章中,他尝试证明,最初存在一个二元论的学说,解释性工作是精神范畴来完成的,而德谟克利特原子论其实是这个学说的退化版本。不过,虽然库德沃斯的宏伟研究也许可能吸引了一些仰慕者,但似乎并没有吸引追随者,因此这条路没有获得什么成果。

还有另一类方法,同样雄心勃勃,经常同样假设基督教底层存在一个原初的亚当和摩西哲学,但属于更加传统的物理—神学类型,这就是尝试调和关于宇宙形成,特别是地球形成的新自然哲学理论与《创世记》的内容。与库德沃斯进行基础思辨自然哲学思考不同,这种方法将关于地球形成的不同阶段及这些阶段中发生的自然过程的自然哲学所提出的经验主张,与《创世记》中关于地球及宇宙形成不同阶段的被视为经验主张的诠释之间建立起联系。从表面来看,这个策略颇具风险。比如,杜谢纳等帕拉塞尔苏斯学派人士试图用物理和化学过程来填充《创世记》中描述的事件的做法,在最好的情况下也只能说是非正统的(译者注:最坏的情况下会被谴责为异端),也不清楚他们提出的彻底自然化是否真的能够加深我们对这些事件的理解:这只能算是帕拉塞尔苏斯学派讲的一个关于起源的故事,拯救"现象"(以符合《创世记》中的描述),充其量只是基于臆测的解释,缺乏独立验证。相比之下,笛卡儿《哲学原理》第四部分基于纯粹的自然哲学思考提出了关于地球形成的一套完整机械论学说。这个学说被融入一个更为宽广的自然哲学图景,其表面合理性和解释力量得到普遍的认同。不过,我们在第8章中讨论过,笛卡儿对这个过程的描述,不仅看不出上帝是有目的地将地球塑造为人类的栖息地,而且他提出的不同阶段与《创世记》中的描述似乎不符。[73]特别是,在笛卡儿的论述中,地球是在太阳等恒星形成之后很久才形成的,地球栖息地的塑造过程与其他行星的塑造过程一样,这不仅包括我们太阳系的其他行星,也包括笛卡儿通过类比而坚信在其他太阳系中一定存在的行星。

不过,伯内特(Burnet)在《地球的神圣理论》(Sacred Theory of the Earth)中说:"我们不能认为,关于自然世界的真理会成为宗教的敌人:因为真理不可能是真理的敌人,上帝不会产生自我矛盾。"[74]伯内特实际上采用的策略是基于神启和自然哲学共享真理之上的"三角成型","共享"在这里确切地指神启和自然哲学处理的是同一个真理,并非不同类型的真理(比如,一个理论与斯宾诺莎的理论相同,但是与笛卡儿和马勒伯朗士不同)。他研究的领域也非常适合这种方法。从教父(Church Fathers)开始,特别是16世纪初新圣经批评发展以来,《创世记》传统上为诠释带来了重大难题(很多难题的根源是因为文本提出了两个不同的创世描述,分别在1: 1—2: 3和2: 4—2: 25),同样的,自然哲学关于地球形成的理论在牢固度上也不如机械论自然哲学基础。在阐述机械论自然哲学基础上，笛卡儿等作者投入了比地球形成理论多得多的精力。从物理—神学的角度来看，两者可以通过彼此学习借鉴来大幅巩固自身。

因为地球形成的问题带来了地球是为人类设计的栖息地的问题，人们迫切需要研究的不仅包括地质学和化石，还包括年代学和人类史。斯蒂林弗利特(Stillingfleet) 1622年在其《神圣的起源》(Origines sacrae)中就这些问题总结道：

> 随着时代的脾性和精神发生改变，无神论者用以反对宗教的武器也随之改变；我们时代无神论者最流行的借口，是圣经对时代的记载与博学的古代异教民族对时代的记载无法调和；圣经的信仰与理性的原则无法调和；哲学原则在没有圣经的指导下也可以给出万物起源的学说。[75]

在《神圣的起源》第一卷中，斯蒂林弗利特告诉我们，他已经——

> 证明，异于《圣经》的任何异教民族古代记载没有可信性，我已经孜孜不倦开展过研究，因此希望从此不再听到有人提出亚当之前存在人类以拯救圣经的权威，这其实根本就是企图削弱《圣经》；不过我并不认为提出那个假说的作者的轻浮借口值得一提，我觉得，在作者信息对理解

事物本身没有什么重要关系时,只要清楚地给出事物的论述就足够了,无须特别援引作者。[76]

他笔下的"轻浮作者"是艾萨克·德·拉·佩雷尔(Isaac de La Peyrère),拉·佩雷尔1655年出版的《先于亚当存在的人》(Men before Adam)[77],引发了一场有关圣经年代学的长期争议。拉·佩雷尔学说的表面合理性在很大程度上取决于两个因素:地理和文化上都与欧洲分离的新世界和大洋洲有人类存在,但是不存在现代欧洲人的祖先去过这两个地方的记录;此外,各古代文明和中华帝王的年表也远比亚当的年代久远得多。为了将这些事实与圣经年表相调和,拉·佩雷尔称,《摩西五经》,也就是《圣经》前五卷,并没有呈现出全面的人类历史,只记录了希伯来人的历史。亚当是上帝创造的第一个犹太人,但拉·佩雷尔认为,他显然不是第一个人,因为世界偏远地方也存在人类;鉴于《圣经》给出的时间尺度,这些人不可能与我们的祖先有过任何联系。他总结道,一定存在不同的创世,亚当不是第一个人,而是第一个犹太人,创造非犹太人(gentiles)的时间要早得多。在这种解读中,《圣经》的普世历史主张完全不符合证据,大洪水等特别事件也不是普世大灾难,而只是局部事件,局限于犹太人历史。

犹太史真实性的问题,早在2世纪晚期就出现在安条克牧首(Bishop of Antioch)提阿非罗(Theophilus)的思考中。他发现由于基督教缺乏古代内容,民众对它的接受度受到很大的影响。基督教的新奇性和与之前一切宗教迥然不同的特点,是保罗版本的一大特色,但是一个半世纪之后,这一点就成了障碍,因为在反对基督教的人看来,一个刚过百年的东西怎么就敢称自己是真正的宗教。提阿非罗求助于《旧约》,他认为《旧约》预言了基督的降临,仅凭这一点就可以说与基督教是一脉相承的,因此基督教的历史其实就和《旧约》一样悠久。他将犹太人列祖的寿命加在一起,算出世界是5698年前被创造的:远比基督教的反对者主张的历史要悠久。不过,这些对历史的夸张主张在后来受到质疑,而且是在不同年表之间存在不一致的背景下被质疑的,这就让问题变得更加复杂。公元前4世纪的古埃及历史学家曼涅托(Manetho)的年表与《摩西五经》或《七十士译本》中的年表存在不一致的现象,从教父时代开始便已知晓,因为奥古斯丁曾讨论过埃及年表[78],认为埃及诸神其实是历史上真实存在的英雄,师从受到神启的犹太老师。埃及年表被重新调整以符合犹太年表,融入基督教的世界历史框架中。[79]到了16世纪,年代学要么纯粹基于圣经年表,要么基于圣经年表和维泰博的安尼乌斯(Annius of Viterbo)年表的混合体。[80]后者其实是伪作。此作共17卷,声称是曼涅托、迦勒底人波洛修斯(Berosus the Chaldean)

和波斯人麦加斯梯尼(Megasthenes the Persian)等古代历史学家失传的作品。安尼乌斯添加了自己的评注,将材料组织为一套全面、统一的年表,不仅推翻了标准的古代希腊罗马史,还填充了——杜撰了——全部已知民族的整套朝代史,并且自编词源学,将非犹太人和圣经人物联系在一起:比如,他告诉我们两面神雅努斯(Janus)的名字来自希伯来语的葡萄酒(yanin),而且其实就是诺亚。[81]对波洛修斯的"编订"尤为重要,因为安尼乌斯在这里不仅给出了与《圣经》看齐的普世谱系,还给出了通过诺亚子孙传承的"智慧"谱系。[82]

直到斯卡利杰(Scaliger)的《年代校正》(De emendatione temporum, 1583)和《年代辞典》(Thesaurus temporum, 1606),学界才彻底抛弃了安尼乌斯的朝代史,因为斯卡利杰采用了所有已知的研究形式,既包括让他成为同时代最杰出文本批评家之一的语文学原则,也包括详尽的天文学计算以确认年代。斯卡利杰其中一个发明是,绕开不同日历体系导致的年代学比较研究难题,提出了一个总历,即儒略周期(Julian period),将其他一切年表与其相较,儒略周期从假设的时间开始(公元前4713年1月1日)——他肯定这个年份是在创世之前,所以并不存在——并一直延续到未来的近1700年。[83]不过,尽管他并不相信《圣经》中创世时间之前存在历史事件,但他意识到他严谨的研究思路不容置疑地肯定了曼涅托的年表,即埃及朝代要比摩西创世记时间最多早1336年。[84]斯卡利杰的《年代辞典》在17世纪引起了不小的争议,出现了各种各样的方法来拯救圣经的年表。[85]一些学者认为大洪水之前的朝代是虚构的,不过这样做是有问题的,因为他们同时又接受了斯卡利杰对后来朝代的论述。格哈德·沃修斯(Gerardus Vossius)在其《论非犹太人的神学》(De theologia gentili, 1641)中详细论证道,基于多种考虑——相同城市在不同朝代可能称呼不同,大帝国传统上并不是自成一体(sui generis)的,而是由小主权国家合并而成的——曼涅托记载的至少很多朝代都不是前后继承关系,而是同时代共存关系。安东尼·格拉夫顿(Anthony Grafton)认为,沃修斯用一般社会问题来解决年代问题的做法,带来了一个很重要的后果,使关于年代学的争议在某种程度上超出了语文学的范围,披上了大众宣传册的色彩,进入了政治、神学论战的领域。[86]不过,拉·佩雷尔并不知晓希腊语和希伯来语,似乎也不熟悉斯卡利杰的《年代辞典》。否则的话,他的论述其实会有分量得多,他的那些对古代年表争论非常熟悉的反对者也意识到了这一点。

也许拉·佩雷尔对文献知识的缺乏能够解释为何斯蒂林弗利特对他的观点嗤之以鼻,但是斯蒂林弗利特本人的一些观点,比如第一卷中犹太人历史优于古希腊罗马历史的论述,也基本没有援引语文学文献,而主要是将其放在原始史料与受污染史料对比的话术下,一方是原始传统,另一方是衍生传统,因而必定受到污染。因此,斯蒂林弗利特的策略似乎是,只有解决这个问题之后,包括语文学和年代学研究在内的其他研究形式才能开始,而且到了那时,留给这些研究的工作当然只剩下找出原始的亚当知识在后世流传时受到何种污染、为什么会被污染。通过这种方式,语文学的研究就再也无法推翻《圣经》的权威性了。

斯蒂林弗利特满意地确立《圣经》年代记的合法性后,在《神圣的起源》第三卷第二章中开始讨论自然哲学问题,特别是"反对摩西的那些哲学家提出的几条假说"。他将这些总结为四个主要类型:一类假说认为,世界永恒存在,没有起点,他认为这是新毕达哥拉斯主义者奥瑟鲁斯·卢卡努斯(Ocellus Lucanus)、亚里士多德以及某些柏拉图主义者的观点;一类假说认为,上帝形成世界之前就存在着物质,他认为这主要是斯多葛学派的观点,不过毕达哥拉斯和柏拉图也这样想;一类假说用原子的偶然合流来解释宇宙的起源,这是伊壁鸠鲁主义的观点;还有一类假说是笛卡儿主义的,当上帝为物质赋予运动后,宇宙便形成了。斯蒂林弗利特的观点是,这些"假说"只要有一个是真的,基督教就是假的:摩西创建的宗教会被推翻,神迹会被视为骗局,上帝失去了行动自由,世界是偶然诞生的，诸如此类。[87]他的一步关键策略，是将圣经的统一性与古希腊人为了辩论而辩论的执念相对比，以说明圣经的正确性：

在泰勒斯（Thales）之后，爱奥尼学派的早期哲学家们关于世界物质原则产生了分歧，一个将水换成了空气，一个换成了火，这种现象使其他哲学家对哲学传统本身产生了怀疑，特别是因为哲学家们又染上了哲学创新的脾性，觉得如果不反对自己的导师，就等于一事无成；由此造成了目前存在的诸多学派，且阐述了世界本原传统的哲学，被转化为争议和口角，如果说这样能找出真理，那么在粪堆上打架的两只公鸡也能找出埋在下面的宝石。就此目的而言，比起争吵和争辩，挖掘、探索事物本性的做法本来要合适得多；但是出于这种好斗的脾性，哲学从一种有目的的活动沦为一门技艺，被视为最佳哲学家的人，不是深入自然腹地探索的人，而是将自己的理念梳妆打扮、以最佳姿态舌战群儒的人。[88]

在这里，针对古典哲学家——特别是亚里士多德——乐于争论的标准反驳，也被用来反对除摩西之外任何关于世界起源的观点：他的主张是，古希腊哲学为了争辩而争辩的典型做法，无法提供一个能够替代圣经的合理历史观。斯蒂林弗利特的确也就这些古典历史观本身的优劣给出了论述——亚里士多德的第一推动者理论假定运动的永恒性,然而上帝可以将运动赋予起初静止的事物;物质在创世之前便存在的理论与上帝的全能力量直接矛盾;世界的多样性无法被原子论解释;世界的秩序和美不可能是偶然发生的,诸如此类——不过,他主要是将这些观点简单地与《圣经》相比,在很多情况下只要与《圣经》不符,在他看来就足以驳倒这些观点。

我们可以将这种方法与马修·黑尔的做法做一对比。黑尔的《人类的原始起源》(The Primitive Origination of Mankind)主要于17世纪60年代写成[89],他去世后于1677年问世。尽管他的目的与斯蒂林弗利特的目的相似——他告诉我们,他旨在证明世界存在一个起始时间,与摩西故事相悖的哲学家都是错误的——但他的方法却迥然不同。黑尔是王座法庭的首席法官(Chief Justice of the King's Bench),对司法公正有着非常明确的理解。1668年,他在日记中列出了一名法官应该具有的人格的九个方面,其中两个尤其让人惊讶,因为与我们在第6章讨论的有关自然哲学家的改革建议存在重合之处。第五个非常接近培根和笛卡儿等自然哲学家提出的对哲学人格发展至关重要的要求,这样写道:因为做出司法裁决"是一项重要、艰难的工作,人应该拥有自制的身体,吃喝节制适度,还要拥有自制的心灵,完全抛弃一切激情、情感、不安，以在司法认识和裁断时保持清醒"。第七个方面对我们这部分的讨论尤为重要，在这里同样可以将他的箴言直接从法律的语境搬到自然哲学的语境："他需要在询问、谴责、裁决时避免一切轻率和急躁，善于暂停思考，不遗漏任何线索，权衡每一个问题、每一个答案、每一个情况，在重要案件中遵循摩西的英明指导，咨询，询问，勤问，观察真伪、确认虚实；在重大案件或困难案件中，特别是人只能错一次的情况下，所有的感官、所有的研究调查方法都是远远不够的。"[90]

黑尔在书的副标题中明确指出，他的调查"遵循自然之光"。特别是，他真切地尝试就新世界为何存在人类这一问题给出一个自然哲学的答案：

近期发现了巨大的美洲大陆及周边岛屿，似乎与欧洲、亚洲或非洲同样居住着人类，栖息着众多牲畜，这引起了一些困惑和争论，涉及亚当和夏娃这两位全人类应共有的始祖；不过主要涉及神圣历史中告诉我们得以在方舟中存留下来的人类和牲畜是如何出现在新世界的。[91]

他接下来列出了证据，并总结了一些学者得出的结论：

既然一切情况都显示，美洲显然有人类居住的悠久历史，可能与世界其他大洲同样悠久，既然所有人都同意，其他人类的假定共同始祖亚当、诺亚及其三子曾居住在亚洲一些地区，既然我们没有证据显示这些人类的后代去美洲建立了第一批美洲种植园殖民地，因为其与世界其他地区相隔甚远，访问甚难，这样大规模移民所依赖的航海技术近代才发明出来，无法实现当年如此巨大人口迁徙到另一大洲：因此，美洲人的祖先要么不是亚当，或至少不是诺亚，要么就是美洲一直有人存在，没有时间起点，或者如果有时间起点，那他们就是土著，祖先与摩西历史中讲述的不是一群人。[92]

黑尔的反应在一个重要的方面超越了斯蒂林弗利特的反应。[93]他没有直接将《圣经》和自然史放在一起对比，而是能够发现《圣经》和自然史也许共有的，但实际上是二者矛盾根源的一些辅助假说。显然，《圣经》和自然史之间如果产生矛盾，总有一方要做出让步，不过他意识到，要做出让步的不仅限于这两者。当然，他肯定还是投入了大量精力来证明诺亚的祖先通过航海抵达美洲是有可能的（比如，他指出方舟本身就代表了当时的造船技术是多么高超[94]），而且移民可以是不同族群在不同时期陆续发生的。不过，他也同样对圣经诠释和自然史底层共有的一个假设提出了疑问，如果放弃这个假设，就会看到两者之间的差距比一直以来认为的要小很多。这就是物种固定性的假设，自然史学界通常认为这是亚里士多德的观点。黑尔则对此提出了疑问，比如他问道：阿科斯塔等人笔下的美洲动植物是否真的完全与欧洲物种没有关联，是否有可能是从欧洲物种发展出来的？他认为，自大洪水之后的4000年来，也许发生了重大的地质变化，原来在海平面之上的地区现在处于海平面之下，反之亦然。[95]所以，他也开始考虑是否这些根本性的地质变化也许能够对得上物种的变化。他认为，美洲和欧洲/亚洲物种之间的分化也许可以通过几个途径来解释。他指出，有一些机制能够产生变体：动物的后代会出现混合特征（"异常生产"），特别是家禽中，新的品种经常通过这种方式产生，"几个物种的雄性和雌性杂交后，会产生一种上帝创世时没有创造的新动物"[96]；植物界中父辈和后代在颜色和形状等特征上会发生例行变化；培育和环境能够带来变化，比如鱼的大小与鱼塘的大小相关；他还提到了一个广泛接受的理论，并引用哈维作为权威文献，指出后代的面部特点等个体特征取决于母体在受孕时心中的图像或想法。[97]

黑尔学说的另一重要内容是他对化石的论述。他告诉我们，"这些石化贝壳的"起源存在两种说法。第一，尽管能够在离海很远、海拔很高的地方找到，但其实它们是源自大海的，要么就是大洪水带来的，要么就是过去的地表与现在非常不同。第二,因为它们出现在离海如此远的地方,因为它们的形状可能会与最近的海中或者任何海洋中的东西形状都不同,且因为构成它们的石头不存在海洋中,只能在发现化石的地点找到,所以这些化石只能是"地球塑形力 (Plastick power) 的结果"。[98]黑尔自己认为,化石的稀有性表明,第二个假说不成立。他认为,如果塑形力理论成立,每年都会产生新的化石(和植物一样)。尽管如此,他还是承认,一些化石可能是从一开始便是作为化石被产生的,他假设这是由于地球能够产生"精种酵素"(Seminal Ferments)。

不管是从《圣经》还是从自然史的角度都很难给出对化石的满意论述,这一点在黑尔自己勉强提出的解决方案中可见一斑,不过化石确实似乎会以特别惊人的方式呈现出造物的美与和谐。如果自然史和《圣经》通过联手能够让我们更加深入地研究创世,那么对化石的解释肯定会在其中扮演关键的角色。截至17世纪60年代末,在自然史/物理—神学领域已经出现了两部直接研究化石问题的重要作品。第一个是胡克的《地震讲座》(Lectures and Discourses on Earthquakes, 1668)。[99]与黑尔一样,胡克既反对化石是从海洋运过来的(他否认大洪水持续了足够长的时间、有足够的力量将化石从海洋搬到被发现的地方),也反对自然塑形力的观点。他考察了化石有机起源论,即在矿物质中产生化石的过程与产生动植物的过程相仿[100];不同在于，在植物和矿物界中，外部的形状可以证明内部功能的形式，而我们只能看到化石的外部表面。不过，胡克认为，如果是这样的话，我们需要弄清两点：第一，这些物体是如何被运到这里并形成了最终被我们发现的形态；第二，为什么构成它们的物质不同于最初形成它们的物质。胡克认为他找到了一个能够完美解答两个问题的理论，能够以11个"命题"的形式表达出来。首先就是化石包含着的植物或动物的躯体被转化为石头。

> 因为其毛孔被某种石化流体物质填充……或者，是因为留在它们身上的永久印记而形成的，该柔软物质因为直接接触动植物躯体而形成了现在的形状，并且在化石产生过程中并没有发生其他事情，只有该物质接受印记后柔软变形，就像热蜡被印章印出形状一样；或者该流动物质在完美填充或包围植物或动物物质后成型，沉淀或硬化，就像通过石膏来制作帕里斯（译者注：希腊神话中的特洛伊王子）的塑像一样……[101]

胡克认为这个过程需要某种不寻常的成因，他提出了一些可能情况，如地震的喷射，盐水溶液的结晶化，因胶状物干燥使沙子结合为硬石，或这些物体在一个很长的时期内被冻结或压缩。无论过程如何，胡克确信地表很大一部分自创世以来发生了翻天覆地的变化,特别是有些今天是陆地的地方在过去曾是海洋,反之亦然。最重要的是,曾经的平地被地震改变,成为最高的山峰,比如阿尔卑斯山。的确,胡克认为,地表大多不规则都是地震造成的。他后来关于地球自转的理论在这里很重要,因为自转不仅使地球表面存在一个椭圆形的水壳,而且因为自转产生的离心力,在两极和赤道产生了不同的效应。他还猜想,地球的两极在移动,导致赤道地区朝两极移动,结果是地壳受到逐渐变化的力,造成地震和地形变化,使特定的地区被海洋覆盖。[102]的确,胡克从地质学角度提出了上帝如何引发大洪水的理论,上帝可以通过地震活动暂时压平地表,造成地表被水覆盖。[103]最激进的是,胡克认为,"早期时代有很多物种今天都无处可寻了;而且也有可能今天的一些新物种在创世时并不存在"。[104]这已经很接近放弃永恒物种论了:胡克的观点是,今天物种的各个变种在本质上取决于物种活动的环境,早期的变种既有可能非常不同,也有可能在我们看来都不属于同一个物种。[105]

在胡克第一组地震讲座后的同年,尼古拉斯·斯丹诺(Nicolaus Steno)出版了《先导篇》(*Prodromus*),讨论了如何从岩石特别是化石中获知地球的历史:既然一个物质拥有特定形状,由自然过程生成,他问道:仅仅通过考察该物质,我们该如何获知此物质是在何处、如何生成的?[106]斯丹诺尤为关注自然史和圣经的内容如何类似、如何相互促进,特别是关注如何消除他的地球六阶段地质年表和圣经年表之间的不一致内容。比如,他花了一些力气来证明大洪水是可以解释的,如果我们将地球中心的火想象为被一圈巨大的蓄水池所包围,正常情况下塌陷岩层将火与地表隔开,不过地下火的压力也可能将火挤向地表,这个压力导致地下洞穴扩大,海床升高。结果,处在形成过程早期阶段、其非活跃的地下洞穴充满土壤的地球,会全部被海水淹没。[107]不过,他的这种做法不仅是两个理论的调和,也是自然史指导圣经诠释的例子,为我们了解《圣经》记载的事件究竟发生了什么补充了内容。[108]

将这个做法进一步巩固、广泛传播,并随之改变公众对物理—神学的看法的,是伯内特。首先,他于1680年出版了《地球的神圣理论》的拉丁语原版。[109]伯内特认为,《创世记》是为了照顾没文化的人而写的,如果纠结字面意义,会导致无神论,亨利·莫尔也持这个观点。[110]必须要借助自然史/自然哲学来诠释《创世记》,伯内特认为,这种诠释所需的资源,来自笛卡儿《哲学原理》第四卷的地球形成理论:

> 当代杰出的哲学家笛卡儿先生采用类似的假说来解释如今地球不规则的形状;尽管他从未梦见大洪水,也认为

在深渊上创造的第一个天地仅仅是短暂的地壳,而不是真正的栖息世界,共延续一千六百多年,就像我们认为的那样。尽管在我看来,他在第一个天地的形成和毁灭方面犯了一些严重的疏忽,我们在拉丁语版本中已经对这点有所讨论;然而,他认为这一天地的出现和毁灭很有必要,正因如此,地球才变成今天我们看到的形态。[111]

笛卡儿被普遍视为新地球理论的开创者,牛顿地球理论的辩护者约翰·基尔(John Keill)在1698年将笛卡儿称为"本世纪第一个创始者"。[112]亨利·莫尔在笛卡儿的地球理论中发现了一系列线索表明,笛卡儿其实发现了《创世记》的底层哲学真理。他指出,与《创世记》类似,但是与亚里士多德不同,笛卡儿假设了三类物质;地球起源于太阳是摩西的观点,但直到笛卡儿才第一次证明;而且,恒星和行星都是诸天和其中的以太所生成的,这也是摩西的观点。[113]在这一点上,伯内特走的是莫尔在17世纪60年代开创的路线。在高度一般性的层面上,这个路线与自然哲学家在其他语境中的工作存在类似之处。正如牛顿用动力学填充伽利略的运动学研究取得了成功,将笛卡儿对地球形成的理性重建作为真正的历史过程进行填充,是通过填充内容而巩固物理理论的又一案例。毕竟,如果对笛卡儿的理论不做任何操作,那么它光秃秃一个理论能获得什么重要地位？若想检验笛卡儿理论的真伪，还有比用《圣经》中描述的真正历史过程来填充笛卡儿理论更合适的方法吗？

当然，不是所有人都乐于让笛卡儿自然哲学占据中心位置(连莫尔都在后来逐渐动摇)，不过重点在于，自然哲学和神启的关系已经被彻底改写了。无论是改造自然哲学还是创立新的自然哲学，现在的目的已经变成在两者之间建立共生关系。这种趋势在地球理论上体现得最为明显，不过"自然哲学是手段，以寻找上帝在自然中的证据"这个观念，会在17世纪80、90年代被广泛接受，特别是在英格兰，比如牛顿就认为行星轨道的稳定性证明了上帝无时无刻不在干预着宇宙运行。

自然哲学和宗教思想关系的彻底转变，一般来讲不可能不影响到关系项(relata)。我们讨论过，从波义耳开始，自然哲学便染上了明显的宗教色彩，但这肯定不是自然哲学转变所采取的唯一形式。自然哲学的转变也不仅限于物理—神学。我们在上文讨论过斯宾诺莎，他的形而上学模型虽然基于自然哲学，却在谆谆教诲、引人虔诚方面与宗教展开了竞争，因为斯宾诺莎认为宗教只有这一个合法的功能。斯宾诺莎的研究肯定不能算作物理—神学，但他尝试找到自然哲学与神启的共同基础，并在此基础上将两者结合，这也是物理—神学的做法。当然，对斯宾诺莎而言，寻找共同基础是为了建立起圣经权威性和自然哲学清晰明确性之间的竞争关系，而对物理—神学家而言，寻找共同基础是高度融合的合作形态的前提条件。不过，实际上两者都认为自然哲学和神启诠释最终属于同一事业，无论这事业是好是坏。在斯宾诺莎的研究中，这种做法会对宗教带来明显的、激进的影响，他也呼吁彻底重新评估宗教权威性。不过，物理—神学尝试结合二者的做法也对宗教权威性产生了深远的影响，自然神学愈发被视为属于自然哲学的领域，而不是神学的领域。在某些方面，比如波义耳派自然哲学家的研究，这种影响非常明显，不过在其他方面却较为隐蔽。直到17世纪80年代自然神论（deism）出现，才让世人看到自然神学潜在的激进之处。到了这一阶段，启蒙运动开启了关于世界和人与世界关系的全新概念，一个不同于以往的新"科学文化"在西方发展起来。

1   见 Shapiro, John *Wilkins*, 192.

2   Gassendi, *Opera*, iii. 487.

3   见 Alan Gabbey, 'Mechanical Philosophies and Their Explanations', in Christoph Lüthy, John E. Murdoch, and William R. Newman, eds., *Late Medieval and Early Modern Corpuscular Matter Theories* (Leiden, 2001), 441–65.

4   Thomas Hobbes, *Leviathan or The Matter, Forme and Power of a Commonwealth Ecclesiasticall and Civil* (London, 1651), 4.

5   Descartes, *Œuvres*, xi. 39 (*Le Monde*, ch. 7).

6   Gassendi, *Opera*, iii. 186.

7   Glanvill, *Scepsis Scientifica*, 126.

8   我们在第11章谈到，伽利略等人在16世纪后期尝试用伪亚里士多德的《力学问题》来将大幅修改后的逍遥学派自然哲学扩大到涵盖"非自然"哲学。如果成功了，就会改造亚里士多德自然哲学，既解释自然现象，也解释非自然现象。不过，这项工作不仅失败了，而且用亚里士多德的概念来评价的话，前后非常不连贯。还存在其他的尝试，如果真的成功的话，也会实现同样的成就：比如，尼克罗·卡贝奥（Niccolò Cabeo）尝试采用亚里士多德的气象学——亚里士多德气象学由于研究主题的本质，不考虑目的因和形式因，只考虑质料因和动力因——作为自然哲学的一般性模型：*Commentaria in libros Meteorologicorum* (4 vols Rome, 1646).

9   David M. Balme, 'Greek Science and Mechanism I', *Classical Quarterly* 33 (1939), 129–38.

10 相关讨论见 Richard Sorabji, *Necessity, Cause and Blame: Perspectives on Aristotle's Theory* (London, 1980); and Sarah Waterlow, *Nature, Change and Agency in Aristotle's Physics* (Oxford, 1982).

11 Aristotle, *Physics*, 196^{a}1–5.

12 特别是在未被决定的（undetermined）人类意志行为（因为人类的意志行为似乎会改变宇宙的总运动量）产生微粒相互作用的情况下，守恒定律是否还成立，这是一个备受争议的问题，我们在这里没办法详细讨论。见 Daniel Garber, 'Mind, Body, and the Laws of Nature in Descartes and Leibniz', *in Midwest Studies in Philosophy* 8 (1983), 105–33; Alan Gabbey, 'The Mechanical Philosophy and its Problems: Mechanical Explanations, Impenetrability, and Perpetual Motion', in J. C. Pitt, ed., *Change and Progress in Modern Science* (Dordrecht, 1985), 9–84; and Peter McLaughlin, 'Descartes on Mind-Body Interaction and the Conservation of Motion', *Philosophical Review* 102 (1993), 155–82.

13 见 Martial Guéroult, 'The Metaphysics and Physics of Force in Descartes', in Stephen Gaukroger, ed., *Descartes: Philosophy, Mathematics and Physics* (Brighton, 1980), 196–229.

14 Boyle, *Works*, v. 170. 这句话也许是在回应黑尔的"自然的法则，以及自然的力量，正是最睿智、强大、智慧的存在制定的智慧则，正如同图拉真或查士丁尼颁布的敕令和图拉真或查士丁尼制定的法律一样"：*The Primitive Origination of Mankind*, 346.

15 同上，521.

16 同上，209. 相关讨论见 Peter Anstey, *The Philosophy of Robert Boyle* (London, 2000), 132–4.

17 马勒伯朗士和牛顿对自然哲学的见解均具有巨大的影响力。马勒伯朗士《真理的探求》中的现象论形而上学对贝克莱（Berkeley）和休谟带来了深远的影响——见 Charles J. McCracken, *Malebranche and British Philosophy* (Oxford, 1983)——当然也对17世纪90年代围绕他形成的数学家和自然哲学家小圈子带来了深远的影响——见 André Robinet, 'Le

groupe malebranchiste introducteur du calcul infinitésimal en France', *Revue d'histoire des sciences* 13 (1960), 287–308; idem, *Malebranche de l'Académie des sciences. L'œuvre scientifique, 1674– 1715* (Paris, 1970), 47–62. 牛顿的影响不是通过《论重力》带来的，因为该书 20 世纪才出版，一直不为世人所知，而是通过《光学》的附录"疑问"、《自然哲学的数学原理》的附录"总释"以及其他一些相关作品带来的。

18 *Unpublished Papers of Isaac Newton*, 110 [text]/144 [trans.].

19 关于马勒伯朗士的运动学研究，如见他的 *Des lois de mouvement: Œuvres complètes*, xviiB, 29–197. 见 Mouy, *Le Développement de la physique cartésienne 1646–1712*, ch. 4.

20 见 Stephen Gaukroger, 'The Metaphysics of Impenetrability: Euler's Conception of Force', *British Journal for the History of Science* 15 (1982), 132–54.

21 相关讨论见 Gaukroger, *Descartes, An Intellectual Biography*, 388–94.

22 Malebranche, *La Recherche*, Preface.

23 马勒伯朗士曾尝试避免这种结果，采用了"内在情感"（sentiment intérieur）概念，这是一种自我知识的形式，能够为离身的心提供身份，但他失败了：相关讨论见 Andrew Pyle, *Malebranche* (London, 2003), ch. 8.

24 *Unpublished Papers of Isaac Newton*, 110 [text]/144 [trans.].

25 同上，106/139–40.

26 同上，111/145.

27 牛顿的炼金术研究很复杂，因为他结合了物质理论和物理—神学。多布斯（Dobbs）指出："牛顿希望通过炼金术，准确认识神在微观世界中是如何组织、激活物质的惰性粒子的"：B. J. T. Dobbs, 'Newton as Final Cause and First Mover', in Margaret J. Osler, *Rethinking the Scientific Revolution* (Cambridge, 2000), 25–39: 38. 另见 idem, *The Foundations of Newton's Alchemy: or 'The Hunting of the Greene Lyon'* (Cambridge, 1975), 213–25, and idem, *The Janus Face of Genius*, 185–209.

28 Charleton, *Physiologia Epicuro-Gassendo-Charltoniana*, 344.

29 同上，342. 试与弗里德里希望·施拉德（Friedrich Schrader）的言论作比较：显微镜看到的是一个预成型的植物藏在种子中，而不是什么假设的"潜在"植物：*De microscopiorum usu in naturali scientia et anatome* (Göttingen, 1681), 16.

30 Charleton, *Physiologia Epicuro-Gassendo-Charltoniana*, 97.

31 Wilson, *The Invisible World*, 57–8. 我在这部分多处援引了威尔逊的精彩观点。

32 参见同上，63–4.

33 Boyle, *Works*, v. 680.

34 Power, *Experimental Philosophy*, Preface.

35 梅森对这一点概括为："就算我们能够进入物体的内部，我们对它的认识也不会加深，因为我们只能根据物体外部事件来感知它。"*La Verite des sciences*, 9.

36 威尔逊指出，到 1692 年时，"胡克已经在抱怨有人反对显微镜，觉得它无聊，对它不再抱幻想"（*The Invisible World*, 67）。

37 原则上，这样不会妨碍由实验自然哲学或物理—数学自然哲学完成很大一部分解释工作，只要它们能够扎根于微观微粒论。在实际中，我们已经讨论过，情况要复杂一些。

38 不过请注意，波义耳从来不认为自然神学可以取代神启。在《基督教大师》的附录中，他告诉我们,"如果我们认为上帝是万物的作者,那么就可以合理认为,他使万物相称于他对万物的设计,而不是相称于我们人类能够得出的关于万物的最佳观念"(*Works*, i. 466). 在他的文章《圣经随笔》(Essay of the Holy Scriptures)中,他否定了苏西尼派(Socinians)的反三位一体观点,尽管他声称苏西尼派是"无可比拟的理性大师",但同时又坚决反对用理性的标准来评判圣经。后来,在《论超越理性的事物》(*A Discourse Concerning Things above Reason*, 1681)中,他明确表示,很多信条内容在本质上是超越理性的。见 Jan W. Wojcik, 'Pursuing Knowledge: Robert Boyle and Isaac Newton', in Margaret Osler, ed., *Rethinking the Scientific Revolution* (Cambridge, 2000), 183–200: 188–9.

39 见 Theo Verbeek, *Descartes and the Dutch: Early Reactions to Cartesian Philosophy, 1637–50* (Carbondale, 1992).

40 该论点首次提出是在他的 *De libertate et servitute* (1666),后来的增补版见他的 *Cogitata de interpretatione* (Amsterdam, 1692), 425–37.

41 见 Theo Verbeek, 'Tradition and Novelty: Descartes and Some Cartesians', in Tom Sorell, ed., *The Rise of Modern Philosophy* (Oxford, 1993), 167–96; idem, 'From "Learned Ignorance" to Scepticism: Descartes and Calvinist Orthodoxy', in Richard H. Popkin and Arjo Vanderjagt, eds., *Scepticism and Irreligion in the Seventeenth and Eighteenth Centuries* (Leiden, 1993), 31–45; Ernestine van der Wall, 'Orthodoxy and Scepticism in the Early Dutch Enlightenment', in Popkin and Vanderjagt, *Scepticism and Irreligion*, 121–41; and Israel, *Radical Enlightenment*, 23–8. 一般性讨论,见 Jonathan I. Israel, *The Dutch Republic: Its Rise, Greatness, and Fall 1477–1806* (Oxford, 1995), chs. 27, 28, and 30.

42 Christopher Wittich, *Dissertationes Duae* (Amsterdam, 1653).

43 Lodewijk Meyer, *Philosophia S. Scripturae Interpres* (Amsterdam, 1666).

44 关于斯宾诺莎的思想演变见 Steven Nadler, *Spinoza: A Life* (Cambridge, 1999).

45 Benedict Spinoza, *Tractatus theologico-politicus*, trans. Samuel Shirley (Leiden, 1991), 300 (*Adnotationes in Tractatum theologico-politicorum*, ch. ii).

46 *Tractatus*, trans. Shirley, 233–4. 精彩讨论见 Theo Verbeek, *Spinoza's Theologico-Political Treatise* (Aldershot, 2003), chs. 3 and 4.

47 *Tractatus*, trans. Shirley, 124.

48 *Tractatus*, trans. Shirley, 234.

49 见 Michael Della Rocca, 'Judgement and Will', in Stephen Gaukroger, ed., *The Blackwell Guide to Descartes' Meditations* (Oxford, 2006), 142–59; 一般性讨论见 Susan James, *Passion and Action: The Emotions in Seventeenth-Century Philosophy* (Oxford, 1997).

50 相关讨论见 Verbeek, *Spinoza's Theologico-Political Treatise*, ch. 3.

51 关于《伦理学》见 Martial Guéroult, *Spinoza* (2 vols, Paris, 1968); Edwin M. Curley, *Spinoza's Metaphysics: An Essay in Interpretation* (Cambridge, Mass., 1969); 特别是关于斯宾诺莎形而上学的经院哲学背景,见 Harry Austryn Wolfson, *The Philosophy of Spinoza* (2 vols, New York, 1969). 曾使用斯宾诺莎的译本,*Collected Works*, i, trans. E. Curley (Princeton, 1985).

52 Spinoza, *Ethics*, Book 1, def. 6.

53 同上,def. 14.

54 Spinoza, *Ethics*, Book 1, def. 1.

55 如见 Descartes to More, 15 April 1649: *Œuvres*, v. 341–2.

56 Spinoza, *Ethics*, Book 2, prop. 13.Ibid. prop. 15.

57 同上，prop. 15.

58 Spinoza, *Ethics*, Book 2, scholium to prop. 21.

59 同上，prop. 7.

60 同上，Book 3, prop. 11.

61 这样一个被设想为特别的广延物体或身体的人类，关于他的力量或完美的增长是由什么构成的，斯宾诺莎并没有清楚说明，也没有明确解释当从无逻辑关联的观念过渡到逻辑连贯的思想这个过程，在物理上是如何体现出来的。

62 见 Israel, *Radical Enlightenment*, passim.

63 关于斯宾诺莎和惠更斯的关系，见 Nadler, *Spinoza*, 221–2.

64 见 Gaukroger, *Descartes, An Intellectual Biography*, ch. 4.

65 见 Gaukroger, *Descartes, An Intellectual Biography*, ch. 5.

66 如见 Heinrich Heine, *Zur Geschichte der Religion und Philosophie in Deutschland* (Halle, 1887), 另一相关讨论见 Charles Taylor, *Hegel* (Cambridge, 1975), ch. 1. 我会在未来某卷再次讨论这些问题。

67 将"努力"从精神转移至物理，实际上与斯宾诺莎将决定论从物理转移至精神互为镜像。

68 *Ethics*, Book 2, prop. 13.

69 同上。

70 *Tractatus*, trans. Shirley, 141.

71 关于此问题的一般性讨论，见 Henning Graf Reventlow, *The Authority of the Bible and the Rise of the Modern World* (Philadelphia, 1985).

72 Henry More, *A Collection of Several Philosophical Writings* (London, 1662), p. xii.

73 见 Descartes to Chanut, 6 June 1647: "的确，《创世记》中对六日创世的描述，使人类看上去像是创世的主要对象；不过可以认为，《创世记》的故事是为人类而写的，所以圣灵特别要讲述的主要是和人类有关的事物，而且只讲述了与人类有关的事物。传道士的目的在于激励我们热爱上帝，因此经常向我们讲述我们能够从其他造物中获得的各种利益，并且说上帝是为了我们才造出了它们。传道士不会让我们看到上帝创造这些造物的其他目的，因为这与我们的意义无关。" Descartes, *Œuvres*, v. 55.

74 Thomas Burnet, *The Theory of the Earth: Containing an Original of an Account of the Earth, and of all the Changes Which it Hath Undergone, or is to Undergo Till the Consumation of All Things. The First Two Books, Concerning the Deluge, and Concerning Paradise* (London, 1684), a2.

75 Edward Stillingfleet, *Origines Sacrae, or a RationalAccount of the Grounds of Christian Faith, as to the Truth and Divine Authority of the Scriptures, And the matter therein contained* (London, 1662), 'The Preface to the Reader' (unpaginated).

76 同上。

77 Isaac Lapeyrère, *Prae-Adamitae, sive exercitatio super versibus duodecimo, decimotertio, & decimoquarto, capitis quinti Epistolae D. Pauli ad Romanos* bound with *Systema theologicum ex Praeadamitarum hypothesi* ([Amsterdam], 1655). 英语版本同年出版：*A Theological Systeme Upon the Presvpposition that Men were before Adam* (London, 1655).

78 Augustine, *De civitate dei*, 12.10.

79 关于这些问题的全面论述，见 Anthony Grafton, *Joseph Scaliger. A Study in the History of Classical Scholarship* (2 vols, Oxford, 1983–93).

80 Annius of Viterbo, *Antiquitatu[m] Variaru[m], volumina XVII* (17 vols, Paris, 1512). 这部作品首次于1499年在威尼斯出版。16世纪期间多次重印，最后一版是1612年在维滕堡出版的。

81 Anthony Grafton, 'Joseph Scaliger and Historical Chronology: The Rise and Fall of a Discipline', *History and Theory* 14 (1975), 156–85: 164.

82 见 Schmidt-Biggeman, *Philosophia Perennis*, 421–8.

83 让人惊讶的是，尽管奥古斯丁在建立涵盖全部人类历史的单一时间表上做出了关键的贡献，但他还是坚持使用相对的年表，与总的线性时间毫无关系：见 Donald J. Wilcox, *The Measure of Times Past: Pre-Newtonian Chronologies and the Rhetoric of Relative Time* (Chicago, 1987), 119–29; 一般性讨论见 G. W. Trompf, *The Idea of Historical Recurrence in Western Thought: From Antiquity to the Reformation* (Berkeley, 1979). 斯卡利杰从6世纪早期的古罗马学者狄奥尼修斯·伊希格斯（Dionysius Exiguus）的思路出发，在基督诞辰的基础上草拟复活节的日期表。他意识到，如果得知月相和星期几，即如果能够在19年为一周的太阴周和28年为一周的太阳周中确认具体日期，他就能够在一个更长的周期——即两个周期的乘积——也就是说532年为一周的周期内确认具体日期。不过，斯卡利杰想要建立的是一个普世的年表体系，所以532年一周还不够长。为了获得额外的乘数，他决定采用古罗马的小纪（indiction），这是戴克里先（Diocletian）建立的一个供税务普查之用的民用周期，15年一周，后来在中世纪被用来确定法律文件日期。将狄奥尼修斯周期与小纪相乘，得到一个7980年的周期，他将其称为儒略周期，因为其包括了儒略历中的年份。详尽总结见 Wilcox, *The Measure of Times Past*, 197–203.

84 Grafton, 'Joseph Scaliger and Historical Chronology', 170–3. 创世的时间推断一直只能给出大概估算，直到詹姆斯·乌舍（James Ussher）花了50年研究该问题后，在他2000页的 *Annales veteris et Novi Testamenti* (London, 1650) 中给出了确切时间：（儒略历）公元前4004年10月22日星期六下午6点。见 James Barr, 'Why the World was Created in 4004 bc: Archbishop Ussher and Biblical Chronology', *Bulletin of the John Rylands University Library of Manchester* 67 (1985), 576–608. 乌舍的日期推定在19世纪前被普遍接受。

85 Grafton, 'Joseph Scaliger and Historical Chronology', 173–81.

86 同上，176.

87 Stillingfleet, *Origines Sacrae*, 421–3. 相关讨论见 Paolo Rossi, *The Dark Abyss of Time: The History of the Earth and the History of Nations from Hooke to Vico* (Chicago, 1984), ch. 5.

88 Stillingfleet, *Origines Sacrae*, 429.

89 关于具体时间的确认，见 Cromartie, *Sir Matthew Hale*, 198.

90 引自 Maija Jansson, 'Matthew Hale on Judges and Judging', *The Journal of Legal History* 9 (1988), 201–13: 207.

91 Hale, *The Primitive Origination of Mankind*, 182.

92 同上，183.

93 有关讨论见 Rossi, *The Dark Abyss*, ch. 6.

94 Hale, *Primitive Origination*, 194.

95 同上，193.

96 同上，199.

97 同上，200.

98 同上，192.

99 全名为"Lectures and Discourses of Earthquakes, and Subterraneous Eruptions. Explicating the Causes of the Rugged and Uneven face of the Earth; and What Reasons may be given for the frequent finding of Shells and other Sea and Land Petrified Substances, scattered over the whole Terrestrial Superficies"。讲座内容见 Robert Hooke, *The Posthumous Works ... containing his Cutlerian Lectures and other Discourses* (London, 1705) 的第五部分。关于胡克的地质学，见 David Oldroyd, 'Robert Hooke's Methodology of Science as Exemplified in his Discourse of Earthquakes', *British Journal for the History of Science* 6 (1972), 109–30; Rhoda Rappaport, 'Hooke on Earthquakes: Lectures, Strategy and Audience', *British Journal for the History of Science* 19 (1986), 129–46; Yushi Ito, 'Hooke's Cyclic Theory of the Earth in the Context of Seventeenth Century England', *British Journal for the History of Science* 21 (1988), 295–314.

100 Hooke, *The Posthumous Works*, 289.

101 同上，290.

102 同上，350–6 (lectures from 1686/7). 见 David Oldroyd, 'Geological Controversy in the Seventeenth Century: ' "Hooke vs Wallis" and its Aftermath', in Michael Hunter and Simon Schaffer, eds., *Robert Hooke: New Studies* (Woodbridge, 1989), 207–33.

103 Hooke, *The Posthumous Works*, 328.

104 同上，291.

105 同上，327.

106 Nicolaus Steno, *De solido intra solidum naturaliter contento dissertationis prodromus* (Florence, 1669). 两年后亨利·奥尔登伯格翻译的英文版出版：*The Prodromus to a dissertation concerning solids naturally contained within solids laying a foundation for the rendering a rational accompt both of the frame and the several changes of the masse of the earth ... Englished by H. O.* (London, 1671). 一个方便的现代版本见 *Opera philosophica*, ed. V. Maar (2 vols, Copenhagen, 1910).

107 Steno, *Opera*, ii. 223.

108 有关讨论见 Rossi, *The Dark Abyss*, ch. 4.

109 *Telluris theoria sacra: orbis nostri originem et mutationes generales, quas autjam subiit aut olim subiturus est, complectens ...* (London, 1680). 后几卷的标题是：*Telluris theoria sacra. Libri duo posteriores de conflagratione mundi et defuturo atatu rerum* (London, 1689). 新的英语版本出版于 1690年（卷3、4）和 1691年（卷1、2），一个方便的现代版本见：Thomas Burnet, *The Sacred Theory of the Earth* (London, 1965).

110 见 Harrison, 'Cartesian Cosmology in England', 180–1.

111 Burnet, *The Sacred Theory of the Earth*, 93.

112 John Keill, *An Examination of Dr Burnet's Theory of the Earth* (London, 1698), 14. 见 Harrison, 'Cartesian Cosmology in England', 168.

113 More, *A Collection*, 79–80.

Conclusion

结论

17世纪的自然哲学是一项高度异质化的事业,将一些学科——主要是自然史和实用数学——也纳入自然哲学的范围,这些学科传统上不属于自然哲学,也与被重新构建的、与传统自然哲学直接竞争的微粒物质理论存在很差的兼容性。与此同时,传统上与自然哲学互不相干、偶尔还会产生竞争关系的神启,也逐渐被直接纳入一个更加广义的自然哲学事业,从根本上重新塑造了自然哲学。我们发现,随着17世纪的发展,越来越多人反复尝试且越来越成功地将自然哲学与神启相结合,从而为自然哲学赋予全新的文化角色。

传统的托马斯主义认为,自然哲学的工作是解释和证明,神启的工作是表达唯一的、高于一切的真理,而且可以用形而上学在两者之间搭建桥梁,这种做法将13世纪引入亚里士多德主义所导致的问题暂时关在了门外,但没有彻底解决。我之前指出,这种搭桥的失败在16世纪初彭波那齐事件中能够明显看到,亚里士多德自然哲学和基督教神学之间的调和,即便最好的结局也是问题百出、争议不断的。不过,放弃调和,让自然哲学——无论是亚里士多德主义、柏拉图主义或较新的派别——走一条自主道路的做法充满了危险,文艺复兴自然主义的现象即可证明。随着自然哲学之外的学科针对亚里士多德思想(以及可以说所有传统思想,包括柏拉图主义和伊壁鸠鲁主义)做出新的发展,对亚里士多德主义的完整性产生了威胁,这使问题更加复杂化。这些学科提出的主张,直接影响了自然哲学的观点,且偶尔直接与自然哲学观点相竞争。

在这个意义上,我挑选了自然史和实用数学这两个领域详细论述,我还讨论了医学等一直与自然哲学关系存在龃龉的学科。特别是,16世纪70年代第谷的天文学观察之后,天文学的实用数学学科引发了一系列的问题。这个学科在"拯救现象"时,一是无法完全在亚里士多德自然哲学的框架内实现拯救,二是拯救的方式似乎对《圣经》有关地球和天体本性的论述提出了疑问,这样一来,究竟该如何看待学科的关系就引出了不少问题。第一个情况在巩固实用数学学科的自然哲学地位过程中起到了至关重要的作用,不仅重新使力学站了起来,还诞生了机械论这个自然哲学流派。它不但与亚里士多德自然哲学展开竞争,还在17世纪承担了自然哲学新发展的大量合法化工作。第二个情况涉及的基础问题超越了彭波那齐事件的范围,重新复活了托马斯主义形而上学在很大程度上掩盖了的问题,即不管形而上学在搭桥方面多么成功,在基督教神学眼中,亚里士多德自然哲学从来都无法呈现一个令人满意的自然界,因为它无法捕捉到自然世界的单一起源,也无法在根本上假设世界是上帝设计的产物。一旦这些问题走上台面,这时已经被弱化的亚里士多德主义似乎就不再适合当基督教的伙伴了，而新的学科除了在物质理论和广义的物理理论方面取代亚里士多德主义外，还处在发展的相对早期阶段，能够与关于自然世界和人与世界关系的宗教观点产生联系，前提是这个宗教观点不会完全无视自然哲学的最新进展。因为在自然史和圣经批评之间存在一些关于解释的正典和证据的本性的共同认识——和共同来源——神启中关于自然事件的论述和自然史对相同事件的认识之间的关系，对于双方关注的交集而言，就成为一个充满前景的领域。这样一来，便诞生了神启和自然哲学相辅相成的观点，这种相辅相成还得到了一个所谓"三角成型"过程的巩固，朝着神启和自然哲学共享真理的方向前进。如此一来，自然哲学事业的本性就发生了转变，被赋予独特的正确性与合法性。神启和自然哲学的结合——仿佛两本"书"合二为一——开创了一个独一无二的事业，与其他科学文化截然不同，在很大程度上使自然哲学在西方接下来的发展也呈现出独一无二的特性。这种独一无二性主要来源于它17世纪期间逐渐形成的合法化抱负，我在本书尝试重现这些合法化抱负是如何形成的。自17世纪起，在自然哲学事业合法化整合的背后，存在着一股不同于其他科学文化的发展势头，这股势头不是它在天体力学或物质理论方面的内生价值带来的，而是自然—神学的要求促使的。

通过与其他科学文化——早期文化以及西方之外的文化——相比较，会看到牛顿《自然哲学的数学原理》对天体力学的成功论述，很有可能会终结16世纪晚期、17世纪、18世纪早期的自然哲学事业。一个关键的不同似乎在于，西方自然哲学的发展方向是多元的，尽管力学在18世纪愈发染上现象论的色彩，开始摘下自然哲学研究范式的帽子，自然史的强劲发展却将自然哲学研究的本性和相关性等问题推到了前台。这个自然哲学事业相当于是从伯内特的《地球的神圣理论》开始的，最主要是因为这部作品引起了广泛的反响。这些情况我们会在下一卷中讨论。不过，请留意值得思考的地方。我们现在讨论的是文化环境，各国情况不尽相同。对神启地位的文化担忧，很大程度上推动着这个趋势的发展，其导致的结果便是神启和自然哲学产生了融合，将后者转变为并纳入一项独特的合法化事业中。我们之前讨论过，力学等领域在17世纪成为自然哲学的正规学科，离开了一般被视为理想化数学的领域，不过因为自然哲学本身被转变了，力学的工作就不再是为了认识真正的物理过程而单纯解答基础技术问题。同天文学一起，力学被纳入一个新奇的、吸纳了一些《圣经》诠释内容的合法化事业。结果，力学的终极目标便从属于其所在的自然哲学事业的总目标，即探索唯一真理。如果没有这层发展，现代人眼中科学在西方文化中的角色和地位的很多特征就不会存在。

17世纪80年代，英格兰出现了新奇的合法化事业，涵盖并影响了自然哲学的发展，尽管尝试以各种方式统一自然哲学，但是最终无法通过自上而下的方式实现统一。我在第四部分重点讨论的三类研究——机械论、实验自然哲学和力学——采取的是互不相同、大体自主的路径，最后并没有作为不同部分集合为同一事业。相反，它们之间建立起的联系主要是回应局部的需求，且这些需求主要是因寻求支持而产生的：比如，尽管偶尔需要澄清和阐明，但在绝大多数情况下都是内部处理的。通过一次性的紧急局部需求就能够建立起学科间的联系，这种想法是那些认为自己处在自然哲学新事业的前沿、会全部取代传统亚里士多德自然哲学的自然哲学家所憎恶的。学界几乎一致相信，如果一个零碎的联系，不管多么成功有效，只要与关于自然的统一图景(通常是用微观成分来阐明，被视为可以用基础物理来描述)产生矛盾，或者无法与其产生充分联系，那么它在最好的情况下也只能算不完整的，最坏的情况下就是错误的。从对波义耳的气动学和牛顿的颜色学的批评中就可以清晰看到这种态度，而且这种态度周期性地起起伏伏，一直持续到今天。我们需要考虑的问题，也就是接下来的几卷会讨论的问题，是"存在或可以存在统一的自然图景"这个观点在何种程度上遮蔽了我们的视线，使我们无法看清科学界在调和相互矛盾的不同进路方面实际在做的工作。通过本卷的讨论可以清晰看到，其他的话语，特别是医学和一般生物学，又在额外的维度上使问题进一步复杂化，同样使问题复杂化的还有神学以及特别是圣经释经学的发展。这些学科都属于17世纪80年代出现的自然哲学松散集合。不过，"科学的终极目标必须是统一的自然图景"这种形而上观点的来源却是五花八门的，而且因为这样一个假设太过基础，基本只能停留在先验层面，无法进行批判性检验或借助证据来考察，这又使问题更加复杂化。

因为从一开始我就强调，必须充分认识到，自然哲学本性和目的的转变，并不仅仅是在概念或制度层面实现的，还需要转变自然哲学家的"人格"，所以我认为我们在讨论这个问题前需要更加充足的准备。因为，呈现一幅统一的自然图景，也许不只是科学研究的一个特殊想法，同时也是自然哲学家或科学家存在的理由 (raison d'être)，能够让自然哲学家或科学家在其技术专长的狭窄领域之外也可以获得一种特殊的地位和权威性。更一般地讲，这个维度的内容在目前对早期自然哲学的讨论中仍是空白，然而就像我之前提出的，通过研究此内容，能够为我们提供一把必不可少的钥匙，帮助我们了解自然哲学如何在一般的意义上被植入了早期现代文化。在重构自然哲学权威性本性的过程中，存在着复杂的、类别迥异的决定因素：意大利赞助人体系有着特殊的急切需求，新世界动植物带来了分类学的问题，反亚里士多德主义在某些地方局部存在，有人为了阻止公众接受第谷天文学体系而选择先发制人，英格兰都铎和斯图亚特王朝时期十分强调实用知识，此外还有人尝试建立能够击败传统自然哲学权威性的知识基础，有人尝试将实用数学纳入自然哲学，有人尝试将医学的自主权从自然哲学手中夺回来，诸如此类。自然哲学家"人格"的转变对自然哲学本性和目标的转变起着决定性的作用，人品的可靠性从未像现在一样如此重要，因为客观性、公正性已成为自然哲学家的身份印记。随着自然哲学在学术界为自己重新定位，自然哲学家也获得了新的权威性，拥有了独一无二的资格，可以从事任何研究，或者至少为研究提供认知标准。正是在这里，我们能够窥见现代科学地位的文化起源。

Bibliography of Works Cited

参考文献

Abra de Raconis, Charles François d'. *Totius philosophiae, hoc est logicae, moralis, physicae, et metaphysicae* (2 vols, Paris, 1633).

Acosta, José de. *Historia natvral y moral de las Indias, en qve se tratan las cosas notables del cielo, y elementos, metales, plantas, y animales dellas: y los ritos, y ceremonias, leyes, y gouierno, y guerras de los Indios* (Seville, 1590).

_____ *The Naturall and Morall Historie of the East and West Indies*, trans. Edward Grimston (London, 1604).

Adams, Marilyn McCord. *William Ockham* (2 vols, Notre Dame, Ind., 1987).

Adas, Michael. *Machines as the Measure of Man: Science, Technology, and Ideologies of Western Dominance* (Ithaca, NY, 1989).

Agricola, Georgius. *De re metallica libri XII* (Basle, 1556).

Aiton, Eric J. *The Vortex Theory of the Planetary Motions* (London, 1972).

_____ 'Johannes Kepler and the *Mysterium Cosmographicum*', *Sudhoffs Archiv* 62 (1977), 174–94.

Albertus, Magnus. *Opera omnia*, ed. Augustus Borgnet (38 vols, Paris, 1890–9).

Albrecht, Michael. *Eklektik. Eine Begriffsgeschichte mit Hinweisen auf die Philosophie-und Wissenschaftsgeschichte* (Stuttgart/Bad Canstatt, 1994).

Alciati, Andrea. *Emblemata cum commentarijs amplistimis* (Padua, 1621; facsimile copy New York, 1976).

Allen, Christopher. 'La tradition du classicisme' (Ph.D. thesis, University of Sydney, 1990).

Amico, Giovanni Battista. *De Motibus corporum coelestium iuxta principia peripatetica sine eccentris et epicyclis* (Venice, 1536).

Anderson, Francis. *The Philosophy of Francis Bacon* (New York, 1971).

Annas, Julia. *The Morality of Happiness* (Oxford, 1993).

Annius of Viterbo. *Antiquitatu[m] Variaru[m]* (17 vols, Paris, 1512).

Anon. *The Character of a Town-Gallant; exposing the extravagant fopperies of som vain self-conceited pretenders to gentility and good breeding* (London, 1675).

Anselm of Canterbury. *Basic Writings*, trans. S. N. Deane (2nd edn, La Salle, Ill., 1962).

_____ *Opera omnia*, ed. Franciscus Salesius Schmitt (2 vols, Stuttgart, 1968).

Anstey, Peter. *The Philosophy of Robert Boyle* (London, 2000).

_____ 'Experimental versus Speculative Natural Philosophy', in Peter Anstey and John Schuster, eds, *The Science of Nature in the Seventeenth Century* (Dordrecht, 2005), 215–42.

Applebaum, Wilbur. 'Keplerian Astronomy after Kepler: Researches and Problems', *History of Science* 34 (1996), 451–504.

Aquinas, Thomas. *Opera omnia*, ed. S. E. Fretté and P. Maré (34 vols, Paris, 1874–89).

_____ *Scriptorum super libros sententiarum*, ed. R. P. Mandonnet and Maria Fabianus Moos (3 vols, Paris, 1929–33).

_____ *Summa Theologica*, trans. Fathers of the English Dominican Province (2 vols, Chicago, 1952).

_____ *On the Unity of the Intellect Against the Averroists*, trans. Beatriz H. Zedler (Milwaukee, 1968).

_____ *Summa contra Gentiles*, trans. A. C. Pegis, J. F. Anderson, V. J. Bourke, and C. J. O'Neil (4 vols, Notre Dame, 1975).

Ariès, Phillipe. *Religion populaire et réforme liturgique* (Paris, 1975).

Ariew, Roger. *Descartes and the Last Scholastics* (Ithaca, NY, 1999).

_____ Cottingham, John, and Sorell, Tom, eds. *Descartes' Meditations: Background Source Materials* (Cambridge, 1998).

Aristotle. *Aristotle's Physics I, II*, ed. and trans. William Charlton (Oxford, 1970).

Armogathe, Jean-Robert. *Theologia cartesiana: l'explication physique de l'Eucharistie chez Descartes et Dom Desgabets* (The Hague, 1977).

_____ 'The Rainbow: A Privileged Epistemological Model', in Stephen Gaukroger, John Schuster, and John Sutton, eds, *Descartes' Natural Philosophy* (London, 2000), 249–57.

Armstrong, Arthur H. *The Architecture of the Intelligible Universe in the Philosophy of Plotinus* (Cambridge, 1940).

Arnauld, Antoine. *On True and False Ideas*, trans. and introd. Stephen Gaukroger (Manchester, 1990).

_____ and Nicole, Pierre. *La Logique ou l'Art de Penser*, ed. P. Claire and F. Girbal (Paris, 1965).

Arnold, Matthew. *God and the Bible* (New York, 1893).

Arriaga, Roderigo de. *Cursus philosophicus* (Antwerp, 1632).

Ashworth Jr., William B. 'Natural History and the Emblematic World View', in David C. Lindberg and Robert S. Westman, eds, *Reappraisals of the Scientific Revolution* (Cambridge, 1990), 303–32.

_____ 'Emblematic Natural History of the Renaissance', in N. Jardine, J. A. Secord, and E. C. Spary, eds, *Cultures of Natural History* (Cambridge, 1996), 17–37.

Auerbach, Eric. *Mimesis* (Princeton, 1968).

Augustine of Hippo. *The City of God*, trans. Marcus Dods (2 vols, Edinburgh, 1872).

Averroes. *Tahāfut al-Tahāfut: The Incoherence of the Incoherence*, trans. with introd. and notes by Simon van den Bergh (London, 1954).

_____ 'Averroes on the Principles of Nature: The Middle Commentary on Aristotle's *Physics, I, II*', trans. Steven Harvey (Ph.D. thesis, Harvard University, 1977).

Aversa, Raphael. *Logica Institutionibus Praeviis Quaestionibus Contexta* (Rome, 1623).

Avicenna. *Le Livre de science*, trans. Mohammad Achena and Henri Massé (2 vols, Paris, 1955).

Bachelard, Gaston. *Le Nouvel Esprit scientifique* (Paris, 1934).

_____ *La Formation de l'esprit scientifique* (Paris, 1938).

Bacon, Francis. *The Works of Francis Bacon*, ed. James Spedding, Robert Leslie Ellis, and Douglas Denon Heath (14 vols, London, 1857–74).

_____ *The Oxford Francis Bacon*, ed. Lisa Jardine and Graham Rees (15 vols, Oxford, 1996–).

Bacon, Roger. *The 'Opus Maius' of Roger Bacon*, ed. J. H. Bridges (3 vols, Oxford, 1897–1900).

Badaloni, Nicola. 'I fratelli Della Porta e la cultura magica a Napoli nel'500', *Studi Storici* 1 (1959–60), 677–715.

Baillet, Adrien. *La Vie de Monsieur Descartes* (2 vols, Paris, 1691).

Baker, John Hamilton, ed. *The Reports of John Spelman* (2 vols, London, 1971).

Baldini, Ugo. 'The Development of Jesuit "Physics" in Italy, 1550–1700: A Structural Approach', in Constance Blackwell and Sachiko Kusukawa, eds, *Philosophy in the Sixteenth and Seventeenth Centuries* (Aldershot, 1999), 248–79.

Balme, David M. 'Greek Science and Mechanism I', *Classical Quarterly* 33 (1939), 129–38.

Barbour, Julian B. *Absolute or Relative Motion: A Study from a Machian Point of View of the Discovery and the Structure of Dynamical Theories* (Cambridge, 1989).

Barenblatt, Daniel. *A Plague upon Humanity: The Hidden History of Japan's Biological Warfare Program* (New York, 2005).

Barker, Peter. 'Stoic Contributions to Early Modern Science', in Margaret J. Osler, ed., *Atoms, Pneuma, and Tranquillity: Epicurean and Stoic Themes in European Thought* (Cambridge, 1991), 135–54.

_____ 'The Optical Theory of Comets from Apian to Kepler', *Physis* 30 (1993), 1–25.

_____ 'The Role of Religion in the Lutheran Response to Copernicus', in Margaret J. Osler, ed., *Rethinking the Scientific Revolution* (Cambridge, 2000), 59–88.

_____ and Goldstein, Bernard R. 'Realism and Instrumentalism in Sixteenth-Century Astronomy: A Reappraisal', *Perspectives on Science* 6 (1998), 232–58.

Barlow, William. *The Navigator's Supply* (London, 1597).

Barnes, Jonathan. 'Aristotle's Theory of Demonstration', in Jonathan Barnes, Malcolm Schofield, and Richard Sorabji, eds, *Articles on Aristotle*, i. *Science* (London, 1975), 65–87.

Barr, James. 'Why the World was Created in 4004BC: Archbishop Ussher and Biblical Chronology', *Bulletin of the John Rylands University Library of Manchester* 67 (1985), 576–608.

Barrow, John D., and Tipler, Frank J. *The Anthropic Cosmological Principle* (Oxford, 1986).

Basso, Sebastian. *Philosophia naturalis adversus Aristotelem, in quibus abstrusa veterum Physiologia restauratur, & Aristotelis errores solidis rationibus refelluntur* (Geneva, 1621).

Baudouin, François. *De institvtione historiae vniuersae et eivs cum iurisprvdentia coniunctione*, ΠΡΟΛΕΓΟΜΕΝΩΝ libri II (Paris, 1561).

Beaune, Jean-Claude. *L'Automate et ses mobiles* (Paris, 1980).

Bebbington, David W. 'Science and Evangelical Theology in Britain from Wesley to Orr', in David N. Livingstone, D. G. Hart, and Mark A. Noll, eds, *Evangelicals and Science in Historical Perspective* (Oxford, 1999), 120–41.

Beckwirth, Sarah. *Christ's Body: Identity, Culture and Society in Late Medieval Writings* (London, 1993).

Beeckman, Isaac. *Mathematicao-physicarum meditationum, quaestionum, solutionum centuria* (Utrecht, 1644).

_____ *Journal tenu par Isaac Beeckman de 1604 à 1634*, ed. Cornelius de Waard (4 vols, The Hague, 1939–53).

Ben-Chaim, Michael. 'Doctrine and Use: Newton's "Gift of Preaching" ', *History of Science* 36 (1998), 169–98.

_____ 'Locke's Ideology of "Common Sense" ', *Studies in History and Philosophy of Science*, 31A (2000), 473–501.

Ben-David, Joseph. *The Scientist's Role in Society* (Chicago, 1984).

Benn, Alfred W. *The History of English Rationalism in the Nineteenth Century* (2 vols, London, 1906).

Bennett, J. A. 'Robert Hooke as Mechanic and Natural Philosopher', *Notes and Records of the Royal Society* 35 (1980), 33–48.

_____ *The Mathematical Science of Christopher Wren* (Cambridge, 1982).

_____ 'The Challenge of Practical Mathematics', in Stephen Pumfrey, Paolo L. Rossi, and Maurice Slawinski, eds, *Science, Culture and Popular Belief in Renaissance Europe* (Manchester, 1991), 176–90.

Bennett, M. R., and Hacker, P. M. S. *Philosophical Foundations of Neuroscience* (Oxford, 2003).

Berkel, Klaas van. *Isaac Beeckman (1588–1637) en de mechanisierung van het wereldbeeld* (Amsterdam, 1983).

_____ 'A Note on Rudolphus Snellius and the Early History of Mathematics in Leiden', in C. Hay, ed., *Mathematics from Manuscript to Print, 1300–1600* (Oxford, 1988), 156–61.

_____ 'Descartes' Debt to Beeckman: Inspiration, Cooperation, Conflict', in Stephen Gaukroger, John Schuster, and John Sutton, eds, *Descartes' Natural Philosophy* (London, 2000), 46–59.

Berman, Harold J. *Law and Revolution: The Formation of the Western Legal Tradition* (Cambridge, Mass., 1983).

_____ *Law and Revolution*, ii. *The Impact of the Protestant Reformations on the Western Legal Tradition* (Cambridge, Mass., 2003).

Bernal, J. D. *The Social Function of Science* (London, 1939).

Bernstein, H. R. '*Conatus*, Hobbes, and the Young Leibniz', *Studies in History and Philosophy of Science* 11 (1980), 25–37.

Biagioli, Mario. 'The Social Status of Italian Mathematicians', *History of Science* 27 (1989), 41–95.

_____ *Galileo Courtier, The Practice of Science in the Culture of Absolutism* (Chicago, 1993).

_____ 'Replication or Monopoly? The Economies of Invention and Discovery in Galileo's Observations of 1610', in Jürgen Renn, ed., *Galileo in Context* (Cambridge, 2001), 277–320.

Bianchi, Luca. 'Censure, liberté et progrès intellectuel à l'Université de Paris au XIIIe siècle', *Archives d'histoire doctrinale et littéraire du Moyen Âge* 63 (1996), 45–93.

Biggs, Noah. *Mataeotechnia medicinae praxeos. The vanity of the craft of physick. Or, A new dispensatory* (London, 1651).

Binet, Etienne. *Essay des merveilles de nature et des plus nobles artifices* (Rouen, 1621).

Birch, Thomas. *The History of the Royal Society of London, For Improving of Natural Knowledge, From Its First Rise* (4 vols, London, 1756–7).

Bjurstrom, Per. 'Baroque Theater and the Jesuits', in Rudolph Wittkower and Orma B. Jaffe, eds, *Baroque Art: The Jesuit Contribution* (New York, 1972), 99–110.

Black, Edwin. *War Against the Weak: Eugenics and America's Campaign to Create a Master Race* (New York, 2001).

Blackwell, Constance. 'The Case of Honoré Fabri and the Historiography of Sixteenth and Seventeenth Century Jesuit Aristotelianism in Protestant History of Philosophy: Sturm, Morhof and Brucker', *Nouvelles de la Republique des Lettres* (1995), 49–77.

_____ 'Thales Philosophus: The Beginning of Philosophy as a Discipline', in Donald R. Kelley, ed., *History and the Disciplines: The Reclassification of Knowledge in Early Modern Europe* (Rochester, 1997), 61–82.

Blackwell, Richard J. 'Christiaan Huygens' The Motion of Colliding Bodies', *Isis* 68 (1977), 574–97.

_____ *Galileo, Bellarmine, and the Bible* (Notre Dame, 1991).

Blair, Ann. *The Theater of Nature* (Princeton, 1997).

Bloch, Olivier. *La Philosophie de Gassendi* (The Hague, 1971).

Block, Irving. 'Truth and Error in Aristotle's Theory of Perception', *Philosophical Quarterly* 11 (1961), 1–9.

Blumenberg, Hans. *The Legitimacy of the Modern Age* (Cambridge, Mass., 1983).

_____ *The Genesis of the Copernican World* (Cambridge, Mass., 1987).

Blundeville, Thomas. *Exercises containing sixe Treatises* (London, 1594).

_____ *Theoriques of the seven Planets* (London, 1602).

Bobonich, Christopher. *Plato's Utopia Recast: His Later Ethics and Politics* (Oxford, 2002).

Bodin, Jean. *Methodus ad facilem historiarum cognitionem* (Paris, 1566).

Bodin, Jean. *Universae naturae theatrum* (Lyon, 1596).

Boethius of Dacia. *On the Supreme Good*, ed. and trans. J. F. Wippel (Toronto, 1987).

Booth, Emily. *'A Subtle and Mysterious Machine': The Medical World of Walter Charleton (1619–1670)* (Dordrecht, 2005).

Borelli, Giovanni Alfonso. *Theoricae mediceorum planetarum ex causis physicis deductae* (Florence, 1666).

Bowersock, Glen W. *Hellenism in Late Antiquity* (Ann Arbor, 1990).

Bowler, Peter J. *Reconciling Science and Religion: The Debate in Early Twentieth-Century Britain* (Chicago, 2001).

Boyer, Carl B. *The Rainbow* (Princeton, 1959).

Boyle, Robert. *The Works of the Honourable Robert Boyle*, ed. Thomas Birch (6 vols, London, 1772).

Brackenridge, J. Bruce. *The Key to Newton's Dynamics: The Kepler Problem and the Principia* (Berkeley, 1995).

_____ and Nauenberg, Michael. 'Curvature in Newton's Dynamics', in I. Bernard Cohen and George E. Smith, eds, *The Cambridge Companion to Newton* (Cambridge, 2002), 85–137.

Brague, Rémi. *Eccentric Culture: A Theory of Western Civilization* (South Bend, Ind., 2002).

Brandt, Frithiof. *Thomas Hobbes' Mechanical Conception of Nature* (Copenhagen/London, 1928).

Broad, C. D. *Mind and its Place in Nature* (London, 1925).

Brockliss, Laurence W. B. *French Higher Education in the Seventeenth and Eighteenth Centuries* (Oxford, 1987).

_____ 'Copernicus in the University: The French Experience', in John Henry and Sarah Hutton, eds, *New Perspectives on Renaissance Thought* (London, 1990), 190–213.

_____ 'The Scientific Revolution in France', in Roy Porter and Mikulas Teich, eds, *The Scientific Revolution in National Context* (Cambridge, 1992), 55–89.

_____ 'Rapports de structure et de contenu entre les *Principia* et les cours de philosophie des collèges', in Jean-Robert Armogathe and Giulia Belgioiso, eds, *Descartes: Principia Philosophiae, 1644–1994* (Naples, 1996), 491–516.

Brooke, John Hedley. *Science and Religion: Some Historical Perspectives* (Cambridge, 1991).

_____ and Cantor, Geoffrey. *Reconstructing Nature: The Engagement of Science and Religion* (Oxford, 1998).

Brown, H. V. B. 'Avicenna and the Christian Philosophers in Baghdad', in S. M. Stern, Albert Hourani, and Vivian Brown, eds, *Islamic Philosophy and the Classical Tradition* (Columbia, SC, 1972), 35–48.

Brown, Peter. *Augustine of Hippo, A Biography* (London, 1967).

_____ *Power and Persuasion in Late Antiquity: Towards a Christian Empire* (Madison, 1988).

_____ *The Body and Society: Men, Women, and Sexual Renunciation in Early Christianity* (London, 1989).

Brown, Theodore M. 'The Rise of Baconianism in Seventeenth-Century England: A Perspective on Science and Society during the Scientific Revolution', in *Science and History: Studies in Honor of Edward Rosen*, Studia Copernica 16 (Wrocław, 1978), 501–22.

Brown, Thomas. *Physick lies a Bleeding, or the Apothecary turned Doctor, A Comedy Acted every Day in most Apothecaries Shops in London* (London, 1697).

Brundell, Barry. *Pierre Gassendi: From Aristotelianism to a New Natural Philosophy* (Dordrecht, 1987).

Bruno, Giordano. *La cena de le ceneri Descritta in cinque dialogi* (London, 1584).

_____ *De la causa, principio et vno* (London, 1584).

_____ *De l'infinito vniuerso et mondi* (London, 1585).

_____ *De gl'heroici furori* (London, 1585).

_____ *De triplici minimo et mensvra ad trivm specvlatiuarum scientiarum* (Frankfurt, 1591).

_____ *The Ash Wednesday Supper*, trans. S. Jaki (The Hague, 1975).

_____ *Cause, Principle and Unity*, ed. Richard J. Blackwell and Robert de Lucca (Cambridge, 1998).

Buckley, Michael J. *At the Origins of Modern Atheism* (New Haven, 1987).

Budd, Susan. *Varieties of Unbelief: Atheists and Unbelievers in English Society 1850–1960* (London, 1977).

Budé, Guillaume. *Annotationes ... in quatuor et viginti Pandectarum libros* (Paris, 1535).

Bullinger, Heinrich. *Der Widertoeufferen ursprung, fürgang, Secten, waesen, fürnemme vnd gemeine jrer leer Artickel* (Zurich, 1560).

Burke, Peter. *The Renaissance Sense of the Past* (London, 1969).

_____ *The Italian Renaissance: Culture and Society in Italy* (Princeton, 1986).

Burkert, Walter. 'Platon oder Pythagoras? Zum Ursprung des Wortes "Philosophie"', *Hermes* 88 (1960), 159–77.

Burnet, Thomas. *Telluris theoria sacra: orbis nostri originem et mutationes generales, quas aut jam subiit aut olim subiturus est, complectens ...* (London, 1680).

_____ *The Theory of the Earth: Containing an Original of an Account of the Earth, and of all the Changes Which it Hath Undergone, or is to Undergo Till the Consumation of All Things. The First Two Books, Concerning the Deluge, and Concerning Paradise* (London, 1684).

_____ *Telluris theoria sacra. Libri duo posteriores de conflagratione mundi et de futuro atatu rerum* (London, 1689).

_____ *The Sacred Theory of the Earth* (London, 1965).

Burns, Norman T. *Christian Mortalism from Tyndale to Milton* (Cambridge, Mass., 1972).

Burtt, Edwin Arthur. *The Metaphysical Origins of Modern Physical Science: A Historical and Critical Essay* (London, 1924).

Bush, Vannevar. *Science, the Endless Frontier: A Report to the President by Vannevar Bush, Director of the Office of Scientific Research and Development* (Washington, 1945).

Butler, Edward C. *Western Mysticism: The Teaching of Augustine, Gregory and Bernard on Contemplation and the Contemplative Life* (New York, 1966).

Butterfield, Herbert. *The Origins of Modern Science* (London, 1949).

Bylebyl, Jerome J. 'Medicine, Philosophy and Humanism in Renaissance Italy', in John W. Shirley and F. David Hoeniger, eds, *Science and the Arts in the Renaissance* (Washington, 1986), 27–49.

Bynum, Catherine Walker. *Jesus as Mother: Studies in Spirituality of the High Middle Ages* (Berkeley, 1982).

Cabeo, Niccolò. *Philosophia Magnetica, in qua magnetis natura penitus explicatur* (Cologne, 1629).

_____ *Commentaria in libros Meteorologicorum* (4 vols, Rome, 1646).

Cabero, Chrystostomus. *Brevis summularum recapitulatio* (Valladolid, 1623).

Cabral, Regis. 'Herbert Butterfield (1900–79) as a Christian Historian of Science', *Studies in History and Philosophy of Science* 27 (1996), 547–64.

Cahan, David. 'Helmholtz and the Civilizing Power of Science', in David Cahan, ed., *Hermann von Helmholtz and the Foundations of Nineteenth-Century Science* (Berkeley, 1993), 559–601.

Calvin, John. *Commentaries on the First Book of Moses Called Genesis*, trans. John King (2 vols, Edinburgh, 1847–50).

Canizares-Esguerra, Jorge. 'Iberian Science in the Renaissance: Ignored How Much Longer?', *Perspectives in Science* 12 (2004), 86–124.

Cano, Melchior. *Locorum Theologicorum Libri Duodecim* (Cologne, 1574).

Čapek, Milič. *The Philosophical Impact of Contemporary Physics* (New York, 1961).

Capizzi, Antonio. *The Cosmic Republic: Notes for a Non-Peripatetic History of the Birth of Philosophy in Greece* (Amsterdam, 1990).

Cardano, Girolamo. *De subtilitate libri XXI* (Nuremberg, 1550).

_____ *De rerum varietate libri XVII* (Basle, 1557).

Cardwell, Donald S. L. *The Organisation of Science in England* (London, 1972).

Carlyle, Robert W., and Carlyle, Alexander J. *A History of Medieval Political Theory in the West* (6 vols, Edinburgh, 1970).

Carmody, F. J. 'The Planetary Theory of Ibn-Rushd', *Osiris* 10 (1952), 556–86.

Carnap, Rudolph. 'Intellectual Autobiography', in Paul Arthur Schilpp, ed., *The Philosophy of Rudolph Carnap* (La Salle, Ill., 1963), 3–84.

Carteron, Henri. *La Notion de force dans la système d'Aristote* (Paris, 1923).

Cartwright, Nancy. *How the Laws of Physics Lie* (Oxford, 1983).

_____ *The Dappled World: A Study of the Boundaries of Science* (Cambridge, 1999).

Carus, Paul. *The Religion of Science* (Chicago, 1893).

Casaubon, Isaac. *De rebus sacris et ecclesiasticis Exercitationes xvi* (London, 1614).

Casaubon, Meric. *A Treatise concerning Enthusiasme* (London, 1655).

_____ *Of Credulity and Incredulity in Things Natural, Civill and Divine* (London, 1668).

_____ *A Letter to Pierre Moulin ... Concerning natural experimental Philosophie, and some books lately set about it* (Cambridge, 1669).

Cassirer, Ernst. *The Platonic Renaissance in England* (Austin, 1953).

_____ *The Individual and the Cosmos in Renaissance Philosophy* (Philadelphia, 1963).

_____ Kristeller, Paul Oskar, and Randall Jr., John Herman, eds and trans. *The Renaissance Philosophy of Man* (Chicago, 1948).

Cat, Jordi, Cartwright, Nancy, and Chang, Hasok. 'Otto Neurath: Politics and the Unity of Science', in Peter Galison and David J. Stump, eds, *The Disunity of Science* (Stanford, 1996), 347–69.

Caussin, Nicolas. *Electorum symbolorum et parabolarum historicarum syntagmata* (Paris, 1618).

_____ *La Cour sainte ou l'institution chrétienne des Grands* (Paris, 1624).

_____ *Eloquentiae sacrae et humanae parallela* (Paris, 1624).

Cavendish, Margaret, Duchess of Newcastle. *Observations upon Experimental Philosophy to which is added The Description of a New Blazing World* (London, 1666).

Celaya, Juan de. *Expositio magistri ioannis de gelaya valentini in quattuor libros de celo & mundi Aristotelis cum questionibus eiusdem* (Paris, 1518).

Chadwick, Owen. 'Evolution and the Churches', in Colin A. Russell, ed., *Science and Religious Belief: A Selection of Recent Historical Studies* (London, 1973), 282–93.

Chant, Colin. 'Science in Orthodox Europe', in David Goodman and Colin A. Russell, eds, *The Rise of Scientific Europe, 1500–1800* (London, 1991), 333–60.

Chantraine, Pierre. *Dictionnaire étymologique de la langue grecque, histoire des mots* (4 vols, Paris, 1968–80).

Charleton, Walter. *The Darknes of Atheism Dispelled by the Light of Nature. A Physico-Theological Treatise* (London, 1652).

_____ *Physiologia Epicuro-Gassendo-Charltoniana: or A Fabrick of Science Natural, upon the Hypothesis of Atoms* (London, 1654).

Cicero, Marcus Tullius. *The Works of Cicero*, Loeb edition: various eds and trans. (28 vols, Cambridge, Mass., 1914–).

Clagett, Marshall. *The Science of Mechanics in the Middle Ages* (Madison, 1959).

Clavelin, Maurice. *The Natural Philosophy of Galileo* (Cambridge, Mass., 1974).

Clement of Alexandria. *Stromata Buch I–IV*, ed. Otto von Stählin (Berlin, 1960).

Clericuzio, Antonio, 'A Redefinition of Boyle's Chemistry and Corpuscular Philosophy', *Annals of Science* 47 (1990), 562–89.

_____ 'From Van Helmont to Boyle: A Study of the Transmission of Helmontian Chemical and Medical Theories in Seventeenth-Century England', *British Journal for the History of Science* 26 (1993), 303–34.

_____ 'Carneades and the Chemists: A Study of *The Sceptical Chymist* and its Impact on Seventeenth-Century Chemistry', in Michael Hunter, ed., *Robert Boyle Reconsidered* (Cambridge, 1994), 79–90.

_____ 'Gassendi, Charleton and Boyle on Matter and Motion', in Christoph Lüthy, John E. Murdoch, and William R. Newman, eds, *Late Medieval and Early Modern Corpuscular Matter Theories* (Leiden, 2001), 467–82.

Clucas, Stephen. 'The Atomism of the Cavendish Circle: A Reappraisal', *The Seventeenth Century* 9 (1994), 247–73.

_____ 'Corpuscular Matter Theory in the Northumberland Circle', in Christoph Lüthy, John E. Murdoch, and William R. Newman, eds, *Late Medieval and Early Modern Corpuscular Matter Theories* (Leiden, 2001), 181–207.

_____ '*Simulacra et Signacula*: Memory, Magic and Metaphysics in Brunian Mnemonics', in Hilary Gatti, ed., *Giordano Bruno: Philosophy of the Renaissance* (Aldershot, 2002), 273–97.

Cochrane, Charles Norris. *Christianity and Classical Culture* (rev. edn, Oxford, 1944).

Cohen, H. Floris. *Quantifying Music* (Dordrecht, 1984).

_____ *The Scientific Revolution: A Historiographical Inquiry* (Chicago, 1994).

Cohen, I. Bernard. *The Birth of a New Physics* (Harmondsworth, 1987).
Coimbra Commentators. *In octo libros physicorum Aristotelis* (Coimbra, 1592).
_____ *In quattuor libros De coelo* (Lisbon, 1593).
_____ *In libros Aristotelis qui Parva naturalia appellantur* (Lyon, 1594).
_____ *In libros Meteorum* (Lyon, 1594).
_____ *In tres libros De anima* (Coimbra, 1598).
Colish, Marcia L. *The Mirror of Language: A Study in the Medieval Theory of Knowledge* (New Haven, 1968).
_____ *The Stoic Tradition from Antiquity to the Early Middle Ages* (2 vols, Leiden, 1985).
_____ *Medieval Foundations of the Western Intellectual Tradition, 400–1400* (New Haven, 1997).
Colquhoun, Patrick. *A Treatise on Indigence; exhibiting a general view of the national resources for productive labour; with propositions for ameliorating the condition of the poor, and improving the moral habits and increasing the comforts of the labouring people* (London, 1806).
Compayré, Gabriel. *Histoire critique des doctrines de l'éducation en France* (2 vols, Paris, 1879).
Contamine, Philippe. *Guerre, État et Société à la fin du moyen âge* (Paris, 1972).
Cook, Harold J. *The Decline of the Old Medical Regime in Stuart London* (Ithaca, NY, 1986).
_____ 'The New Philosophy and Medicine', in David C. Lindberg and Robert S. Westman, eds, *Reappraisals of the Scientific Revolution* (Cambridge, 1990), 397–436.
Copenhaver, Brian, ed. and trans. *The Greek Corpus Hermeticum and the Latin Asclepius in a new English Translation, with Notes and Introduction* (Cambridge, 1992).
_____ and Schmitt, Charles B., *Renaissance Philosophy* (Oxford, 1992).
Copernicus, Nicolaus. *De revolutionibus orbium coelestium* (Nuremberg, 1543).
_____ *On the Revolution of the Heavenly Spheres*, trans. C. G. Wallis, in *Britannica Great Books* 16 (Chicago, 1952), 501–838.
Corner, George W., ed. and trans. *Anatomical Texts of the Earlier Middle Ages* (Washington, 1927).
Cornford, Francis Macdonald. *Plato's Cosmology* (London, 1937).
Cornwall, John. *Hitler's Scientists: Science, War, and the Devil's Pact* (New York, 2003).
Coton, Pierre. *Sermons sur les principales et plus difficiles matieres de la fay* (Paris, 1617).
Courcelle, Pierre-Paul. *La Consolation de Philosophie dans la tradition littéraire. Antécédents et postérité de Boèce* (Paris, 1967).
Cox, Jeffrey. *The English Churches in a Secular Society: Lambeth, 1870–1930* (Oxford, 1982).
Craven, William G. *Giovanni Della Mirandola, Symbol of His Age* (Geneva, 1981).
Creath, Richard. 'The Unity of Science: Carnap, Neurath, and Beyond', in Peter Galison and David J. Stump, eds, *The Disunity of Science* (Stanford, 1996), 158–69.
Croll, Oswald. *Basilica chymica* (London, 1635).
Cromartie, Alan. *Sir Matthew Hale, 1609–1676: Law, Religion and Natural Philosophy* (Cambridge, 1995).
Crombie, Alistair C. *Robert Grosseteste and the Origins of Experimental Science, 1100–1700* (Oxford, 1971).
Cronin, Timothy J. *Objective Being in Descartes and in Suárez* (Rome, 1966).
Cudworth, Ralph. *The True Intellectual System of the Universe* (2nd edn, 2 vols, London, 1743).
Cunningham, Andrew. 'Thomas Sydenham: Epidemics, Experiment, and the "Good Old Cause" ', in Roger French and Andrew Wear, eds, *The Medical Revolution of the Seventeenth Century* (Cambridge, 1989), 164–90.
_____ *The Anatomical Renaissance: The Resurrection of the Anatomical Projects of the Ancients* (Aldershot, 1997).
Curley, Edwin M. *Spinoza's Metaphysics: An Essay in Interpretation* (Cambridge, Mass., 1969).
Dainville, François de. *La Naissance de l'humanisme moderne* (Paris, 1940).
Dalbiez, Roland. 'Les sources scolastiques de la théorie cartésienne de l'être objectif', *Revue d'Histoire de*

la Philosophie 3 (1929), 464–72.

Daston, Lorraine. *Classical Probability in the Enlightenment* (Princeton, 1988).

Daube, David. *Witnesses in Bible and Talmud* (Oxford, 1986).

David of Dinant. *Davidis de Dinanto Quaternulorum Fragmenta*, ed. M. Kurdziałek (Warsaw, 1963).

Davidson, Donald. *Inquiries into Truth and Interpretation* (Oxford, 1984).

Davies, E. Brian. *Science in the Looking Glass: What Do Scientists Really Know?* (Oxford, 2003).

Davies, Paul. *God and the New Physics* (Harmondsworth, 1983).

Dawkins, Richard. *The Selfish Gene* (London, 1978).

De Gandt, François. *Force and Geometry in Newton's Principia* (Princeton, 1995).

Dear, Peter. '*Totius in Verba*: Rhetoric and Authority in the Early Royal Society', *Isis* 76 (1985), 145–61.

―――― *Mersenne and the Learning of the Schools* (Ithaca, NY, 1988).

―――― 'From Truth to Disinterestedness in the Seventeenth Century', *Social Studies of Science* 22 (1992), 619–31.

―――― *Discipline and Experience: The Mathematical Way in the Scientific Revolution* (Chicago, 1995).

Debus, Allen G. *The English Paracelsians* (New York, 1965).

―――― 'Fire Analysis and the Elements in the Sixteenth and the Seventeenth Centuries', *Annals of Science* 23 (1967), 128–47.

―――― *The French Paracelsians* (Cambridge, 1991).

―――― *Chemistry and Medical Debate: Van Helmont to Boerhaave* (Canton, Mass., 2001).

Della Rocca, Michael. 'Judgement and Will', in Stephen Gaukroger, ed., *The Blackwell Guide to Descartes' Meditations* (Oxford, 2006), 142–59.

Delumeau, Jean. *Le Catholicisme entre Luther et Voltaire* (Paris, 1971).

―――― *La Peur en occident (XIVe–XVIIIe siècles): Une cité assiégée* (Paris, 1978).

―――― *Le Péché et la peur: La culpabilisation en occident, XIIIe–XVIIIe siècles* (Paris, 1983).

―――― *Rassurer et protéger: Le sentiment de sécuritée dans l'occident d'autrefois* (Paris, 1989).

―――― *L'Aveu et le pardon* (Paris, 1992).

Den Hartog, Jacob Pieter. *Mechanics* (New York, 1961).

Denifle, Heinrich, and Châtelain, Émile, eds, *Chartularium Universitatis Parisiensis* (4 vols, Paris, 1889–97).

Des Chene, Dennis. *Physiologia: Natural Philosophy in Late Aristotelian and Cartesian Thought* (Ithaca, NY, 1996).

―――― *Life's Form: Late Aristotelian Conceptions of the Soul* (Ithaca, NY, 2000).

―――― 'Life and Health in Cartesian Natural Philosophy', in Stephen Gaukroger, John Schuster, and John Sutton, eds, *Descartes' Natural Philosophy* (London, 2000), 723–35.

―――― *Spirits and Clocks* (Ithaca, NY, 2001).

Descartes, René. *Œuvres de Descartes*, ed. Charles Adam and Paul Tannery (2nd edn, 11 vols, Paris, 1974–86).

―――― *Principles of Philosophy*, eds and trans. Valentine R. Miller and Reese P. Miller (Dordrecht, 1991).

―――― *The World and Other Writings*, ed. and trans. Stephen Gaukroger (Cambridge, 1998).

Detienne, Marcel. *Maîtres de vérité dans la grèce archaïque* (Paris, 1990).

―――― and Vernant, Jean-Pierre. *Les Ruses d'intelligence: la metis des grecs* (Paris, 1974).

Dettloff, Werner. *Die Entwicklung der Akzeptations- und Verdienstlehre von Duns Skotus bis Luther* (Münster, 1963).

Detwald, Jonathan. *Aristocratic Experience and the Origins of Modern Culture: France, 1570–1715* (Berkeley, 1993).

Devillairs, Laurence. *Descartes et la conaissance de dieu* (Paris, 2004).

Dewey, John. 'Unity of Science as a Social Problem', in Otto Neurath, Rudolph Carnap, and Charles Morris, eds, *Foundations of the Unity of Science* (2 vols, Chicago, 1970), i. 32–3.

Di Napoli, Giovanni. *L'immortalità dell'anima nel Rinascimento* (Turin, 1963).

Dick, Steven J. *Plurality of Worlds: The Extraterrestrial Life Debate from Democritus to Kant* (Cambridge, 1982).

Diderot, Denis. *Encyclopèdie ou Dictionnaire Raisonné des Sciences, des Arts et des Métiers* (17 vols, Paris, 1751–65).

Digby, Kenelm. *Two Treatises: In the One of Which, The Nature of Bodies; In the Other, The Nature of Mans Soule, is Looked into: In Way of Discovery of the Immortality of Reasonable Soules* (Paris 1644).

Dijksterhuis, Eduard Jan. *The Mechanization of the World Picture* (Oxford, 1961).

Diogenes Laertius. *Lives of Eminent Philosophers*, with an English trans. by R. D. Hicks (Loeb edn: 2 vols, Cambridge, Mass., 1972).

(Pseudo-)Dionysius the Areopagite. *Opera Omnia: Coelistis Hierarchia. Ecclesiastica Hierarchia. Diuina nomina. Mystica theologia. Duodecim epistolae* (Venice, 1556).

Dixsaut, Monique. *Le Naturel Philosophe: Essai sur les Dialogues de Platon* (Paris, 1985).

Dobbs, Betty Jo Teeter. *The Foundations of Newton's Alchemy: or 'The Hunting of the Greene Lyon'* (Cambridge, 1975).

_____ *The Janus Face of Genius: The Role of Alchemy in Newton's Thought* (Cambridge, 1991).

_____ 'Newton as Final Cause and First Mover', in Margaret J. Osler, *Rethinking the Scientific Revolution* (Cambridge, 2000), 25–39.

Dod, Bernard. 'Aristoteles Latinus', in N. Kretzman, Anthony Kenny, and Jan Pinborg, eds, *The Cambridge History of Later Medieval Philosophy* (Cambridge, 1982), 45–79.

Domanski, Juliusz. *La Philosophie, théorie ou manière de vivre?: les controverses de l'Antiquité à la Renaissance* (Fribourg/Paris, 1996).

Domingues, Beatriz Helena. *Tradição na Modernidade e Modernidade na Tradição: A Modernidade Ibérica e a Revolução Copernicana* (Rio de Janeiro, 1996).

_____ 'Spain and the Dawn of Modern Science', *Metascience* 7 (1998), 298–312.

Dominis, Marco Antonio de. *De radiis visus et lucis in virtis perspectivis et iride tractatus* (Venice, 1611).

Donahue, William H. 'The Solid Planetary Spheres in Post-Copernican Natural Philosophy', in Robert S. Westman, ed., *The Copernican Achievement* (Berkeley, 1975), 244–75.

_____ *The Dissolution of the Celestial Spheres* (New York, 1981).

Drake, Stillman. *Galileo Studies* (Ann Arbor, 1970).

_____ *Galileo at Work: A Scientific Biography* (Chicago, 1978).

_____ and Drabkin, I. E. ed. and trans. *Mechanics in Sixteenth-Century Italy* (Madison, 1969).

Draper, John William. *History of the Conflict between Religion and Science* (London, 1875).

Duchesne, Joseph. *Liber de priscorum philosophorum* (1603).

_____ *Ad veritatem hermeticae medicinae* (1604).

Du Hamel, Jean. *Quaedam recentiorum philosophorum ac praesertim Cartesii propositiones damnatae ac prohibitae* (Paris, 1705).

Duff, Antony. 'Moral Philosophy as Applied Science?', *Philosophy* 63 (1988), 105–10.

Duhem, Pierre. *Les Origines de la statique* (2 vols, Paris, 1905–6).

_____ *To Save the Phenomena* (Chicago, 1969).

Dunton, John. *The Young-Students-Library, Containing Extracts and Abridgments of the Most Valuable Books* (London, 1692).

Dupleix, Scipion. *Corps de philosophie, contenant la logique, l'ethique, la physique, et la metaphysique* (Geneva, 1623).

Durantel, J. *Saint Thomas et le Pseudo-Denis* (Paris, 1919).

Ebeling, Gerhard. *Evangelische Evangelienauslegung* (Munich, 1942).

Edgerton, Samuel Y. *The Heritage of Giotto's Geometry: Art and Science on the Eve of the Scientific Revolution* (Ithaca, NY, 1991).

Edwards, John. *Brief Remarks upon Mr. Whiston's New Theory of the Earth* (London, 1697).

Eisenman, Robert. *James the Brother of Jesus* (New York, 1998).

Ellis, Brian D. 'Newton's Concept of Motive Force', *Journal of the History of Ideas* 23 (1962), 273–8.

_____ 'The Origin and Nature of Newton's Laws of Motion,' in Robert G. Colodny, ed., *Beyond the Edge of Certainty* (Englewood Cliffs, NJ, 1965), 29–68.

Ellis, Ieuan. *Seven Against Christ: A Study of Essays and Reviews* (Leiden, 1980).

Emilsson, Eyjólfur Kjalar. *Plotinus on Sense-Perception: A Philosophical Study* (Cambridge, 1988).

Erasmus, Hendrik J. *The Origins of Rome in Historiography from Petrarch to Perizonius* (Assen, 1962).

Erickson, Carolly. *The Medieval Vision: Essays in History and Perception* (New York, 1976).

Eustachius a Sancto Paulo. *Summa philosophiae quadripartita, de rebus Dialecticis, Ethicis, Physicis, & Metaphysicis* (Cologne, 1629).

Evans, Gillian R. *Philosophy and Theology in the Middle Ages* (London, 1993).

Evelyn, John. *Sylva; or, A Discourse of Forest-Trees, and the Propagation of Timber in His Majesties Dominions* (London, 1679).

Fabri, Honoré. *Controversiae logicae: In quibus selectae Disputationes discussae, non parum lucis Analyticae asserunt* (Lyon, 1646).

Fara, Patricia. *Sympathetic Attractions: Magnetic Practices, Beliefs, and Symbolism in Eighteenth-Century England* (Princeton, 1996).

_____ *Newton: The Making of Genius* (London, 2002).

Faret, Nicolas. *L'Honneste Homme. Ov l'Art de plaire a la court* (Paris, 1630).

_____ *The Honest Man: or, the Art to Please in Court* (London, 1632).

Fattori, Marta. ' "Vafer Baconus": la storia della censura del *De augmentis scientiarum*', *Nouvelles de la République des lettres* (2000), 97–130.

_____ 'Altri documenti inediti dell'Archivio del Sant'Uffizio sulla censura del *De augmentis scientiarum* di Francis Bacon', *Nouvelles de la République des lettres* (2001), 121–30.

_____ 'La diffusione di Francis Bacon nel libertinismo francese', *Rivista di storia della filosofia* 57 (2002), 225–42.

_____ 'Sir Francis Bacon and the Holy Office', *British Journal for the History of Philosophy* 13 (2005), 21–49.

Febvre, Lucien. *The Problem of Unbelief in the Sixteenth Century: The Religion of Rabelais* (Cambridge, Mass., 1982).

Feingold, Mordechai. *The Mathematicians' Apprenticeship: Science, Universities and Society in England, 1560–1640* (Cambridge, 1984).

Ferreiro, Larrie D. *Ships and Science: The Birth of Naval Architecture in the Scientific Revolution, 1600–1800* (Cambridge, Mass., 2006).

Feyerabend, Paul. *Against Method* (London, 1975).

Ficino, Marsilio. *Opera omnia* (2 vols, Basle, 1576).

_____ *Platonic Theology*, ed. James Hankins and William Bowen, trans. Michael J. B. Allen and John Warden (6 vols, Cambridge, Mass., 2001–).

Field, Judith V. *Kepler's Geometrical Cosmology* (London, 1988).

Findlen, Paula. 'Francis Bacon and the Reform of Natural History in the Seventeenth Century', in Donald R. Kelley, ed., *History and the Disciplines: The Reclassification of Knowledge in Early Modern*

Europe (Rochester, 1997), 239–60.

Finocchiaro, Maurice A. 'Philosophy versus Religion and Science versus Religion: The Trials of Bruno and Galileo', in Hilary Gatti, ed., *Giordano Bruno: Philosopher of the Renaissance* (Aldershot, 2002), 51–96.

Firpi, Luigi. *Il processo di Giordano Bruno* (Rome, 1993).

Fisch, H. 'The Scientist as Priest: A Note on Robert Boyle's Natural Theology', *Isis* 44 (1953), 252–65.

Fisher, Saul. 'Gassendi's Atomist Account of Generation and Heredity in Animals and Plants', *Perspectives on Science* 11 (2003), 484–512.

Fleck, Ludwig. *Entstehung und Entwicklung einer wissenschaftlichen Tatsache* (Basle, 1935).

Fögen, Marie Theres. *Die Enteignung der Wahrsager* (Frankfurt, 1993).

Fontenelle, Bernard le Bovier de. *Œuvres de Monsieur de Fontenelle ... nouvelle édition* (10 vols, Paris, 1762).

Fothergill-Payne, Louise. 'Seneca's Role in Popularizing Epicurus in the Sixteenth Century', in Margaret J. Osler, ed., *Atoms, Pneuma, and Tranquillity: Epicurean and Stoic Themes in European Thought* (Cambridge, 1991), 115–34.

Foucault, Michel. *Les Mots et les choses* (Paris, 1966).

Fouke, Daniel. 'Mechanical and "Organical" Models in Seventeenth-Century Explanations of Biological Reproduction', *Science in Context* 3 (1989), 365–82.

Fowler, Colin F. *Descartes on the Human Soul: Philosophy and the Demands of Christian Doctrine* (Dordrecht, 1999).

Fracastoro, Girolamo. *Homocentrica: Sive de Stellis* (Venice, 1538).

Frank Jr., Robert G. *Harvey and the Oxford Physiologists* (Berkeley, 1980).

Franklin, Julian. *Jean Bodin and the Sixteenth Century Revolution in the Methodology of Law and History* (New York, 1963).

Freddoso, Alfred J. 'God's Concurrence with Secondary Causes: Why Conservation is Not Enough', *Philosophical Perspectives* 5 (1991), 553–85.

_____ 'God's General Concurrence with Secondary Causes: Pitfalls and Prospects', *American Catholic Philosophical Quarterly* 67 (1994), 131–56.

_____ 'Ockham on Faith and Reason', in Paul Spade, ed., *Cambridge Companion to Ockham* (Cambridge, 1999), 326–49.

Frede, Michael. *Essays in Ancient Philosophy* (Oxford, 1987).

Freeman, Charles. *The Closing of the Western Mind: The Rise of Faith and the Fall of Reason* (London, 2003).

French, Roger. *Ancient Natural History* (London, 1994).

_____ *Medicine Before Science: The Rational and Learned Doctor from the Middle Ages to the Enlightenment* (Cambridge, 2003).

_____ and Cunningham, Andrew. *Before Science: The Invention of the Friars' Natural Philosophy* (London, 1996).

Freudenthal, Gad. *Aristotle's Theory of Material Substance: Heat and Pneuma, Form and Soul* (Oxford, 1995).

Froidment [Fromondus], Liebert. *Meteorologicorum libri sex* (Antwerp, 1627).

Fumaroli, Marc. *L'Âge de l'éloquence: Rhétorique et 'res literaria' de la Renaissance au seuil de l'époque classique* (Geneva, 1980).

Funkenstein, Amos. *Theology and Scientific Imagination from the Middle Ages to the Seventeenth Century* (Princeton, 1986).

Furley, David. *Cosmic Problems: Essays on Greek and Roman Philosophy of Nature* (Cambridge, 1989).

_____ 'Democritus and Epicurus on Sensible Qualities', in Jacques Brunschwig and Martha C.

Nussbaum, eds, *Passions and Perceptions* (Cambridge, 1993), 72–94.

Fyfe, Aileen. 'The Reception of William Paley's *Natural Theology* in the University of Cambridge', *British Journal for the History of Science* 30 (1997), 35–59.

_____ *Science and Salvation: Evangelical Popular Science Publishing in Victorian Britain* (Chicago, 2004).

Gabbey, Alan. 'Force and Inertia in the Seventeenth Century: Descartes and Newton', in Stephen Gaukroger, ed., *Descartes: Philosophy, Mathematics and Physics* (New York, 1980), 230–320.

_____ 'Huygens and Mechanics', in H. J. M. Bos et al., eds, *Studies on Christiaan Huygens* (Lisse, 1980), 166–99.

_____ 'The Mechanical Philosophy and its Problems: Mechanical Explanations, Impenetrability, and Perpetual Motion', in J. C. Pitt, ed., *Change and Progress in Modern Science* (Dordrecht, 1985), 9–84.

_____ 'Henry More and the Limits of Mechanism', in Sarah Hutton, ed., *Henry More (1614–1687) Tercentenary Studies* (Dordrecht, 1990), 19–35.

_____ 'The *Principia Philosophiae* as a Treatise in Natural Philosophy', in Jean-Robert Armogathe and Giulia Belgioiso, eds, *Descartes: Principia Philosophiae, 1644–1994* (Naples, 1996), 517–29.

_____ 'Mechanical Philosophies and Their Explanations', in Christoph Lüthy, John E. Murdoch, and William R. Newman, eds, *Late Medieval and Early Modern Corpuscular Matter Theories* (Leiden, 2001), 441–65.

Gal, Ofer. *Meanest Foundations and Nobler Superstructures: Hooke, Newton and the 'Compounding of the Celestiall Motions of the Planetts'* (Dordrecht, 2002).

Galileo Galilei. *Le Operazioni del compasso geometrico et militare* (Padua, 1606).

_____ *Sidereus nuncius* (Venice, 1610).

_____ *Il Saggiatore* (Rome, 1623).

_____ *Dialogo sopre i due massimi sistemi del mondo* (Florence, 1632).

_____ *Discorsi et demonstrazione matematiche intorno à due nove scienze* (Leiden, 1637).

_____ *Dialogue Concerning the Two Chief World Systems—Ptolemaic and Copernican*, trans. Stillman Drake (Berkeley, 1953).

_____ *Discoveries and Opinions of Galileo*, trans. Stillman Drake (Garden City, NY, 1957).

_____ *The Controversy on the Comets of 1618*, ed. and trans. Stillman Drake (Philadelphia, 1960).

_____ *Galileo on Motion and on Mechanics*, eds and trans. I. E. Drabkin and Stillman. Drake (Madison, 1960).

_____ *Two New Sciences: Including Centers of Gravity and Force of Percussion*, trans. Stillman. Drake (Madison, 1974).

_____ *Operations of the Geometric and Military Compass 1606*, ed. and trans. Stillman Drake (Washington DC, 1978).

_____ *Sidereus Nuncius or The Sidereal Messenger*, trans. and introd. Albert van Helden (Chicago, 1989).

Galison, Peter. 'Aufbau/Bauhaus: Logical Positivism and Architectual Modernism', *Critical Inquiry* 16 (1990), 709–52.

_____ 'Introduction: The Context of Disunity', in Peter Galison and David J. Stump, eds, *The Disunity of Science* (Stanford, 1996), 1–33.

_____ *Image and Logic: A Material Culture of Microphysics* (Chicago, 1997).

Galluzzi, Paolo. 'L'Accademia de Cimento: Gusti' del principe, filosofia e ideologia dell' esperimento', *Quaderni Storici* 48 (1981), 788–844.

_____ 'Gassendi and l'*Affaire Galilée* of the Laws of Motion', *Science in Context* 13 (2000), 509–45.

Galton, Francis. *English Men of Science: Their Nature and Nurture* (New York, 1875).

Garasse, François. *La Doctrine curieuse des beaux esprits de ce temps, ou prétendus tels* (2 vols, Paris, 1623).

Garber, Daniel. 'Mind, Body, and the Laws of Nature in Descartes and Leibniz', in *Midwest Studies in*

Philosophy 8 (1983), 105–33.

───── 'A Different Descartes: Descartes and the Programme for a Mathematical Physics in his Correspondence', in Stephen Gaukroger, John Schuster, and John Sutton, eds, *Descartes' Natural Philosophy* (London, 2000), 113–30.

Garin, Pierre. *La Théorie de l'idée suivant l'école thomiste* (2 vols, Paris, 1932).

Gascoigne, John. 'A Reappraisal of the Role of the Universities in the Scientific Revolution', in David C. Lindberg and Robert S. Westman, eds, *Reappraisals of the Scientific Revolution* (Cambridge, 1990), 207–60.

Gassendi, Pierre. *Opera Omnia* (6 vols, Lyon, 1658).

Gassendi, Pierre. *Dissertations en forme de paradoxes contre les Aristoteliciens*, ed. and trans. Bernard Rochot (Paris, 1959).

───── *The Selected Works of Pierre Gassendi*, trans. Craig Brush (New York, 1972).

Gaukroger, Stephen. 'Bachelard and the Problem of Epistemological Analysis', *Studies in History and Philosophy of Science* 7 (1976), 189–244.

───── 'Aristotle on Intelligible Matter', *Phronesis* 25 (1980), 187–97.

───── 'Aristotle on the Function of Sense Perception', *Studies in History and Philosophy of Science* 12 (1981), 75–89.

───── 'The One and the Many: Aristotle on the Individuation of Numbers', *Classical Quarterly* 32 (1982), 312–22.

───── 'The Metaphysics of Impenetrability: Euler's Conception of Force', *British Journal for the History of Science* 15 (1982), 132–54.

───── *Cartesian Logic: An Essay on Descartes's Conception of Inference* (Oxford, 1989).

───── *Descartes, An Intellectual Biography* (Oxford, 1995).

───── 'The Role of the Ontological Argument', *Indian Philosophical Quarterly* 23 (1996), 169–80.

───── 'Justification, Truth, and the Development of Science', *Studies in History and Philosophy of Science* 29 (1998), 97–112.

───── 'The Role of Matter Theory in Baconian and Cartesian Cosmologies', *Perspectives on Science* 8 (2000), 201–22.

───── 'The Foundational Role of Hydrostatics and Statics in Descartes' Natural Philosophy', in Stephen Gaukroger, John Schuster, and John Sutton, eds, *Descartes' Natural Philosophy* (London, 2000), 60–80.

───── *Francis Bacon and the Transformation of Early Modern Philosophy* (Cambridge, 2001).

───── 'Objectivity, History of', in N. J. Smelser and Paul B. Baltes, eds, *International Encyclopedia of the Social and Behavioural Sciences* (Oxford, 2001), xvi. 10785–9.

───── *Descartes' System of Natural Philosophy* (Cambridge, 2002).

───── and Schuster, John. 'The Hydrostatic Paradox and the Origins of Cartesian Dynamics', *Studies in History and Philosophy of Science* 33 (2002), 535–72.

Gemelli, Benedino. *Isaac Beeckman: Atomista e lettore critico di Lucrezio* (Rome, 2002).

George of Trebizond. *Comparatio philosophorum Platonis et Aristotelis* (Venice, 1523).

Gernet, Louis. *Anthropologie de la Grèce antique* (Paris, 1968).

Gesner, Conrad. *Historia animalium* (5 vols, Zurich, 1551–87).

Gibbon, Edward. *Essai sur l'étude de la littérature* (London, 1761).

Gibson, R. W. *Francis Bacon: A Bibliography of his Works and of Baconiana, to the Year 1750* (Oxford, 1950).

Giere, Ronald N. *Science without Laws* (Chicago, 1999).

Gieysztor, Aleksander. 'Management and Resources', Hilde de Ridder-Symoens, ed., *A History of the University in Europe*, i. *Universities in the Middle Ages* (Cambridge, 1992), 108–43.

Gilbert, Neal W. *Renaissance Concepts of Method* (New York, 1960).

———— 'The Early Italian Humanists and Disputation', in A. Molho and J. Tedeschi, eds, *Renaissance Studies in Honor of Hans Baron* (Florence, 1971), 203–36.

Gilbert, William. *De magnete, magnetisque corporibus, et de magno magnete tellure: Physiologia nova plurimis et argumentis et experimentis demonstrata* (London, 1600).

———— *On the Magnet*, trans. Silvanus P. Thompson (New York, 1958).

Gilmore, Allan A. 'Augustine and the Critical Method', *Harvard Theological Review* 39 (1946), 141–63.

Gilson, Étienne. *La Philosophie de St. Bonaventure* (Paris, 1945).

———— *History of Christian Philosophy in the Middle Ages* (London, 1955).

———— 'Autour de Pomponazzi: problématique de l'immortalité de l'âme en Italie au début du XVIe siècle', *Archives d'histoire doctrinale et littéraire du moyen âge* 18 (1961), 163–279.

———— *The Christian Philosophy of Saint Augustine* (London, 1961).

———— *The Christian Philosophy of Saint Thomas Aquinas* (London, 1961).

Gingerich, Owen. 'Islamic Astronomy', in idem, *The Great Copernicus Chase and Other Adventures in Astronomical History* (Cambridge, 1992), 43–56.

Giorgio, Francesco. *De harmonia mundi totius cantica tria* (Venice, 1525).

Glacken, Clarence J. *Traces on the Rhodian Shore* (Berkeley, 1967).

Glanvill, Joseph. *Scepsis Scientifica: or, Confest Ignorance, the way to Science; in an Essay of The Vanity of Dogmatizing, and Confident Opinion* (London, 1665).

———— *Scire/i Tuum Nihil Est; or, the Author's Defence of the Vanity of Dogmatising* (London, 1665).

———— *Plus Ultra* (London, 1668).

———— *A Praefatory Answer to Mr. Henry Stubbe* (London, 1671).

———— *Philosophia Pia, or, A discourse of the religious temper and tendencies of the experimental philosophy which is profest by the Royal Society to which is annext a recommendation and defence of reason in the affairs of religion* (London, 1671).

———— *The Zealous and Impartial Protestant* (London, 1681).

Gmelig-Nijboer, Caroline Aleid. *Conrad Gesner's Historia Animalium: An Inventory of Renaissance Zoology* (Meppel, 1977).

Goddard, Jonathan. *A Discourse Setting forth the Unhappy Condition of the Practice of Physick in London* (London, 1670).

Godman, Peter. *The Silent Masters: Latin Literature and Censors in the High Middle Ages* (Princeton, 2000).

Gomez, Joaquim F. 'Pedro da Fonseca: Sixteenth Century Portuguese Philosopher', *International Philosophical Quarterly* 6 (1966), 632–44.

Goodman, David. 'Iberian Science: Navigation, Empire and Counter-Reformation', in David Goodman and Colin A. Russell, eds, *The Rise of Scientific Europe, 1500–1800* (London, 1991), 117–44.

Goodman, Lenn. *Avicenna* (London, 1992).

Goodstein, David L. and Goodstein, Judith R. *Feynman's Lost Lecture: The Motion of Planets Around the Sun* (London, 1996).

Gouhier, Henri. *Cartésianisme et augustinisme au XVIIe siècle* (Paris, 1978).

Grafton, Anthony. 'Joseph Scaliger and Historical Chronology: the Rise and Fall of a Discipline', *History and Theory* 14 (1975), 156–85.

———— *Joseph Scaliger. A Study in the History of Classical Scholarship* (2 vols, Oxford, 1983–93).

———— *New World, Ancient Texts: The Power of Tradition and the Shock of Discovery* (Cambridge, Mass., 1992).

Grandami, Jacques. *Nova demonstratio immobilitatis terrae petita ex virtute magnetica* (La Flèche, 1645).

Grant, Edward. 'Aristotelianism and the Longevity of the Medieval World View', *History of Science* 16

(1978), 93–106.

_____ *Planets, Stars, and Orbs: The Medieval Cosmos, 1200–1687* (Cambridge, 1996).

Gray, John. *Heresies* (London, 2004).

Greenblatt, Stephen. *Marvelous Possessions: The Wonder of the New World* (Chicago, 1991).

Gregory, Richard. *Discovery: Or the Spirit and Service of Science* (London, 1916).

Gribbin, John. *Science: A History 1543–2001* (London, 2002).

Gualazzini, Ugo. *Ricerche sulle scuole pre-universitarie del medioevo: contributo di indagini sul sorgere delle università* (Milan, 1943).

Guerlac, Henry. *Newton on the Continent* (Ithaca, NY, 1981).

Guéroult, Martial. *Spinoza* (2 vols, Paris, 1968).

_____ 'The Metaphysics and Physics of Force in Descartes', in Stephen Gaukroger, ed., *Descartes: Philosophy, Mathematics and Physics* (Brighton, 1980), 196–229.

Guicciardini, Niccolò. *Reading the Principia: The Debate on Newton's Mathematical Methods for Natural Philosophy from 1687–1736* (Cambridge, 1999).

Guillaumont, Antoine. *Aux origines du monachisme chrétien: Pour une phénoménologie du monachisme* (Bégrolles-en-Mauge, 1979).

Guilmartin, John F. *Gunpowder and Galleys: Changing Technology and Mediterranean Warfare at Sea in the Sixteenth Century* (Cambridge, 1974).

Gunther, Robert T. *Early Science in Oxford* (15 vols, Oxford, 1923–67).

Guthrie, William K. C. *Socrates* (Cambridge, 1971).

_____ *The Sophists* (Cambridge, 1971).

Hacking, Ian. 'The Disunities of the Sciences', in Peter Galison and David J. Stump, eds, *The Disunity of Science* (Stanford, 1996), 37–74.

Hadot, Ilsetraut. *Seneca und die griechisch-römische Tradition der Seeleneitlung* (Berlin, 1969).

Hadot, Pierre. *Philosophy as a Way of Life: Spiritual Exercises from Socrates to Foucault* (Oxford, 1995).

_____ *Plotinus or the Simplicity of Vision* (Chicago, 1998).

_____ *What Is Ancient Philosophy?* (Cambridge, Mass., 2002).

Hale, Matthew. *An essay touching the gravitation, or non-gravitation of fluids, and the reasons thereof* (London, 1673).

_____ *Difficles nugae, or observations concerning the Toricellian experiment, and the various solutions of the same, especially touching the weight and elasticity of the air* (London, 1674).

_____ *Observations touching the principles of natural motions and especially touching rarefaction & condensation* (London, 1677).

_____ *The Primitive Origination of Mankind, Considered and Examined According to the Light of Nature* (London, 1677).

Hall, A. Rupert. 'Sir Isaac Newton's Notebook. 1661–1665', *Cambridge Historical Journal* 9 (1948), 239–50.

_____ *Ballistics in the Seventeenth Century: A Study of the Relations between Science and War with Reference Particularly to England* (Cambridge, 1952).

_____ 'Further Optical Experiments of Isaac Newton', *Annals of Science* 11 (1955), 27–43.

_____ 'Medicine and the Royal Society', in Allen G. Debus, ed., *Medicine in Seventeenth Century England* (Berkeley, 1974), 421–52.

_____ 'What Did the Industrial Revolution in Britain Owe to Science?', in Neil McKenrick, ed., *Historical Perspectives: Studies in English Thought and Society in Honour of J. H. Plumb* (London, 1974), 129–51.

_____ 'Gunnery, Science, and the Royal Society', in John G. Burke, ed., *The Uses of Science in the Age of Newton* (Berkeley, 1983), 111–42.

―――― *Henry More: Magic, Religion and Experiment* (Oxford, 1990).

―――― *All Was Light: An Introduction to Newton's Opticks* (Oxford, 1993).

Hall, Marie Boas. 'Bacon and Gilbert', *Journal of the History of Ideas* 12 (1951), 466–7.

―――― 'Oldenburg, The *Philosophical Transactions*, and Technology', in John G. Burke, ed., *The Uses of Science in the Age of Newton* (Berkeley, 1983), 21–47.

Hankins, James. *Plato in the Italian Renaissance* (Leiden, 1994).

Hanson, Richard. *The Search for the Christian Doctrine of God* (Edinburgh, 1988).

Hargreave, D. 'Reconstructing the Planetary Motions of the Eudoxian System', *Scripta Mathematica* 28 (1970), 335–45.

Harnack, Adolf von. *Marcion: das Evangelium vom fremden Gott* (Leipzig, 1921).

Harrison, Peter. *The Bible, Protestantism, and the Rise of Natural Science* (Cambridge, 1998).

―――― 'The Influence of Cartesian Cosmology in England', in Stephen Gaukroger, John Schuster, and John Sutton, eds, *Descartes' Natural Philosophy* (London, 2000), 168–92.

―――― 'The Natural Philosopher and the Virtues', in Conal Condren, Stephen Gaukroger, and Ian Hunter, eds, *The Philosopher in Early Modern Europe: The Nature of a Contested Identity* (Cambridge, 2006), 202–28.

Hawking, Stephen. *A Brief History of Time* (London, 1988).

Headley, John M. *Tommaso Campanella and the Transformation of the World* (Princeton, 1997).

Hedwig, Klaus. *Sphaera Lucis: Studien zur Intelligibilität des Seienden im Kontext der mittelalterlichen Lichtspekulation* (Münster, 1980).

Heer, Friedrich. *The Holy Roman Empire* (London, 1968).

Heine, Heinrich. *Zur Geschichte der Religion und Philosophie in Deutschland* (Halle, 1887).

Heinzmann, Richard. *Die Unsterblick der Seele und die Auferstehung des Leibes: eine problemgeschichtliche Untersuchung der frühscholastischen Sentenzen- und Summenliteratur von Anselm von Laon bis Wilhelm von Auxerre* (Münster, 1965).

Helden, Albert van. 'Galileo and the Telescope', in Paolo Galluzi, ed., *Novità celesti e crisi del sapere* (Florence, 1984), 150–7.

Helmholtz, Hermann von. *Science and Culture: Popular and Philosophical Essays*, ed. D. Cahan (Chicago, 1995).

Hendry, John. 'Newton's Theory of Colour', *Centaurus* 23 (1980), 230–51.

Henriques, Ursula. *Religious Toleration in England, 1787–1833* (London, 1961).

Henry, John. 'Occult Qualities and the Experimental Philosophy: Active Principles in Pre-Newtonian Matter Theory', *History of Science* 24 (1986), 335–81.

―――― 'Robert Hooke, The Incongruous Mechanist', in Michael Hunter and Simon Schaffer, eds, *Robert Hooke: New Studies* (Woodbridge, 1989), 149–80.

―――― 'Henry More versus Robert Boyle: The Spirit of Nature and the Nature of Providence', in Sarah Hutton, ed., *Henry More (1614–1687) Tercentenary Studies* (Dordrecht, 1990), 55–76.

Herivel, John W. 'Newtonian Studies III. The Originals of Two Propositions Discovered by Newton in December 1679?', *Archives Internationales d'Histoire des Sciences* 14 (1961), 23–34.

Heyd, Michael. *'Be Sober and Reasonable': The Critique of Enthusiasm in the Seventeenth and Early Eighteenth Centuries* (Leiden, 1995).

Highmore, Nathaniel. *The History of Generation* (London, 1651).

Hill, Christopher. *Milton and the English Revolution* (London, 1977).

Hill, D. K. 'The Projection Argument in Galileo and Copernicus: Rhetorical Strategy in the Defence of the New System', *Annals of Science* 41 (1984), 109–33.

Hill, Nicholas. *Philosophia Epicurea, Democritiana, Theophrastica, proposita simpliciter, non edocta* (Paris,

1601).

Hinchcliff, Peter. *Benjamin Jowett and the Christian Religion* (Oxford, 1987).

Hisette, Roland. *Enquête sur les 219 articles condamnés à Paris le 12 Mars 1277* (Louvain/Paris, 1977).

───── 'Etienne Tempier et ses condemnations', *Recherches de théologie ancienne et médiévale* 47 (1980), 231–70.

Hobbes, Thomas. *Leviathan or The Matter, Forme and Power of a Commonwealth Ecclesiasticall and Civil* (London, 1651).

───── *The English Works of Thomas Hobbes*, ed. William Molesworth (11 vols, London, 1839–45).

───── *Thomae Hobbes malmesburiensis opera philosophica quae latine scripsit omnia*, ed. William Molesworth (5 vols, London, 1839–45).

───── 'Tractatus opticus: prima edizione integrale', ed. F. Alessio, *Revista Critica di Storia dela Filosofia* 18 (1963), 147–88.

───── *The Elements of Law*, ed. Ferdinand Tönnies (New York, 1969).

───── *Critique du De mundo de Thomas White*, ed. J. Jacquot and H. W. Jones (Paris, 1973).

───── *The Correspondence*, ed. Noel Malcolm (2 vols, Oxford, 1994).

Hoffmann, Manfred. *Erkenntnis und Verwirklichung der wahren Theologie nach Erasmus von Rotterdam* (Tübingen, 1972).

Hofmann, Karl. *Der Dictatus Papae Gregors VII* (Paderborn, 1933).

Hofstadter, Richard, and Metzger, Walter. *The Development of Academic Freedom in the United States* (New York, 1955).

Holden, Thomas. *The Architecture of Matter: Galileo to Kant* (Oxford, 2004).

Holdsworth, William. *A History of English Law* (12 vols, London, 1936).

Hollinger, David A. 'The Defense of Democracy and Robert K. Merton's Formulation of the Scientific Ethos', *Knowledge and Society* 4 (1983), 1–15.

───── 'Science as a Weapon in *Kulturkämpfe* in the United States During and After World War II', *Isis* 86 (1995), 440–54.

Holton, Gerald. *Einstein, History and Other Passions* (Cambridge, Mass., 1996).

Holtzmann, Robert. *Geschichte der sächsischen Kaiserzeit (900–1024)* (Munich, 1941).

Hooghelande, Cornelius. *Cogitationes, quibus Dei existentia et animae spiritualis, et possibilis cum corpore unio, demonstrantur: necnon brevis historia oeconomiae corporis animalis proponitur, atque mechanice explicatur* (Amsterdam, 1646).

Hooke, Robert. *Micrographia: or some Physiological Descriptions of Minute Bodies made by Magnifying Glasses* (London, 1665).

───── *An Attempt to Prove the Motion of the Earth* (London, 1674).

───── *Lectures De Potentia Restitutiva, or of Spring* (London, 1678).

───── *The Posthumous Works ... containing his Cutlerian Lectures and other Discourses* (London, 1705).

───── *Diary, 1672–80*, ed. H. W. Robinson and W. Adams (London, 1935).

Horkheimer, Max. 'Reason Against Itself: Some Remarks on Enlightenment', in James Schmidt, ed., *What is Enlightenment? Eighteenth-Century Answers and Twentieth-Century Questions* (Berkeley, 1996), 359–67.

Howard, Edward. *Remarks on the New Philosophy of Descartes* (London, 1700).

Hsia, R. Po-Chia. *Social Discipline in the Reformation* (London, 1989).

Huff, Toby E. *The Rise of Early Modern Science: Islam, China, and the West* (Cambridge, 1993).

Hume, David. *Dialogues Concerning Natural Religion*, ed. and introd. Norman Kemp Smith (Indianapolis, 1947).

Hunter, Graeme. 'The Fate of Thomas Hobbes', *Studia Leibnitiana* 21 (1989), 5–20.

Hunter, Ian. *Rival Enlightenments: Civil and Metaphysical Philosophy in Early Modern Germany* (Cambridge, 2001).

Hunter, Michael. *The Royal Society and its Fellows 1660–1700* (2nd edn, Oxford, 1994).

_____ *Science and the Shape of Orthodoxy: Intellectual Change in Late Seventeenth-Century Britain* (Woodbridge, 1995).

_____ *Robert Boyle (1627–91): Scrupulosity and Science* (Woodbridge, 2002).

Huppert, George. *The Idea of Perfect History: Historical Erudition and Historical Philosophy in Renaissance France* (Urbana, 1970).

Hutchison, Keith. 'What Happened to Occult Qualities in the Scientific Revolution?', *Isis* 73 (1982), 233–53.

_____ 'Supernaturalism and the Mechanical Philosophy', *History of Science* 21 (1983), 297–333.

_____ 'Idiosyncrasy, Achromatic Lenses, and Early Romanticism', *Centaurus* 34 (1991), 125–71.

Huxley, Julian. 'Science and Religion', in F. S. Marvin, ed., *Science and Civilization* (Oxford, 1923), 279–329.

_____ *Religion without Revelation* (London, 1927).

Huxley, Thomas Henry. *Collected Essays* (9 vols, New York, 1893–4).

Huygens, Christiaan. *Opuscula posthuma*, ed. B. de Volder and B. Fullenius (Leiden, 1703).

_____ *Œuvres complètes de Christiaan Hugens*, ed. La Sociéte hollandaise des sciences (22 vols, The Hague, 1888–1950).

_____ *The Pendulum Clock or Geometrical Demonstrations Concerning the Motion of Pendula as Applied to Clocks*, trans. Richard J. Blackwell (Ames, Iowa, 1986).

Hylson-Smith, Kenneth. *Evangelicals in the Church of England 1734–1984* (Edinburgh, 1989).

Iliffe, Rob. ' "Is He Like Other Men?": The Meaning of the *Principia Mathematica* and the Author as Idol', in Gerald Maclean, ed., *Culture and Society in the Stuart Restoration* (Cambridge, 1995), 159–76.

_____ 'Abstract Considerations: Disciplines and the Incoherence of Newton's Natural Philosophy', *Studies in History and Philosophy of Science* 35 (2004), 427–54.

Iserloh, Erwin. *Gnade und Eucharistie in der philosophischen Theologie des Wilhelm von Ockham: Ihre Bedeutung für die Ursachen der Reformation* (Wiesbaden, 1956).

Israel, Jonathan I. *The Dutch Republic: Its Rise, Greatness, and Fall 1477–1806* (Oxford, 1995).

_____ *Radical Enlightenment: Philosophy and the Making of Modernity 1650–1750* (Oxford, 2001).

Ito, Yushi. 'Hooke's Cyclic Theory of the Earth in the Context of Seventeenth Century England', *British Journal for the History of Science* 21 (1988), 295–314.

Ivry, Alfred L. 'Al-Kindi as Philosopher: The Aristotelian and Neoplatonic Dimensions', in S. M. Stern, Albert Hourani, and Vivian Brown, eds, *Islamic Philosophy and the Classical Tradition* (Columbia, SC., 1972), 117–40.

Jacquart, Danielle. 'Aristotelian Thought in Salerno', in Peter Dronke, ed., *A History of Twelfth-Century Western Philosophy* (Cambridge, 1988), 407–28.

Jaeger, Werner. *The Theology of the Early Greek Philosophers* (Oxford, 1947).

James, Susan. *Passion and Action: The Emotions in Seventeenth-Century Philosophy* (Oxford, 1997).

Jansson, Maija. 'Matthew Hale on Judges and Judging', *The Journal of Legal History* 9 (1988), 201–13.

Jardine, Lisa. *Francis Bacon: Discovery and the Art of Discourse* (Cambridge, 1974).

_____ *On A Grander Scale: The Outstanding Career of Christopher Wren* (London, 2002).

_____ *The Curious Life of Robert Hooke: The Man Who Measured London* (London, 2003).

_____ and Kelley, Donald R. 'Lorenzo Valla and the Intellectual Origins of Humanist Dialectic', *Journal of the History of Philosophy* 15 (1977), 143–64.

Jardine, Lisa, and Stewart, Alan. *Hostage to Fortune: The Troubled Life of Francis Bacon 1561–1626*

(London, 1998).

Jardine, Nicholas. 'Galileo's Road to Truth and the Demonstrative Regress', *Studies in History of Science* 7 (1976), 277–318.

_____ 'The Significance of the Celestial Orbs', *Journal of the History of Astronomy* 13 (1982), 168–94.

_____ *The Birth of History and Philosophy of Science: Kepler's A Defence of Tycho against Ursus with Essays on its Provenance and Significance* (Cambridge, 1988).

_____ 'Epistemology of the Sciences', in Charles Schmitt, Quentin Skinner, and Eckhard Kessler, eds, *The Cambridge History of Renaissance Philosophy* (Cambridge, 1988), 685–711.

Jarrell, Richard A. 'The Contemporaries of Tycho Brahe', in René Taton and Curtis Wilson, eds, *Planetary Astronomy from the Renaissance to the Rise of Astrophysics, Part A: Tycho Brahe to Newton* (Cambridge, 1989), 22–32.

Jenkins, Jane E. 'Arguing About Nothing: Henry More and Robert Boyle on the Theological Implications of the Void', in Margaret J. Osler, ed., *Rethinking the Scientific Revolution* (Cambridge, 2000), 153–79.

Jensen, J. Vernon. 'The X Club: Fraternity of Victorian Scientists', *British Journal for the History of Science* 5 (1970/1), 63–72.

Jesseph, Douglas M. *Squaring the Circle: The War between Hobbes and Wallis* (Chicago, 1999).

_____ 'Galileo, Hobbes, and the Book of Nature', *Perspectives on Science* 12 (2004), 191–211.

Johns, Adrian. *The Nature of the Book* (Chicago, 1998).

Johnson, Francis J. *Astronomical Thought in Renaissance England* (Baltimore, 1937).

Johnson, William. ΑΓΥΡΤΟ—ΜΑΣΤΙΞ. Or some Brief Animadversions upon two late Treatises (London, 1656).

Johnston, Mark D. *The Evangelical Rhetoric of Ramón Llull* (New York, 1996).

Jolivet, Jacques. 'The Arabic Inheritance', in Peter Dronke, ed., *A History of Twelfth-Century Western Philosophy* (Cambridge, 1988), 113–48.

Jolley, Nicholas. 'The Reception of Descartes' Philosophy', in John Cottingham, ed., *The Cambridge Companion to Descartes* (Cambridge, 1992), 393–423.

Jonas, Hans. *The Gnostic Religion* (2nd edn, Boston, 1963).

Jones, Howard. *The Epicurean Tradition* (London, 1989).

Joy, Lynn Sumida. *Gassendi the Atomist: Advocate of History in an Age of Science* (Cambridge, 1987).

Kahn, Charles H. *The Verb 'Be' in Ancient Greek* (Dordrecht, 1973).

Kantorowicz, Ernst. *The King's Two Bodies: A Study in Medieval Political Theology* (Princeton, 1957).

Kaplan, Barbara B. *'Divulging of Useful Truths in Physick': The Medical Agenda of Robert Boyle* (Baltimore, 1993).

Kapp, Ernest. 'Syllogistic', in J. Barnes, M. Schofield, and R. Sorabji, eds, *Articles on Aristotle, i. Science* (London, 1975), 35–49.

Kargon, Robert Hugh. 'William Petty's Mechanical Philosophy', *Isis* 56 (1965), 63–6.

Kassler, Jamie. *Inner Music: Hobbes, Hooke and North on Internal Character* (London, 1995).

_____ *Music, Science and Philosophy: Models in the Universe of Thought* (Aldershot, 2001).

Keckermann, Batholomew. *Gymnasium logicum, id est, De usu & exercitatione logicae artis absolutiori & pleniori, libri tres* (London, 1606).

Keill, John. *An Examination of Dr Burnet's Theory of the Earth* (London, 1698).

Kelley, Donald R. *The Foundations of Modern Historical Scholarship: Language, Law, and History in the French Renaissance* (New York, 1970).

Kelly, Suzanne. *The De mundo of William Gilbert* (2 vols, Amsterdam, 1965).

Kennedy, George. *A New History of Classical Rhetoric* (Princeton, 1994).

Keohane, Nannerl. *Philosophy and the State in France: The Renaissance to the Enlightenment* (Princeton,

1980).

Kepler, Johannes. *Ad vitellionem paralipomena, quibus Astronomiae pars optica traditvr* (Frankfurt, 1605).

_____ *Dissertatio cum Nuncio Sidereo* (Prague, 1610).

_____ *Johannis Kepler Astronomi Opera Omnia*, ed. C. Frisch (8 vols, Frankfurt, 1858–71).

_____ *Johannes Kepler Gesammelte Werke*, ed. W. von Dyck, M. Caspar, F. Hammer, M. List, and V. Bialas (Munich, 1937–).

_____ *Epitome of Copernican Astronomy*, Books 4 and 5, trans. C. G. Wallis, in *Britannica Great Books* 16 (Chicago, 1952), 843–1004.

_____ *New Astronomy*, trans. William H. Donahue (Cambridge, 1992).

_____ *The Harmony of the World*, trans., ed., notes by E. J. Aiton, A. M. Duncan, and J. V. Field (Philadelphia, 1997).

_____ *Optics*, trans. William H. Donahue (Santa Fe, 2000).

Kessler, Eckhard. 'The Transformation of Aristotelianism During the Renaissance', in John Henry and Sarah Hutton, eds, *New Perspectives in Renaissance Thought* (London, 1990), 137–47.

Kieckhefer, Richard. *Repression of Heresy in Medieval Germany* (Philadelphia, 1979).

Kiernan, Victor. 'Evangelicalism and the French Revolution', *Past and Present* 1 (1952), 44–56.

Kimmich, Dorothee. *Epikureische Aufklärungen: Philosophische und poetische Konzepte der Selbstsorge* (Darmstadt, 1993).

King, William. *The Original Works of William King, LL.D.* (3 vols, London, 1776).

Kircher, Athanasius. *Magnes sive de arte magnetica* (Rome, 1641).

Kitcher, Philip. 'The Ends of the Sciences', in Brian Leiter, ed., *The Future for Philosophy* (Oxford, 2004), 208–29.

Klein, Jacob. *Greek Mathematical Thought and the Origin of Algebra* (Cambridge, Mass., 1968).

Klibansky, Raymond. *The Continuity of the Platonic Tradition During the Middle Ages* (London, 1950).

Knowles, David. *The Evolution of Medieval Thought* (London, 1962).

Knox, Dilwyn. 'Ideas on Gestures and Universal Languages, c.1550–1650', in J. Henry and S. Hutton, eds, *New Perspectives on Renaissance Thought* (London, 1990), 101–36.

Knox, Robert. *An Historical Relation of the Island Ceylon, in the East-Indies* (London, 1681).

Kolakowski, Leslek. *Positivist Philosophy from Hume to the Vienna Circle* (Harmondsworth, 1972).

Konstan, David. 'Problems in Epicurean Physics', *Isis* 70 (1979), 394–418.

Kors, Alan Charles. *Atheism in France, 1650–1729*, i. *The Orthodox Sources of Disbelief* (Princeton, 1990).

Koyré, Alexandre. *From the Closed World to the Infinite Universe* (Baltimore, 1957).

_____ *Metaphysics and Measurement* (London, 1968)

_____ *The Astronomical Revolution* (Paris/London/Ithaca, 1973).

_____ *Galileo Studies* (Hassocks, 1978).

Kristeller, Paul Oskar. *The Philosophy of Marsilio Ficino* (New York, 1943).

_____ *Eight Philosophers of the Renaissance* (Stanford, 1964).

_____ *Renaissance Thought and its Sources* (New York, 1979).

Kuhn, Thomas. *The Copernican Revolution* (Cambridge, Mass., 1957).

Kuhn, Thomas. *The Structure of Scientific Revolutions* (2nd edn, Chicago, 1962).

_____ *The Essential Tension* (Chicago, 1977).

Kusukawa, Sachiko. *The Transformation of Natural Philosophy: The Case of Philip Melanchthon* (Cambridge, 1995).

La Cerda, Melchior de. *Usus et exercitatio demonstrationis* (Cologne, 1617).

La Peyrère, Isaac de. *Prae-Adamitae, sive exercitatio super versibus duodecimo, decimotertio, & decimoquarto, capitis quinti Epistolae D. Pauli ad Romanos* bound with *Systema theologicum ex Praeadamitarum hypothesi* ([Amsterdam], 1655).

_____ *A Theological Systeme Upon the Presvpposition that Men were before Adam* (London, 1655).

Laird, W. Roy. 'The Scope of Renaissance Mechanics', *Osiris* 2 (1986), 43–68.

_____ 'Galileo and the Mixed Sciences', in Daniel A. Di Liscia, Eckhard Kessler, and Charlotte Methuen, eds, *Method and Order in Renaissance Philosophy of Nature: The Aristotle Commentary Tradition* (Aldershot, 1997), 253–70.

Lakatos, Imre. 'Falsification and the Methodology of Scientific Research Programmes', in Imre Lakatos and Alan Musgrave, eds, *Criticism and the Growth of Knowledge* (Cambridge, 1970), 91–196.

Lamberton, Robert. *Homer the Theologian* (Berkeley, 1986).

Landes, David S. *The Wealth and Poverty of Nations: Why Some are So Rich and Some are So Poor* (New York, 1999).

_____ *The Unbound Prometheus: Technological Change and Industrial Development in Western Europe from 1750 to the Present* (2nd edn, Cambridge, 2003).

Lang, Helen S. *The Order of Nature in Aristotle's Physics* (Cambridge, 1998).

Langdon-Davies, John. 'Science and God', *The Spectator*, 31 January 1931, 137–8.

Lattis, James M. *Between Copernicus and Galileo: Christoph Clavius and the Collapse of Ptolemaic Cosmology* (Chicago, 1994).

Launoy, Jean. *De varia Aristotelis in Academia Parisiensi Fortuna* (Paris, 1653).

Le Fanu, James. *The Rise and Fall of Modern Medicine* (London, 1999).

Le Goff, Jacques. *Les Intellectuels au moyen âge* (Paris, 1957).

_____ 'The Universities and the Public Authorities in the Middle Ages and the Renaissance', in idem, *Time, Work, and Culture in the Middle Ages* (Chicago, 1980), 135–49.

Le Moyne, Pierre. *Les peintures Morales* (Paris, 1640).

Lear, Jonathan. *Aristotle and Logical Theory* (Cambridge, 1980).

Leclercq, Jean. *L'Amour des lettres et le désir de Dieu: Initiation aux auteurs monastiques du moyen âge* (Paris, 1957).

L'Ecluse, Charles. *Exoticorum libri decem* (Leiden, 1605).

Leff, Gordon. *Medieval Thought* (Harmondsworth, 1958).

_____ *William of Ockham: The Metamorphosis of Scholastic Discourse* (Manchester, 1975).

_____ 'The *Trivium* and the Three Philosophies', in Hilde de Ridder-Symoens, ed., *A History of the University in Europe*, i. *Universities in the Middle Ages* (Cambridge, 1992), 307–36.

Lennon, Thomas M. *The Battle of the Gods and Giants: The Legacies of Descartes and Gassendi, 1655–1715* (Princeton, 1993).

Lenoble, Robert. *Mersenne ou la naissance de la mécanique* (2nd edn, Paris, 1971).

Lettinck, Paul. *Aristotle's Physics and its Reception in the Arabic World* (Leiden, 1994).

Levi, Anthony. *Renaissance and Reformation: The Intellectual Genesis* (New Haven, 2002).

Lewis, Bernard. *The Muslim Discovery of Europe* (London, 2000).

Liebeschütz, Hans. 'The Debate on Philosophical Learning During the Transition Period (900–1018)', in A. H. Armstrong, ed., *The Cambridge History of Later Greek and Early Medieval Philosophy* (Cambridge, 1970), 587–610.

Lightman, Bernard. ' "The Voices of Nature": Popularising Victorian Science', in Bernard Lightman, ed., *Victorian Science in Context* (Chicago, 1997), 187–211.

_____ 'The Story of Nature: Victorian Popularizers and Scientific Narrative', *Victorian Review* 25 (1999), 1–29.

_____ 'Huxley and Scientific Agnosticism: The Strange History of a Failed Rhetorical Strategy', *British Journal for the History of Science* 35 (2002), 271–89.

Lindberg, David C. *Theories of Vision from al-Kindi to Kepler* (Chicago, 1976).

Lindquist, Svante. 'A Wagnerian Theme in the History of Science: Scientific Glassblowing and the Role of Instrumentation', in Tore Frängsmayr, ed., *Solomon's House Revisited* (Canton, Mass., 1990), 160–83.

Linneaus, Carolus. *L'Équilibre de la nature*, trans B. Jasmin, introd. C. Limoges (Paris, 1972).

Lipsius, Justus. *De Constantia* (Leiden, 1584).

_____ *Manducationis ad Stoicam philosophiam libri tres* (Antwerp, 1604).

_____ *Physiologiae Stoicorum Libri Tres* (Antwerp, 1604).

Litt, Thomas. *Les Corps celestes dans l'univers de Saint Thomas d'Aquin* (Louvain, 1963).

Lloyd, Geoffrey E. R. *Magic, Reason and Experience: Studies in the Origins and Development of Greek Science* (Cambridge, 1979)

_____ *The Revolutions of Wisdom: Studies in the Claims and Practice of Ancient Greek Science* (Berkeley, 1987).

_____ 'The Definition, Status, and Methods of the Medical *Technē* in the Fifth and Fourth Centuries', in A. C. Bowen, ed., *Science and Philosophy in Classical Greece* (London, 1991), 249–60.

_____ *Adversaries and Authorities: Investigations into Ancient Greek and Chinese Science* (Cambridge, 1996).

_____ *The Ambitions of Curiosity: Understanding the World in Ancient Greece and China* (Cambridge, 2002).

Locke, John. *The Works of John Locke, Esq*, 2nd edn (3 vols, London, 1722).

Lohne, Johannes A. 'Hooke versus Newton: An Analysis of the Documents in the Case of Free Fall and Planetary Motion', *Centaurus* 7 (1960), 6–52.

_____ 'Experimentum crucis', *Notes and Records of the Royal Society of London* 23 (1968), 169–99.

Lohr, Charles H. 'Jesuit Aristotelianism and Sixteenth-Century Metaphysics', in G. Fletcher and M. B. Scheute, eds, *Paradosis* (New York, 1976), 203–20.

_____ 'The Medieval Interpretation of Aristotle', in Norman Kretzmann, Anthony Kenny, and Jan Pinborg, eds, *The Cambridge History of Later Medieval Philosophy* (Cambridge, 1982), 80–98.

_____ 'Metaphysics', in Charles B. Schmitt, Quentin Skinner, and Eckhard Kessler, eds, *The Cambridge History of Renaissance Philosophy* (Cambridge, 1988), 537–638.

_____ 'The Sixteenth Century Transformation of the Aristotelian Division of the Speculative Sciences', in D. Kelley and R. Popkin, eds, *The Shapes of Knowledge from the Renaissance to the Enlightenment* (Dordrecht, 1991), 49–58.

_____ 'Metaphysics and Natural Philosophy as Sciences: The Catholic and Protestant Views in the Sixteenth and Seventeenth Centuries', in Constance Blackwell and Sachiko Kusukawa, eds, *Philosophy in the Sixteenth and Seventeenth Centuries* (Aldershot, 1999), 280–95.

Lojacono, Ettore. 'Socrate e l'honnête homme nells cultura dell'autunno del Rinascimento francese e in René Descartes', in Ettore Lojacono, ed., *Socrate in Occidente* (Florence, 2004), 103–46.

Long, Anthony A., and Sedley, David N., eds, *The Hellenistic Philosophers* (2 vols, Cambridge, 1987).

López Piñero, José María. *Ciencia y Técnica en la Sociedad Española de los Siglos XVI y XVII* (Barcelona, 1979).

Lounsbury, Floyd G. 'Maya Numeration, Computation, and Calendrical Astronomy', in Charles Coulton Gillespie, ed., *Dictionary of Scientific Biography* (New York, 1981), xv. 759–818.

Maccagnolo, Enzo. 'David of Dinant and the Beginnings of Aristotelianism in Paris', in Peter Dronke, ed., *A History of Twelfth-Century Western Philosophy* (Cambridge, 1988), 429–42.

Macculloch, Diarmaid. *Reformation: Europe's House Divided, 1490–1700* (London, 2003).

MacDowell, Douglas M. *The Law in Classical Athens* (London, 1978).

Maclaurin, Colin. *An Account of Sir Isaac Newton's Philosophical Discoveries* (London, 1748).

Maclean, Ian. *Interpretation and Meaning in the Renaissance: The Case of Law* (Cambridge, 1992).

Macleod, Roy. 'A Victorian Scientific Network: The X-Club', *Notes and Records of the Royal Society* 24 (1969), 305–22.

McClaughlin, Trevor. 'Censorship and Defenders of the Cartesian Faith in France (1640–1720)', *Journal of the History of Ideas* 40 (1979), 563–81.

McCracken, Charles J. *Malebranche and British Philosophy* (Oxford, 1983).

McEvoy, James. *The Philosophy of Robert Grosseteste* (Oxford, 1986).

McGuire, J. E. 'Force, Active Principles and Newton's Invisible Realm', *Ambix* 15 (1968), 154–208.

―――― 'Boyles' Conception of Nature', *Journal of the History of Ideas* 33 (1972), 523–42.

―――― 'The Fate of the Date: The Theology of Newton's *Principia* Revisited', in Margaret J. Osler, ed., *Rethinking the Scientific Revolution* (Cambridge, 2000), 271–96.

McKendrick, Neil. 'The Role of Science in the Industrial Revolution: A Study of Josiah Wedgwood as a Scientist and Industrial Chemist', in M. Teich and R. Porter, eds, *Changing Perspectives in the History of Science* (London, 1973), 274–319.

McLaughlin, Peter. 'Descartes on Mind–Body Interaction and the Conservation of Motion', *Philosophical Review* 102 (1993), 155–82.

―――― 'Force, Determination and Impact', in Stephen Gaukroger, John Schuster, and John Sutton, eds, *Descartes' Natural Philosophy* (London, 2000), 81–112.

―――― 'Contraries and Counterweights: Descartes' Statical Theory of Impact', *The Monist* 84 (2001), 562–81.

―――― *Logic, Signs and Nature in the Renaissance: The Case of Learned Medicine* (Cambridge 2001).

Macy, Gary. 'The Doctrine of Transubstantiation in the Middle Ages', *Journal of Ecclesiastical History* 45 (1994), 11–44.

Magirus, Johannes. *Physiologia peripatetica ex Aristotele eiusque interpretibus collecta* (Frankfurt, 1596).

Malcolm, Noel. *Aspects of Hobbes* (Oxford, 2002).

Malebranche, Nicholas. *Œuvres complètes*, ed. André Robinet (20 vols, Paris 1958–78).

Malingrey, Anne Marie. *Philosophia: Étude d'un groupe des mots dans la littérature grecque, des Présocratiques au IVe siècle après J.-C.* (Paris, 1961).

Mandonnet, Pierre. *Siger de Brabant et l'averroïsme latin au XIIIme siècle, 2me partie: Textes inédits* (2nd edn, Louvain, 1908).

Manning, John. *The Emblem* (London, 2002).

Mansfeld, Jaap. 'Bad World and Demiurge: A "Gnostic" Motif from Parmenides and Empedocles to Lucretius and Philo', in R. van den Broeck, ed., *Studies in Gnosticism and Hellenistic Religions* (Leiden, 1981), 261–314.

Manuel, Frank, and Manuel, Fritzie. *Utopian Thought in the Western World* (Cambridge, Mass., 1979).

Maravall, José Antonio. *Antiguos y Modernos: Visión de la historia y dia de progresso hasta el Renacimiento* (2nd edn, Madrid, 1986).

Marcel, Raymond. ' "Saint" Socrate, patron de l'humanisme', *Revue internationale de philosophie* 5 (1951), 135–43.

Margolis, Howard. 'Tycho's System and Galileo's *Dialogue*', *Studies in History and Philosophy of Science* 22 (1991), 259–75.

Marincola, John. *Authority and Tradition in Ancient Historiography* (Cambridge, 1997).

Marion, Jean-Luc. *Sur la théologie blanche de Descartes* (Paris, 1981).

Markgraf, George. *Historia naturalis Brasiliencis* (Leiden, 1648).

Marrone, Steven P. *William of Auvergne and Robert Grosseteste: New Ideas of Truth in the Early Thirteenth Century* (Princeton, 1983).

Marsden, George M. *Fundamentalism and American Culture: The Shaping of Twentieth Century*

Evangelicalism, 1870–1925 (Oxford, 1980).

Marsh, Peter T. *The Victorian Church in Decline* (London, 1969).

Marsilius of Padua. *Defensor Pacis*, trans. and introd. Alan Gewirth (Toronto, 1980).

Martens, Rhonda. *Kepler's Philosophy and the New Astronomy* (Princeton, 2000).

Martin, Julian. *Francis Bacon, the State, and the Reform of Natural Philosophy* (Cambridge, 1992).

Mason, Mary E. *Active Life and Contemplative Life: A Study of the Concepts from Plato to the Present* (Milwaukee, 1961).

Mathias, Peter. *The First Industrial Nation: An Economic History of Britain, 1700–1914* (London, 1983).

Maxwell, James Clerk. 'Are There Real Analogies in Nature?', in Lewis Campbell and William Garnett, *The Life of James Clerk Maxwell, with a Selection from his Correspondence and Occasional Writings and a Sketch of his Contributions to Science* (London, 1882), 235–44.

Mayaud, Pierre-Noël. *Le Conflit entre l'Astronomie Nouvelle et l'Écriture Sainte aux XVIe et XVIIe siècles* (5 vols, Paris, 2005).

Melanchthon, Philip. *Commentarius de anima* (Wittenberg, 1540).

Mendoça, Francisco de. *Viridarium sacrae et profanae eruditionis* (Lyon, 1635).

Mercati, Angelo. *Il Sommario de processo di G. Bruno* (Vatican City, 1942).

Mercer, Christia. 'The Vitality and Importance of Early Modern Aristotelianism', in Tom Sorell, ed., *The Rise of Modern Philosophy* (Oxford, 1993), 33–67.

Mersenne, Marin. *Quaestiones celeberrimae in Genesim* (Paris, 1623).

_____ *L'Impiete des Deistes, Athees et Libertins de ce temps, combatuë, & renuersee de point en point par raisons tirees de la Philosophie, & de la Theologie* (Paris, 1624).

_____ *La Verite des Sciences, contre les Septiqves ou Pyrrhoniens* (Paris, 1625).

_____ *Harmonie Universelle* (3 vols, Paris, 1636).

_____ *Cogitata physico-mathematica* (Paris, 1644).

_____ *Correspondance du P. Marin Mersenne, religieux minime*, ed. Cornelius de Waard, R. Pintard, B. Rochot, and A. Baelieu (17 vols, Paris, 1932–88).

Merton, Robert K. *Science, Technology and Society in Seventeenth-Century England* (New York, 1970).

_____ *The Sociology of Science*, ed. N. Storer (Chicago, 1973).

Metzger, Hélène. *Les Doctrines chimiques en France du début du XVIIe à la fin du XVIIIe siècle* (Paris, 1969).

Meyendorff, Jean. *Le Christ dans la théologie byzantine* (Paris, 1969).

Meyer, Lodewijk. *Philosophia S. Scripturae Interpres: Exercitatio paradoxica in qua veram Philosophiam infallibilem S. Literas interpretandi Normam esse apodictice demonstratur & discrepantes ab hac sententiae expenduntur ac refelluntur* (Amsterdam, 1666).

Michael, Emily. 'Sennert's Sea Change: Atoms and Causes', in Christoph Lüthy, John E. Murdoch, and William R. Newman, eds, *Late Medieval and Early Modern Corpuscular Matter Theories* (Leiden, 2001), 331–62.

_____ and Michael, Fred S. 'Two Early Modern Concepts of Mind: Reflecting Substance vs. Thinking Substance', *Journal of the History of Philosophy* 27 (1989), 29–48.

Middleton, W. E. Knowles. *The Experimenters: A Study of the Accademia del Cimento* (Baltimore, 1971).

Mikkeli, Heikki. *An Aristotelian Response to Humanism: Jacopo Zabarella on the Nature of Arts and Sciences* (Helsinki, 1992).

Mill, John Stuart. *On Liberty* (London, 1859).

Millen, Ron. 'The Manifestation of Occult Qualities in the Scientific Revolution', in M. J. Osler and P. J. Farber, eds, *Religion, Science, and Worldview* (Cambridge, 1985), 185–216.

Mintz, Samuel I. *The Hunting of Leviathan* (Cambridge, 1962).

Mokyr, Joel. *The Lever of Riches: Technological Creativity and Economic Progress* (New York, 1990).

Momigliano, Arnaldo D. *Studies in Historiography* (New York, 1966).

―――― *Alien Wisdom: The Limits of Hellenization* (Cambridge, 1971).

―――― *The Classical Foundations of Modern Historiography* (Berkeley, 1990).

Montaigne, Michel de. *Essais*, ed. Maurice Rat (2 vols, Paris, 1965).

Monte, Guido Ubaldo del. *Mechanicorum Liber* (Pesaro, 1577).

Mooney, Chris. *The Republican War on Science* (New York, 2005).

Moore, Robert I. *The Formation of a Persecuting Society: Power and Deviance in Western Europe 950–1250* (Oxford, 1981).

Morall, John B. *Political Thought in Medieval Times* (Toronto, 1980).

More, Henry. *Observations on Anthroposophia Theomagica and Anima Magica Abscondita of Eugenius Philalethes* ([London], 1650).

―――― *Enthusiasmus Triumphatus, Or, A Discourse of the Nature, Causes, Kinds, and Cure, of Enthusiasme* (London, 1656).

―――― *An Explanation of the Grand Mystery of Godliness* (London, 1660).

―――― *A Collection of Several Philosophical Writings* (London, 1662).

―――― *Enchiridion metaphysicum sive de rebus incorporeis succincta et luculenta dissertatio* (London, 1671).

―――― *The Immortality of the Soul, So far forth as it is demonstrable from the Knowledge of Nature, and the Light of Reason* (London, 1713).

Morris, Charles. *Pragmatism and the Crisis of Democracy* (Chicago, 1934).

Moss, Jean Dietz. *Novelties in the Heavens: Rhetoric and Science in the Copernican Controversy* (Chicago, 1993).

Mouy, Paul. *Le Développement de la physique cartésienne 1646–1712* (Paris, 1934).

Moxon, Joseph. *A Tutor to Astronomy and Geography* (London, 1686).

Müller-Hill, Benno. *Murderous Science: Elimination by Scientific Selection of Jews, Gypsies, and Others, Germany 1933–1945* (Oxford, 1988).

Muños Iglesias, Salvador. 'El decreto tridentino sobre la Vulgata y su interpretación por los teólogos des siglio XVI', *Estudios biblicos* 5 (1946), 145–69.

Murdoch, John E. 'The Medieval and Renaissance Tradition of *Minima Naturalia*', in Christoph Lüthy, John E. Murdoch, and William R. Newman, eds, *Late Medieval and Early Modern Corpuscular Matter Theories* (Leiden, 2001), 91–131.

Muslow, Martin. *Frühneuzeitliche Selbsterhaltung: Telesio und die Naturphilosophie der Renaissance* (Tübingen, 1998).

Nabod, Valentin. *Astronomicarum institutionum libri III* (Venice, 1580).

Nadal, Jeronimo. *Adnotationes et Meditationes in Evangelia* (Anvers, 1594).

Nadler, Steven. *Arnauld and the Cartesian Philosophy of Ideas* (Manchester, 1989).

―――― *Malebranche and Ideas* (Oxford, 1992).

―――― *Spinoza: A Life* (Cambridge, 1999).

Nakayama, Shigeru. 'Japanese Scientific Thought', in Charles Coulton Gillespie, ed., *Dictionary of Scientific Biography* (New York, 1981), xv. 728–58.

Nardi, Bruno. *Saggi sull'aristotelismo padovano dal secolo XIV al XVI* (Florence, 1958).

Nardi, Paolo. 'Relations with Authority', in Hilde de Ridder-Symoens, ed., *A History of the University in Europe*, i. *Universities in the Middle Ages* (Cambridge, 1992), 77–107.

Navarro Brotóns, Víctor. 'Contribución a la Historia del Copernicanismo en España', *Cuadernos Hispanoamericanos* 283 (1974), 3–24.

―――― 'The Reception of Copernicus in Sixteenth-Century Spain: The Case of Diego de Zúñiga', *Isis* 86 (1995), 52–78.

_____ and Rodríguez Galdeano, Enrique. *Matemáticas, Cosmología y Humanismo en la España del Siglo XVI. Los Comentarios al Segundo Libro de la Historia Natural de Plinio de Jerónimo Muñoz* (Valencia, 1998).

_____ and Salavert Fabiani, Vincente L., Rosselló Botey, Victoria and Darás Romá, Víctor. *Bibliographia Physico-Mathematica Hispanica (1475–1900)*, i. *Libros y folletos, 1475–1600* (Valencia, 1999).

Needham, Joseph. *Science and Civilisation in China* (7 vols, in 50 sects., Cambridge, 1954–).

Nelson, Benjamin. *On the Roads to Modernity: Conscience, Science, and Civilizations* (Towota, NJ, 1981).

Netton, Ian Richard. *Muslim Neoplatonists: An Introduction to the Thought of the Brethren of Purity* (London, 1982).

Neurath, Otto. 'Unified Science as Encyclopedic Integration', in Otto Neurath, Rudolph Carnap, and Charles Morris, eds, *Foundations of the Unity of Science* (2 vols, Chicago, 1970), i. 1–27.

Newman, William R. 'The Corpuscular Theory of J. B. van Helmont and Its Medieval Sources', *Vivarium* 31 (1993), 161–91.

_____ 'Boyle's Debt to Corpuscular Alchemy', in Michael Hunter, ed., *Robert Boyle Reconsidered* (Cambridge, 1994), 107–18.

_____ 'The Alchemical Sources of Robert Boyle's Corpuscular Philosophy', *Annals of Science* 53 (1996), 567–85.

Newton, Isaac. *Opticks: or, a Treatise of the Reflexions, Refractions, Inflexions and Colours of Light* (London, 1704).

_____ *The Correspondence of Isaac Newton*, ed. H. W. Turnbull, J. F. Scott, A. R. Hall, and Laura Tilling (7 vols, Cambridge, 1959–77).

_____ *Unpublished Scientific Papers of Isaac Newton*, ed. A. Rupert Hall and Marie Boas (Cambridge, 1962).

_____ *The Mathematical Papers of Isaac Newton*, ed. D. T. Whiteside (8 vols, Cambridge, 1967–81).

_____ *Certain Philosophical Questions: Newton's Trinity Notebook*, introductory essay, ed. and trans. James E. McGuire and Martin Tamny (Cambridge, 1983).

_____ *Optical Papers of Isaac Newton*, i. *The Optical Lectures, 1670–1672*, ed. Alan Shapiro (Cambridge, 1984).

_____ *The Principia: Mathematical Principles of Natural Philosophy*, ed. and trans. I. Bernard Cohen and Anne Whitman (Berkeley, 1999).

Nicholas of Autrecourt. *The Universal Treatise of Nicholas of Autrecourt*, trans. Leonard Kennedy, Richard Arnold, and Arthur Millward (Milwaukee, 1971).

Nichomachus of Gerasa. 'Introduction to Arithmetic', trans. Martin L. D'Ooge, in *Britannica Great Books* 11 (Chicago, 1952), 811–48.

Nietzsche, Friedrich. *Basic Writings of Nietzsche*, trans. and ed. Walter Kaufman (New York, 1968).

Nifo, Agostino. *In Aristotelis libros de coelo et mundo* (Naples, 1517).

_____ *De immortalitate animae libellum Petrum Pomponatium Mantuanum* (Venice, 1518).

Noakes, Richard. '*Punch* and Comic Journalism in Mid-Victorian Britain', in Geoffrey Cantor et al., *Science in the Nineteenth-Century Periodical: Reading the Magazine of Nature* (Cambridge, 2004), 91–122.

Norman, Robert. *The nevve, attractive shewing the nature, propertie, and manifold vertues of the loadstone, with the declination of the needle, touched therewith, vnder the plaine of the horizon* (London, 1614).

Nussbaum, Martha. *The Therapy of Desire: Theory and Practice in Hellenistic Ethics* (Princeton, 1994).

Oakley, Francis. *The Western Church in the Middle Ages* (Ithaca, NY, 1979).

_____ *Omnipotence, Covenant and Order* (Ithaca, NY, 1984).

Oestreich, Gerhard. *Neostoicism and the Early Modern State* (Cambridge, 1982).

Ockham, William. *Quodlibetal Questions*, trans. A. J. Freddoso and F. E. Kelley (2 vols, New Haven, 1991).

Oldenburg, Henry. *The Correspondence of Henry Oldenburg*, ed. A. Rupert Hall and Marie Boas Hall (13 vols, Madison, 1965–75).

Oldroyd, David. 'Robert Hooke's Methodology of Science as Exemplified in his Discourse of Earthquakes', *British Journal for the History of Science* 6 (1972), 109–30.

——— 'Geological Controversy in the Seventeenth Century: "Hooke vs Wallis" and its Aftermath', in Michael Hunter and Simon Schaffer, eds, *Robert Hooke: New Studies* (Woodbridge, 1989), 207–33.

Olson, Richard G. 'Tory-High Church Opposition to Science and Scientism in the Eighteenth Century: The Works of John Arbuthnot, Jonathan Swift, and Samuel Johnson', in John G. Burke, *The Uses of Science in the Age of Newton* (Berkeley, 1983), 171–204.

Ong, Walter J. *Ramus, Method and the Decay of Dialogue* (Cambridge, Mass., 1983).

Oresme, Nicole. *Le Livre du ciel et du monde*, ed. Albert D. Menut and Alexander J. Denomy, trans. and introd. Albert D. Menut (Madison, 1968).

Origen. *The Song of Songs, Commentary and Homilies*, trans. R. P. Lawson (London, 1957).

Osler, Margaret J. 'Fortune, Fate, and Divination: Gassendi's Voluntarist Theology and the Baptism of Epicureanism', in Margaret J. Osler, ed., *Atoms, Pneuma, and Tranquillity: Epicurean and Stoic Themes in European Thought* (Cambridge, 1991).

——— *Divine Will and the Mechanical Philosophy: Gassendi and Descartes on Contingency and Necessity in the Created World* (Cambridge, 1994).

——— 'How Mechanical Was The Mechanical Philosophy?', in Christoph Lüthy, John E. Murdoch, and William R. Newman, eds, *Late Medieval and Early Modern Corpuscular Matter Theories* (Leiden, 2001), 423–39.

Ostwald, Friedrich Wilhelm. *Monism as the Goal of Civilization* (Hamburg, 1913).

Otegem, Matthijs van. *A Bibliography of the Works of Descartes (1637–1704)* (2 vols, Utrecht, 2002).

Overton, Richard. *Mans Mortallitie* (Amsterdam [false imprint, actually London], 1643).

Ozment, Stephen. *The Age of Reform, 1250–1550* (New Haven, 1980).

Pagden, Anthony. *European Encounters with the New World: From Renaissance to Romanticism* (New Haven, 1993).

Paley, William. *Natural Theology: or, Evidences of the Existence and Attributes of the Deity, collected from the Appearances of Nature* (London, 1802).

Pannenberg, Wolfhart. *Die Prädestinationslehre des Duns Skotus* (Göttingen, 1954).

Paracelsus. *Selected Writings*, ed. and trans. Jolande Jacobi (Princeton, 1958).

Parker, Geoffrey. *The Army of Flanders and the Spanish Road, 1567–1659: The Logistics of Spanish Victory and Defeat in the Low Countries' Wars* (Oxford, 1972).

Parker, Richard A. 'Egyptian Astronomy, Astrology, and Calendrical Reckoning', in Charles Coulton Gillespie, ed., *Dictionary of Scientific Biography* (New York, 1981), xv, 706–27.

Parker, Samuel. *A Free and Impartial Censure of the Platonick Philosophie* (Oxford, 1666).

Passmore, John. *Ralph Cudworth: An Interpretation* (Cambridge, 1951).

Patrizi, Francesco. *Discussionum Peripateticarum tomi IV, quibus Aristotelica philosophiae universa historia atque dogmata cum veterum placitis collata, eleganter et erudite declarantur* (Basle, 1581).

——— *Nova de universis philosophia* (Ferrara, 1591).

Payne, L. M. 'Sir Charles Scarburgh's Harveian Oration, 1662', *Journal of the History of Medicine* 12 (1957), 158–64.

Pedersen, Olaf. 'Galileo and the Council of Trent: The Galileo Affair Revisited', *Journal for the History of Astronomy* 14 (1983), 1–29.

Peghaire, Julien. *Intellectus et ratio selon S. Thomas d'Aquin* (Paris and Ottawa, 1936).

Pelikan, Jaroslav. *Christianity and Classical Culture* (New Haven, 1993).

Pelletier, Gérard. *Palatium reginae eloquentiae* (Paris, 1641).

Pelling, Margaret. *Medical Conflicts in Early Modern London: Patronage, Physicians, and Irregular Practitioners, 1550–1640* (Oxford, 2003).

Péna, Jean. *Euclidis optica et catoptrica* (Paris, 1557).

Pereira, Benedictus. *De communibus omnium rerum naturalium principiis et affectionibus, Libri Quindecim* (Rome, 1576).

_____ *Prior tomus Commentariorum et Disputationum in Genesim* (Lyon, 1590).

Pérez-Ramos, Antonio. *Francis Bacon's Idea of Science and the Maker's Knowledge Tradition* (Oxford, 1988).

Peters, Francis E. *The Harvest of Hellenism* (New York, 1970).

Peterson, Ivars. *Newton's Clock: Chaos in the Solar System* (New York, 1993).

Petrarch, Francesco. *Opera* (Basle, 1554).

_____ *Invectivarum contra medicum libri IV*, ed. P. G. Ricci (Florence, 1950).

Peucer, Caspar. *Elementa doctrinae de circulis coelestibus et primo motu* (Wittenberg, 1551).

Peurbach, Georg. *Theoricae novae planetarum* (Wittenberg, 1542).

Picard, Gabriel. 'Essai sur la connaissance sensible d'après les scolastiques', *Archives de philosophie* 4/1 (1926), 1–93.

Pigeaud, Jackie. *La Maladie de l'âme: Étude sur la relation de l'âme et du corps dans la tradition médico-philosophique antique* (Paris, 1981).

Pingree, David. 'History of Mathematical Astronomy in India', in Charles Coulton Gillespie, ed., *Dictionary of Scientific Biography* (New York, 1981), xv. 533–633.

Pintard, René. *Le Libertinage érudit dans la première moitié du XVIIe siècle* (2 vols, Paris, 1943).

Plutarch. *Moralia*, various eds. and trans., Loeb Classical Library (15 vols, Cambridge, Mass, 1927–69).

Poisson, Nicolas Joseph. *Commentaire ... sur la Méthode de Mr. Descartes* (Paris, 1671).

Pollot, Laurent. *Dialogues contre la pluralité des religions et l'athéism* (La Rochelle, 1595).

Pomponazzi, Pietro. *De immortalitate animae* (Padua, 1516).

_____ *Tractatus acutissimi utillimi et mere peripatetici* (Venice, 1525).

_____ *De naturalium effectuum causis sive de incantationibus* (Basle, 1556).

Pomponazzi, Pietro. *De fato* (Basle, 1567).

Pontano, Giovanni. *De rebus coelestibus libri XIIII* (Basle, 1556).

Popkin, Richard H. 'Cartesianism and Biblical Criticism', in Thomas M. Lennon, John M. Nicholas, and John W. Davis, eds, *Problems of Cartesianism* (Kingston and Monteal, 1982), 61–82.

Popper, Karl R. *The Open Society and its Enemies* (2 vols, London, 1945).

_____ *The Poverty of Historicism* (London, 1957).

_____ *The Logic of Scientific Discovery* (revd edn, London, 1968).

_____ *Objective Knowledge* (London, 1972).

Porta, Giambattista Della. *Magiae Natvralis Libri Viginti in Qvibvs Scientiarum Naturalium diuitiae demonstratur* (Frankfurt, 1597).

Power, Henry. *Experimental Philosophy in Three Books* (London 1664).

Preus, James S. *From Shadow to Promise: Old Testament Interpretation from Augustine to the Young Luther* (Cambridge, Mass., 1969).

Price, Derek J. de Solla. 'Philosophical Mechanism and Mechanical Philosophy: Some Notes towards a Philosophy of Scientific Instruments', *Annali dell'Instituto e Museo di storia della scienza* 5 (1980), 75–85.

_____ 'Of Sealing Wax and String', *Natural History* 93 (1984), 49–56.

Priestley, Joseph. *An Essay on the First Principles of Government; and on the nature of political, civil, and religious liberty* (London, 1768).

Primerose, James. *Popular Errours of the People in Physick*, trans. Robert Wittie (London, 1651).

Principe, Lawrence M. *The Aspiring Adept: Robert Boyle and his Alchemical Quest* (Princeton, 2000).

Prins, Jan. 'Hobbes on Light and Vision', in Tom Sorell, ed., *The Cambridge Companion to Thomas Hobbes* (Cambridge, 1996), 129–56.

Ptolemy, Claudius. *The Almagest*, trans. R. Cateby Taliaferro, in *Britannica Great Books* 16 (Chicago, 1952), 1–465.

―――― 'The Arabic Version of Ptolemy's *Planetary Hypotheses*', ed. and trans. Bernard R. Goldstein, *Transactions of the American Philosophical Society* 57/4 (1967), 3–55.

Pugliese, Patri J. 'Robert Hooke and the Dynamics of Motion in a Curved Path', in Michael Hunter and Simon Schaffer, eds, *Robert Hooke: New Studies* (Woodbridge, 1989), 181–206.

Pumfrey, Stephen. 'William Gilbert's Magnetic Philosophy, 1580–1684: The Creation and Dissolution of a Discipline' (Ph.D. thesis, The Warburg Institute, London, 1987).

―――― 'Magnetical Philosophy and Astronomy, 1600–1650', in René Taton and Curtis Wilson, eds, *Planetary Astronomy from the Renaissance to the Rise of Astrophysics, Part A: Tycho Brahe to Newton* (Cambridge, 1989), 45–53.

―――― 'Neo-Aristotelianism and the Magnetic Philosophy', in John Henry and Sarah Hutton, eds, *New Perspectives on Renaissance Thought* (London, 1990), 177–89.

Purshall, Conyers. *An Essay at the Mechanism of the Macrocosm: or the Dependence of Effects upon their Causes* (London, 1707).

Purver, Margery. *The Royal Society: Concept and Creation* (London, 1967).

Putnam, George H. *The Censorship of the Church of Rome and its Influence on the Production and Distribution of Literature* (2 vols, New York, 1906–7).

Pyenson, Lewis. *Cultural Imperialism and Exact Sciences: German Expansion Overseas, 1900–1930* (New York, 1985).

―――― *Empire of Reason: Exact Sciences in Indonesia, 1840–1940* (Leiden, 1989).

―――― *Civilizing Missions: Exact Sciences and French Overseas Expansion, 1830–1940* (Baltimore, 1993).

Pyle, Andrew. *Malebranche* (London, 2003).

Rabbow, Paul. *Seelenführung: Methodik der Exerzitien in der Antike* (Munich, 1954).

Raey, Johannes de. *Cogitata de interpretatione* (Amsterdam, 1692).

Randall, John H. *The School of Padua and the Emergence of Modern Science* (Padua, 1961).

Randles, W. G. L. *The Unmaking of the Medieval Christian Cosmos, 1500–1760: From Solid Heavens to Boundless Æther* (Aldershot, 1999).

Ranea, Alberto Guillermo. 'A "Science for *honnêtes hommes*": *La Recherche de la Vérité* and the Deconstruction of Experimental Knowledge', in Stephen Gaukroger, John Schuster, and John Sutton, eds, *Descartes' Natural Philosophy* (London, 2000), 313–29.

Rankin, Herbert D. *Sophists, Socratics and Cynics* (London, 1983).

Rapoport, Anatol. 'Scientific Approach to Ethics', *Science* 150 (1957), 796–9.

Rappaport, Rhoda. 'Hooke on Earthquakes: Lectures, Strategy and Audience,' *British Journal for the History of Science* 19 (1986), 129–46.

Rashed, Roshi, ed. *Encyclopedia of the History of Arabic Science* (3 vols, London, 1996).

Rattansi, Piro M. 'The Helmontian-Galenist Controversy in Restoration England', *Ambix* 12 (1964), 1–23.

Reeds, Karen. *Botany in Medieval and Renaissance Universities* (New York, 1991).

Régis, Pierre-Sylvan. *Système de philosophie* (3 vols, Paris, 1690).

Regius, Henricus. *Fundamenta physices* (Amsterdam, 1646).

———— *Fundamenta medica* (Utrecht, 1647).

Reichenbach, Hans. *The Rise of Scientific Philosophy* (Berkeley, 1951).

Reisch, George A. *How the Cold War Transformed Philosophy of Science: To the Icy Slopes of Logic* (Cambridge, 2005).

Reusch, Heinrich. *Die 'Indices Librorum Prohibitorum' des sechzehnten Jahrhunderts* (Nieuwkoop, 1961).

Reventlow, Henning Graf. *The Authority of the Bible and the Rise of the Modern World* (Philadelphia, 1985).

Rheticus, Georg Joachim. *Narratio prima* (Danzig, 1540).

Riccioli, Giovanni Battista. *Amalgestvm novum* (3 vols, Bologna, 1651).

Ridley, Mark. *A Short Treatise of Magneticall Bodies and Motions* (London, 1613).

Rist, John M. *Plotinus: The Road to Reality* (Cambridge, 1967).

———— *Stoic Philosophy* (Cambridge, 1969).

Riverius, Lazarus. *Opera medica universa: quibus continentur I. Institutionum medicarum, libri quinque. II. Praxeos medicae, libri septemdecim. III. Observationum medicarum, centuriae quatuor* (3 vols, in 1, Lyons, 1663).

Robinet, André. 'Le groupe malebranchiste introducteur du calcul infinitésimal en France', *Revue d'histoire des sciences* 13 (1960), 287–308.

———— *Malebranche de l'Académie des sciences. L'œuvre scientifique, 1674–1715* (Paris, 1970).

Rochemonteix, Camille de. *Un Collège des jesuits au XVIIe et au XVIIIe siècles* (4 vols, Le Mans, 1889).

Rochot, Bernard. *Les Travaux de Gassendi sur Epicure et sur l'atomisme, 1619–1658* (Paris, 1944).

Roger, Jacques. *Les Sciences de la vie dans la pensée française du XVIIIème siècle: la génération des animaux de Descartes à l'Encyclopédie* (2nd edn, Paris, 1971).

Roger, Jacques. 'The Cartesian Model and its Role in Eighteenth-Century "Theory of the Earth"', in T. Lennon, J. Nicholas, and J. Davis, eds, *Problems of Cartesianism* (Kingston, 1982), 95–112.

Rogerson, John. *Old Testament Criticism in the Nineteenth Century* (London, 1984).

Rohault, Jacques. *Traité de physique* (Paris, 1671).

Roques, René. *L'Univers dionysien: structure hiérarchique du monde selon le Pseudo-Denys* (Paris, 1983).

Rose, Paul Lawrence. 'Galileo's Theory of Ballistics', *British Journal for the History of Science* 4 (1968), 156–9.

———— and Drake, Stillman. 'The Pseudo-Aristotelian *Questions of Mechanics* in Renaissance Culture', *Studies in the Renaissance* 18 (1971), 65–104.

Rosen, Edward, ed. and trans. *Three Copernican Treatises* (New York, 1971).

Rosenfield, Leonora G. *From Beast-Machine to Man-Machine* (New York, 1968).

Ross, Alexander. *The new planet no planet, or, The earth no wandring star, except in the wandring heads of Galileans* (London, 1646).

Rossi, Paolo. *The Dark Abyss of Time: The History of the Earth and the History of Nations from Hooke to Vico* (Chicago, 1984).

Rovighi, Sophia Vanni. *L'immortalita dell'anima nei maestri francescani del secolo XIII* (Milan, 1936).

Rowland, Ingrid. 'Giordano Bruno and Neapolitan Neoplatonism', in Hilary Gatti, ed., *Giordano Bruno: Philosopher of the Renaissance* (Aldershot, 2002), 97–119.

Royal College of Physicians. *Pharmacopoea Londinensis in qua medicamenta antiqua et nova vsitatissima, sedulò collecta, accuratissimè examinata, quotidiana experientia confirmata describuntur* (London, 1618).

Rozemond, Marleen. 'The Nature of the Mind', in Stephen Gaukroger, ed., *The Blackwell Guide to Descartes' Meditations* (Oxford, 2006), 48–66.

Rubin, Miri. *Corpus Christi: The Eucharist in Late Medieval Culture* (Cambridge, 1991).

Rüegg, Walter. 'Themes', in Hilde de Ridder-Symoens, ed., *A History of the University in Europe* i.*Universities in the Middle Ages* (Cambridge, 1992), 3–34.

Runciman, Steven. *The Medieval Manichee: A Study of the Christian Dualist Heresy* (Cambridge, 1982).

Ruse, Michael. *The Evolution–Creation Struggle* (Cambridge, Mass., 2005).

_____ and Wilson, Edward O. 'Moral Philosophy as Applied Science', *Philosophy* 61 (1986), 173–92.

Russell, Jeffrey Burton. *Dissent and Reform in the Early Middle Ages* (Berkeley, 1965).

Sa'id al-Andalusi. *Book of the Category of Nations*, trans. and ed. Sema'ayn I. Salem and Alok Kumar (Austin, 1991).

Santas, Gerasimos Xenophon. *Socrates: Philosophy in Plato's Early Dialogues* (London, 1979).

Sarasohn, Lisa Tunick. 'The Ethical and Political Philosophy of Pierre Gassendi', *Journal of the History of Philosophy* 29 (1982), 239–60.

_____ 'Motion and Morality: Pierre Gassendi, Thomas Hobbes, and the Mechanical World View', *Journal of the History of Ideas*, 46 (1985), 363–80.

_____ 'Epicureanism and the Creation of a Privatist Ethic in Early Seventeenth-Century France', in Margaret J. Osler, ed., *Atoms, Pneuma, and Tranquillity: Epicurean and Stoic Themes in European Thought* (Cambridge, 1991), 175–96.

Sargent, Rose-Mary. *The Diffident Naturalist: Robert Boyle and the Philosophy of Experiment* (Chicago, 1995).

Scaglione, Aldo. *The Liberal Arts and the Jesuit College System* (Amsterdam, 1986).

Scaliger, Joseph. *Iul. Caesaris F. opus nuvum de emendatione temporum in octo libros tributum* (Geneva, 1583).

_____ *Thesavrvs temporvm. Evsebii Pamphili Caesareae Palaestinae Episcopi Chronicorum canonum omnimodae historiae libri duo* (Leyden, 1606).

Schaffer, Simon. 'Glass Works: Newton's Prisms and the Use of Experiment', in David Gooding, Trevor Pinch, and Simon Schaffer, eds, *The Uses of Experiment: Studies in the Natural Sciences* (Cambridge, 1989), 67–104.

Schipperges, Heinrich. *Weltbild und Wissenschaft: Eröffnungsreden zu den Naturforscherversammlungen 1822 bis 1972* (Hildesheim, 1976).

Schlick, Moritz. *Problems of Ethics* (New York, 1939).

Schmaltz, Tad M. 'What has Cartesianism to do with Jansenism?', *Journal of the History of Ideas* 60 (1999), 37–56.

Schmidt-Biggemann, Wilhelm. 'Apokalyptische Universalwissenschaft: Johann Heinrich Alsteds *Diatribe de mille annis apocalypticis*', *Pietismus und Neuzeit*, 14 (1988), 50–71.

_____ *Philosophia Perennis: Historical Outlines of Western Spirituality in Ancient, Medieval and Early Modern Thought* (Dordrecht, 2005).

Schmitt, Charles. 'Perennial Philosophy: From Agostino Steuco to Leibniz', *Journal of the History of Ideas* 27 (1966), 505–32.

_____ *Aristotle in the Renaissance* (Cambridge, Mass., 1983).

_____ 'Philoponus' Commentary on Aristotle's *Physics* in the Sixteenth Century', in Richard Sorabji, ed., *Philoponus and the Rejection of Aristotelian Science* (London, 1987), 210–30.

_____ 'The Rise of the Philosophical Textbook', in Charles B. Schmitt, Quentin Skinner, and Eckhard Kessler, eds, *The Cambridge History of Renaissance Philosophy* (Cambridge, 1988), 792–804.

Schofield, Christine. 'The Tychonic and Semi-Tychonic World Systems', in René Taton and Curtis Wilson, eds, *Planetary Astronomy from the Renaissance to the Rise of Astrophysics, Part A: Tycho Brahe to Newton* (Cambridge, 1989), 33–44.

[Schoock, Martinus.] *Admiranda methodus novae philosophiae Renati Descartes* (Utrecht, 1643).

Schrader, Friedrich. *De microscopiorum usu in naturali scientia et anatome* (Göttingen, 1681).

Schröder, Winfried. *Ursprünge des Atheismus: Untersuchungen zur Metaphysik- und Religionskritik des 17. und 18. Jahrhunderts* (Stuttgart/Bad Canstatt, 1998).

Schuhmann, Karl. 'Hobbes's Concept of History', in G. A. J. Rogers and Tom Sorell, eds, *Hobbes and History* (London, 2000), 3–24.

Schuster, John. *Descartes and the Scientific Revolution, 1618–1634* (2 vols, Ann Arbor, repr. of 1977 Princeton University Ph.D. thesis).

_____ '*Descartes opticien*: The Construction of the Law of Refraction and the Manufacture of its Physical Rationales', in Stephen Gaukroger, John Schuster, and John Sutton, eds, *Descartes' Natural Philosophy* (London, 2000), 258–312.

Schwarz, Werner. *Principles and Problems of Biblical Translation: Some Reformation Controversies and Their Background* (Cambridge, 1955).

Scott, Wilson L. *The Conflict between Atomism and Conservation Theory, 1644–1860* (London, 1970).

Sedley, David. 'Philoponus' Conception of Space', in Richard Sorabji, ed., *Philoponus and the Rejection of Aristotelian Science* (London, 1987), 140–53.

Sennert, Daniel. *De chymicorum cum Aristotelicis et galenicis consensu ac dissensu liber I* (Wittenberg, 1619).

Sennert, Daniel. *Hypomnemata physica* (Frankfurt, 1636).

Sepper, Dennis L. *Goethe contra Newton: Polemics and the Project for a New Science of Colour* (Cambridge, 1988).

_____ *Newton's Optical Writings: A Guided Study* (New Brunswick, 1994).

_____ 'Figuring Things Out: Figurate Problem-Solving in the Early Descartes', in Stephen Gaukroger, John Schuster, and John Sutton, eds, *Descartes' Natural Philosophy* (London, 2000), 228–48.

Sergeant, John. *Non Ultra, or, a Letter to a Learned Cartesian* (London, 1698).

Serjeantson, Richard W. 'Testimony and Proof in Early-Modern England', *Studies in History and Philosophy of Science* 30 (1999), 195–236.

Settle, Thomas B. 'Ostilio Ricci, A Bridge Between Alberti and Galileo', *Actes du XIIe Congrès International d'Histoire des Sciences* (Paris, 1971), 121–6.

_____ 'Egnazio Danti and Mathematical Education in Late Sixteenth-Century Florence', in John Henry and Sarah Hutton, eds, *New Perspectives on Renaissance Thought* (London, 1990), 24–37.

Severinus, Peter. *Idea Medicinae Philosophicae* (The Hague, 1660).

Shadwell, Thomas. *Complete Works*, ed. Montague Summers (5 vols, London, 1927).

Shanahan, Timothy. 'Teleological Reasoning in Boyle's *Final Causes*', in Michael Hunter, ed., *Robert Boyle Reconsidered* (Cambridge, 1994), 177–92.

Shapin, Steven. *A Social History of Truth: Civility and Science in Seventeenth Century England* (Chicago, 1994).

_____ *The Scientific Revolution* (Chicago, 1996).

_____ and Schaffer, Simon. *Leviathan and the Air Pump: Hobbes, Boyle, and the Experimental Life* (Princeton, 1985).

Shapiro, Alan E. 'Kinematic Optics: A Study of the Wave Theory of Light in the Seventeenth Century', *Archive for History of Exact Sciences* 11 (1973), 134–266.

_____ 'The Evolving Structure of Newton's Theory of White Light and Color', *Isis* 71 (1980), 211–35.

_____ *Fits, Passions, and Paroxysms: Physics, Method, and Chemistry and Newton's Theories of Colored Bodies and Fits of Easy Reflection* (Cambridge, 1993).

_____ 'The Gradual Acceptance of Newton's Theory of Light and Colors, 1672–1727', *Perspectives on Science* 4 (1996), 59–104.

_____ 'Newton's Optics and Atomism', in I. Bernard Cohen and George E. Smith, eds, *The Cambridge Companion to Newton* (Cambridge, 2002), 227–55.

_____ 'Newton's "Experimental Philosophy" ', *Early Science and Medicine* 9 (2004), 185–217.

Shapiro, Barbara J. *John Wilkins, 1614–1672: An Intellectual Biography* (Berkeley, 1969).

_____ *Probability and Certainty in Seventeenth-Century England: A Study of the Relationships Between Natural Science, Religion, History, Law, and Literature* (Princeton, 1983).

_____ *A Culture of Fact: England, 1550–1720* (Ithaca NY, 2000).

Shea, Victor and Whitla, William, eds. *Essays and Reviews: The 1860 Text and Its Reading* (Charlottesville, Va., 2000).

Shea, William R. 'Galileo and the Church', in David C. Lindberg and Ronald L. Numbers, eds, *God and Nature: Historical Essays on the Encounter between Christianity and Science* (Berkeley, 1986), 114–35.

_____ *The Magic of Numbers and Motion: The Scientific Career of René Descartes* (Canton, Mass., 1991).

Shorey, Paul. *Platonism Ancient and Modern* (Berkeley, 1938).

Sidney, Philip. *An Apology for Poetry*, ed. Geoffrey Shepherd (London, 1965).

Simplicius. *On Aristotle On the Soul 1.1–2.4*, trans. J. O. Urmson, notes by Peter Lautner (London, 1995).

Singer, Charles. *A Short History of Scientific Ideas to 1900* (Oxford, 1959).

Singer, Dorothea Waley. *Giordano Bruno, His Life and Thought: With Annotated Translation of his Work, On Infinite Universe and Worlds* (New York, 1968).

Sivin, Nathan. 'On the Word "Taoist" as a Source of Perplexity. With Special Reference to the Relations of Science and Religion in Traditional China', *History of Religions* 17 (1978), 303–30.

_____ 'Why the Scientific Revolution Did Not Take Place in China—Or Didn't It?', in E. Mendelsohn, ed., *Transformation and Tradition in the Sciences* (Cambridge, 1984), 531–54.

_____ 'Ruminations on the Dao and its Disputers', *Philosophy East and West* 42 (1992), 21–9.

Slowik, Edward. 'Perfect Solidity: Natural Laws and the Problem of Matter in Descartes' Universe', *History of Philosophy Quarterly* 13 (1996), 187–204.

_____ *Cartesian Spacetime: Descartes' Physics and the Relational Theory of Space and Motion* (Dordrecht, 2002).

Smith, George E. 'The Newtonian Style in Book II of the *Principia*', in Jed Z. Buchwald and I. Bernard Cohen, eds, *Isaac Newton's Natural Philosophy* (Cambridge, Mass., 2001), 249–313.

Snell, Bruno. *Die Ausdrücke für den Begriff des Wissens in der vorplatonischen Philosophie* (Berlin, 1924).

Society of Jesus. *Regulae Societatis Iesu* (Rome, 1580).

Sonnert, Gerhard. *Einstein and Culture* (Amherst, 2005).

Sorabji, Richard. *Necessity, Cause and Blame: Perspectives on Aristotle's Theory* (London, 1980).

_____ *Time, Creation and the Continuum: Theories in Antiquity and the Early Middle Ages* (London, 1983).

_____ 'John Philoponus', in Richard Sorabji, ed., *Philoponus and the Rejection of Aristotelian Science* (London, 1987), 1–40.

_____ *Matter, Space and Motion: Theories in Antiquity and Their Sequel* (London, 1988).

Sorell, Tom. *Scientism: Philosophy and the Infatuation with Science* (London, 1991).

South, Robert. *Sermons preached upon Several Occasions* (7 vols, Oxford, 1823).

Sparn, Walter. *Wiederkehr der Metaphysik: Die ontologische Frage in der lutherischen Theologie des frühen 17. Jahrhunderts* (Stuttgart, 1976).

Spencer, Herbert. *The Principles of Ethics* (2 vols, New York, 1892).

Speybroek, Linda Van, Waele, Dani de, and Vijver, Gertrudis Van de. 'Theories in Early Embryology: Close Connections between Epigenesis, Preformationism, and Self-Organization', *Annals of the New York Academy of Sciences* 981 (2002), 7–49.

Spiller, Michael R. G. *'Concerning Natural Philosophy': Meric Casaubon and the Royal Society* (The Hague, 1980).

Spinoza, Benedict. *Collected Works*, i, trans. E. Curley (Princeton, 1985).

_____ *Tractatus theologico-politicus*, trans. Samuel Shirley (Leiden, 1991).
Spitz, Lewis W. *The Religious Renaissance of the German Humanists* (Cambridge, Mass., 1963).
Sprat, Thomas. *The History of the Royal-Society of London for the Improving of Natural Knowledge* (London, 1657).
_____ *Observations on M. de Sorbier's Voyage into England* (London, 1665).
Steenberghen, Fernand Van. *Aristotle and the West* (Louvain, 1955).
Stegemann, Ekkehard W., and Stegemann, Wolfgang. *The Jesus Movement: A Social History of its First Century* (Edinburgh, 1999).
Stein, Howard. 'Newton's Metaphysics', in I. Bernard Cohen and George E. Smiths, eds, *The Cambridge Companion to Newton* (Cambridge, 2002), 256–307.
Stein, Peter. *Regulae Iuris: From Juristic Rules to Legal Maxims* (Edinburgh, 1966).
Stephenson, Bruce. *Kepler's Physical Astronomy* (Princeton, 1994).
_____ *The Music of the Heavens: Kepler's Harmonic Astronomy* (Princeton, 1994).
Steno, Nicolaus. *De solido intra solidum naturaliter contento dissertationis prodromus* (Florence, 1669).
_____ *The Prodromus to a dissertation concerning solids naturally contained within solids laying a foundation for the rendering a rational accompt both of the frame and the several changes of the masse of the earth ... Englished by H. O.* (London, 1671).
_____ *Opera philosophica*, ed. V. Maar (2 vols, Copenhagen, 1910).
Stevin, Simon. *The Principal Works of Simon Stevin*, ed. Ernst Cronie et al. (5 vols, Amsterdam, 1955–66).
Stewart, Larry. *The Rise of Public Science: Rhetoric, Technology, and Natural Philosophy in Newtonian Britain, 1660–1750* (Cambridge, 1992).
Stiglmyr, Joseph. *Das Aufkommen der pseudo-dionysischen Schriften und ihr Eindringen in die christliche Literature* (Bonn, 1895).
Stillingfleet, Edward. *Origines Sacrae, or a Rational Account of the Grounds of Christian Faith, as to the Truth and Divine Authority of the Scriptures, And the matter therein contained* (London, 1662).
Stintzing, Roderich. *Geschichte der deutschen Rechtswissenschaft*, i. (Munich/Leipzig, 1880).
Stubbe, Henry. *A Censure upon Certain Passages contained in the History of the Royal Society* (Oxford, 1670).
_____ *The Plus Ultra Reduced to a Non Plus* (London, 1670).
Suàrez, Francisco. *Metaphysicarum disputationem, in quibus, & universa theologia ordinatè traditor, & quaestiones ad amnes duodecim Aristotelis libros pertinentes, accuratè dispuntatur* (Salamanca, 1597).
Swerdlow, Noel M. 'The Derivation and First Draft of Copernicus' Planetary Theory: A Translation of the *Commentariolus* with Commentary', *Proceedings of the American Philosophical Society* 117 (1973), 423–512.
_____ '*Pseudodoxia Copernicana*: Or, Enquiries into Very Many Received Tenets and Commonly Presumed Truths, Mostly Concerning Spheres', *Archives internationales d'histoire des sciences* 26 (1976), 108–58.
Sydenham, Thomas. *The Entire Works of Dr Thomas Sydenham*, ed. John Swan (London, 1742).
Tanner, Norman P., ed. *Decrees of the Ecumenical Councils* (2 vols, London, 1990).
Taub, Liba Chai. *Ptolemy's Universe: The Natural Philosophical and Ethical Foundations of Ptolemy's Astronomy* (Chicago, 1993).
Taylor, Alfred E. *A Commentary on Plato's Timaeus* (Oxford, 1928).
Taylor, Charles. *Hegel* (Cambridge, 1975).
Telescope, Tom [John Newbery]. *The Newtonian System of Philosophy Adapted to the Capacities of Young Gentlemen and Ladies* (London, 1761).
Telesio, Bernardinus. *De Rerum Natura Iuxta Propria Principia Libri IX* (Naples, 1586: facsimile repr.,

Hildesheim, 1971).

Tertullian. *Quinti Septimi Tertulliani Opera*, ed. J. G. P. Borleffs et al. (2 vols, The Hague, 1953–4).

Thorndike, Lynn. *A History of Magic and Experimental Science* (8 vols, New York, 1923–58).

Tierney, Brian. *The Crisis of Church and State, 1050–1300, with Selected Documents* (Englewood Cliffs, NJ, 1964).

Topham, Jonathan R. 'The *Wesleyan-Methodist* Magazine and Religious Monthlies in Early Nineteenth-Century Britain', in Geoffrey Cantor et al., *Science in the Nineteenth-Century Periodical: Reading the Magazine of Nature* (Cambridge, 2004), 67–90.

Topsell, Edward. *The historie of fovre-footed beastes....collected out of all the volumes of Conradvs Gesner, and all other writers to this present day* (London, 1607; facsimile copy New York, 1973).

Torporley, Nathaneal. *Diclides Coelemetricae seu valuae Astronomicae Vniuersales* (London, 1602).

Torricelli, Evangelista. *De motu gravium naturalitur descendentium et proiectorum libri duo* (Florence, 1644).

Toulmin, Stephen. *Cosmopolis: The Hidden Agenda of Modernity* (New York, 1990).

Tribby, Jay. 'Dante's Restaurant: The Cultural Work of Experiment in Early Modern Tuscany', in A. Bermingham and J. Brewer, eds, *The Consumption of Culture, 1600–1800* (London, 1991), 319–37.

Tribe, Keith. *Genealogies of Capitalism* (London, 1981).

Trompf, Gary W. *The Idea of Historical Recurrence in Western Thought: From Antiquity to the Reformation* (Berkeley, 1979).

Turmel, Joseph. *Histoire des Dogmas* (6 vols, Paris, 1931–6).

Turner, Frank M. *Between Science and Religion: The Reaction to Scientific Naturalism in Late Victorian England* (New Haven, 1974).

_____ 'The Victorian Crisis of Faith and the Faith That Was Lost', in Richard J. Helmstadter and Bernard Lightman, eds, *Victorian Faith in Crisis: Essays on Continuity and Change in Nineteenth-Century Religious Belief* (London, 1990), 9–38.

Ullmann, Walter. *The Medieval Idea of Law, as Represented by Lucas de Penna: A Study in Fourteenth-Century Legal Scholarship* (London, 1946).

_____ *A Short History of the Papacy in the Middle Ages* (London, 1972).

Urbach, Peter. *Francis Bacon's Philosophy of Science* (La Salle, Ill., 1987).

Urvoy, Dominique. *Ibn Rushd* (London, 1991).

Ussher, James. *Annales veteris et Novi Testamenti* (London, 1650).

Valla, Laurentius. *In Latinam Novi Testamenti Interpretationem ex Collatione Graecorum Exemplarium Adnotationes* (Paris, 1505).

Veit-Brause, Irmline. 'The Making of Modern Scientific Personae: The Scientist as a Moral Person? Emil du Bois-Reymond and His Friends', *History of the Human Sciences* 15 (2002), 19–50.

Verbeek, Theo. *Descartes and the Dutch: Early Reactions to Cartesian Philosophy, 1637–50* (Carbondale, Ill., 1992).

_____ 'Tradition and Novelty: Descartes and Some Cartesians', in Tom Sorell, ed., *The Rise of Modern Philosophy* (Oxford, 1993), 167–96.

_____ 'From "Learned Ignorance" to Scepticism: Descartes and Calvinist Orthodoxy', in Richard H. Popkin and Arjo Vanderjagt, eds, *Scepticism and Irreligion in the Seventeenth and Eighteenth Centuries* (Leiden, 1993), 31–45.

_____ *Spinoza's Theologico-Political Treatise* (Aldershot, 2003).

Verger, Jacques. 'Patterns', in Hilde de Ridder-Symoens, ed., *A History of the University in Europe*, i. *Universities in the Middle Ages* (Cambridge, 1992), 35–74.

_____ 'Teachers', in Hilde de Ridder-Symoens, ed., *A History of the University in Europe*, i. *Universities in the Middle Ages* (Cambridge, 1992), 144–68.

Vermij, R. H. 'Het copernicanisme in de Republiek', *Tijdschrift voor Geschiedenis* 106 (1993), 349–67.

Vickers, Brian. 'Analogy versus Identity: The Rejection of Occult Symbolism, 1580–1680', in Brian Vickers, ed., *Occult and Scientific Mentalities in the Renaissance* (Cambridge, 1984), 95–164.

───── 'Bacon's So-Called "Utilitarianism": Sources and Influence', in Marta Fattori, ed., *Francis Bacon, Terminologia e fortuna nel XVII secolo* (Rome, 1984), 281–313.

Vidal-Naquet, Pierre. 'La raison greque et la cité', *Raison Présente* 2 (1967), 51–61.

Vigenère, Blaide de [translation of Philostratus]. *Images ou Tableaux de Platte Peinture des deux Philostrates sophistes grecs* (Paris, 1614).

Viret, Pierre. *Instruction chrestienne en la doctrine de la loy et de l'euangile* (2 vols, Geneva, 1564).

Vlastos, Gregory. 'The Disorderly Motion in the *Timaeus*', in R. E. Allen, ed., *Studies in Plato's Metaphysics* (London, 1965), 379–99.

───── 'Creation in the *Timaeus*: Is it a Fiction?', in R. E. Allen, ed., *Studies in Plato's Metaphysics* (London, 1965), 401–19.

───── 'The Socratic Elenchus', *Oxford Studies in Ancient Philosophy* 1 (1983), 27–58.

Voelke, André-Jean. *La Philosophie comme thérapie de l'âme* (Paris, 1993).

Vossius, Gerardus Ioannis. *De theologia gentili, et physiologia Christiana; sive De origine ac progressu idolatriae* (Amsterdam, 1641).

Vries, Gerardus de. *Exercitationes rationales de deo, divinisque perfectionibus accedunt ejusdem disseretationes de Infinito; Nullibitate Spirituum; Homine Automatico; Contradictoriis Deo possibilus; Sensuum in Philosophando Usu; Cogitatione ipsa Mente; Operationibus Brutorum. In quibus passim quae de hisce philosophatur Cartesius cum rectae Rationis dictamine conferuntur* (Utrecht, 1685).

Waerden, Bartel L. van der. 'Mathematics and Astronomy in Mesopotamia', in Charles Coulton Gillespie, ed., *Dictionary of Scientific Biography* (New York, 1981), xv. 667–80.

Walker, D. P. *Spiritual and Demonic Magic from Ficino to Campanella* (London, 1969).

───── 'Medical Spirits in Philosophy and Theology from Ficino to Newton', in D. P. Walker, *Music, Spirit and Language in the Renaissance*, ed. Penelope Gouk (London, 1985), ch. 11.

Wall, Ernestine van der. 'Orthodoxy and Scepticism in the Early Dutch Enlightenment', in Richard H. Popkin and Arjo Vanderjagt, eds, *Scepticism and Irreligion in the Seventeenth and Eighteenth Centuries* (Leiden, 1993), 121–41.

Waquet, Françoise. *Le Latin ou l'empire d'un signe* (Paris, 1999).

Waterlow, Sarah. *Nature, Change and Agency in Aristotle's Physics* (Oxford, 1982).

Watson, Richard A. *The Downfall of Cartesianism, 1673–1712* (The Hague, 1966).

Watts, Michael R. *The Dissenters*, ii. *The Expansion of Evangelical Nonconformity* (Oxford, 1995).

Wear, Andrew. *Knowledge and Practice in English Medicine, 1550–1680* (Cambridge, 2000).

Webb, Beatrice. *My Apprenticeship* (London, 1926).

Webster, Charles. 'Water as the Ultimate Principle of Nature: The Background to Boyle's Sceptical Chymist', *Ambix* 13 (1966), 96–107.

───── *The Great Instauration: Science, Medicine and Reform (1626–1660)* (London, 1975).

Webster, John. *Academiarum Examen* (London, 1654).

Weisheipl, James A. 'Albertus Magnus and Universal Hylomorphism: Avicebron', in Francis J. Kovas and Robert W. Shahan, eds, *Albert the Great: Commemorative Essays* (Norman, 1980), 239–60.

Wesley, John. *A Survey of the Wisdom of God in the Creation: or a Compendium of Natural Philosophy* (2 vols, London, 1827).

Westfall, Richard S. *Force in Newton's Physics: The Science of Dynamics in the Seventeenth Century* (London, 1971).

───── *The Construction of Modern Science* (Cambridge, 1977).

——— *Never At Rest: A Biography of Isaac Newton* (Cambridge, 1980).

Westman, Robert S. 'The Comet and the Cosmos: Kepler, Mästlin and the Copernican Hypothesis', *Studia Copernicana* 5 (1972), 7–30.

——— 'The Melanchthon Circle, Rheticus, and the Wittenberg Interpretation of the Copernican Theory', *Isis* 66 (1975), 165–93.

——— 'The Astronomer's Role in the Sixteenth Century: A Preliminary Study', *History of Science* 18 (1980), 105–47.

——— 'The Copernicans and the Churches', in David C. Lindberg and Ronald L. Numbers, eds, *God and Nature: Historical Essays on the Encounter between Christianity and Science* (Berkeley, 1986), 76–113.

Whiston, William. *Historical Memoirs of the Life of Dr. Samuel Clarke* (London, 1730).

White, Andrew Dickson. *A History of the Warfare of Science and Theology in Christendom* (2 vols, New York, 1896).

White, Michael J. *The Continuous and the Discrete: Ancient Physical Theories from a Contemporary Perspective* (Oxford, 1992).

White, Thomas. *Controversy Logick; or, The Methode to come to truth in debates of Religion* (Paris, 1659).

Whiteside, Derek Thomas. 'Newton's Early Thoughts on Planetary Motion: A Fresh Look', *British Journal for the History of Science* 2 (1964), 117–37.

——— *The Mathematical Principles Underlying Newton's Principia Mathematica* (Glasgow, 1970).

——— 'Before the *Principia*: The Maturing of Newton's Thoughts on Dynamical Astronomy, 1664–1684', *Journal for the History of Astronomy* 1 (1970), 5–19.

Wieland, Georg. 'The Reception and Interpretation of Aristotle's *Ethics*', in Norman Kretzmann, Anthony Kenny, and Jan Pinborg, eds, *The Cambridge History of Later Medieval Philosophy* (Cambridge, 1982), 673–86.

Wieland, Wolfgang. *Die aristotelische Physik* (Göttingen, 1970).

Wilcox, Donald J. *The Measure of Times Past: Pre-Newtonian Chronologies and the Rhetoric of Relative Time* (Chicago, 1987).

Wiles, Maurice. *Archetypal Heresy: Arianism through the Centuries* (Oxford, 1996).

Wilkins, John. *The Discovery of a New World* (London, 1638).

——— *A Discourse Concerning a New Planet* (London, 1640).

Wilkins, John. *Mathematicall Magick. Or, the vvonders that may be performed by Mechanicall Geometry* (London, 1648).

Williams, Daniel H. *Ambrose of Milan and the End of Nicene-Arian Conflicts* (Oxford, 1995).

Wilson, Catherine. *The Invisible World: Early Modern Philosophy and the Invention of the Microscope* (Princeton, 1995).

Winkler, Mary, and Helden, Albert van. 'Representing the Heavens: Galileo and Visual Astronomy', *Isis* 83 (1992), 195–217.

Wippel, John F. 'The Condemnations of 1270 and 1277', *Journal of Medieval and Renaissance Studies* 7 (1977), 169–201.

Wittich, Christopher. *Dissertationes Duae* (Amsterdam, 1653).

Wojcik, Jan W. 'Pursuing Knowledge: Robert Boyle and Isaac Newton', in Margaret Osler, ed., *Rethinking the Scientific Revolution* (Cambridge, 2000), 183–200.

Wolff, Michael. *Geschichte der Impetustheorie: Untersuchungen zum Ursprung des klassischen Mechanik* (Frankfurt, 1978).

Wolff, Michael. 'Philoponus and the Rise of Pre-Classical Dynamics', in Richard Sorabji, ed., *Philoponus and the Rejection of Aristotelian Science* (London, 1987), 84–120.

Wolfson, Harry Austryn. *The Philosophy of Spinoza* (2 vols, New York, 1969).

Wood, P. B. 'Methodology and Apologetics: Thomas Sprat's *History of the Royal Society*', *British Journal for the History of Science* 13 (1980), 1–26.

Wren, Christopher. 'Lex Naturae de Collisione Corporum', *Philosophical Transactions* 3 (11 January 1669), 867–8.

Wren, Stephen. *Parentalia: or, memoirs of the Family of the Wrens; viz. Of Mathew Bishop of Ely, Christopher Dean of Windsor, &c. but chiefly of Sir Christopher Wren, late Surveyor-General of the Royal Buildings, President of the Royal Society, &c. &c.* (London, 1750).

Wright, Michael. 'Robert Hooke's Longitude Timekeeper', in Michael Hunter and Simon Schaffer, eds, *Robert Hooke: New Studies* (Woodbridge, 1989), 63–118.

Yates, Frances A. *Giordano Bruno and the Hermetic Tradition* (Chicago, 1964).

_____ *The Art of Memory* (London, 1978).

Yoder, Joella G. *Unrolling Time: Christiaan Huygens and the Mathematization of Nature* (Cambridge, 1988).

Yolton, John W. *Thinking Matter: Materialism in Eighteenth-Century Britain* (Oxford, 1983).

_____ *Perceptual Acquaintance from Descartes to Reid* (Oxford, 1984).

Zucchi, Nicolo. *Nova de machinis philosophia* (Rome, 1649).

Zúñiga, Diego de. *Commentaria in Job* (Toledo, 1584).

_____ *Philosophiae prima pars, qua perfecte et eleganter quatuor scientia Metaphysica, Dialectica, Rhetorica, et Physica declarantur* (Toledo, 1597).

图书在版编目(CIP)数据

科学文化的兴起 / (英) 斯蒂芬·高克罗杰著; 雷中华, 任海龙, 郑泽译. -- 北京: 中央编译出版社, 2025.1. -- ISBN 978-7-5117-4730-3

Ⅰ. G301

中国国家版本馆CIP数据核字第2024C88F61号

© Stephen Gaukroger 2006
The Emergence of a Scientific Culture was originally published in English in 2006. This translation is published by arrangement with Oxford University Press. BEIJING GUANGCHEN CULTURE COMMUNICATION CO. LTD is solely responsible for this translation from the original work and Oxford University Press shall have no liability for any errors, omissions or inaccuracies or ambiguities in such translation or for any losses caused by reliance thereon.

本书英文版于2006年首次出版,该中文简体字版权经牛津大学出版社授权出版。版权所有,侵权必究。

版权登记号:图字:01-2024-0114

科学文化的兴起
KEXUEWENHUA DE XINGQI

总 策 划	李 娟
责任编辑	李小燕
执行策划	王超群
装帧设计	潘振宇
责任印制	李 颖
出版发行	中央编译出版社
地　　址	北京市海淀区北四环西路69号(100080)
电　　话	(010)55627391(总编室)　(010)55627301(编辑室) (010)55627320(发行部)　(010)55627377(新技术部)
经　　销	全国新华书店
印　　刷	北京盛通印刷股份有限公司
开　　本	787毫米×1092毫米 1/32
字　　数	541千字
印　　张	30.625
版　　次	2025年1月第1版
印　　次	2025年1月第1次印刷
定　　价	159.00元

新浪微博:@中央编译出版社　　微　信:中央编译出版社(ID:cctphome)
淘宝店铺:中央编译出版社直销店(http://shop108367160.taobao.com)(010)55627331

本社常年法律顾问:北京市吴栾赵阎律师事务所律师　闫军　梁勤
凡有印装质量问题,本社负责调换,电话:(010)55626985

人啊,认识你自己!